ベクトル

1　ベクトルの加法

(1)　$\vec{a}+\vec{b}=\vec{b}+\vec{a}$

(2)　$(\vec{a}+\vec{b})+\vec{c}=$

(3)　$\vec{a}+\vec{0}=\vec{a}$

(4)　$\vec{a}+(-\vec{a})=\vec{0}$

2　ベクトルの実数

(1)　$k(l\vec{a})=(kl)\vec{a}$

(2)　$(k+l)\vec{a}=k\vec{a}+l\vec{a}$

(3)　$k(\vec{a}+\vec{b})=k\vec{a}+k\vec{b}$

3　ベクトルの成分

$\vec{a}=(a_1,\ a_2)$，$\vec{b}=(b_1,\ b_2)$ のとき

(1)　大きさ　　$|\vec{a}|=\sqrt{a_1{}^2+a_2{}^2}$

(2)　成分による演算

$\vec{a}+\vec{b}=(a_1+b_1,\ a_2+b_2)$

$\vec{a}-\vec{b}=(a_1-b_1,\ a_2-b_2)$

$k\vec{a}=(ka_1,\ ka_2)$　（k は実数）

4　座標と成分表示

$\mathrm{A}(a_1,\ a_2)$，$\mathrm{B}(b_1,\ b_2)$ のとき

$\overrightarrow{\mathrm{AB}}=(b_1-a_1,\ b_2-a_2)$

$|\overrightarrow{\mathrm{AB}}|=\sqrt{(b_1-a_1)^2+(b_2-a_2)^2}$

5　ベクトルの平行

$\vec{0}$ でない2つのベクトル $\vec{a}=(a_1,\ a_2)$，

$\vec{b}=(b_1,\ b_2)$ について

$\vec{a}\parallel\vec{b} \iff \vec{b}=k\vec{a}$ となる実数 k が存在する

$\iff a_1b_2-a_2b_1=0$

6　ベクトルの内積

(1)　内積の定義

2つのベクトル $\vec{a}$ と $\vec{b}$ のなす角を θ とすると

$\vec{a}\cdot\vec{b}=|\vec{a}||\vec{b}|\cos\theta$

(2)　内積の性質

$\vec{a}\cdot\vec{b}=\vec{b}\cdot\vec{a}$

$\vec{a}\cdot(\vec{b}+\vec{c})=\vec{a}\cdot\vec{b}+\vec{a}\cdot\vec{c}$

$(\vec{a}+\vec{b})\cdot\vec{c}=\vec{a}\cdot\vec{c}+\vec{b}\cdot\vec{c}$

$(k\vec{a})\cdot\vec{b}=k(\vec{a}\cdot\vec{b})=\vec{a}\cdot(k\vec{b})$　（k は実数）

$\vec{a}\cdot\vec{a}=|\vec{a}|^2$，$|\vec{a}\cdot\vec{b}|\leqq|\vec{a}||\vec{b}|$

(3)　内積の成分表示

$\vec{a}=(a_1,\ a_2)$，$\vec{b}=(b_1,\ b_2)$ のとき

$\vec{a}\cdot\vec{b}=a_1b_1+a_2b_2$

(4)　ベクトルの垂直と内積

$\vec{0}$ でない2つのベクトル $\vec{a}=(a_1,\ a_2)$，

$\vec{b}=(b_1,\ b_2)$ について

$\vec{a}\perp\vec{b} \iff \vec{a}\cdot\vec{b}=0$

$\iff a_1b_1+a_2b_2=0$

クトルのなす角

ない2つのベクトル $\vec{a}=(a_1,\ a_2)$，

$b_1,\ b_2)$ について，$\vec{a}$ と $\vec{b}$ のなす角を θ と

と

$$\cos\theta=\frac{\vec{a}\cdot\vec{b}}{|\vec{a}||\vec{b}|}=\frac{a_1b_1+a_2b_2}{\sqrt{a_1{}^2+a_2{}^2}\sqrt{b_1{}^2+b_2{}^2}}$$

7　位置ベクトル

(1)　分点の位置ベクトル

2点 $\mathrm{A}(\vec{a})$，$\mathrm{B}(\vec{b})$ を結ぶ線分 AB を $m:n$ に内分する点 P，$m:n$ に外分する点 Q の位置ベクトル $\vec{p}$，$\vec{q}$ は

$$\vec{p}=\frac{n\vec{a}+m\vec{b}}{m+n},\qquad \vec{q}=\frac{-n\vec{a}+m\vec{b}}{m-n}$$

(2)　2点 A，B が異なるとき

3点 A，B，C が一直線上にある

$\iff \overrightarrow{\mathrm{AC}}=k\overrightarrow{\mathrm{AB}}$ となる実数 k が存在する

8　△OAB の面積

$\overrightarrow{\mathrm{OA}}=\vec{a}$，$\overrightarrow{\mathrm{OB}}=\vec{b}$，△OAB の面積を S とすると

$$S=\frac{1}{2}\sqrt{|\vec{a}|^2|\vec{b}|^2-(\vec{a}\cdot\vec{b})^2}$$

9　ベクトル方程式

(1)　点 $\mathrm{A}(\vec{a})$ を通り，$\vec{u}$ に平行な直線

$\vec{p}=\vec{a}+t\vec{u}$

(2)　2点 $\mathrm{A}(\vec{a})$，$\mathrm{B}(\vec{b})$ を通る直線

$\vec{p}=(1-t)\vec{a}+t\vec{b}$

$=s\vec{a}+t\vec{b}$　$(s+t=1)$

(3)　点 A を通り，$\vec{n}$ に垂直な直線

$\vec{n}\cdot(\vec{p}-\vec{a})=0$

(4)　点 $\mathrm{C}(\vec{c})$ を中心とする半径 r の円

$|\vec{p}-\vec{c}|=r$

10　球の方程式

(1)　点 $\mathrm{C}(a,\ b,\ c)$ を中心とする半径 r の球

$(x-a)^2+(y-b)^2+(z-c)^2=r^2$

(2)　原点を中心とする半径 r の球

$x^2+y^2+z^2=r^2$

平面上の曲線

11　放物線の性質

$y^2=4px$	$x^2=4py$
軸　x 軸 $(y=0)$	軸　y 軸 $(x=0)$
焦点 $(p,\ 0)$	焦点 $(0,\ p)$
準線　直線 $x=-p$	準線　直線 $y=-p$

12　楕円の性質

$\dfrac{x^2}{a^2}+\dfrac{y^2}{b^2}=1$	$\dfrac{x^2}{a^2}+\dfrac{y^2}{b^2}=1$
$(a>b>0$ のとき)	$(b>a>0$ のとき)
頂点 $(\pm a,\ 0),(0,\ \pm b)$	頂点 $(\pm a,\ 0),(0,\ \pm b)$
長軸の長さ $2a$	長軸の長さ $2b$
短軸の長さ $2b$	短軸の長さ $2a$
焦点 $(\pm\sqrt{a^2-b^2},\ 0)$	焦点 $(0,\ \pm\sqrt{b^2-a^2})$
2つの焦点からの距離の和 $2a$	2つの焦点からの距離の和 $2b$

13　双曲線の性質

$\dfrac{x^2}{a^2}-\dfrac{y^2}{b^2}=1$	$\dfrac{x^2}{a^2}-\dfrac{y^2}{b^2}=-1$
$(a>0,\ b>0)$	$(a>0,\ b>0)$
頂点 $(\pm a,\ 0)$	頂点 $(0,\ \pm b)$
焦点 $(\pm\sqrt{a^2+b^2},\ 0)$	焦点 $(0,\ \pm\sqrt{a^2+b^2})$
2つの焦点からの距離の差 $2a$	2つの焦点からの距離の差 $2b$

漸近線　直線 $y=\pm\dfrac{b}{a}x$

14　2次曲線の接線の方程式

接点が $(x_1,\ y_1)$ のとき

(1)　放物線 $y^2=4px$ の接線 … $y_1y=2p(x+x_1)$

　　放物線 $x^2=4py$ の接線 … $x_1x=2p(y+y_1)$

(2)　楕円 $\dfrac{x^2}{a^2}+\dfrac{y^2}{b^2}=1$ の接線 … $\dfrac{x_1x}{a^2}+\dfrac{y_1y}{b^2}=1$

(3)　双曲線 $\dfrac{x^2}{a^2}-\dfrac{y^2}{b^2}=1$ の接線 … $\dfrac{x_1x}{a^2}-\dfrac{y_1y}{b^2}=1$

　　双曲線 $\dfrac{x^2}{a^2}-\dfrac{y^2}{b^2}=-1$ の接線 … $\dfrac{x_1x}{a^2}-\dfrac{y_1y}{b^2}=-1$

15　2次曲線と離心率

定点Fからの距離PFと定直線 l からの距離PHの比の値 e が一定である点Pの軌跡は，Fを焦点の1つとする2次曲線であり

$0<e<1$ のとき　楕円

$e=1$ のとき　放物線

$1<e$ のとき　双曲線

16　直交座標と極座標

点Pの直交座標が $(x,\ y)$，極座標が $(r,\ \theta)$ であるとき

$$x=r\cos\theta,\ y=r\sin\theta$$

複素数平面

17　共役な複素数の性質

(1)　$\overline{\alpha+\beta}=\overline{\alpha}+\overline{\beta}$　　(2)　$\overline{\alpha-\beta}=\overline{\alpha}-\overline{\beta}$

(3)　$\overline{\alpha\beta}=\overline{\alpha}\,\overline{\beta}$　　(4)　$\overline{\left(\dfrac{\alpha}{\beta}\right)}=\dfrac{\overline{\alpha}}{\overline{\beta}}$

(5)　$\overline{(\overline{\alpha})}=\alpha$

18　複素数の絶対値

$z=a+bi$（$a,\ b$ は実数）のとき

$|z|=\sqrt{a^2+b^2}$

(1)　$|z|\geqq 0$　特に　$|z|=0 \iff z=0$

(2)　$|z|=|-z|=|\overline{z}|$　　(3)　$|z|^2=z\overline{z}$

19　複素数の極形式

$z=a+bi=r(\cos\theta+i\sin\theta)$

ただし　$r=\sqrt{a^2+b^2}=|z|,\ \theta=\arg z$

20　複素数の積と商

(1)　$z_1z_2=r_1r_2\{\cos(\theta_1+\theta_2)+i\sin(\theta_1+\theta_2)\}$

$|z_1z_2|=|z_1||z_2|,\ \arg(z_1z_2)=\arg z_1+\arg z_2$

(2)　$\dfrac{z_1}{z_2}=\dfrac{r_1}{r_2}\{\cos(\theta_1-\theta_2)+i\sin(\theta_1-\theta_2)\}$

$\left|\dfrac{z_1}{z_2}\right|=\dfrac{|z_1|}{|z_2|},\ \arg\left(\dfrac{z_1}{z_2}\right)=\arg z_1-\arg z_2$

21　ド・モアブルの定理

整数 n に対して

$$(\cos\theta+i\sin\theta)^n=\cos n\theta+i\sin n\theta$$

22　1の n 乗根

1の n 乗根は，次の n 個の複素数である。

$$z_k=\cos\frac{2k}{n}\pi+i\sin\frac{2k}{n}\pi$$

$(k=0,\ 1,\ 2,\ \cdots,\ n-1)$

23　複素数と角

異なる3点 $\mathrm{P}(z_1)$，$\mathrm{Q}(z_2)$，$\mathrm{R}(z_3)$ に対して

$$\angle\mathrm{QPR}=\arg\left(\frac{z_3-z_1}{z_2-z_1}\right)$$

24　一直線上にある条件，垂直に交わる条件

3点P，Q，Rが一直線上にある

$\iff \dfrac{z_3-z_1}{z_2-z_1}$ が実数

2直線PQ，PRが垂直に交わる

$\iff \dfrac{z_3-z_1}{z_2-z_1}$ が純虚数

皆さんへのメッセージ

～私たちの願い～

どうして数学の学習では，解答の過程を丁寧に示すことが求められるのでしょうか？

求めた値は，偶然正解と一致していただけかもしれないから…。

大学入試で採点対象であるから…。

数学は解答に至るまでの思考の過程が大切だから…。

いずれも1つの答えかもしれません。

私たちからも，皆さんに1つの答えを紹介したいと思います。それは

客観的な事実を，正確にかつ論理的に表現し「伝える力」を養うため

です。これまでの数学の学習で皆さんは，定理や公式を駆使して線分の長さや面積を求める問題や，等式や不等式の証明問題などにチャレンジしてきました。その際に先生から，「どうしてその公式を用いるの？」と根拠を求められたり，「途中過程をもっと分かりやすく丁寧に」と指示されたりしたことがあるかもしれません。また授業では，先生やクラスメートと定理や公式，関連知識を交えた対話を通して問題を解いた経験をした人がいるかもしれません。

そのときには，自分の考えを整理し直し，伝える順序を工夫して，効果的な図やグラフを示しながら説明しようと試みたのではないでしょうか。そのようなことは，数学以外の問題で自分の考えを伝えるときにも大切です。

皆さんがこれから社会で活躍するとき，事実や主張を正確にかつ論理的に伝える力は，物事を円滑に進める上でとても重要です。

自分の考えの結果だけを示しても，他人に納得してもらうことはできない。
その根拠を示し論理的に分かりやすく説明して初めて，納得してもらえるのである。

私たちの願いは，皆さんが数学の学習で単に値を求めることに満足せず，「この解法を他人に伝えるにはどうすれば効果的だろうか？」という視点で答案を見直し，自分の考えを正確にかつ論理的に「伝える力」を身に付けることです。そして，この「伝える力」は数学の問題にとどまらず，社会においても，日常生活においても役に立つのです。

書名「NEW ACTION LEGEND」の“LEGEND”には“語り継がれるもの”という意味があります。皆さんが，1年後はもちろん，10年後，20年後，50年後に“語り継ぐ”ことができる「伝える力」を身に付けることができたら，これほど幸せなことはありません。

NEW ACTION LEGEND 編集委員会

目次

数学C

【問題数】

例題・練習・問題……各151題
探究例題(コラム)……13題
チャレンジ(コラム)……9題
本質を問う……26題
Let's Try!……52題
思考の戦略編 例題・練習・問題……各7題
入試攻略……34題
合計608題

コラム一覧

Play Back

Go Ahead

本書の構成

本書『NEW ACTION LEGEND 数学 C』は，教科書の例題レベルから大学入試レベルの応用問題までを，**網羅的**に扱った参考書です。本書で扱う例題は，関連する内容を，“教科書レベルから大学入試レベルへ”と難易度が上がっていくように系統的に配列していますので

① 日々の学習における，数学Cの内容の体系的な理解

② 大学入試対策における，入試問題の骨子となる内容の確認と練習

を効率よく行うことができます。

本書は次のような内容で構成されています。

[例題集]

巻頭に，例題の問題文をまとめた冊子が付いています。本体から取り外して使用することができますので，解答を見ずに例題を考えることができます。

↓

[例題MAP] [例題一覧]

章の初めに，例題，Play Back，Go Aheadについての情報をまとめています。例題MAPでは，例題間の関係を図で表しています。学習を進める際の地図として利用してください。

↓

まとめ

教科書で学習した用語や定理・公式などの基本事項をまとめた「受験教科書」です。

概要 は，基本事項の理解を助けたり，さらに深めたりする内容であり，特に以下に留意して記述しています。

- 用語の説明を，教科書よりも噛み砕いた表現で記述しています。
- 例 を挙げて，理解しやすくしています。
- 間違いやすい内容の注意を記述しています。
- 定理や公式の証明を記述しています。ただし，証明が長く，全体の流れを理解するのが難しいようなものに対しては，証明の全文を記述するのではなく，証明の概要を示すことによって，証明の要点をつかむことができるようにしています。

また，*information* では，“定理・公式を証明させる問題”や“用語を説明させる問題”の大学入試での出題状況を掲載しています。近年，このような問題が幅広い大学で出題されていますので，概要に掲載されている内容もしっかりと確認しておきましょう。

例題 例題

例題は選りすぐられた良問ばかりです。例題をすべてマスターすれば，定期テストや大学入試問題にもしっかり対応できます。(詳細はp.6，7を参照)

⬇

Play Back **Go Ahead**

コラム「Play Back」では，学習した内容を総合的に整理したり，重要事項をより詳しく説明したりしています。

コラム「Go Ahead」では，それまでの学習から一歩踏み出し，より発展的な内容や解法を紹介しています。

探究例題

コラムの中で，数学的な見方・考え方をより広げることができる内容は，探究例題として問題化しました。近年増えつつある新傾向の大学入試対策としても利用できます。

⬇

問題編

節末に，例題・練習より少しレベルアップした類題「問題」をまとめています。

⬇

本質を問う

「定義を理解できているか」「なぜその性質が成り立つのか」「なぜその性質を利用するのか」などを考える，例題とは異なる形式の問題です。

分からない問題は，◀p.00 概要0 で対応する内容を振り返ることができます。

⬇

Let's Try!

節末に設けた，例題と同レベル以上の問題です。各問題には ◀例題00 で対応する例題が示してあるので，解けない問題はすぐに関連する例題を復習することができます。

⬇

思考の戦略編

分野を越えた効果的な思考法について，本編の例題やプロセスワードと関連させて解説しています。思考力を高めるとともに，大学入試への対応力をさらに引き上げます。

⬇

入試攻略

巻末に設けた大学入試の過去問集です。学習の成果を総合的に確認しながら，実戦力を養うことができます。また，大学入試対策としても活用できます。

例題ページの構成

例題番号

例題番号の色で例題の種類を表しています。
赤　教科書レベル
黒　教科書の範囲外の内容や入試レベル

思考のプロセス

問題を理解し，解答の計画を立てるときの思考の流れを記述しています。数学を得意な人が，

問題を解くときにどのようなことを考えているか
どうしてそのような解答を思い付くのか

を知ることができます。
これらをヒントに **自分で考える習慣** をつけましょう。

また，図をかく のように，多くの問題に共通した重要な数学的思考法を**プロセスワード**として示しています。これらの数学的思考法が身に付くと，難易度の高い問題に対しても，解決の糸口を見つけることができるようになります。(詳細はp.10を参照)

Action»

思考のプロセスでの考え方を簡潔な言葉でまとめました。その問題の解法の急所となる内容です。

«ReAction

既習例題の Action» を活用するときには，それを例題番号と合わせて明示しています。登場回数が多いほど，様々な問題に共通する大切な考え方となります。

解答

模範解答を示しています。
赤字の部分は Action» や «ReAction に対応する箇所です。

関連例題

この例題を理解するための前提となる内容を扱った例題を示しています。復習に活用するとともに，例題と例題がつながっていること，難しい例題も易しい例題を組み合わせたものであることを意識するようにしましょう。

例題 41　空間における2点間

3点 O(0, 0, 0), A(2, −2, 2),
めよ。
(1) xy 平面上にあり，3点 O, A,
(2) 点 A に関して，点 B と対称な

思考のプロセス
数学Ⅱ「図形と方程式」で学習した考え
未知のものを文字でおく
(1) 点 D は xy 平面上の点 ⟹ D(x,
いずれ
点 D は 3点 O, A, B から等距離
«ReAction 距離に関する条件は,
(2) 点 C は点 A に関して点 B と対称

解 (1) 点 D は xy 平面上にあるから，D
D は 3点 O, A, B から等距離にあ
ⅡB 76
OD = AD = BD より　$OD^2 = A$
$OD^2 = AD^2$ より
$x^2+y^2=(x-2)^2+(y+2)^2$
よって　$x-y=3$　…①
$OD^2 = BD^2$ より
$x^2+y^2=(x-6)^2+(y-4)^2$
よって　$3x+2y=14$　…②
①，②より　$x=4,\ y=1$
したがって　**D(4, 1, 0)**
例題 20
(2) C(x, y, z) とおく。点 A は線分
ら　$\dfrac{6+x}{2}=2,\ \dfrac{4+y}{2}=-2,$
よって　$x=-2,\ y=-8,\ z=$
したがって　**C(−2, −8, 6)**

Point...空間における2点間の距離と中点
空間において A(a_1, a_2, a_3), B(b_1, b_2,
(1) $\overrightarrow{AB}=(b_1-a_1,\ b_2-a_2,\ b_3-a_3)$ で
$AB=|\overrightarrow{AB}|=\sqrt{(b_1-a_1)^2+}$
(2) 線分 AB の中点の座標は　$\left(\dfrac{a_1+b}{2}\right.$

練習 41 (1) yz 平面上にあって，3点 O(
距離にある点 P の座標を求め
(2) 4点 O(0, 0, 0), C(0, 2,
ある点 Q の座標を求めよ。

本書の構成

D 頻出

)距離 ★☆☆☆

(6, 4, −2) に対して，次の座標を求

から等距離にある点 D

C

を空間にも応用して考える。

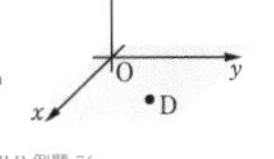

z) とおける

⇨ OD = AD = BD

離の2乗を利用せよ ◀ⅡB 例題 76

点□は，線分□の中点

y, 0) とおく。 ◀ ❗xy 平面上の点であるから，z 座標は 0 である。

から

$^2 = BD^2$

◀ $OD^2 = AD^2 = BD^2$ $\iff \begin{cases} OD^2 = AD^2 \\ OD^2 = BD^2 \end{cases}$

$(-2)^2$

2^2

◀ ①×2+② より $5x = 20$ よって $x = 4$

C の中点であるか

$\dfrac{2+z}{2} = 2$

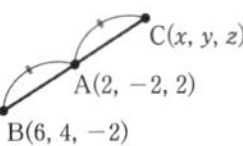

)座標

)のとき

るから

$-a_2)^2+(b_3-a_3)^2$

$\dfrac{a_2+b_2}{2},\ \dfrac{a_3+b_3}{2}\Big)$

0, 0), A(1, −1, 1), B(1, 2, 1) から等

, D(−1, 1, 2), E(0, 1, 3) から等距離に

(関西学院大)

➡p.138 問題41

93

頻出 マーク

定期考査などで出題されやすい，特に重要な例題です。効率的に学習したいときは，まずこのマークが付いた例題を解きましょう。

★マーク

★の数で例題の難易度を示しています。

★☆☆☆　教科書の例レベル
★★☆☆　教科書の例題レベル
★★★☆　教科書の節末・章末レベル，入試の標準レベル
★★★★　入試のやや難しいレベル

解説

解答の考え方や式変形，利用する公式などを補足説明しています。

❗[注意]
うっかり忘れてしまう所や間違いやすい所に付けています。対応する解答本文には ………… を引いています。

Point...

例題に関連する内容を一般的にまとめたり，解答の補足をしたり，注意事項をまとめたりしています。数学的な知識をさらに深めることができます。

練習

例題と同レベルの類題で，例題の理解の確認や反復練習に適しています。

問題

節末に，例題・練習より少しレベルアップした類題があり，その掲載ページ数・問題番号を示しています。

学習の方法

1 「問題を解く」ということ

問題を解く力を養うには,「自力で考える時間をなるべく多くする」ことと,「自分の答案を振り返る」ことが大切です。次のような手順で例題に取り組むとよいでしょう。

1 [例題集]を利用して, まずは自分の力で解いてみる。すぐに解けなくても15分ほど考えてみる。考えるときは, 頭の中だけで考えるのではなく, 図をかいてみる, 具体的な数字を当てはめてみるなど, 紙と鉛筆を使って手を動かして考える。

以降, 各段階において自分で答案が書けたときは**5**へ, 書けないときは次の段階へ

2 15分考えても分からないときは, **思考のプロセス** を読み, 再び考える。

3 それでも手が動かないときに, 初めて解答を読む。
解答を読む際は, **Action»** や **«ReAction** に関わる部分(赤文字の部分)に注意しながら読む。
また, 解答右の[解説]や❗[注意]に目を通したり, [関連例題]を振り返ったりして理解を深める。

4 ひと通り読んで理解したら, 本を閉じ, 解答を見ずに自分で答案を書く。解答を読んで理解することと, 自分で答案を書けることは, 全く違う技能であることを意識する。

5 自分の答案と参考書の解答を比べる。このとき, 以下の点に注意する。
- 最終的な答の正誤だけに気を取られず, 途中式や説明が書けているか確認する。
- **Action»** や **«ReAction** の部分を考えることができているか確認する。
- もう一度 **思考のプロセス** を読んで, 考え方を理解する。
- **Point...** を読み, その例題のポイントを再整理する。
- [関連例題]や[例題MAP]を確認して, 学んだことを体系化する。

いくつかの例題に取り組み, 数学の内容について理解が深まってきたら, 以下のページを参考に, 答案を書くときに大切なことを意識するようにしましょう。

❶ LEGEND数学I+A p.278 Play Back 19 **「自分の考えを論理的に表現する」**
自分の考えを正しく表現するために重要なことを学ぶ。

❷ 巻　末 「答案作成で注意すること」
分野を越えて重要な数学の議論・表現について確認する。

❸ 巻　末 「解答を振り返る」
自分の答が正しいかを確認できる効果的な方法について学ぶ。

2 参考書を究極の問題集として活用する

次ページの❶～❹のように活用することで, 様々な時期や目的に合わせた学習を, この1冊で効率的に完結することができます。

1 **時期** 日々の学習，週末や長期休暇の課題 ｜ **目的** じっくり時間をかけて，1題1題丁寧に理解したい！

まとめ	まとめを読み，その分野の大事な用語や定理・公式を振り返る。
例題 ★～★★★	**1「問題を解く」ということ**の手順にしたがって，問題を解く。
練習 問題編	①「練習」➡「問題」と解いて，段階的に実力アップを図る。 ② 日々の学習で「練習」を，3年生の受験対策で「問題」を解く。 ③ 例題が解けなかったとき ➡「練習」で確実に反復練習！ 例題が解けたとき ➡「問題」に挑んで実力アップ！
Play Back Go Ahead 探究例題	Play Back で学習した内容をまとめ，間違いやすい箇所を確認する。 また，Go Ahead で一歩進んだ内容を学習する。 コラムを読むだけでなく，探究例題 でしっかり考え，問題を解く。

2 **時期** 定期テストの前 ｜ **目的** 基礎・基本は身に付いているのだろうか？確認して弱点を補いたい！

例題 ★★～★★★★ 頻出 が付いた例題	それぞれの例題でつまずいたときには，[関連例題]を確認したり，[例題MAP]の→を遡ったりして，基礎から復習する。
例題 ★～★★★	さらに力をつけ，高得点を狙うときは，黒文字の例題にも挑戦する。 関連する Go Ahead があれば，目を通して理解を深める。

3 **時期** 実力テストや模擬試験の前 ｜ **目的** 出題範囲が広くて，時間もない。全体を短時間で振り返りたい！

本質を問う	重要な定理・公式の成り立ちや意味を振り返る。 分からないときは ◀p.00 概要0 を利用して，関連するまとめを復習する。
Let's Try!	節全体を網羅した Let's Try! で，これまでの知識を整理する。 解けないときは ◀例題00 を利用して，関連する例題を復習する。

4 **時期** 大学入試の対策 ｜ **目的** 3年間の総まとめ，効率よく学習し直したい！

頻出 が付いた例題	1・2 年生で学習した内容を確認するため，頻出 が付いた例題を見返し，効率的にひと通り復習する。
例題 ★★★～★★★★★	数学を得点源にするためには，これらの例題にも挑戦する。 入試頻出の重要テーマを，前後の例題との違いを意識しながら学習する。
探究例題	数学的活用力が問われるような，新傾向問題に挑戦する。
思考の戦略編 入試攻略	思考の戦略編で，より実践的な思考力を身に付け，入試攻略 で過去の入試問題に挑戦する。

数学的思考力への扉

皆さんは問題を解くとき，問題を見てすぐに答案を書き始めていませんか？
数学に限らず日常生活の場面においても，問題を解決するときには次の４つの段階があります。

(問題を理解する) ➡ (計画を立てる) ➡ (計画を実行する) ➡ (振り返ってみる)

この４つの段階のうち「計画を立てる」段階が最も大切です。初めて見る問題で「計画を立てる」ときには，定理や公式のような知識だけでは不十分で，以下のような **数学的思考法** がなければ，とても歯が立ちません。
もちろん，これらの数学的思考法を使えばどのような問題でも解決できる，ということはありません。しかし，これらの数学的思考法を十分に意識し，紙と鉛筆を使って試行錯誤するならば，初めて見る問題に対しても，計画を立て，解決の糸口を見つけることができるようになるでしょう。

図をかく ／ **図で考える** ／ **表で考える**

道順を説明するとき，文章のみで伝えようとするよりも地図を見せた方が分かりやすい。
数学においても，特に図形の問題では，問題文で与えられた条件を図に表すことで，問題の状況や求めるものが見やすくなる。

○○の言い換え （○○ ➡ 条件，求めるもの，目標，問題）

「n人の生徒に10本ずつ鉛筆を配ると，1本余る」という条件は文章のままで扱わずに，「鉛筆は全部で$(10n+1)$本」と，式で扱った方が分かりやすい。
このように，「文章の条件」を「式の条件」に言い換えたり，「式の条件」を「グラフの条件」に言い換えたりすると，式変形やグラフの性質が利用でき，解答に近づくことができる。

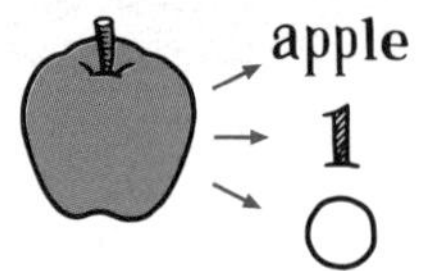

○○を分ける （○○ ➡ 問題，図，式，場合）

外出先を相談するときに，A「ピクニックに行きたい」 B「でも雨かもしれないから，買い物がいいかな」 A「天気予報では雨とは言ってなかったよ」 C「買い物するお金がない」などと話していては，決まるまでに時間がかかる。天気が晴れの場合と雨の場合に分けて考え，天気と予算についても分けて考える必要がある。
数学においても，例えば複雑な図形はそのまま考えずに，一部分を抜き出してみると三角形や円のような単純な図形となって，考えやすい場合がある。このように，複雑な問題，図，式などは部分に分け，整理して考えることで，状況を把握しやすくなり，難しさを解きほぐすことができる。

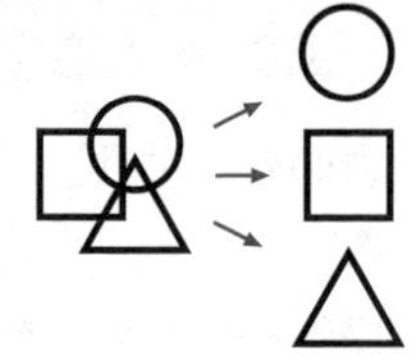

具体的に考える ／ 規則性を見つける

日常の問題でも，数学の問題でも，問題が抽象的であるほど，その状況を理解することが難しくなる。このようなときに，問題文をただ眺めて頭の中だけで考えていたのでは，解決の糸口は見つけにくい。
議論をしているときに，相手に「例えば？」と聞くように，抽象的な問題では具体例を考えると分かりやすくなる。また，具体的にいくつかの値を代入してみると，その問題がもつ規則性を発見できることもある。

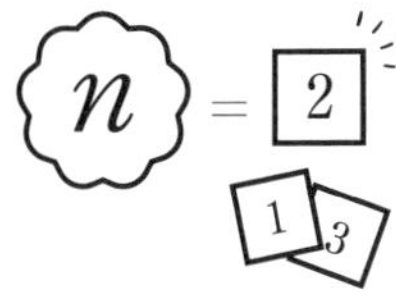

段階的に考える

ジグソーパズルに挑戦するとき，やみくもに作り出すのは得策ではない。まずは，角や端になるピースを分類する。その次に，似た色ごとにピースを分類する。そして，端の部分や，特徴のある模様の部分から作る。このように，作業は複雑であるほど，作業の全体を見通し，段階に分けてそれぞれを正確に行うことが大切である。
数学においても，同時に様々なことを考えるのではなく，段階に分けて考えることによって，より正確に解決することができる。

逆向きに考える

友人と12時に待ち合わせをしている。徒歩でバス停まで行き，バスで駅まで行き，電車を2回乗り換えて目的地に到着するような場合，12時に到着するためには何時に家を出ればよいか？　11時ではどうか，11時10分ではどうか，と試行錯誤するのではなく，12時に到着するように，電車，バス，徒歩にかかる時間を逆算して考えるだろう。
数学においても，求めるものから出発して，そのためには何が分かればよいか，さらにそのためには何が分かればよいか，…と逆向きに考えることがある。

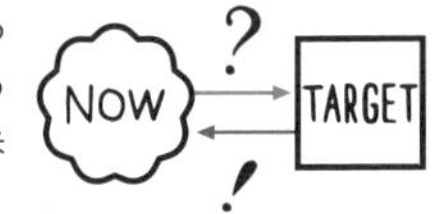

対応を考える

包み紙に1つずつ包装されたお菓子がある。満足するまでお菓子を食べた後，「自分は何個のお菓子を食べたのだろう」と気になったときには，どのように考えればよいか？　包み紙の数を数えればよい。お菓子と包み紙は1対1で対応しているので，包み紙の数を数えれば，食べたお菓子の数も分かる。
数学においても，直接考えにくいものは，それと対応関係がある考えやすいものに着目することで，問題を解きやすくすることがある。

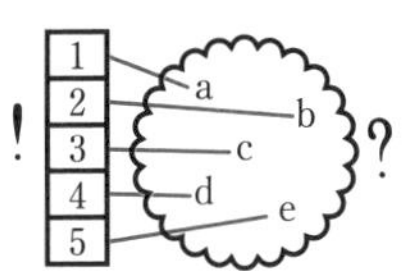

既知の問題に帰着 ／ 前問の結果の利用

日常の問題でこれまで経験したことのない問題に対して，どのようにアプローチするとよいか？　まずは，考え方を知っている似た問題を探し出すことによって，その考え方が活用できないかを考える。
数学の問題でも，まったく解いたことのない問題に対して，似た問題に帰着したり，前問の結果を利用できないかを考えることは有効である。もちろん，必ず解答にたどり着くとは限らないが，解決の糸口を見つけるきっかけになることが多い。

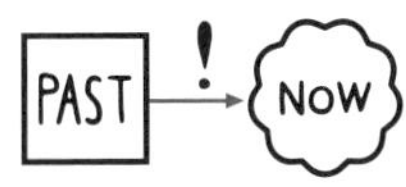

見方を変える

右の図は何に見えるだろうか？　白い部分に着目すれば壺であり，黒い部分に着目すれば向かい合った2人の顔である。このように，見方を変えると同じものでも違ったように見えることがある。
数学においても，全体のうちのAの方に着目するか，Aでない方に着目するかによって，解決が難しくなったり，簡単になったりすることがある。

未知のものを文字でおく／複雑なものを文字でおく

これまで，「鉛筆の本数をx本とおく」のように，求めるものを文字でおいた経験があるだろう。それによって，他の値をxで表したり，方程式を立てたりすることができ，解答を導くことができるようになる。また，複雑な式はそのまま考えるのではなく，複雑な部分を文字でおくことで，構造を理解しやすくなることがある。
この考え方は高校数学でも活用でき，数学的思考法の代表例である。

○○を減らす　（○○ ➡ 変数，文字）

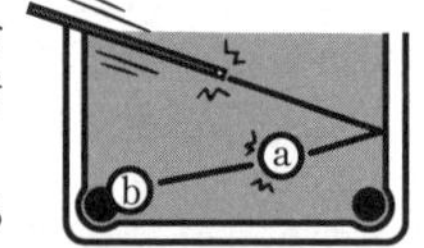

友人と出かける約束をするとき，日時も，行き先も，メンバーも決まっていないのでは，計画を立てようもない。いずれか1つでも決めておくと，それに合うように他の条件も決めやすくなる。未知のものは1つでも少なくした方が考えやすい。
数学においても，例えば連立方程式を解くときには，一方の文字を消去することによって解くことができるように，定まっていないものを減らそうと考えることは重要である。

次元を下げる／次数を下げる

空を飛び回るトンボの経路を説明するよりも，地面を歩く蟻の経路を説明する方が簡単である。荷物を床に並べるよりも，箱にしまう方が難しい。人間は3次元の中で生活をしているが，3次元よりも2次元のものの方が認識しやすい。
数学においても，3次元の立体のままでは考えることができないが，展開したり，切り取ったりして2次元にすると考えやすくなることがある。

候補を絞り込む

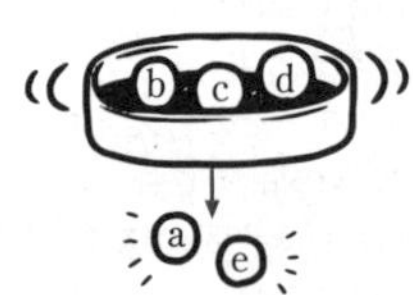

20人で集まって食事に行くとき，どういうお店に行くか？　20人全員にそれぞれ食べたいものを聞いてしまうと意見を集約させるのは難しい。まずは2, 3人から寿司，ラーメンなどと意見を出してもらい，残りの人に寿司やラーメンが嫌な人は？　と聞いた方がお店は決まりやすい。
数学においても，すべての条件を満たすものを探すのではなく，まずは候補を絞り，それが他の条件を満たすかどうかを考えることによって，解答を得ることがある。

1つのものに着目

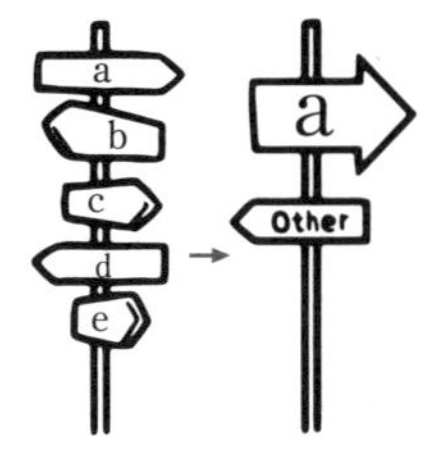

文化祭のお店で小銭がたくさん集まった。これが全部でいくらあるか考えるとき，硬貨を1枚拾っては分類していく方法と，まず500円玉を集め，次に100円玉を集め，…と1種類の硬貨に着目して整理する方法がある。
数学においても，式に多くの文字が含まれていたり，要素が多く含まれていたりするときには，1つの文字や1つの要素に着目すると，整理して考えられるようになる。

基準を定める

観覧車にあるゴンドラの数を数えるとき，何も考えずに数え始めると，どこから数え始めたのか分からなくなる。「体操の隊形にひらけ」ではうまく広がれないが，「Aさん基準，体操の隊形にひらけ」であれば素早く整列できる。
数学においても，基準を設定することで，同じものを重複して数えるのを防ぐことができたり，相似の中心を明確にすることで，図形の大きさを考えやすくできたりすることができる。

プロセスワード で学びを深める

「場合に分ける」って
前にも出てきたな…

分野を越えて共通する思考法を意識できます。

問題文の
条件を
言い換えて
頂点が x 軸上に
あるから
頂点を $(p, 0)$
とおくと

人に伝える際，思考を表現する共通言語となります。

数学的思考法はここまでに挙げたもの以外にはない，ということはありません。皆さんも，問題を解きながら共通している思考法を見つけて，自らの手で，自らの数学的思考法を創り上げていってください。

1章 ベクトル

例題MAP

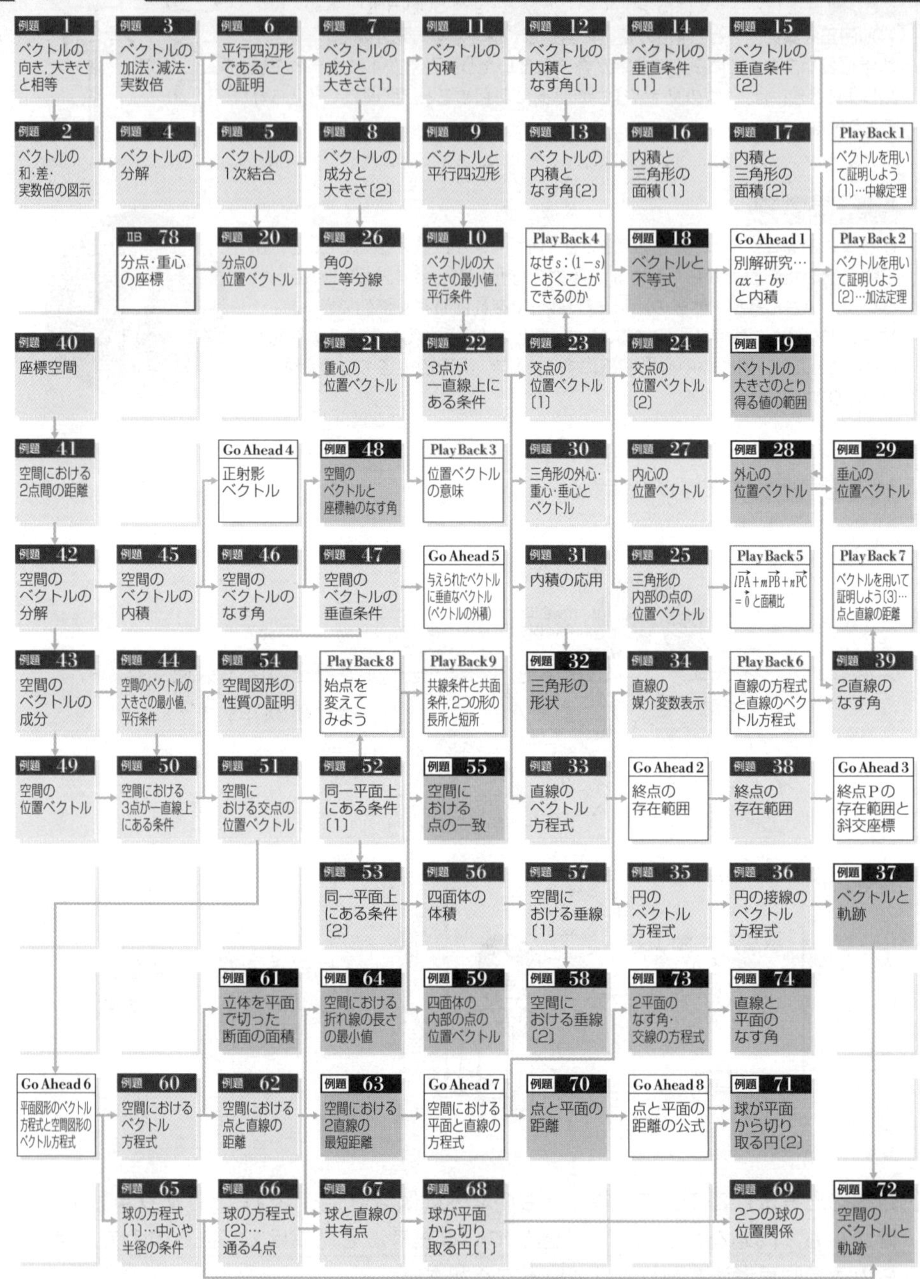

例題■は教科書の予習復習に，例題■は教科書学習後の実力 UP に適しています。
ある例題でつまずいたときは，→をたどって，基礎となる例題を復習しましょう。

この章の解説動画と
デジタルコンテンツは
こちら →

例題一覧

1 平面上のベクトル

例題番号	探究	頻出	デジタル	難易度	プロセスワード	
1				★☆☆☆	定義に戻る	
2			D	★☆☆☆	式を分ける	
3				★☆☆☆	既知の問題に帰着	
4		頻	D	★★☆☆	図を分ける	
5			D	★★☆☆	文字を減らす	
6				★★☆☆	目標の言い換え	基準を定める

2 平面上のベクトルの成分と内積

例題番号	探究	頻出	デジタル	難易度	プロセスワード	
7			D	★☆☆☆	対応を考える	
8		頻		★☆☆☆	段階的に考える	
9			D	★★☆☆	条件の言い換え	
10		頻	D	★★☆☆	目標の言い換え	条件の言い換え
11			D	★☆☆☆	図で考える	
12		頻	D	★☆☆☆	目標の言い換え	
13		頻		★★☆☆	目標の言い換え	
14		頻	D	★☆☆☆	条件の言い換え	未知のものを文字でおく
15			D	★★☆☆	条件の言い換え	
16		頻		★★☆☆	逆向きに考える	
17				★★☆☆	既知の問題に帰着	前問の結果の利用
PB1	探				条件の言い換え	
18				★★★☆	式を分ける	
19				★★★☆	既知の問題に帰着	
GA1	探				見方を変える	定義に戻る
PB2						

3 平面上の位置ベクトル

例題番号	探究	頻出	デジタル	難易度	プロセスワード	
20				★☆☆☆	公式の利用	
21			D	★★☆☆	結論の言い換え	
PB3						
22		頻		★★☆☆	結論の言い換え	基準を定める
23		頻		★★☆☆	見方を変える	
PB4						
24				★★☆☆	基準を定める	見方を変える
25		頻		★★☆☆	基準を定める	求めるものの言い換え
PB5	探		D		既知の問題に帰着	
26				★★☆☆	段階的に考える	
27		頻		★★☆☆	段階的に考える	
28				★★★★	逆向きに考える	未知のものを文字でおく
29				★★★☆	未知のものを文字でおく	
30			D	★★☆☆	基準を定める	条件の言い換え
31				★★★☆	逆向きに考える	文字を減らす
32				★★★☆	目標の言い換え	
33		頻	D	★★☆☆	図で考える	
34			D	★☆☆☆	段階的に考える	
PB6						
35		頻	D	★★☆☆	図で考える	
36				★★☆☆	図で考える	
37			D	★★★☆	基準を定める	
GA2			D			
38		頻	D	★★☆☆	既知の問題に帰着	
GA3			D			
39			D	★★☆☆	未知のものを文字でおく	見方を変える
PB7	探				図で考える	

4 空間におけるベクトル

例題番号	探究	頻出	デジタル	難易度	プロセスワード	
40				★☆☆☆	対応を考える	
41		頻	D	★☆☆☆	未知のものを文字でおく	
42		頻		★☆☆☆	既知の問題に帰着	
43			D	★☆☆☆	対応を考える	
44		頻	D	★★☆☆	既知の問題に帰着	
45			D	★★☆☆	図で考える	
GA4	探				図で考える	
46		頻		★★☆☆	逆向きに考える	
47		頻	D	★★☆☆	未知のものを文字でおく	
GA5			D			
48				★★☆☆	未知のものを文字でおく	基準を定める
49		頻	D	★☆☆☆	公式の利用	
50		頻		★★☆☆	基準を定める	
51		頻	D	★★☆☆	見方を変える	
52		頻		★★☆☆	基準を定める	文字を減らす
53		頻		★★★☆	既知の問題に帰着	
PB8	探				条件の言い換え	
PB9						
54				★★☆☆	基準を定める	逆向きに考える
55			D	★★★★	段階に分ける	
56				★★★☆	目標の言い換え	
57		頻		★★★☆	基準を定める	条件の言い換え
58			D	★★★★	基準を定める	条件の言い換え
59				★★★☆	基準を定める	求めるものの言い換え
GA6						
60				★★☆☆	既知の問題に帰着	
61			D	★★★☆	条件の言い換え	
62			D	★★☆☆	未知のものを文字でおく	
63			D	★★★☆	未知のものを文字でおく	
64			D	★★★☆	次元を下げる	
65		頻	D	★★☆☆	未知のものを文字でおく	
66			D	★★☆☆	未知のものを文字でおく	
67			D	★★★☆	未知のものを文字でおく	
68			D	★★★☆	次元を下げる	
69			D	★★★☆	次元を下げる	
GA7	探				定義に戻る	
70				★★★☆	見方を変える	
GA8						
71			D	★★★☆	未知のものを文字でおく	
72			D	★★★☆	基準を定める	
73				★★★☆	見方を変える	
74				★★★★	見方を変える	

PB…Play Back, **GA**…Go Ahead
頻…定期考査などで出題されやすい，特に重要な例題です。
探…探究例題を通して，数学的な見方・考え方を広げるコラムです。
D…内容の解説のためのデジタルコンテンツが付いています。

まとめ 1　平面上のベクトル

1 ベクトル

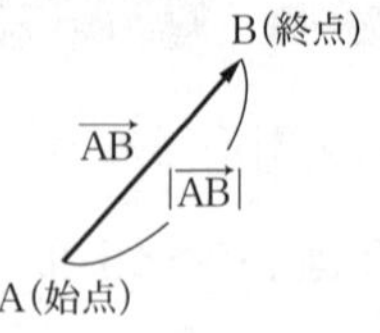

有向線分 … 向きのついた線分。有向線分 AB において，
A を **始点**，B を **終点** という。

ベクトル … 有向線分において，その位置を問題にせず，
向きと大きさだけに着目したもの。
有向線分 AB を表すベクトルを $\overrightarrow{\mathbf{AB}}$ と書く。
また，ベクトルを $\vec{a}$，$\vec{b}$，$\vec{c}$ などと表すこともある。

$\overrightarrow{\mathbf{AB}}$ の大きさ … $\overrightarrow{AB}$ の表す有向線分 AB の長さ。$|\overrightarrow{AB}|$ と表す。

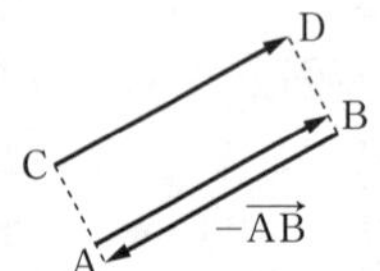

ベクトルの相等 … 2つのベクトルの向きと大きさが一致すること。2つのベクトルが **等しい** という。$\overrightarrow{AB}$ と $\overrightarrow{CD}$ が等しいとき，$\overrightarrow{AB}=\overrightarrow{CD}$ と書く。

逆ベクトル … あるベクトルに対して，大きさが同じで向きが反対であるベクトル。
$\vec{a}$ の逆ベクトルを $-\vec{a}$ と表す。特に，$\overrightarrow{BA}=-\overrightarrow{AB}$ である。

零ベクトル … 始点と終点が一致したベクトル。$\vec{\mathbf{0}}$ と表す。
$\vec{0}$ の大きさは 0，$\vec{0}$ の向きは考えない。

2 ベクトルの加法・減法・実数倍

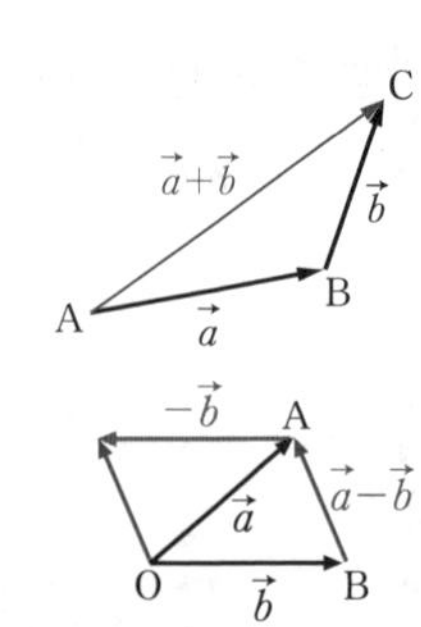

(1)　ベクトルの加法

2つのベクトル $\vec{a}$，$\vec{b}$ に対して，1つの点 A をとり，次に，$\vec{a}=\overrightarrow{AB}$，$\vec{b}=\overrightarrow{BC}$ となるように点 B，C をとる。このとき，$\overrightarrow{AC}$ を $\vec{a}$ と $\vec{b}$ の **和** といい，$\vec{a}+\vec{b}$ と表す。

すなわち　　$\overrightarrow{\mathbf{AB}}+\overrightarrow{\mathbf{BC}}=\overrightarrow{\mathbf{AC}}$

(2)　ベクトルの減法

2つのベクトル $\vec{a}$，$\vec{b}$ に対して，1つの点 O をとり，次に，$\vec{a}=\overrightarrow{OA}$，$\vec{b}=\overrightarrow{OB}$ となるように点 A，B をとる。このとき，$\overrightarrow{BA}$ を $\vec{a}$ と $\vec{b}$ の **差** といい，$\vec{a}-\vec{b}$ と表す。

すなわち　　$\overrightarrow{\mathbf{OA}}-\overrightarrow{\mathbf{OB}}=\overrightarrow{\mathbf{BA}}$

(3)　ベクトルの実数倍

ベクトル $\vec{a}$ と実数 k に対して，$\vec{a}$ の k 倍 $k\vec{a}$ を次のように定める。

(ア)　$\vec{a}\neq\vec{0}$ のとき

(i)　$k>0$ ならば，$\vec{a}$ と同じ向きで大きさが k 倍のベクトル

(ii)　$k<0$ ならば，$\vec{a}$ と反対向きで大きさが $|k|$ 倍のベクトル

(iii)　$k=0$ ならば，$\vec{0}$

(イ)　$\vec{a}=\vec{0}$ のとき　　$k\vec{a}=\vec{0}$

(4) 単位ベクトル

大きさが1であるベクトルを **単位ベクトル** という。

$\vec{a} \neq \vec{0}$ のとき，$\vec{a}$ と同じ向きの単位ベクトルは $\dfrac{\vec{a}}{|\vec{a}|}$ である。

← $\vec{e}$ が単位ベクトルのとき $|\vec{e}|=1$

3 ベクトルの計算法則

(1) 加法の性質

(ア) $\vec{a}+\vec{b}=\vec{b}+\vec{a}$ （交換法則）　(イ) $(\vec{a}+\vec{b})+\vec{c}=\vec{a}+(\vec{b}+\vec{c})$ （結合法則）

(ウ) $\vec{a}+\vec{0}=\vec{a}$　(エ) $\vec{a}+(-\vec{a})=\vec{0}$

(2) 実数倍の性質（k，l は実数）

(ア) $k(l\vec{a})=(kl)\vec{a}$　(イ) $(k+l)\vec{a}=k\vec{a}+l\vec{a}$　(ウ) $k(\vec{a}+\vec{b})=k\vec{a}+k\vec{b}$

概要

2 ベクトルの加法・減法・実数倍

・ベクトルの減法

2つのベクトル $\overrightarrow{OA}$，$\overrightarrow{OB}$ について，差 $\overrightarrow{OA}-\overrightarrow{OB}$ は

$$\overrightarrow{OA}-\overrightarrow{OB}=\overrightarrow{OA}+(-\overrightarrow{OB})=\overrightarrow{OA}+\overrightarrow{BO}=\overrightarrow{BO}+\overrightarrow{OA}=\overrightarrow{BA}$$

このことから，2つのベクトルの差は，それぞれのベクトルの始点が一致するように移動し，$\overrightarrow{OA}-\overrightarrow{OB}=\overrightarrow{BA}$ と考えることができる。
（終）（始）（始終）

・ベクトルの実数倍

ベクトルの実数倍の定義から，$|k\vec{a}|=|k||\vec{a}|$ が成り立つことが分かる。

また，$\dfrac{1}{k}\vec{a}$ を $\dfrac{\vec{a}}{k}$ と書くことがある。

3 ベクトルの計算法則

・加法の性質の図解

(ア) $\vec{a}+\vec{b}=\vec{b}+\vec{a}$ （交換法則）

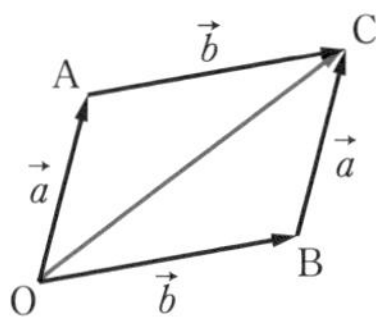

(イ) $(\vec{a}+\vec{b})+\vec{c}=\vec{a}+(\vec{b}+\vec{c})$ （結合法則）

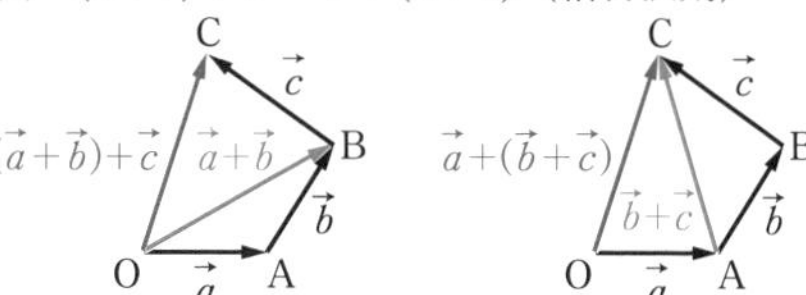

・結合法則

ベクトルの加法について，結合法則が成り立つことから，$(\vec{a}+\vec{b})+\vec{c}$ や $\vec{a}+(\vec{b}+\vec{c})$ を単に $\vec{a}+\vec{b}+\vec{c}$ と表すことができる。

・実数倍の図解

(ウ) $k(\vec{a}+\vec{b})=k\vec{a}+k\vec{b}$

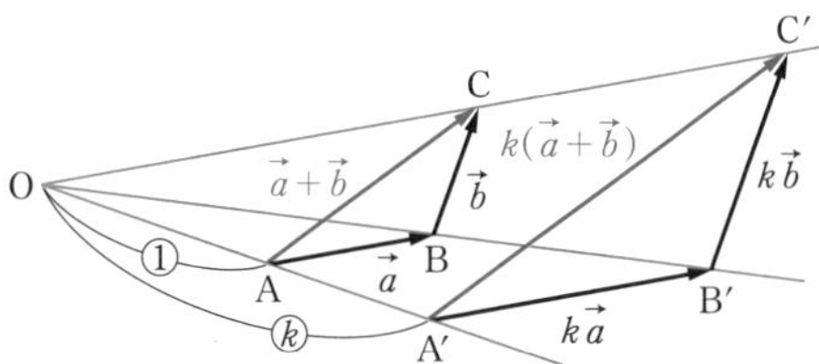

4 ベクトルの平行条件

$\vec{0}$ でない2つのベクトル $\vec{a}$, $\vec{b}$ が同じ向きまたは反対向きであるとき，$\vec{a}$ と $\vec{b}$ は平行であるといい，$\vec{a} \parallel \vec{b}$ と書く。

$\vec{a} \neq \vec{0}$, $\vec{b} \neq \vec{0}$ のとき

$$\vec{a} \parallel \vec{b} \iff \vec{b} = k\vec{a} \text{ となる実数 } k \text{ が存在する}$$

5 ベクトルの1次独立

$\vec{a} \neq \vec{0}$, $\vec{b} \neq \vec{0}$ かつ $\vec{a}$ と $\vec{b}$ が平行でない（$\vec{a} \nparallel \vec{b}$）とき，$\vec{a}$ と $\vec{b}$ は**1次独立**であるという。

$\vec{a}$ と $\vec{b}$ が1次独立であるとき，平面上の任意のベクトル $\vec{p}$ は $\vec{p} = k\vec{a} + l\vec{b}$ の形にただ1通りに表される。ただし，k, l は実数である。

すなわち　$k\vec{a} + l\vec{b} = k'\vec{a} + l'\vec{b} \iff k = k',\ l = l'$ …(＊)

特に　$k\vec{a} + l\vec{b} = \vec{0} \iff k = l = 0$

概要

5 ベクトルの1次独立

・(＊)の証明

背理法を用いて証明する。

〔証明〕

2つのベクトル $\vec{a}$ と $\vec{b}$ が1次独立（$\vec{a} \neq \vec{0}$, $\vec{b} \neq \vec{0}$, $\vec{a} \nparallel \vec{b}$）であるとする。

$k\vec{a} + l\vec{b} = k'\vec{a} + l'\vec{b}$ が成り立つとすると

$(k - k')\vec{a} = (l' - l)\vec{b}$ …①

ここで，$k \neq k'$ と仮定すると　$\vec{a} = \dfrac{l' - l}{k - k'}\vec{b}$ …②

②は $\vec{a} \parallel \vec{b}$ または $\vec{a} = \vec{0}$ であることを示している。　⬅ $l \neq l'$ のとき $\vec{a} \parallel \vec{b}$　$l = l'$ のとき $\vec{a} = \vec{0}$

これは，$\vec{a}$ と $\vec{b}$ が1次独立であることに矛盾するから

$k = k'$

$k = k'$ を①に代入すると　$(l' - l)\vec{b} = \vec{0}$

$\vec{b} \neq \vec{0}$ であるから，$l' - l = 0$ より　$l = l'$

以上のことから「$k\vec{a} + l\vec{b} = k'\vec{a} + l'\vec{b} \implies k = k'$ かつ $l = l'$」

逆に，「$k = k'$ かつ $l = l' \implies k\vec{a} + l\vec{b} = k'\vec{a} + l'\vec{b}$」

は明らかに成り立つ。

・ベクトルの分解

平面上で1次独立な $\vec{a}$, $\vec{b}$ が与えられたとき，平面上の任意のベクトルは $k\vec{a} + l\vec{b}$ の形にただ1通りに表すことができる。このように，あるベクトル $\vec{x}$ を $\vec{x} = k\vec{a} + l\vec{b}$ の形で表すことを**ベクトルの分解**といい，$k\vec{a} + l\vec{b}$ の形を $\vec{a}$, $\vec{b}$ の**1次結合**という。

・1次従属

2つのベクトル $\vec{a}$ と $\vec{b}$ が1次独立でないとき，$\vec{a}$ と $\vec{b}$ は**1次従属**であるという。

例題 1　ベクトルの向き，大きさと相等　★☆☆☆

右の図において，次の条件を満たすベクトルの組をすべて求めよ。

(1)　同じ向きのベクトル
(2)　大きさの等しいベクトル
(3)　等しいベクトル
(4)　互いに逆ベクトル

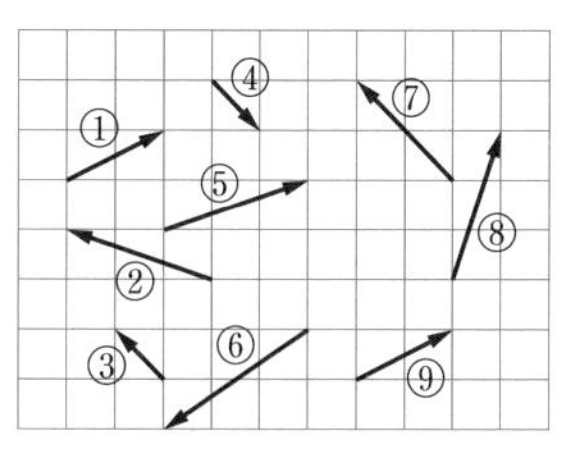

思考のプロセス

ベクトル …「大きさ」と「向き」をもつ量（位置は無関係）

定義に戻る

等しいベクトル ⟹ {「大きさ」が等しい ／「向き」が等しい

逆ベクトル ⟹ {「大きさ」が等しい ／「向き」が反対

❗ いずれも，位置はどこにあってもよい。

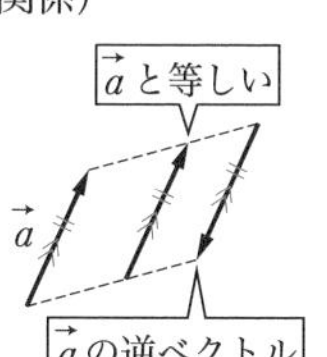

Action» ベクトルは，向きと大きさを考えよ

解 (1)　大きさは考えずに，互いに平行で，矢印の向きが同じベクトルであるから

① と ⑨，③ と ⑦

◀ 向きは，各ベクトルを対角線とする四角形をもとに考える。

(2)　向きは考えずに，大きさが等しいベクトルであるから

① と ⑨，③ と ④，② と ⑤ と ⑧

(3)　互いに平行，矢印の向きが同じで，大きさも等しいベクトルであるから

① と ⑨

◀ (1) と (2) のどちらにも入っている組を求めればよい。

(4)　互いに平行，矢印の向きが反対で，大きさが等しいベクトルであるから

③ と ④

Point...ベクトルの意味とベクトルの相等

有向線分（向きのついた線分）について，その位置を問題にせず，向きと大きさだけに着目したものを **ベクトル** という。

2つのベクトルが等しいとき，これらのベクトルを表す有向線分の一方を平行移動して，他方に重ね合わせることができる。

$\vec{a}$　$\vec{b}$

練習 1　右の図のベクトル $\vec{a}$ と次の関係にあるベクトルをすべて求めよ。

(1)　同じ向きのベクトル
(2)　大きさの等しいベクトル
(3)　等しいベクトル
(4)　逆ベクトル

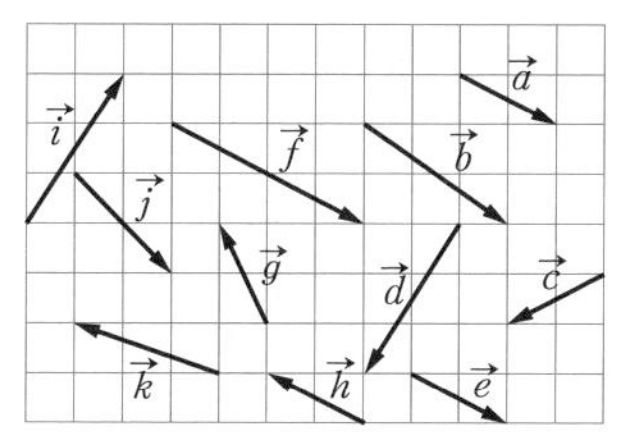

⇒p.25 問題1

例題 2　ベクトルの和・差・実数倍の図示

D ★☆☆☆

右の図の 3 つのベクトル $\vec{a}$, $\vec{b}$, $\vec{c}$ について，次のベクトルを図示せよ。ただし，始点は O とせよ。

(1) 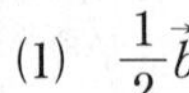 $\dfrac{1}{2}\vec{b}$　　(2) $\vec{a}+\dfrac{1}{2}\vec{b}$　　(3) $\vec{a}+\dfrac{1}{2}\vec{b}-2\vec{c}$

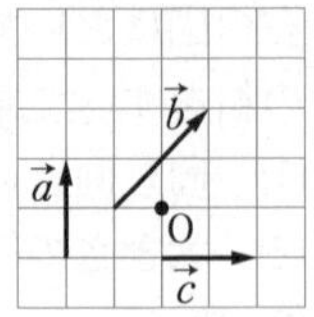

思考のプロセス

ベクトルは位置に無関係であるから，平行移動して考える。

例　和 $\vec{a}+\vec{b}$ ⟹ $\vec{a}$ の終点と $\vec{b}$ の始点を重ねたとき，
始点を $\vec{a}$ の始点，終点を $\vec{b}$ の終点とするベクトル

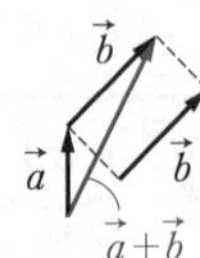

式を分ける

(3) $\vec{a}+\dfrac{1}{2}\vec{b}-2\vec{c}=\vec{a}+\dfrac{1}{2}\vec{b}+(-2\vec{c})$ ⟹ $\vec{a}+\dfrac{1}{2}\vec{b}$ の終点と $-2\vec{c}$ の始点を重ねる。

この 2 つのベクトルの和と考える

Action» ベクトルの図示は，和の形に直して終点に始点を重ねよ

解 (1)

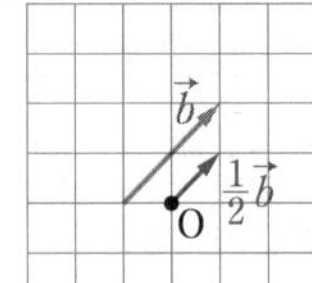

(2)

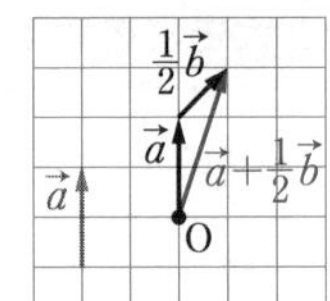

(3) $\vec{a}+\dfrac{1}{2}\vec{b}-2\vec{c}$

$=\left(\vec{a}+\dfrac{1}{2}\vec{b}\right)+(-2\vec{c})$

と考えて，(2) の結果を利用すると，右の図のようになる。

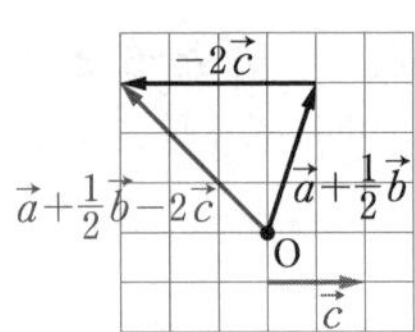

◀(1) において，$\dfrac{1}{2}\vec{b}$ は $\vec{b}$ と同じ向きで大きさが $\dfrac{1}{2}$ 倍のベクトルである。

◀(2) において，$\vec{a}$ の終点に $\dfrac{1}{2}\vec{b}$ の始点を重ねると，$\vec{a}+\dfrac{1}{2}\vec{b}$ は $\vec{a}$ の始点から $\dfrac{1}{2}\vec{b}$ の終点へ向かうベクトルである。

Point...差を用いた解法

例題 2 (3) において，$\vec{a}+\dfrac{1}{2}\vec{b}$ と $2\vec{c}$ の始点を重ねると，

$\vec{a}+\dfrac{1}{2}\vec{b}-2\vec{c}$ は $2\vec{c}$ の終点から $\vec{a}+\dfrac{1}{2}\vec{b}$ の終点へ向かうベクトルであるから，右の図のようになる。

このベクトルを始点が点 O と重なるように平行移動して答えてもよい。

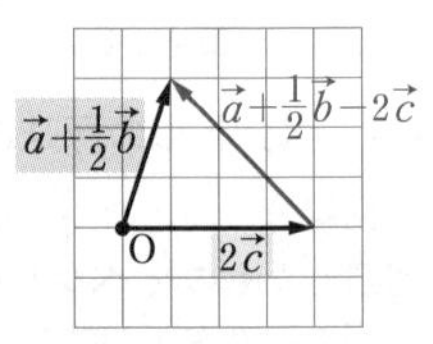

練習 2　右の図の 3 つのベクトル $\vec{a}$, $\vec{b}$, $\vec{c}$ について，次のベクトルを図示せよ。ただし，始点は O とせよ。

(1) 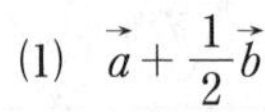 $\vec{a}+\dfrac{1}{2}\vec{b}$　　(2) $\vec{a}+\dfrac{1}{2}\vec{b}-\vec{c}$

(3) $\vec{a}-\vec{b}-2\vec{c}$

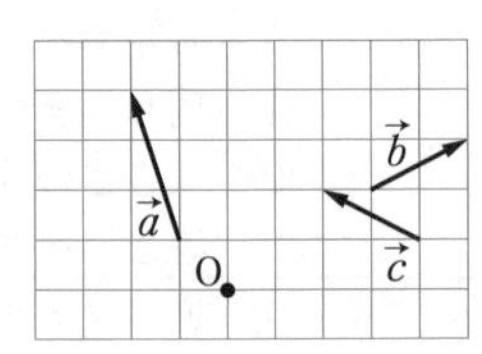

➡p.25 問題2

例題 3　ベクトルの加法・減法・実数倍　★☆☆☆

〔1〕 等式 $\overrightarrow{AB}+\overrightarrow{CD}=\overrightarrow{AD}+\overrightarrow{CB}$ が成り立つことを証明せよ。

〔2〕 平面上に2つのベクトル $\vec{a}$, $\vec{b}$ がある。

(1) $\vec{p}=\vec{a}+\vec{b}$, $\vec{q}=\vec{a}+2\vec{b}$ のとき，$3\vec{p}-5(\vec{q}-2\vec{p})$ を $\vec{a}$, $\vec{b}$ で表せ。

(2) $2\vec{x}+6\vec{a}=5(3\vec{b}+\vec{x})$ を満たす $\vec{x}$ を $\vec{a}$, $\vec{b}$ で表せ。

(3) $2\vec{x}+\vec{y}=5\vec{a}+7\vec{b}$, $\vec{x}+2\vec{y}=4\vec{a}+2\vec{b}$ を同時に満たす $\vec{x}$, $\vec{y}$ を $\vec{a}$, $\vec{b}$ で表せ。

思考のプロセス

Action» ベクトルの加法・減法・実数倍は，文字式と同様に行え

既知の問題に帰着

〔1〕 通常の等式の証明と同様に考える。←― LEGEND 数学Ⅱ＋B 例題 63 参照

〔2〕 (1) $p=a+b$, $q=a+2b$ のとき，$3p-5(q-2p)$ を a, b で表すことと同様に考える。

(2) 1次方程式 $2x+6a=5(3b+x)$ と同様に考える。

(3) 連立方程式 $\begin{cases}2x+y=5a+7b\\x+2y=4a+2b\end{cases}$ と同様に考える。

解 〔1〕 $\overrightarrow{AB}+\overrightarrow{CD}-(\overrightarrow{AD}+\overrightarrow{CB})=\overrightarrow{AB}+\overrightarrow{CD}-\overrightarrow{AD}-\overrightarrow{CB}$

$=\overrightarrow{AB}+\overrightarrow{CD}+\overrightarrow{DA}+\overrightarrow{BC}=(\overrightarrow{AB}+\overrightarrow{BC})+(\overrightarrow{CD}+\overrightarrow{DA})$

$=\overrightarrow{AC}+\overrightarrow{CA}=\overrightarrow{AA}=\vec{0}$

よって，$\overrightarrow{AB}+\overrightarrow{CD}=\overrightarrow{AD}+\overrightarrow{CB}$ が成り立つ。

◀ (左辺) − (右辺) を考える。

◀ $-\overrightarrow{QP}=\overrightarrow{PQ}$,
$\overrightarrow{P○}+\overrightarrow{○Q}=\overrightarrow{PQ}$

○　Q
P

〔2〕 (1) $3\vec{p}-5(\vec{q}-2\vec{p})=3\vec{p}-5\vec{q}+10\vec{p}=13\vec{p}-5\vec{q}$

$=13(\vec{a}+\vec{b})-5(\vec{a}+2\vec{b})$

$=\mathbf{8\vec{a}+3\vec{b}}$

◀ まず $\vec{p}$ と $\vec{q}$ について式を整理し，$\vec{p}=\vec{a}+\vec{b}$ と $\vec{q}=\vec{a}+2\vec{b}$ を代入する。

(2) $2\vec{x}+6\vec{a}=5(3\vec{b}+\vec{x})$ より $2\vec{x}+6\vec{a}=15\vec{b}+5\vec{x}$

$-3\vec{x}=-6\vec{a}+15\vec{b}$

よって　$\mathbf{\vec{x}=2\vec{a}-5\vec{b}}$

◀ x についての1次方程式 $2x+6a=5(3b+x)$ と同じ手順で解けばよい。

(3) $2\vec{x}+\vec{y}=5\vec{a}+7\vec{b}$ …①, $\vec{x}+2\vec{y}=4\vec{a}+2\vec{b}$ …② とおく。

①×2−② より　$3\vec{x}=6\vec{a}+12\vec{b}$

②×2−① より　$3\vec{y}=3\vec{a}-3\vec{b}$

よって　$\mathbf{\vec{x}=2\vec{a}+4\vec{b}}$, $\mathbf{\vec{y}=\vec{a}-\vec{b}}$

◀ x, y の連立方程式 $\begin{cases}2x+y=5a+7b\\x+2y=4a+2b\end{cases}$ と同じ手順で解けばよい。

練習 3 〔1〕 等式 $\overrightarrow{AC}-\overrightarrow{DC}=\overrightarrow{BD}-\overrightarrow{BA}$ が成り立つことを証明せよ。

〔2〕 平面上に2つのベクトル $\vec{a}$, $\vec{b}$ がある。

(1) $\vec{p}=\vec{a}+\vec{b}$, $\vec{q}=\vec{a}-\vec{b}$ のとき，$2(\vec{p}-3\vec{q})+3(\vec{p}+4\vec{q})$ を $\vec{a}$, $\vec{b}$ で表せ。

(2) $\vec{b}-3\vec{x}+5\vec{a}=2(\vec{a}+5\vec{b}-\vec{x})$ を満たす $\vec{x}$ を $\vec{a}$, $\vec{b}$ で表せ。

(3) $3\vec{x}+\vec{y}=9\vec{a}-7\vec{b}$, $2\vec{x}-\vec{y}=\vec{a}-8\vec{b}$ を同時に満たす $\vec{x}$, $\vec{y}$ を $\vec{a}$, $\vec{b}$ で表せ。

➡p.25 問題3

D　頻出
★★☆☆

例題 4　ベクトルの分解

Oを中心とする正六角形ABCDEFにおいて，辺EFの中点をMとする。$\overrightarrow{AB}=\vec{a}$，$\overrightarrow{AF}=\vec{b}$ とするとき，次のベクトルを $\vec{a}$，$\vec{b}$ で表せ。

(1)　$\overrightarrow{BC}$　　(2)　$\overrightarrow{FD}$　　(3)　$\overrightarrow{OM}$　　(4)　$\overrightarrow{BM}$

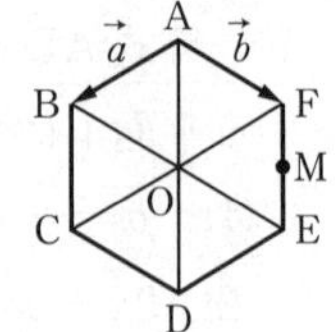

思考のプロセス

図を分ける

$\overrightarrow{PQ}=\overrightarrow{P○}+\overrightarrow{○Q}$
$=\overrightarrow{P○}+\overrightarrow{○□}+\overrightarrow{□Q}$
どこを経由してもよい

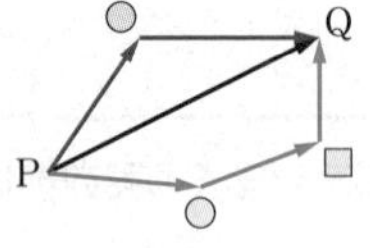

① 図の中にある $\vec{a}$，$\vec{b}$ に等しいベクトルを探す。
② それらやその逆ベクトルをつないで，求めるベクトルを表す。

Action» ベクトルの分解は，平行な辺を探して $\overrightarrow{AB}=\overrightarrow{AC}+\overrightarrow{CB}$ を使え

解 (1)　$\overrightarrow{BC}=\overrightarrow{BO}+\overrightarrow{OC}=\boldsymbol{\vec{a}+\vec{b}}$

(2)　$\overrightarrow{FD}=\overrightarrow{FO}+\overrightarrow{OD}=\overrightarrow{AB}+\overrightarrow{BC}$
$=\vec{a}+(\vec{a}+\vec{b})=\boldsymbol{2\vec{a}+\vec{b}}$

(3)　$\overrightarrow{OM}=\overrightarrow{OF}+\overrightarrow{FM}=-\overrightarrow{AB}+\dfrac{1}{2}\overrightarrow{BC}$
$=-\vec{a}+\dfrac{1}{2}(\vec{a}+\vec{b})=\boldsymbol{-\dfrac{1}{2}\vec{a}+\dfrac{1}{2}\vec{b}}$

(1)　(2)　(3)

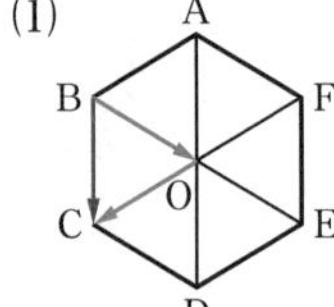

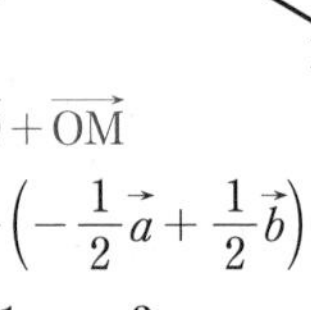

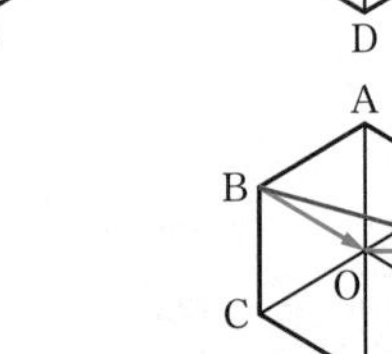

(4)　$\overrightarrow{BM}=\overrightarrow{BO}+\overrightarrow{OM}$
$=\vec{b}+\left(-\dfrac{1}{2}\vec{a}+\dfrac{1}{2}\vec{b}\right)$
$=\boldsymbol{-\dfrac{1}{2}\vec{a}+\dfrac{3}{2}\vec{b}}$

◀ $\overrightarrow{BO}=\overrightarrow{AF}=\vec{b}$
$\overrightarrow{OC}=\overrightarrow{AB}=\vec{a}$

◀ $\overrightarrow{FD}=\overrightarrow{FO}+\overrightarrow{OE}+\overrightarrow{ED}$
$=\vec{a}+\vec{b}+\vec{a}$
$=2\vec{a}+\vec{b}$
と考えてもよい。

◀ $\overrightarrow{FM}=\dfrac{1}{2}\overrightarrow{FE}=\dfrac{1}{2}\overrightarrow{BC}$

(4)〔別解〕(差で考える)
$\overrightarrow{BM}$
$=\overrightarrow{OM}-\overrightarrow{OB}$
$=\left(-\dfrac{1}{2}\vec{a}+\dfrac{1}{2}\vec{b}\right)-(-\vec{b})$
$=-\dfrac{1}{2}\vec{a}+\dfrac{3}{2}\vec{b}$

練習 4　Oを中心とする正六角形ABCDEFにおいて，辺DEの中点をMとする。$\overrightarrow{OA}=\vec{a}$，$\overrightarrow{OB}=\vec{b}$ とするとき，次のベクトルを $\vec{a}$，$\vec{b}$ で表せ。

(1)　$\overrightarrow{BF}$　　(2)　$\overrightarrow{FD}$　　(3)　$\overrightarrow{AM}$　　(4)　$\overrightarrow{FM}$

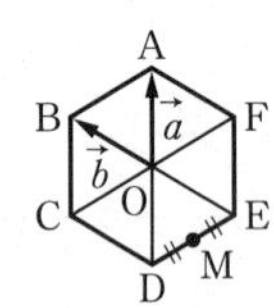

➡p.25 問題4

D ★★☆☆

例題 5　ベクトルの1次結合

AB ＝ 4，AD ＝ 3 である平行四辺形 ABCD において，辺 CD の中点を M とする。$\overrightarrow{AB}$，$\overrightarrow{AD}$ と同じ向きの単位ベクトルをそれぞれ $\vec{a}$，$\vec{b}$ とするとき

(1) $\overrightarrow{AC}$，$\overrightarrow{DB}$，$\overrightarrow{AM}$ を $\vec{a}$，$\vec{b}$ で表せ。

(2) $\overrightarrow{AC}=\vec{p}$，$\overrightarrow{DB}=\vec{q}$ とするとき，$\overrightarrow{AM}$ を $\vec{p}$，$\vec{q}$ で表せ。

思考のプロセス

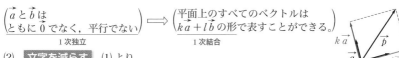

$\left(\begin{array}{l}\vec{a}\text{と}\vec{b}\text{は}\\ \text{ともに}\vec{0}\text{でなく，平行でない}\end{array}\right)$ ⟹ $\left(\begin{array}{l}\text{平面上のすべてのベクトルは}\\ k\vec{a}+l\vec{b}\text{の形で表すことができる。}\end{array}\right)$

1次独立　　　1次結合

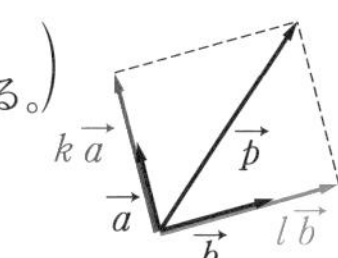

(2) **文字を減らす**　(1) より

$\begin{cases}\vec{p}=\square\vec{a}+\square\vec{b}\\ \vec{q}=\square\vec{a}+\square\vec{b}\\ \overrightarrow{AM}=\square\vec{a}+\square\vec{b}\end{cases}$ ⟹ $\begin{cases}\vec{a}=\square\vec{p}+\square\vec{q}\\ \vec{b}=\square\vec{p}+\square\vec{q}\end{cases}$

← 代入すると，$\overrightarrow{AM}$ が $\vec{p}$，$\vec{q}$ で表される。

«ReAction ベクトルの加法・減法・実数倍は，文字式と同様に行え ◀例題 3

解 (1) AB ＝ 4，AD ＝ 3 より

$\overrightarrow{AB}=4\vec{a}$，$\overrightarrow{AD}=3\vec{b}$

◀ $\vec{a}$，$\vec{b}$ は単位ベクトルである。

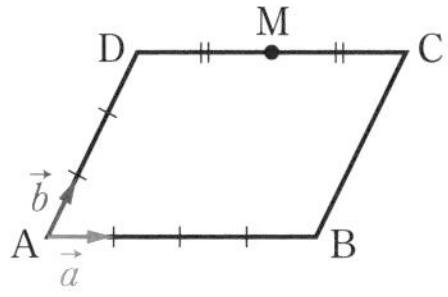

（図：平行四辺形 ABCD，辺 CD の中点 M，A から $\vec{a}$，$\vec{b}$）

よって

$\overrightarrow{AC}=\overrightarrow{AB}+\overrightarrow{BC}$

$=\overrightarrow{AB}+\overrightarrow{AD}=\boldsymbol{4\vec{a}+3\vec{b}}$

$\overrightarrow{DB}=\overrightarrow{AB}-\overrightarrow{AD}=\boldsymbol{4\vec{a}-3\vec{b}}$

◀ $\overrightarrow{DB}=\overrightarrow{DA}+\overrightarrow{AB}$
$=-\overrightarrow{AD}+\overrightarrow{AB}$
としてもよい。

$\overrightarrow{AM}=\overrightarrow{AD}+\overrightarrow{DM}=\overrightarrow{AD}+\dfrac{1}{2}\overrightarrow{AB}$

$=3\vec{b}+\dfrac{1}{2}\times4\vec{a}=\boldsymbol{2\vec{a}+3\vec{b}}$

◀ $k\vec{a}+l\vec{b}$ の形のベクトルを $\vec{a}$，$\vec{b}$ の **1次結合** という。

(2) (1) より $\begin{cases}\vec{p}=4\vec{a}+3\vec{b} & \cdots ①\\ \vec{q}=4\vec{a}-3\vec{b} & \cdots ②\end{cases}$

◀ x，y の連立方程式
$\begin{cases}p=4x+3y\\ q=4x-3y\end{cases}$
と同じ手順で解けばよい。

①＋② より

$\vec{p}+\vec{q}=8\vec{a}$　すなわち　$\vec{a}=\dfrac{1}{8}(\vec{p}+\vec{q})$

①－② より

$\vec{p}-\vec{q}=6\vec{b}$　すなわち　$\vec{b}=\dfrac{1}{6}(\vec{p}-\vec{q})$

よって　$\overrightarrow{AM}=2\vec{a}+3\vec{b}$

◀ (1) の結果を利用する。

$=\dfrac{1}{4}(\vec{p}+\vec{q})+\dfrac{1}{2}(\vec{p}-\vec{q})=\boldsymbol{\dfrac{3}{4}\vec{p}-\dfrac{1}{4}\vec{q}}$

練習 5　正六角形 ABCDEF において，$\overrightarrow{AB}=\vec{a}$，$\overrightarrow{AF}=\vec{b}$ とするとき

(1) $\overrightarrow{AC}$，$\overrightarrow{AE}$ を $\vec{a}$，$\vec{b}$ で表せ。

(2) $\overrightarrow{AC}=\vec{p}$，$\overrightarrow{AE}=\vec{q}$ とするとき，$\overrightarrow{AD}$ を $\vec{p}$，$\vec{q}$ で表せ。

➡p.25 問題5

例題 6　平行四辺形であることの証明　★★☆☆

平行四辺形 OABC の辺 OA，BC の中点をそれぞれ M，N とし，対角線 OB を 3 等分する点を O に近い方からそれぞれ P，Q とする。このとき，四角形 PMQN は平行四辺形であることを示せ。

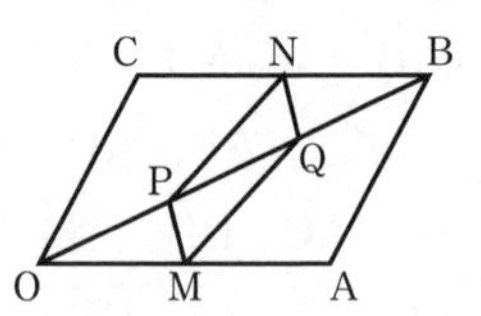

思考のプロセス

目標の言い換え

向かい合う 1 組の辺が平行で長さが等しい

四角形 PMQN が平行四辺形 ⟹ $\overrightarrow{PM}=\overrightarrow{NQ}$ を示す。

基準を定める

① $\vec{0}$ でなく平行でない 2 つのベクトルを定める。（1 次独立）

⟹ ここでは始点を O にして，

$\overrightarrow{OA}=\vec{a}$，$\overrightarrow{OC}=\vec{c}$ とする。

② $\overrightarrow{PM}=\square\,\vec{a}+\square\,\vec{c}$

$\overrightarrow{NQ}=\square\,\vec{a}+\square\,\vec{c}$

一致することを示す。

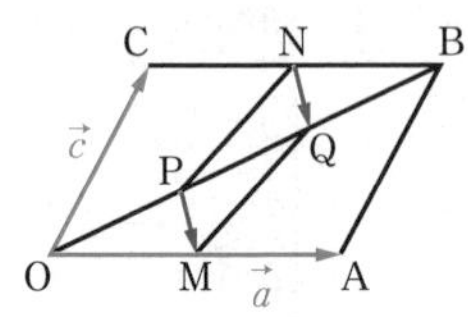

Action» 図形におけるベクトルは，始点をそろえて 2 つのベクトルで表せ

解 $\overrightarrow{OA}=\vec{a}$，$\overrightarrow{OC}=\vec{c}$ とおく。

四角形 OABC は平行四辺形であるから

$$\overrightarrow{CB}=\overrightarrow{OA}=\vec{a},\quad \overrightarrow{AB}=\overrightarrow{OC}=\vec{c}$$

$$\overrightarrow{OB}=\overrightarrow{OA}+\overrightarrow{AB}=\vec{a}+\vec{c}$$

◀ CB = OA かつ CB // OA
AB = OC かつ AB // OC

M，N はそれぞれ辺 OA，BC の中点であるから

$$\overrightarrow{OM}=\frac{1}{2}\overrightarrow{OA}=\frac{1}{2}\vec{a},\quad \overrightarrow{ON}=\overrightarrow{OC}+\frac{1}{2}\overrightarrow{CB}=\vec{c}+\frac{1}{2}\vec{a}$$

◀ $\overrightarrow{PM}=\overrightarrow{NQ}$ を示す。
$\overrightarrow{PM}$，$\overrightarrow{NQ}$ を $\vec{a}$，$\vec{c}$ で表すために $\overrightarrow{PM}=\overrightarrow{OM}-\overrightarrow{OP}$，$\overrightarrow{NQ}=\overrightarrow{OQ}-\overrightarrow{ON}$ と始点を O とする。

また，O，P，Q，B は一直線上にあり，OP = PQ = QB であるから

$$\overrightarrow{OP}=\frac{1}{3}\overrightarrow{OB}=\frac{1}{3}(\vec{a}+\vec{c}),\quad \overrightarrow{OQ}=\frac{2}{3}\overrightarrow{OB}=\frac{2}{3}(\vec{a}+\vec{c})$$

ゆえに

$$\overrightarrow{PM}=\overrightarrow{OM}-\overrightarrow{OP}=\frac{1}{2}\vec{a}-\frac{1}{3}(\vec{a}+\vec{c})=\frac{1}{6}\vec{a}-\frac{1}{3}\vec{c}$$

◀ $\overrightarrow{PM}$ と $\overrightarrow{NQ}$ をそれぞれ $\vec{a}$，$\vec{c}$ を用いて表す。

また

$$\overrightarrow{NQ}=\overrightarrow{OQ}-\overrightarrow{ON}=\frac{2}{3}(\vec{a}+\vec{c})-\left(\vec{c}+\frac{1}{2}\vec{a}\right)=\frac{1}{6}\vec{a}-\frac{1}{3}\vec{c}$$

◀ $\overrightarrow{PN}$ と $\overrightarrow{MQ}$ を $\vec{a}$，$\vec{c}$ を用いて表し，$\overrightarrow{PN}=\overrightarrow{MQ}$ を示してもよい。

よって，$\overrightarrow{PM}=\overrightarrow{NQ}$ が成り立つから，四角形 PMQN は平行四辺形である。

◀ $\overrightarrow{PM}=\overrightarrow{NQ}$ より，
PM = NQ，PM // NQ である。

練習 6　平行四辺形 OABC の対角線 OB を 3 等分する点を O に近い方からそれぞれ P，Q とし，対角線 AC を 4 等分する点で A に最も近い点を K，C に最も近い点を L とする。このとき，四角形 PKQL は平行四辺形であることを示せ。

➡p.25 問題6

問題編 1　平面上のベクトル

▶▶解答編 p.4

1 ★☆☆☆　右の図において，次の条件を満たすベクトルの組をすべて求めよ。

(1)　大きさの等しいベクトル

(2)　互いに逆ベクトル

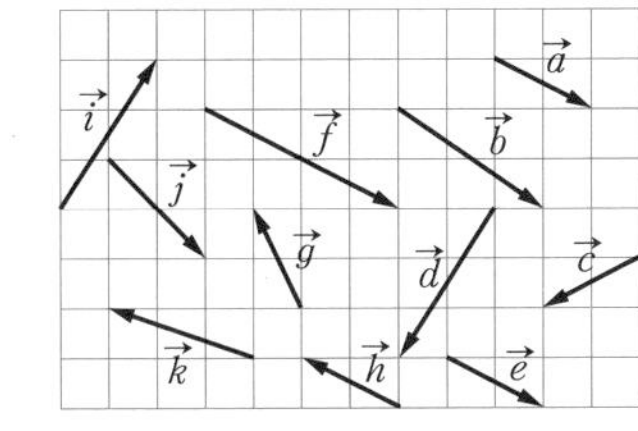

2 ★☆☆☆　右の図の3つのベクトル $\vec{a}$，$\vec{b}$，$\vec{c}$ について，次のベクトルを図示せよ。ただし，始点はOとせよ。

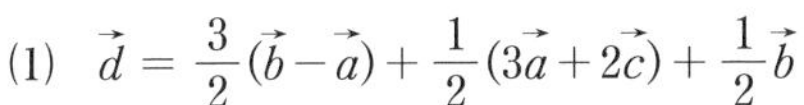

(1)　$\vec{d}=\dfrac{3}{2}(\vec{b}-\vec{a})+\dfrac{1}{2}(3\vec{a}+2\vec{c})+\dfrac{1}{2}\vec{b}$

(2)　$\vec{e}=(2\vec{a}-\vec{b})+(\vec{b}-\vec{c})+(\vec{c}-\vec{a})$

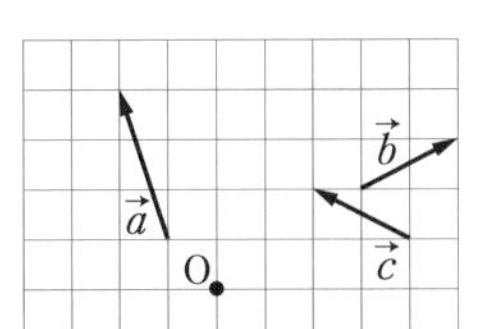

3 ★☆☆☆　$\vec{x}+\vec{y}+2\vec{z}=3\vec{a}$，$2\vec{x}-3\vec{y}-2\vec{z}=8\vec{a}+4\vec{b}$，$-\vec{x}+2\vec{y}+6\vec{z}=-2\vec{a}-9\vec{b}$ を同時に満たす $\vec{x}$，$\vec{y}$，$\vec{z}$ を $\vec{a}$，$\vec{b}$ で表せ。

4 ★★★☆　正八角形ABCDEFGHにおいて，$\overrightarrow{\mathrm{AB}}=\vec{a}$，$\overrightarrow{\mathrm{AH}}=\vec{b}$ とするとき，次のベクトルを $\vec{a}$，$\vec{b}$ で表せ。

(1)　$\overrightarrow{\mathrm{AD}}$　　　(2)　$\overrightarrow{\mathrm{AG}}$

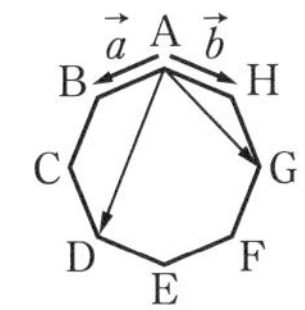

5 ★★☆☆　1辺の長さが1の正五角形ABCDEにおいて，$\overrightarrow{\mathrm{AB}}=\vec{a}$，$\overrightarrow{\mathrm{AE}}=\vec{b}$ とする。対角線ACとBEの交点をFとおくとき，$\overrightarrow{\mathrm{AF}}$ を $\vec{a}$，$\vec{b}$ で表せ。

6 ★★☆☆　平行四辺形ABCDの辺AB，BC，CD，DAの中点をそれぞれK，L，M，Nとし，線分KL，LM，MN，NKの中点をそれぞれP，Q，R，Sとする。

(1)　四角形KLMN，四角形PQRSはともに平行四辺形であることを示せ。

(2)　PQ // AD であることを示せ。

本質を問う 1

▶▶解答編 p.8

1　$s\vec{a}+t\vec{b}=s'\vec{a}+t'\vec{b} \iff s=s'$ かつ $t=t'$ …① は常に成り立つとは限らない。①が常に成り立つためには，どのような条件を加えるとよいか述べよ。また，その条件を加えたとき，①が成り立つことを示せ。

◀p.18 概要 5

2　$\vec{a}\neq\vec{0}$，$\vec{b}\neq\vec{0}$，$\vec{a}$ と $\vec{b}$ が平行でないとき，$\vec{a}$ と $\vec{b}$ は1次独立であるという。このとき，「$\begin{cases}\vec{a}\text{ と }\vec{b}\text{ が1次独立である}\\ \vec{b}\text{ と }\vec{c}\text{ が1次独立である}\end{cases} \Longrightarrow \vec{a}$ と $\vec{c}$ は1次独立である」は正しいかどうか述べよ。

◀p.18 5

Let's Try! 1

▶▶解答編 p.9

① 1辺の長さが1の正六角形ABCDEFに対して，$\overrightarrow{AB}=\overrightarrow{a_1}$，$\overrightarrow{BC}=\overrightarrow{a_2}$，$\overrightarrow{CD}=\overrightarrow{a_3}$，$\overrightarrow{DE}=\overrightarrow{a_4}$，$\overrightarrow{EF}=\overrightarrow{a_5}$，$\overrightarrow{FA}=\overrightarrow{a_6}$ とする。

(1) $|\overrightarrow{a_1}+\overrightarrow{a_2}|$ と $|\overrightarrow{a_4}+\overrightarrow{a_6}|$ の値を求めよ。

(2) $\overrightarrow{a_i}+\overrightarrow{a_j}$ $(i<j)$ は15通りの i，j の組み合わせがある。今，$\mathrm{P}(i,\ j)=|\overrightarrow{a_i}+\overrightarrow{a_j}|$ とするとき，$\mathrm{P}(i,\ j)$ のとり得るすべての値を求めよ。

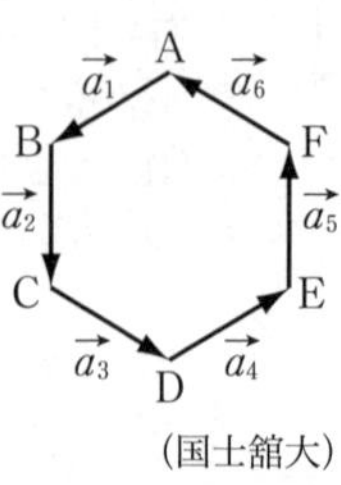

(国士舘大)

◀例題1，2

② $\vec{a}=\vec{c}-3\vec{d}$ …①，$\vec{b}=-\dfrac{1}{2}\vec{c}+\vec{d}$ …② のとき

(1) $\vec{c}$，$\vec{d}$ を $\vec{a}$，$\vec{b}$ を用いて表せ。

(2) $(\vec{c}-4\vec{d})\parallel\vec{a}$ のとき，$\vec{a}\parallel\vec{b}$ を示せ。ただし，$\vec{c}-4\vec{d}$，$\vec{a}$，$\vec{b}$ は零ベクトルではないとする。

(専修大)

◀例題3

③ 五角形ABCDEは，半径1の円に内接し，

$\angle\mathrm{EAD}=30^\circ$,

$\angle\mathrm{ADE}=\angle\mathrm{BAD}=\angle\mathrm{CDA}=60^\circ$

を満たしている。$\overrightarrow{AB}=\vec{a}$，$\overrightarrow{AE}=\vec{b}$ とおくとき，$\overrightarrow{BC}$，$\overrightarrow{AC}$ を $\vec{a}$，$\vec{b}$ を用いてそれぞれ表せ。　(センター試験　改)

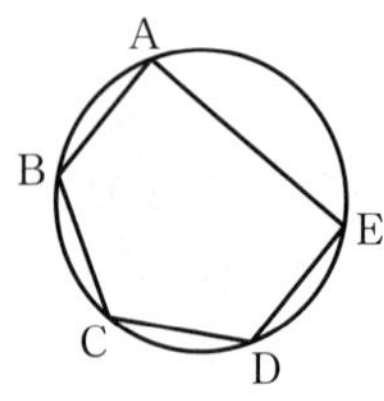

◀例題4

④ 平面上に中心O，半径1の円 K がある。異なる2点A，Bがあり，直線ABは，円 K と交点をもたないものとする。点Pを円 K 上の点とし，点Qを $2\overrightarrow{PA}=\overrightarrow{BQ}$ を満たすようにとる。線分ABと線分PQの交点をMとする。

(1) $\overrightarrow{OM}$ を $\overrightarrow{OA}$ と $\overrightarrow{OB}$ を用いて表せ。

(2) $3\overrightarrow{OM}=\overrightarrow{OD}$ を満たす点をDとする。$\overrightarrow{DQ}$ の大きさを求めよ。

◀例題5

⑤ Oを中心とする半径1の円に内接する正五角形ABCDEに対し，$\angle\mathrm{AOB}=\theta$，$\overrightarrow{OA}=\vec{a}$，$\overrightarrow{OB}=\vec{b}$，$\overrightarrow{OC}=\vec{c}$，$\overrightarrow{OD}=\vec{d}$，$\overrightarrow{OE}=\vec{e}$ とおく。

(1) $\vec{b}$ を $\vec{a}$，$\vec{c}$，θ を用いて表せ。

(2) $\vec{a}+\vec{b}+\vec{c}+\vec{d}+\vec{e}=\vec{0}$ を示せ。

◀例題5

まとめ 2 平面上のベクトルの成分と内積

1 ベクトルの成分表示

(1) 座標とベクトルの成分

O を原点とする座標平面上に，$\vec{a}=\overrightarrow{\mathrm{OA}}$ となる点 A をとり，その座標が $(a_1,\ a_2)$ であるとき，

$\vec{a}=(a_1,\ a_2)$ と表す。これを $\vec{a}$ の **成分表示** といい，

a_1 を **x 成分**，a_2 を **y 成分** という。

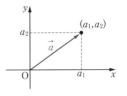

(2) 成分とベクトルの相等

2 つのベクトル $\vec{a}=(a_1,\ a_2)$，$\vec{b}=(b_1,\ b_2)$ に対して

$$\boldsymbol{\vec{a}=\vec{b} \iff a_1=b_1,\ a_2=b_2}$$

(3) ベクトルの成分による演算

(ア) $(a_1,\ a_2)+(b_1,\ b_2)=(a_1+b_1,\ a_2+b_2)$

(イ) $(a_1,\ a_2)-(b_1,\ b_2)=(a_1-b_1,\ a_2-b_2)$

(ウ) $k(a_1,\ a_2)=(ka_1,\ ka_2)$ （k は実数）

(4) ベクトルの成分と大きさ

(ア) $\vec{a}=(a_1,\ a_2)$ のとき　$\boldsymbol{|\vec{a}|=\sqrt{a_1{}^2+a_2{}^2}}$

(イ) $\mathrm{A}(a_1,\ a_2)$，$\mathrm{B}(b_1,\ b_2)$ のとき

$$\boldsymbol{\overrightarrow{\mathrm{AB}}=(b_1-a_1,\ b_2-a_2)}$$

$$\boldsymbol{|\overrightarrow{\mathrm{AB}}|=\sqrt{(b_1-a_1)^2+(b_2-a_2)^2}}$$

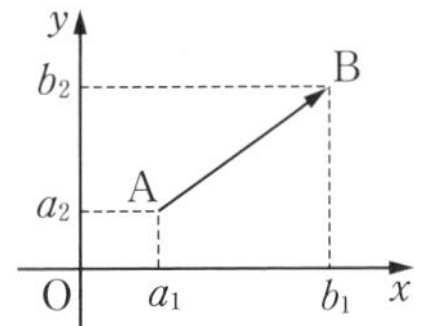

概要

1 ベクトルの成分表示

・基本ベクトル

O を原点とする座標平面上で，x 軸および y 軸の正の向きと同じ向きの単位ベクトルを **基本ベクトル** といい，それぞれ $\vec{e_1}$，$\vec{e_2}$ で表す。

O を原点とする座標平面上に，$\vec{a}=\overrightarrow{\mathrm{OA}}$ となる点 A をとったとき，その座標が $(a_1,\ a_2)$ であるとすると

$$\vec{a}=a_1\vec{e_1}+a_2\vec{e_2}$$

と表すことができる。これを **基本ベクトル表示** という。

なお，基本ベクトルを成分表示すると　$\vec{e_1}=(1,\ 0)$，　$\vec{e_2}=(0,\ 1)$

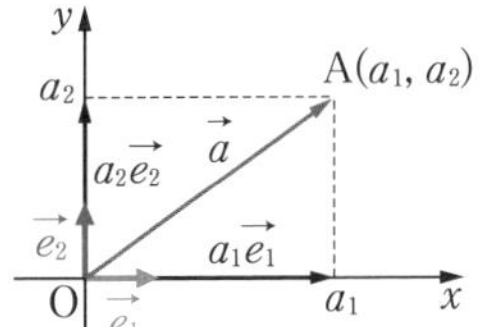

・ベクトルの成分による演算

基本ベクトル表示によって示す。

(ア) $(a_1,\ a_2)+(b_1,\ b_2)=(a_1\vec{e_1}+a_2\vec{e_2})+(b_1\vec{e_1}+b_2\vec{e_2})$

$$=(a_1+b_1)\vec{e_1}+(a_2+b_2)\vec{e_2}=(a_1+b_1,\ a_2+b_2)$$

(イ)，(ウ) についても同様に示すことができる。

・成分表示されたベクトルの大きさ

$\vec{a}=(a_1,\ a_2)$ のとき，$\vec{a}=\overrightarrow{\mathrm{OA}}$ となる点 A をとると，その座標は $(a_1,\ a_2)$ であるから

$$|\overrightarrow{\mathrm{OA}}|=\mathrm{OA}=\sqrt{a_1{}^2+a_2{}^2}$$

2 ベクトルの成分と平行条件

$\vec{0}$ でない 2 つのベクトル $\vec{a}=(a_1,\ a_2)$, $\vec{b}=(b_1,\ b_2)$ について

$$\vec{a} /\!/ \vec{b} \iff (b_1,\ b_2)=k(a_1,\ a_2) \text{ となる実数 } k \text{ が存在する}$$

$$\iff a_1b_2-a_2b_1=0$$

3 ベクトルの内積

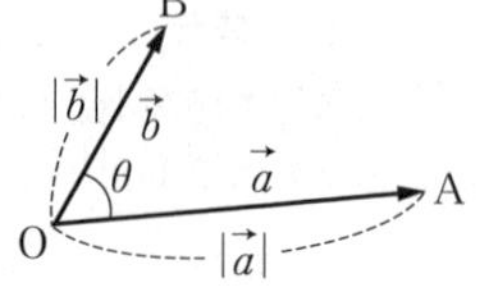

! なす角は 2 つのベクトルの始点を一致させて考える。

(1) 内積の定義　$\vec{0}$ でない 2 つのベクトル **$\vec{a}$ と $\vec{b}$ のなす角を θ** ($0^\circ \leqq \theta \leqq 180^\circ$) とするとき

$$\vec{a}\cdot\vec{b}=|\vec{a}||\vec{b}|\cos\theta$$

を $\vec{a}$ と $\vec{b}$ の **内積** という。

($\vec{a}=\vec{0}$ または $\vec{b}=\vec{0}$ のときは $\vec{a}\cdot\vec{b}=0$ と定める)

(2) ベクトルの垂直　$\vec{a}\neq\vec{0}$, $\vec{b}\neq\vec{0}$ のとき　$\vec{a}\perp\vec{b} \iff \vec{a}\cdot\vec{b}=0$

(3) ベクトルの成分と内積　$\vec{a}=(a_1,\ a_2)$, $\vec{b}=(b_1,\ b_2)$ のとき

(ア) $\vec{a}\cdot\vec{b}=a_1b_1+a_2b_2$

(イ) $\vec{a}\neq\vec{0}$, $\vec{b}\neq\vec{0}$ のとき，$\vec{a}$ と $\vec{b}$ のなす角を θ とすると

$$\cos\theta=\frac{\vec{a}\cdot\vec{b}}{|\vec{a}||\vec{b}|}=\frac{a_1b_1+a_2b_2}{\sqrt{a_1{}^2+a_2{}^2}\sqrt{b_1{}^2+b_2{}^2}}$$

⬅ $\vec{a}\cdot\vec{b}=|\vec{a}||\vec{b}|\cos\theta$ より　$\cos\theta=\dfrac{\vec{a}\cdot\vec{b}}{|\vec{a}||\vec{b}|}$

(4) 内積の性質

(ア) $\vec{a}\cdot\vec{b}=\vec{b}\cdot\vec{a}$

(イ) $\vec{a}\cdot(\vec{b}+\vec{c})=\vec{a}\cdot\vec{b}+\vec{a}\cdot\vec{c}$,　$(\vec{a}+\vec{b})\cdot\vec{c}=\vec{a}\cdot\vec{c}+\vec{b}\cdot\vec{c}$

(ウ) $(k\vec{a})\cdot\vec{b}=k(\vec{a}\cdot\vec{b})=\vec{a}\cdot(k\vec{b})$　(k は実数)

(エ) $\vec{a}\cdot\vec{a}=|\vec{a}|^2$, $|\vec{a}|=\sqrt{\vec{a}\cdot\vec{a}}$, $|\vec{a}\cdot\vec{b}|\leqq|\vec{a}||\vec{b}|$

概要

2 ベクトルの成分と平行条件

$\vec{0}$ でない 2 つのベクトル $\vec{a}=(a_1,\ a_2)$, $\vec{b}=(b_1,\ b_2)$ が平行であるとき，

$\vec{b}=k\vec{a}$ すなわち $(b_1,\ b_2)=k(a_1,\ a_2)$ となる実数が存在するから　$\begin{cases} b_1=ka_1 & \cdots ① \\ b_2=ka_2 & \cdots ② \end{cases}$

(ア) $a_1\neq0$ のとき

① より $k=\dfrac{b_1}{a_1}$ であり，② に代入すると　$b_2=\dfrac{b_1}{a_1}\cdot a_2$

よって　$a_1b_2=a_2b_1$　すなわち　$a_1b_2-a_2b_1=0$

(イ) $a_1=0$ のとき

$\vec{a}\neq\vec{0}$ であるから，$a_2\neq0$ であり，(ア) と同様に考えると　$a_1b_2-a_2b_1=0$

(ア), (イ) より　$a_1b_2-a_2b_1=0$

information　「平面上の $\vec{0}$ でない 2 つのベクトル $\vec{a}=(a_1,\ a_2)$, $\vec{b}=(b_1,\ b_2)$ について，$\vec{a} /\!/ \vec{b} \iff a_1b_2-a_2b_1=0$ が成り立つことを示せ。」という問題が，広島大学 (2021 年 AO) の入試で出題されている。

③ ベクトルの内積

・内積の表記

$\vec{a}$ と $\vec{b}$ の内積を $\vec{a}\cdot\vec{b}$ と表す。名称に「積」が含まれているが，「・」を省略したり「・」の代わりに「×」を用いたりしないように注意する。

・垂直条件の注意点

垂直条件 $\vec{a}\perp\vec{b} \Longleftrightarrow \vec{a}\cdot\vec{b}=0$ は，前提となる条件 $\vec{a}\neq\vec{0}$，$\vec{b}\neq\vec{0}$ が重要である。この条件がない場合には，$\Longleftarrow$ はいえない。なぜなら，$\vec{a}\cdot\vec{b}=0$ となるのは $\vec{a}=\vec{0}$ または $\vec{b}=\vec{0}$ となる場合も含まれるからである。

・$\vec{a}\cdot\vec{b}=a_1b_1+a_2b_2$ であることの証明

余弦定理を利用して証明する。

$\vec{0}$ でない2つのベクトル $\vec{a}=(a_1,\ a_2)$ と $\vec{b}=(b_1,\ b_2)$ に対して，

$\vec{a}=\overrightarrow{OA}$，$\vec{b}=\overrightarrow{OB}$，$\angle AOB=\theta$ とする。

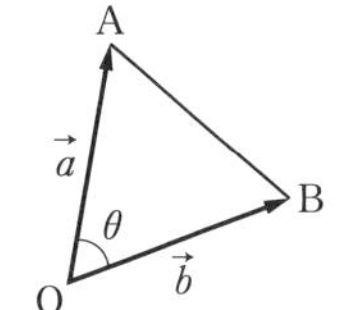

$0^\circ<\theta<180^\circ$ のとき，余弦定理により

$$AB^2=OA^2+OB^2-2OA\cdot OB\cos\theta \quad \cdots ①$$

この式は，$\theta=0^\circ$，180° のときも成り立つ。

①より　$|\vec{b}-\vec{a}|^2=|\vec{a}|^2+|\vec{b}|^2-2\vec{a}\cdot\vec{b}$

$$(b_1-a_1)^2+(b_2-a_2)^2=(a_1{}^2+a_2{}^2)+(b_1{}^2+b_2{}^2)-2\vec{a}\cdot\vec{b}$$

整理すると　$\vec{a}\cdot\vec{b}=a_1b_1+a_2b_2$

また，この式は $\vec{a}=\vec{0}$ または $\vec{b}=\vec{0}$ のときにも成り立つ。

information

「平面上の $\vec{0}$ でない2つのベクトル $\vec{a}=(a_1,\ a_2)$，$\vec{b}=(b_1,\ b_2)$ のなす角を θ とするとき，$|\vec{a}||\vec{b}|\cos\theta=a_1b_1+a_2b_2$ が成り立つことを示せ。」という問題が，愛媛大学（2016年AO），獨協大学（2017年）の入試で出題されている。

・内積の性質㋐

$\vec{a}\cdot\vec{b}=\vec{b}\cdot\vec{a}$ を **交換法則** という。これは内積の定義から明らかである。

$\vec{0}$ でない2つのベクトル $\vec{a}$，$\vec{b}$ に対して，$\vec{a}$ と $\vec{b}$ のなす角を θ とすると

$$\vec{a}\cdot\vec{b}=|\vec{a}||\vec{b}|\cos\theta=|\vec{b}||\vec{a}|\cos\theta=\vec{b}\cdot\vec{a}$$

$\vec{a}=\vec{0}$ または $\vec{b}=\vec{0}$ のときは，$\vec{a}\cdot\vec{b}=\vec{b}\cdot\vec{a}=0$ であり，成り立つ。

・内積の性質㋑

$\vec{a}\cdot(\vec{b}+\vec{c})=\vec{a}\cdot\vec{b}+\vec{a}\cdot\vec{c}$ …①，$(\vec{a}+\vec{b})\cdot\vec{c}=\vec{a}\cdot\vec{c}+\vec{b}\cdot\vec{c}$ …② を **分配法則** という。これは，ベクトルを成分表示することで，次のように証明できる。

〔①の証明〕

$\vec{a}=(a_1,\ a_2)$，$\vec{b}=(b_1,\ b_2)$，$\vec{c}=(c_1,\ c_2)$ とする。

(左辺) $=(a_1,\ a_2)\cdot(b_1+c_1,\ b_2+c_2)=a_1(b_1+c_1)+a_2(b_2+c_2)$

$=a_1b_1+a_1c_1+a_2b_2+a_2c_2$

(右辺) $=(a_1,\ a_2)\cdot(b_1,\ b_2)+(a_1,\ a_2)\cdot(c_1,\ c_2)=(a_1b_1+a_2b_2)+(a_1c_1+a_2c_2)$

$=a_1b_1+a_1c_1+a_2b_2+a_2c_2$

(左辺) = (右辺) より，成り立つ。

②も同様に証明することができる。

information

「(1)　ベクトル $\vec{a}=(a_1,\ a_2)$，$\vec{b}=(b_1,\ b_2)$ の内積の定義を述べよ。　(2)　(1)で述べた定義にもとづいて次の公式を証明せよ。$\vec{a}\cdot\vec{b}=\vec{b}\cdot\vec{a}$，$(\vec{a}+\vec{b})\cdot\vec{c}=\vec{a}\cdot\vec{c}+\vec{b}\cdot\vec{c}$」という問題が，中央大学（2016年）の入試で出題されている。

D ★☆☆☆

例題 7　ベクトルの成分と大きさ〔1〕

2つのベクトル $\vec{a}$, $\vec{b}$ が $\vec{a}-4\vec{b}=(-7,\ 6)$, $3\vec{a}+\vec{b}=(-8,\ 5)$ を満たすとき

(1) $\vec{a}$, $\vec{b}$ を成分表示せよ。また，その大きさをそれぞれ求めよ。

(2) $\vec{c}=(1,\ -3)$ を $k\vec{a}+l\vec{b}$ の形に表せ。ただし，k, l は実数とする。

思考のプロセス

$\vec{a}=(a_1,\ a_2)$, $\vec{b}=(b_1,\ b_2)$ のとき

(ア) $k\vec{a}+l\vec{b}=(ka_1+lb_1,\ ka_2+lb_2)$

(イ) $|\vec{a}|=\sqrt{a_1{}^2+a_2{}^2}$

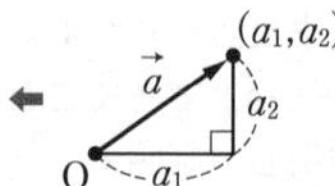

対応を考える

(ウ) $\vec{a}=\vec{b} \iff \begin{cases} a_1=b_1 & \longleftarrow x\text{ 成分が等しい} \\ a_2=b_2 & \longleftarrow y\text{ 成分が等しい} \end{cases}$

Action» 2つのベクトルが等しいときは，x 成分，y 成分がともに等しいとせよ

解 (1)

$\vec{a}-4\vec{b}=(-7,\ 6)$　…①

$3\vec{a}+\vec{b}=(-8,\ 5)$　…②

とおく。

例題3

①＋②×4 より　$13\vec{a}=(-39,\ 26)$

よって　$\boldsymbol{\vec{a}=(-3,\ 2)}$

①×3－② より　$-13\vec{b}=(-13,\ 13)$

よって　$\boldsymbol{\vec{b}=(1,\ -1)}$

したがって

$|\vec{a}|=\sqrt{(-3)^2+2^2}=\boldsymbol{\sqrt{13}}$

$|\vec{b}|=\sqrt{1^2+(-1)^2}=\boldsymbol{\sqrt{2}}$

(2) $k\vec{a}+l\vec{b}=k(-3,\ 2)+l(1,\ -1)$

$=(-3k+l,\ 2k-l)$

これが $\vec{c}=(1,\ -3)$ に等しいから

$\begin{cases} -3k+l=1 & \cdots③ \\ 2k-l=-3 & \cdots④ \end{cases}$

③, ④ を解くと　$k=2$, $l=7$

したがって　$\boldsymbol{\vec{c}=2\vec{a}+7\vec{b}}$

◀ReAction 例題3「ベクトルの加法・減法・実数倍は，文字式と同様に行え」

◀$\vec{a}=(a_1,\ a_2)$ のとき $|\vec{a}|=\sqrt{a_1{}^2+a_2{}^2}$

◀③＋④ より $-k=-2$ であるから　$k=2$

練習 7　2つのベクトル $\vec{a}$, $\vec{b}$ が $\vec{a}-2\vec{b}=(-5,\ -8)$, $2\vec{a}-\vec{b}=(2,\ -1)$ を満たすとき

(1) $\vec{a}$, $\vec{b}$ を成分表示せよ。また，その大きさをそれぞれ求めよ。

(2) $\vec{c}=(6,\ 11)$ を $k\vec{a}+l\vec{b}$ の形に表せ。ただし，k, l は実数とする。

➡p.46 問題7

例題 8　ベクトルの成分と大きさ〔2〕

★☆☆☆

平面上に 3 点 A(5, −1), B(8, 0), C(1, 2) がある。

(1) $\overrightarrow{AB}$, $\overrightarrow{AC}$ を成分表示せよ。また，その大きさをそれぞれ求めよ。

(2) $\overrightarrow{AB}$ と平行な単位ベクトルを成分表示せよ。

(3) $\overrightarrow{AC}$ と同じ向きで，大きさが 3 のベクトルを成分表示せよ。

思考のプロセス

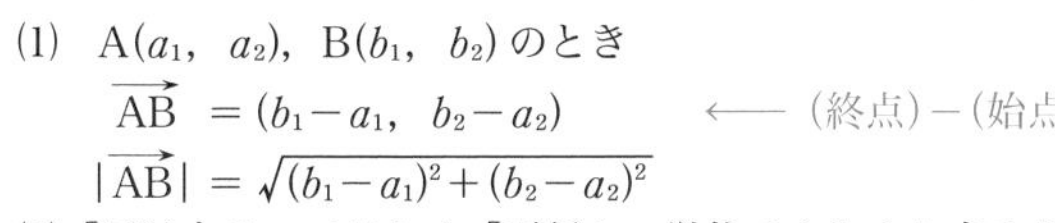

(1) $A(a_1,\ a_2)$, $B(b_1,\ b_2)$ のとき

$\overrightarrow{AB} = (b_1 - a_1,\ b_2 - a_2)$　⟵ (終点)−(始点)

$|\overrightarrow{AB}| = \sqrt{(b_1 - a_1)^2 + (b_2 - a_2)^2}$

(2)「同じ向き」ではなく「平行な」単位ベクトルを求める。

⟶「同じ向き」の単位ベクトルの逆ベクトルも求めるベクトルである。

(3) **段階的に考える**

大きさが 5 であるベクトル $\vec{a}$ を同じ向きで大きさが 3 のベクトルにする。

⟹ ① 同じ向きの単位ベクトルをつくる。

② 単位ベクトルを 3 倍する。

Action» $\vec{a}$ **と同じ向きの単位ベクトルは，** $\dfrac{\vec{a}}{|\vec{a}|}$ **とせよ**

解 (1) $\overrightarrow{AB} = (8-5,\ 0-(-1)) = \mathbf{(3,\ 1)}$

よって　$|\overrightarrow{AB}| = \sqrt{3^2 + 1^2} = \mathbf{\sqrt{10}}$

$\overrightarrow{AC} = (1-5,\ 2-(-1)) = \mathbf{(-4,\ 3)}$

よって　$|\overrightarrow{AC}| = \sqrt{(-4)^2 + 3^2} = \mathbf{5}$

◀ $A(a_1,\ a_2)$, $B(b_1,\ b_2)$ のとき $\overrightarrow{AB} = (b_1 - a_1,\ b_2 - a_2)$

(2) $\overrightarrow{AB}$ と平行な単位ベクトルは

$$\pm\frac{\overrightarrow{AB}}{|\overrightarrow{AB}|} = \pm\frac{\overrightarrow{AB}}{\sqrt{10}} = \pm\frac{\sqrt{10}}{10}\overrightarrow{AB} = \pm\frac{\sqrt{10}}{10}(3,\ 1)$$

すなわち　$\left(\dfrac{3\sqrt{10}}{10},\ \dfrac{\sqrt{10}}{10}\right)$ **または** $\left(-\dfrac{3\sqrt{10}}{10},\ -\dfrac{\sqrt{10}}{10}\right)$

◀ $\vec{a}$ と平行な単位ベクトルは　$\pm\dfrac{\vec{a}}{|\vec{a}|}$
$\vec{a}$ と同じ向きの単位ベクトルは　$\dfrac{\vec{a}}{|\vec{a}|}$
符号の違いに注意する。

(3) $\overrightarrow{AC}$ と同じ向きの単位ベクトルは $\dfrac{\overrightarrow{AC}}{|\overrightarrow{AC}|}$ であるから，

$\overrightarrow{AC}$ と同じ向きで大きさが 3 のベクトルは

$$3 \times \frac{\overrightarrow{AC}}{|\overrightarrow{AC}|} = \frac{3}{5}\overrightarrow{AC} = \frac{3}{5}(-4,\ 3) = \left(-\frac{12}{5},\ \frac{9}{5}\right)$$

練習 8　平面上に 3 点 A(1, −2), B(3, 1), C(−1, 2) がある。

(1) $\overrightarrow{AB}$, $\overrightarrow{AC}$ を成分表示せよ。また，その大きさをそれぞれ求めよ。

(2) $\overrightarrow{AB}$ と同じ向きの単位ベクトルを成分表示せよ。

(3) $\overrightarrow{AC}$ と平行で，大きさが 5 のベクトルを成分表示せよ。

⇒p.46 問題 8

例題 9　ベクトルと平行四辺形

D ★★☆☆

平面上に 3 点 A(−1, 4), B(3, −1), C(6, 7) がある。

(1) 四角形 ABCD が平行四辺形となるとき，点 D の座標を求めよ。

(2) 4 点 A, B, C, D が平行四辺形の 4 つの頂点となるとき，点 D の座標をすべて求めよ。

思考のプロセス

条件の言い換え

(1) (四角形 ABCD が平行四辺形)

→ 対角線がそれぞれの中点で交わる (LEGEND 数学Ⅱ＋B 例題 79 参照)
⟹ 線分 AC の中点と線分 BD の中点が一致

→ 向かい合う 1 組の辺が平行で長さが等しい
⟹ $\overrightarrow{AD} = \overrightarrow{BC}$

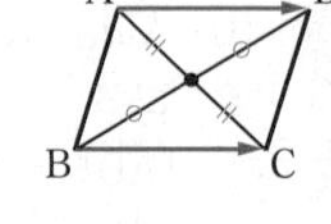

(2) 点 D の位置は □ 通り考えられる (LEGEND 数学Ⅱ＋B 例題 79 (2) 参照)

Action» 平行四辺形は，向かい合う 1 組のベクトルが等しいとせよ

解 点 D の座標を (a, b) とおく。

例題 6 (1) 四角形 ABCD が平行四辺形となるとき　$\overrightarrow{AD} = \overrightarrow{BC}$

◀ $\overrightarrow{AB} = \overrightarrow{DC}$ を用いてもよい。

$\overrightarrow{AD} = (a-(-1),\ b-4) = (a+1,\ b-4)$

$\overrightarrow{BC} = (6-3,\ 7-(-1)) = (3,\ 8)$

よって　$(a+1,\ b-4) = (3,\ 8)$

成分を比較すると　$\begin{cases} a+1=3 \\ b-4=8 \end{cases}$

ゆえに，$a=2$, $b=12$ より　**D(2, 12)**

(2) (ア) 四角形 ABCD が平行四辺形となるとき

(1) より　D(2, 12)

◀ 4 点 A, B, C, D の順序によって 3 つの場合がある。

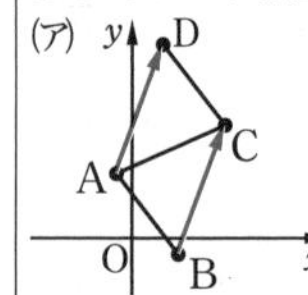

(イ) 四角形 ABDC が平行四辺形となるとき　$\overrightarrow{AC} = \overrightarrow{BD}$

$\overrightarrow{AC} = (6-(-1),\ 7-4) = (7,\ 3)$

$\overrightarrow{BD} = (a-3,\ b-(-1)) = (a-3,\ b+1)$

よって　$(a-3,\ b+1) = (7,\ 3)$

ゆえに，$a=10$, $b=2$ より　D(10, 2)

(ウ) 四角形 ADBC が平行四辺形となるとき　$\overrightarrow{AD} = \overrightarrow{CB}$

$\overrightarrow{CB} = (3-6,\ -1-7) = (-3,\ -8)$

よって　$(a+1,\ b-4) = (-3,\ -8)$

ゆえに，$a=-4$, $b=-4$ より　D(−4, −4)

(ア)〜(ウ) より，点 D の座標は

(2, 12), (10, 2), (−4, −4)

練習 9　平面上に 3 点 A(2, 3), B(5, −6), C(−3, −4) がある。

(1) 四角形 ABCD が平行四辺形となるとき，点 D の座標を求めよ。

(2) 4 点 A, B, C, D が平行四辺形の 4 つの頂点となるとき，点 D の座標をすべて求めよ。

➡ p.46 問題 9

例題 10　ベクトルの大きさの最小値，平行条件

D 頻出 ★★☆☆

3つのベクトル $\vec{a}=(1,\ -3)$, $\vec{b}=(-2,\ 1)$, $\vec{c}=(7,\ -6)$ について
(1) $\vec{a}+t\vec{b}$ の大きさの最小値，およびそのときの実数 t の値を求めよ。
(2) $\vec{a}+t\vec{b}$ と $\vec{c}$ が平行となるとき，実数 t の値を求めよ。

思考のプロセス

(1) $|\vec{a}+t\vec{b}|$ は $\sqrt{\ }$ を含む式となる。

目標の言い換え

$|\vec{a}+t\vec{b}|$ の最小値 $\Longrightarrow$ $|\vec{a}+t\vec{b}|^2$ の最小値から考える。

◀ $|\vec{a}+t\vec{b}|\geqq 0$ より $|\vec{a}+t\vec{b}|^2$ が最小のとき，$|\vec{a}+t\vec{b}|$ も最小となる。

(2) **条件の言い換え**

$\vec{0}$ でない2つのベクトル $\vec{a}=(a_1,\ a_2)$, $\vec{b}=(b_1,\ b_2)$ について

$\vec{a}\,/\!/\,\vec{b} \iff \vec{b}=k\vec{a}$ （k は実数）

$\iff b_1=ka_1$ かつ $b_2=ka_2$

$\iff a_1b_2-a_2b_1=0$

どちらを用いてもよい

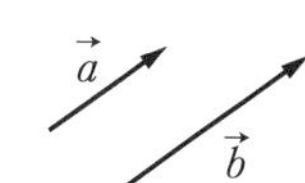

Action» $\vec{a}\,/\!/\,\vec{b}$ のときは，$\vec{b}=k\vec{a}$（k は実数）とおけ

解 (1) $\vec{a}+t\vec{b}=(1,\ -3)+t(-2,\ 1)$
$=(1-2t,\ -3+t)$ …①

よって $|\vec{a}+t\vec{b}|^2=(1-2t)^2+(-3+t)^2$
$=5t^2-10t+10$
$=5(t-1)^2+5$

◀ $|\vec{a}+t\vec{b}|^2$ を t の式で表す。t の2次式となるから，平方完成して最小値を求める。

ゆえに，$|\vec{a}+t\vec{b}|^2$ は $t=1$ のとき最小値5をとる。

このとき，$|\vec{a}+t\vec{b}|$ も最小となり，最小値は $\sqrt{5}$

したがって **$t=1$ のとき　最小値 $\sqrt{5}$**

(2) $(\vec{a}+t\vec{b})\,/\!/\,\vec{c}$ のとき，k を実数として $\vec{a}+t\vec{b}=k\vec{c}$ と表される。

◀ $k(\vec{a}+t\vec{b})=\vec{c}$ と表してもよいが
$\begin{cases}(1-2t)k=7\\(-3+t)k=-6\end{cases}$
となり，式が複雑になってしまう。

① より $(1-2t,\ -3+t)=k(7,\ -6)$

よって $\begin{cases}1-2t=7k\\-3+t=-6k\end{cases}$

これを連立して解くと $k=1$, **$t=-3$**

〔別解〕

$\vec{a}+t\vec{b}=(1-2t,\ -3+t)$, $\vec{c}=(7,\ -6)$ より，

$(\vec{a}+t\vec{b})\,/\!/\,\vec{c}$ のとき

$(1-2t)(-6)-(-3+t)7=0$

$5t+15=0$ より $t=-3$

◀ $\vec{a}=(a_1,\ a_2)$, $\vec{b}=(b_1,\ b_2)$ について
$\vec{a}\,/\!/\,\vec{b}$
$\iff a_1b_2-a_2b_1=0$

練習 10 3つのベクトル $\vec{a}=(2,\ -4)$, $\vec{b}=(3,\ -1)$, $\vec{c}=(-2,\ 1)$ について
(1) $\vec{a}+t\vec{b}$ の大きさの最小値，およびそのときの実数 t の値を求めよ。
(2) $\vec{a}+t\vec{b}$ と $\vec{c}$ が平行となるとき，実数 t の値を求めよ。

➡p.46 問題10

D

例題 11 ベクトルの内積

★☆☆☆

$AB=1$, $AD=\sqrt{3}$ の長方形ABCDにおいて，次の内積を求めよ。

(1) $\overrightarrow{AB}\cdot\overrightarrow{AD}$　(2) $\overrightarrow{AB}\cdot\overrightarrow{AC}$　(3) $\overrightarrow{AD}\cdot\overrightarrow{DB}$

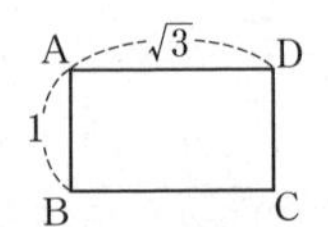

思考のプロセス

〔内積〕 $\vec{a}\cdot\vec{b}=|\vec{a}||\vec{b}|\cos\theta$

$\vec{a}$ と $\vec{b}$ のなす角 θ … $\vec{a}$ と $\vec{b}$ の始点を一致させたときにできる角

$(0^\circ \leqq \theta \leqq 180^\circ)$

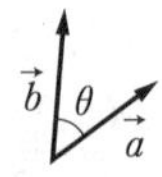

図で考える

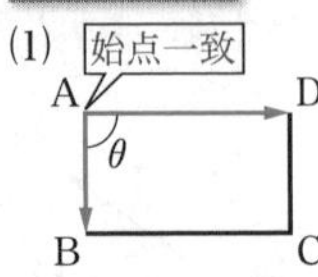

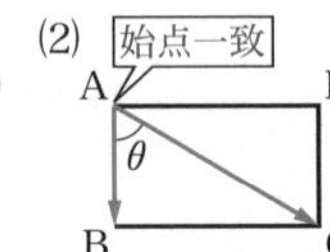

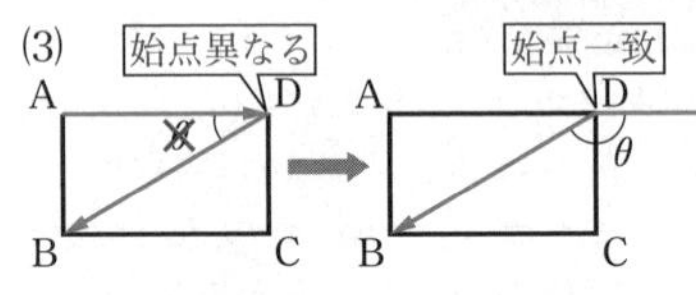

Action» 内積は，ベクトルの大きさと始点をそろえてなす角を調べよ

解 (1) $|\overrightarrow{AB}|=1$, $|\overrightarrow{AD}|=\sqrt{3}$, $\overrightarrow{AB}$ と $\overrightarrow{AD}$ のなす角は 90°

よって

$$\overrightarrow{AB}\cdot\overrightarrow{AD}=1\times\sqrt{3}\times\cos 90^\circ=\mathbf{0}$$

◀ $\cos 90^\circ=0$

(2) $AB=1$, $BC=\sqrt{3}$, $\angle B=90^\circ$ より　$AC=2$

△ABCは $\angle BCA=30^\circ$, $\angle CAB=60^\circ$ の直角三角形であるから，$|\overrightarrow{AB}|=1$, $|\overrightarrow{AC}|=2$, $\overrightarrow{AB}$ と $\overrightarrow{AC}$ のなす角は 60°

よって

$$\overrightarrow{AB}\cdot\overrightarrow{AC}=1\times2\times\cos 60^\circ=\mathbf{1}$$

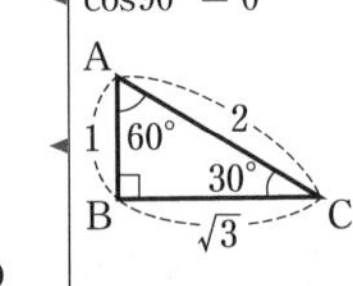

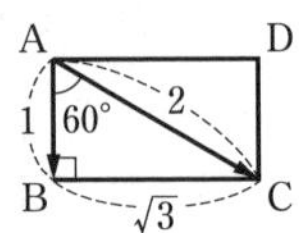

◀ $\cos 60^\circ=\dfrac{1}{2}$

(3) △ABDは $\angle ABD=60^\circ$, $\angle BDA=30^\circ$, $BD=2$ の直角三角形であるから，

$|\overrightarrow{AD}|=\sqrt{3}$, $|\overrightarrow{DB}|=2$

$\overrightarrow{AD}$ と $\overrightarrow{DB}$ のなす角は 150°

よって

$$\overrightarrow{AD}\cdot\overrightarrow{DB}=\sqrt{3}\times2\times\cos 150^\circ=\mathbf{-3}$$

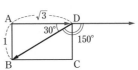

◀ ! $\overrightarrow{AD}$ を平行移動して $\overrightarrow{DB}$ と始点を一致させてなす角を考える。

◀ $\cos 150^\circ=-\dfrac{\sqrt{3}}{2}$

練習 11 1辺の長さが1の正六角形ABCDEFにおいて，次の内積を求めよ。

(1) $\overrightarrow{AD}\cdot\overrightarrow{AF}$　(2) $\overrightarrow{AD}\cdot\overrightarrow{BC}$　(3) $\overrightarrow{DA}\cdot\overrightarrow{BE}$

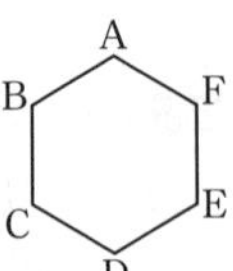

➡p.46 問題11

例題 12　ベクトルの内積となす角〔1〕

D　頻出
★☆☆☆

〔1〕 次の2つのベクトル $\vec{a}$，$\vec{b}$ のなす角 θ $(0^\circ \leqq \theta \leqq 180^\circ)$ を求めよ。

(1) $|\vec{a}|=3$，$|\vec{b}|=4$，$\vec{a}\cdot\vec{b}=-6$　　(2) $\vec{a}=(1,\ 2)$，$\vec{b}=(-1,\ 3)$

〔2〕 平面上の2つのベクトル $\vec{a}=(1,\ 3)$，$\vec{b}=(x,\ -1)$ について，$\vec{a}$ と $\vec{b}$ のなす角が 135° であるとき，x の値を求めよ。

思考のプロセス

〔成分と内積〕 $\vec{a}=(a_1,\ a_2)$，$\vec{b}=(b_1,\ b_2)$ のとき　$\vec{a}\cdot\vec{b}=a_1b_1+a_2b_2$

目標の言い換え

〔1〕 $\vec{a}$ と $\vec{b}$ のなす角を θ とすると　$\cos\theta=\dfrac{\vec{a}\cdot\vec{b}}{|\vec{a}||\vec{b}|}$　⇐ $\vec{a}\cdot\vec{b}=|\vec{a}||\vec{b}|\cos\theta$ より

(2) $\vec{a}=(1,\ 2)$，$\vec{b}=(-1,\ 3)$ から $|\vec{a}|$，$|\vec{b}|$，$\vec{a}\cdot\vec{b}$ を求める。

〔2〕 $\vec{a}\cdot\vec{b}=|\vec{a}||\vec{b}|\cos 135^\circ$ ⟹ x の方程式

↑ $\vec{a}=(1,\ 3)$，$\vec{b}=(x,\ -1)$ から計算

Action» 2つのベクトルのなす角は，内積の定義を利用せよ

解 〔1〕 (1) $\cos\theta=\dfrac{\vec{a}\cdot\vec{b}}{|\vec{a}||\vec{b}|}=\dfrac{-6}{3\times4}=-\dfrac{1}{2}$

$0^\circ \leqq \theta \leqq 180^\circ$ より　$\boldsymbol{\theta=120^\circ}$

◀ $\vec{a}\cdot\vec{b}=|\vec{a}||\vec{b}|\cos\theta$ より $\cos\theta=\dfrac{\vec{a}\cdot\vec{b}}{|\vec{a}||\vec{b}|}$

(2) $\vec{a}\cdot\vec{b}=1\times(-1)+2\times3=5$

例題7

$|\vec{a}|=\sqrt{1^2+2^2}=\sqrt{5}$，$|\vec{b}|=\sqrt{(-1)^2+3^2}=\sqrt{10}$ より

$\cos\theta=\dfrac{\vec{a}\cdot\vec{b}}{|\vec{a}||\vec{b}|}=\dfrac{5}{\sqrt{5}\times\sqrt{10}}=\dfrac{1}{\sqrt{2}}$

$0^\circ \leqq \theta \leqq 180^\circ$ より　$\boldsymbol{\theta=45^\circ}$

◀ $\vec{a}=(a_1,\ a_2)$，$\vec{b}=(b_1,\ b_2)$ のとき $\vec{a}\cdot\vec{b}=a_1b_1+a_2b_2$，$|\vec{a}|=\sqrt{a_1{}^2+a_2{}^2}$

〔2〕 $\vec{a}\cdot\vec{b}=1\times x+3\times(-1)=x-3$

$|\vec{a}|=\sqrt{1^2+3^2}=\sqrt{10}$，$|\vec{b}|=\sqrt{x^2+1}$

◀ $\vec{a}=(a_1,\ a_2)$，$\vec{b}=(b_1,\ b_2)$ のとき $\vec{a}\cdot\vec{b}=a_1b_1+a_2b_2$

$\vec{a}$ と $\vec{b}$ のなす角が 135° であるから

$x-3=\sqrt{10}\times\sqrt{x^2+1}\times\cos 135^\circ$

◀ $\vec{a}\cdot\vec{b}=|\vec{a}||\vec{b}|\cos\theta$

$x-3=-\sqrt{5(x^2+1)}$　　…①

◀ $\cos 135^\circ=-\dfrac{1}{\sqrt{2}}$

両辺を2乗すると　$(x-3)^2=5(x^2+1)$

$2x^2+3x-2=0$ より　$(2x-1)(x+2)=0$

よって　$x=\dfrac{1}{2}$，-2

これらはともに①を満たすから　$\boldsymbol{x=\dfrac{1}{2},\ -2}$

◀ ！①を2乗して求めているから，実際に代入して確かめる。$A=B \Longrightarrow A^2=B^2$ は成り立つが，逆は成り立たない。

練習 12 〔1〕 次の2つのベクトル $\vec{a}$，$\vec{b}$ のなす角 θ $(0^\circ \leqq \theta \leqq 180^\circ)$ を求めよ。

(1) $|\vec{a}|=2$，$|\vec{b}|=\sqrt{3}$，$\vec{a}\cdot\vec{b}=-3$　　(2) $\vec{a}=(-1,\ 2)$，$\vec{b}=(2,\ -4)$

〔2〕 平面上の2つのベクトル $\vec{a}=(1,\ x)$，$\vec{b}=(4,\ 2)$ について，$\vec{a}$ と $\vec{b}$ のなす角が 45° であるとき，x の値を求めよ。

➡p.46 問題12

頻出

例題 13 ベクトルの内積となす角〔2〕 ★★☆☆

(1) $|\vec{a}|=\sqrt{2}$, $|\vec{b}|=1$, $|\vec{a}-2\vec{b}|=\sqrt{10}$ のとき，$\vec{a}$ と $\vec{b}$ のなす角 θ を求めよ。

(2) $|\vec{a}|=2$, $|\vec{b}|=3$, $\vec{a}$ と $\vec{b}$ のなす角が 120° である。$2\vec{a}+\vec{b}$ と $\vec{a}-2\vec{b}$ のなす角を θ とするとき，$\cos\theta$ の値を求めよ。

思考のプロセス

目標の言い換え

(1) $|\vec{a}-2\vec{b}|$ は，このままでは計算が進まない。

⟹ 2乗すると　$|\vec{a}-2\vec{b}|^2=|\vec{a}|^2-4\vec{a}\cdot\vec{b}+4|\vec{b}|^2$　（$\vec{a}\cdot\vec{b}=|\vec{a}||\vec{b}|\cos\theta$）

⬅ $|\vec{a}-2\vec{b}|^2=(\vec{a}-2\vec{b})\cdot(\vec{a}-2\vec{b})$

(2) $\cos\theta=\dfrac{(2\vec{a}+\vec{b})\cdot(\vec{a}-2\vec{b})}{|2\vec{a}+\vec{b}||\vec{a}-2\vec{b}|}$ ⟵ 分母・分子の値をそれぞれ求める

Action» ベクトルの大きさは，2乗して内積を利用せよ

解 (1) $|\vec{a}-2\vec{b}|^2=(\vec{a}-2\vec{b})\cdot(\vec{a}-2\vec{b})$

$=\vec{a}\cdot\vec{a}-2\vec{a}\cdot\vec{b}-2\vec{b}\cdot\vec{a}+4\vec{b}\cdot\vec{b}$

$=|\vec{a}|^2-4\vec{a}\cdot\vec{b}+4|\vec{b}|^2$

$|\vec{a}|=\sqrt{2}$, $|\vec{b}|=1$, $|\vec{a}-2\vec{b}|=\sqrt{10}$ を代入すると

$10=2-4\vec{a}\cdot\vec{b}+4$ より　$\vec{a}\cdot\vec{b}=-1$

例題12 よって　$\cos\theta=\dfrac{\vec{a}\cdot\vec{b}}{|\vec{a}||\vec{b}|}=\dfrac{-1}{\sqrt{2}\times1}=-\dfrac{1}{\sqrt{2}}$

$0^\circ\leqq\theta\leqq180^\circ$ より　$\boldsymbol{\theta=135^\circ}$

◀まず，$\vec{a}\cdot\vec{b}$ を求める。$|\vec{a}-2\vec{b}|$ を2乗して，$\vec{a}\cdot\vec{b}$ をつくり出す。

◀$\vec{a}\cdot\vec{a}=|\vec{a}|^2$

◀$4\vec{a}\cdot\vec{b}=-4$

(2) $\vec{a}\cdot\vec{b}=|\vec{a}||\vec{b}|\cos120^\circ=2\times3\times\left(-\dfrac{1}{2}\right)=-3$

よって　$|2\vec{a}+\vec{b}|^2=4|\vec{a}|^2+4\vec{a}\cdot\vec{b}+|\vec{b}|^2=13$

$|2\vec{a}+\vec{b}|\geqq0$ であるから　$|2\vec{a}+\vec{b}|=\sqrt{13}$

次に　$|\vec{a}-2\vec{b}|^2=|\vec{a}|^2-4\vec{a}\cdot\vec{b}+4|\vec{b}|^2=52$

$|\vec{a}-2\vec{b}|\geqq0$ であるから　$|\vec{a}-2\vec{b}|=2\sqrt{13}$

また　$(2\vec{a}+\vec{b})\cdot(\vec{a}-2\vec{b})=2|\vec{a}|^2-3\vec{a}\cdot\vec{b}-2|\vec{b}|^2$

$=-1$

したがって

例題12 $\cos\theta=\dfrac{(2\vec{a}+\vec{b})\cdot(\vec{a}-2\vec{b})}{|2\vec{a}+\vec{b}||\vec{a}-2\vec{b}|}=\dfrac{-1}{\sqrt{13}\times2\sqrt{13}}=\boldsymbol{-\dfrac{1}{26}}$

◀まず $\vec{a}$ と $\vec{b}$ の内積を求める。

◀2乗して展開し，$|\vec{a}|=2$, $|\vec{b}|=3$, $\vec{a}\cdot\vec{b}=-3$ を代入する。

◀$(2\vec{a}+\vec{b})\cdot(\vec{a}-2\vec{b})$
$=2\vec{a}\cdot\vec{a}-4\vec{a}\cdot\vec{b}+\vec{b}\cdot\vec{a}-2\vec{b}\cdot\vec{b}$

◀$\vec{p}$ と $\vec{q}$ のなす角を θ とすると　$\cos\theta=\dfrac{\vec{p}\cdot\vec{q}}{|\vec{p}||\vec{q}|}$

練習 13 (1) $|\vec{a}|=\sqrt{3}$, $|\vec{b}|=2$, $|\vec{a}-\vec{b}|=1$ のとき，$\vec{a}$ と $\vec{b}$ のなす角 θ を求めよ。

(2) $|\vec{a}|=4$, $|\vec{b}|=\sqrt{3}$, $\vec{a}$ と $\vec{b}$ のなす角が 150° である。$\vec{a}+3\vec{b}$ と $3\vec{a}+2\vec{b}$ のなす角 θ を求めよ。

➡p.46 問題13

D 頻出
★☆☆☆

例題 14 ベクトルの垂直条件〔1〕

(1) $\vec{a}=(1,\ x)$, $\vec{b}=(3,\ 2)$ について，$\vec{a}$ と $\vec{b}$ が垂直のとき x の値を求めよ。
(2) $\vec{a}=(3,\ -4)$ に垂直な単位ベクトル $\vec{e}$ を求めよ。

思考のプロセス

条件の言い換え

$\vec{a}$ と $\vec{b}$ が垂直 ⟹ $\vec{a}$ と $\vec{b}$ のなす角が 90°
⟹ $\vec{a}\cdot\vec{b}=0$

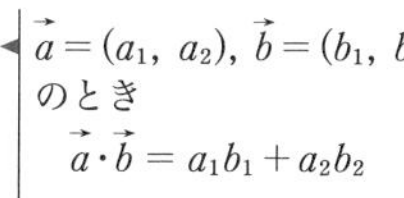

(2) **未知のものを文字でおく**

$\vec{e}=(x,\ y)$ とおくと $\begin{cases}\vec{a}\perp\vec{e} \longrightarrow (x \text{ と } y \text{ の式})\\ |\vec{e}|=1 \longrightarrow (x \text{ と } y \text{ の式})\end{cases}$ 連立して，x, y を求める

Action» $\vec{a}\perp\vec{b}$ のときは，$\vec{a}\cdot\vec{b}=0$ とせよ

解 (1) $\vec{a}\cdot\vec{b}=1\times3+x\times2=2x+3$

$\vec{a}$ と $\vec{b}$ が垂直のとき，$\vec{a}\cdot\vec{b}=0$ であるから

$2x+3=0$ より　　$x=-\dfrac{3}{2}$

◀ $\vec{a}=(a_1,\ a_2)$, $\vec{b}=(b_1,\ b_2)$ のとき
$\vec{a}\cdot\vec{b}=a_1b_1+a_2b_2$

(2) $\vec{e}=(x,\ y)$ とおく。

$\vec{a}\perp\vec{e}$ より　　$\vec{a}\cdot\vec{e}=3x-4y=0$　　…①

$|\vec{e}|=1$ より　　$|\vec{e}|^2=x^2+y^2=1$　　…②

① より　　$y=\dfrac{3}{4}x$　　…③

② に代入すると，$x^2=\dfrac{16}{25}$ より　　$x=\pm\dfrac{4}{5}$

③ より，$x=\dfrac{4}{5}$ のとき　　$y=\dfrac{3}{5}$

$x=-\dfrac{4}{5}$ のとき　　$y=-\dfrac{3}{5}$

よって　　$\vec{e}=\left(\dfrac{4}{5},\ \dfrac{3}{5}\right),\ \left(-\dfrac{4}{5},\ -\dfrac{3}{5}\right)$

◀ $\vec{a}\perp\vec{e}$ より　$\vec{a}\cdot\vec{e}=0$

◀ $\vec{e}$ が単位ベクトルより
$|\vec{e}|=1$

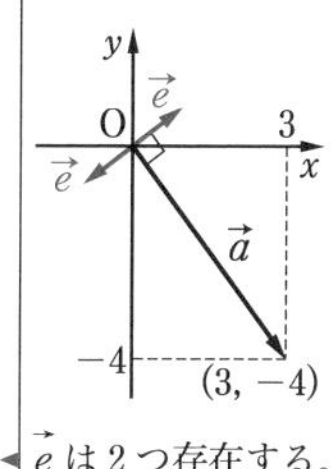

◀ $\vec{e}$ は 2 つ存在する。

Point...ベクトルの垂直条件

$\vec{a}\neq\vec{0}$ とする。$\vec{a}=(a_1,\ a_2)$ と垂直なベクトルは，例えば

$\vec{b}=(a_2,\ -a_1)$, $(-a_2,\ a_1)$

⇐ x 成分と y 成分を入れかえ一方の符号を変える。

このとき，確かに

$\vec{a}\cdot\vec{b}=a_1a_2+a_2(-a_1)=0$,　$\vec{a}\cdot\vec{b}=a_1(-a_2)+a_2a_1=0$

$\vec{a}\neq\vec{0}$, $\vec{b}\neq\vec{0}$ より　　$\vec{a}\perp\vec{b}$

練習 14 (1) $\vec{a}=(2,\ x+1)$, $\vec{b}=(1,\ 1)$ について，$\vec{a}$ と $\vec{b}$ が垂直のとき x の値を求めよ。

(2) $\vec{a}=(-2,\ 3)$ と垂直で大きさが 2 のベクトル $\vec{p}$ を求めよ。

⇒p.46 問題14

例題 15 ベクトルの垂直条件〔2〕

$\vec{0}$ でない2つのベクトル $\vec{a}$, $\vec{b}$ について，$|\vec{b}|=\sqrt{2}|\vec{a}|$ が成り立っている。
$2\vec{a}-\vec{b}$ と $4\vec{a}+3\vec{b}$ が垂直であるとき，次の問に答えよ。

(1) $\vec{a}$ と $\vec{b}$ のなす角 θ $(0^\circ \leqq \theta \leqq 180^\circ)$ を求めよ。

(2) $\vec{a}$ と $\vec{a}+t\vec{b}$ が垂直であるとき，t の値を求めよ。

思考のプロセス

« ReAction $\vec{a}\perp\vec{b}$ のときは，$\vec{a}\cdot\vec{b}=0$ とせよ ◀例題 14

条件の言い換え

$(2\vec{a}-\vec{b})\perp(4\vec{a}+3\vec{b}) \Longrightarrow (2\vec{a}-\vec{b})\cdot(4\vec{a}+3\vec{b})=0$

$\Longrightarrow$ 計算して $|\vec{a}|$, $|\vec{b}|$, $\vec{a}\cdot\vec{b}$ の式をつくる。

(1) $\vec{a}$ と $\vec{b}$ のなす角 θ は，$\cos\theta$ から求める。(例題 12)

(2) $\vec{a}\perp(\vec{a}+t\vec{b}) \Longrightarrow \vec{a}\cdot(\vec{a}+t\vec{b})=0 \Longrightarrow$ 計算して t の方程式をつくる。

解 (1) $(2\vec{a}-\vec{b})\perp(4\vec{a}+3\vec{b})$ であるから

例題 14
$$(2\vec{a}-\vec{b})\cdot(4\vec{a}+3\vec{b})=0$$

$$8|\vec{a}|^2+2\vec{a}\cdot\vec{b}-3|\vec{b}|^2=0 \quad \cdots ①$$

◀ $8\vec{a}\cdot\vec{a}+2\vec{a}\cdot\vec{b}-3\vec{b}\cdot\vec{b}=0$

ここで，$|\vec{b}|=\sqrt{2}|\vec{a}|$ より　$|\vec{b}|^2=2|\vec{a}|^2$

① に代入すると

$$8|\vec{a}|^2+2\vec{a}\cdot\vec{b}-6|\vec{a}|^2=0$$

よって　$\vec{a}\cdot\vec{b}=-|\vec{a}|^2 \quad \cdots ②$

ゆえに

例題 12
$$\cos\theta=\frac{\vec{a}\cdot\vec{b}}{|\vec{a}||\vec{b}|}=\frac{-|\vec{a}|^2}{|\vec{a}|\times\sqrt{2}|\vec{a}|}=-\frac{1}{\sqrt{2}}$$

◀ ReAction 例題 12「2つのベクトルのなす角は，内積の定義を利用せよ」

$0^\circ \leqq \theta \leqq 180^\circ$ より　$\boldsymbol{\theta=135^\circ}$

(2) $\vec{a}$ と $\vec{a}+t\vec{b}$ が垂直であるとき

例題 14
$$\vec{a}\cdot(\vec{a}+t\vec{b})=0$$

よって　$|\vec{a}|^2+t\vec{a}\cdot\vec{b}=0$

◀ $\vec{a}\cdot\vec{a}=|\vec{a}|^2$

② を代入して　$|\vec{a}|^2-t|\vec{a}|^2=0$

$$(1-t)|\vec{a}|^2=0$$

$|\vec{a}| \neq 0$ であるから　$1-t=0$

◀ $\vec{a}\neq\vec{0}$ より $|\vec{a}|\neq 0$

したがって，求める t の値は　$\boldsymbol{t=1}$

練習 15 $\vec{0}$ でない2つのベクトル $\vec{a}$, $\vec{b}$ について，$|\vec{a}|=|\vec{b}|$ が成り立っている。
$3\vec{a}+\vec{b}$ と $\vec{a}-3\vec{b}$ が垂直であるとき，次の問に答えよ。

(1) $\vec{a}$ と $\vec{b}$ のなす角 θ $(0^\circ \leqq \theta \leqq 180^\circ)$ を求めよ。

(2) $\vec{a}-2\vec{b}$ と $\vec{a}+t\vec{b}$ が垂直であるとき，t の値を求めよ。

➡p.47 問題15

頻出
★★☆☆

例題 16　内積と三角形の面積〔1〕

△OAB において，$\overrightarrow{OA}=\vec{a}$，$\overrightarrow{OB}=\vec{b}$ とおくと，$|\vec{a}|=3$，$|\vec{b}|=2$，$|\vec{a}-2\vec{b}|=4$ である。$\angle AOB=\theta$ とするとき，次の値を求めよ。

(1)　$\cos\theta$　　　(2)　△OAB の面積 S

思考のプロセス

逆向きに考える

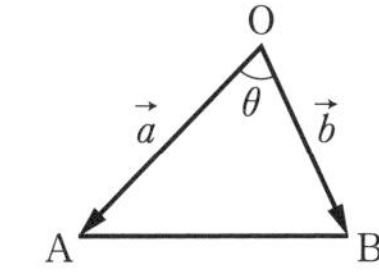

(1)　$\angle AOB=\theta$ は $\vec{a}$ と $\vec{b}$ のなす角

⟹ $\cos\theta=\dfrac{\vec{a}\cdot\vec{b}}{|\vec{a}||\vec{b}|}$ から考える。

⟹ $\vec{a}\cdot\vec{b}$ の値を求めたい。

«ReAction　ベクトルの大きさは，2乗して内積を利用せよ ◀例題 13

(2)　$\triangle OAB=\dfrac{1}{2}\underset{|\vec{a}|}{\underline{OA}}\cdot\underset{|\vec{b}|}{\underline{OB}}\cdot\underline{\sin\theta}$　← $\cos\theta$ から求める。

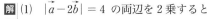

解 (1)　$|\vec{a}-2\vec{b}|=4$ の両辺を2乗すると

例題 13

$$|\vec{a}-2\vec{b}|^2=4^2$$

$$|\vec{a}|^2-4\vec{a}\cdot\vec{b}+4|\vec{b}|^2=16$$

$|\vec{a}|=3$，$|\vec{b}|=2$ を代入すると

$$9-4\vec{a}\cdot\vec{b}+16=16$$

よって　$\vec{a}\cdot\vec{b}=\dfrac{9}{4}$

したがって　$\cos\theta=\dfrac{\vec{a}\cdot\vec{b}}{|\vec{a}||\vec{b}|}=\dfrac{\frac{9}{4}}{3\times2}=\mathbf{\dfrac{3}{8}}$

◀ $|\vec{a}-2\vec{b}|$ を2乗して，$\vec{a}\cdot\vec{b}$ をつくり出す。

◀ $|\vec{a}-2\vec{b}|^2$
$=(\vec{a}-2\vec{b})\cdot(\vec{a}-2\vec{b})$
$=\vec{a}\cdot\vec{a}-4\vec{a}\cdot\vec{b}+4\vec{b}\cdot\vec{b}$
$=|\vec{a}|^2-4\vec{a}\cdot\vec{b}+4|\vec{b}|^2$

(2)　$0°<\theta<180°$ より，$\sin\theta>0$ であるから

$$\sin\theta=\sqrt{1-\cos^2\theta}$$

$$=\sqrt{1-\left(\frac{3}{8}\right)^2}=\frac{\sqrt{55}}{8}$$

したがって

$$S=\frac{1}{2}|\vec{a}||\vec{b}|\sin\theta$$

$$=\frac{1}{2}\times3\times2\times\frac{\sqrt{55}}{8}=\mathbf{\frac{3\sqrt{55}}{8}}$$

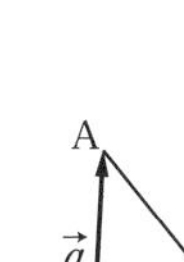

◀ △OAB の面積 S は $S=\dfrac{1}{2}OA\cdot OB\cdot\sin\theta$ で求められるから，まず，(1)の結果から $\sin\theta$ を求める。

練習 16　△OAB において，$\overrightarrow{OA}=\vec{a}$，$\overrightarrow{OB}=\vec{b}$ とおくと，$|\vec{a}|=4$，$|\vec{b}|=5$，$|\vec{a}+\vec{b}|=5$ である。$\angle AOB=\theta$ とするとき，次の値を求めよ。

(1)　$\cos\theta$　　　(2)　△OAB の面積 S

⇒p.47 問題16

例題 17　内積と三角形の面積〔2〕　★★☆☆

(1)　$\triangle ABC = \dfrac{1}{2}\sqrt{|\overrightarrow{AB}|^2|\overrightarrow{AC}|^2 - (\overrightarrow{AB}\cdot\overrightarrow{AC})^2}$ であることを示せ。

(2)　$\overrightarrow{AB} = (x_1,\ y_1)$，$\overrightarrow{AC} = (x_2,\ y_2)$ のとき，△ABC の面積を x_1，y_1，x_2，y_2 を用いて表せ。

思考のプロセス

(1) **既知の問題に帰着**

例題 16 で，三角形の面積を求めた流れと同様に考える。

(2) **前問の結果の利用**

$|\overrightarrow{AB}|^2$，$|\overrightarrow{AC}|^2$，$\overrightarrow{AB}\cdot\overrightarrow{AC}$ をそれぞれ x_1，x_2，y_1，y_2 で表して，代入する。

Action» 三角形の面積は，$S = \dfrac{1}{2}|\overrightarrow{AB}||\overrightarrow{AC}|\sin\theta$ を利用せよ

解 (1)　$\cos A = \dfrac{\overrightarrow{AB}\cdot\overrightarrow{AC}}{|\overrightarrow{AB}||\overrightarrow{AC}|}$ であり，

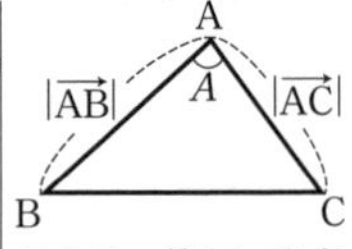

$0° < A < 180°$ より，$\sin A > 0$ であるから

◀ 三角比の符号に注意する。

$$\sin A = \sqrt{1-\cos^2 A} = \sqrt{1 - \frac{(\overrightarrow{AB}\cdot\overrightarrow{AC})^2}{|\overrightarrow{AB}|^2|\overrightarrow{AC}|^2}}$$

◀ $\sin^2 A + \cos^2 A = 1$

$$= \frac{\sqrt{|\overrightarrow{AB}|^2|\overrightarrow{AC}|^2 - (\overrightarrow{AB}\cdot\overrightarrow{AC})^2}}{|\overrightarrow{AB}||\overrightarrow{AC}|}$$

◀ $\sqrt{1 - \dfrac{(\overrightarrow{AB}\cdot\overrightarrow{AC})^2}{|\overrightarrow{AB}|^2|\overrightarrow{AC}|^2}}$
$= \sqrt{\dfrac{|\overrightarrow{AB}|^2|\overrightarrow{AC}|^2 - (\overrightarrow{AB}\cdot\overrightarrow{AC})^2}{|\overrightarrow{AB}|^2|\overrightarrow{AC}|^2}}$
$= \dfrac{\sqrt{|\overrightarrow{AB}|^2|\overrightarrow{AC}|^2 - (\overrightarrow{AB}\cdot\overrightarrow{AC})^2}}{|\overrightarrow{AB}||\overrightarrow{AC}|}$

したがって

$$\triangle ABC = \frac{1}{2}|\overrightarrow{AB}||\overrightarrow{AC}|\sin A$$
$$= \frac{1}{2}|\overrightarrow{AB}||\overrightarrow{AC}|\frac{\sqrt{|\overrightarrow{AB}|^2|\overrightarrow{AC}|^2 - (\overrightarrow{AB}\cdot\overrightarrow{AC})^2}}{|\overrightarrow{AB}||\overrightarrow{AC}|}$$
$$= \frac{1}{2}\sqrt{|\overrightarrow{AB}|^2|\overrightarrow{AC}|^2 - (\overrightarrow{AB}\cdot\overrightarrow{AC})^2}$$

◀ △ABC の面積は，$\overrightarrow{AB}$，$\overrightarrow{AC}$ の大きさと内積で表すことができる。

(2)　$|\overrightarrow{AB}|^2 = x_1{}^2 + y_1{}^2$ …①，$|\overrightarrow{AC}|^2 = x_2{}^2 + y_2{}^2$ …②

$\overrightarrow{AB}\cdot\overrightarrow{AC} = x_1x_2 + y_1y_2$ …③

◀ $|\overrightarrow{AB}|^2$，$|\overrightarrow{AC}|^2$，$\overrightarrow{AB}\cdot\overrightarrow{AC}$ を，$\overrightarrow{AB}$，$\overrightarrow{AC}$ の成分 x_1，y_1，x_2，y_2 を用いて表す。

(1) の公式に ①，②，③ を代入すると

$$S = \frac{1}{2}\sqrt{(x_1{}^2 + y_1{}^2)(x_2{}^2 + y_2{}^2) - (x_1x_2 + y_1y_2)^2}$$
$$= \frac{1}{2}\sqrt{x_1{}^2y_2{}^2 - 2x_1x_2y_1y_2 + x_2{}^2y_1{}^2}$$
$$= \frac{1}{2}\sqrt{(x_1y_2 - x_2y_1)^2} = \boldsymbol{\frac{1}{2}|x_1y_2 - x_2y_1|}$$

◀ $\sqrt{A^2} = |A|$

練習 17　△ABC の面積を S とするとき，例題 17 を用いて，次の問に答えよ。

(1)　$|\overrightarrow{AB}| = 2$，$|\overrightarrow{AC}| = 3$，$\overrightarrow{AB}\cdot\overrightarrow{AC} = 2$ であるとき，S の値を求めよ。

(2)　3 点 A(0, 0)，B(1, 4)，C(2, 3) とするとき，S の値を求めよ。

➡p.47 問題17

Play Back 1 ベクトルを用いて証明しよう〔1〕…中線定理

中線定理を様々な方法で証明してみましょう。

探究例題 1 中線定理の証明

［中線定理］ △ABC において，BC の中点を M とすると
$$AB^2+AC^2=2(AM^2+BM^2)$$

(1) $\overrightarrow{AB}=\vec{b}$，$\overrightarrow{AC}=\vec{c}$ とおき，ベクトルを用いて中線定理を証明せよ。

(2) $\angle AMB=\theta$ とおき，余弦定理を用いて中線定理を証明せよ。

思考のプロセス

(1) **条件の言い換え**

$AB^2+AC^2=|\overrightarrow{AB}|^2+|\overrightarrow{AC}|^2$
$2(AM^2+BM^2)=2(|\overrightarrow{AM}|^2+|\overrightarrow{BM}|^2)$
$\Longrightarrow$ $\vec{b}$，$\vec{c}$ で表す。

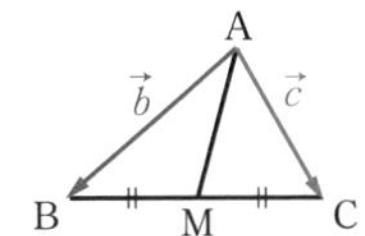

«ReAction ベクトルの大きさは，2乗して内積を利用せよ ◀例題 13

解 (1) $\overrightarrow{AM}=\overrightarrow{AB}+\dfrac{1}{2}\overrightarrow{BC}=\vec{b}+\dfrac{1}{2}(\vec{c}-\vec{b})=\dfrac{\vec{b}+\vec{c}}{2}$ ◀M は BC の中点

$\overrightarrow{BM}=\dfrac{1}{2}\overrightarrow{BC}=\dfrac{\vec{c}-\vec{b}}{2}$

よって

(左辺) $=AB^2+AC^2=|\overrightarrow{AB}|^2+|\overrightarrow{AC}|^2=|\vec{b}|^2+|\vec{c}|^2$

(右辺) $=2(AM^2+BM^2)=2(|\overrightarrow{AM}|^2+|\overrightarrow{BM}|^2)$

$=2\left(\left|\dfrac{\vec{b}+\vec{c}}{2}\right|^2+\left|\dfrac{\vec{c}-\vec{b}}{2}\right|^2\right)$

$=\dfrac{1}{2}(|\vec{b}+\vec{c}|^2+|-\vec{b}+\vec{c}|^2)$

$=\dfrac{1}{2}(|\vec{b}|^2+2\vec{b}\cdot\vec{c}+|\vec{c}|^2+|\vec{b}|^2-2\vec{b}\cdot\vec{c}+|\vec{c}|^2)$

$=|\vec{b}|^2+|\vec{c}|^2$

◀ $\left|\dfrac{\vec{b}+\vec{c}}{2}\right|^2=\dfrac{1}{4}|\vec{b}+\vec{c}|^2$
$\left|\dfrac{\vec{c}-\vec{b}}{2}\right|^2=\left|\dfrac{-\vec{b}+\vec{c}}{2}\right|^2=\dfrac{1}{4}|-\vec{b}+\vec{c}|^2$

したがって　$AB^2+AC^2=2(AM^2+BM^2)$

(2) $\angle AMB=\theta$ より　$\angle AMC=180°-\theta$

図を分ける

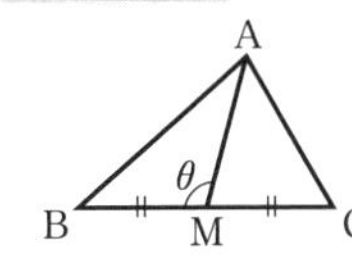

△ABM において，余弦定理により

$AB^2=AM^2+BM^2-2AM\cdot BM\cos\theta$ …①

△ACM において，余弦定理により

$AC^2=AM^2+CM^2-2AM\cdot CM\cos(180°-\theta)$
$=AM^2+BM^2+2AM\cdot BM\cos\theta$ …②

◀ M は BC の中点より BM = CM
$\cos(180°-\theta)=-\cos\theta$
LEDEND I+A 例題 144 参照。

①＋② より　$AB^2+AC^2=2(AM^2+BM^2)$

チャレンジ〈1〉 座標軸を設定し A$(a,\ b)$，B$(-c,\ 0)$，C$(c,\ 0)$ とおき，2 点間の距離の公式を用いて中線定理を証明せよ。

(⇨ 解答編 p.18)

例題 18 ベクトルと不等式 ★★★☆

次の不等式を証明せよ。

(1) $-|\vec{a}||\vec{b}| \leqq \vec{a}\cdot\vec{b} \leqq |\vec{a}||\vec{b}|$　　(2) $\underbrace{|\vec{a}|-|\vec{b}| \leqq |\vec{a}+\vec{b}|}_{[2]} \leqq |\vec{a}|+|\vec{b}|$（$|\vec{a}+\vec{b}| \leqq |\vec{a}|+|\vec{b}|$ が [1]）

思考のプロセス

(1) $-|\vec{a}||\vec{b}| \leqq \underline{\vec{a}\cdot\vec{b}} \leqq |\vec{a}||\vec{b}|$ を示したい ⟹ $\cos\theta$ の範囲から考える。
$|\vec{a}||\vec{b}|\cos\theta$ ← ❗ これが成り立つのは $|\vec{a}| \neq 0$ かつ $|\vec{b}| \neq 0$ のとき

(2) **式を分ける** 問題文の [1], [2] に分けて示す。

[1] $|\vec{a}+\vec{b}|$ のままでは計算が進まない／両辺ともに正である ⟹ (右辺)^2−(左辺)$^2 \geqq 0$ を示す。（大^2 小^2）

[2] [1] と同様に考えたいが，(左辺)$=|\vec{a}|-|\vec{b}|$ は正とは限らない。

« ReAction ベクトルの大きさは，2乗して内積を利用せよ ◀例題 13

解 (1) (ア) $\vec{a} \neq \vec{0}$ かつ $\vec{b} \neq \vec{0}$ のとき

$\vec{a}$ と $\vec{b}$ のなす角を θ とすると　$-1 \leqq \cos\theta \leqq 1$

$-|\vec{a}||\vec{b}| \leqq |\vec{a}||\vec{b}|\cos\theta \leqq |\vec{a}||\vec{b}|$　　◀ $|\vec{a}||\vec{b}|>0$

よって　$-|\vec{a}||\vec{b}| \leqq \vec{a}\cdot\vec{b} \leqq |\vec{a}||\vec{b}|$

(イ) $\vec{a}=\vec{0}$ または $\vec{b}=\vec{0}$ のとき

$\vec{a}\cdot\vec{b}=0$, $|\vec{a}||\vec{b}|=0$ より　$-|\vec{a}||\vec{b}|=\vec{a}\cdot\vec{b}=|\vec{a}||\vec{b}|$　　◀すべて値は0。

(ア), (イ) より　$-|\vec{a}||\vec{b}| \leqq \vec{a}\cdot\vec{b} \leqq |\vec{a}||\vec{b}|$

(2) [1] $|\vec{a}+\vec{b}| \leqq |\vec{a}|+|\vec{b}|$ を示す。　　◀左辺，右辺ともに0以上であるから (右辺)^2−(左辺)$^2 \geqq 0$ を示す。

$(|\vec{a}|+|\vec{b}|)^2-|\vec{a}+\vec{b}|^2$

$=(|\vec{a}|^2+2|\vec{a}||\vec{b}|+|\vec{b}|^2)-(|\vec{a}|^2+2\vec{a}\cdot\vec{b}+|\vec{b}|^2)$

$=2(|\vec{a}||\vec{b}|-\vec{a}\cdot\vec{b}) \geqq 0$　　◀(1) より　$|\vec{a}||\vec{b}| \geqq \vec{a}\cdot\vec{b}$

よって，$|\vec{a}+\vec{b}|^2 \leqq (|\vec{a}|+|\vec{b}|)^2$ であり，$|\vec{a}|+|\vec{b}| \geqq 0$,

$|\vec{a}+\vec{b}| \geqq 0$ より　$|\vec{a}+\vec{b}| \leqq |\vec{a}|+|\vec{b}|$

[2] $|\vec{a}|-|\vec{b}| \leqq |\vec{a}+\vec{b}|$ を示す。

(ア) $|\vec{a}|-|\vec{b}|<0$ のとき，明らかに成り立つ。　　◀(右辺)$=|\vec{a}+\vec{b}| \geqq 0$ である。

(イ) $|\vec{a}|-|\vec{b}| \geqq 0$ のとき　　◀左辺，右辺ともに0以上であるから，(右辺)^2−(左辺)$^2 \geqq 0$ を示す。

$|\vec{a}+\vec{b}|^2-(|\vec{a}|-|\vec{b}|)^2$

$=(|\vec{a}|^2+2\vec{a}\cdot\vec{b}+|\vec{b}|^2)-(|\vec{a}|^2-2|\vec{a}||\vec{b}|+|\vec{b}|^2)$

$=2(\vec{a}\cdot\vec{b}+|\vec{a}||\vec{b}|) \geqq 0$　　◀これは，(1) の $\vec{a}\cdot\vec{b} \geqq -|\vec{a}||\vec{b}|$ を利用している。$\vec{a}\cdot\vec{b}$ は正とは限らないから，(1) の誘導がない場合には自分で証明する必要がある。

よって，$(|\vec{a}|-|\vec{b}|)^2 \leqq |\vec{a}+\vec{b}|^2$ であり，$|\vec{a}+\vec{b}| \geqq 0$,

$|\vec{a}|-|\vec{b}| \geqq 0$ より　$|\vec{a}|-|\vec{b}| \leqq |\vec{a}+\vec{b}|$

(ア), (イ) より　$|\vec{a}|-|\vec{b}| \leqq |\vec{a}+\vec{b}|$

[1], [2] より　$|\vec{a}|-|\vec{b}| \leqq |\vec{a}+\vec{b}| \leqq |\vec{a}|+|\vec{b}|$

練習 18 次の不等式を証明せよ。

(1) $\vec{a}\cdot\vec{b}+\vec{b}\cdot\vec{c}+\vec{c}\cdot\vec{a} \leqq |\vec{a}|^2+|\vec{b}|^2+|\vec{c}|^2$　(2) $2|\vec{a}|-3|\vec{b}| \leqq |2\vec{a}+3\vec{b}| \leqq 2|\vec{a}|+3|\vec{b}|$

➡p.47 問題18

例題 19　ベクトルの大きさのとり得る値の範囲　★★★☆

$\vec{a}$, $\vec{b}$ が ㋐ $|3\vec{a}+\vec{b}|=2$, ㋑ $|\vec{a}-\vec{b}|=1$ を満たすとき, ㋒ $|2\vec{a}+3\vec{b}|$ のとり得る値の範囲を求めよ。

思考のプロセス

«ReAction　ベクトルの大きさは, 2乗して内積を利用せよ ◀例題 13

㋐, ㋑, ㋒ いずれも $|k\vec{a}+l\vec{b}|$ の形であるが, すべて2乗してしまうと大変。

既知の問題に帰着

例　$|\vec{p}|=2$, $|\vec{q}|=1$ のとき $|2\vec{p}+3\vec{q}|$ のとり得る値の範囲

⟹ $|2\vec{p}+3\vec{q}|^2$ を計算して, $\vec{p}\cdot\vec{q}$ の範囲を考える。

〔例題 19〕

$|3\vec{a}+\vec{b}|=2$, $|\vec{a}-\vec{b}|=1$ のとき $|2\vec{a}+3\vec{b}|$ のとり得る値の範囲

$3\vec{a}+\vec{b}$ を $\vec{p}$ とおく　$\vec{a}-\vec{b}$ を $\vec{q}$ とおく ⟶ $|\square\vec{p}+\square\vec{q}|$ ⟵ 例 に帰着

解 $3\vec{a}+\vec{b}=\vec{p}$ …①, $\vec{a}-\vec{b}=\vec{q}$ …② とおくと

$$|\vec{p}|=2,\ |\vec{q}|=1$$

①+② より, $4\vec{a}=\vec{p}+\vec{q}$ となり　$\vec{a}=\dfrac{\vec{p}+\vec{q}}{4}$

①−②×3 より, $4\vec{b}=\vec{p}-3\vec{q}$ となり　$\vec{b}=\dfrac{\vec{p}-3\vec{q}}{4}$

よって　$2\vec{a}+3\vec{b}=\dfrac{5\vec{p}-7\vec{q}}{4}$

◀ **問題の言い換え**
$|\vec{p}|=2$, $|\vec{q}|=1$ のとき, $\left|\dfrac{5\vec{p}-7\vec{q}}{4}\right|$ のとり得る値の範囲を求めよ。

ゆえに

$$|2\vec{a}+3\vec{b}|^2=\left|\frac{5\vec{p}-7\vec{q}}{4}\right|^2=\frac{25|\vec{p}|^2-70\vec{p}\cdot\vec{q}+49|\vec{q}|^2}{16}$$

$$=\frac{100-70\vec{p}\cdot\vec{q}+49}{16}=\frac{149}{16}-\frac{35}{8}\vec{p}\cdot\vec{q}$$

◀ $|2\vec{a}+3\vec{b}|$ の範囲は, $|2\vec{a}+3\vec{b}|^2$ の範囲から考える。

ここで, $-|\vec{p}||\vec{q}|\leqq\vec{p}\cdot\vec{q}\leqq|\vec{p}||\vec{q}|$ であるから

$$-2\leqq\vec{p}\cdot\vec{q}\leqq 2$$

$$-\frac{35}{4}\leqq-\frac{35}{8}\vec{p}\cdot\vec{q}\leqq\frac{35}{4}$$

$$\frac{9}{16}\leqq\frac{149}{16}-\frac{35}{8}\vec{p}\cdot\vec{q}\leqq\frac{289}{16}$$

$$\frac{9}{16}\leqq|2\vec{a}+3\vec{b}|^2\leqq\frac{289}{16}$$

◀ $\vec{p}\cdot\vec{q}$ のとり得る値の範囲が分かれば, $|2\vec{a}+3\vec{b}|^2$ の範囲が分かる。$\vec{p}\cdot\vec{q}$ のとり得る値の範囲として例題 18(1) の不等式を用いる。

$|2\vec{a}+3\vec{b}|\geqq 0$ より　$\boldsymbol{\dfrac{3}{4}\leqq|2\vec{a}+3\vec{b}|\leqq\dfrac{17}{4}}$

練習 19 $\vec{a}$, $\vec{b}$ が $|\vec{a}+2\vec{b}|=\sqrt{2}$, $|2\vec{a}-\vec{b}|=1$ を満たすとき, $|3\vec{a}+\vec{b}|$ のとり得る値の範囲を求めよ。

⇒p.47 問題19

Go Ahead 1 別解研究… $ax+by$ と内積

探究例題 2 $4x+3y$ の最大値を求めるには？

問題 実数 x, y が $x^2+y^2=1$ …① を満たすとき，$4x+3y$ の最大値を求めよ。

太郎：① は原点中心，半径 1 の円と考えられるね。$4x+3y=k$ とおくと，これは直線を表すね。

花子：① をベクトルの大きさが 1 であると考えてみることはできないかな。$4x+3y$ もベクトルの内積で表すこともできそうだし。

(1) 太郎さんの考えをもとに 問題 を解け。 (2) 花子さんの考えをもとに 問題 を解け。

思考のプロセス

(2) $x^2+y^2=1$ … ベクトルの大きさが 1
$4x+3y$ … ベクトルの内積
⟹ $|\vec{q}|=1$, $\vec{p}\cdot\vec{q}=4x+3y$ となる $\vec{p}$ と $\vec{q}$ を考える 見方を変える

定義に戻る $\vec{p}\cdot\vec{q}=|\vec{p}||\vec{q}|\cos\theta$ より $\vec{p}\cdot\vec{q}$ と $|\vec{p}||\vec{q}|$ の大小関係は？

Action» $ax+by$ や x^2+y^2 の値の範囲は，ベクトルの内積や大きさを考えよ

解 (1) $4x+3y=k$ とおくと $y=-\dfrac{4}{3}x+\dfrac{k}{3}$ …②

よって，$4x+3y$ が最大となるのは，円 ① と直線 ② が共有点をもち，② の y 切片が最大となるときである。

このとき, 円 ① と直線 ② は接するから $\dfrac{|4\cdot 0+3\cdot 0-k|}{\sqrt{4^2+3^2}}=1$

よって，$k=\pm 5$ であり，$4x+3y$ の最大値は **5**

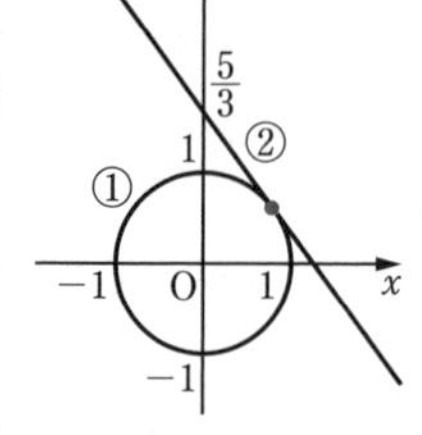

(2) $\vec{p}=(4,\ 3)$, $\vec{q}=(x,\ y)$ とおくと $4x+3y=\vec{p}\cdot\vec{q}$

$|\vec{p}|=\sqrt{4^2+3^2}=5$, $|\vec{q}|=\sqrt{x^2+y^2}=1$ であり

$\vec{p}\cdot\vec{q}\leqq|\vec{p}||\vec{q}|=5$ より，求める最大値は **5**

! $\vec{p}\cdot\vec{q}=|\vec{p}||\vec{q}|\cos\theta$
$-1\leqq\cos\theta\leqq 1$
例題 18 参照。

$ax+by$ を $\vec{p}=(a,\ b)$, $\vec{q}=(x,\ y)$ に対する内積 $\vec{p}\cdot\vec{q}$ とみることがこの問題以外にも有効な場合があります。例えば，LEGEND 数学II＋B 例題 70 で学習したコーシー・シュワルツの不等式 $(a^2+b^2)(x^2+y^2)\geqq(ax+by)^2$ は，ベクトルの内積と大きさを利用して次のように証明することができます。

〔証明〕 $\vec{p}=(a,\ b)$, $\vec{q}=(x,\ y)$ とおくと (左辺) $=|\vec{p}|^2|\vec{q}|^2$, (右辺) $=(\vec{p}\cdot\vec{q})^2$

ここで，$-|\vec{p}||\vec{q}|\leqq\vec{p}\cdot\vec{q}\leqq|\vec{p}||\vec{q}|$ であるから $(|\vec{p}||\vec{q}|)^2\geqq(\vec{p}\cdot\vec{q})^2$

したがって $(a^2+b^2)(x^2+y^2)\geqq(ax+by)^2$

$ax+by$, x^2+y^2 を含む大小関係や最大・最小を考えるとき，ベクトルの内積と大きさを用いると，簡潔に求められる場合があります。

(以下は，p.87～空間におけるベクトルを学習したあとに学習しましょう)

空間のベクトルにおいても同様のことが成り立ち，より効果を発揮します。

チャレンジ〈2〉

(1) 不等式 $(a^2+b^2+c^2)(x^2+y^2+z^2)\geqq(ax+by+cz)^2$ を証明せよ。

(2) 実数 x, y, z が $x^2+y^2+z^2=1$ を満たすとき，$3x+4y+5z$ の最大値を求めよ。

(⇨ 解答編 p.21)

Play Back 2　ベクトルを用いて証明しよう〔2〕…加法定理

数学Ⅱ「三角関数」で学んだ加法定理は，高校数学で学習する定理の中でも最も重要なものの1つです。座標平面を用いた証明はLEGEND 数学Ⅱ＋B p.274 まとめ 10 を参照しておきましょう。

ここでは，加法定理をベクトルを用いて証明してみます。
加法定理 $\cos(\alpha-\beta)=\cos\alpha\cos\beta+\sin\alpha\sin\beta$ の式の形は，
p.44 **Go Ahead** 1 で学習した $ax+by$ の形になっていますね。
このことに着目して，内積を用いて考えていきます。

〔証明〕

$\overrightarrow{\mathrm{OP}}=(\cos\alpha,\ \sin\alpha)$，$\overrightarrow{\mathrm{OQ}}=(\cos\beta,\ \sin\beta)$ とおくと

$$\overrightarrow{\mathrm{OP}}\cdot\overrightarrow{\mathrm{OQ}}=\cos\alpha\cos\beta+\sin\alpha\sin\beta \quad \cdots ①$$

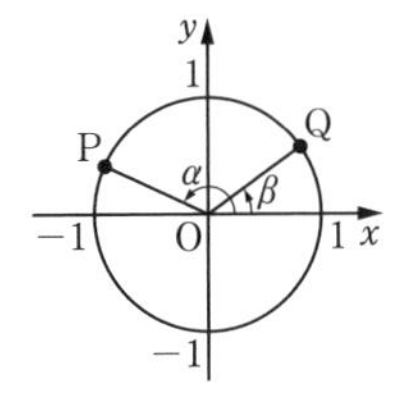

一方，$0\leqq\beta\leqq\alpha\leqq\pi$ のとき，$\overrightarrow{\mathrm{OP}}$ と $\overrightarrow{\mathrm{OQ}}$ のなす角は $\alpha-\beta$ であり，$|\overrightarrow{\mathrm{OP}}|=1$，$|\overrightarrow{\mathrm{OQ}}|=1$ であるから

$$\overrightarrow{\mathrm{OP}}\cdot\overrightarrow{\mathrm{OQ}}=|\overrightarrow{\mathrm{OP}}||\overrightarrow{\mathrm{OQ}}|\cos(\alpha-\beta)$$
$$=\cos(\alpha-\beta) \quad \cdots ②$$

①，② より

$$\cos(\alpha-\beta)=\cos\alpha\cos\beta+\sin\alpha\sin\beta \quad \cdots ③$$

なお，α，β が一般角であるとき，$\overrightarrow{\mathrm{OP}}$ と $\overrightarrow{\mathrm{OQ}}$ のなす角は，n を整数として

$$2n\pi-|\alpha-\beta|$$

の形で表され

$$\cos(2n\pi-|\alpha-\beta|)=\cos|\alpha-\beta|=\cos(\alpha-\beta)$$

となる。

よって，③ は α，β が一般角のときにも成り立つ。

加法定理のその他の式

$$\sin(\alpha+\beta)=\sin\alpha\cos\beta+\cos\alpha\sin\beta$$
$$\sin(\alpha-\beta)=\sin\alpha\cos\beta-\cos\alpha\sin\beta$$
$$\cos(\alpha+\beta)=\cos\alpha\cos\beta-\sin\alpha\sin\beta$$

は，LEGEND 数学Ⅱ＋B p.274 まとめ 10 の証明と同様に，β を $-\beta$ に置き換えるなどの変形によって証明していきます。

この証明のポイントは内積を定義式と成分表示による式の2通りで表すことです。

座標平面を用いた証明は，点を回転させる工夫が少し思い付きにくかったですが，ベクトルの内積を利用した証明は，簡潔でしたね。

平面上のベクトルの成分と内積

▶▶解答編 p.21

7 ★☆☆☆

3つの単位ベクトル $\vec{a}$, $\vec{b}$, $\vec{c}$ が $\vec{a}+\vec{b}+\vec{c}=\vec{0}$ を満たしている。$\vec{a}=(1,\ 0)$ のとき，$\vec{b}$, $\vec{c}$ を成分表示せよ。

8 ★☆☆☆

平面上に2点 $\mathrm{A}(x+1,\ 3-x)$, $\mathrm{B}(1-2x,\ 4)$ がある。$\overrightarrow{\mathrm{AB}}$ の大きさが13となるとき，$\overrightarrow{\mathrm{AB}}$ と平行な単位ベクトルを成分表示せよ。

9 ★★☆☆

平面上の4点 $\mathrm{A}(1,\ 2)$, $\mathrm{B}(-2,\ 7)$, $\mathrm{C}(p,\ q)$, $\mathrm{D}(r,\ r+3)$ について，四角形ABCDがひし形となるとき，定数 p, q, r の値を求めよ。

10 ★★☆☆

$\vec{a}=(1,\ 1)$, $\vec{b}=(-1,\ 0)$, $\vec{c}=(1,\ 2)$ に対して，$\vec{c}$ が $(m^2-3)\vec{a}+m\vec{b}$ と平行になるような自然数 m を求めよ。 (関西大)

11 ★☆☆☆

1辺の長さが1の正六角形ABCDEFにおいて，次の内積を求めよ。

(1) $\overrightarrow{\mathrm{AB}}\cdot\overrightarrow{\mathrm{BE}}$ (2) $(\overrightarrow{\mathrm{AB}}+\overrightarrow{\mathrm{FE}})\cdot\overrightarrow{\mathrm{AD}}$

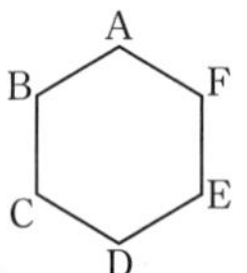

12 ★☆☆☆

〔1〕 3点 $\mathrm{A}(2,\ 3)$, $\mathrm{B}(-2,\ 6)$, $\mathrm{C}(1,\ 10)$ に対して，次のものを求めよ。

(1) 内積 $\overrightarrow{\mathrm{AB}}\cdot\overrightarrow{\mathrm{AC}}$ (2) $\angle\mathrm{BAC}$ の大きさ (3) $\angle\mathrm{ABC}$ の大きさ

〔2〕 平面上のベクトル $\vec{a}=(7,\ -1)$ とのなす角が45°で大きさが5であるようなベクトル $\vec{b}$ を求めよ。

13 ★★☆☆

$|\vec{a}+\vec{b}|=\sqrt{19}$, $|\vec{a}-\vec{b}|=7$, $|\vec{a}|<|\vec{b}|$, $\vec{a}$ と $\vec{b}$ のなす角が120°のとき

(1) 内積 $\vec{a}\cdot\vec{b}$ を求めよ。 (2) $\vec{a}$, $\vec{b}$ の大きさをそれぞれ求めよ。

(3) $\vec{a}+\vec{b}$ と $\vec{a}-\vec{b}$ のなす角を θ $(0°\leqq\theta\leqq180°)$ とするとき，$\cos\theta$ の値を求めよ。

14 ★☆☆☆

2つのベクトル $\vec{a}=(t+2,\ t^2-k)$, $\vec{b}=(t^2,\ -t-1)$ がどのような実数 t に対しても垂直にならないような，実数 k の値の範囲を求めよ。ただし，$\vec{a}\neq\vec{0}$, $\vec{b}\neq\vec{0}$ とする。 (芝浦工業大 改)

15 ★★☆☆ $|\vec{x}-\vec{y}|=1$, $|\vec{x}-2\vec{y}|=2$ で $\vec{x}+\vec{y}$ と $6\vec{x}-7\vec{y}$ が垂直であるとき，次の問に答えよ。

(1) $\vec{x}$ と $\vec{y}$ の大きさを求めよ。

(2) $\vec{x}$ と $\vec{y}$ のなす角 θ $(0° \leqq \theta \leqq 180°)$ を求めよ。

16 ★★☆☆ △OAB において，$\overrightarrow{OA}=\vec{a}$, $\overrightarrow{OB}=\vec{b}$ とおくと，$\vec{a}\cdot\vec{b}=3$, $|\vec{a}-\vec{b}|=1$, $(\vec{a}-\vec{b})\cdot(\vec{a}+2\vec{b})=-2$ である。

(1) $|\vec{a}|$, $|\vec{b}|$ を求めよ。　　(2) △OAB の面積を求めよ。

17 ★★☆☆ 3点 A$(-1,\ -2)$, B$(3,\ 0)$, C$(1,\ 1)$ に対して，△ABC の面積を求めよ。

18 ★★★☆ $|\vec{a}+\vec{b}+\vec{c}|^2 \geqq 3(\vec{a}\cdot\vec{b}+\vec{b}\cdot\vec{c}+\vec{c}\cdot\vec{a})$ を証明せよ。

19 ★★★☆ 平面上の2つのベクトル $\vec{a}$, $\vec{b}$ はそれぞれの大きさが1であり，また平行でないとする。

(1) $t \geqq 0$ であるような実数 t に対して，不等式 $0<|\vec{a}+t\vec{b}|^2 \leqq (1+t)^2$ が成立することを示せ。

(2) $t \geqq 0$ であるような実数 t に対して $\vec{p}=\dfrac{2t^2\vec{b}}{|\vec{a}+t\vec{b}|^2}$ とおき，$f(t)=|\vec{p}|$ とする。このとき，不等式 $f(t) \geqq \dfrac{2t^2}{(1+t)^2}$ が成立することを示せ。

(3) $f(t)=1$ となる正の実数 t が存在することを示せ。（新潟大）

本質を問う 2

▶▶解答編 p.29

1 右の図において，内積 $\overrightarrow{AB}\cdot\overrightarrow{AC}$ の値を求めよ。 ◀p.28 3

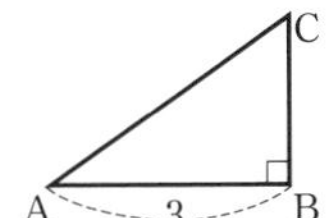

2 $\vec{a}=(a_1,\ a_2)$, $\vec{b}=(b_1,\ b_2)$ とする。

〔1〕 $\vec{a}\cdot\vec{b}=a_1b_1+a_2b_2$ が成り立つことを余弦定理を用いて示せ。

〔2〕 $\vec{a}\neq\vec{0}$, $\vec{b}\neq\vec{0}$ とする。

(1) $\vec{a}\,/\!/\,\vec{b}$ であるとき，$a_1b_2-a_2b_1=0$ が成り立つことを示せ。

(2) $\vec{a}\perp\vec{b}$ であるとき，$a_1b_1+a_2b_2=0$ が成り立つことを示せ。

◀p.28 概要 2, p.29 概要 3

Let's Try! 2

▶▶解答編 p.30

① 平面上に3つのベクトル $\vec{a}=(3,\ 2)$, $\vec{b}=(-1,\ 2)$, $\vec{c}=(4,\ 1)$ がある。

(1) $3\vec{a}+\vec{b}-2\vec{c}$ を求めよ。

(2) $\vec{a}=m\vec{b}+n\vec{c}$ となる実数 m, n を求めよ。

(3) $(\vec{a}+k\vec{c})\parallel(2\vec{b}-\vec{a})$ となる実数 k を求めよ。

(4) この平面上にベクトル $\vec{d}=(x,\ y)$ をとる。ベクトル $\vec{d}$ が $(\vec{d}-\vec{c})\parallel(\vec{a}+\vec{b})$ および $|\vec{d}-\vec{c}|=1$ を満たすように $\vec{d}$ を決めよ。　（東京工科大）◀例題7, 10

② $|\vec{a}|=2$, $|\vec{b}|=\sqrt{2}$, $|\vec{a}-2\vec{b}|=2$ とする。

(1) $\vec{a}$ と $\vec{b}$ のなす角 θ $(0°<\theta<180°)$ を求めよ。

(2) $|\vec{a}+t\vec{b}|$ の最小値，およびそのときの実数 t の値を求めよ。　（明治学院大　改）

◀例題10, 12

③ 平面上の3つのベクトル $\vec{a}$, $\vec{b}$, $\vec{c}$ は，$|\vec{a}|=|\vec{b}|=|\vec{c}|=|\vec{a}+\vec{b}|=1$ を満たし，$\vec{c}$ は $\vec{a}$ に垂直で，$\vec{b}\cdot\vec{c}>0$ であるとする。

(1) $\vec{a}\cdot\vec{b}$, $|2\vec{a}+\vec{b}|$ の値および $2\vec{a}+\vec{b}$ と $\vec{b}$ のなす角を求めよ。

(2) ベクトル $\vec{c}$ を $\vec{a}$ と $\vec{b}$ を用いて表せ。

(3) x, y を実数とする。ベクトル $\vec{p}=x\vec{a}+y\vec{c}$ が $0\leqq\vec{p}\cdot\vec{a}\leqq1$, $0\leqq\vec{p}\cdot\vec{b}\leqq1$ を満たすための必要十分条件を求めよ。

(4) x と y が(3)で求めた条件の範囲を動くとき，$\vec{p}\cdot\vec{c}$ の最大値を求めよ。また，そのときの $\vec{p}$ を $\vec{a}$ と $\vec{b}$ で表せ。　（センター試験　改）

◀例題13, 15

④ 鋭角三角形OABにおいて，頂点Bから辺OAに下ろした垂線をBCとする。$\vec{a}=\overrightarrow{\mathrm{OA}}$, $\vec{b}=\overrightarrow{\mathrm{OB}}$ とする。次の問に答えよ。

(1) $|\vec{a}|=2$ であるとき，$\overrightarrow{\mathrm{OC}}$ を内積 $\vec{a}\cdot\vec{b}$ と $\vec{a}$ を用いて表せ。

(2) $|\vec{a}|=2$, $|\vec{b}|=\sqrt{3}$ であるとき，$0<\vec{a}\cdot\vec{b}<2\sqrt{3}$ を示せ。

(3) $|\vec{a}|=2$, $|\vec{b}|=\sqrt{3}$ であるとき，$|\overrightarrow{\mathrm{CB}}|$ を内積 $\vec{a}\cdot\vec{b}$ を用いて表せ。

（佐賀大　改）◀例題14, 15

⑤ Oを原点とする平面上に点A, B, Cがある。3点A, B, Cがつくる三角形が $|\overrightarrow{\mathrm{OA}}|=|\overrightarrow{\mathrm{OB}}|=|\overrightarrow{\mathrm{OC}}|=1$ …①, $\overrightarrow{\mathrm{OA}}+\overrightarrow{\mathrm{OB}}+\overrightarrow{\mathrm{OC}}=\vec{0}$ …② を満たすとき

(1) 内積 $\overrightarrow{\mathrm{OA}}\cdot\overrightarrow{\mathrm{OB}}$ の値を求めよ。　(2) $\angle\mathrm{AOB}$ の大きさを求めよ。

(3) $\triangle\mathrm{ABC}$ の面積を求めよ。　（立命館大　改）◀例題16

まとめ 3 平面上の位置ベクトル

① 位置ベクトル

(1) 位置ベクトル

平面上に定点Oをとると，この平面上の点Pの位置は，$\overrightarrow{\mathrm{OP}}=\vec{p}$ によって定まる。このとき，$\vec{p}$ をOを基準とする点Pの **位置ベクトル** という。

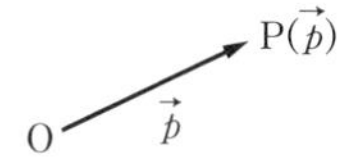

点Pの位置ベクトルが $\vec{p}$ であることを $\mathbf{P}(\vec{p})$ と表す。

(2) 分点，重心の位置ベクトル

3点 $\mathrm{A}(\vec{a})$，$\mathrm{B}(\vec{b})$，$\mathrm{C}(\vec{c})$ について，

線分ABを $m:n$ に内分する点を $\mathrm{P}(\vec{p})$，$m:n$ に外分する点を $\mathrm{Q}(\vec{q})$ とすると

$$\vec{p}=\frac{n\vec{a}+m\vec{b}}{m+n},\quad \vec{q}=\frac{-n\vec{a}+m\vec{b}}{m-n}$$

△ABCの重心を $\mathrm{G}(\vec{g})$ とすると　$\vec{g}=\dfrac{\vec{a}+\vec{b}+\vec{c}}{3}$

概要

① **位置ベクトル**　上記の点A，B，C，P，Q，Gに対して

・内分点 $\mathrm{P}(\vec{p})$ の位置ベクトル

$$\vec{p}=\overrightarrow{\mathrm{OA}}+\overrightarrow{\mathrm{AP}}=\overrightarrow{\mathrm{OA}}+\frac{m}{m+n}\overrightarrow{\mathrm{AB}}$$
$$=\vec{a}+\frac{m}{m+n}(\vec{b}-\vec{a})=\frac{n\vec{a}+m\vec{b}}{m+n}$$

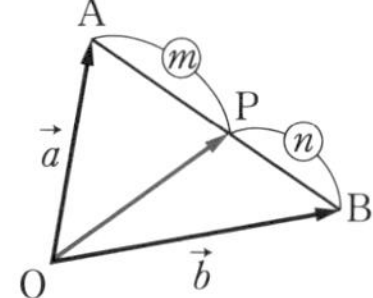

・外分点 $\mathrm{Q}(\vec{q})$ の位置ベクトル

(ア) $m>n$ のとき，$\overrightarrow{\mathrm{AQ}}=\dfrac{m}{m-n}\overrightarrow{\mathrm{AB}}$ であるから

$$\vec{q}=\overrightarrow{\mathrm{OA}}+\overrightarrow{\mathrm{AQ}}=\overrightarrow{\mathrm{OA}}+\frac{m}{m-n}\overrightarrow{\mathrm{AB}}$$
$$=\vec{a}+\frac{m}{m-n}(\vec{b}-\vec{a})=\frac{-n\vec{a}+m\vec{b}}{m-n}$$

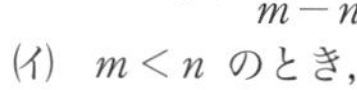

(イ) $m<n$ のとき，

$\overrightarrow{\mathrm{AQ}}=\dfrac{m}{n-m}\overrightarrow{\mathrm{BA}}=\dfrac{m}{m-n}\overrightarrow{\mathrm{AB}}$ であるから，

$m>n$ のときと同様に示される。

(ア)　A　m　O　B　n　Q

(イ)　Q　m　A　n　O　B

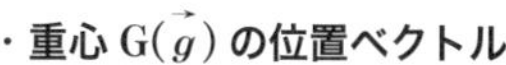

(ア)，(イ)より　$\vec{q}=\dfrac{-n\vec{a}+m\vec{b}}{m-n}$

・重心 $\mathrm{G}(\vec{g})$ の位置ベクトル

△ABCの重心Gは，中線AMを2:1に内分するから

$$\vec{g}=\frac{\overrightarrow{\mathrm{OA}}+2\overrightarrow{\mathrm{OM}}}{2+1},\quad \overrightarrow{\mathrm{OM}}=\frac{\overrightarrow{\mathrm{OB}}+\overrightarrow{\mathrm{OC}}}{2}$$

よって　$\vec{g}=\dfrac{\overrightarrow{\mathrm{OA}}+\overrightarrow{\mathrm{OB}}+\overrightarrow{\mathrm{OC}}}{3}=\dfrac{\vec{a}+\vec{b}+\vec{c}}{3}$

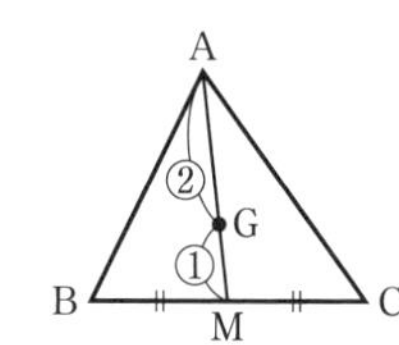

information　内分点と重心の位置ベクトルの公式の証明は，宮城大学（2016年），山梨大学（2021年）の入試で出題されている。

② 3点が一直線上にあるための条件

2点A，Bが異なるとき

3点A，B，Cが一直線上にある

$\iff$ $\overrightarrow{\mathrm{AC}}=k\overrightarrow{\mathrm{AB}}$ となる実数 k が存在する

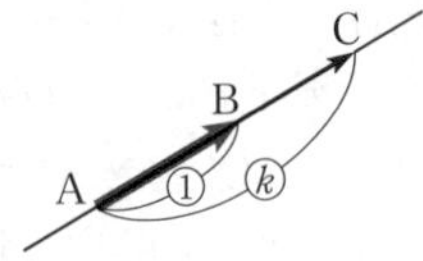

③ ベクトル方程式

(1) 直線の方向ベクトルとベクトル方程式

点 $\mathrm{A}(\vec{a})$ を通り，$\vec{u}$ $(\neq\vec{0})$ に平行な直線 l のベクトル方程式は

$\vec{p}=\vec{a}+t\vec{u}$ （t は媒介変数）

このとき，$\vec{u}$ を直線 l の **方向ベクトル** という。

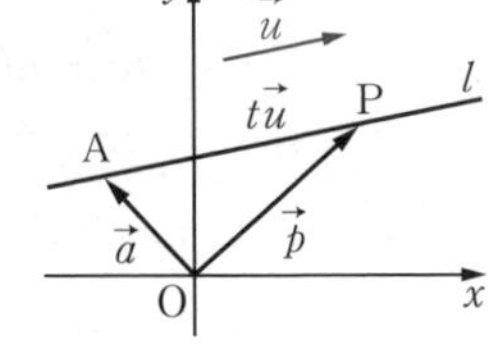

(2) 直線 l の媒介変数表示

$\mathrm{A}(x_1,\ y_1)$，$\mathrm{P}(x,\ y)$，$\vec{u}=(a,\ b)$ のとき

$\begin{cases}x=x_1+at\\y=y_1+bt\end{cases}$ （t は媒介変数）

(3) 2点を通る直線のベクトル方程式

2点 $\mathrm{A}(\vec{a})$，$\mathrm{B}(\vec{b})$ を通る直線のベクトル方程式は

(ア) $\vec{p}=(1-t)\vec{a}+t\vec{b}$

(イ) $\vec{p}=s\vec{a}+t\vec{b}$，$s+t=1$

(4) 直線の法線ベクトルとベクトル方程式

点 $\mathrm{A}(\vec{a})$ を通り，$\vec{n}$ $(\neq\vec{0})$ に垂直な直線 l のベクトル方程式は　$\vec{n}\cdot(\vec{p}-\vec{a})=0$

このとき，$\vec{n}$ を直線 l の **法線ベクトル** という。

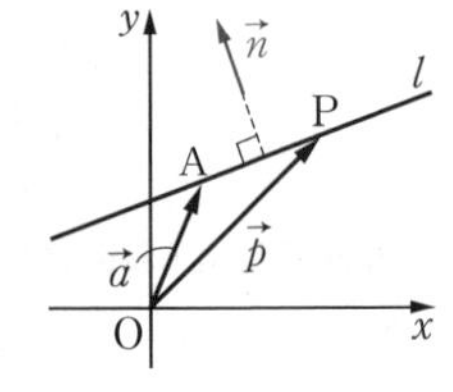

(5) 円のベクトル方程式

(ア) 点 $\mathrm{C}(\vec{c})$ を中心とする半径 r の円のベクトル方程式は

$|\vec{p}-\vec{c}|=r$

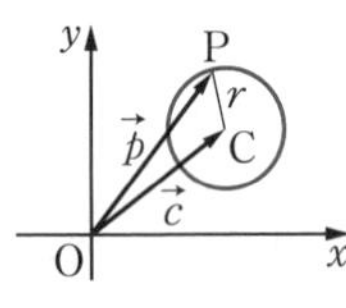

(イ) 2点 $\mathrm{A}(\vec{a})$，$\mathrm{B}(\vec{b})$ を直径の両端とする円のベクトル方程式は

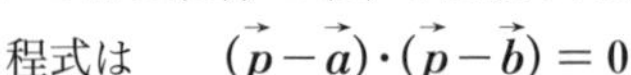

$(\vec{p}-\vec{a})\cdot(\vec{p}-\vec{b})=0$

概要

② 3点が一直線上にあるための条件

・共線，共点

△ABCにおいて中線AMと重心Gを考えると，3点A，G，Mは1つの直線上にある。このように異なる3つ以上の点が同じ直線上にあるとき，これらの点は **共線** であるという。このことから，3点が一直線上にある条件は **共線条件** ともいう。

また，△ABCにおける3つの中線は重心Gを通る。このように，異なる3つ以上の直線が同じ点を通るとき，これらの直線は **共点** であるという。

・**3 点が一直線上にあるときの条件の別形**

2 点 A, B が異なるとき，3 点 A, B, C が一直線上にある

$\iff \overrightarrow{\mathrm{AC}} = k\overrightarrow{\mathrm{AB}}$ …① となる実数 k がある

ここで，$\mathrm{A}(\vec{a})$, $\mathrm{B}(\vec{b})$, $\mathrm{C}(\vec{c})$ とすると

① は，$\vec{c}-\vec{a} = k(\vec{b}-\vec{a})$ より　$\vec{c} = (1-k)\vec{a}+k\vec{b}$

ここで，$1-k = s$, $k = t$ とおくと

$\vec{c} = s\vec{a}+t\vec{b}$　かつ　$s+t=1$

したがって

3 点 $\mathrm{A}(\vec{a})$, $\mathrm{B}(\vec{b})$, $\mathrm{C}(\vec{c})$ が一直線上にある $\iff \vec{c} = s\vec{a}+t\vec{b}\ (s+t=1)$ となる実数 s, t がある

3 ベクトル方程式

・**ベクトル方程式** … 曲線上の点 P の位置ベクトル $\vec{p}$ の満たす関係式

・**直線のベクトル方程式**

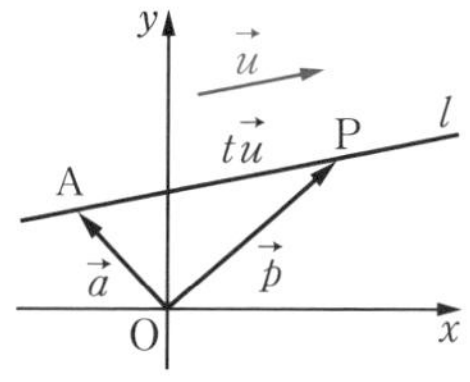

定点 $\mathrm{A}(\vec{a})$ を通り，$\vec{u}$ に平行な直線 l 上の点を $\mathrm{P}(\vec{p})$ とすると

$\overrightarrow{\mathrm{AP}} \parallel \vec{u}$　または　$\overrightarrow{\mathrm{AP}} = \vec{0}$

よって，$\overrightarrow{\mathrm{AP}} = t\vec{u}$ となる実数 t が存在する。

ゆえに　$\vec{p}-\vec{a} = t\vec{u}$

したがって，直線 l のベクトル方程式は　$\vec{p} = \vec{a}+t\vec{u}$　…①

・**直線の媒介変数表示**

$\mathrm{A}(x_1,\ y_1)$, $\mathrm{P}(x,\ y)$, $\vec{u} = (a,\ b)$ とおくと，$\vec{a} = (x_1,\ y_1)$, $\vec{p} = (x,\ y)$ であるから，① に代入すると　$(x,\ y) = (x_1,\ y_1)+t(a,\ b) = (x_1+at,\ y_1+bt)$

よって　$\begin{cases} x = x_1+at \\ y = y_1+bt \end{cases}$

・**2 点 $\mathrm{A}(\vec{a})$, $\mathrm{B}(\vec{b})$ を通る直線のベクトル方程式**

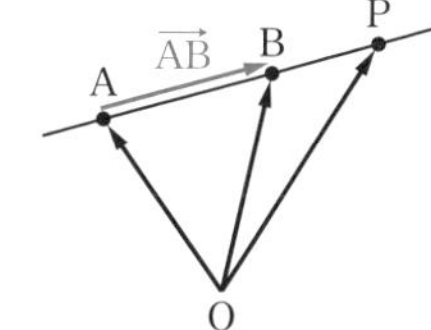

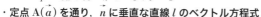

この直線の方向ベクトルとして $\overrightarrow{\mathrm{AB}} = \vec{b}-\vec{a}$ を考えると

$\vec{p} = \vec{a}+t(\vec{b}-\vec{a}) = (1-t)\vec{a}+t\vec{b}$

ここで，$1-t = s$ とおくと

$\vec{p} = s\vec{a}+t\vec{b}$　かつ　$s+t=1$

・**定点 $\mathrm{A}(\vec{a})$ を通り，$\vec{n}$ に垂直な直線 l のベクトル方程式**

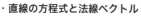

直線 l 上の点を $\mathrm{P}(\vec{p})$ とすると　$\vec{n} \perp \overrightarrow{\mathrm{AP}}$　または　$\overrightarrow{\mathrm{AP}} = \vec{0}$

よって　$\vec{n}\cdot\overrightarrow{\mathrm{AP}} = 0$　すなわち　$\vec{n}\cdot(\vec{p}-\vec{a}) = 0$

・**直線の方程式と法線ベクトル**

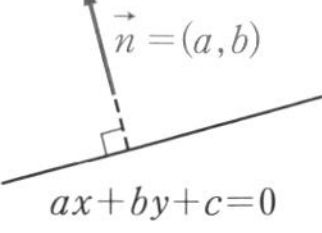

点 $\mathrm{A}(x_1,\ y_1)$ を通り，法線ベクトルが $\vec{n} = (a,\ b)$ である直線上の点 $\mathrm{P}(x,\ y)$ について，$\vec{n}\cdot\overrightarrow{\mathrm{AP}} = 0$, $\overrightarrow{\mathrm{AP}} = (x-x_1,\ y-y_1)$ より

$\boldsymbol{a(x-x_1)+b(y-y_1) = 0}$

$\boldsymbol{\vec{n} = (a,\ b)}$ は直線 $ax+by+c=0$ の法線ベクトルである。

・**円のベクトル方程式**

(ア) 中心が $\mathrm{C}(\vec{c})$，半径が r の円上の点を $\mathrm{P}(\vec{p})$ とすると　$|\overrightarrow{\mathrm{CP}}| = r$　すなわち　$|\vec{p}-\vec{c}| = r$

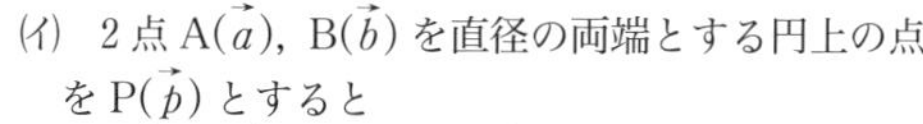
(イ) 2 点 $\mathrm{A}(\vec{a})$, $\mathrm{B}(\vec{b})$ を直径の両端とする円上の点を $\mathrm{P}(\vec{p})$ とすると

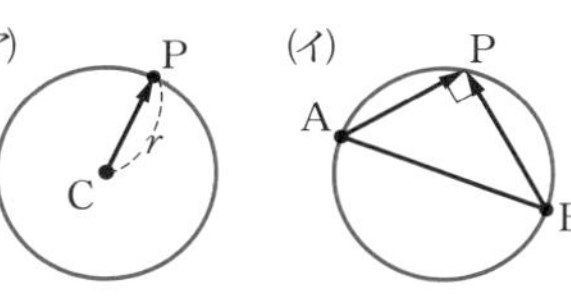

$\overrightarrow{\mathrm{AP}} \perp \overrightarrow{\mathrm{BP}}$　または　$\overrightarrow{\mathrm{AP}} = \vec{0}$　または　$\overrightarrow{\mathrm{BP}} = \vec{0}$

よって　$\overrightarrow{\mathrm{AP}}\cdot\overrightarrow{\mathrm{BP}} = 0$　すなわち　$(\vec{p}-\vec{a})\cdot(\vec{p}-\vec{b}) = 0$

例題 20 分点の位置ベクトル ★☆☆☆

平面上に 3 点 $A(\vec{a})$, $B(\vec{b})$, $C(\vec{c})$ がある。次の点の位置ベクトルを $\vec{a}$, $\vec{b}$, $\vec{c}$ を用いて表せ。

(1) 線分 AB を 2:1 に内分する点 $P(\vec{p})$

(2) 線分 BC の中点 $M(\vec{m})$

(3) 線分 CA を 2:1 に外分する点 $Q(\vec{q})$

(4) △PMQ の重心 $G(\vec{g})$

思考のプロセス

公式の利用 座標平面における内分点・外分点，重心の公式と似ている。
(LEGEND 数学Ⅱ+B 例題 78 参照)

点 $A(\vec{a})$, $B(\vec{b})$, $C(\vec{c})$ に対して

線分 AB を $m:n$ に内分する点 $P(\vec{p})$ は $\quad \vec{p}=\dfrac{n\vec{a}+m\vec{b}}{m+n}$

❗ $m:n$ に外分する点は $m:(-n)$ に内分する点と考える。

△ABC の重心 $G(\vec{g})$ は $\quad \vec{g}=\dfrac{\vec{a}+\vec{b}+\vec{c}}{3}$

Action» 線分 AB を $m:n$ に分ける点 P は，$\overrightarrow{OP}=\dfrac{n\overrightarrow{OA}+m\overrightarrow{OB}}{m+n}$ とせよ

解 (1) $\vec{p}=\dfrac{1\vec{a}+2\vec{b}}{2+1}=\dfrac{\vec{a}+2\vec{b}}{3}$

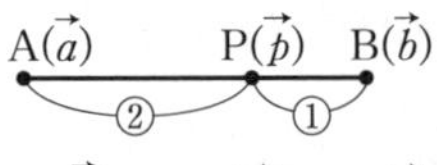

(2) $\vec{m}=\dfrac{\vec{b}+\vec{c}}{2}$

(3) 線分 CA を 2:(−1) に分ける点と考えて

$$\vec{q}=\frac{(-1)\vec{c}+2\vec{a}}{2+(-1)}=2\vec{a}-\vec{c}$$

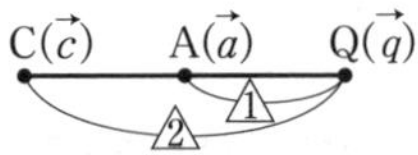

(4) $\vec{g}=\dfrac{\vec{p}+\vec{m}+\vec{q}}{3}$

$$=\frac{1}{3}\left(\frac{\vec{a}+2\vec{b}}{3}+\frac{\vec{b}+\vec{c}}{2}+2\vec{a}-\vec{c}\right)$$

$$=\frac{2\vec{a}+4\vec{b}+3\vec{b}+3\vec{c}+12\vec{a}-6\vec{c}}{18}$$

$$=\frac{14\vec{a}+7\vec{b}-3\vec{c}}{18}$$

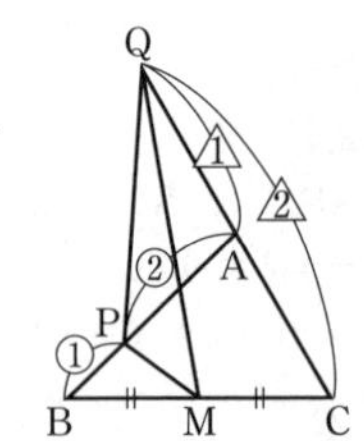

◀ $A(\vec{a})$, $B(\vec{b})$ に対し，線分 AB を $m:n$ に内分する点の位置ベクトルは $\dfrac{n\vec{a}+m\vec{b}}{m+n}$
線分 AB の中点の位置ベクトルは $\dfrac{\vec{a}+\vec{b}}{2}$

◀ ❗線分を $m:n$ に外分する点の位置ベクトルは $m:(-n)$ に内分する点と考える。

◀ 重心の位置ベクトルは，3 頂点の位置ベクトルの和を 3 で割る。

練習 20 平面上に 3 点 $A(\vec{a})$, $B(\vec{b})$, $C(\vec{c})$ がある。次の点の位置ベクトルを $\vec{a}$, $\vec{b}$, $\vec{c}$ を用いて表せ。

(1) 線分 BC を 3:2 に内分する点 $P(\vec{p})$ (2) 線分 CA の中点 $M(\vec{m})$

(3) 線分 AB を 3:2 に外分する点 $Q(\vec{q})$ (4) △PMQ の重心 $G(\vec{g})$

➡p.83 問題20

例題 21 重心の位置ベクトル

D ★★☆☆

△ABC の内部に点 P をとる。原点を O とし，$\overrightarrow{OA}=\vec{a}$，$\overrightarrow{OB}=\vec{b}$，$\overrightarrow{OC}=\vec{c}$，$\overrightarrow{OP}=\vec{p}$ とする。さらに △APB，△BPC，△CPA の重心をそれぞれ D，E，F とし，△ABC，△DEF の重心をそれぞれ G，H とする。

(1) ベクトル $\overrightarrow{OH}$ を $\vec{a}$，$\vec{b}$，$\vec{c}$，$\vec{p}$ を用いて表せ。

(2) 点 P が G と一致するとき，G と H も一致することを示せ。

思考のプロセス

始点を O に固定すると，点とその位置ベクトルが対応する。 ← 点 H ⟺ $\overrightarrow{OH}$

(1) △DEF の重心 H ⟹ $\overrightarrow{OH}=\dfrac{\overrightarrow{O\square}+\overrightarrow{O\square}+\overrightarrow{O\square}}{3}$

(2) **結論の言い換え**

点 G と点 H が一致 ⟹ 2 点 G，H の位置ベクトルが等しい。

⟹ $\overrightarrow{OG}=\overrightarrow{OH}$ を示す。

Action» 2点の一致は，それぞれの位置ベクトルが等しいことを示せ

解 (1) 点 H は △DEF の重心であり，点 D，E，F はそれぞれ，△APB，△BPC，△CPA の重心であるから

$$\overrightarrow{OH}=\frac{\overrightarrow{OD}+\overrightarrow{OE}+\overrightarrow{OF}}{3}$$

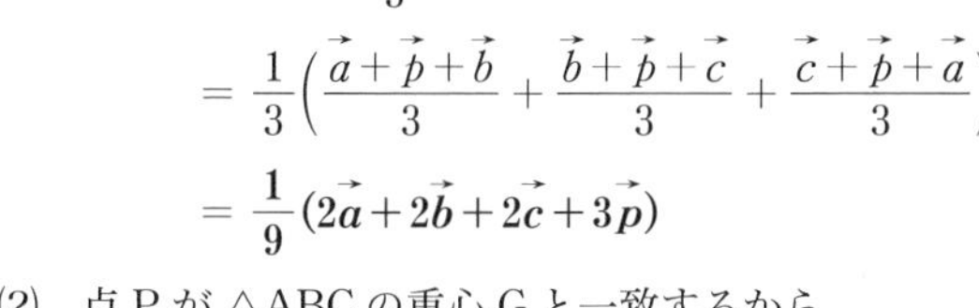

$$=\frac{1}{3}\left(\frac{\vec{a}+\vec{p}+\vec{b}}{3}+\frac{\vec{b}+\vec{p}+\vec{c}}{3}+\frac{\vec{c}+\vec{p}+\vec{a}}{3}\right)$$

$$=\boldsymbol{\frac{1}{9}(2\vec{a}+2\vec{b}+2\vec{c}+3\vec{p})}$$

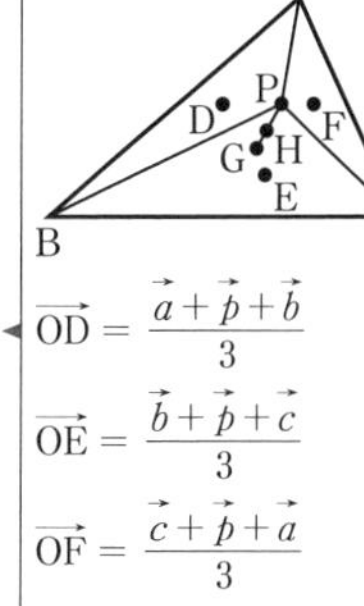

◀ $\overrightarrow{OD}=\dfrac{\vec{a}+\vec{p}+\vec{b}}{3}$

$\overrightarrow{OE}=\dfrac{\vec{b}+\vec{p}+\vec{c}}{3}$

$\overrightarrow{OF}=\dfrac{\vec{c}+\vec{p}+\vec{a}}{3}$

(2) 点 P が △ABC の重心 G と一致するから

$$\vec{p}=\overrightarrow{OG}=\frac{1}{3}(\vec{a}+\vec{b}+\vec{c})$$

(1) より
$$\overrightarrow{OH}=\frac{1}{9}\left(2\vec{a}+2\vec{b}+2\vec{c}+3\times\frac{\vec{a}+\vec{b}+\vec{c}}{3}\right)$$
$$=\frac{1}{3}(\vec{a}+\vec{b}+\vec{c})$$

$\overrightarrow{OG}=\overrightarrow{OH}$ が成り立つから，2 点 G，H は一致する。

◀ 同じ位置ベクトルで表される点は，一致する。

Point...重心の位置ベクトル

△ABC の重心 G について，O を始点とすると $\overrightarrow{OG}=\dfrac{\overrightarrow{OA}+\overrightarrow{OB}+\overrightarrow{OC}}{3}$ が成り立つが，

始点を A にすると，$\overrightarrow{AG}=\dfrac{\overrightarrow{AA}+\overrightarrow{AB}+\overrightarrow{AC}}{3}$ より $\overrightarrow{AG}=\dfrac{\overrightarrow{AB}+\overrightarrow{AC}}{3}$ と，2 つのベクトル $\overrightarrow{AB}$，$\overrightarrow{AC}$ のみで表すこともできる。

練習 21 △ABC の辺 BC，CA，AB を 1:2 に内分する点をそれぞれ点 D，E，F とするとき，△ABC，△DEF の重心は一致することを示せ。

⇒p.83 問題21

Play Back 3　位置ベクトルの意味

「位置ベクトル」がどういうものか，イメージがつきません。

点の位置を表すということがどういうことか，考えてみましょう。

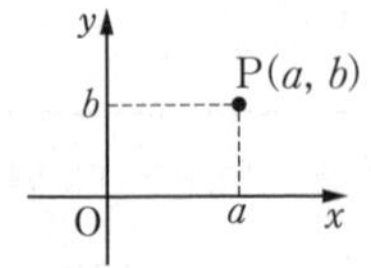

これまで，平面において点の位置を表すときには，座標の考え方を用いてきました。点 P の座標とは，平面上に原点 O と O で垂直に交わる x 軸と y 軸が定まっており，点 P の位置をその原点 O に対する位置として表したものです。
つまり，座標は，絶対的な原点 O が先にあって，それに対する点 P の位置を表しています。
例えば，自宅の位置を説明するときに，緯度と経度を用いて表すことができます。
これも絶対的な原点があって，その原点に対する位置が緯度と経度という座標によって表されているのです。
しかし，この緯度と経度による表し方は，自宅の位置を説明するのに便利とはいえません。

自宅の位置を説明するならば，例えば，最寄駅や学校を基準に設定して，その基準に対する相対的な位置を説明した方が分かりやすいですよね。

さて，点 P の位置ベクトルとは，平面上に定点 O を定めたときの $\overrightarrow{\mathrm{OP}}=\vec{p}$ です。
位置ベクトルのよさは，この基準となる O を適当に定めてよいところにあります。
例題 21 **Point** で紹介したように，△ABC の重心 G の位置ベクトルは，始点を O に定めても A に定めても構わないのです。
これは，自宅の位置の例において，基準を最寄駅や学校など適当に定めてよいことに似ていますね。

最後に，「ベクトル」と「位置ベクトル」の違いを確認しておきましょう。
(1)「ベクトル $\vec{a}$，$\vec{b}$ が等しい」と (2)「O を基準とした位置ベクトル $\vec{a}$，$\vec{b}$ が等しい」は意味が違います。

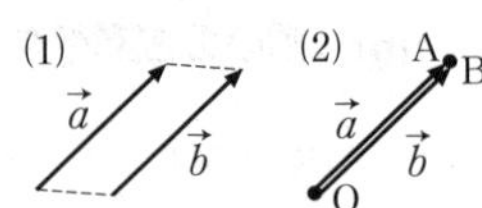

(1) は 2 つのベクトルの一方を平行移動すると，もう一方に重なることを意味します。
一方，(2) は $\vec{a}$，$\vec{b}$ の始点がともに O であるから，$\vec{a}=\overrightarrow{\mathrm{OA}}$，$\vec{b}=\overrightarrow{\mathrm{OB}}$ とすると，それぞれの終点 A，B が一致することを意味します。
位置ベクトルを用いると，2 点が一致することをベクトルで簡単に示すことができるのです。

頻出

例題 22　3点が一直線上にある条件

★★☆☆

平行四辺形 ABCD において，辺 CD を 1:2 に内分する点を E，辺 BC を 3:1 に外分する点を F とする。このとき，3点 A，E，F は一直線上にあることを示せ。また，AE:AF を求めよ。

思考のプロセス

結論の言い換え

結論「3点 A，E，F が一直線上」$\Longrightarrow$ $\overrightarrow{AF}=k\overrightarrow{AE}$ を示す。

基準を定める

（$\vec{0}$ でなく平行でない2つのベクトル（1次独立）$\overrightarrow{AB}=\vec{a}$ と $\overrightarrow{AD}=\vec{b}$ を導入）$\Longrightarrow$ $\begin{cases}\overrightarrow{AE}=\square\,\vec{a}+\square\,\vec{b}\\ \overrightarrow{AF}=\square\,\vec{a}+\square\,\vec{b}\end{cases}$

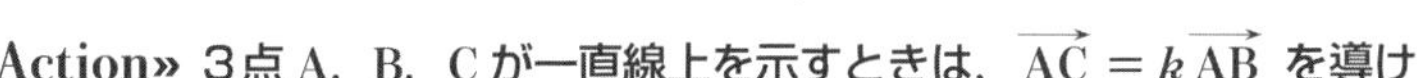

Action» 3点 A，B，C が一直線上を示すときは，$\overrightarrow{AC}=k\overrightarrow{AB}$ を導け

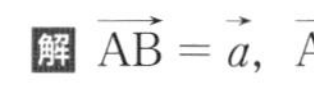

解 $\overrightarrow{AB}=\vec{a}$，$\overrightarrow{AD}=\vec{b}$ とする。

四角形 ABCD は平行四辺形であるから　$\overrightarrow{AC}=\vec{a}+\vec{b}$

例題20 点 E は辺 CD を 1:2 に内分する点であるから

$$\overrightarrow{AE}=\frac{2\overrightarrow{AC}+\overrightarrow{AD}}{1+2}=\frac{2(\vec{a}+\vec{b})+\vec{b}}{3}=\frac{2\vec{a}+3\vec{b}}{3}\quad\cdots①$$

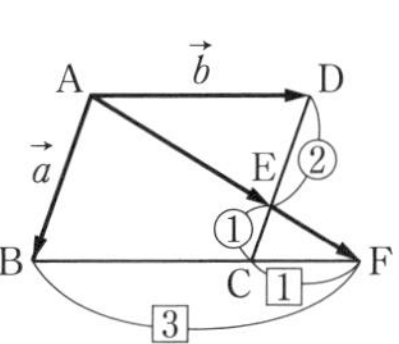

例題20 点 F は辺 BC を 3:1 に外分する点であるから

$$\overrightarrow{AF}=\frac{(-1)\overrightarrow{AB}+3\overrightarrow{AC}}{3+(-1)}=\frac{-\vec{a}+3(\vec{a}+\vec{b})}{2}=\frac{2\vec{a}+3\vec{b}}{2}\quad\cdots②$$

①，② より　$\overrightarrow{AF}=\frac{3}{2}\overrightarrow{AE}$　$\cdots③$

よって，3点 A，E，F は一直線上にある。

また，③ より　AE:AF = **2:3**

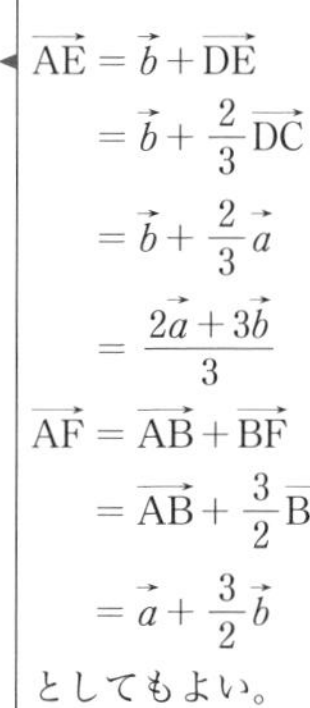

$\overrightarrow{AE}=\vec{b}+\overrightarrow{DE}=\vec{b}+\frac{2}{3}\overrightarrow{DC}=\vec{b}+\frac{2}{3}\vec{a}=\frac{2\vec{a}+3\vec{b}}{3}$

$\overrightarrow{AF}=\overrightarrow{AB}+\overrightarrow{BF}=\overrightarrow{AB}+\frac{3}{2}\overrightarrow{BC}=\vec{a}+\frac{3}{2}\vec{b}$

としてもよい。

$\overrightarrow{AF}=\frac{3}{2}\times\frac{2\vec{a}+3\vec{b}}{3}=\frac{3}{2}\overrightarrow{AE}$

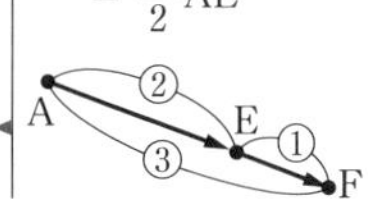

Point...一直線上にある3点

3点 A，B，P が一直線上にある $\Longleftrightarrow$ $\overrightarrow{AP}=k\overrightarrow{AB}$（$k$ は実数）

さらに，$\overrightarrow{AP}=k\overrightarrow{AB}$ が成り立つとき，線分 AB と AP の長さの比は　AB:AP = 1:$|k|$

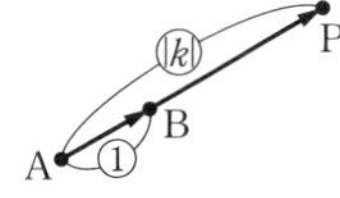

練習 22　△ABC において，辺 AB の中点を D，辺 BC を 2:1 に外分する点を E，辺 AC を 2:1 に内分する点を F とする。このとき，3点 D，E，F が一直線上にあることを示せ。また，DF:FE を求めよ。

➡ p.83 問題22

頻出

例題 23　交点の位置ベクトル〔1〕

★★☆☆

△OABにおいて，辺OAを2:1に内分する点をE，辺OBを3:2に内分する点をFとする。また，線分AFと線分BEの交点をPとし，直線OPと辺ABの交点をQとする。さらに，$\overrightarrow{\mathrm{OA}}=\vec{a}$，$\overrightarrow{\mathrm{OB}}=\vec{b}$ とおく。

(1) $\overrightarrow{\mathrm{OP}}$ を $\vec{a}$，$\vec{b}$ を用いて表せ。

(2) $\overrightarrow{\mathrm{OQ}}$ を $\vec{a}$，$\vec{b}$ を用いて表せ。

(3) AQ：QB，OP：PQ をそれぞれ求めよ。

思考のプロセス

見方を変える

(1) 点P
- 線分AF上にある
  ⟹ 線分AFを $s:(1-s)$ に内分するとする。
  $\overrightarrow{\mathrm{OP}}=(1-s)\overrightarrow{\square}+s\overrightarrow{\square}=$ ㋐ $\vec{a}+$ ㋑ $\vec{b}$
- 線分BE上にある
  ⟹ 線分BEを $t:(1-t)$ に内分するとする。
  $\overrightarrow{\mathrm{OP}}=(1-t)\overrightarrow{\square}+t\overrightarrow{\square}=$ ㋒ $\vec{a}+$ ㋓ $\vec{b}$

1次独立のとき
$\begin{cases} ㋐=㋒ \\ ㋑=㋓ \end{cases}$

(2) 点Q
- 直線OP上にある
  ⟹ $\overrightarrow{\mathrm{OQ}}=k\overrightarrow{\mathrm{OP}}=$ ㋐ $\vec{a}+$ ㋑ $\vec{b}$
- 線分AB上にある
  ⟹ 線分ABを $u:(1-u)$ に内分するとする。
  $\overrightarrow{\mathrm{OQ}}=(1-u)\overrightarrow{\square}+u\overrightarrow{\square}=$ ㋒ $\vec{a}+$ ㋓ $\vec{b}$

1次独立のとき
$\begin{cases} ㋐=㋒ \\ ㋑=㋓ \end{cases}$

Action» 2直線の交点の位置ベクトルは，1次独立なベクトルを用いて2通りに表せ

解 (1) 点Eは辺OAを2:1に内分する点であるから　$\overrightarrow{\mathrm{OE}}=\dfrac{2}{3}\vec{a}$

点Fは辺OBを3:2に内分する点であるから　$\overrightarrow{\mathrm{OF}}=\dfrac{3}{5}\vec{b}$

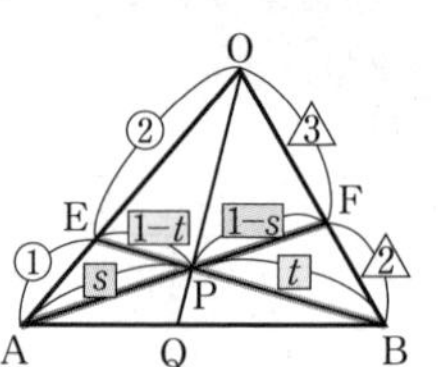

AP：PF $=s:(1-s)$ とおくと

$$\overrightarrow{\mathrm{OP}}=(1-s)\overrightarrow{\mathrm{OA}}+s\overrightarrow{\mathrm{OF}}=(1-s)\vec{a}+\frac{3}{5}s\vec{b} \quad \cdots①$$

BP：PE $=t:(1-t)$ とおくと

$$\overrightarrow{\mathrm{OP}}=(1-t)\overrightarrow{\mathrm{OB}}+t\overrightarrow{\mathrm{OE}}=\frac{2}{3}t\vec{a}+(1-t)\vec{b} \quad \cdots②$$

$\vec{a}\neq\vec{0}$，$\vec{b}\neq\vec{0}$ であり，$\vec{a}$ と $\vec{b}$ は平行でないから，

①，②より　$1-s=\dfrac{2}{3}t$　かつ　$\dfrac{3}{5}s=1-t$

これを解くと　$s=\dfrac{5}{9}$，$t=\dfrac{2}{3}$

よって　$\boldsymbol{\overrightarrow{\mathrm{OP}}=\dfrac{4}{9}\vec{a}+\dfrac{1}{3}\vec{b}}$

◀ 点Pを△OAFの辺AFの内分点と考える。

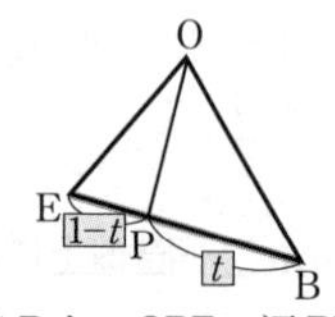

◀ 点Pを△OBEの辺BEの内分点と考える。

◀ ❗係数を比較するときには必ず1次独立であることを述べる。

◀ ① または ② に代入する。

(2) 点Qは直線OP上の点であるから

$$\overrightarrow{OQ}=k\overrightarrow{OP}=\frac{4}{9}k\vec{a}+\frac{1}{3}k\vec{b} \quad \cdots ③$$

とおける。

また，AQ : QB $= u : (1-u)$ とおくと

$$\overrightarrow{OQ}=(1-u)\vec{a}+u\vec{b} \quad \cdots ④$$

$\vec{a}\neq\vec{0}$，$\vec{b}\neq\vec{0}$ であり，$\vec{a}$ と $\vec{b}$ は平行でないから，

③，④より　$\frac{4}{9}k=1-u$　かつ　$\frac{1}{3}k=u$

これを解くと　$k=\frac{9}{7}$，$u=\frac{3}{7}$

よって　$\overrightarrow{\mathbf{OQ}}=\frac{\mathbf{4}}{\mathbf{7}}\vec{\boldsymbol{a}}+\frac{\mathbf{3}}{\mathbf{7}}\vec{\boldsymbol{b}}$

〔別解〕 点Qは直線OP上の点であるから

$$\overrightarrow{OQ}=k\overrightarrow{OP}=\frac{4}{9}k\vec{a}+\frac{1}{3}k\vec{b} \quad \cdots ③$$

とおける。

点Qは辺AB上の点であるから　$\frac{4}{9}k+\frac{1}{3}k=1$

$k=\frac{9}{7}$ より，③に代入すると　$\overrightarrow{OQ}=\frac{4}{7}\vec{a}+\frac{3}{7}\vec{b}$

(3) (2)より

$$AQ:QB=\frac{3}{7}:\left(1-\frac{3}{7}\right)=\mathbf{3:4}$$

また，(2)より　$\overrightarrow{OP}=\frac{7}{9}\overrightarrow{OQ}$

OP : OQ = 7 : 9 となるから

OP : PQ = 7 : 2

◀ 3点O，P，Qが一直線上にある $\Longleftrightarrow \overrightarrow{OQ}=k\overrightarrow{OP}$

◀ ❗係数を比較するときには必ず1次独立であることを述べる。

◀ ③または④に代入する。

◀ $\overrightarrow{OP}=\frac{4}{9}\vec{a}+\frac{1}{3}\vec{b}$
$=\frac{4\vec{a}+3\vec{b}}{9}$
$=\frac{7}{9}\times\frac{4\vec{a}+3\vec{b}}{7}$
と変形して考えてもよい。例題25参照。

◀ ❗点Qが直線AB上にある
$\Longleftrightarrow \overrightarrow{OQ}=s\overrightarrow{OA}+t\overrightarrow{OB}$
$(s+t=1)$

◀ $\overrightarrow{OQ}=\frac{4\vec{a}+3\vec{b}}{7}$
$=\frac{4\overrightarrow{OA}+3\overrightarrow{OB}}{3+4}$
より点Qは線分ABを3:4に内分すると考えてもよい。

Point... 1次独立であることを述べる理由

例えば，$\vec{a}=\vec{0}$ のとき，$2\vec{a}+3\vec{b}=-5\vec{a}+3\vec{b}$ が成り立つが，両辺の $\vec{a}$ の係数は等しくない。また，$\vec{a}=2\vec{b}$（$\vec{a}$ と $\vec{b}$ が平行）のとき，$2\vec{a}+5\vec{b}=3\vec{a}+3\vec{b}$ が成り立つが，両辺の $\vec{a}$，$\vec{b}$ の係数は等しくない。
このように，$\vec{a}=\vec{0}$ または $\vec{b}=\vec{0}$ または $\vec{a}\parallel\vec{b}$ であるときは，係数が等しくならない場合があるため，「$\vec{a}\neq\vec{0}$，$\vec{b}\neq\vec{0}$，$\vec{a}$ と $\vec{b}$ は平行ではない」ということを述べている。

練習 23 △OABにおいて，辺OAを3:1に内分する点をE，辺OBを2:3に内分する点をFとする。また，線分AFと線分BEの交点をP，直線OPと辺ABの交点をQとする。さらに，$\overrightarrow{OA}=\vec{a}$，$\overrightarrow{OB}=\vec{b}$ とおく。
(1) $\overrightarrow{OP}$ を $\vec{a}$，$\vec{b}$ を用いて表せ。　(2) $\overrightarrow{OQ}$ を $\vec{a}$，$\vec{b}$ を用いて表せ。
(3) AQ : QB，OP : PQ をそれぞれ求めよ。

⇒p.83 問題23

Play Back 4　なぜ $s:(1-s)$ とおくことができるのか

例題 23 では，$\mathrm{AP}:\mathrm{PF}=s:(1-s)$ とおいて考えましたが，普通に考えると $\mathrm{AP}:\mathrm{PF}=m:n$ などとおきたくなります。なぜ，$\mathrm{AP}:\mathrm{PF}=s:(1-s)$ とおくような発想が出てくるのでしょうか。

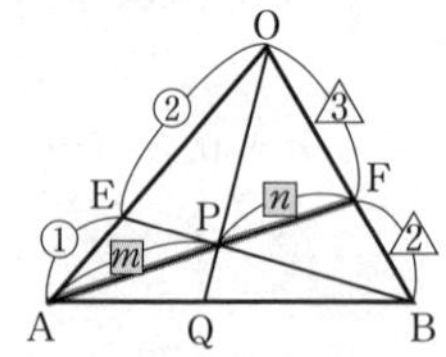

線分 AF に着目すると，点 P は線分 AF の内分点となっていますから，AP:PF の比があれば内分点の位置ベクトルの式を用いて $\overrightarrow{\mathrm{OP}}$ を求めることができるはずです。そこで $\mathrm{AP}:\mathrm{PF}=m:n$ とおいて考えると

$$\overrightarrow{\mathrm{OP}}=\frac{n\overrightarrow{\mathrm{OA}}+m\overrightarrow{\mathrm{OF}}}{m+n}=\frac{n}{m+n}\overrightarrow{\mathrm{OA}}+\frac{m}{m+n}\overrightarrow{\mathrm{OF}}\quad\cdots①$$

と求めることができます。しかし，線分 BE でも同様の方法で求めると使う文字が 4 個となり，そのあとの計算を考えると非常に大変です。

そこで，① の結果に着目して文字の個数を減らす工夫を考えます。① の右辺の係数に着目すると $\dfrac{n}{m+n}+\dfrac{m}{m+n}=\dfrac{m+n}{m+n}=1$ となり，① の係数の和は 1 です。そこで，$\dfrac{m}{m+n}=s$ とおけば，$\dfrac{n}{m+n}=1-s$ となり，① は

$$\overrightarrow{\mathrm{OP}}=(1-s)\overrightarrow{\mathrm{OA}}+s\overrightarrow{\mathrm{OF}}=\frac{(1-s)\overrightarrow{\mathrm{OA}}+s\overrightarrow{\mathrm{OF}}}{s+(1-s)}$$

と変形することができます。これは $\mathrm{AP}:\mathrm{PF}=s:(1-s)$ とおいて考えた結果と一致します。

このように内分点の位置ベクトルの式を用いると「係数の和が 1」となることに着目して文字の個数を減らす工夫を行った結果，内分の比を $s:(1-s)$ とおくという発想が生まれているのです。

また，2 直線の交点については次のように考えることもできます。

$$(\text{点 P は 2 直線 } l_1,\ l_2 \text{ の交点である})\iff\begin{cases}\text{点 P は直線 } l_1 \text{ 上の点}\\ \text{かつ}\\ \text{点 P は直線 } l_2 \text{ 上の点}\end{cases}$$

この考え方を用いると，例題 23 においては線分 AF と線分 BE の交点が P であるから

$$\begin{cases}\text{点 P は線分 AF 上の点}\quad\cdots②\\ \text{かつ}\\ \text{点 P は線分 BE 上の点}\end{cases}$$

と考えられます。3 点 A，P，F が一直線上にあることから ② は $\overrightarrow{\mathrm{AP}}=s\overrightarrow{\mathrm{AF}}$ と表すことができ，この式を変形すると

$$\overrightarrow{\mathrm{AP}}=s\overrightarrow{\mathrm{AF}}\qquad\text{より}\qquad\overrightarrow{\mathrm{OP}}-\overrightarrow{\mathrm{OA}}=s(\overrightarrow{\mathrm{OF}}-\overrightarrow{\mathrm{OA}})$$

よって　$\overrightarrow{\mathrm{OP}}=(1-s)\overrightarrow{\mathrm{OA}}+s\overrightarrow{\mathrm{OF}}$

となり，$\mathrm{AP}:\mathrm{PF}=s:(1-s)$ とおいて考えた結果と同様の式が得られます。これは点 P が外分点の場合（すなわち $s<0$ または $1<s$ のとき）にも適用することができ，$s:(1-s)$ とおく方法よりも汎用性が高いです。

例題 24　交点の位置ベクトル〔2〕

★★☆☆

平行四辺形 ABCD があり，辺 AD を 2:1 に内分する点を E，△ABC の重心を G とする。AG と BE の交点を P とするとき

(1) BP:PE を求めよ。　(2) AP:PG を求めよ。

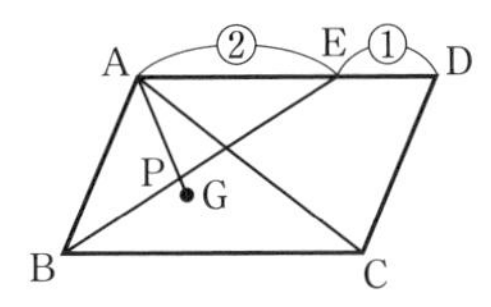

思考のプロセス

(始点を A で固定して $\overrightarrow{AB}=\vec{b}$，$\overrightarrow{AD}=\vec{d}$ を導入) ⟹ ($\overrightarrow{AE}$，$\overrightarrow{AG}$，$\overrightarrow{AP}$ を $\vec{b}$ と $\vec{d}$ で表す)

見方を変える

点 P が直線 BE 上にある ⟺ $\overrightarrow{AP}=s\overrightarrow{AB}+t\overrightarrow{AE}$，　$s+t=1$　→ 係数の和が 1

Action» 点 P が直線 AB 上にあるときは，$\overrightarrow{OP}=s\overrightarrow{OA}+t\overrightarrow{OB}$，$s+t=1$ とせよ

解 (1) $\overrightarrow{AB}=\vec{b}$，$\overrightarrow{AD}=\vec{d}$ とおく。

点 E は辺 AD を 2:1 に内分するから　$\overrightarrow{AE}=\frac{2}{3}\vec{d}$

点 G は △ABC の重心であるから

$$\overrightarrow{AG}=\frac{\overrightarrow{AB}+\overrightarrow{AC}}{3}=\frac{\vec{b}+(\vec{b}+\vec{d})}{3}=\frac{2\vec{b}+\vec{d}}{3}$$

◀ $\overrightarrow{AG}=\frac{\overrightarrow{AA}+\overrightarrow{AB}+\overrightarrow{AC}}{3}$ であり，$\overrightarrow{AA}=\vec{0}$，$\overrightarrow{AC}=\vec{b}+\vec{d}$ である。

点 P は線分 AG 上にあるから

$$\overrightarrow{AP}=k\overrightarrow{AG}=\frac{2}{3}k\vec{b}+\frac{1}{3}k\vec{d}$$

◀ $\overrightarrow{AG}$，$\overrightarrow{AP}$ を $\vec{b}$ と $\vec{d}$ で表す。

となる実数 k がある。

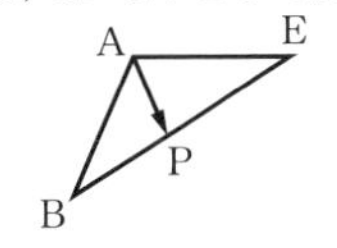

$\vec{b}=\overrightarrow{AB}$，$\vec{d}=\frac{3}{2}\overrightarrow{AE}$ より　$\overrightarrow{AP}=\frac{2}{3}k\overrightarrow{AB}+\frac{1}{2}k\overrightarrow{AE}$

◀ 点 P が直線 BE 上にあることから $\overrightarrow{AP}$ を $\overrightarrow{AB}$ と $\overrightarrow{AE}$ で表す。

点 P は線分 BE 上にあるから　$\frac{2}{3}k+\frac{1}{2}k=1$

◀ 点 P が直線 BE 上にある ⟺ $\overrightarrow{AP}=s\overrightarrow{AB}+t\overrightarrow{AE}$ $(s+t=1)$

よって　$k=\frac{6}{7}$

このとき，$\overrightarrow{AP}=\frac{4}{7}\overrightarrow{AB}+\frac{3}{7}\overrightarrow{AE}$ となるから

BP : PE = 3 : 4

◀ $\overrightarrow{AP}=\frac{4\overrightarrow{AB}+3\overrightarrow{AE}}{7}$ であり，P は線分 BE を 3:4 に内分する点

(2) (1) より $\overrightarrow{AP}=\frac{6}{7}\overrightarrow{AG}$ となるから

AP : PG = 6 : 1

◀ AP : AG = 6 : 7

練習 24　△ABC において，辺 BC を 2:3 に内分する点を D とし，線分 AD の中点を E とする。直線 BE と辺 AC の交点を F とするとき，AF:FC を求めよ。

➡p.83 問題24

頻出

例題 25　三角形の内部の点の位置ベクトル　★★☆☆

△ABC の内部に点 P があり，$2\overrightarrow{PA}+3\overrightarrow{PB}+5\overrightarrow{PC}=\vec{0}$ を満たしている。AP の延長と辺 BC の交点を D とするとき，次の問に答えよ。

(1)　BD : DC および AP : PD を求めよ。

(2)　△PBC : △PCA : △PAB を求めよ。

思考のプロセス

基準を定める　どこにあるか分からない点 P は基準にしにくい。

始点を A（三角形の頂点の1つ）とし，2つのベクトル $\overrightarrow{AB}$ と $\overrightarrow{AC}$（1次独立）で表す。

条件式　$2\overrightarrow{PA}+3\overrightarrow{PB}+5\overrightarrow{PC}=\vec{0} \longrightarrow \overrightarrow{AP}=\dfrac{3\overrightarrow{AB}+5\overrightarrow{AC}}{10}$

求めるものの言い換え

AP : PD ⟹ $\overrightarrow{AP}=\square\,\overrightarrow{AD}$

BD : DC ⟹ $\overrightarrow{AD}=\dfrac{○\overrightarrow{AB}+△\overrightarrow{AC}}{△+○}$

⟹ $\overrightarrow{AP}=\square\times\dfrac{○\overrightarrow{AB}+△\overrightarrow{AC}}{△+○}$ の形に導く

Action» $\vec{p}=n\vec{a}+m\vec{b}$ **は，**$\vec{p}=(m+n)\dfrac{n\vec{a}+m\vec{b}}{m+n}$ **と変形せよ**

解 (1)　$2\overrightarrow{PA}+3\overrightarrow{PB}+5\overrightarrow{PC}=\vec{0}$ より

$$2(-\overrightarrow{AP})+3(\overrightarrow{AB}-\overrightarrow{AP})+5(\overrightarrow{AC}-\overrightarrow{AP})=\vec{0}$$

$$-10\overrightarrow{AP}+3\overrightarrow{AB}+5\overrightarrow{AC}=\vec{0}$$

よって　$\overrightarrow{AP}=\dfrac{3\overrightarrow{AB}+5\overrightarrow{AC}}{10}=\dfrac{8}{10}\times\dfrac{3\overrightarrow{AB}+5\overrightarrow{AC}}{8}$

3点 A，P，D は一直線上にあり，
点 D は辺 BC 上の点であるから

$$\overrightarrow{AD}=\frac{3\overrightarrow{AB}+5\overrightarrow{AC}}{8},\quad \overrightarrow{AP}=\frac{4}{5}\overrightarrow{AD}$$

したがって

BD : DC = 5 : 3，AP : PD = 4 : 1

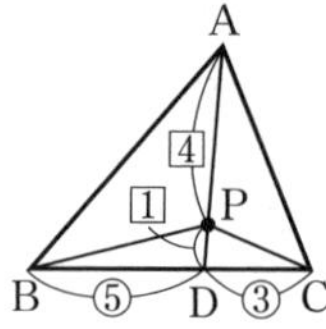

IA 255 (2)　△ABC の面積を S とすると

$$△PBC=\frac{1}{5}S$$

$$△PCA=\frac{4}{5}△ACD=\frac{4}{5}\times\frac{3}{8}S=\frac{3}{10}S$$

$$△PAB=\frac{4}{5}△ABD=\frac{4}{5}\times\frac{5}{8}S=\frac{1}{2}S$$

よって　$△PBC : △PCA : △PAB=\dfrac{1}{5}S : \dfrac{3}{10}S : \dfrac{1}{2}S$

$= \mathbf{2 : 3 : 5}$

◀始点を A とするベクトルに直し，$\overrightarrow{AP}$ を $\overrightarrow{AB}$ と $\overrightarrow{AC}$ で表す。

◀$3\overrightarrow{AB}+5\overrightarrow{AC}$ の係数の合計が 8 であるから，分母が 8 になるように変形する。

◀$\overrightarrow{AD}=k\overrightarrow{AP}$ とおき，$\overrightarrow{AD}=\dfrac{3}{10}k\overrightarrow{AB}+\dfrac{1}{2}k\overrightarrow{AC}$ から，$\dfrac{3}{10}k+\dfrac{1}{2}k=1$ を解いて k の値を求めてもよい。

◀三角形の面積比は，辺の長さの比を利用する。

練習 25　△ABC の内部の点 P が $2\overrightarrow{PA}+3\overrightarrow{PB}+4\overrightarrow{PC}=\vec{0}$ を満たしている。AP の延長と辺 BC の交点を D とするとき，次の問に答えよ。

(1)　BD : DC および AP : PD を求めよ。　(2)　△PBC : △PCA : △PAB を求めよ。

➡p.83　問題25

Play Back 5　$l\overrightarrow{PA}+m\overrightarrow{PB}+n\overrightarrow{PC}=\vec{0}$ と面積比

例題 25 では，$l\overrightarrow{PA}+m\overrightarrow{PB}+n\overrightarrow{PC}=\vec{0}$ の形の式と △PBC：△PCA：△PAB の面積比について学習しました。これに関して，一般に次のことが成り立ちます。

△ABC の内部に点 P があり，$l\overrightarrow{PA}+m\overrightarrow{PB}+n\overrightarrow{PC}=\vec{0}$ を満たしているとき　**△PBC：△PCA：△PAB＝l：m：n**

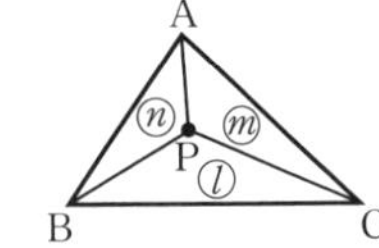

ここでは，例題 25 とは違う方法で証明してみましょう。

探究例題 3　P はどのような点？

線分 AB 上に点 P があり，$l\overrightarrow{PA}+m\overrightarrow{PB}=\vec{0}$ …① を満たすとする。
$l\overrightarrow{PA}=\overrightarrow{PA'}$，$m\overrightarrow{PB}=\overrightarrow{PB'}$ とおくと ① より　$\overrightarrow{PA'}+\overrightarrow{PB'}=\vec{0}$
よって，点 P は線分 A′B′ の中点であるから

$$PA:PB=\frac{1}{l}PA':\frac{1}{m}PB'=m:l$$

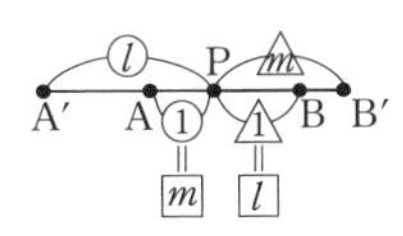

同様に考えて，△ABC の内部に点 P があり，
$l\overrightarrow{PA}+m\overrightarrow{PB}+n\overrightarrow{PC}=\vec{0}$ …② を満たすとき，△PBC：△PCA：△PAB を求めよ。

思考のプロセス

既知の問題に帰着　① の変形と同じように考える。
$l\overrightarrow{PA}=\overrightarrow{PA'}$，$m\overrightarrow{PB}=\overrightarrow{PB'}$，$n\overrightarrow{PC}=\overrightarrow{PC'}$ とおくと，② より $\boxed{}=\vec{0}$
⟹ 点 P は △A′B′C′ の $\boxed{}$ である。

Action» ベクトルの関係式から，図形的性質を読みとれ

解　$l\overrightarrow{PA}=\overrightarrow{PA'}$，$m\overrightarrow{PB}=\overrightarrow{PB'}$，$n\overrightarrow{PC}=\overrightarrow{PC'}$ とおくと，

② は　$\overrightarrow{PA'}+\overrightarrow{PB'}+\overrightarrow{PC'}=\vec{0}$

$-\overrightarrow{A'P}+(\overrightarrow{A'B'}-\overrightarrow{A'P})+(\overrightarrow{A'C'}-\overrightarrow{A'P})=\vec{0}$

$3\overrightarrow{A'P}=\overrightarrow{A'B'}+\overrightarrow{A'C'}$

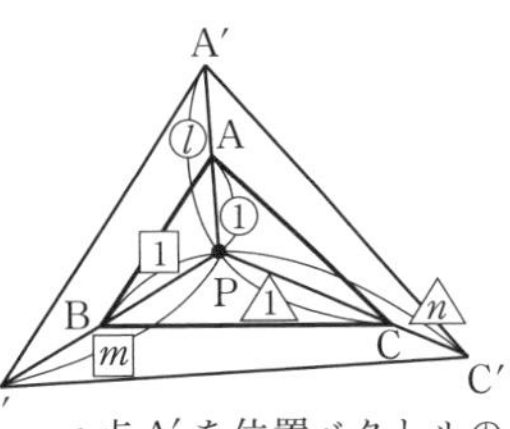

よって　$\overrightarrow{A'P}=\dfrac{\overrightarrow{A'B'}+\overrightarrow{A'C'}}{3}$

◀点 A′ を位置ベクトルの始点に定める。

ゆえに，点 P は △A′B′C′ の重心である。

◀$\overrightarrow{PA'}+\overrightarrow{PB'}+\overrightarrow{PC'}=\vec{0}$ について始点を O にすると
$\overrightarrow{OP}=\dfrac{\overrightarrow{OA'}+\overrightarrow{OB'}+\overrightarrow{OC'}}{3}$
よって，点 P は △A′B′C′ の重心であると考えてもよい。

このことから　$\triangle PA'B'=\triangle PB'C'=\triangle PC'A'=\dfrac{1}{3}\triangle A'B'C'$

ここで　$\triangle PAB=\dfrac{1}{l}\cdot\dfrac{1}{m}\triangle PA'B'$, $\triangle PBC=\dfrac{1}{m}\cdot\dfrac{1}{n}\triangle PB'C'$,

$\triangle PCA=\dfrac{1}{n}\cdot\dfrac{1}{l}\triangle PC'A'$

したがって　△PBC：△PCA：△PAB

$=\dfrac{1}{m}\cdot\dfrac{1}{n}\triangle PB'C':\dfrac{1}{n}\cdot\dfrac{1}{l}\triangle PC'A':\dfrac{1}{l}\cdot\dfrac{1}{m}\triangle PA'B'$

$=\dfrac{1}{mn}:\dfrac{1}{nl}:\dfrac{1}{lm}=\boldsymbol{l:m:n}$

◀$\triangle PB'C'=\triangle PC'A'=\triangle PA'B'$

例題 26 角の二等分線 ★★☆☆

$\overrightarrow{OA}=(4,\ 2)$，$\overrightarrow{OB}=(1,\ -2)$ とするとき，∠AOB の二等分線と平行な単位ベクトルを求めよ。

思考のプロセス

段階的に考える

Ⅰ．∠AOB の二等分線上の点 C について，$\overrightarrow{OC}$ を $\overrightarrow{OA}$ と $\overrightarrow{OB}$ で表す。

（方法 1）$\overrightarrow{OC}=\dfrac{\overrightarrow{OA}}{|\overrightarrow{OA}|}+\dfrac{\overrightarrow{OB}}{|\overrightarrow{OB}|}$

（方法 2）C を辺 AB 上にとり，

AC：CB = OA：OB を利用

Ⅱ．求める単位ベクトルは $\pm\dfrac{\overrightarrow{OC}}{|\overrightarrow{OC}|}$

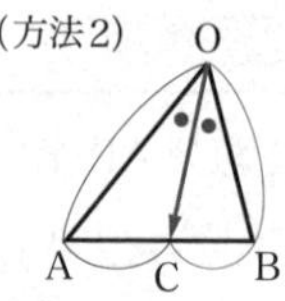

Action» 角の二等分線は，2つの単位ベクトルの和を利用せよ

解 $|\overrightarrow{OA}|=\sqrt{4^2+2^2}=2\sqrt{5}$，$|\overrightarrow{OB}|=\sqrt{1^2+(-2)^2}=\sqrt{5}$

例題 8 $\overrightarrow{OA}$，$\overrightarrow{OB}$ と同じ向きの単位ベクトルを $\overrightarrow{OA'}$，$\overrightarrow{OB'}$ とすると

$$\overrightarrow{OA'}=\frac{1}{2\sqrt{5}}(4,\ 2)=\frac{1}{\sqrt{5}}(2,\ 1),\quad \overrightarrow{OB'}=\frac{1}{\sqrt{5}}(1,\ -2)$$

ここで，$\overrightarrow{OA'}+\overrightarrow{OB'}=\overrightarrow{OC}$ とすると，$\overrightarrow{OC}$ は ∠AOB の二等分線と平行なベクトルとなる。

$$\overrightarrow{OC}=\frac{1}{\sqrt{5}}(2,\ 1)+\frac{1}{\sqrt{5}}(1,\ -2)=\left(\frac{3\sqrt{5}}{5},\ -\frac{\sqrt{5}}{5}\right)$$

ここで $|\overrightarrow{OC}|=\sqrt{\left(\dfrac{3\sqrt{5}}{5}\right)^2+\left(-\dfrac{\sqrt{5}}{5}\right)^2}=\sqrt{2}$

求める単位ベクトルは $\pm\dfrac{1}{\sqrt{2}}\overrightarrow{OC}$ であるから

$$\left(\frac{3\sqrt{10}}{10},\ -\frac{\sqrt{10}}{10}\right),\ \left(-\frac{3\sqrt{10}}{10},\ \frac{\sqrt{10}}{10}\right)$$

（別解）

IA 248 ∠AOB の二等分線と AB の交点を C とすると

AC：CB = OA：OB $=2\sqrt{5}:\sqrt{5}=2:1$

よって $\overrightarrow{OC}=\dfrac{\overrightarrow{OA}+2\overrightarrow{OB}}{2+1}=\left(2,\ -\dfrac{2}{3}\right)$

求める単位ベクトルは $\pm\dfrac{\overrightarrow{OC}}{|\overrightarrow{OC}|}$ であるから

$$\left(\frac{3\sqrt{10}}{10},\ -\frac{\sqrt{10}}{10}\right),\ \left(-\frac{3\sqrt{10}}{10},\ \frac{\sqrt{10}}{10}\right)$$

ReAction 例題 8
「$\vec{a}$ と同じ向きの単位ベクトルは，$\dfrac{\vec{a}}{|\vec{a}|}$ とせよ」

OC はひし形 OB′CA′ の対角線より
∠AOC = ∠BOC

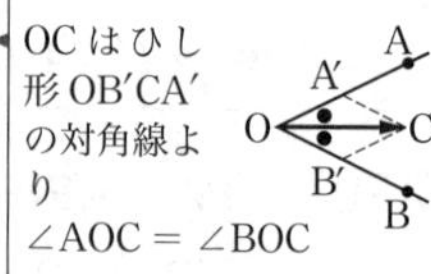

❗平行なベクトルであるから同じ向きと逆向きの2つを考えなければならない。

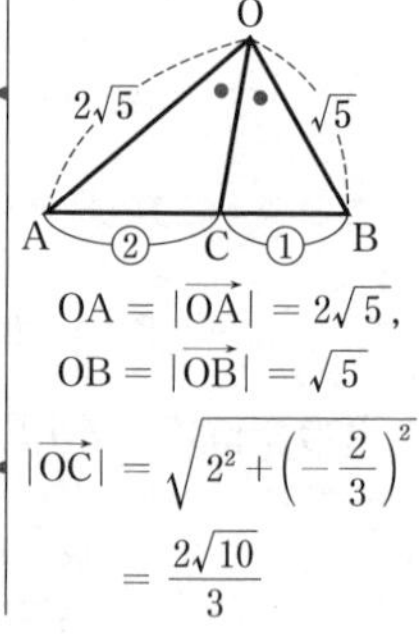

OA $=|\overrightarrow{OA}|=2\sqrt{5}$，
OB $=|\overrightarrow{OB}|=\sqrt{5}$

$|\overrightarrow{OC}|=\sqrt{2^2+\left(-\dfrac{2}{3}\right)^2}=\dfrac{2\sqrt{10}}{3}$

練習 26 $\overrightarrow{OA}=(3,\ -4)$，$\overrightarrow{OB}=(-8,\ 6)$ とするとき，∠AOB の二等分線と平行な単位ベクトルを求めよ。

➡p.83 問題26

例題 27　内心の位置ベクトル

★★☆☆

AB = 3, BC = 7, CA = 5 である △ABC の内心を I とする。このとき，$\overrightarrow{AI}$ を $\overrightarrow{AB}$ と $\overrightarrow{AC}$ を用いて表せ。

思考のプロセス

段階的に考える

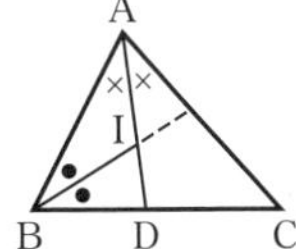

内心 … 角の二等分線の交点

⟹ ① ∠A の二等分線と BC の交点を D

② ∠B の二等分線と AD の交点が I

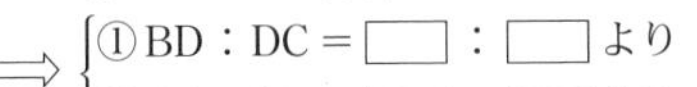

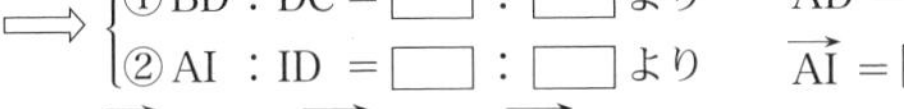

⟹ $\overrightarrow{AI}$ = □$\overrightarrow{AB}$ + □$\overrightarrow{AC}$

Action» 内心は，内角の二等分線の交点であることを用いよ

解 ∠BAC の二等分線と辺 BC の

IA 248 交点を D とすると

$BD : DC = AB : AC$

$= 3 : 5$

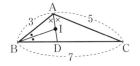

◀三角形の角の二等分線の性質

例題 20 ゆえに　$\overrightarrow{AD} = \dfrac{5\overrightarrow{AB} + 3\overrightarrow{AC}}{8}$

また　$BD = \dfrac{3}{8}BC = \dfrac{21}{8}$

◀点 D は，線分 BC を 3:5 に内分する点である。

IA 248 次に，線分 BI は ∠ABD の二等分線であるから

$AI : ID = BA : BD = 3 : \dfrac{21}{8} = 8 : 7$

◀△ABD において，BI は ∠ABD の二等分線である。

よって　$\overrightarrow{AI} = \dfrac{8}{15}\overrightarrow{AD} = \dfrac{8}{15} \times \dfrac{5\overrightarrow{AB} + 3\overrightarrow{AC}}{8}$

$= \dfrac{5\overrightarrow{AB} + 3\overrightarrow{AC}}{15}$

したがって　$\boldsymbol{\overrightarrow{AI} = \dfrac{1}{3}\overrightarrow{AB} + \dfrac{1}{5}\overrightarrow{AC}}$

Point...角の二等分線の性質

△ABC の ∠BAC の二等分線と辺 BC の交点を D とするとき

$BD : DC = AB : AC = c : b$ であるから

$\overrightarrow{AD} = \dfrac{b\overrightarrow{AB} + c\overrightarrow{AC}}{c + b}$

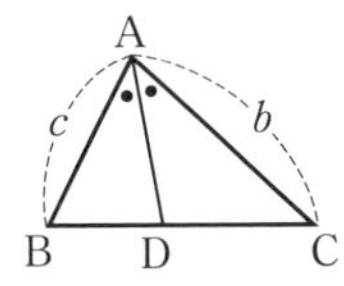

練習 27　OA = a, OB = b, AB = c である △OAB の内心を I とする。このとき，$\overrightarrow{OI}$ を a, b, c および $\overrightarrow{OA}$, $\overrightarrow{OB}$ を用いて表せ。

⇒p.83 問題27

例題 28 外心の位置ベクトル ★★★★

AB = 5, AC = 4, BC = 6 である △ABC の外心を O とする。

(1) 内積 $\overrightarrow{AB}\cdot\overrightarrow{AC}$ を求めよ。

(2) $\overrightarrow{AO}$ を $\overrightarrow{AB}$, $\overrightarrow{AC}$ を用いて表せ。また, $\overrightarrow{AO}$ の大きさを求めよ。

(3) 直線 AO と辺 BC の交点を D とするとき, BD:DC, AO:OD を求めよ。

思考のプロセス

(1) 逆向きに考える

$\overrightarrow{AB}\cdot\overrightarrow{AC}$ をつくるために, $|\overrightarrow{AB}-\overrightarrow{AC}|^2$ を考える。 ($\overrightarrow{AB}-\overrightarrow{AC} = \overrightarrow{CB}$)

〔別解〕

$\overrightarrow{AB}\cdot\overrightarrow{AC} = |\overrightarrow{AB}||\overrightarrow{AC}|\cos\angle BAC$ ← これが求まればよい。

(2) **外心** … 各辺の垂直二等分線の交点

O が △ABC の外心

$\Longrightarrow \begin{cases} \overrightarrow{AB}\cdot\overrightarrow{OM} = 0 \\ \overrightarrow{AC}\cdot\overrightarrow{ON} = 0 \end{cases} \Longrightarrow s, t$ の連立方程式

↑ 未知のものを文字でおく

$\overrightarrow{AO} = s\overrightarrow{AB} + t\overrightarrow{AC}$ とおく

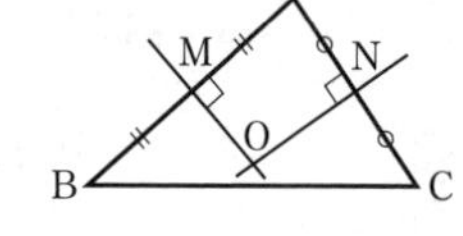

Action» 外心は，各辺の垂直二等分線の交点であることを用いよ

解 (1) $\overrightarrow{CB} = \overrightarrow{AB} - \overrightarrow{AC}$ であるから

$$|\overrightarrow{CB}|^2 = |\overrightarrow{AB}-\overrightarrow{AC}|^2$$
$$= |\overrightarrow{AB}|^2 - 2\overrightarrow{AB}\cdot\overrightarrow{AC} + |\overrightarrow{AC}|^2$$

$6^2 = 5^2 - 2\overrightarrow{AB}\cdot\overrightarrow{AC} + 4^2$ より

$$\overrightarrow{AB}\cdot\overrightarrow{AC} = \frac{5}{2}$$

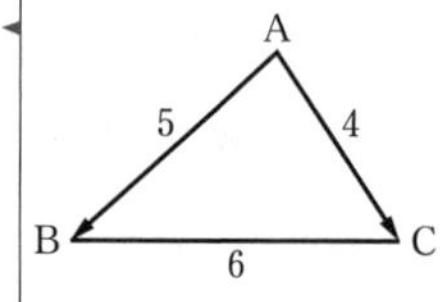

〔別解〕

余弦定理により

$$\cos A = \frac{5^2+4^2-6^2}{2\cdot5\cdot4} = \frac{1}{8}$$

よって

$$\overrightarrow{AB}\cdot\overrightarrow{AC} = |\overrightarrow{AB}||\overrightarrow{AC}|\cos A$$
$$= 5\times4\times\frac{1}{8} = \frac{5}{2}$$

◀ 定義に戻る
$\overrightarrow{AB}\cdot\overrightarrow{AC} = |\overrightarrow{AB}||\overrightarrow{AC}|\cos A$ を用いるために，まず $\cos A$ の値を求める。

(2) $\overrightarrow{AO} = s\overrightarrow{AB} + t\overrightarrow{AC}$ とおく。

外心 O は，辺 AB と AC の垂直二等分線の交点であるから，辺 AB, AC の中点をそれぞれ M, N とすると

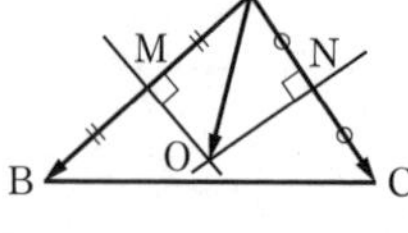

$\overrightarrow{AB}\cdot\overrightarrow{OM} = 0$ … ①, $\overrightarrow{AC}\cdot\overrightarrow{ON} = 0$ … ②

◀ $\overrightarrow{AO} = s\overrightarrow{AB} + (1-s)\overrightarrow{AC}$ とおくと，O は直線 BC 上に存在することになる。ここでは O は常に直線 BC 上にあるとはいえないから，s と t を用いる。

ここで

$$\overrightarrow{OM}=\overrightarrow{AM}-\overrightarrow{AO}=\frac{1}{2}\overrightarrow{AB}-(s\overrightarrow{AB}+t\overrightarrow{AC})$$

$$=\left(\frac{1}{2}-s\right)\overrightarrow{AB}-t\overrightarrow{AC}$$

◀ $\overrightarrow{OM}$ を $\overrightarrow{AB}$, $\overrightarrow{AC}$ で表す。

$$\overrightarrow{ON}=\overrightarrow{AN}-\overrightarrow{AO}=\frac{1}{2}\overrightarrow{AC}-(s\overrightarrow{AB}+t\overrightarrow{AC})$$

$$=-s\overrightarrow{AB}+\left(\frac{1}{2}-t\right)\overrightarrow{AC}$$

◀ $\overrightarrow{ON}$ を $\overrightarrow{AB}$, $\overrightarrow{AC}$ で表す。

よって，① より

$$\overrightarrow{AB}\cdot\left\{\left(\frac{1}{2}-s\right)\overrightarrow{AB}-t\overrightarrow{AC}\right\}=0$$

$$\left(\frac{1}{2}-s\right)|\overrightarrow{AB}|^2-t\overrightarrow{AB}\cdot\overrightarrow{AC}=0$$

ゆえに　$25\left(\frac{1}{2}-s\right)-\frac{5}{2}t=0$

◀ (1) より $\overrightarrow{AB}\cdot\overrightarrow{AC}=\frac{5}{2}$

すなわち　$10s+t=5$　…③

また，② より

$$\overrightarrow{AC}\cdot\left\{-s\overrightarrow{AB}+\left(\frac{1}{2}-t\right)\overrightarrow{AC}\right\}=0$$

$$-s\overrightarrow{AB}\cdot\overrightarrow{AC}+\left(\frac{1}{2}-t\right)|\overrightarrow{AC}|^2=0$$

ゆえに　$-\frac{5}{2}s+16\left(\frac{1}{2}-t\right)=0$

すなわち　$5s+32t=16$　…④

③，④ を解くと　$s=\frac{16}{35}$，$t=\frac{3}{7}$

よって　$\boldsymbol{\overrightarrow{AO}=\frac{16}{35}\overrightarrow{AB}+\frac{3}{7}\overrightarrow{AC}}$

ゆえに

例題 13

$$|\overrightarrow{AO}|^2=\left|\frac{16}{35}\overrightarrow{AB}+\frac{3}{7}\overrightarrow{AC}\right|^2$$

$$=\left(\frac{16}{35}\right)^2|\overrightarrow{AB}|^2+2\times\frac{16}{35}\times\frac{3}{7}\overrightarrow{AB}\cdot\overrightarrow{AC}+\left(\frac{3}{7}\right)^2|\overrightarrow{AC}|^2$$

$$=\left(\frac{16}{35}\right)^2\times5^2+2\times\frac{16}{35}\times\frac{3}{7}\times\frac{5}{2}+\left(\frac{3}{7}\right)^2\times4^2$$

$$=\frac{4^2}{7^2}(16+3+9)=\frac{4^2\times28}{7^2}$$

したがって　$\boldsymbol{|\overrightarrow{AO}|=\frac{8\sqrt{7}}{7}}$

◀ **〔別解〕**

$\cos A=\frac{1}{8}$ より

$\sin A=\frac{3\sqrt{7}}{8}$

$|\overrightarrow{AO}|$ は △ABC の 外 接 円の半径であるから，正弦定理により

$2|\overrightarrow{AO}|=\frac{6}{\sin A}$

よって

$|\overrightarrow{AO}|=3\times\frac{8}{3\sqrt{7}}$

$=\frac{8\sqrt{7}}{7}$

〔別解〕

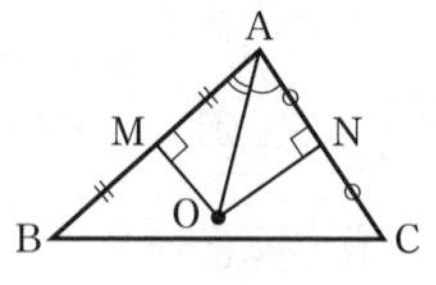

$\overrightarrow{AO}=s\overrightarrow{AB}+t\overrightarrow{AC}$ とおく。
外心 O は，辺 AB と AC の垂直二等分線の交点であるから，辺 AB，AC の中点をそれぞれ M，N とすると，内積の定義より

$$\overrightarrow{AM}\cdot\overrightarrow{AO}=|\overrightarrow{AM}||\overrightarrow{AO}|\cos\angle OAM$$
$$=|\overrightarrow{AM}|^2=\frac{25}{4}\quad\cdots ①$$
$$\overrightarrow{AN}\cdot\overrightarrow{AO}=|\overrightarrow{AN}||\overrightarrow{AO}|\cos\angle OAN$$
$$=|\overrightarrow{AN}|^2=4\quad\cdots ②$$

一方

$$\overrightarrow{AM}\cdot\overrightarrow{AO}=\frac{1}{2}\overrightarrow{AB}\cdot(s\overrightarrow{AB}+t\overrightarrow{AC})$$
$$=\frac{s}{2}|\overrightarrow{AB}|^2+\frac{t}{2}\overrightarrow{AB}\cdot\overrightarrow{AC}$$
$$=\frac{25}{2}s+\frac{5}{4}t\quad\cdots ③$$
$$\overrightarrow{AN}\cdot\overrightarrow{AO}=\frac{1}{2}\overrightarrow{AC}\cdot(s\overrightarrow{AB}+t\overrightarrow{AC})$$
$$=\frac{s}{2}\overrightarrow{AB}\cdot\overrightarrow{AC}+\frac{t}{2}|\overrightarrow{AC}|^2$$
$$=\frac{5}{4}s+8t\quad\cdots ④$$

①，③ より

$$\frac{25}{2}s+\frac{5}{4}t=\frac{25}{4}\quad すなわち\quad 10s+t=5\quad\cdots ⑤$$

②，④ より

$$\frac{5}{4}s+8t=4\quad すなわち\quad 5s+32t=16\quad\cdots ⑥$$

⑤，⑥ を解くと　$s=\dfrac{16}{35}$，$t=\dfrac{3}{7}$

よって　$\overrightarrow{AO}=\dfrac{16}{35}\overrightarrow{AB}+\dfrac{3}{7}\overrightarrow{AC}$　　(以降同様)

◀ $\overrightarrow{AM}\cdot\overrightarrow{AO}$, $\overrightarrow{AN}\cdot\overrightarrow{AO}$ をそれぞれ 2 通りに表す。

◀ △AMO は直角三角形であるから
$|\overrightarrow{AO}|\cos\angle OAM=|\overrightarrow{AM}|$

◀ △ANO は直角三角形であるから
$|\overrightarrow{AO}|\cos\angle OAN=|\overrightarrow{AN}|$
$\overrightarrow{AN}$ や上の $\overrightarrow{AM}$ は，それぞれ $\overrightarrow{AO}$ の辺 AC，AB への正射影ベクトルである。
p.98 **Go Ahead** 4 参照。

(3)　(2) より

$$\overrightarrow{AO}=\frac{31}{35}\times\frac{16\overrightarrow{AB}+15\overrightarrow{AC}}{31}$$

よって　**BD : DC = 15 : 16**
　　　　AO : OD = 31 : 4

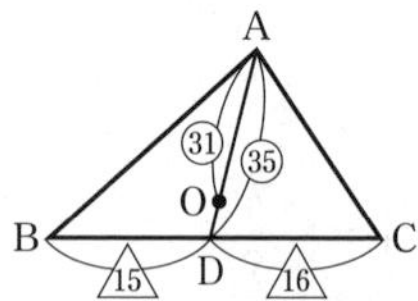

◀ 3 点 A，O，D は一直線上にあり，点 D は辺 BC 上の点であるから
$\overrightarrow{AD}=\dfrac{16\overrightarrow{AB}+15\overrightarrow{AC}}{31}$，
$\overrightarrow{AO}=\dfrac{31}{35}\overrightarrow{AD}$

練習 **28**　AB = 7，AC = 5，$\overrightarrow{AB}\cdot\overrightarrow{AC}=10$ である △ABC の外心を O とする。
(1)　$\overrightarrow{AO}$ を $\overrightarrow{AB}$，$\overrightarrow{AC}$ を用いて表せ。また，$\overrightarrow{AO}$ の大きさを求めよ。
(2)　直線 AO と辺 BC の交点を D とするとき，BD : DC，AO : OD を求めよ。

➡p.83 問題28

例題 29 垂心の位置ベクトル ★★★☆

$\angle A = 60^\circ$, $AB = 3$, $AC = 2$ の △ABC の垂心を H とする。ベクトル $\overrightarrow{AH}$ をベクトル $\overrightarrow{AB}$, $\overrightarrow{AC}$ を用いて表せ。 （東京電機大）

思考のプロセス

垂心 … 頂点から，それぞれの対辺に下ろした垂線の交点

H が △ABC の垂心

$\Longrightarrow \begin{cases} \overrightarrow{BH}\cdot\overrightarrow{AC} = 0 \\ \overrightarrow{CH}\cdot\overrightarrow{AB} = 0 \end{cases} \Longrightarrow$ s, t の連立方程式

↑ 未知のものを文字でおく

$\overrightarrow{AH} = s\overrightarrow{AB} + t\overrightarrow{AC}$

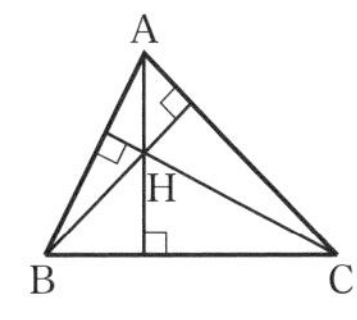

Action» 垂心は，頂点から対辺に下ろした垂線の交点であることを用いよ

解 $\overrightarrow{AH} = s\overrightarrow{AB} + t\overrightarrow{AC}$ とおく。

点 H は △ABC の垂心であるから

$\overrightarrow{BH}\cdot\overrightarrow{AC} = 0$ …①, $\overrightarrow{CH}\cdot\overrightarrow{AB} = 0$ …②

① より

$(\overrightarrow{AH} - \overrightarrow{AB})\cdot\overrightarrow{AC} = 0$ ◀ $\overrightarrow{BH} = \overrightarrow{AH} - \overrightarrow{AB}$

$\{(s-1)\overrightarrow{AB} + t\overrightarrow{AC}\}\cdot\overrightarrow{AC} = 0$

$(s-1)\overrightarrow{AB}\cdot\overrightarrow{AC} + t|\overrightarrow{AC}|^2 = 0$ …③

ここで，$|\overrightarrow{AB}| = 3$, $|\overrightarrow{AC}| = 2$ より

$\overrightarrow{AB}\cdot\overrightarrow{AC} = 3\times2\times\cos60^\circ = 3$

③ に代入すると

$3(s-1) + 4t = 0$

よって $3s + 4t = 3$ …④

② より $(\overrightarrow{AH} - \overrightarrow{AC})\cdot\overrightarrow{AB} = 0$ ◀ $\overrightarrow{CH} = \overrightarrow{AH} - \overrightarrow{AC}$

$\{s\overrightarrow{AB} + (t-1)\overrightarrow{AC}\}\cdot\overrightarrow{AB} = 0$

$s|\overrightarrow{AB}|^2 + (t-1)\overrightarrow{AB}\cdot\overrightarrow{AC} = 0$ ◀ $|\overrightarrow{AB}| = 3$, $\overrightarrow{AB}\cdot\overrightarrow{AC} = 3$

$9s + 3(t-1) = 0$

よって $3s + t = 1$ …⑤

④, ⑤ を解くと $s = \dfrac{1}{9}$, $t = \dfrac{2}{3}$

したがって $\boldsymbol{\overrightarrow{AH} = \dfrac{1}{9}\overrightarrow{AB} + \dfrac{2}{3}\overrightarrow{AC}}$

練習 29 △ABC において $|\overrightarrow{AB}| = 4$, $|\overrightarrow{AC}| = 5$, $|\overrightarrow{BC}| = 6$ である。辺 AC 上の点 D は $BD \perp AC$ を満たし，辺 AB 上の点 E は $CE \perp AB$ を満たす。CE と BD の交点を H とする。

(1) $\overrightarrow{AD} = r\overrightarrow{AC}$ となる実数 r を求めよ。

(2) $\overrightarrow{AH} = s\overrightarrow{AB} + t\overrightarrow{AC}$ となる実数 s, t を求めよ。 （一橋大）

➡p.84 問題29

D

★★☆☆

例題 30　三角形の外心・重心・垂心とベクトル

正三角形でない鋭角三角形ABCの外心をO,㋐ 重心をGとする。㋑ OGのGの方への延長上に OH = 3OG となる点Hをとる。㋒ このとき, 点Hは△ABCの垂心であることを示せ。

思考のプロセス

Hが△ABCの垂心 ⟹ $\overrightarrow{AH}\cdot\overrightarrow{BC}=0$, $\overrightarrow{BH}\cdot\overrightarrow{CA}=0$, $\overrightarrow{CH}\cdot\overrightarrow{AB}=0$ のうち2つを示す。

基準を定める

条件㋒を利用しやすいように基準をOにする。

← Aを基準にすると, $\overrightarrow{AO}$ を $\overrightarrow{AB}$, $\overrightarrow{AC}$ で表す必要があるが, 大変（例題28参照）

条件の言い換え

条件㋐ ⟹ $|\overrightarrow{OA}|=|\overrightarrow{OB}|=|\overrightarrow{OC}|$

条件㋑ ⟹ $\overrightarrow{OG}=\dfrac{\overrightarrow{OA}+\overrightarrow{OB}+\overrightarrow{OC}}{3}$

条件㋒ ⟹ $\overrightarrow{OH}=3\overrightarrow{OG}$

Action» 三角形の五心は, その図形的性質を利用せよ

解 $\overrightarrow{OA}=\vec{a}$, $\overrightarrow{OB}=\vec{b}$, $\overrightarrow{OC}=\vec{c}$ とおく。

点Oが△ABCの外心であるから

$$|\vec{a}|=|\vec{b}|=|\vec{c}|$$

◀ 点Oが外心であるから OA = OB = OC

例題20　点Gが△ABCの重心であるから

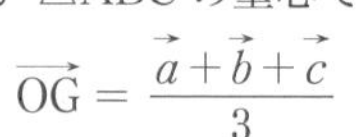

$$\overrightarrow{OG}=\frac{\vec{a}+\vec{b}+\vec{c}}{3}$$

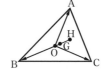

点HはOGのGの方への延長上に OH = 3OG となる点であるから　$\overrightarrow{OH}=3\overrightarrow{OG}=\vec{a}+\vec{b}+\vec{c}$

◀ 3点O, G, Hが一直線上にあるから $\overrightarrow{OH}=k\overrightarrow{OG}$（$k$は実数）とおける。

よって

$$\overrightarrow{AH}=\overrightarrow{OH}-\overrightarrow{OA}=\vec{b}+\vec{c},\quad \overrightarrow{BC}=\overrightarrow{OC}-\overrightarrow{OB}=\vec{c}-\vec{b}$$

◀ AH ⊥ BC を示すために, $\overrightarrow{AH}$, $\overrightarrow{BC}$ を考える。

ゆえに　$\overrightarrow{AH}\cdot\overrightarrow{BC}=(\vec{b}+\vec{c})\cdot(\vec{c}-\vec{b})=|\vec{c}|^2-|\vec{b}|^2=0$

◀ $|\vec{a}|=|\vec{b}|=|\vec{c}|$

$\overrightarrow{AH}\neq\vec{0}$, $\overrightarrow{BC}\neq\vec{0}$ より　$\overrightarrow{AH}\perp\overrightarrow{BC}$

同様にして

$$\overrightarrow{BH}=\overrightarrow{OH}-\overrightarrow{OB}=\vec{a}+\vec{c},\quad \overrightarrow{CA}=\overrightarrow{OA}-\overrightarrow{OC}=\vec{a}-\vec{c}$$

ゆえに　$\overrightarrow{BH}\cdot\overrightarrow{CA}=(\vec{a}+\vec{c})\cdot(\vec{a}-\vec{c})=|\vec{a}|^2-|\vec{c}|^2=0$

◀ $|\vec{a}|=|\vec{b}|=|\vec{c}|$

$\overrightarrow{BH}\neq\vec{0}$, $\overrightarrow{CA}\neq\vec{0}$ より　$\overrightarrow{BH}\perp\overrightarrow{CA}$

したがって, AH ⊥ BC, BH ⊥ CA が成り立つから, 点Hは△ABCの垂心である。

◀ CH ⊥ AB は示さずとも十分である。

◀ 三角形の外心O, 重心G, 垂心Hを通る直線を**オイラー線**という。

練習30　正三角形でない鋭角三角形ABCの外心をO, 重心をGとする。OGのGの方への延長上に OH = 3OG となる点をHとし, 直線OAと△ABCの外接円の交点のうちAでない方をDとする。このとき, 四角形BDCHは平行四辺形であることを示せ。

➡p.84 問題30

例題 31 内積の応用 ★★★☆

点Oを中心とする円上に3点A，B，Cがある。$\overrightarrow{OA}+\overrightarrow{OB}+\overrightarrow{OC}=\vec{0}$ が成り立つとき，△ABCは正三角形であることを証明せよ。

思考のプロセス

逆向きに考える

正三角形を示す
- → 3辺が等しいことを示す 〔解答〕
- → 3つの内角が等しいことを示す 〔別解〕

条件＿＿ ⟹ $|\overrightarrow{OA}|=|\overrightarrow{OB}|=|\overrightarrow{OC}|=r$（半径）

文字を減らす

$\overrightarrow{OA}+\overrightarrow{OB}+\overrightarrow{OC}=\vec{0}$ より　$\overrightarrow{OC}=-(\overrightarrow{OA}+\overrightarrow{OB})$

« ReAction ベクトルの大きさは，2乗して内積を利用せよ ◀例題13

解 円Oの半径を r とおくと，3点A，B，Cは円O上にあるから　$|\overrightarrow{OA}|=|\overrightarrow{OB}|=|\overrightarrow{OC}|=r$

◀**条件の言い換え**

$\overrightarrow{OA}+\overrightarrow{OB}+\overrightarrow{OC}=\vec{0}$ より

$$\overrightarrow{OC}=-(\overrightarrow{OA}+\overrightarrow{OB})$$

A
O
B
C

よって　$r=|-(\overrightarrow{OA}+\overrightarrow{OB})|$

◀ $|\overrightarrow{OC}|=|-(\overrightarrow{OA}+\overrightarrow{OB})|=|\overrightarrow{OA}+\overrightarrow{OB}|$

両辺を2乗すると

$$r^2=|\overrightarrow{OA}+\overrightarrow{OB}|^2=|\overrightarrow{OA}|^2+2\overrightarrow{OA}\cdot\overrightarrow{OB}+|\overrightarrow{OB}|^2$$

$r^2=r^2+2\overrightarrow{OA}\cdot\overrightarrow{OB}+r^2$ であるから　$\overrightarrow{OA}\cdot\overrightarrow{OB}=-\dfrac{r^2}{2}$

よって

$$|\overrightarrow{AB}|^2=|\overrightarrow{OB}-\overrightarrow{OA}|^2=|\overrightarrow{OB}|^2-2\overrightarrow{OA}\cdot\overrightarrow{OB}+|\overrightarrow{OA}|^2$$
$$=r^2+r^2+r^2=3r^2 \quad \cdots ①$$

同様に

$$|\overrightarrow{BC}|^2=|\overrightarrow{OC}-\overrightarrow{OB}|^2=|-\overrightarrow{OA}-2\overrightarrow{OB}|^2$$
$$=|\overrightarrow{OA}|^2+4\overrightarrow{OA}\cdot\overrightarrow{OB}+4|\overrightarrow{OB}|^2$$
$$=r^2-2r^2+4r^2=3r^2 \quad \cdots ②$$
$$|\overrightarrow{AC}|^2=|\overrightarrow{OC}-\overrightarrow{OA}|^2=|-2\overrightarrow{OA}-\overrightarrow{OB}|^2$$
$$=4|\overrightarrow{OA}|^2+4\overrightarrow{OA}\cdot\overrightarrow{OB}+|\overrightarrow{OB}|^2$$
$$=4r^2-2r^2+r^2=3r^2 \quad \cdots ③$$

①〜③より　$|\overrightarrow{AB}|^2=|\overrightarrow{BC}|^2=|\overrightarrow{AC}|^2$

すなわち　$|\overrightarrow{AB}|=|\overrightarrow{BC}|=|\overrightarrow{AC}|$

したがって，△ABCは正三角形である。

◀〔別解〕
$r^2=r^2+2\cdot r\cdot r\cos\angle AOB+r^2$
$r\neq 0$ より
$\cos\angle AOB=-\dfrac{1}{2}$
ゆえに　$\angle AOB=120°$
円周角の定理により
$\angle ACB=60°$ …①
同様に
$\overrightarrow{OA}=-(\overrightarrow{OB}+\overrightarrow{OC})$ より
$\cos\angle BOC$ を求めると
$\cos\angle BOC=-\dfrac{1}{2}$
よって　$\angle BOC=120°$
ゆえに　$\angle BAC=60°$ …②
①，②より
$\angle ABC$
$=180°-(\angle ACB+\angle BAC)$
$=60°$
したがって，△ABCは正三角形である。

練習 31 $\overrightarrow{OA}+\overrightarrow{OB}+\overrightarrow{OC}=\vec{0}$，$|\overrightarrow{OA}|=1$，$|\overrightarrow{OB}|=\sqrt{3}$，$|\overrightarrow{OC}|=2$ のとき

(1) 内積 $\overrightarrow{OA}\cdot\overrightarrow{OB}$ を求めよ。　(2) 内積 $\overrightarrow{AB}\cdot\overrightarrow{AC}$ を求めよ。

⇒p.84 問題31

例題 32　三角形の形状　★★★☆

次の等式が成り立つとき，△ABC はどのような形の三角形か。

(1) $\overrightarrow{AB}\cdot\overrightarrow{AC}=|\overrightarrow{AB}|^2$　　(2) $\overrightarrow{AB}\cdot\overrightarrow{BC}=\overrightarrow{BC}\cdot\overrightarrow{CA}$

思考のプロセス

«ReAction 三角形の形状は，辺の長さの関係を調べよ ◀ⅡB 例題 77

目標の言い換え

△ABC の形状は？

⟹ 長さの等しい辺，直角となる頂点を考える。

例　(ア) これまで AB = AC (二等辺三角形) ⟶ ベクトルの場合 $|\overrightarrow{AB}|=|\overrightarrow{AC}|$

(イ) $BC^2=AB^2+AC^2$ ⟶ $\overrightarrow{AB}\cdot\overrightarrow{AC}=0$

(∠A = 90° 直角三角形)

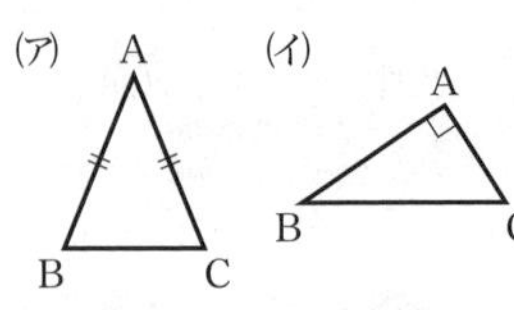

(2) 左辺 … ∠B をはさむ 2 ベクトル
　 右辺 … ∠C をはさむ 2 ベクトル　} ∠B と ∠C について対等

⟹ $\overrightarrow{AB}$ と $\overrightarrow{AC}$ の対等性を予想し，始点を A にそろえる。

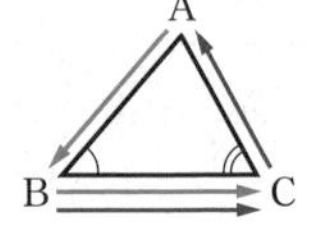

解 (1) $\overrightarrow{AB}\cdot\overrightarrow{AC}=|\overrightarrow{AB}|^2$ より　$\overrightarrow{AB}\cdot\overrightarrow{AC}-\overrightarrow{AB}\cdot\overrightarrow{AB}=0$

◀ $|\overrightarrow{AB}|^2=\overrightarrow{AB}\cdot\overrightarrow{AB}$

$\overrightarrow{AB}\cdot(\overrightarrow{AC}-\overrightarrow{AB})=0$

よって　$\overrightarrow{AB}\cdot\overrightarrow{BC}=0$

$\overrightarrow{AB}\neq\vec{0}$, $\overrightarrow{BC}\neq\vec{0}$ であるから

$\overrightarrow{AB}\perp\overrightarrow{BC}$

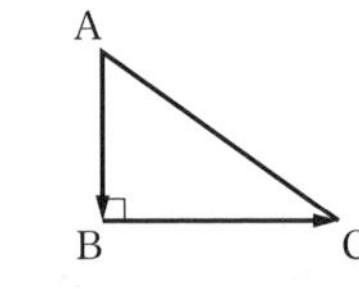

したがって，△ABC は **∠B = 90° の直角三角形**

◀ 単に「直角三角形」だけでは不十分である。

〔別解〕

与式は

$|\overrightarrow{AB}||\overrightarrow{AC}|\cos A=|\overrightarrow{AB}|^2$

$\overrightarrow{AB}\neq\vec{0}$ であるから

$|\overrightarrow{AC}|\cos A=|\overrightarrow{AB}|$

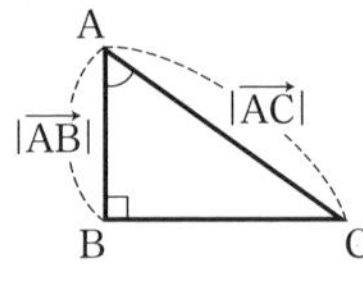

これが成り立つのは，∠B = 90° のときであるから，

△ABC は ∠B = 90° の直角三角形

(2) $\overrightarrow{AB}\cdot\overrightarrow{BC}=\overrightarrow{BC}\cdot\overrightarrow{CA}$ より

$\overrightarrow{AB}\cdot(\overrightarrow{AC}-\overrightarrow{AB})=(\overrightarrow{AC}-\overrightarrow{AB})\cdot(-\overrightarrow{AC})$

$\overrightarrow{AB}\cdot\overrightarrow{AC}-|\overrightarrow{AB}|^2=-|\overrightarrow{AC}|^2+\overrightarrow{AB}\cdot\overrightarrow{AC}$

$|\overrightarrow{AB}|^2=|\overrightarrow{AC}|^2$

よって　$|\overrightarrow{AB}|=|\overrightarrow{AC}|$

したがって，△ABC は **AB = AC の二等辺三角形**

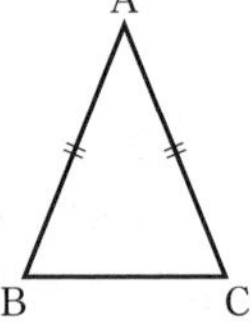

◀ **〔別解〕** 与式より
$\overrightarrow{BA}\cdot\overrightarrow{BC}=\overrightarrow{CB}\cdot\overrightarrow{CA}$
$|\overrightarrow{BA}||\overrightarrow{BC}|\cos\theta_1$
$=|\overrightarrow{CB}||\overrightarrow{CA}|\cos\theta_2$
$|\overrightarrow{BC}|=|\overrightarrow{CB}|\neq0$ より
$|\overrightarrow{BA}|\cos\theta_1=|\overrightarrow{CA}|\cos\theta_2$
A から線分 BC に垂線 AD を下ろすと BD = CD
よって △ABD ≡ △ACD
ゆえに　AB = AC

練習 32　△ABC において，$\overrightarrow{AB}\cdot\overrightarrow{AC}=\overrightarrow{BA}\cdot\overrightarrow{BC}=\overrightarrow{CA}\cdot\overrightarrow{CB}$ が成り立つとき，この三角形はどのような三角形か。

➡ p.84 問題 32

例題 33 直線のベクトル方程式

平面上の異なる3点 O, A($\vec{a}$), B($\vec{b}$) において，次の直線を表すベクトル方程式を求めよ。ただし，O, A, B は一直線上にないものとする。
(1) 線分 OB の中点を通り，直線 AB に平行な直線
(2) 線分 AB を 2:1 に内分する点を通り，直線 AB に垂直な直線

思考のプロセス

数学II「図形と方程式」では，直線の方程式は**傾き**と**通る点**から求めた。

Action» 直線のベクトル方程式は，通る点と方向（法線）ベクトルを考えよ

図で考える

(ア) 点Cを通り，直線 AB に平行な直線上の点Pは $\overrightarrow{OP}=\overrightarrow{OC}+t\overrightarrow{AB}$

(イ) 点Cを通り，直線 AB に垂直な直線上の点Pは $\overrightarrow{CP}\cdot\overrightarrow{AB}=0$

⟹ ベクトル方程式は $\vec{p}$, $\vec{a}$, $\vec{b}$, $\vec{c}$ で表す。

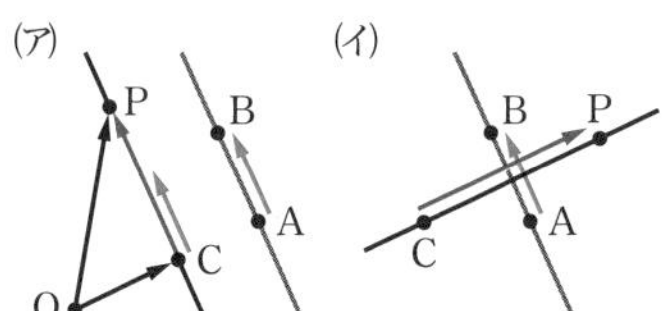

解 (1) 線分 OB の中点を M とする。
求める直線の方向ベクトルは $\overrightarrow{AB}$ であるから，求める直線上の点を P($\vec{p}$) とすると，t を媒介変数として
$\overrightarrow{OP}=\overrightarrow{OM}+t\overrightarrow{AB}$ …①

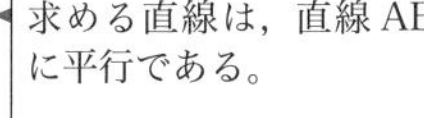

◀求める直線は，直線 AB に平行である。

ここで $\overrightarrow{OP}=\vec{p}$, $\overrightarrow{OM}=\dfrac{1}{2}\vec{b}$, $\overrightarrow{AB}=\vec{b}-\vec{a}$

◀$\overrightarrow{OM}=\dfrac{1}{2}\overrightarrow{OB}=\dfrac{1}{2}\vec{b}$
$\overrightarrow{AB}=\overrightarrow{OB}-\overrightarrow{OA}=\vec{b}-\vec{a}$

① に代入すると $\vec{p}=\dfrac{1}{2}\vec{b}+t(\vec{b}-\vec{a})$

すなわち $\boldsymbol{\vec{p}=-t\vec{a}+\dfrac{2t+1}{2}\vec{b}}$

(2) 線分 AB を 2:1 に内分する点を C とする。求める直線の法線ベクトルは $\overrightarrow{AB}$ であるから，求める直線上の点を P($\vec{p}$) とすると
$\overrightarrow{CP}\cdot\overrightarrow{AB}=0$ …②

◀$\overrightarrow{OC}=\dfrac{\vec{a}+2\vec{b}}{3}$

◀求める直線は，直線 AB に垂直である。

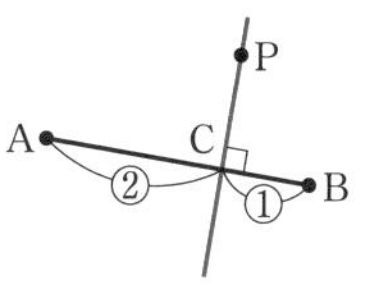

◀$\overrightarrow{CP}\perp\overrightarrow{AB}$ または $\overrightarrow{CP}=\vec{0}$

ここで $\overrightarrow{CP}=\overrightarrow{OP}-\overrightarrow{OC}=\vec{p}-\dfrac{\vec{a}+2\vec{b}}{3}$

$\overrightarrow{AB}=\overrightarrow{OB}-\overrightarrow{OA}=\vec{b}-\vec{a}$

② に代入すると $\boldsymbol{\left(\vec{p}-\dfrac{\vec{a}+2\vec{b}}{3}\right)\cdot(\vec{b}-\vec{a})=0}$

◀$(3\vec{p}-\vec{a}-2\vec{b})\cdot(\vec{b}-\vec{a})=0$ としてもよい。

練習 33 平面上の異なる3点 A($\vec{a}$), B($\vec{b}$), C($\vec{c}$) がある。線分 AB の中点を通り，直線 BC に平行な直線と垂直な直線のベクトル方程式を求めよ。ただし，A, B, C は一直線上にないものとする。

➡p.84 問題33

D

例題 34 直線の媒介変数表示

★☆☆☆

次の直線の方程式を媒介変数 t を用いて表せ。

(1) 点 A(2, −3) を通り，方向ベクトルが $\vec{d}=(-1,\ 4)$ である直線

(2) 2点 B(−3, 1)，C(1, −2) を通る直線

思考のプロセス

媒介変数表示 … $\begin{cases} x=(t\text{ の式}) \\ y=(t\text{ の式}) \end{cases}$ … (＊) の形で表す。

段階的に考える

① ベクトル方程式を求める。

② $\vec{p}=(x,\ y)$ とおき，その他の位置ベクトルを成分表示する。

③ $(x,\ y)=((t\text{ の式}),\ (t\text{ の式}))$ にする。

④ (＊) の形で表す。

Action» 直線の媒介変数表示は，ベクトル方程式を成分ごとに表せ

解 (1) A($\vec{a}$) とし，直線上の点を P($\vec{p}$) とすると，求める直線のベクトル方程式は　$\vec{p}=\vec{a}+t\vec{d}$

ここで，$\vec{p}=(x,\ y)$ とおき，$\vec{a}=(2,\ -3)$，$\vec{d}=(-1,\ 4)$ を代入すると

$$(x,\ y)=(2,\ -3)+t(-1,\ 4)$$
$$=(-t+2,\ 4t-3)$$

よって，求める直線を媒介変数表示すると

$$\begin{cases} \boldsymbol{x=-t+2} \\ \boldsymbol{y=4t-3} \end{cases}$$

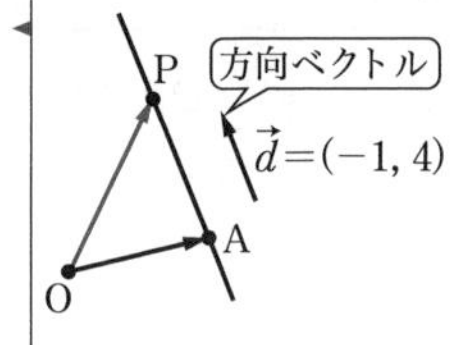

◀この2式から t を消去すると　$y=-4x+5$ となる。

(2) B($\vec{b}$) とする。求める直線の方向ベクトルは $\overrightarrow{BC}$ であるから，直線上の点を P($\vec{p}$) とすると，求める直線のベクトル方程式は　$\vec{p}=\vec{b}+t\overrightarrow{BC}$

ここで，$\vec{p}=(x,\ y)$ とおき，$\vec{b}=(-3,\ 1)$，

$\overrightarrow{BC}=(1-(-3),\ -2-1)=(4,\ -3)$ を代入すると

$$(x,\ y)=(-3,\ 1)+t(4,\ -3)$$
$$=(4t-3,\ -3t+1)$$

よって，求める直線を媒介変数表示すると

$$\begin{cases} \boldsymbol{x=4t-3} \\ \boldsymbol{y=-3t+1} \end{cases}$$

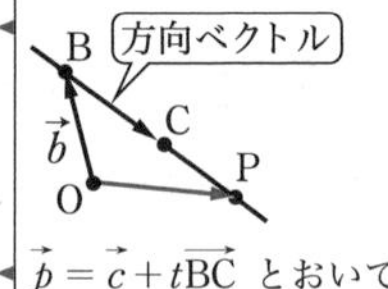

◀$\vec{p}=\vec{c}+t\overrightarrow{BC}$ とおいてもよい。

◀この2式から t を消去すると $3x+4y=-5$ となる。

練習 34 次の直線の方程式を媒介変数 t を用いて表せ。

(1) 点 A(5, −4) を通り，方向ベクトルが $\vec{d}=(1,\ -2)$ である直線

(2) 2点 B(2, 4)，C(−3, 9) を通る直線

➡p.84 問題34

Play Back 6 直線の方程式と直線のベクトル方程式

数学Ⅱ「図形と方程式」で学習した直線の方程式と，今回学習している直線のベクトル方程式はどう違うのですか。

$y=2x-1$ や $2x+y-7=0$ など，私たちがこれまで利用してきた直線の方程式は，その直線上の点Pの x 座標と y 座標の間に成り立つ関係を x と y の式で表したものです。
一方，ベクトル方程式は，直線上の点Pの位置ベクトル $\vec{p}$ が満たす式をベクトルを用いて表したものです。例えば，…

A(2, 3)，B(4, 7) を通る直線の方程式は

$y-3=\dfrac{7-3}{4-2}(x-2)$ より　$\boldsymbol{y=2x-1}$ …①　（これが直線の方程式）

この直線上の点 $\mathrm{P}(\vec{p})$ が満たす式を考えると，点 $\mathrm{A}(\vec{a})$ を通り，
$\overrightarrow{\mathrm{AB}}=\vec{b}-\vec{a}$ に平行な直線であるから，
$\overrightarrow{\mathrm{OP}}=\overrightarrow{\mathrm{OA}}+t\overrightarrow{\mathrm{AB}}$ より

$$\boldsymbol{\vec{p}=\vec{a}+t(\vec{b}-\vec{a})=(1-t)\vec{a}+t\vec{b}} \quad \cdots ②$$

（これが直線のベクトル方程式）

これを P(x, y) として成分表示すると，
$(x,\ y)=(2,\ 3)+t(2,\ 4)$ となり

$$\begin{cases} x=2t+2 \\ y=4t+3 \end{cases}$$

（これが直線の媒介変数表示）

t を消去すると，$y=2x-1$ となり，上の直線の方程式①と一致します。

また，A(2, 3) を通り，$\vec{n}=(2,\ 1)$ に垂直な直線の方程式は，傾きが -2 であるから

$y-3=-2(x-2)$ より　$\boldsymbol{2x+y-7=0}$ …③　（これが直線の方程式）

この直線上の点 $\mathrm{P}(\vec{p})$ が満たす式を考えると，
$\overrightarrow{\mathrm{AP}}\perp\vec{n}$ または $\overrightarrow{\mathrm{AP}}=\vec{0}$ であるから，

$\overrightarrow{\mathrm{AP}}\cdot\vec{n}=0$ より　$\boldsymbol{(\vec{p}-\vec{a})\cdot\vec{n}=0}$ …④　（これが直線のベクトル方程式）

これを P(x, y) として，成分表示すると

$$2\times(x-2)+1\times(y-3)=0$$

整理すると，$2x+y-7=0$ となり，上の直線の方程式③と一致します。

このように，①と②，③と④はその直線上の点の x 座標，y 座標の関係式と，直線上の点の位置ベクトルの関係式という違いがありますが，どちらも同じ直線を表す式といえます。うまく使い分けましょう。

D 頻出

★★☆☆

例題 35 円のベクトル方程式

2 つの定点 $A(\vec{a})$，$B(\vec{b})$ と動点 $P(\vec{p})$ がある。次のベクトル方程式で表される点 P はどのような図形をえがくか。

(1) $|3\vec{p}-\vec{a}-2\vec{b}|=6$　　(2) $(2\vec{p}-\vec{a})\cdot(\vec{p}-\vec{b})=0$

思考のプロセス

図で考える

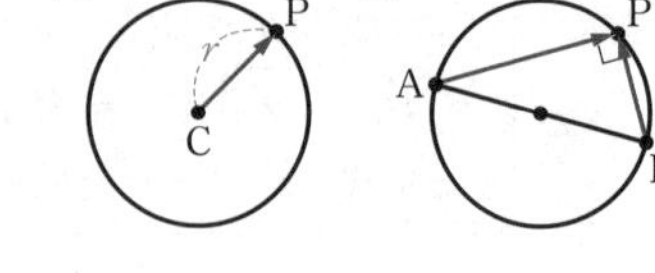

円のベクトル方程式は 2 つの形がある。

(ア) 中心 C からの距離が一定 (r)

$\Longrightarrow |\overrightarrow{CP}|=r \Longleftrightarrow |\overrightarrow{OP}-\overrightarrow{OC}|=r$

(イ) 直径 AB に対する円周角は 90°

$\Longrightarrow \overrightarrow{AP}\cdot\overrightarrow{BP}=0 \Longleftrightarrow (\overrightarrow{OP}-\overrightarrow{OA})\cdot(\overrightarrow{OP}-\overrightarrow{OB})=0$

これらの形になるように，式変形する。

Action» 円のベクトル方程式は，中心からの距離や円周角を考えよ

解 (1) $|3\vec{p}-\vec{a}-2\vec{b}|=6$ より　$\left|\vec{p}-\dfrac{\vec{a}+2\vec{b}}{3}\right|=2$

◀ $|\vec{p}-\square|=r$ の形になるように変形する。$\vec{p}$ の係数を 1 にするために，両辺を 3 で割る。

例題 20

ここで，$\dfrac{\vec{a}+2\vec{b}}{3}=\overrightarrow{OC}$ とすると，点 C は線分 AB を 2:1 に内分する点であり　$|\overrightarrow{OP}-\overrightarrow{OC}|=2$

◀ $\overrightarrow{OC}=\dfrac{\vec{a}+2\vec{b}}{2+1}$ より

すなわち，$|\overrightarrow{CP}|=2$ であるから，点 P は点 C からの距離が 2 の点である。

よって，点 P は，**線分 AB を 2:1 に内分する点を中心とする半径 2 の円** をえがく。

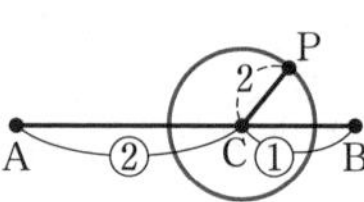

(2) $(2\vec{p}-\vec{a})\cdot(\vec{p}-\vec{b})=0$ より　$\left(\vec{p}-\dfrac{1}{2}\vec{a}\right)\cdot(\vec{p}-\vec{b})=0$

◀ $(\vec{p}-\square)\cdot(\vec{p}-\triangle)=0$ の形になるように変形する。

ここで，$\dfrac{1}{2}\vec{a}=\overrightarrow{OD}$ とすると，点 D は線分 OA の中点であり　$(\overrightarrow{OP}-\overrightarrow{OD})\cdot(\overrightarrow{OP}-\overrightarrow{OB})=0$

すなわち，$\overrightarrow{DP}\cdot\overrightarrow{BP}=0$ であるから

$\overrightarrow{DP}=\vec{0}$ または $\overrightarrow{BP}=\vec{0}$ または $\overrightarrow{DP}\perp\overrightarrow{BP}$

◀ ❗ $\vec{a}\cdot\vec{b}=0$ のとき $\vec{a}=\vec{0}$ または $\vec{b}=\vec{0}$ または $\vec{a}\perp\vec{b}$ に注意

ゆえに，点 P は点 B または点 D に一致するか，$\angle BPD=90°$ となる点である。

したがって，点 P は，**線分 OA の中点 D に対し，線分 BD を直径とする円** をえがく。

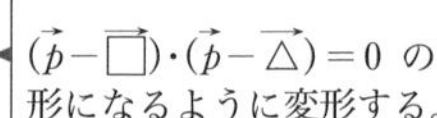

練習 35 2 つの定点 $A(\vec{a})$，$B(\vec{b})$ と動点 $P(\vec{p})$ がある。次のベクトル方程式で表される点 P はどのような図形をえがくか。

(1) $|\vec{p}-\vec{a}|=|\vec{b}-\vec{a}|$　　(2) $(2\vec{p}-\vec{a})\cdot(\vec{p}+\vec{b})=0$

➡ p.84 問題 35

例題 36　円の接線のベクトル方程式　★★☆☆

中心 $\mathrm{C}(\vec{c})$，半径 r の円 C 上の点 $\mathrm{A}(\vec{a})$ における円の接線 l のベクトル方程式は $(\vec{a}-\vec{c})\cdot(\vec{p}-\vec{c})=r^2$ であることを示せ。

思考のプロセス

«ReAction　直線のベクトル方程式は，通る点と方向（法線）ベクトルを考えよ ◀例題 33

図で考える

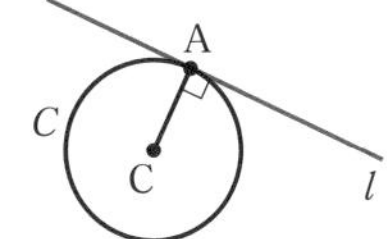

円 C と接線 l の関係　$\mathrm{CA}\perp l$

l 上の点を P とすると，ベクトル方程式はどのようになるか？

解 接線 l 上の点を $\mathrm{P}(\vec{p})$ とすると

$\overrightarrow{\mathrm{CA}}\perp\overrightarrow{\mathrm{AP}}$　または　$\overrightarrow{\mathrm{AP}}=\vec{0}$

よって　$\overrightarrow{\mathrm{CA}}\cdot\overrightarrow{\mathrm{AP}}=0$

ゆえに　$(\vec{a}-\vec{c})\cdot(\vec{p}-\vec{a})=0$

$(\vec{a}-\vec{c})\cdot\{(\vec{p}-\vec{c})+(\vec{c}-\vec{a})\}=0$

$(\vec{a}-\vec{c})\cdot(\vec{p}-\vec{c})+(\vec{a}-\vec{c})\cdot(\vec{c}-\vec{a})=0$

$(\vec{a}-\vec{c})\cdot(\vec{p}-\vec{c})-|\vec{a}-\vec{c}|^2=0$

$|\vec{a}-\vec{c}|=|\overrightarrow{\mathrm{OA}}-\overrightarrow{\mathrm{OC}}|=|\overrightarrow{\mathrm{CA}}|=r$ であるから，接線 l のベクトル方程式は

$(\vec{a}-\vec{c})\cdot(\vec{p}-\vec{c})=r^2$

◀ ❗$\overrightarrow{\mathrm{CA}}\perp\overrightarrow{\mathrm{AP}}$ では点 P が点 A に一致するときを含めることができない。

◀ 証明する式に近づけるために $\vec{p}-\vec{c}$ をつくる。

〔別解〕

接線 l 上の点を $\mathrm{P}(\vec{p})$ とすると

(ア) $\overrightarrow{\mathrm{AP}}=\vec{0}$ のとき　$\overrightarrow{\mathrm{CP}}=\overrightarrow{\mathrm{CA}}$

よって

$(\vec{a}-\vec{c})\cdot(\vec{p}-\vec{c})=\overrightarrow{\mathrm{CA}}\cdot\overrightarrow{\mathrm{CP}}$

$=\overrightarrow{\mathrm{CA}}\cdot\overrightarrow{\mathrm{CA}}=|\overrightarrow{\mathrm{CA}}|^2=r^2$

◀ $|\overrightarrow{\mathrm{CA}}|=\mathrm{CA}=r$

(イ) $\overrightarrow{\mathrm{AP}}\neq\vec{0}$ のとき，$\angle\mathrm{CAP}=90^\circ$ より

$(\vec{a}-\vec{c})\cdot(\vec{p}-\vec{c})$

$=\overrightarrow{\mathrm{CA}}\cdot\overrightarrow{\mathrm{CP}}$

$=|\overrightarrow{\mathrm{CA}}||\overrightarrow{\mathrm{CP}}|\cos\angle\mathrm{ACP}$

$=|\overrightarrow{\mathrm{CA}}||\overrightarrow{\mathrm{CA}}|=r^2$

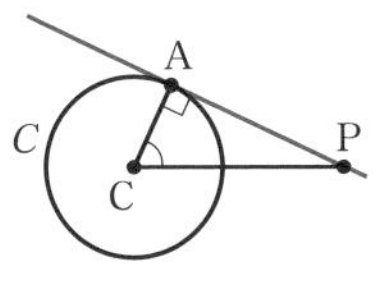

◀ ❗△ACP は直角三角形であるから　$\mathrm{CP}\cos\angle\mathrm{ACP}=\mathrm{CA}$

したがって，接線 l のベクトル方程式は

$(\vec{a}-\vec{c})\cdot(\vec{p}-\vec{c})=r^2$

練習 36 中心 $\mathrm{C}(\vec{c})$，半径 r の円 C 上の点 $\mathrm{A}(\vec{a})$ における円の接線 l のベクトル方程式は $(\vec{a}-\vec{c})\cdot(\vec{p}-\vec{c})=r^2$ である。このことを用いて，円 $(x-a)^2+(y-b)^2=r^2$ 上の点 $(x_1,\ y_1)$ における接線の方程式が $(x_1-a)(x-a)+(y_1-b)(y-b)=r^2$ であることを示せ。

➡p.85 問題36

例題 37　ベクトルと軌跡

D ★★★☆

平面上に $\angle A = 90°$ である $\triangle ABC$ がある。この平面上の点 P が

$$\overrightarrow{AP}\cdot\overrightarrow{BP}+\overrightarrow{BP}\cdot\overrightarrow{CP}+\overrightarrow{CP}\cdot\overrightarrow{AP}=0 \quad \cdots ①$$

を満たすとき，点 P はどのような図形をえがくか。

思考のプロセス

基準を定める

① は始点がそろっていない。

⟹ 基準を A とし，① の各ベクトルの始点を A にそろえ，図形が分かる $P(\vec{p})$ のベクトル方程式を導く。

例　直線：$\vec{p}=\vec{a}+t\vec{d}$ や $(\vec{p}-\vec{a})\cdot\vec{n}=0$ の形

　　円：$|\vec{p}-\vec{a}|=r$ や $(\vec{p}-\vec{a})\cdot(\vec{p}-\vec{b})=0$ の形

Action» 点 P の軌跡は，$P(\vec{p})$ に関するベクトル方程式をつくれ

解 $\overrightarrow{AB}=\vec{b}$，$\overrightarrow{AC}=\vec{c}$，$\overrightarrow{AP}=\vec{p}$ とおくと，

◀ 始点を A にそろえる。

$\angle A = 90°$ より　$\vec{b}\cdot\vec{c}=0$

このとき，① は

$$\vec{p}\cdot(\vec{p}-\vec{b})+(\vec{p}-\vec{b})\cdot(\vec{p}-\vec{c})+(\vec{p}-\vec{c})\cdot\vec{p}=0$$

$$3|\vec{p}|^2-2\vec{b}\cdot\vec{p}-2\vec{c}\cdot\vec{p}=0$$

◀ $\vec{b}\cdot\vec{c}=0$

$$|\vec{p}|^2-\frac{2}{3}(\vec{b}+\vec{c})\cdot\vec{p}=0$$

◀ 2 次式の平方完成のように考える。

$$\left|\vec{p}-\frac{1}{3}(\vec{b}+\vec{c})\right|^2-\frac{1}{9}|\vec{b}+\vec{c}|^2=0$$

よって　$$\left|\vec{p}-\frac{\vec{b}+\vec{c}}{3}\right|^2=\left|\frac{\vec{b}+\vec{c}}{3}\right|^2 \quad \cdots ②$$

例題 20

ここで，$\dfrac{\vec{b}+\vec{c}}{3}$ で表される点は $\triangle ABC$ の重心 G であるから，② は　$|\overrightarrow{GP}|=|\overrightarrow{AG}|$

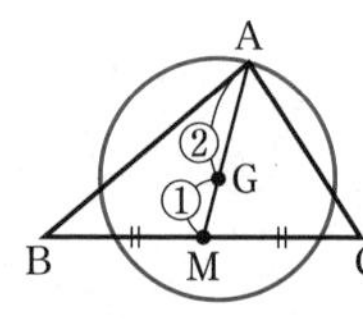

したがって，点 P は **$\triangle ABC$ の重心 G を中心とし，AG の長さを半径とする円**をえがく。

◀ 重心 G は，線分 BC の中点を M とし，線分 AM を 2:1 に内分する点である。

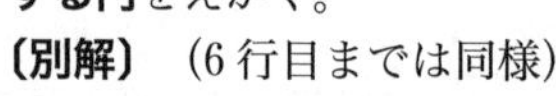

〔別解〕（6 行目までは同様）

$\vec{p}\cdot\left\{\vec{p}-\dfrac{2}{3}(\vec{b}+\vec{c})\right\}=0$ より，$\overrightarrow{AE}=\dfrac{2}{3}(\vec{b}+\vec{c})$ とおくと，

点 P は AE を直径とする円である。

◀ $\overrightarrow{AP}\cdot\overrightarrow{EP}=0$

このとき，中心の位置ベクトルは $\dfrac{\vec{b}+\vec{c}}{3}$ であり，これは $\triangle ABC$ の重心 G である。　（以降同様）

練習 37　平面上に $\triangle ABC$ がある。この平面上の点 P が $\overrightarrow{AP}\cdot\overrightarrow{CP}=\overrightarrow{AB}\cdot\overrightarrow{AP}$ を満たすとき，点 P はどのような図形をえがくか。

➡p.85 問題37

Go Ahead 2 終点の存在範囲

一直線上にない 3 点 O，A，B と点 P に対して $\overrightarrow{OA}=\vec{a}$，$\overrightarrow{OB}=\vec{b}$，$\overrightarrow{OP}=\vec{p}$ とおくとき $\vec{p}=s\vec{a}+t\vec{b}$ で定められる点 P の存在範囲について，次の (1)〜(3) が成り立ちます。

(1) $\vec{p}=s\vec{a}+t\vec{b}$，$s+t=1$，$s\geqq 0$，$t\geqq 0 \iff$ 点 P は線分 AB 上を動く

(2) $\vec{p}=s\vec{a}+t\vec{b}$，$s+t\leqq 1$，$s\geqq 0$，$t\geqq 0$

$\iff$ 点 P は △OAB の内部および周上を動く

(3) $\vec{p}=s\vec{a}+t\vec{b}$，$0\leqq s\leqq 1$，$0\leqq t\leqq 1$

$\iff$ 点 P は平行四辺形 OACB の内部および周上を動く

ただし　$\overrightarrow{OC}=\overrightarrow{OA}+\overrightarrow{OB}$

(1)〜(3) について，s と t の条件に着目して，考えてみましょう。

(1) $s+t=1$ を満たすとき

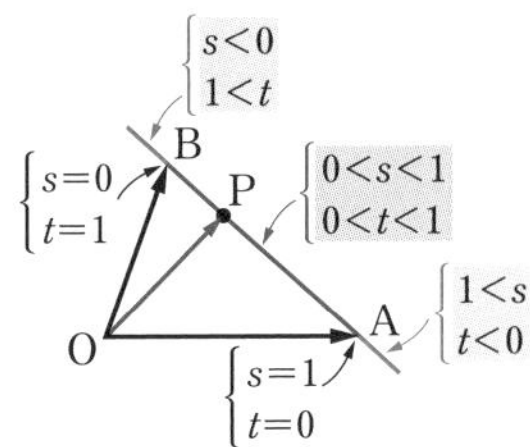

$s=1-t$ であるから　$\vec{p}=(1-t)\vec{a}+t\vec{b}$

これより　$\vec{p}-\vec{a}=t(\vec{b}-\vec{a})$ より　$\overrightarrow{AP}=t\overrightarrow{AB}$

すなわち，t の値を変化させると，点 P は直線 AB 上を動く。これは逆も成り立つ。

特に，$s\geqq 0$，$t\geqq 0$ とすると，$0\leqq t\leqq 1$ であるから，点 P は線分 AB 上を動く。

(2) $s+t\leqq 1$，$s\geqq 0$，$t\geqq 0$ を満たすとき

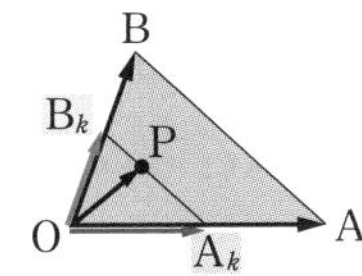

$0\leqq s+t\leqq 1$ であるから，$s+t=k$ とおくと，$0\leqq k\leqq 1$ である。

$k\neq 0$ のとき $\vec{p}=\dfrac{s}{k}(k\vec{a})+\dfrac{t}{k}(k\vec{b})$，$\dfrac{s}{k}+\dfrac{t}{k}=1$，$\dfrac{s}{k}\geqq 0$，$\dfrac{t}{k}\geqq 0$ であるから，$k\vec{a}=\overrightarrow{OA_k}$，$k\vec{b}=\overrightarrow{OB_k}$ とおくと，(1) より点 P は AB と平行な線分 A_kB_k 上にある。

さらに，k の値を $0<k\leqq 1$ の範囲で変化させると，点 A_k は線分 OA 上（O を除く）を，点 B_k は線分 OB 上（O を除く）を $A_kB_k \parallel AB$ を保ちながら移動する。

また，$k=0$ のときは，点 P は点 O と一致する。

以上から，点 P は △OAB の内部および周上を動く。これは逆も成り立つ。

(3) $0\leqq s\leqq 1$，$0\leqq t\leqq 1$ を満たすとき

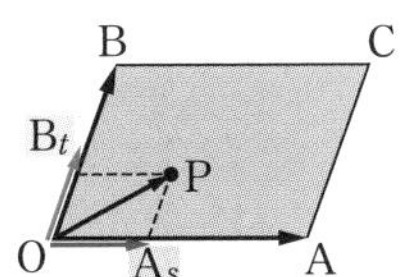

$s\vec{a}=\overrightarrow{OA_s}$，$t\vec{b}=\overrightarrow{OB_t}$ とおくと，$\vec{p}=\overrightarrow{OA_s}+\overrightarrow{OB_t}$ であるから，四角形 OA_sPB_t は平行四辺形である。

まず，s の値を固定して，t の値を変化させると，点 P は点 A_s を通り $\vec{b}$ に平行な直線のうち $0\leqq t\leqq 1$ の範囲の線分上にある。

次に，s の値を $0\leqq s\leqq 1$ の範囲で変化させると，点 A_s は線分 OA 上を移動する。

以上から，$\overrightarrow{OC}=\vec{a}+\vec{b}$ で定められる点 C を用いて，点 P は平行四辺形 OACB の内部および周上を動く。これは逆も成り立つ。

D　頻出
★★☆☆

例題 38　終点の存在範囲

一直線上にない3点O，A，Bがあり，実数 s，t が次の条件を満たすとき，$\overrightarrow{OP}=s\overrightarrow{OA}+t\overrightarrow{OB}$ で定められる点Pの存在する範囲を図示せよ。

(1)　$3s+2t=6$　　(2)　$s+2t=3$，$s\geqq 0$，$t\geqq 0$

(3)　$s+\frac{1}{2}t\leqq 1$，$s\geqq 0$，$t\geqq 0$　　(4)　$\frac{1}{2}\leqq s\leqq 1$，$0\leqq t\leqq 2$

思考のプロセス

△OABと点Pに対して，$\overrightarrow{OP}=●\overrightarrow{OA}+▲\overrightarrow{OB}$ を満たすとき，点Pの存在範囲は

(ア)　$●+▲=1$　⟶ 直線AB

(イ)　$●+▲=1$，$●\geqq 0$，$▲\geqq 0$　⟶ 線分AB

(ウ)　$●+▲\leqq 1$，$●\geqq 0$，$▲\geqq 0$　⟶ △OABの周および内部

(エ)　$0\leqq ●\leqq 1$，$0\leqq ▲\leqq 1$　⟶ 平行四辺形OACBの周および内部

($\overrightarrow{OC}=\overrightarrow{OA}+\overrightarrow{OB}$)

既知の問題に帰着

(1)　$3s+2t=6$　より　$\frac{1}{2}s+\frac{1}{3}t=1$　⟵ (ア)の形（右辺を1にする）

$\overrightarrow{OP}=s\overrightarrow{OA}+t\overrightarrow{OB}=\frac{1}{2}s(\square\overrightarrow{OA})+\frac{1}{3}t(\square\overrightarrow{OB})$（係数の和が1）

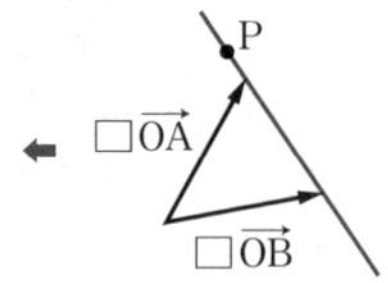

(2)も同様に，$s+2t=3$，$s\geqq 0$，$t\geqq 0$　⟵ (イ)の形（1にしたい）

(3)　$s+\frac{1}{2}t\leqq 1$，$s\geqq 0$，$t\geqq 0$　⟵ (ウ)の形（1であるから変形不要）

Action» $\overrightarrow{OP}=s\overrightarrow{OA}+t\overrightarrow{OB}$，$s+t=1$ ならば，点Pは直線AB上にあることを使え

解 (1)　$3s+2t=6$ より　$\frac{1}{2}s+\frac{1}{3}t=1$

◀両辺を6で割り，右辺を1にする。

ここで

$$\overrightarrow{OP}=\frac{1}{2}s(2\overrightarrow{OA})+\frac{1}{3}t(3\overrightarrow{OB})$$

よって，$\overrightarrow{OA_1}=2\overrightarrow{OA}$，$\overrightarrow{OB_1}=3\overrightarrow{OB}$ とおくと，点Pの存在範囲は **右の図の直線 A_1B_1** である。

◀点 A_1 は線分OAを2:1に外分する点であり，点 B_1 は線分OBを3:2に外分する点である。

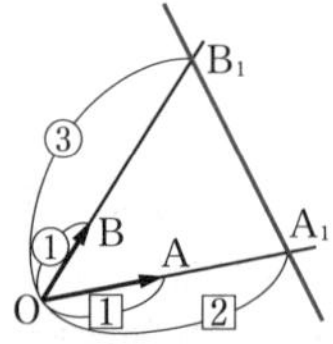

(2)　$s+2t=3$ より　$\frac{1}{3}s+\frac{2}{3}t=1$

◀両辺を3で割り，右辺を1にする。

ここで　$\overrightarrow{OP}=\frac{1}{3}s(3\overrightarrow{OA})+\frac{2}{3}t\left(\frac{3}{2}\overrightarrow{OB}\right)$

◀$s\geqq 0$，$t\geqq 0$ より $\frac{1}{3}s\geqq 0$，$\frac{2}{3}t\geqq 0$

よって，$\overrightarrow{OA_2}=3\overrightarrow{OA}$，$\overrightarrow{OB_2}=\frac{3}{2}\overrightarrow{OB}$ とおくと，$\frac{1}{3}s\geqq 0$，$\frac{2}{3}t\geqq 0$ より，点Pの存在範囲は **右の図の線分 A_2B_2** である。

◀点 A_2 は線分OAを3:2に外分する点であり，点 B_2 は線分OBを3:1に外分する点である。

◀$\frac{1}{3}s\geqq 0$，$\frac{2}{3}t\geqq 0$ であるから，線分となる。

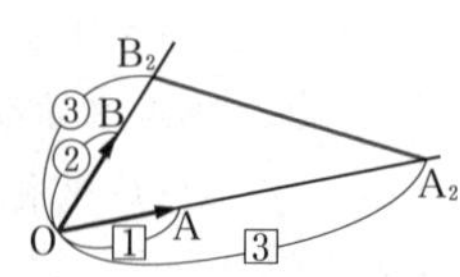

(3) $\overrightarrow{OP}=s\overrightarrow{OA}+\dfrac{1}{2}t(2\overrightarrow{OB})$

よって，$\overrightarrow{OB_3}=2\overrightarrow{OB}$ とおくと，$s\geqq 0$，$\dfrac{1}{2}t\geqq 0$ より，点 P の存在範囲は **右の図の $\triangle OAB_3$ の周および内部** である。

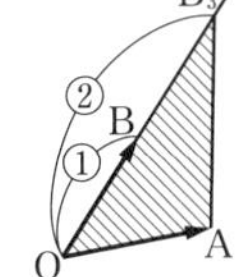

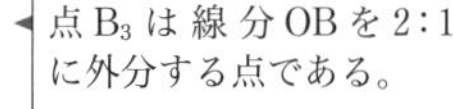
◀点 B_3 は線分 OB を 2:1 に外分する点である。

(4) $\dfrac{1}{2}\leqq s\leqq 1$ である s に対して，$\overrightarrow{OA_s}=s\overrightarrow{OA}$ とすると

$$\overrightarrow{OP}=s\overrightarrow{OA}+t\overrightarrow{OB}=\overrightarrow{OA_s}+t\overrightarrow{OB}\ (0\leqq t\leqq 2)$$

よって，点 P の存在範囲は，点 A_s を通り $\overrightarrow{OB}$ を方向ベクトルとする直線のうち，$0\leqq t\leqq 2$ の範囲の線分である。

さらに，$\dfrac{1}{2}\leqq s\leqq 1$ の範囲で s の値を変化させると，

求める点 P の存在範囲は

$\overrightarrow{OA_4}=\dfrac{1}{2}\overrightarrow{OA}$，$\overrightarrow{OB_4}=2\overrightarrow{OB}$，$\overrightarrow{OC}=\overrightarrow{OA}+\overrightarrow{OB_4}$，

$\overrightarrow{OD}=\overrightarrow{OA_4}+\overrightarrow{OB_4}$

とおくと，**右の図の平行四辺形 $ACDA_4$ の周および内部** である。

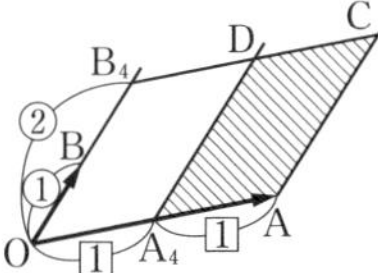

◀まず，s を固定して考える。

◀$\overrightarrow{OP}=\overrightarrow{OA_s}+t\overrightarrow{OB}$ のとき，点 P は点 A_s を通り $\overrightarrow{OB}$ に平行な直線上にある。

◀❗ある s に対する点 P の存在範囲を調べたから，次に s を変化させて考える。

◀点 A_4 は線分 OA を 1:1 に内分する点(中点)であり，点 B_4 は線分 OB を 2:1 に外分する点である。

〔別解〕

$\dfrac{1}{2}\leqq s\leqq 1$ より　　$0\leqq 2s-1\leqq 1$

また，$0\leqq t\leqq 2$ より　　$0\leqq \dfrac{1}{2}t\leqq 1$

ここで

$$\overrightarrow{OP}=(2s-1)\left(\frac{1}{2}\overrightarrow{OA}\right)+\frac{1}{2}\overrightarrow{OA}+\frac{1}{2}t(2\overrightarrow{OB})$$

$$=\left\{(2s-1)\left(\frac{1}{2}\overrightarrow{OA}\right)+\frac{1}{2}t(2\overrightarrow{OB})\right\}+\frac{1}{2}\overrightarrow{OA}$$

よって，点 P の存在範囲は，

$\overrightarrow{OA_4}=\dfrac{1}{2}\overrightarrow{OA}$，$\overrightarrow{OB_4}=2\overrightarrow{OB}$，$\overrightarrow{OD}=\overrightarrow{OA_4}+\overrightarrow{OB_4}$ とおくと，平行四辺形 OA_4DB_4 の周および内部を $\dfrac{1}{2}\overrightarrow{OA}$ だけ平行移動したものである。(図は省略)

◀s，t に関する不等式をそれぞれ $0\leqq\boxed{}\leqq 1$ の形に変形する。

◀＿が平行四辺形 OA_4DB_4 の周および内部を表し，それを $\dfrac{1}{2}\overrightarrow{OA}$ だけ平行移動したものである。

練習 38 一直線上にない 3 点 O，A，B があり，実数 s，t が次の条件を満たすとき，$\overrightarrow{OP}=s\overrightarrow{OA}+t\overrightarrow{OB}$ で定められる点 P の存在する範囲を図示せよ。

(1) $2s+5t=10$　　(2) $3s+2t=2$，$s\geqq 0$，$t\geqq 0$

(3) $2s+3t\leqq 1$，$s\geqq 0$，$t\geqq 0$　　(4) $2\leqq s\leqq 3$，$3\leqq t\leqq 4$

⇒p.85 問題38

Go Ahead 3　終点Pの存在範囲と斜交座標

例題 38 では，$\overrightarrow{\mathrm{OP}}=s\overrightarrow{\mathrm{OA}}+t\overrightarrow{\mathrm{OB}}$ および s，t に関する条件を満たす点Pの存在範囲について考えました。ここで，数学Ⅱ「図形と方程式」で学習した直交座標平面による図形の方程式や不等式の表す領域と比較してみましょう。

図 1　例題 38 (1)

$3s+2t=6$

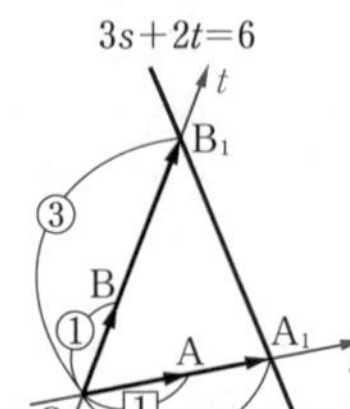

図 1′

$3x+2y=6$

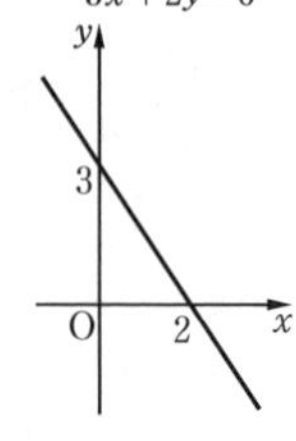

図 2　例題 38 (3)

$s+\frac{1}{2}t\leqq1$，$s\geqq0$，$t\geqq0$

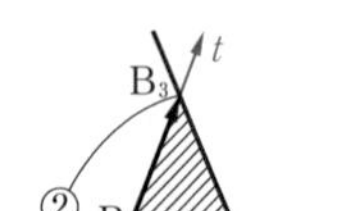

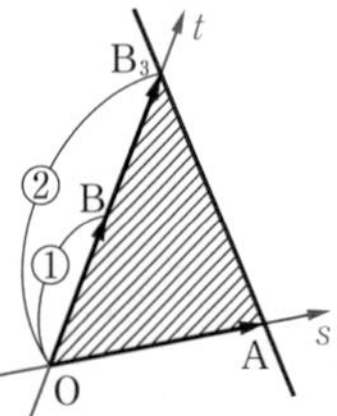

図 2′

$x+\frac{1}{2}y\leqq1$，$x\geqq0$，$y\geqq0$

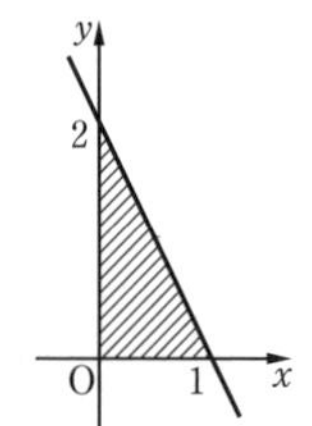

図 3　例題 38 (4)

$\frac{1}{2}\leqq s\leqq1$，$0\leqq t\leqq2$

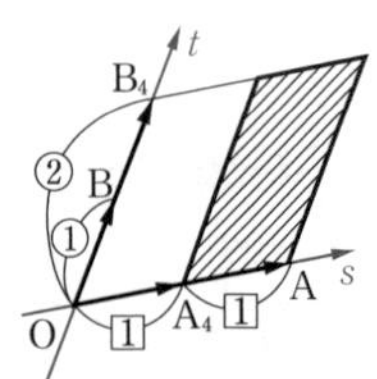

図 3′

$\frac{1}{2}\leqq x\leqq1$，$0\leqq y\leqq2$

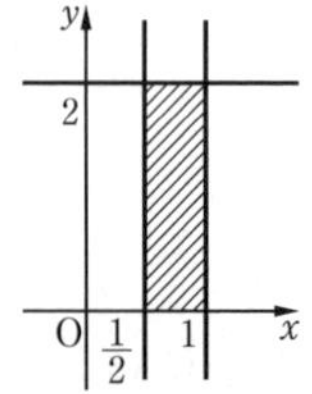

例題 38（図 1，図 2，図 3）において，s を x，t を y に置き換えた条件を，直交座標で表すと，図 1′，図 2′，図 3′ のようになります。

よく似ていますね。

逆に図 1，図 2，図 3 において，$\overrightarrow{\mathrm{OA}}$，$\overrightarrow{\mathrm{OB}}$ と同じ向きに s 軸，t 軸をとってみましょう。このとき，座標 (1, 0)，(0, 1) をそれぞれ $\overrightarrow{\mathrm{OA}}$ の終点，$\overrightarrow{\mathrm{OB}}$ の終点の位置とします。すると，図 1，図 2，図 3 は，この座標平面上の s，t に関する方程式，不等式の表す直線や領域になっています。

両軸が斜めになったような感じですね。

このような座標平面を **斜交座標** といいます。この考え方を用いると，終点Pの存在範囲を図示する問題も，まるで「図形と方程式」で扱った，直線や領域のようにかくことができるのです。

例えば，例題 38 において，実数 s，t が $1\leqq|s|+|t|\leqq3$ を満たすとき，斜交座標を用いて考えてみましょう。

s を x，t を y に置き換えた条件は $1\leqq|x|+|y|\leqq3$ であるから，この不等式の表す領域は図 4′（数学Ⅱ「図形と方程式」参照）。よって，点Pの存在範囲は図 4 のようになります。

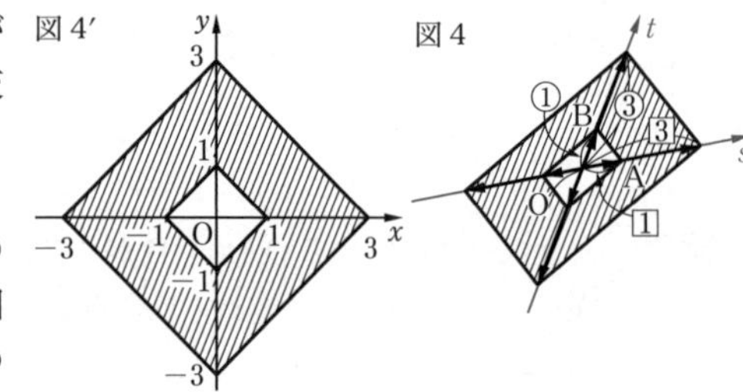

例題 39　2直線のなす角

D ★★☆☆

(1)　点 A(1, 2) を通り，法線ベクトルの 1 つが $\vec{n}=(3,\ -1)$ である直線の方程式を求めよ。

(2)　2 直線 $x+y-1=0$ …①，$x-(2+\sqrt{3})y+3=0$ …② のなす角 θ を求めよ。ただし，$0^\circ<\theta\leqq 90^\circ$ とする。

思考のプロセス

(1) **未知のものを文字でおく**

直線上の点 P を $(x,\ y)$ とおく。⟹ $\overrightarrow{\mathrm{AP}}\cdot\vec{n}=0$ を利用できる。

(2) **見方を変える**

タンジェントを用いて考える（LEGEND 数学Ⅱ＋B 例題 153 参照）こともできるが，法線ベクトルを利用することもできる。

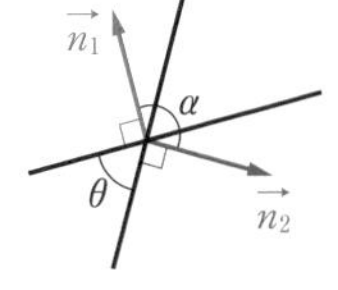

2 直線のなす角 θ ⟹ 2 つの法線ベクトルのなす角 α
└→ 内積の利用

❗ $\theta=\alpha$ のときと $\theta=180^\circ-\alpha$ の場合があり，$0^\circ<\theta\leqq 90^\circ$ となるようにする。

Action» 2直線のなす角は，2つの法線ベクトルのなす角を調べよ

解 (1)　求める直線上の点を $\mathrm{P}(x,\ y)$ とすると　$\overrightarrow{\mathrm{AP}}=(x-1,\ y-2)$

$\overrightarrow{\mathrm{AP}}\perp\vec{n}$ または $\overrightarrow{\mathrm{AP}}=\vec{0}$ より

$\overrightarrow{\mathrm{AP}}\cdot\vec{n}=0$ であるから

$$3(x-1)-(y-2)=0$$

よって，求める直線の方程式は

$$\mathbf{3x-y-1=0}$$

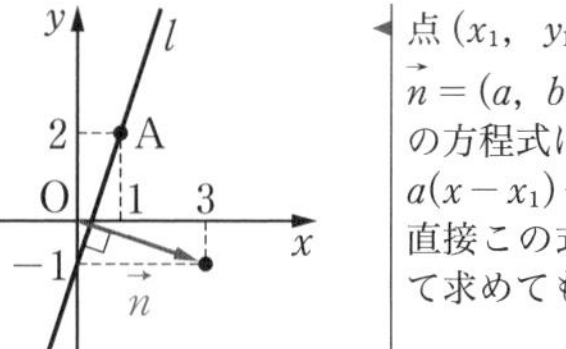

◀ 点 $(x_1,\ y_1)$ を通り，$\vec{n}=(a,\ b)$ に垂直な直線の方程式は
$a(x-x_1)+b(y-y_1)=0$
直接この式に値を代入して求めてもよい。

(2)　直線 ① の法線ベクトルの 1 つは　$\vec{n_1}=(1,\ 1)$

直線 ② の法線ベクトルの 1 つは　$\vec{n_2}=(1,\ -2-\sqrt{3})$

$\vec{n_1}$ と $\vec{n_2}$ のなす角を α とすると

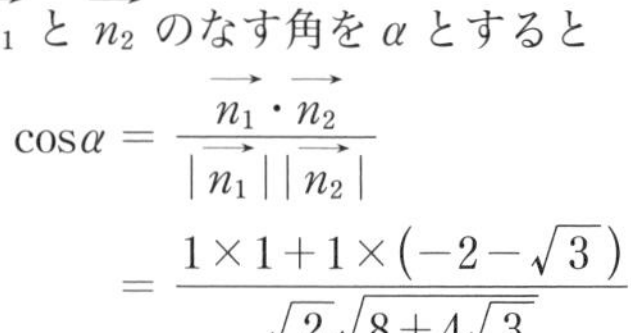

$$\cos\alpha=\frac{\vec{n_1}\cdot\vec{n_2}}{|\vec{n_1}||\vec{n_2}|}=\frac{1\times1+1\times(-2-\sqrt{3})}{\sqrt{2}\sqrt{8+4\sqrt{3}}}$$

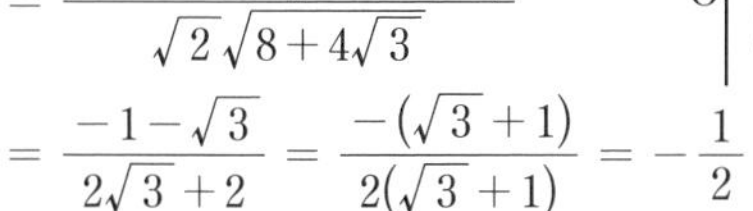

$$=\frac{-1-\sqrt{3}}{2\sqrt{3}+2}=\frac{-(\sqrt{3}+1)}{2(\sqrt{3}+1)}=-\frac{1}{2}$$

$0^\circ\leqq\alpha\leqq180^\circ$ より　　$\alpha=120^\circ$

よって，2 直線のなす角 θ は　　$\theta=180^\circ-\alpha=\mathbf{60^\circ}$

◀ 直線 $ax+by+c=0$ の法線ベクトルの 1 つは $\vec{n}=(a,\ b)$

◀ $\vec{n_1}\cdot\vec{n_2}=|\vec{n_1}||\vec{n_2}|\cos\alpha$

◀ $\sqrt{8+4\sqrt{3}}=\sqrt{8+2\sqrt{12}}=\sqrt{6}+\sqrt{2}$

◀ ❗ $0^\circ<\theta\leqq 90^\circ$

練習 39 (1)　点 A(2, 1) を通り，法線ベクトルの 1 つが $\vec{n}=(1,\ -3)$ である直線の方程式を求めよ。

(2)　2 直線 $x-y+1=0$ …①，$x+(2-\sqrt{3})y-3=0$ …② のなす角 θ を求めよ。ただし，$0^\circ<\theta\leqq 90^\circ$ とする。

➡ p.85　問題39

Play Back 7 ベクトルを用いて証明しよう〔3〕…点と直線の距離

探究例題 4 ベクトルを用いた点と直線の距離の求め方

問題：点 $\mathrm{A}(x_1,\ y_1)$ と直線 $l:ax+by+c=0$ の距離をベクトルを用いて求めよ。

太郎：点 A から下ろした垂線を AH として，AH の距離を求めたいから，点 H の座標が分かればいいね。

花子：点 H の座標を求める必要はあるかな？ l の法線ベクトルの 1 つは $\vec{n}=$ ア で，$\overrightarrow{\mathrm{AH}}\parallel\vec{n}$ より，$\overrightarrow{\mathrm{AH}}=k\vec{n}$ とおけるよ。k の値が分かればいいよね。

ア に当てはまる式を答えよ。また，花子さんの考えをもとに，問題 を解け。

思考のプロセス

図で考える 点 H はどのような点か？

$\overrightarrow{\mathrm{AH}}=k\vec{n}$ であるから $\overrightarrow{\mathrm{OH}}=\overrightarrow{\mathrm{OA}}+\overrightarrow{\mathrm{AH}}=(\square,\ \square)$

⟹ 点 H は l 上にあるから $a\square+b\square+c=0$

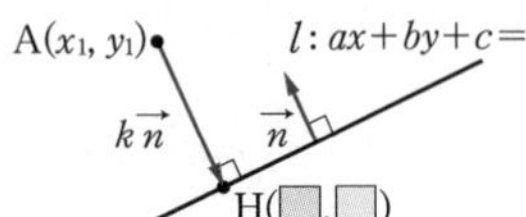

Action» 直線 $ax+by+c=0$ の法線ベクトルは，$\vec{n}=(a,\ b)$ を利用せよ

解 l の法線ベクトルの 1 つは，$\vec{n}=(a,\ b)$ （ア）

よって，k を実数として　$\overrightarrow{\mathrm{AH}}=k\vec{n}=(ka,\ kb)$

原点を O とすると　$\overrightarrow{\mathrm{OH}}=\overrightarrow{\mathrm{OA}}+\overrightarrow{\mathrm{AH}}=(x_1+ka,\ y_1+kb)$

点 H は直線 l 上にあるから

$$a(x_1+ka)+b(y_1+kb)+c=0$$

ゆえに　$k=\dfrac{-(ax_1+by_1+c)}{a^2+b^2}$

$|\vec{n}|=\sqrt{a^2+b^2}$ であるから

$$|\overrightarrow{\mathrm{AH}}|=|k\vec{n}|=|k||\vec{n}|=\boldsymbol{\frac{|ax_1+by_1+c|}{\sqrt{a^2+b^2}}}$$

◀ $\vec{n}=(a,\ b)$ は直線 $ax+by+c=0$ の法線ベクトルである。

◀ $\mathrm{H}(x_1+ka,\ y_1+kb)$

◀ l の方程式に代入する。

◀ 距離は 0 以上の値であり，k に絶対値を付ける。

なるほど。点 H の座標を求めなくてもいいのですね。

そうです。大切なのは H の座標ではなく，k の値です。k を $a,\ b,\ c$ と $x_1,\ y_1$ で表すことができればいいですね。

また，次のように内積を用いる求め方もあります。

$\mathrm{H}(x,\ y)$ とすると，直線 l 上の点より　$ax+by+c=0$

$\overrightarrow{\mathrm{AH}}=(x-x_1,\ y-y_1)$，$\vec{n}=(a,\ b)$

$\overrightarrow{\mathrm{AH}}\cdot\vec{n}=a(x-x_1)+b(y-y_1)=-(ax_1+by_1+c)$　⬅ $ax+by=-c$

$\overrightarrow{\mathrm{AH}}\parallel\vec{n}$ より　$|\overrightarrow{\mathrm{AH}}\cdot\vec{n}|=|\overrightarrow{\mathrm{AH}}||\vec{n}|$

よって　$|\overrightarrow{\mathrm{AH}}|=\dfrac{|\overrightarrow{\mathrm{AH}}\cdot\vec{n}|}{|\vec{n}|}=\dfrac{|ax_1+by_1+c|}{\sqrt{a^2+b^2}}$

チャレンジ〈3〉 点 $\mathrm{A}(-2,\ 3)$ と直線 $l:2x-3y-5=0$ との距離を，ベクトルを利用して求めよ。

（⇨ 解答編 p.49）

20 ★☆☆☆ 四角形ABCDにおいて，辺ADの中点をP，辺BCの中点をQとするとき，$\overrightarrow{PQ}$ を $\overrightarrow{AB}$ と $\overrightarrow{DC}$ を用いて表せ。

21 ★★☆☆ 四角形ABCDにおいて，△ABC，△ACD，△ABD，△BCDの重心をそれぞれ G_1，G_2，G_3，G_4 とする。G_1G_2 の中点と G_3G_4 の中点が一致するとき，四角形ABCDはどのような四角形か。

22 ★★☆☆ 3点A，B，Cの位置ベクトルを $\vec{a}$，$\vec{b}$，$\vec{c}$ とし，2つのベクトル $\vec{x}$，$\vec{y}$ を用いて，$\vec{a}=3\vec{x}+2\vec{y}$，$\vec{b}=\vec{x}-3\vec{y}$，$\vec{c}=m\vec{x}+(m+2)\vec{y}$（$m$ は実数）と表すことができるとする。このとき，3点A，B，Cが一直線上にあるような実数 m の値を求めよ。ただし，$\vec{x}\neq\vec{0}$，$\vec{y}\neq\vec{0}$ で，$\vec{x}$ と $\vec{y}$ は平行でない。

23 ★★☆☆ △ABCにおいて，辺ABを2:1に内分する点をPとし，辺ACの中点をQとする。また，線分BQと線分CPの交点をRとする。

(1) $\overrightarrow{AR}$ を $\overrightarrow{AB}$，$\overrightarrow{AC}$ を用いて表せ。

(2) △RAB：△RBC：△RCAを求めよ。

24 ★★☆☆ 平行四辺形ABCDにおいて，辺BCを1:2に内分する点をE，辺ADを1:3に内分する点をFとする。また，線分BDとEFの交点をP，直線APと直線CDの交点をQとする。さらに，$\overrightarrow{AB}=\vec{b}$，$\overrightarrow{AD}=\vec{d}$ とおく。

(1) $\overrightarrow{AP}$ を $\vec{b}$，$\vec{d}$ を用いて表せ。　(2) $\overrightarrow{AQ}$ を $\vec{b}$，$\vec{d}$ を用いて表せ。

25 ★★☆☆ △ABCにおいて，等式 $3\overrightarrow{PA}+m\overrightarrow{PB}+2\overrightarrow{PC}=\vec{0}$ を満たす点Pに対して，△PBC：△PAC：△PAB＝3：5：2であるとき，正の数 m を求めよ。

26 ★★☆☆ 3点A(1，−2)，B(5，−2)，C(4，2)を頂点とする△ABCの∠CABの二等分線とBCの交点をDとするとき，$\overrightarrow{AD}$ を求めよ。

27 ★★★☆ OA＝5，OB＝3の△OABがある。∠AOBの二等分線と辺ABの交点をC，辺ABの中点をM，ベクトル $\overrightarrow{OA}=\vec{a}$，$\overrightarrow{OB}=\vec{b}$ とするとき

(1) $\overrightarrow{OM}$，$\overrightarrow{OC}$ を $\vec{a}$，$\vec{b}$ を用いて表せ。

(2) 直線OM上に点Pを，直線APと直線OCが直交するようにとるとき，$\overrightarrow{OP}$ を $\vec{a}$，$\vec{b}$ を用いて表せ。

28 ★★★★ AB＝3, AC＝4, ∠A＝60°である△ABCの外心をOとする。$\overrightarrow{AB}=\vec{b}$, $\overrightarrow{AC}=\vec{c}$ とおく。

(1) △ABCの外接円の半径を求めよ。

(2) $\overrightarrow{AO}$ を $\vec{b}$，$\vec{c}$ を用いて表せ。

(3) 直線BOと辺ACの交点をPとするとき，AP：PCを求めよ。　(北里大)

29 ★★★☆
直角三角形でない △ABC とその内部の点 H について，
$\overrightarrow{HA}\cdot\overrightarrow{HB}=\overrightarrow{HB}\cdot\overrightarrow{HC}=\overrightarrow{HC}\cdot\overrightarrow{HA}$ が成り立つとき，H は △ABC の垂心であることを示せ。

30 ★★☆☆
直角三角形でない △ABC の外心を O，重心を G，$\overrightarrow{OH}=\overrightarrow{OA}+\overrightarrow{OB}+\overrightarrow{OC}$ とする。ただし，O，G，H はすべて異なる点であるとする。
(1) 点 H は △ABC の垂心であることを示せ。
(2) 3 点 O，G，H は一直線上にあり，OG : GH ＝ 1 : 2 であることを示せ。

31 ★★★☆
鋭角三角形 ABC の重心を G とする。また，$\overrightarrow{GA}=\vec{a}$，$\overrightarrow{GB}=\vec{b}$，$\overrightarrow{GC}=\vec{c}$ とおくとき，$2\vec{a}\cdot\vec{b}+\vec{b}\cdot\vec{c}+\vec{c}\cdot\vec{a}=-9$，$\vec{a}\cdot\vec{b}-\vec{b}\cdot\vec{c}+2\vec{c}\cdot\vec{a}=-3$ を満たしているものとする。
(1) ベクトル $\vec{a}$，$\vec{b}$ の大きさ $|\vec{a}|$，$|\vec{b}|$ を求めよ。
(2) $\vec{a}\cdot\vec{b}=-2$ のとき，△ABC の 3 辺 AB，BC，CA の長さを求めよ。
（岩手大　改）

32 ★★★☆
四角形 ABCD に対して，次の ①，② が成り立つとする。

$\overrightarrow{AB}\cdot\overrightarrow{BC}=\overrightarrow{CD}\cdot\overrightarrow{DA}$ …①　　$\overrightarrow{DA}\cdot\overrightarrow{AB}=\overrightarrow{BC}\cdot\overrightarrow{CD}$ …②

このとき，四角形 ABCD は向かい合う辺の長さが等しくなる（すなわち平行四辺形になる）ことを示せ。
（鹿児島大）

33 ★★☆☆
平面上の異なる 3 点 O，A($\vec{a}$)，B($\vec{b}$) において，次の直線を表すベクトル方程式を求めよ。ただし，3 点 O，A，B は一直線上にないものとする。
(1) 線分 OA の中点と線分 AB を 3 : 2 に内分する点を通る直線
(2) 点 A を中心とし，半径が AB である円について円上の点 B における接線

34 ★☆☆☆
点 A$(x_1,\ y_1)$ を通り，$\vec{d}=(1,\ m)$ に平行な直線 l について
(1) 直線 l の方程式を媒介変数 t を用いて表せ。
(2) 直線 l の方程式が $y-y_1=m(x-x_1)$ で表されることを確かめよ。

35 ★★☆☆
平面上に異なる 2 つの定点 A，B と，中心 O，半径 r の定円上を動く点 P がある。$\overrightarrow{OQ}=3\overrightarrow{PA}+2\overrightarrow{PB}$ によって点 Q を定めるとき
(1) 線分 AB を 2 : 3 に内分する点を C とするとき，$\overrightarrow{OC}$ を $\overrightarrow{OA}$ と $\overrightarrow{OB}$ を用いて表せ。
(2) 点 Q はどのような図形をえがくか。
（鳴門教育大）

36 ★★☆☆ 座標平面上に4点A($\vec{a}$), B($\vec{b}$), C($\vec{c}$), D($\vec{d}$)があり，$|\vec{a}|=2$, $|\vec{b}|=1$, $|\vec{a}-\vec{b}|=\sqrt{3}$, $\vec{d}=4\vec{b}$ を満たす。点Cを中心とする円 C があり，円 C は実数 k に対してベクトル方程式 $(\vec{p}-k\vec{a}-\vec{b})\cdot(\vec{p}+3\vec{b})=0$ で表される。また，点Dを通り $\vec{a}$ に平行な直線を l とする。

(1) $\vec{c}$ を $\vec{a}$, $\vec{b}$, k で表せ。

(2) 点Cから直線 l に垂線CHを下ろす。Hの位置ベクトル $\vec{h}$ を $\vec{a}$, $\vec{b}$, k で表せ。

(3) 直線 l が円 C に接するとき，k の値を求めよ。（京都府立大　改）

37 ★★★☆ 平面上の異なる3点O, A, Bは一直線上にないものとする。この平面上の点Pが $2|\overrightarrow{\mathrm{OP}}|^2-\overrightarrow{\mathrm{OA}}\cdot\overrightarrow{\mathrm{OP}}+2\overrightarrow{\mathrm{OB}}\cdot\overrightarrow{\mathrm{OP}}-\overrightarrow{\mathrm{OA}}\cdot\overrightarrow{\mathrm{OB}}=0$ を満たすとき，Pの軌跡が円となることを示し，この円の中心をCとするとき，$\overrightarrow{\mathrm{OC}}$ を $\overrightarrow{\mathrm{OA}}$ と $\overrightarrow{\mathrm{OB}}$ で表せ。

38 ★★☆☆ 平面上の2つのベクトル $\vec{a}$, $\vec{b}$ が $|\vec{a}|=3$, $|\vec{b}|=4$, $\vec{a}\cdot\vec{b}=8$ を満たし，$\vec{p}=s\vec{a}+t\vec{b}$ (s, t は実数), A($\vec{a}$), B($\vec{b}$), P($\vec{p}$) とする。s, t が次の条件を満たすとき，点Pがえがく図形の面積を求めよ。

(1) $s+t\leqq 1$, $s\geqq 0$, $t\geqq 0$　　(2) $0\leqq s\leqq 2$, $1\leqq t\leqq 2$

39 ★★☆☆ 点A(1, 2)を通り，直線 $x-y+1=0$ となす角が60°である直線の方程式を求めよ。

本質を問う3

▶▶解答編 p.63

1 3点A($\vec{a}$), B($\vec{b}$), P($\vec{p}$)がある。ただし，2点A, Bは異なる。

(1) 3点A, B, Pが一直線上にあるならば，$\overrightarrow{\mathrm{AP}}=k\overrightarrow{\mathrm{AB}}$ となる実数 k が存在することを証明せよ。

(2) 点Pが線分AB上にあるとき，k の値の範囲を求めよ。

◀p.50 2

2 (1) 位置ベクトルとはどのようなベクトルのことか述べよ。

(2) 2つの点が一致することをベクトルを用いて証明する方法を説明せよ。

◀p.49 1, p.54 Play Back 3

3 一直線上にない3点O, A, Bと点Pに対して

「$\overrightarrow{\mathrm{OP}}=s\overrightarrow{\mathrm{OA}}+t\overrightarrow{\mathrm{OB}}$, $s+t\leqq 1$, $s\geqq 0$, $t\geqq 0$

ならば 点Pは△OABの内部および周上を動く」

が成り立つことを説明せよ。

◀p.77 Go Ahead 2

Let's Try! 3

▶▶解答編 p.64

① △ABCがあり，AB = 3，BC = 4，∠ABC = 60° である。線分 AC を 2:1 に内分した点を E とし，A から線分 BC に垂線 AH を下ろすとする。また，線分 BE と線分 AH の交点を P とする。$\overrightarrow{BC} = \vec{a}$，$\overrightarrow{BA} = \vec{b}$ とおく。

(1) △ABC の面積を求めよ。

(2) $\overrightarrow{BE}$ を $\vec{a}$ と $\vec{b}$ を用いて表せ。

(3) $\overrightarrow{HA}$ を $\vec{a}$ と $\vec{b}$ を用いて表せ。

(4) $\overrightarrow{BP}$ を $\vec{a}$ と $\vec{b}$ を用いて表せ。

(5) △BPC の面積を求めよ。 （北里大　改）◀例題23

② 一直線上にない 3 点 O，A，B があり，$\overrightarrow{OA} = \vec{a}$，$\overrightarrow{OB} = \vec{b}$ とする。

(1) OA を 2:1 に内分する点を Q，OB を 1:3 に内分する点を R，AR と BQ の交点を S とするとき，$\overrightarrow{OS}$ を $\vec{a}$，$\vec{b}$ で表せ。

(2) 点 C を $\overrightarrow{OC} = 10\overrightarrow{OS}$ となるようにとる。このとき，四角形 OACB は台形になることを示せ。 （県立広島大）

◀例題23

③ △ABC の内部に点 P を，$2\overrightarrow{PA} + \overrightarrow{PB} + 2\overrightarrow{PC} = \vec{0}$ を満たすようにとる。直線 AP と辺 BC の交点を D とし，△PAB，△PBC，△PCA の重心をそれぞれ E，F，G とする。

(1) $\overrightarrow{PD}$ を $\overrightarrow{PB}$ および $\overrightarrow{PC}$ を用いて表せ。

(2) ある実数 k に対して $\overrightarrow{EF} = k\overrightarrow{AC}$ と書けることを示せ。

(3) △EFG と △PDC の面積の比を求めよ。 （秋田大）

◀例題25

④ 座標平面上に点 P と Q があり，原点 O に対して $\overrightarrow{OQ} = 2\overrightarrow{OP}$ という関係が成り立っている。点 P が，点 (1, 1) を中心とする半径 1 の円 C 上を動くとき

(1) 点 Q のえがく図形 D を図示せよ。

(2) C と D の交点の x 座標をすべて求めよ。 （東京女子大）◀例題35

⑤ 平面上に △OAB があり，OA = 5，OB = 6，AB = 7 を満たしている。s，t を実数とし，点 P を $\overrightarrow{OP} = s\overrightarrow{OA} + t\overrightarrow{OB}$ によって定めるとき

(1) △OAB の面積を求めよ。

(2) s，t が，$s \geqq 0$，$t \geqq 0$，$1 \leqq s + t \leqq 2$ を満たすとき，点 P が存在しうる部分の面積を求めよ。 （横浜国立大　改）

◀例題38

まとめ 4 空間におけるベクトル

1 空間における座標

(1) 座標空間

座標空間は，原点Oで互いに直交する3本の**座標軸**（**x 軸，y 軸，z 軸**）によって定められる。
x 軸と y 軸で定められる平面，y 軸と z 軸で定められる平面，z 軸と x 軸で定められる平面をそれぞれ **xy 平面，yz 平面，zx 平面** といい，それらをまとめて **座標平面** という。

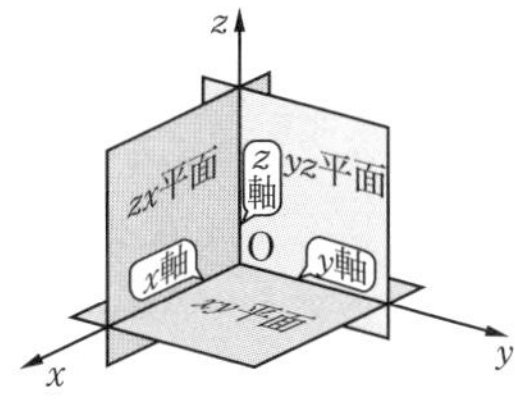

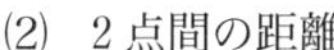

(2) 2点間の距離

2点 $A(x_1, y_1, z_1)$，$B(x_2, y_2, z_2)$ 間の距離は

$$\mathbf{AB} = \sqrt{(x_2 - x_1)^2 + (y_2 - y_1)^2 + (z_2 - z_1)^2}$$

特に，原点Oと点 $P(x, y, z)$ の距離は

$$\mathbf{OP} = \sqrt{x^2 + y^2 + z^2}$$

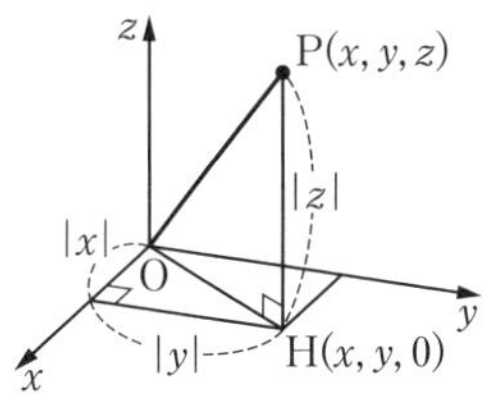

(3) 座標平面に平行な平面

x 軸との交点が $(a, 0, 0)$ で，yz 平面に平行な平面の方程式は　$x = a$
y 軸との交点が $(0, b, 0)$ で，zx 平面に平行な平面の方程式は　$y = b$
z 軸との交点が $(0, 0, c)$ で，xy 平面に平行な平面の方程式は　$z = c$

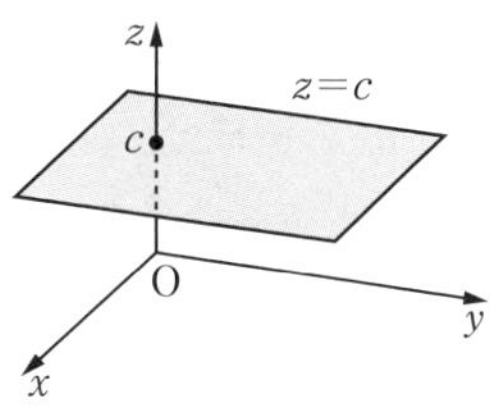

概要

1 空間における座標

・座標

空間における任意の点Pに対して，Pを通り，各座標平面に平行な平面が，x 軸，y 軸，z 軸と交わる点を考える。それぞれの座標が a，b，c であるとき，点Pの **座標** を $P(a, b, c)$ と表し，a，b，c をそれぞれ点Pの **x 座標，y 座標，z 座標** という。座標が $(0, 0, 0)$ である点Oを **原点** という。

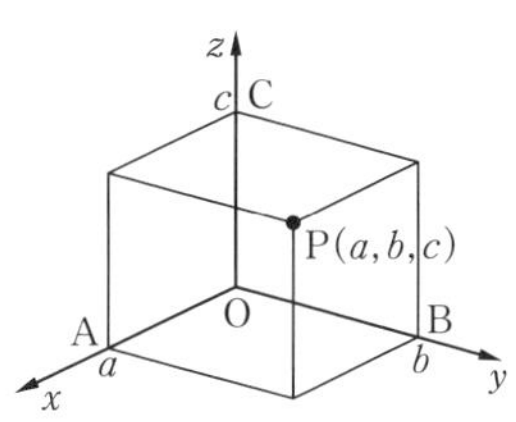

・空間における2点間の距離

2点 $A(a_1, a_2, a_3)$，$B(b_1, b_2, b_3)$ 間の距離は，右の図のように，座標平面に平行で，点A，Bを通る平面でつくられた直方体における対角線ABの長さである。

$AC = |b_1 - a_1|$，$CD = |b_2 - a_2|$，$BD = |b_3 - a_3|$ より

$$\begin{aligned} AB^2 &= AD^2 + BD^2 = (AC^2 + CD^2) + BD^2 \\ &= AC^2 + CD^2 + BD^2 \\ &= (b_1 - a_1)^2 + (b_2 - a_2)^2 + (b_3 - a_3)^2 \end{aligned}$$

$AB > 0$ より

$$AB = \sqrt{(b_1 - a_1)^2 + (b_2 - a_2)^2 + (b_3 - a_3)^2}$$

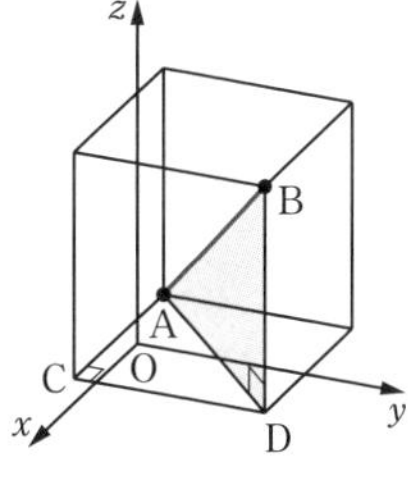

2 空間におけるベクトル

平面上で考えたのと同様に，空間における有向線分について，その位置を問題にせず，向きと長さだけに着目したものを **空間のベクトル** という。

ベクトルの加法や実数倍の定義や法則などは，平面の場合と同様である。

(1) ベクトルの平行

$\vec{a} \neq \vec{0}$，$\vec{b} \neq \vec{0}$ のとき　$\boldsymbol{\vec{a} \parallel \vec{b}} \iff \boldsymbol{\vec{b} = k\vec{a}}$ **となる実数 $\boldsymbol{k}$ が存在する**

(2) ベクトルの1次独立

異なる4点O，A，B，Cが同一平面上にないとき，ベクトル $\vec{a} = \overrightarrow{\mathrm{OA}}$，$\vec{b} = \overrightarrow{\mathrm{OB}}$，$\vec{c} = \overrightarrow{\mathrm{OC}}$ は **1次独立** であるという。

このとき，空間の任意のベクトル $\vec{p}$ は $\boldsymbol{\vec{p} = l\vec{a} + m\vec{b} + n\vec{c}}$ の形にただ1通りに表される。ただし，l，m，n は実数である。

(3) 座標とベクトルの成分

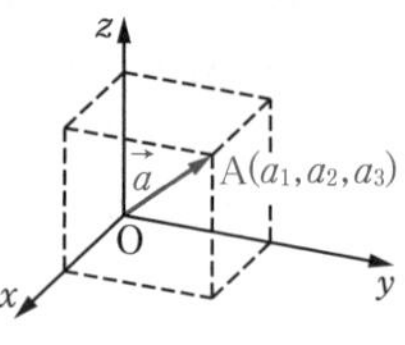

Oを原点とする座標空間に，$\vec{a} = \overrightarrow{\mathrm{OA}}$ となる点Aをとると，その座標が (a_1, a_2, a_3) であるとき，$\vec{a} = (a_1, a_2, a_3)$ と表す。これを，$\vec{a}$ の **成分表示** といい，a_1 を **x 成分**，a_2 を **y 成分**，a_3 を **z 成分** という。

(4) 成分とベクトルの相等

2つのベクトル $\vec{a} = (a_1, a_2, a_3)$，$\vec{b} = (b_1, b_2, b_3)$ に対して

$$\boldsymbol{\vec{a} = \vec{b} \iff a_1 = b_1,\ a_2 = b_2,\ a_3 = b_3}$$

(5) ベクトルの成分による演算

(ア) $(a_1, a_2, a_3) + (b_1, b_2, b_3) = (a_1 + b_1, a_2 + b_2, a_3 + b_3)$

(イ) $(a_1, a_2, a_3) - (b_1, b_2, b_3) = (a_1 - b_1, a_2 - b_2, a_3 - b_3)$

(ウ) $k(a_1, a_2, a_3) = (ka_1, ka_2, ka_3)$　(k は実数)

(6) ベクトルの成分と大きさ

(ア) $\vec{a} = (a_1, a_2, a_3)$ のとき　$\boldsymbol{|\vec{a}| = \sqrt{a_1^2 + a_2^2 + a_3^2}}$

(イ) $\mathrm{A}(a_1, a_2, a_3)$，$\mathrm{B}(b_1, b_2, b_3)$ のとき

$$\boldsymbol{\overrightarrow{\mathrm{AB}} = (b_1 - a_1,\ b_2 - a_2,\ b_3 - a_3)}$$

$$\boldsymbol{|\overrightarrow{\mathrm{AB}}| = \sqrt{(b_1 - a_1)^2 + (b_2 - a_2)^2 + (b_3 - a_3)^2}}$$

3 空間のベクトルの内積

(1) ベクトルの内積

空間の $\vec{0}$ でない2つのベクトル $\vec{a}$ と $\vec{b}$ のなす角を θ $(0° \leqq \theta \leqq 180°)$ とするとき

$\boldsymbol{\vec{a} \cdot \vec{b} = |\vec{a}||\vec{b}|\cos\theta}$　($\vec{a} = \vec{0}$ または $\vec{b} = \vec{0}$ のときは $\vec{a} \cdot \vec{b} = 0$ と定める)

(2) 空間のベクトルの成分と内積

$\vec{a} = (a_1, a_2, a_3)$，$\vec{b} = (b_1, b_2, b_3)$ のとき

(ア) $\boldsymbol{\vec{a} \cdot \vec{b} = a_1b_1 + a_2b_2 + a_3b_3}$

(イ) $\vec{a} \neq \vec{0}$, $\vec{b} \neq \vec{0}$ のとき，$\vec{a}$ と $\vec{b}$ のなす角を θ ($0^\circ \leqq \theta \leqq 180^\circ$) とすると

$$\cos\theta = \frac{\vec{a}\cdot\vec{b}}{|\vec{a}||\vec{b}|} = \frac{a_1b_1 + a_2b_2 + a_3b_3}{\sqrt{a_1{}^2 + a_2{}^2 + a_3{}^2}\sqrt{b_1{}^2 + b_2{}^2 + b_3{}^2}}$$

また　$\vec{a} \perp \vec{b} \iff \vec{a}\cdot\vec{b} = a_1b_1 + a_2b_2 + a_3b_3 = 0$

概要

2 空間におけるベクトル

・空間におけるベクトルの 1 次独立

$\vec{a} = \overrightarrow{OA}$, $\vec{b} = \overrightarrow{OB}$, $\vec{c} = \overrightarrow{OC}$, $\vec{p} = \overrightarrow{OP}$ とし，3 点 O, A, B を含む平面を α とする。次に，点 P を通り，$\vec{c}$ と平行な直線と平面 α の交点を P′ とすると，$\overrightarrow{P'P} = \vec{0}$ または $\overrightarrow{P'P} \parallel \vec{c}$ であるから　$\overrightarrow{P'P} = n\vec{c}$ (n は実数)　…①

また，点 P′ は平面 α 上にあり，$\vec{a} \neq \vec{0}$, $\vec{b} \neq \vec{0}$, $\vec{a}$ と $\vec{b}$ は平行でないから　$\overrightarrow{OP'} = l\vec{a} + m\vec{b}$ (l, m は実数)　…②

①, ② から　$\vec{p} = \overrightarrow{OP'} + \overrightarrow{P'P} = l\vec{a} + m\vec{b} + n\vec{c}$

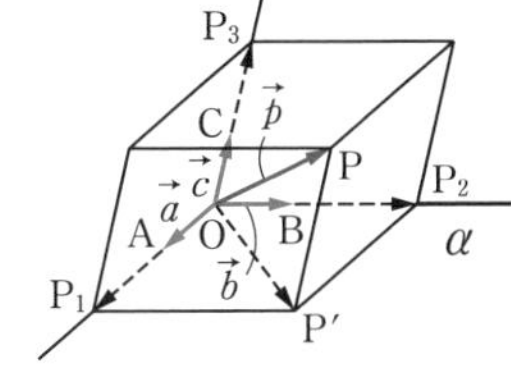

・空間ベクトルの成分に関する性質

空間ベクトルにおいて成り立つ成分に関する性質は，平面上のベクトルにおいて成り立つ成分に関する性質に z 成分を追加したものになっている。

・基本ベクトル

x 軸，y 軸，z 軸の正の向きと同じ向きの単位ベクトルを **基本ベクトル** といい，それぞれ $\vec{e_1}$, $\vec{e_2}$, $\vec{e_3}$ で表す。O を原点とする座標空間に，$\vec{a} = \overrightarrow{OA}$ となる点 A をとったとき，その座標が (a_1, a_2, a_3) であるとすると

$$\vec{a} = a_1\vec{e_1} + a_2\vec{e_2} + a_3\vec{e_3}$$

と表すことができる。これを **基本ベクトル表示** という。

なお，基本ベクトルを成分表示すると

$\overrightarrow{e_1} = (1, 0, 0)$, $\overrightarrow{e_2} = (0, 1, 0)$, $\overrightarrow{e_3} = (0, 0, 1)$

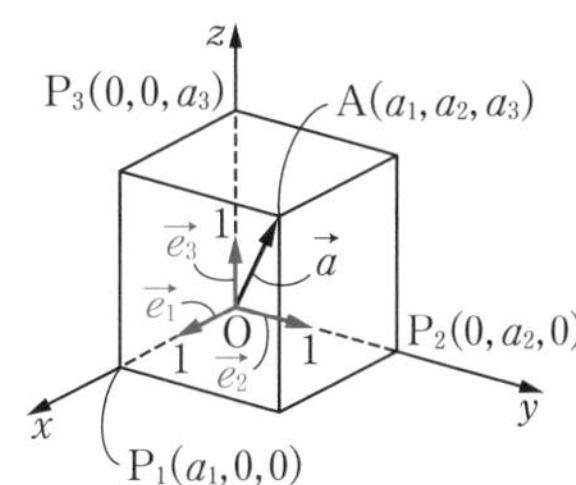

3 空間ベクトルの内積

・内積の基本性質

空間におけるベクトルの内積は，$\vec{0}$ でない 2 つのベクトル $\vec{a}$, $\vec{b}$ のなす角を平面の場合と同じように定めると，平面の場合と同じ式で定義される。また，内積の性質も同様に成り立つ。

(ア) $\vec{a}\cdot\vec{b} = \vec{b}\cdot\vec{a}$　　(イ) $\vec{a}\cdot(\vec{b}+\vec{c}) = \vec{a}\cdot\vec{b} + \vec{a}\cdot\vec{c}$,　$(\vec{a}+\vec{b})\cdot\vec{c} = \vec{a}\cdot\vec{c} + \vec{b}\cdot\vec{c}$

(ウ) $(k\vec{a})\cdot\vec{b} = k(\vec{a}\cdot\vec{b}) = \vec{a}\cdot(k\vec{b})$ (k は実数)

(エ) $\vec{a}\cdot\vec{a} = |\vec{a}|^2$, $|\vec{a}| = \sqrt{\vec{a}\cdot\vec{a}}$, $|\vec{a}\cdot\vec{b}| \leqq |\vec{a}||\vec{b}|$

例えば，(イ)の 1 つ目の式については

$\vec{a} = (a_1, a_2, a_3)$, $\vec{b} = (b_1, b_2, b_3)$, $\vec{c} = (c_1, c_2, c_3)$ のとき

$$\begin{aligned}\vec{a}\cdot(\vec{b}+\vec{c}) &= a_1(b_1+c_1) + a_2(b_2+c_2) + a_3(b_3+c_3)\\ &= (a_1b_1 + a_2b_2 + a_3b_3) + (a_1c_1 + a_2c_2 + a_3c_3) = \vec{a}\cdot\vec{b} + \vec{a}\cdot\vec{c}\end{aligned}$$

information　「空間の $\vec{0}$ でない 2 つのベクトル $\vec{a} = (a_1, a_2, a_3)$, $\vec{b} = (b_1, b_2, b_3)$ のなす角を θ ($0^\circ \leqq \theta \leqq 180^\circ$) とするとき，$|\vec{a}||\vec{b}|\cos\theta = a_1b_1 + a_2b_2 + a_3b_3$ が成り立つことを示せ。」という問題が，富山大学（2017 年後期）の入試で出題されている。

4 位置ベクトル

(1) 位置ベクトル

平面のときと同様に，空間においても定点Oをとると，点Pの位置は $\overrightarrow{\mathrm{OP}}=\vec{p}$ によって定まる。このとき，$\vec{p}$ を点Oを基準とする点Pの **位置ベクトル** といい，$\mathbf{P}(\vec{p})$ と表す。2点 $\mathrm{A}(\vec{a})$，$\mathrm{B}(\vec{b})$ に対して　$\overrightarrow{\mathbf{AB}}=\vec{b}-\vec{a}$

(2) 分点の位置ベクトル

2点 $\mathrm{A}(\vec{a})$，$\mathrm{B}(\vec{b})$ について，線分ABを $m:n$ に内分する点を $\mathrm{P}(\vec{p})$，$m:n$ に外分する点を $\mathrm{Q}(\vec{q})$ とすると　$\vec{p}=\dfrac{n\vec{a}+m\vec{b}}{m+n}$，　$\vec{q}=\dfrac{-n\vec{a}+m\vec{b}}{m-n}$

(3) 一直線上にあるための条件

2点A，Bが異なるとき

3点A，B，Cが一直線上にある

$\iff$　**$\overrightarrow{\mathrm{AC}}=k\overrightarrow{\mathrm{AB}}$ となる実数 k が存在する**

(4) 同一平面上にあるための条件

一直線上にない3点A，B，Cが定める平面を α とする。このとき

点Pが平面 α 上にある

$\iff$　**$\overrightarrow{\mathrm{AP}}=k\overrightarrow{\mathrm{AB}}+l\overrightarrow{\mathrm{AC}}$ となる実数 k，l が存在する**

5 空間図形へのベクトルの応用

(1) 空間の直線の方程式

点 $\mathrm{A}(\vec{a})$ を通り，$\vec{u}$ $(\neq\vec{0})$ に平行な直線 l のベクトル方程式は　$\vec{p}=\vec{a}+t\vec{u}$　(t は媒介変数)

$\vec{u}$ を直線 l の **方向ベクトル** という。

(2) 球の方程式

(ア) 点 $\mathrm{C}(\vec{c})$ を中心とし，半径 r の球のベクトル方程式は　$|\vec{p}-\vec{c}|=r$

(イ) 点 $\mathrm{C}(a,\ b,\ c)$ を中心とする半径 r の球の方程式は　$(x-a)^2+(y-b)^2+(z-c)^2=r^2$

特に，原点Oを中心とする半径 r の球の方程式は　$x^2+y^2+z^2=r^2$

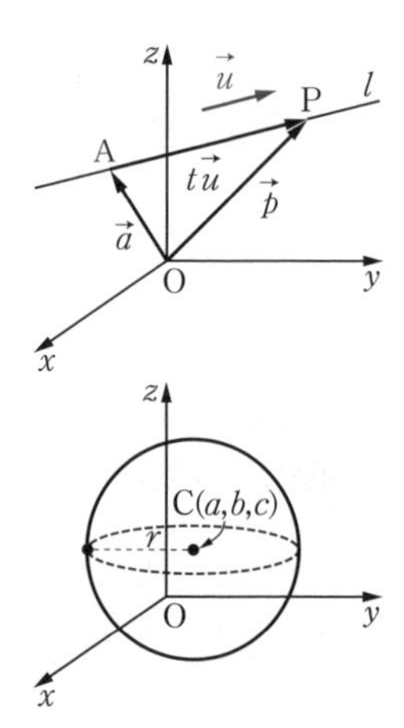

概要

4 位置ベクトル

・分点，重心の位置ベクトル

空間においても1点Oを固定すると，平面のときと同様に位置ベクトルを定めることができる。空間における3点は1つの平面上にあることから，内分点や外分点，三角形の重心の位置ベクトルも平面上のベクトルと同様に考えることができ，同じ式で表される。

・**共面**

空間において，異なる4つ以上の点が同じ平面上にあるとき，これらの点は **共面** であるという。このことから，4点が同一平面上にある条件を **共面条件** という。

・**4点が同一平面上にある条件の別形**

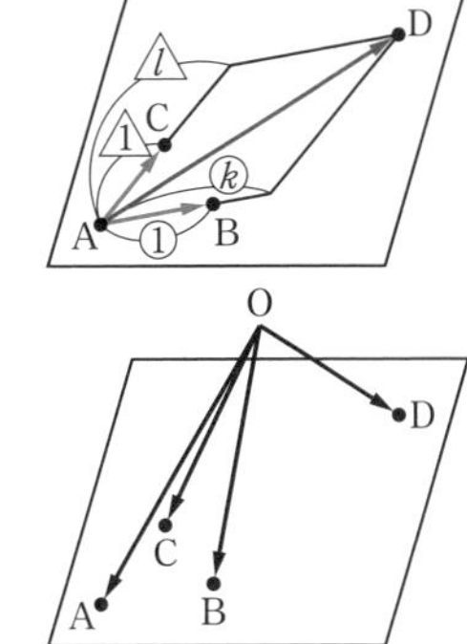

4点A，B，C，Dが同一平面上にある

$\iff \overrightarrow{AD} = k\overrightarrow{AB} + l\overrightarrow{AC}$ …① となる実数 k，l が存在する

ここで，$A(\vec{a})$，$B(\vec{b})$，$C(\vec{c})$，$D(\vec{d})$ とすると，①は

$\vec{d} - \vec{a} = k(\vec{b} - \vec{a}) + l(\vec{c} - \vec{a})$

よって　$\vec{d} = (1-k-l)\vec{a} + k\vec{b} + l\vec{c}$

ここで，$1-k-l = s$，$k = t$，$l = u$ とおくと

$\vec{d} = s\vec{a} + t\vec{b} + u\vec{c}$　かつ　$s+t+u = 1$

したがって

4点 $A(\vec{a})$，$B(\vec{b})$，$C(\vec{c})$，$D(\vec{d})$ が同一平面上にある

$\iff \vec{d} = s\vec{a} + t\vec{b} + u\vec{c}$ $(s+t+u=1)$ となる実数 s，t，u が存在する

information　四面体OABCの平面ABC上の点をPとして，$s+t+u=1$ を満たす実数 s，t，u を用いて $\overrightarrow{OP} = s\vec{a} + t\vec{b} + u\vec{c}$ と表されることについて問う問題が，高知大学（2019年），関西大学（2019年）の入試で出題されている。p.108 **Play Back** 8 参照。

5 空間図形へのベクトルの応用

・平面の場合と同様に，空間においても図形上の点Pの位置ベクトル $\vec{p}$ の満たす関係式を，その曲線のベクトル方程式という。以下の直線，球のベクトル方程式は，それぞれ平面における直線，円のベクトル方程式と同様の考え方であり，成分が関わるときには z 成分を追加したものになっている。

・**直線のベクトル方程式**

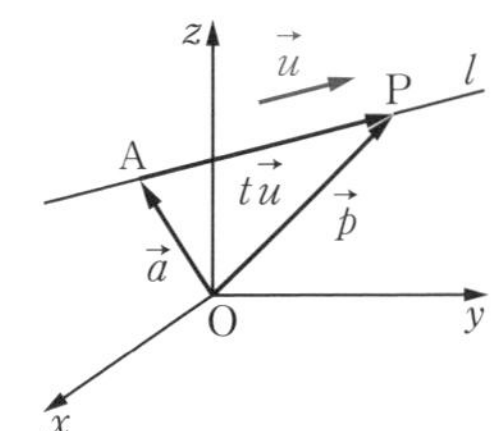

定点 $A(\vec{a})$ を通り，$\vec{u}$ に平行な直線 l 上の点を $P(\vec{p})$ とすると

$\overrightarrow{AP} \parallel \vec{u}$　または　$\overrightarrow{AP} = \vec{0}$

よって，$\overrightarrow{AP} = t\vec{u}$ となる実数 t が存在する。

ゆえに　$\vec{p} - \vec{a} = t\vec{u}$

したがって，直線 l のベクトル方程式は　$\vec{p} = \vec{a} + t\vec{u}$ …①

・**空間における直線の媒介変数表示**

$A(x_1, y_1, z_1)$，$P(x, y, z)$，$\vec{u} = (a, b, c)$ とおくと，$\vec{a} = (x_1, y_1, z_1)$，$\vec{p} = (x, y, z)$ であるから，①に代入すると

$$(x, y, z) = (x_1, y_1, z_1) + t(a, b, c) = (x_1 + at, y_1 + bt, z_1 + ct)$$

よって　$\begin{cases} x = x_1 + at \\ y = y_1 + bt \\ z = z_1 + ct \end{cases}$　⬅　$abc \neq 0$ のとき　$\dfrac{x - x_1}{a} = \dfrac{y - y_1}{b} = \dfrac{z - z_1}{c}$

・**球のベクトル方程式と球の方程式**

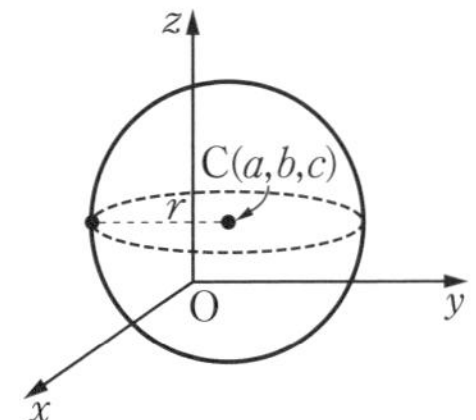

中心が $C(\vec{c})$，半径が r の球上の点を $P(\vec{p})$ とすると

$|\overrightarrow{CP}| = r$　すなわち　$|\vec{p} - \vec{c}| = r$

$C(a, b, c)$，$P(x, y, z)$ とおくと，

$\vec{p} - \vec{c} = (x-a, y-b, z-c)$ であるから

$$(x-a)^2 + (y-b)^2 + (z-c)^2 = r^2$$

例題 40　座標空間　★☆☆☆

点 A(2, 3, 4) に対して，次の点の座標を求めよ。

(1)　yz 平面，zx 平面に関してそれぞれ対称な点 B，C

(2)　x 軸，y 軸に関してそれぞれ対称な点 D，E

(3)　原点に関して対称な点 F

(4)　平面 $x=1$ に関して対称な点 G

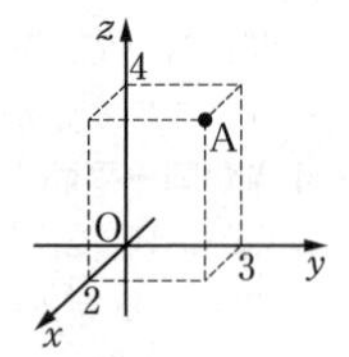

思考のプロセス

対応を考える

(1)　xy 平面に関して対称

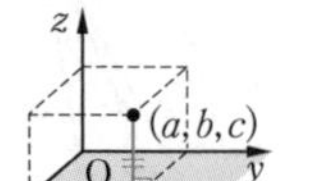

x，y 座標の符号は変わらない。

(2)　y 軸に関して対称

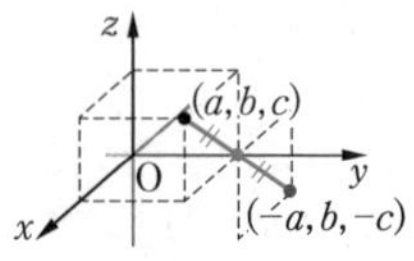

y 座標の符号は変わらない。

(3)　原点に関して対称

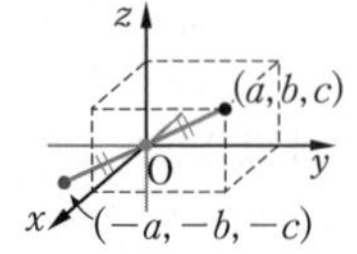

Action» 座標軸，座標平面に関しての対称点は，各座標の符号に注意せよ

解 (1)　点 A から yz 平面，zx 平面にそれぞれ垂線 AP, AQ を下ろすとすると，P(0, 3, 4)，Q(2, 0, 4) であるから

B(−2, 3, 4)，C(2, −3, 4)

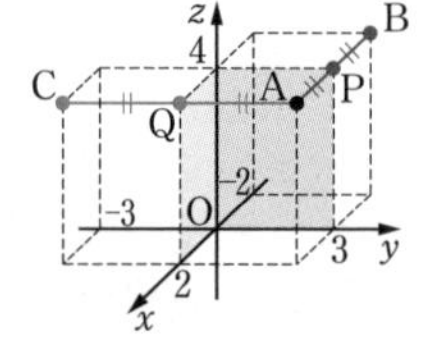

(2)　点 A から x 軸，y 軸にそれぞれ垂線 AR, AS を下ろすとすると，R(2, 0, 0)，S(0, 3, 0) であるから

D(2, −3, −4)，E(−2, 3, −4)

(3)　AO = FO であるから　**F(−2, −3, −4)**

(4)　点 A から平面 $x=1$ に垂線 AT を下ろすとすると，T(1, 3, 4) であるから

G(0, 3, 4)

◀ yz 平面 ⟺ 平面 $x=0$

◀ yz 平面に関して対称な点
⇨ x 座標の符号が変わる。
zx 平面に関して対称な点
⇨ y 座標の符号が変わる。

◀ x 軸に関して対称な点
⇨ y，z 座標の符号が変わる。
y 軸に関して対称な点
⇨ x，z 座標の符号が変わる。

◀ 原点に関して対称な点
⇨ x，y，z 座標すべての符号が変わる。

(2)

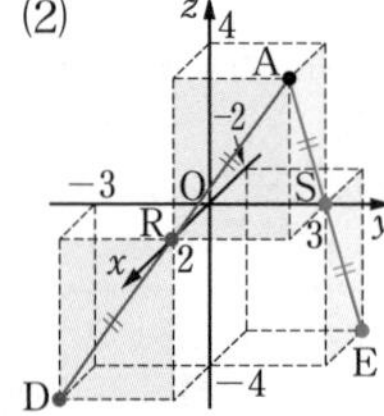

(3)

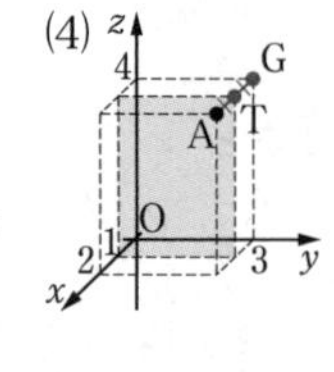

(4)　z　4　G　A　T　O　1　2　3　y　x

練習 40　次の平面，直線，点に関して，点 A(4, −2, 3) と対称な点の座標を求めよ。

(1)　xy 平面　　(2)　yz 平面　　(3)　x 軸

(4)　z 軸　　(5)　原点　　(6)　平面 $z=1$

➡p.138　問題40

D 頻出 ★☆☆☆

例題 41 空間における２点間の距離

3 点 O(0, 0, 0), A(2, −2, 2), B(6, 4, −2) に対して，次の座標を求めよ。

(1) xy 平面上にあり，3 点 O, A, B から等距離にある点 D

(2) 点 A に関して，点 B と対称な点 C

思考のプロセス

数学 II「図形と方程式」で学習した考え方を空間にも応用して考える。

未知のものを文字でおく

(1) 点 D は xy 平面上の点 ⟹ D(x, y, z) とおける（いずれかが 0）

点 D は 3 点 O, A, B から等距離 ⟹ OD = AD = BD

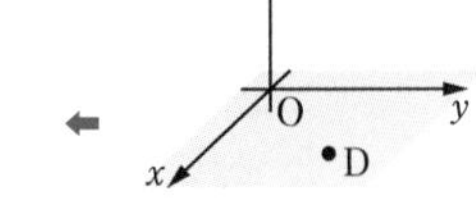

«Re Action 距離に関する条件は，距離の２乗を利用せよ ◀ II B 例題 76

(2) 点 C は点 A に関して点 B と対称 ⟹ 点 □ は，線分 □ の中点

解 (1) 点 D は xy 平面上にあるから，D(x, y, 0) とおく。

◀ xy 平面上の点であるから，z 座標は 0 である。

D は 3 点 O, A, B から等距離にあるから

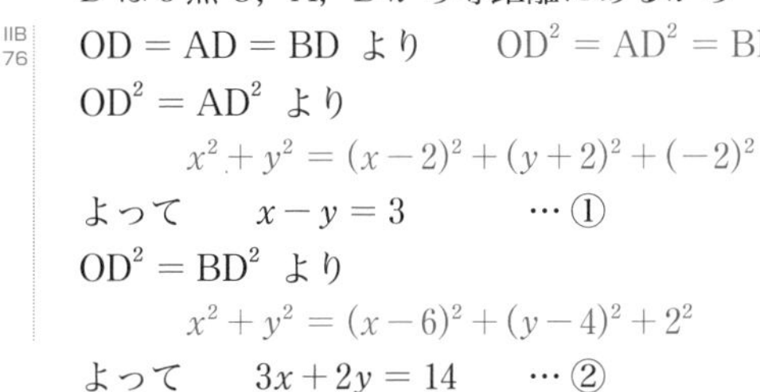

IIB 76 OD = AD = BD より　$OD^2 = AD^2 = BD^2$

$OD^2 = AD^2$ より

$$x^2 + y^2 = (x-2)^2 + (y+2)^2 + (-2)^2$$

よって　$x - y = 3$　…①

$OD^2 = BD^2$ より

$$x^2 + y^2 = (x-6)^2 + (y-4)^2 + 2^2$$

よって　$3x + 2y = 14$　…②

◀ $OD^2 = AD^2 = BD^2 \iff \begin{cases} OD^2 = AD^2 \\ OD^2 = BD^2 \end{cases}$

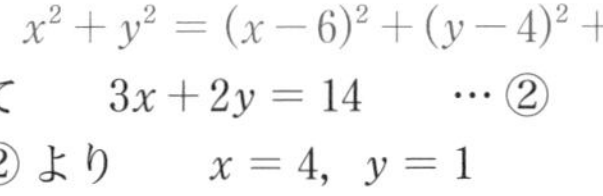

①, ② より　$x = 4$, $y = 1$

したがって　**D(4, 1, 0)**

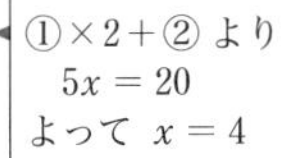

◀ ①×2＋② より
$5x = 20$
よって　$x = 4$

例題 20 (2) C(x, y, z) とおく。点 A は線分 BC の中点であるから　$\dfrac{6+x}{2} = 2$, $\dfrac{4+y}{2} = -2$, $\dfrac{-2+z}{2} = 2$

よって　$x = -2$, $y = -8$, $z = 6$

したがって　**C(−2, −8, 6)**

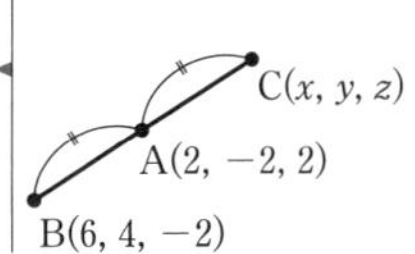

Point…空間における２点間の距離と中点の座標

空間において A(a_1, a_2, a_3), B(b_1, b_2, b_3) のとき

(1) $\overrightarrow{AB} = (b_1 - a_1,\ b_2 - a_2,\ b_3 - a_3)$ であるから

$$\mathbf{AB} = |\overrightarrow{\mathbf{AB}}| = \sqrt{(b_1-a_1)^2 + (b_2-a_2)^2 + (b_3-a_3)^2}$$

(2) 線分 AB の中点の座標は　$\left(\dfrac{a_1+b_1}{2},\ \dfrac{a_2+b_2}{2},\ \dfrac{a_3+b_3}{2}\right)$

練習 41 (1) yz 平面上にあって，3 点 O(0, 0, 0), A(1, −1, 1), B(1, 2, 1) から等距離にある点 P の座標を求めよ。

(2) 4 点 O(0, 0, 0), C(0, 2, 0), D(−1, 1, 2), E(0, 1, 3) から等距離にある点 Q の座標を求めよ。　（関西学院大）

➡p.138 問題41

頻出

例題 42 空間のベクトルの分解

★☆☆☆

平行六面体 ABCD−EFGH において，
$\overrightarrow{AB}=\vec{a}$，$\overrightarrow{AD}=\vec{b}$，$\overrightarrow{AE}=\vec{c}$ とする。

(1) $\overrightarrow{FH}$，$\overrightarrow{AG}$，$\overrightarrow{FD}$ を，それぞれ $\vec{a}$，$\vec{b}$，$\vec{c}$ で表せ。

(2) $\overrightarrow{AG}+\overrightarrow{CE}=\overrightarrow{DF}+\overrightarrow{BH}$ が成り立つことを証明せよ。

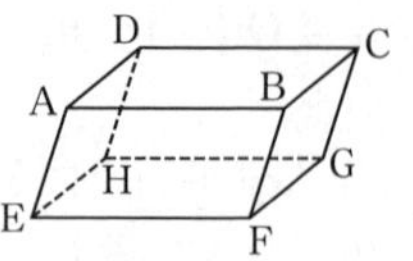

思考のプロセス

既知の問題に帰着

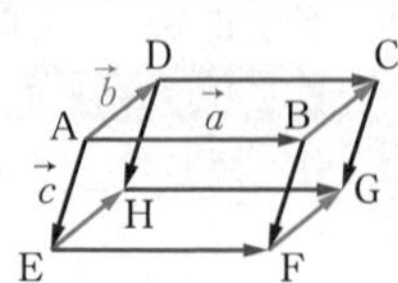

(1) 例題 4 の内容を空間に**拡張**した問題である。

① 図の中にある $\vec{a}$，$\vec{b}$，$\vec{c}$ に等しいベクトルを探す。

② それらやその逆ベクトルをつないで，求めるベクトルを表す。

«ReAction ベクトルの分解は，平行な辺を探して $\overrightarrow{AB}=\overrightarrow{AC}+\overrightarrow{CB}$ を使え ◀例題 4

(2) 平面ベクトル … $\vec{0}$ でなく平行でない 2 つのベクトルで｝すべてのベクトルを
空間ベクトル … $\vec{0}$ でなく同一平面上にない 3 つのベクトルで｝表すことができる。
（1 次独立）

(左辺) $=\overrightarrow{AG}+\overrightarrow{CE}=(\vec{a},\ \vec{b},\ \vec{c}$ の式$)$ ←
(右辺) $=\overrightarrow{DF}+\overrightarrow{BH}=(\vec{a},\ \vec{b},\ \vec{c}$ の式$)$ ← 一致することを示す。

解 (1) （例題 4）

$\overrightarrow{FH}=\overrightarrow{FG}+\overrightarrow{GH}$
$=\overrightarrow{AD}+(-\overrightarrow{AB})$
$=\boldsymbol{-\vec{a}+\vec{b}}$

◀ 3 組の向かい合う面が平行である六面体を **平行六面体** という。

◀ $\overrightarrow{GH}=\overrightarrow{BA}=-\overrightarrow{AB}$

$\overrightarrow{AG}=\overrightarrow{AB}+\overrightarrow{BC}+\overrightarrow{CG}$
$=\overrightarrow{AB}+\overrightarrow{AD}+\overrightarrow{AE}$
$=\boldsymbol{\vec{a}+\vec{b}+\vec{c}}$

$\overrightarrow{FD}=\overrightarrow{FE}+\overrightarrow{EH}+\overrightarrow{HD}$
$=(-\overrightarrow{AB})+\overrightarrow{AD}+(-\overrightarrow{AE})$
$=\boldsymbol{-\vec{a}+\vec{b}-\vec{c}}$

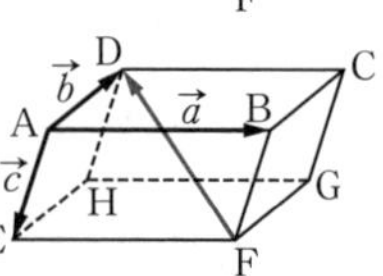

◀ $\overrightarrow{FE}=\overrightarrow{BA}=-\overrightarrow{AB}$
$\overrightarrow{HD}=\overrightarrow{EA}=-\overrightarrow{AE}$

(2) （例題 4） $\overrightarrow{CE}=\overrightarrow{CD}+\overrightarrow{DA}+\overrightarrow{AE}$
$=-\vec{a}-\vec{b}+\vec{c}$

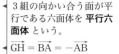

◀ $\overrightarrow{CE}$ を $\vec{a}$，$\vec{b}$，$\vec{c}$ で表して，$\overrightarrow{AG}+\overrightarrow{CE}$ を考える。

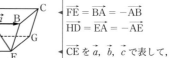

よって，(1) より

$\overrightarrow{AG}+\overrightarrow{CE}=(\vec{a}+\vec{b}+\vec{c})+(-\vec{a}-\vec{b}+\vec{c})=2\vec{c}$

また $\overrightarrow{BH}=\overrightarrow{BA}+\overrightarrow{AD}+\overrightarrow{DH}=-\vec{a}+\vec{b}+\vec{c}$

◀ $\overrightarrow{BH}$ を $\vec{a}$，$\vec{b}$，$\vec{c}$ で表して，$\overrightarrow{DF}+\overrightarrow{BH}$ を考える。

よって，(1) より

$\overrightarrow{DF}+\overrightarrow{BH}=-(-\vec{a}+\vec{b}-\vec{c})+(-\vec{a}+\vec{b}+\vec{c})=2\vec{c}$

◀ $\overrightarrow{DF}=-\overrightarrow{FD}$

したがって $\overrightarrow{AG}+\overrightarrow{CE}=\overrightarrow{DF}+\overrightarrow{BH}$

練習 42 平行六面体 ABCD−EFGH において，$\overrightarrow{AB}=\vec{a}$，$\overrightarrow{AD}=\vec{b}$，$\overrightarrow{AE}=\vec{c}$ とする。
このとき，次のベクトルを $\vec{a}$，$\vec{b}$，$\vec{c}$ で表せ。

(1) $\overrightarrow{CF}$ (2) $\overrightarrow{HB}$ (3) $\overrightarrow{EC}+\overrightarrow{AG}$

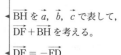

➡p.138 問題42

例題 43　空間のベクトルの成分

D ★☆☆☆

$\vec{a}=(2,\ 1,\ -3)$, $\vec{b}=(3,\ -2,\ 2)$, $\vec{c}=(-1,\ -3,\ 2)$ のとき

(1)　$|3\vec{a}-3\vec{b}+5\vec{c}|$ を求めよ。

(2)　$\vec{p}=(2,\ 5,\ 2)$ を $k\vec{a}+l\vec{b}+m\vec{c}$ (k, l, m は実数) の形に表せ。

思考のプロセス

(2)　例題 7 (2) の内容を空間に**拡張**した問題である。

対応を考える

$\vec{a}=(a_1,\ a_2,\ a_3)$, $\vec{b}=(b_1,\ b_2,\ b_3)$ のとき　$\vec{a}=\vec{b} \Longleftrightarrow \begin{cases} a_1=b_1 \\ a_2=b_2 \\ a_3=b_3 \end{cases}$

Action» 2つのベクトルが等しいときは，x, y, z 成分がそれぞれ等しいとせよ

解 (1)　$3\vec{a}-3\vec{b}+5\vec{c}$

$=3(2,\ 1,\ -3)-3(3,\ -2,\ 2)+5(-1,\ -3,\ 2)$

$=(-8,\ -6,\ -5)$

よって　$|3\vec{a}-3\vec{b}+5\vec{c}|=\sqrt{(-8)^2+(-6)^2+(-5)^2}$

$=\sqrt{125}=\mathbf{5\sqrt{5}}$

例題 7

(2)　$k\vec{a}+l\vec{b}+m\vec{c}$

$=k(2,\ 1,\ -3)+l(3,\ -2,\ 2)+m(-1,\ -3,\ 2)$

$=(2k+3l-m,\ k-2l-3m,\ -3k+2l+2m)$

これが $\vec{p}=(2,\ 5,\ 2)$ に等しいから

$$\begin{cases} 2k+3l-m=2 & \cdots ① \\ k-2l-3m=5 & \cdots ② \\ -3k+2l+2m=2 & \cdots ③ \end{cases}$$

①－②×2，②×3＋③ より

$$\begin{cases} 7l+5m=-8 & \cdots ④ \\ -4l-7m=17 & \cdots ⑤ \end{cases}$$

④，⑤ を解くと　$l=1$, $m=-3$

これらを ② に代入すると　$k=-2$

したがって　$\boldsymbol{\vec{p}=-2\vec{a}+\vec{b}-3\vec{c}}$

◀ $\vec{p}$ の成分を 2 通りに表す。

◀ ベクトルの相等

◀ 文字を減らすことを考える。ここでは，① と ②，② と ③ より，それぞれ k を消去した。

Point...空間ベクトルの１次結合

空間において，$\vec{a}$, $\vec{b}$, $\vec{c}$ が1次独立 ($\vec{a}$, $\vec{b}$, $\vec{c}$ がすべて $\vec{0}$ ではなく，なおかつ同一平面上にない) であるとき，空間の任意のベクトル $\vec{p}$ は

$\vec{p}=k\vec{a}+l\vec{b}+m\vec{c}$ (k, l, m は実数)

の形に，ただ1通りに表される。

練習 43　$\vec{a}=(0,\ 1,\ 2)$, $\vec{b}=(-1,\ 1,\ 3)$, $\vec{c}=(3,\ -1,\ 2)$ のとき

(1)　$|5\vec{a}-2\vec{b}-3\vec{c}|$ を求めよ。

(2)　$\vec{p}=(-5,\ 5,\ 8)$ を $k\vec{a}+l\vec{b}+m\vec{c}$ (k, l, m は実数) の形に表せ。

➡p.138 問題43

D 頻出

例題 44 空間のベクトルの大きさの最小値，平行条件 ★★☆☆

空間に 3 つのベクトル $\vec{a}=(1,\ -5,\ 3)$，$\vec{b}=(1,\ 0,\ -1)$，$\vec{c}=(2,\ 2,\ 0)$ がある。実数 s，t に対して $\vec{p}=\vec{a}+s\vec{b}+t\vec{c}$ とおくとき

(1) $|\vec{p}|$ の最小値と，そのときの s，t の値を求めよ。

(2) $\vec{p}$ が $\vec{d}=(0,\ 1,\ -2)$ と平行となるとき，s，t の値を求めよ。

思考のプロセス

例題 10 の内容を空間に**拡張**した問題である。

既知の問題に帰着

(1) $|\vec{p}|$ は $\sqrt{\ }$ を含む式となる。

$|\vec{p}|=|\vec{a}+s\vec{b}+t\vec{c}|$ の最小値 $\Longrightarrow$ $|\vec{p}|^2=|\vec{a}+s\vec{b}+t\vec{c}|^2$ の最小値から考える。

(2) 空間ベクトル…（成分は 1 つ増えるが）**平面ベクトルと同様の性質をもつ**

«ReAction $\vec{a}\parallel\vec{b}$ のときは，$\vec{b}=k\vec{a}$（k は実数）とおけ ◀例題 10

解 (1) $\vec{p}=\vec{a}+s\vec{b}+t\vec{c}$

$=(1,\ -5,\ 3)+s(1,\ 0,\ -1)+t(2,\ 2,\ 0)$

$=(1+s+2t,\ -5+2t,\ 3-s)$ …①

よって

IA 78

$|\vec{p}|^2=(1+s+2t)^2+(-5+2t)^2+(3-s)^2$

$=2s^2+4(t-1)s+8t^2-16t+35$

$=2\{s+(t-1)\}^2+6t^2-12t+33$

$=2(s+t-1)^2+6(t-1)^2+27$

ゆえに，$|\vec{p}|^2$ は $s+t-1=0$ かつ $t-1=0$ のとき，すなわち $s=0$，$t=1$ のとき，最小値 27 をとる。

このとき $|\vec{p}|$ も最小となるから，$|\vec{p}|$ は

$s=0$，$t=1$ のとき　最小値 $3\sqrt{3}$

例題 10

(2) $\vec{p}\parallel\vec{d}$ のとき，k を実数として $\vec{p}=k\vec{d}$ と表される。

① より

$(1+s+2t,\ -5+2t,\ 3-s)=(0,\ k,\ -2k)$

よって $\begin{cases}1+s+2t=0\\-5+2t=k\\3-s=-2k\end{cases}$

これを連立して解くと

$k=-3$，$\boldsymbol{s=-3}$，$\boldsymbol{t=1}$

◀ $\vec{p}$ を成分で表し，$|\vec{p}|^2$ を s，t で表す。

◀ **ReAction** IA 例題 78「2 変数関数の最大・最小は，1 変数のみに着目して考えよ」

まず s の 2 次式と考えて平方完成する。さらに，定数項 $6t^2-12t+33$ を t について平方完成する。

◀ ❗ $|\vec{p}|\geqq 0$ であるから，$|\vec{p}|^2$ が最小のとき，$|\vec{p}|$ も最小となる。

練習 44 空間に 3 点 A(2, 3, 5)，B(0, −1, 1)，C(1, 0, 2) がある。実数 s，t に対して $\overrightarrow{OP}=\overrightarrow{OA}+s\overrightarrow{OB}+t\overrightarrow{OC}$ とおくとき

(1) $|\overrightarrow{OP}|$ の最小値と，そのときの s，t の値を求めよ。

(2) $\overrightarrow{OP}$ が $\vec{d}=(1,\ 1,\ 2)$ と平行となるとき，s，t の値を求めよ。

➡p.138 問題44

例題 45 空間のベクトルの内積

D ★★☆☆

1辺の長さが a の立方体 ABCD−EFGH において，次の内積を求めよ。

(1) $\overrightarrow{AB}\cdot\overrightarrow{AC}$　　(2) $\overrightarrow{BD}\cdot\overrightarrow{BG}$

(3) $\overrightarrow{AH}\cdot\overrightarrow{EB}$　　(4) $\overrightarrow{EC}\cdot\overrightarrow{EG}$

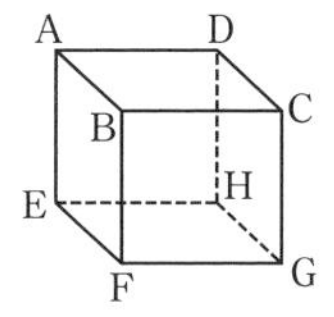

思考のプロセス

図で考える

例題 11 の内容を空間に**拡張**した問題である。

〔内積の定義〕平面と同様

$$\vec{a}\cdot\vec{b}=|\vec{a}||\vec{b}|\cos\theta$$

└ $\vec{a}$ と $\vec{b}$ のなす角

«ReAction 内積は，ベクトルの大きさと始点をそろえてなす角を調べよ ◀例題 11

(3) 始点がそろっていないことに注意。

解 (1) $|\overrightarrow{AB}|=a$，$|\overrightarrow{AC}|=\sqrt{2}a$，

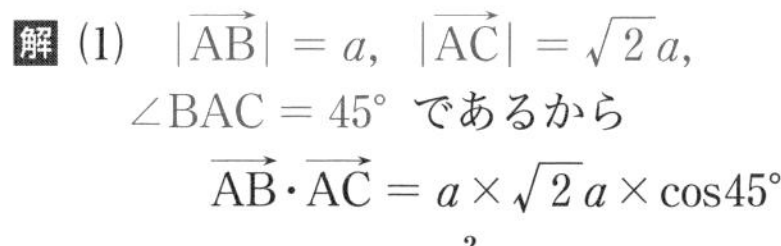
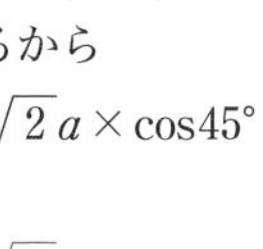

$\angle BAC=45^\circ$ であるから

$$\overrightarrow{AB}\cdot\overrightarrow{AC}=a\times\sqrt{2}a\times\cos45^\circ=\boldsymbol{a^2}$$

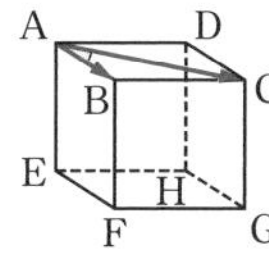

◀△ABC は ∠B = 90° の直角二等辺三角形

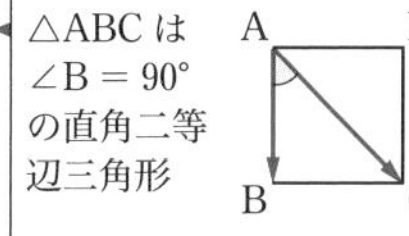

(2) $|\overrightarrow{BD}|=|\overrightarrow{BG}|=\sqrt{2}a$，

$\angle DBG=60^\circ$ であるから

$$\overrightarrow{BD}\cdot\overrightarrow{BG}=\sqrt{2}a\times\sqrt{2}a\times\cos60^\circ=\boldsymbol{a^2}$$

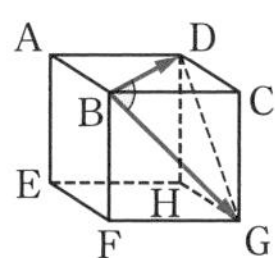

◀△BGD は正三角形

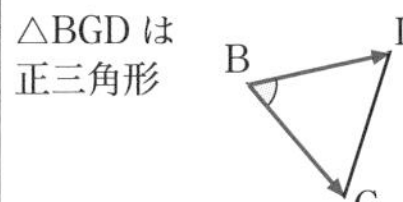

(3) $|\overrightarrow{AH}|=|\overrightarrow{EB}|=\sqrt{2}a$，

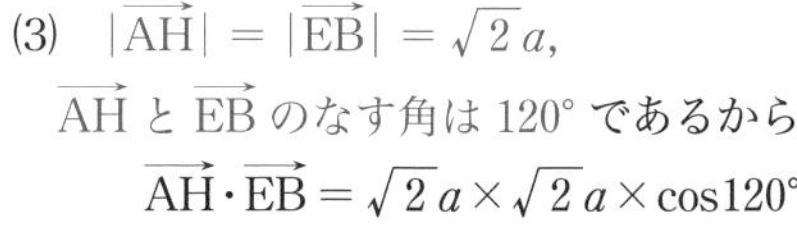

$\overrightarrow{AH}$ と $\overrightarrow{EB}$ のなす角は 120° であるから

$$\overrightarrow{AH}\cdot\overrightarrow{EB}=\sqrt{2}a\times\sqrt{2}a\times\cos120^\circ=\boldsymbol{-a^2}$$

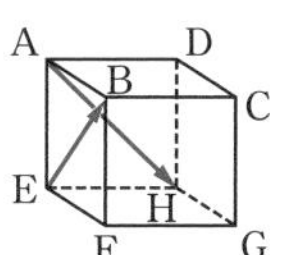

◀$\overrightarrow{EB}=\overrightarrow{HC}$ であり，△AHC は正三角形より $\angle AHC=60^\circ$

よって，$\overrightarrow{AH}$ と $\overrightarrow{EB}$ のなす角は 120° である。

(4) $|\overrightarrow{EG}|=\sqrt{2}a$，

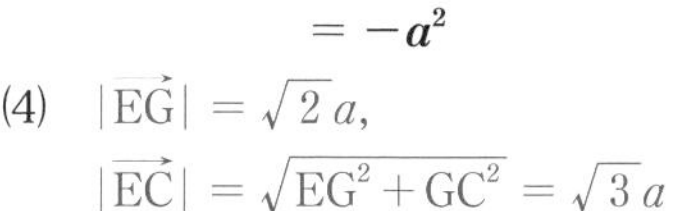

$|\overrightarrow{EC}|=\sqrt{EG^2+GC^2}=\sqrt{3}a$

△CEG において

$$\cos\angle CEG=\frac{\sqrt{2}a}{\sqrt{3}a}=\frac{\sqrt{6}}{3}$$

よって　$\overrightarrow{EC}\cdot\overrightarrow{EG}=\sqrt{3}a\times\sqrt{2}a\times\cos\angle CEG=\boldsymbol{2a^2}$

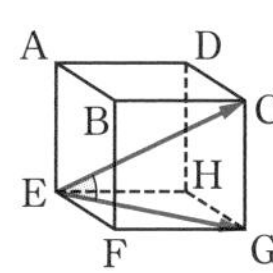

◀△CEG で ∠EGC = 90° より，三平方の定理を利用する。

◀△CEG は直角三角形であるから $\cos\angle CEG=\dfrac{EG}{EC}$

練習 45 AB = $\sqrt{3}$，AE = 1，AD = 1 の直方体 ABCD−EFGH において，次の内積を求めよ。

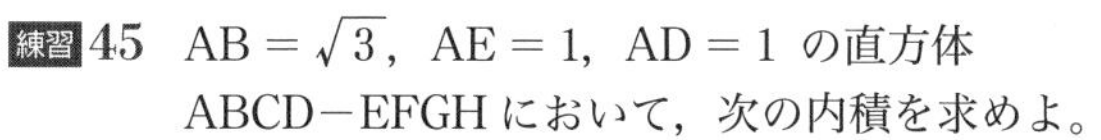

(1) $\overrightarrow{AB}\cdot\overrightarrow{AF}$　(2) $\overrightarrow{AD}\cdot\overrightarrow{HG}$　(3) $\overrightarrow{ED}\cdot\overrightarrow{GF}$

(4) $\overrightarrow{EB}\cdot\overrightarrow{DG}$　(5) $\overrightarrow{AC}\cdot\overrightarrow{AF}$

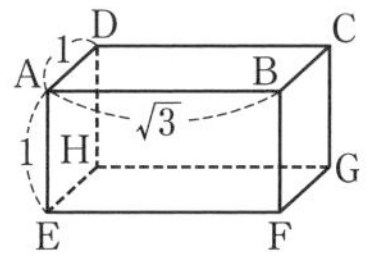

➡p.138 問題45

Go Ahead 4 正射影ベクトル

探究例題 5 図から内積を求める

問題：右の図において，AB = 4 である。内積 $\overrightarrow{AB}\cdot\overrightarrow{AO}$ を求めよ。

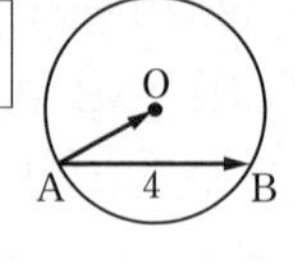

太郎：$\overrightarrow{AB}$ と $\overrightarrow{AO}$ のなす角を θ として，$\overrightarrow{AB}$ と $\overrightarrow{AO}$ の内積は
$\overrightarrow{AB}\cdot\overrightarrow{AO}=|\overrightarrow{AB}||\overrightarrow{AO}|\cos\theta$ だから，$|\overrightarrow{AB}|$，$|\overrightarrow{AO}|$ および
$\cos\theta$ のそれぞれの値を求める必要があるね。

花子：$|\overrightarrow{AO}|\cos\theta$ を 1 つの値として求められないかな。

花子さんの考えをもとに 問題 を解け。

思考のプロセス

図で考える $\overrightarrow{AB}\cdot\overrightarrow{AO}=|\overrightarrow{AB}||\overrightarrow{AO}|\cos\theta$

4　？図で考えると ⟹ $|\overrightarrow{AO}|\cos\theta=$ □

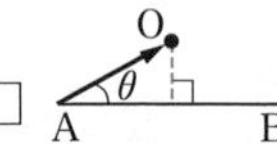

Action» 内積は直角三角形を利用して考えよ

解 中心 O から AB に垂線 OH を下ろすと

AH = HB = 2，$0^\circ<\angle OAB<90^\circ$ より

$$\overrightarrow{AB}\cdot\overrightarrow{AO}=|\overrightarrow{AB}||\overrightarrow{AO}|\cos\angle OAB$$
$$=|\overrightarrow{AB}||\overrightarrow{AH}|=4\times2=8$$

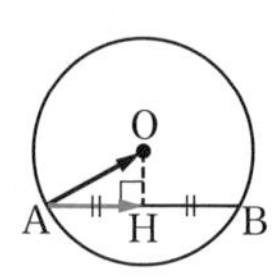

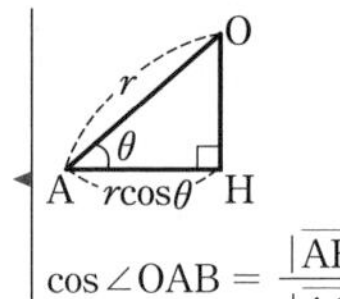

$\cos\angle OAB=\dfrac{|\overrightarrow{AH}|}{|\overrightarrow{AO}|}$

この $\overrightarrow{AH}$ は $\overrightarrow{AO}$ の直線 AB への **正射影ベクトル** とよばれます。

内積を求めるからといって，必ずしも 2 つのベクトルの大きさとなす角をすべて求める必要はなく，正射影ベクトルの大きさが分かることで内積の計算ができるのですね。

右の図の $\overrightarrow{OA}=\vec{a}$，$\overrightarrow{OB}=\vec{b}$ に対して，$\vec{b}$ の直線 OA への**正射影ベクトル** $\overrightarrow{OH}$ は　$\overrightarrow{OH}=\dfrac{\vec{a}\cdot\vec{b}}{|\vec{a}|^2}\vec{a}$

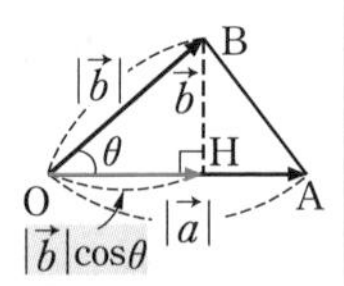

〔証明〕 点 B から直線 OA に垂線 BH を下ろすと，$0^\circ<\angle BOA<90^\circ$ であるから，内積の定義より　$\vec{a}\cdot\vec{b}=|\vec{a}||\vec{b}|\cos\angle BOA=|\vec{a}||\overrightarrow{OH}|$

よって　$|\overrightarrow{OH}|=\dfrac{\vec{a}\cdot\vec{b}}{|\vec{a}|}$

求める正射影ベクトルは $\overrightarrow{OH}$ であり

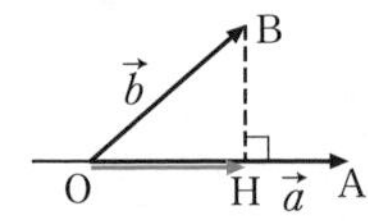

$$\overrightarrow{OH}=|\overrightarrow{OH}|\times\frac{\vec{a}}{|\vec{a}|}=\frac{\vec{a}\cdot\vec{b}}{|\vec{a}|}\times\frac{\vec{a}}{|\vec{a}|}=\frac{\vec{a}\cdot\vec{b}}{|\vec{a}|^2}\vec{a}$$

⬅ $\dfrac{\vec{a}}{|\vec{a}|}$ は $\vec{a}$ と同じ向きの単位ベクトル

この考え方は空間ベクトルにおいても用いることができます。

チャレンジ
〈4〉 例題 45 (4) を，正射影ベクトルを用いて解け。 (⇨ 解答編 p.73)

頻出

例題 46　空間のベクトルのなす角

★★☆☆

(1)　2 つのベクトル $\vec{a}=(1,\ -1,\ 2)$, $\vec{b}=(-1,\ -2,\ 1)$ のなす角 θ $(0^\circ \leqq \theta \leqq 180^\circ)$ を求めよ。

(2)　3 点 A$(1,\ -2,\ 3)$, B$(-2,\ -1,\ 1)$, C$(2,\ 0,\ 6)$ について，△ABC の面積 S を求めよ。

思考のプロセス

例題 12 の内容を空間に**拡張**した問題である。

(2) **逆向きに考える**

$S=\dfrac{1}{2}\mathrm{AB}\times\mathrm{AC}\sin\angle\mathrm{BAC}$ ← $\cos\angle\mathrm{BAC}$ から求める ← $\overrightarrow{\mathrm{AB}}\cdot\overrightarrow{\mathrm{AC}}$ から求める

«ReAction　2つのベクトルのなす角は，内積の定義を利用せよ　◀例題 12

解　(1)　$\vec{a}\cdot\vec{b}=1\times(-1)+(-1)\times(-2)+2\times1=3$

例題 12

$|\vec{a}|=\sqrt{1^2+(-1)^2+2^2}=\sqrt{6}$

$|\vec{b}|=\sqrt{(-1)^2+(-2)^2+1^2}=\sqrt{6}$

よって　$\cos\theta=\dfrac{\vec{a}\cdot\vec{b}}{|\vec{a}||\vec{b}|}=\dfrac{3}{\sqrt{6}\sqrt{6}}=\dfrac{1}{2}$

$0^\circ \leqq \theta \leqq 180^\circ$ より　$\boldsymbol{\theta=60^\circ}$

(2)　$\overrightarrow{\mathrm{AB}}=(-2-1,\ -1+2,\ 1-3)=(-3,\ 1,\ -2)$

$\overrightarrow{\mathrm{AC}}=(2-1,\ 0+2,\ 6-3)=(1,\ 2,\ 3)$ より

$\overrightarrow{\mathrm{AB}}\cdot\overrightarrow{\mathrm{AC}}=(-3)\times1+1\times2+(-2)\times3=-7$

$|\overrightarrow{\mathrm{AB}}|=\sqrt{(-3)^2+1^2+(-2)^2}=\sqrt{14}$

$|\overrightarrow{\mathrm{AC}}|=\sqrt{1^2+2^2+3^2}=\sqrt{14}$

よって　$\cos\angle\mathrm{BAC}=\dfrac{\overrightarrow{\mathrm{AB}}\cdot\overrightarrow{\mathrm{AC}}}{|\overrightarrow{\mathrm{AB}}||\overrightarrow{\mathrm{AC}}|}=\dfrac{-7}{\sqrt{14}\sqrt{14}}=-\dfrac{1}{2}$

$0^\circ \leqq \angle\mathrm{BAC} \leqq 180^\circ$ より　$\angle\mathrm{BAC}=120^\circ$

したがって　$S=\dfrac{1}{2}\times\sqrt{14}\times\sqrt{14}\sin120^\circ=\boldsymbol{\dfrac{7\sqrt{3}}{2}}$

◀ $\vec{a}=(a_1,\ a_2,\ a_3)$, $\vec{b}=(b_1,\ b_2,\ b_3)$ のとき $\vec{a}\cdot\vec{b}=a_1b_1+a_2b_2+a_3b_3$, $|\vec{a}|=\sqrt{{a_1}^2+{a_2}^2+{a_3}^2}$

◀ベクトルのなす角 θ は $0^\circ \leqq \theta \leqq 180^\circ$ で答える。

◀ $\angle\mathrm{BAC}$ は $\overrightarrow{\mathrm{AB}}$ と $\overrightarrow{\mathrm{AC}}$ のなす角であるから，まず $\overrightarrow{\mathrm{AB}}$, $\overrightarrow{\mathrm{AC}}$ を求める。

◀**〔別解〕**
Point の公式により

$S=\dfrac{1}{2}\sqrt{(\sqrt{14})^2(\sqrt{14})^2-(-7)^2}$

$=\dfrac{1}{2}\sqrt{14^2-7^2}$

$=\dfrac{1}{2}\sqrt{7^2(2^2-1)}$

$=\dfrac{7\sqrt{3}}{2}$

Point...空間における三角形の面積公式

例題 17 (1) で示したように　$\triangle\mathrm{ABC}=\dfrac{1}{2}\sqrt{|\overrightarrow{\mathrm{AB}}|^2|\overrightarrow{\mathrm{AC}}|^2-(\overrightarrow{\mathrm{AB}}\cdot\overrightarrow{\mathrm{AC}})^2}$

空間における 3 点は必ず同一平面上にあるから，この公式は空間の三角形でも成り立つ。

! 　一方，例題 17 (2) で導いた公式は，空間のときにそのまま利用することはできない。

練習 46　〔1〕　次の 2 つのベクトルのなす角 θ $(0^\circ \leqq \theta \leqq 180^\circ)$ を求めよ。

(1)　$\vec{a}=(-3,\ 1,\ 2)$, $\vec{b}=(2,\ -3,\ 1)$

(2)　$\vec{a}=(1,\ -1,\ 2)$, $\vec{b}=(2,\ 0,\ -1)$

〔2〕　3 点 A$(2,\ 3,\ 1)$, B$(4,\ 5,\ 5)$, C$(4,\ 3,\ 3)$ について，△ABC の面積 S を求めよ。

➡p.138　問題46

D 頻出

★★☆☆

例題 47　空間のベクトルの垂直条件

2 つのベクトル $\vec{a}=(2,\ -1,\ 4)$，$\vec{b}=(1,\ 0,\ 1)$ の両方に垂直で，大きさが 6 のベクトルを求めよ。

思考のプロセス

例題 14 の内容を空間に**拡張**した問題である。

未知のものを文字でおく

$\vec{p}=(x,\ y,\ z)$ とおくと $\begin{cases}\vec{a}\perp\vec{p}\\ \vec{b}\perp\vec{p}\\ |\vec{p}|=6\end{cases}$ 連立して，x，y，z を求める。

垂直条件も，平面ベクトルと同様である。

« ReAction $\vec{a}\perp\vec{b}$ のときは，$\vec{a}\cdot\vec{b}=0$ とせよ ◀例題 14

解 求めるベクトルを $\vec{p}=(x,\ y,\ z)$ とおく。

例題 14

$\vec{a}\perp\vec{p}$ より　$\vec{a}\cdot\vec{p}=2x-y+4z=0$　…①

$\vec{b}\perp\vec{p}$ より　$\vec{b}\cdot\vec{p}=x+z=0$　…②

$|\vec{p}|=6$ より　$|\vec{p}|^2=x^2+y^2+z^2=36$　…③

② より　$z=-x$　…④

これを ① に代入して整理すると　$y=-2x$　…⑤

④，⑤ を ③ に代入すると

$$x^2+(-2x)^2+(-x)^2=36$$

$x^2=6$ より　$x=\pm\sqrt{6}$

④，⑤ より

$x=\sqrt{6}$ のとき　$y=-2\sqrt{6}$，$z=-\sqrt{6}$

$x=-\sqrt{6}$ のとき　$y=2\sqrt{6}$，$z=\sqrt{6}$

したがって，求めるベクトルは

$$(\sqrt{6},\ -2\sqrt{6},\ -\sqrt{6}),\ (-\sqrt{6},\ 2\sqrt{6},\ \sqrt{6})$$

◀ $\vec{a}\neq\vec{0}$，$\vec{p}\neq\vec{0}$ のとき $\vec{a}\perp\vec{p}\Longleftrightarrow\vec{a}\cdot\vec{p}=0$

◀ $|\vec{p}|=\sqrt{x^2+y^2+z^2}$

◀ x，y，z のいずれか 1 文字で残りの 2 文字を表す。ここでは，y と z をそれぞれ x の式で表した。

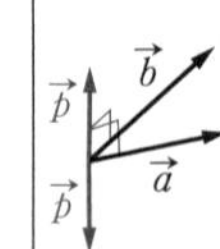

◀ 2 つのベクトルは互いに逆ベクトルである。

Point...直線と平面の垂直

直線 l が平面 α 上のすべての直線と垂直であるとき，直線 l は平面 α に垂直であるといい，$l\perp\alpha$ と表す。

一般に，直線 l が平面 α 上の交わる 2 直線 m，n に垂直ならば，l は α と垂直である。LEGEND 数学 I＋A 例題 280 **Point** 参照。

例題 47 では，$\vec{a}=\overrightarrow{\mathrm{OA}}$，$\vec{b}=\overrightarrow{\mathrm{OB}}$ とすると，$\vec{p}$ は平面 OAB に垂直なベクトルである。

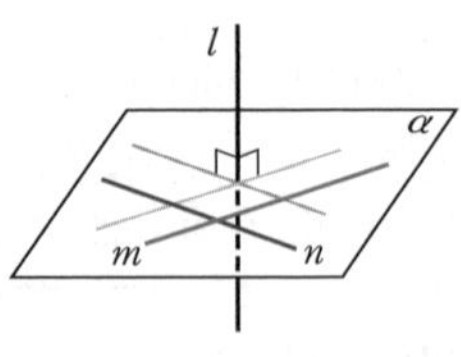

練習 47　2 つのベクトル $\vec{a}=(1,\ 2,\ 4)$，$\vec{b}=(2,\ 1,\ -1)$ の両方に垂直で，大きさが $2\sqrt{7}$ のベクトルを求めよ。

➡p.138 問題47

Go Ahead 5　与えられたベクトルに垂直なベクトル（ベクトルの外積）

例題 47 のように，与えられたベクトルに垂直なベクトルを求める問題をよく目にします。ここでは，この垂直なベクトルの簡単な求め方について学習しましょう。

まず，平面ベクトルについて次のことが成り立ちます。例題 14 **Point** 参照。

Point 1

$\vec{p}=(a,\ b)\ (\vec{p}\neq\vec{0})$ に垂直なベクトルの 1 つは　$\boldsymbol{\vec{n}=(b,\ -a)}$

実際，$\vec{p}\cdot\vec{n}=ab+b(-a)=0$ より，$\vec{p}\perp\vec{n}$ となります。

次に，空間におけるベクトルについて次のことが成り立ちます。

Point 2

平行でない 2 つのベクトル $\vec{a}=(a_1,\ a_2,\ a_3)$，$\vec{b}=(b_1,\ b_2,\ b_3)$ $(\vec{a}\neq\vec{0},\ \vec{b}\neq\vec{0})$
の両方に垂直なベクトルの 1 つは

$$\boldsymbol{\vec{n}=(a_2b_3-a_3b_2,\ a_3b_1-a_1b_3,\ a_1b_2-a_2b_1)}$$

実際，内積 $\vec{a}\cdot\vec{n}$，$\vec{b}\cdot\vec{n}$ を計算すると

$$\begin{aligned}\vec{a}\cdot\vec{n}&=a_1(a_2b_3-a_3b_2)+a_2(a_3b_1-a_1b_3)+a_3(a_1b_2-a_2b_1)\\&=a_1a_2b_3-a_1a_3b_2+a_2a_3b_1-a_1a_2b_3+a_1a_3b_2-a_2a_3b_1=0\\\vec{b}\cdot\vec{n}&=b_1(a_2b_3-a_3b_2)+b_2(a_3b_1-a_1b_3)+b_3(a_1b_2-a_2b_1)\\&=a_2b_1b_3-a_3b_1b_2+a_3b_1b_2-a_1b_2b_3+a_1b_2b_3-a_2b_1b_3=0\end{aligned}$$

となり，$\vec{a}\perp\vec{n}$，$\vec{b}\perp\vec{n}$ であることが分かります。

例えば，$\vec{a}=(1,\ 2,\ 3)$，$\vec{b}=(4,\ 5,\ 6)$ の両方に垂直なベクトルの 1 つは

$$\vec{n}=(2\cdot6-3\cdot5,\ 3\cdot4-1\cdot6,\ 1\cdot5-2\cdot4)=(-3,\ 6,\ -3)$$

$\vec{n}$ を $\vec{a}$，$\vec{b}$ の **外積** といい，$\vec{n}=\vec{a}\times\vec{b}$ と書くこともあります。

$\vec{n}$ の各成分は，右のようにすると覚えやすいです。

なお，このことは解答で用いるのではなく，検算に利用するようにしましょう。

x成分 $\begin{pmatrix}a_1 & b_1\\ a_2 & b_2\\ a_3 & b_3\end{pmatrix}$ → $a_2b_3-a_3b_2$

y成分 $\begin{pmatrix}a_1 & b_1\\ a_2 & b_2\\ a_3 & b_3\\ a_1 & b_1\end{pmatrix}$ → $a_3b_1-a_1b_3$

z成分 $\begin{pmatrix}a_1 & b_1\\ a_2 & b_2\\ a_3 & b_3\end{pmatrix}$ → $a_1b_2-a_2b_1$

チャレンジ
〈5〉　Point 2 を用いて，例題 47 を解け。　（⇨ 解答編 p.74）

例題 48　空間のベクトルと座標軸のなす角　★★☆☆

空間において，$\vec{0}$ でない任意の $\vec{p}$ に対して，$\vec{p}$ と x 軸，y 軸，z 軸の正の向きとのなす角をそれぞれ α，β，γ とするとき，$\cos^2\alpha+\cos^2\beta+\cos^2\gamma=1$ であることを証明せよ。

思考のプロセス

«ReAction　2つのベクトルのなす角は，内積の定義を利用せよ ◀例題 12

未知のものを文字でおく

任意のベクトル $\vec{p}$ $\Longrightarrow$ $\vec{p}=(a,\ b,\ c)$

基準を定める

α，β，γ を考える

$\Longrightarrow$ x 軸，y 軸，z 軸の正の向きと同じ向きのベクトルを定める。

どのようなベクトルでもよいが，**基本ベクトル**

$\vec{e_1}=(1,\ 0,\ 0)$，$\vec{e_2}=(0,\ 1,\ 0)$，$\vec{e_3}=(0,\ 0,\ 1)$

を利用する。

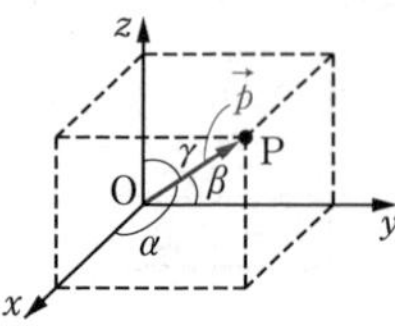

解 $\vec{p}=(a,\ b,\ c)$ とおく。ただし，$(a,\ b,\ c)\neq(0,\ 0,\ 0)$ である。

◀ $\vec{p}\neq\vec{0}$ より $(a,\ b,\ c)\neq(0,\ 0,\ 0)$

$\vec{e_1}=(1,\ 0,\ 0)$，$\vec{e_2}=(0,\ 1,\ 0)$，$\vec{e_3}=(0,\ 0,\ 1)$ とすると

$$\cos\alpha=\frac{\vec{p}\cdot\vec{e_1}}{|\vec{p}||\vec{e_1}|}=\frac{a\times1+b\times0+c\times0}{\sqrt{a^2+b^2+c^2}\times1}=\frac{a}{\sqrt{a^2+b^2+c^2}}$$

$$\cos\beta=\frac{\vec{p}\cdot\vec{e_2}}{|\vec{p}||\vec{e_2}|}=\frac{a\times0+b\times1+c\times0}{\sqrt{a^2+b^2+c^2}\times1}=\frac{b}{\sqrt{a^2+b^2+c^2}}$$

$$\cos\gamma=\frac{\vec{p}\cdot\vec{e_3}}{|\vec{p}||\vec{e_3}|}=\frac{a\times0+b\times0+c\times1}{\sqrt{a^2+b^2+c^2}\times1}=\frac{c}{\sqrt{a^2+b^2+c^2}}$$

したがって

$$\cos^2\alpha+\cos^2\beta+\cos^2\gamma$$
$$=\frac{a^2}{a^2+b^2+c^2}+\frac{b^2}{a^2+b^2+c^2}+\frac{c^2}{a^2+b^2+c^2}$$
$$=1$$

Point...単位ベクトルと方向余弦

$\vec{p}=(a,\ b,\ c)$ について，x 軸，y 軸，z 軸の正の向きとのなす角 α，β，γ に対して，$\cos\alpha$，$\cos\beta$，$\cos\gamma$ を $\vec{p}$ の **方向余弦** という。$|\vec{p}|\cos\alpha$ は，$\vec{p}$ の x 軸に下ろした正射影ベクトルの大きさとなる。

$\vec{p}$ が単位ベクトルのとき，$|\vec{p}|=1$ であるから，$a=\cos\alpha$，$b=\cos\beta$，$c=\cos\gamma$ となり $\cos\alpha$，$\cos\beta$，$\cos\gamma$ は $\vec{p}$ の x 成分，y 成分，z 成分と一致する。

練習 48　$\vec{p}=(1,\ \sqrt{2},\ -1)$ と x 軸，y 軸，z 軸の正の向きとのなす角をそれぞれ α，β，γ とするとき，α，β，γ の値を求めよ。

➡p.139 問題48

例題 49 空間の位置ベクトル

3点 A(2, 3, −3), B(5, −3, 3), C(−1, 0, 6) に対して，
線分 AB, BC, CA を 2:1 に内分する点をそれぞれ P, Q, R とする。
(1) 点 P, Q, R の座標を求めよ。
(2) △PQR の重心 G の座標を求めよ。

思考のプロセス

例題 20 の内容を空間に**拡張**した問題である。

公式の利用

内分・外分・重心の位置ベクトルの公式は**平面でも空間でも変わらない**。

«ReAction 線分 AB を $m:n$ に分ける点 P は，$\overrightarrow{OP}=\dfrac{n\overrightarrow{OA}+m\overrightarrow{OB}}{m+n}$ とせよ ◀例題 20

解 (1) 例題20

$\overrightarrow{OP}=\dfrac{\overrightarrow{OA}+2\overrightarrow{OB}}{2+1}=\dfrac{1}{3}\{(2,\ 3,\ -3)+2(5,\ -3,\ 3)\}$

$=(4,\ -1,\ 1)$

$\overrightarrow{OQ}=\dfrac{\overrightarrow{OB}+2\overrightarrow{OC}}{2+1}=\dfrac{1}{3}\{(5,\ -3,\ 3)+2(-1,\ 0,\ 6)\}$

$=(1,\ -1,\ 5)$

$\overrightarrow{OR}=\dfrac{\overrightarrow{OC}+2\overrightarrow{OA}}{2+1}=\dfrac{1}{3}\{(-1,\ 0,\ 6)+2(2,\ 3,\ -3)\}$

$=(1,\ 2,\ 0)$

よって **P(4, −1, 1), Q(1, −1, 5), R(1, 2, 0)**

◀ $\overrightarrow{OP}$, $\overrightarrow{OQ}$, $\overrightarrow{OR}$ の成分表示が点 P, Q, R の座標と一致する。

(2) 例題20

$\overrightarrow{OG}=\dfrac{\overrightarrow{OP}+\overrightarrow{OQ}+\overrightarrow{OR}}{3}$

$=\dfrac{1}{3}\{(4,\ -1,\ 1)+(1,\ -1,\ 5)+(1,\ 2,\ 0)\}$

$=(2,\ 0,\ 2)$

よって **G(2, 0, 2)**

◀ 重心の位置ベクトルを表す式である。

Point...各辺の分点を結んだ三角形の重心

△ABC において，3辺 AB, BC, CA を $m:n$ に分ける点をそれぞれ P, Q, R とするとき，

△ABC の重心と △PQR の重心は一致する。

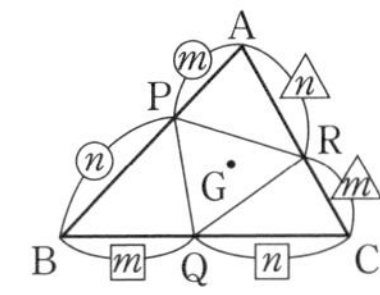

例題 49 において，△ABC の重心の座標は

$\left(\dfrac{2+5+(-1)}{3},\ \dfrac{3+(-3)+0}{3},\ \dfrac{(-3)+3+6}{3}\right)$

すなわち，(2, 0, 2) であり，△PQR の重心と一致する。

練習 49 3点 A(1, −1, 3), B(−2, 3, 1), C(4, 0, −2) に対して，線分 AB, BC, CA を 3:2 に外分する点をそれぞれ P, Q, R とする。
(1) 点 P, Q, R の座標を求めよ。 (2) △PQR の重心 G の座標を求めよ。

⇒p.139 問題49

頻出

例題 50 空間における3点が一直線上にある条件

★★☆☆

平行六面体 OADB−CEFG において，△OAB，△OBC，△OCA の重心をそれぞれ P, Q, R とする。さらに，△ABC，△PQR の重心をそれぞれ S, T とするとき，4 点 O，T，S，F は一直線上にあることを示せ。また，OT : TS : SF を求めよ。

思考のプロセス

例題 22 の内容を空間に**拡張**した問題である。
3 点が一直線上にある条件も，平面ベクトルと同様である。

«ReAction 3点 A，B，C が一直線上を示すときは，$\overrightarrow{AC}=k\overrightarrow{AB}$ を導け ◀例題 22

基準を定める

($\vec{0}$ でなく同一平面上にない 3 つのベクトル $\vec{a}$，$\vec{b}$，$\vec{c}$ を導入) ⟹ $\begin{cases}\overrightarrow{OS}=(\vec{a},\ \vec{b},\ \vec{c}\text{ の式})\\ \overrightarrow{OT}=(\vec{a},\ \vec{b},\ \vec{c}\text{ の式})\\ \overrightarrow{OF}=(\vec{a},\ \vec{b},\ \vec{c}\text{ の式})\end{cases}$ より $\begin{cases}\overrightarrow{OS}=\square\,\overrightarrow{OF}\\ \overrightarrow{OT}=\square\,\overrightarrow{OF}\end{cases}$（□：実数）

解 $\overrightarrow{OA}=\vec{a}$，$\overrightarrow{OB}=\vec{b}$，$\overrightarrow{OC}=\vec{c}$ とおく。

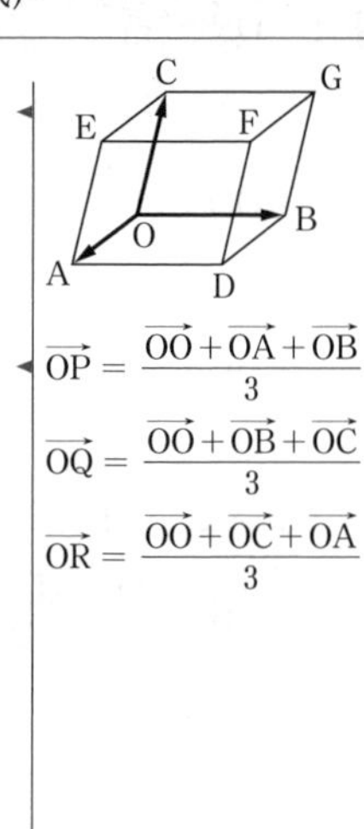

P，Q，R，S はそれぞれ △OAB，△OBC，△OCA，△ABC の重心であるから

$$\overrightarrow{OP}=\frac{\vec{a}+\vec{b}}{3},\quad \overrightarrow{OQ}=\frac{\vec{b}+\vec{c}}{3},\quad \overrightarrow{OR}=\frac{\vec{c}+\vec{a}}{3}$$

$$\overrightarrow{OS}=\frac{\vec{a}+\vec{b}+\vec{c}}{3}\quad \cdots①$$

◀ $\overrightarrow{OP}=\dfrac{\overrightarrow{OO}+\overrightarrow{OA}+\overrightarrow{OB}}{3}$

$\overrightarrow{OQ}=\dfrac{\overrightarrow{OO}+\overrightarrow{OB}+\overrightarrow{OC}}{3}$

$\overrightarrow{OR}=\dfrac{\overrightarrow{OO}+\overrightarrow{OC}+\overrightarrow{OA}}{3}$

点 T は △PQR の重心であるから

$$\begin{aligned}\overrightarrow{OT}&=\frac{\overrightarrow{OP}+\overrightarrow{OQ}+\overrightarrow{OR}}{3}\\&=\frac{1}{3}\left(\frac{\vec{a}+\vec{b}}{3}+\frac{\vec{b}+\vec{c}}{3}+\frac{\vec{c}+\vec{a}}{3}\right)\\&=\frac{2}{9}(\vec{a}+\vec{b}+\vec{c})\quad \cdots②\end{aligned}$$

また　$\overrightarrow{OF}=\overrightarrow{OA}+\overrightarrow{AD}+\overrightarrow{DF}=\vec{a}+\vec{b}+\vec{c}\quad \cdots③$

①〜③ より

$$\overrightarrow{OS}=\frac{1}{3}\overrightarrow{OF},\quad \overrightarrow{OT}=\frac{2}{9}\overrightarrow{OF}$$

よって，4 点 O，T，S，F は一直線上にある。

また　**OT : TS : SF = 2 : 1 : 6**

◀

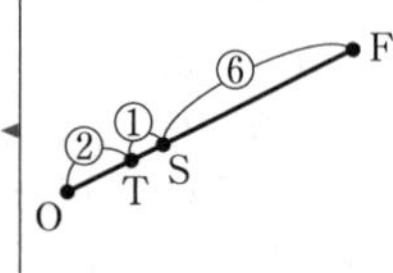

練習 50　直方体 OADB−CEFG において，△ABC，△EDG の重心をそれぞれ S，T とする。このとき，点 S，T は対角線 OF 上にあり，OF を 3 等分することを示せ。

⇒p.139 問題 50

D　頻出
★★☆☆

例題 51　空間における交点の位置ベクトル

四面体 OABC において，辺 AB，BC，CA を 2:3，3:2，1:4 に内分する点をそれぞれ L，M，N とし，線分 CL と MN の交点を P とする。$\overrightarrow{\mathrm{OA}}=\vec{a}$，$\overrightarrow{\mathrm{OB}}=\vec{b}$，$\overrightarrow{\mathrm{OC}}=\vec{c}$ とするとき，$\overrightarrow{\mathrm{OP}}$ を $\vec{a}$，$\vec{b}$，$\vec{c}$ で表せ。

思考のプロセス

例題 23 (1) の内容を空間に**拡張**した問題である。

«ReAction　2直線の交点の位置ベクトルは，1次独立なベクトルを用いて2通りに表せ ◀例題 23

見方を変える

点 P ＜ 線分 CL 上にある
$\Longrightarrow \overrightarrow{\mathrm{OP}}=(1-s)\overrightarrow{\square}+s\overrightarrow{\square}=\text{ア}\,\vec{a}+\text{イ}\,\vec{b}+\text{ウ}\,\vec{c}$

点 P ＜ 線分 MN 上にある
$\Longrightarrow \overrightarrow{\mathrm{OP}}=(1-t)\overrightarrow{\square}+t\overrightarrow{\square}=\text{ア}\,\vec{a}+\text{イ}\,\vec{b}+\text{ウ}\,\vec{c}$

1 次独立のとき
ア ＝ ア
イ ＝ イ
ウ ＝ ウ

解　例題 23

点 P は線分 CL 上にあるから，

CP : PL $= s:(1-s)$ とおくと

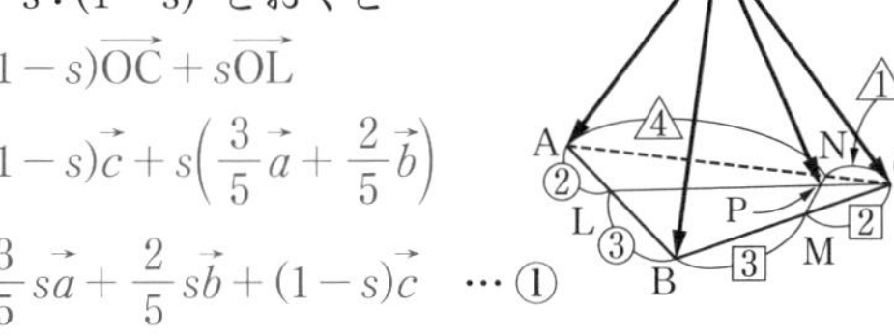

$$\overrightarrow{\mathrm{OP}}=(1-s)\overrightarrow{\mathrm{OC}}+s\overrightarrow{\mathrm{OL}}$$
$$=(1-s)\vec{c}+s\left(\frac{3}{5}\vec{a}+\frac{2}{5}\vec{b}\right)$$
$$=\frac{3}{5}s\vec{a}+\frac{2}{5}s\vec{b}+(1-s)\vec{c}\quad\cdots①$$

◀ 辺 AB，BC，CA を 2:3，3:2，1:4 に内分する点がそれぞれ L，M，N である。

◀ $\overrightarrow{\mathrm{OL}}=\dfrac{3\overrightarrow{\mathrm{OA}}+2\overrightarrow{\mathrm{OB}}}{2+3}$

点 P は線分 MN 上にあるから，MP : PN $= t:(1-t)$ とおくと　$\overrightarrow{\mathrm{OP}}=(1-t)\overrightarrow{\mathrm{OM}}+t\overrightarrow{\mathrm{ON}}$

$$=(1-t)\left(\frac{2}{5}\vec{b}+\frac{3}{5}\vec{c}\right)+t\left(\frac{4}{5}\vec{c}+\frac{1}{5}\vec{a}\right)$$
$$=\frac{1}{5}t\vec{a}+\frac{2}{5}(1-t)\vec{b}+\frac{1}{5}(3+t)\vec{c}\quad\cdots②$$

◀ $\overrightarrow{\mathrm{OM}}=\dfrac{2\overrightarrow{\mathrm{OB}}+3\overrightarrow{\mathrm{OC}}}{3+2}$

$\overrightarrow{\mathrm{ON}}=\dfrac{4\overrightarrow{\mathrm{OC}}+\overrightarrow{\mathrm{OA}}}{1+4}$

$\vec{a}$，$\vec{b}$，$\vec{c}$ はいずれも $\vec{0}$ でなく，同一平面上にないから，

①，② より

$$\frac{3}{5}s=\frac{1}{5}t\ \cdots③,\quad \frac{2}{5}s=\frac{2}{5}(1-t)\ \cdots④,$$
$$1-s=\frac{1}{5}(3+t)\ \cdots⑤$$

◀ ❗係数を比較するときには必ず 1 次独立であることを述べる。

③，④ より　$s=\dfrac{1}{4}$，$t=\dfrac{3}{4}$

これは ⑤ を満たすから　$\boldsymbol{\overrightarrow{\mathrm{OP}}=\dfrac{3}{20}\vec{a}+\dfrac{1}{10}\vec{b}+\dfrac{3}{4}\vec{c}}$

◀ ① に s の値，または ② に t の値を代入する。

練習 51　四面体 OABC の辺 AB，OC の中点をそれぞれ M，N，△ABC の重心を G とし，線分 OG，MN の交点を P とする。$\overrightarrow{\mathrm{OA}}=\vec{a}$，$\overrightarrow{\mathrm{OB}}=\vec{b}$，$\overrightarrow{\mathrm{OC}}=\vec{c}$ とするとき，$\overrightarrow{\mathrm{OP}}$ を $\vec{a}$，$\vec{b}$，$\vec{c}$ で表せ。

➡ p.139　問題 51

頻出

例題 52 同一平面上にある条件〔1〕

★★☆☆

3点 A(−1, −1, 3), B(0, −3, 4), C(1, −2, 5) があり，xy 平面上に点 P を，z 軸上に点 Q をとる。

(1) 3点 A, B, P が一直線上にあるとき，点 P の座標を求めよ。

(2) 4点 A, B, C, Q が同一平面上にあるとき，点 Q の座標を求めよ。

思考のプロセス

基準を定める 条件＿＿について

(1) 始点を A とする … $\overrightarrow{AP}=k\overrightarrow{AB}$

始点を O とする … $\overrightarrow{OP}=s\overrightarrow{OA}+t\overrightarrow{OB}$ $(s+t=1)$

(2) 始点を A とする … $\overrightarrow{AQ}=s\overrightarrow{AB}+t\overrightarrow{AC}$

始点を O とする … $\overrightarrow{OQ}=s\overrightarrow{OA}+t\overrightarrow{OB}+u\overrightarrow{OC}$ $(s+t+u=1)$

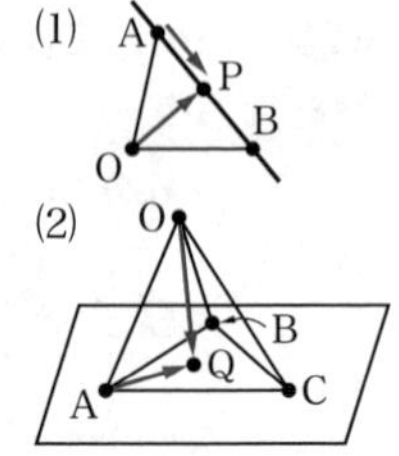

文字を減らす ここでは，文字が少なくなるように，始点を A にして考える。

Action» 平面 ABC 上の点 P は，$\overrightarrow{AP}=s\overrightarrow{AB}+t\overrightarrow{AC}$ とおけ

解 $\overrightarrow{AB}=(1,\ -2,\ 1)$, $\overrightarrow{AC}=(2,\ -1,\ 2)$

(1) 点 P は xy 平面上にあるから，P$(x,\ y,\ 0)$ とおける。

3点 A, B, P が一直線上にあるとき，$\overrightarrow{AP}=k\overrightarrow{AB}$ となる実数 k が存在するから

$$(x+1,\ y+1,\ -3)=(k,\ -2k,\ k)$$

成分を比較すると

$$x+1=k,\quad y+1=-2k,\quad -3=k$$

$k=-3$ より　$x=-4$, $y=5$

したがって　**P(−4, 5, 0)**

(2) 点 Q は z 軸上にあるから，Q$(0,\ 0,\ z)$ とおける。

$\overrightarrow{AB}\neq\vec{0}$, $\overrightarrow{AC}\neq\vec{0}$ であり，$\overrightarrow{AB}$ と $\overrightarrow{AC}$ は平行でない。

よって，4点 A, B, C, Q が同一平面上にあるとき，

$\overrightarrow{AQ}=s\overrightarrow{AB}+t\overrightarrow{AC}$ となる実数 s, t が存在するから

$$(1,\ 1,\ z-3)=s(1,\ -2,\ 1)+t(2,\ -1,\ 2)$$
$$=(s+2t,\ -2s-t,\ s+2t)$$

成分を比較すると

$$1=s+2t,\quad 1=-2s-t,\quad z-3=s+2t$$

これを解くと　$s=-1$, $t=1$, $z=4$

したがって　**Q(0, 0, 4)**

◀ $\overrightarrow{AB}$
$=(0+1,\ -3+1,\ 4-3)$
$=(1,\ -2,\ 1)$
$\overrightarrow{AC}$
$=(1+1,\ -2+1,\ 5-3)$
$=(2,\ -1,\ 2)$

◀ $\overrightarrow{AP}=(x+1,\ y+1,\ -3)$
$k\overrightarrow{AB}=k(1,\ -2,\ 1)$
$=(k,\ -2k,\ k)$

◀ $\overrightarrow{OP}=s\overrightarrow{OA}+t\overrightarrow{OB}$
$(s+t=1)$
を用いて解いてもよい。

◀ $\overrightarrow{AB}$ と $\overrightarrow{AC}$ は1次独立である。

◀ $\overrightarrow{AQ}=(1,\ 1,\ z-3)$

◀ $\overrightarrow{OQ}=s\overrightarrow{OA}+t\overrightarrow{OB}+u\overrightarrow{OC}$
$(s+t+u=1)$
を用いて解いてもよい。

練習 52 3点 A(−2, 1, 3), B(−1, 3, 4), C(1, 4, 5) があり，yz 平面上に点 P を，x 軸上に点 Q をとる。

(1) 3点 A, B, P が一直線上にあるとき，点 P の座標を求めよ。

(2) 4点 A, B, C, Q が同一平面上にあるとき，点 Q の座標を求めよ。

⇒p.139 問題52

頻出
★★★☆

例題 53 同一平面上にある条件〔2〕

四面体OABCにおいて，辺OAの中点をM，辺BCを1:2に内分する点をN，線分MNの中点をPとし，直線OPと平面ABCの交点をQ，直線APと平面OBCの交点をRとする。$\overrightarrow{OA}=\vec{a}$，$\overrightarrow{OB}=\vec{b}$，$\overrightarrow{OC}=\vec{c}$ とするとき，次のベクトルを $\vec{a}$，$\vec{b}$，$\vec{c}$ で表せ。

(1) $\overrightarrow{OP}$　　(2) $\overrightarrow{OQ}$　　(3) $\overrightarrow{OR}$

思考のプロセス

(2) **既知の問題に帰着** 例題23(2)の内容を空間に**拡張**した問題である。

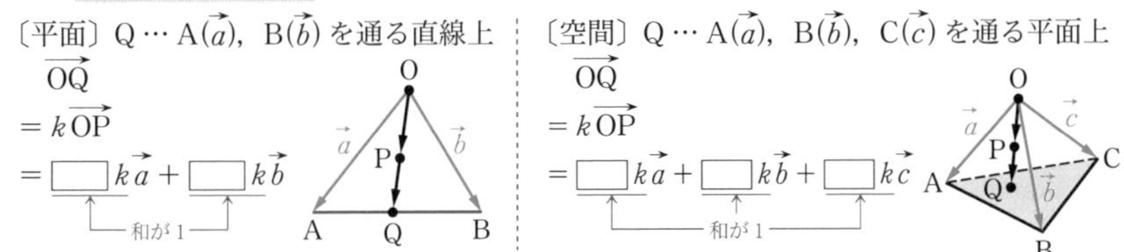

〔平面〕Q … A($\vec{a}$)，B($\vec{b}$) を通る直線上
$\overrightarrow{OQ}$
$=k\overrightarrow{OP}$
$=\square k\vec{a}+\square k\vec{b}$
和が1
O
P
A
Q
B
〔空間〕Q … A($\vec{a}$)，B($\vec{b}$)，C($\vec{c}$) を通る平面上
$\overrightarrow{OQ}$
$=k\overrightarrow{OP}$
$=\square k\vec{a}+\square k\vec{b}+\square k\vec{c}$
和が1
O
P
Q
A
B
C

Action» 平面ABC上の点Pは，$\overrightarrow{OP}=s\overrightarrow{OA}+t\overrightarrow{OB}+u\overrightarrow{OC}$，$s+t+u=1$ とせよ

解 (1) $\overrightarrow{OP}=\dfrac{\overrightarrow{OM}+\overrightarrow{ON}}{2}$

$=\dfrac{1}{2}\left(\dfrac{1}{2}\vec{a}+\dfrac{2\vec{b}+\vec{c}}{3}\right)$

$=\boldsymbol{\dfrac{1}{4}\vec{a}+\dfrac{1}{3}\vec{b}+\dfrac{1}{6}\vec{c}}$

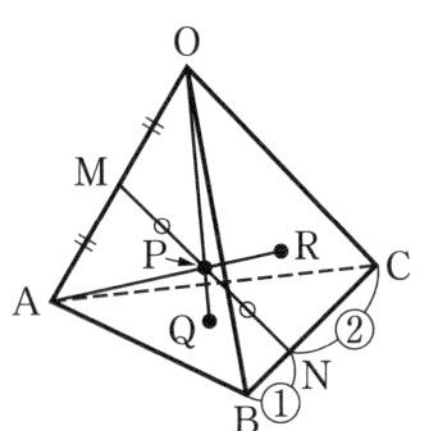

◀点Pは線分MNの中点である。

◀$\overrightarrow{OM}=\dfrac{1}{2}\overrightarrow{OA}$

$\overrightarrow{ON}=\dfrac{2\overrightarrow{OB}+\overrightarrow{OC}}{1+2}$

(2) 点Qは直線OP上にあるから，$\overrightarrow{OQ}=k\overrightarrow{OP}$ (k は実数)

とおくと　$\overrightarrow{OQ}=\dfrac{1}{4}k\vec{a}+\dfrac{1}{3}k\vec{b}+\dfrac{1}{6}k\vec{c}$

点Qは平面ABC上にあるから　$\dfrac{1}{4}k+\dfrac{1}{3}k+\dfrac{1}{6}k=1$

$k=\dfrac{4}{3}$ より　$\boldsymbol{\overrightarrow{OQ}=\dfrac{1}{3}\vec{a}+\dfrac{4}{9}\vec{b}+\dfrac{2}{9}\vec{c}}$

◀点Qが平面ABC上にあるから
$\overrightarrow{OQ}=s\overrightarrow{OA}+t\overrightarrow{OB}+u\overrightarrow{OC}$
のとき　$s+t+u=1$

(3) 点Rは直線AP上にあるから，$\overrightarrow{AR}=l\overrightarrow{AP}$ (l は実数)

◀$\overrightarrow{OR}-\overrightarrow{OA}=l(\overrightarrow{OP}-\overrightarrow{OA})$

とおくと　$\overrightarrow{OR}=\left(1-\dfrac{3}{4}l\right)\vec{a}+\dfrac{l}{3}\vec{b}+\dfrac{l}{6}\vec{c}$

点Rは平面OBC上にあるから　$1-\dfrac{3}{4}l=0$

◀$\overrightarrow{OR}$ は $\vec{b}$ と $\vec{c}$ のみで表すことができる。

$l=\dfrac{4}{3}$ より　$\boldsymbol{\overrightarrow{OR}=\dfrac{4}{9}\vec{b}+\dfrac{2}{9}\vec{c}}$

練習 53 四面体OABCにおいて，辺ACの中点をM，辺OBを1:2に内分する点をQ，線分MQを3:2に内分する点をRとし，直線ORと平面ABCとの交点をPとする。$\overrightarrow{OA}=\vec{a}$，$\overrightarrow{OB}=\vec{b}$，$\overrightarrow{OC}=\vec{c}$ とするとき

(1) $\overrightarrow{OR}$ を $\vec{a}$，$\vec{b}$，$\vec{c}$ で表せ。　　(2) OR:RP を求めよ。

➡p.139 問題53

Play Back 8 始点を変えてみよう

位置ベクトルを用いて図形の問題を考えるとき，その始点をどこに設定するのかがとても大切です。次の探究例題において始点を変更することで，解答がどのように変わるのか比較してみましょう。

探究例題 6 位置ベクトルの始点変更

四面体 OABC において，P を辺 OA の中点，Q を辺 OB を 2:1 に内分する点，R を辺 BC の中点とする。P，Q，R を通る平面と辺 AC の交点を S とするとき，比 $|\overrightarrow{AS}|:|\overrightarrow{SC}|$ を求めたい。（神戸大 改）

(1) 位置ベクトルの始点を O として求めよ。

(2) 位置ベクトルの始点を A として求めよ。

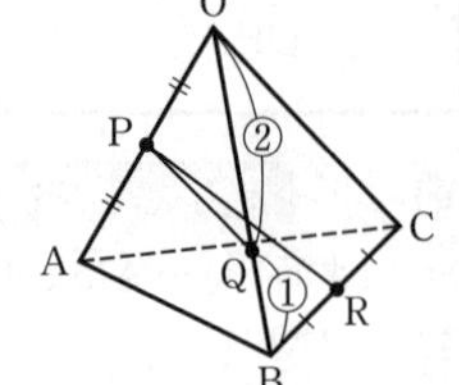

思考のプロセス

条件の言い換え

(P，Q，R を通る平面と辺 AC の交点を S) → S は平面 PQR 上 / S は辺 AC 上

これらの条件から点 S の位置ベクトルをそれぞれ考える。

«ReAction 平面 ABC 上の点 P は，$\overrightarrow{OP}=s\overrightarrow{OA}+t\overrightarrow{OB}+u\overrightarrow{OC}$，$s+t+u=1$ とせよ ◀例題 53

«ReAction 3点 A，B，C が一直線上を示すときは，$\overrightarrow{AC}=k\overrightarrow{AB}$ を導け ◀例題 22

(1) 位置ベクトルの始点は O

S は平面 PQR 上
$\Longrightarrow \overrightarrow{OS}=●\overrightarrow{OP}+▲\overrightarrow{OQ}+■\overrightarrow{OR}$

↕ 係数比較

S は辺 AC 上
$\Longrightarrow \overrightarrow{OS}=○\overrightarrow{OA}+□\overrightarrow{OC}$

(2) 位置ベクトルの始点は A

S は平面 PQR 上
$\Longrightarrow \overrightarrow{AS}=●\overrightarrow{AP}+▲\overrightarrow{AQ}+■\overrightarrow{AR}$

↕ 係数比較

S は辺 AC 上
$\Longrightarrow \overrightarrow{AS}=○\overrightarrow{AC}$

解 (1) S は平面 PQR 上にあるから，s，t，u を実数として

$$\overrightarrow{OS}=s\overrightarrow{OP}+t\overrightarrow{OQ}+u\overrightarrow{OR},$$
$$s+t+u=1$$

$s=1-t-u$ であるから

$$\overrightarrow{OS}=(1-t-u)\overrightarrow{OP}+t\overrightarrow{OQ}+u\overrightarrow{OR}$$

$\overrightarrow{OP}=\dfrac{1}{2}\overrightarrow{OA}$,

$\overrightarrow{OQ}=\dfrac{2}{3}\overrightarrow{OB}$,

$\overrightarrow{OR}=\dfrac{1}{2}(\overrightarrow{OB}+\overrightarrow{OC})$ であるから

$$\overrightarrow{OS}=\frac{1}{2}(1-t-u)\overrightarrow{OA}+\left(\frac{2}{3}t+\frac{1}{2}u\right)\overrightarrow{OB}+\frac{1}{2}u\overrightarrow{OC}$$

(2) S は平面 PQR 上にあるから，s，t，u を実数として

$$\overrightarrow{AS}=s\overrightarrow{AP}+t\overrightarrow{AQ}+u\overrightarrow{AR},$$
$$s+t+u=1$$

$s=1-t-u$ であるから

$$\overrightarrow{AS}=(1-t-u)\overrightarrow{AP}+t\overrightarrow{AQ}+u\overrightarrow{AR}$$

$\overrightarrow{AP}=\dfrac{1}{2}\overrightarrow{AO}$,

$\overrightarrow{AQ}=\dfrac{1}{3}\overrightarrow{AO}+\dfrac{2}{3}\overrightarrow{AB}$,

$\overrightarrow{AR}=\dfrac{1}{2}(\overrightarrow{AB}+\overrightarrow{AC})$ であるから

$$\overrightarrow{AS}=\left(-\frac{1}{6}t-\frac{1}{2}u+\frac{1}{2}\right)\overrightarrow{AO}+\left(\frac{2}{3}t+\frac{1}{2}u\right)\overrightarrow{AB}+\frac{1}{2}u\overrightarrow{AC}$$

また，S は辺 AC 上にあるから，$\overrightarrow{\mathrm{OB}}$ の係数が 0，$\overrightarrow{\mathrm{OA}}$ と $\overrightarrow{\mathrm{OC}}$ の係数の和が 1 である。
よって

$$\begin{cases} \dfrac{2}{3}t+\dfrac{1}{2}u=0 \\ \dfrac{1}{2}(1-t-u)+\dfrac{1}{2}u=1 \end{cases}$$

ゆえに　$t=-1,\ u=\dfrac{4}{3}$

したがって

$$\overrightarrow{\mathrm{OS}}=\frac{1}{3}\overrightarrow{\mathrm{OA}}+\frac{2}{3}\overrightarrow{\mathrm{OC}}$$

であるから

$$|\overrightarrow{\mathbf{AS}}|:|\overrightarrow{\mathbf{SC}}|=\mathbf{2:1}$$

また，S は辺 AC 上にあるから，$\overrightarrow{\mathrm{AO}}$ と $\overrightarrow{\mathrm{AB}}$ の係数がいずれも 0 である。
よって

$$\begin{cases} -\dfrac{1}{6}t-\dfrac{1}{2}u+\dfrac{1}{2}=0 \\ \dfrac{2}{3}t+\dfrac{1}{2}u=0 \end{cases}$$

ゆえに　$t=-1,\ u=\dfrac{4}{3}$

したがって

$$\overrightarrow{\mathrm{AS}}=\frac{2}{3}\overrightarrow{\mathrm{AC}}$$

であるから

$$|\overrightarrow{\mathbf{AS}}|:|\overrightarrow{\mathbf{SC}}|=\mathbf{2:1}$$

一般に，位置ベクトルの始点はどこに設定しても構いません。ただ，始点の定め方によっては，途中の計算過程が大きく変わることがあります。

次の問題を考えてみましょう。

〔問題〕 同一直線上にない 3 点 A，B，C と点 O，点 P に対して

$$\overrightarrow{\mathbf{OP}}=s\overrightarrow{\mathbf{OA}}+t\overrightarrow{\mathbf{OB}}+u\overrightarrow{\mathbf{OC}},\ s+t+u=1,\ s\geqq 0,\ t\geqq 0,\ u\geqq 0$$

$\Longleftrightarrow$ **点 P は △ABC の内部および周上を動く**

が成り立つ。これを示せ。

始点は O のまま考えてもよいですが

$\overrightarrow{\mathrm{AP}}=s\overrightarrow{\mathrm{AB}}+t\overrightarrow{\mathrm{AC}},\ s+t\leqq 1,\ s\geqq 0,\ t\geqq 0$ $\Longleftrightarrow$ **点 P は △ABC の内部および周上を動く**

（⇦ p.77 **Go Ahead** 2 (2) 参照）

を思い出して，点 P の動く範囲が同じであることに着目すると，この式になるように見通しを立てて，始点を A にとって解答することも考えられます。

解 $\overrightarrow{\mathrm{OP}}=s\overrightarrow{\mathrm{OA}}+t\overrightarrow{\mathrm{OB}}+u\overrightarrow{\mathrm{OC}}$　において，始点を A に変えて

$$\overrightarrow{\mathrm{AP}}-\overrightarrow{\mathrm{AO}}=-s\overrightarrow{\mathrm{AO}}+t(\overrightarrow{\mathrm{AB}}-\overrightarrow{\mathrm{AO}})+u(\overrightarrow{\mathrm{AC}}-\overrightarrow{\mathrm{AO}})$$

$$\overrightarrow{\mathrm{AP}}=(1-s-t-u)\overrightarrow{\mathrm{AO}}+t\overrightarrow{\mathrm{AB}}+u\overrightarrow{\mathrm{AC}}=t\overrightarrow{\mathrm{AB}}+u\overrightarrow{\mathrm{AC}}$$

◀ $s+t+u=1$

$s+t+u=1$ より　　$s=1-(t+u)$

$s\geqq 0$ より $1-(t+u)\geqq 0$ であるから　　$t+u\leqq 1$

よって　　$\overrightarrow{\mathrm{AP}}=t\overrightarrow{\mathrm{AB}}+u\overrightarrow{\mathrm{AC}},\ t+u\leqq 1,\ t\geqq 0,\ u\geqq 0$

◀ **Go Ahead** 2 (2) の式に帰着できる。

したがって，点 P は △ABC の内部および周上を動く。
これは逆も成り立つ。

与えられた条件や，求めるものに着目して，適切な位置に始点を設定しましょう。

Play Back 9　共線条件と共面条件，２つの形の長所と短所

例題 50，52，53 で学習した 3 点 P，A，B が同一直線上にある条件（共線条件），4 点 P，A，B，C が同一平面上にある条件（共面条件）は，始点をどこにとるかで 2 つの形がありました。

この 2 つはつながっており，容易に変形ができます。

〔1〕　3 点 P，A，B が同一直線上にある $\iff$ $\boldsymbol{\overrightarrow{AP}=t\overrightarrow{AB}}$

始点を O に変えると

$$\overrightarrow{OP}-\overrightarrow{OA}=t(\overrightarrow{OB}-\overrightarrow{OA})$$

よって　$\overrightarrow{OP}=(1-t)\overrightarrow{OA}+t\overrightarrow{OB}$

$1-t=s$ とおくと

$$\boldsymbol{\overrightarrow{OP}=s\overrightarrow{OA}+t\overrightarrow{OB},\ s+t=1}$$

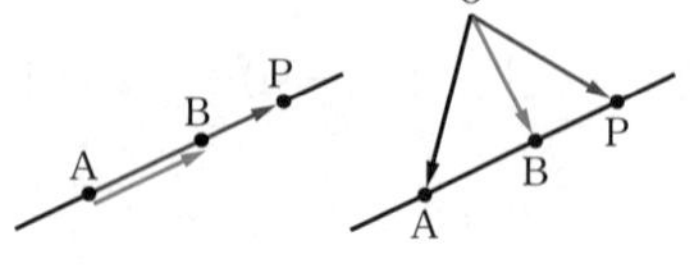

〔2〕　4 点 P，A，B，C が同一平面上にある $\iff$ $\boldsymbol{\overrightarrow{AP}=t\overrightarrow{AB}+u\overrightarrow{AC}}$

始点を O に変えると

$$\overrightarrow{OP}-\overrightarrow{OA}=t(\overrightarrow{OB}-\overrightarrow{OA})+u(\overrightarrow{OC}-\overrightarrow{OA})$$

よって

$$\overrightarrow{OP}=(1-t-u)\overrightarrow{OA}+t\overrightarrow{OB}+u\overrightarrow{OC}$$

$1-t-u=s$ とおくと

$$\boldsymbol{\overrightarrow{OP}=s\overrightarrow{OA}+t\overrightarrow{OB}+u\overrightarrow{OC},\ s+t+u=1}$$

下の表の長所と短所を参考に，与えられたベクトルや座標などの条件により使い分けを考えてみましょう。

	始点を与えられた点とする。	始点を与えられた点以外である点 O とする。
3 点 P, A, B が同一直線上にある条件	$\overrightarrow{AP}=t\overrightarrow{AB}$	$\overrightarrow{OP}=s\overrightarrow{OA}+t\overrightarrow{OB}$ $s+t=1$
4 点 P，A，B，C が同一平面上にある条件	$\overrightarrow{AP}=t\overrightarrow{AB}+u\overrightarrow{AC}$	$\overrightarrow{OP}=s\overrightarrow{OA}+t\overrightarrow{OB}+u\overrightarrow{OC}$ $s+t+u=1$
長所と短所	文字が少なくて済むが，座標と成分は異なる。	文字は多くなるが，点 O が原点のとき座標と成分が一致する。

例題 52 (2) は，図形の中の点 A を始点とした解答でしたが，始点を別な点 O として次のように解くこともできます。

例題 52 (2) の**〔別解〕**

4 点 Q，A，B，C が同一平面上にあるとき　$\overrightarrow{OQ}=s\overrightarrow{OA}+t\overrightarrow{OB}+u\overrightarrow{OC}$

ただし　$s+t+u=1$　…①

よって　$(0,\ 0,\ z)=s(-1,\ -1,\ 3)+t(0,\ -3,\ 4)+u(1,\ -2,\ 5)$

成分を比較すると

$$0=-s+u\ \cdots ②,\quad 0=-s-3t-2u\ \cdots ③,\quad z=3s+4t+5u\ \cdots ④$$

①～④ を解くと，$s=1$，$t=-1$，$u=1$，$z=4$ より　Q$(0,\ 0,\ 4)$

例題 54　空間図形の性質の証明　★★☆☆

四面体 ABCD において $AC^2+BD^2=AD^2+BC^2$ が成り立つとき，
AB ⊥ CD であることを証明せよ。

思考のプロセス

基準を定める

（始点をAとして，$\overrightarrow{AB}=\vec{b}$，$\overrightarrow{AC}=\vec{c}$，$\overrightarrow{AD}=\vec{d}$ を導入）⟹（すべてのベクトルを $\vec{b}$，$\vec{c}$，$\vec{d}$ で表すことができる）

逆向きに考える

AB ⊥ CD ⟹ $\overrightarrow{AB}\cdot\overrightarrow{CD}=0$ を示したい。
⟹ $\vec{b}\cdot(\vec{d}-\vec{c})=0$ を示したい。
⟹ $\vec{b}\cdot\vec{d}-\vec{b}\cdot\vec{c}=0$ を示したい。　⟵ 条件＿＿から示すことを考える。

Action» AB ⊥ CD を示すときは，$\overrightarrow{AB}\cdot\overrightarrow{CD}=0$ を導け

解　$\overrightarrow{AB}=\vec{b}$，$\overrightarrow{AC}=\vec{c}$，$\overrightarrow{AD}=\vec{d}$ とおく。

$AC^2+BD^2=AD^2+BC^2$ であるから

$$|\overrightarrow{AC}|^2+|\overrightarrow{BD}|^2=|\overrightarrow{AD}|^2+|\overrightarrow{BC}|^2$$

◀ $AC=|\overrightarrow{AC}|$，$BD=|\overrightarrow{BD}|$
$AD=|\overrightarrow{AD}|$，$BC=|\overrightarrow{BC}|$
と考える。

$\overrightarrow{BD}=\vec{d}-\vec{b}$，$\overrightarrow{BC}=\vec{c}-\vec{b}$ より

$$|\vec{c}|^2+|\vec{d}-\vec{b}|^2=|\vec{d}|^2+|\vec{c}-\vec{b}|^2$$

$$|\vec{c}|^2+|\vec{d}|^2-2\vec{b}\cdot\vec{d}+|\vec{b}|^2=|\vec{d}|^2+|\vec{c}|^2-2\vec{b}\cdot\vec{c}+|\vec{b}|^2$$

◀ $|\vec{d}-\vec{b}|^2$
$=|\vec{d}|^2-2\vec{d}\cdot\vec{b}+|\vec{b}|^2$

よって　$\vec{b}\cdot\vec{d}=\vec{b}\cdot\vec{c}$　…①

このとき　$\overrightarrow{AB}\cdot\overrightarrow{CD}=\vec{b}\cdot(\vec{d}-\vec{c})=\vec{b}\cdot\vec{d}-\vec{b}\cdot\vec{c}$

◀ $\overrightarrow{CD}=\overrightarrow{AD}-\overrightarrow{AC}=\vec{d}-\vec{c}$

①より　$\overrightarrow{AB}\cdot\overrightarrow{CD}=0$

◀ $\vec{b}\cdot\vec{d}=\vec{b}\cdot\vec{c}$ より
$\vec{b}\cdot\vec{d}-\vec{b}\cdot\vec{c}=0$

$\overrightarrow{AB}\neq\vec{0}$，$\overrightarrow{CD}\neq\vec{0}$ であるから　$\overrightarrow{AB}\perp\overrightarrow{CD}$

すなわち　AB ⊥ CD

Point...図形の性質の証明

平面図形と同様，空間図形の性質を証明するときは $AB=|\overrightarrow{AB}|$ を利用する。
さらに，異なる点 A，B，C，D に対して
(1)　A，B，C が一直線上にある ⟺ $\overrightarrow{AC}=k\overrightarrow{AB}$ を満たす実数 k が存在する
(2)　A，B，C，D が同一平面上にある
⟺ $\overrightarrow{AD}=s\overrightarrow{AB}+t\overrightarrow{AC}$ を満たす実数 s，t が存在する
(3)　AB ⊥ CD ⟺ $\overrightarrow{AB}\cdot\overrightarrow{CD}=0$

練習 54　正四面体 OABC において，$\overrightarrow{OA}=\vec{a}$，$\overrightarrow{OB}=\vec{b}$，$\overrightarrow{OC}=\vec{c}$ とする。
△OAB の重心を G とするとき，次の問に答えよ。
(1)　$\overrightarrow{OG}$ をベクトル $\vec{a}$，$\vec{b}$ を用いて表せ。
(2)　OG ⊥ GC であることを示せ。　（宮崎大）

➡p.139 問題54

D ★★★★

例題 55　空間における点の一致

四面体 OABC において，$\triangle$ABC，$\triangle$OAB，$\triangle$OBC の重心をそれぞれ G_1，G_2，G_3 とすると，線分 OG_1，CG_2，AG_3 は 1 点で交わることを証明せよ。

思考のプロセス

段階に分ける

線分 OG_1，CG_2，AG_3 が 1 点で交わる。

$\Longrightarrow$ OG_1 と CG_2 の交点 D が AG_3 上にある。

$\Longrightarrow$ Ⅰ．OG_1 と CG_2 の交点 D の位置ベクトルを求める。

　　Ⅱ．点 D が線分 AG_3 の内分点であることを示す。

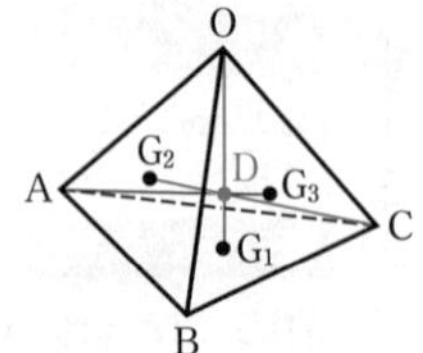
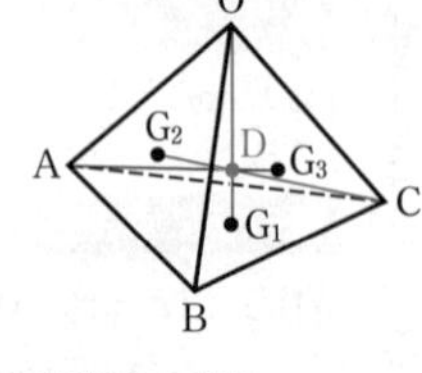

« ReAction　2直線の交点の位置ベクトルは，1次独立なベクトルを用いて2通りに表せ　◀例題 23

解　線分 AB の中点を M とする。点 G_1，G_2 は，線分 CM，OM 上にあるから，線分 OG_1 と CG_2 は 1 点 D で交わる。

◀ OG_1，CG_2 は平面 OCM 上の平行でない 2 つの線分である。

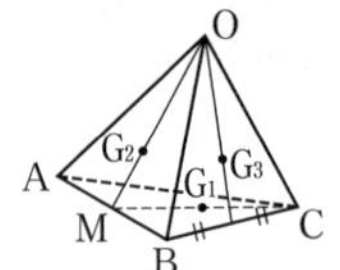

点 D は線分 OG_1 上の点であるから

$$\overrightarrow{OD}=t\overrightarrow{OG_1}=\frac{t}{3}\overrightarrow{OA}+\frac{t}{3}\overrightarrow{OB}+\frac{t}{3}\overrightarrow{OC}\qquad\cdots①$$

となる実数 t が存在する。

また，点 D は線分 CG_2 上の点であるから，

$CD:DG_2=s:(1-s)$ とすると

$$\overrightarrow{OD}=s\overrightarrow{OG_2}+(1-s)\overrightarrow{OC}$$

$$=\frac{s}{3}\overrightarrow{OA}+\frac{s}{3}\overrightarrow{OB}+(1-s)\overrightarrow{OC}\qquad\cdots②$$

◀ $\overrightarrow{OG_1}=\frac{1}{3}(\overrightarrow{OA}+\overrightarrow{OB}+\overrightarrow{OC})$

$\overrightarrow{OG_2}=\frac{1}{3}(\overrightarrow{OA}+\overrightarrow{OB})$

$\overrightarrow{OG_3}=\frac{1}{3}(\overrightarrow{OB}+\overrightarrow{OC})$

$\overrightarrow{OA}$，$\overrightarrow{OB}$，$\overrightarrow{OC}$ はいずれも $\vec{0}$ でなく，同一平面上にないから，①，② より

$$\frac{t}{3}=\frac{s}{3}\quad\text{かつ}\quad\frac{t}{3}=1-s$$

よって　　$s=t=\dfrac{3}{4}$

◀ 点 D は，線分 OG_1，CG_2 をそれぞれ 3 : 1 に内分する。

① に代入すると

$$\overrightarrow{OD}=\frac{1}{4}(\overrightarrow{OA}+\overrightarrow{OB}+\overrightarrow{OC})$$

$$=\frac{1}{4}\left(\overrightarrow{OA}+3\times\frac{\overrightarrow{OB}+\overrightarrow{OC}}{3}\right)$$

$$=\frac{\overrightarrow{OA}+3\overrightarrow{OG_3}}{4}$$

◀ 点 D が線分 AG_3 上にあることを示したいから，$\overrightarrow{OD}$ を $\overrightarrow{OA}$ と $\overrightarrow{OG_3}$ で表すことを考える。

$\overrightarrow{OG_3}=\dfrac{\overrightarrow{OB}+\overrightarrow{OC}}{3}$ であるから，この形をつくるように変形する。

よって，点 D は線分 AG_3 を 3 : 1 に内分する点であるから，線分 OG_1，CG_2，AG_3 は 1 点で交わる。

練習 55　四面体 OABC において，辺 OA，AB，BC を 1 : 1，2 : 1，1 : 2 に内分する点をそれぞれ P，Q，R とし，線分 CQ を 3 : 1 に内分する点を S とする。このとき，線分 PR と線分 OS は 1 点で交わることを証明せよ。

➡p.139 問題55

例題 56 四面体の体積 ★★★☆

4 点 A(1, 1, 0), B(2, 3, 3), C(−1, 2, 1), D(0, −6, 5) がある。
(1) △ABC の面積を求めよ。
(2) 直線 AD は平面 ABC に垂直であることを示せ。
(3) 四面体 ABCD の体積 V を求めよ。

思考のプロセス

(1) 例題 46 (2) 参照

(2) 目標の言い換え

AD ⊥ 平面 ABC を示す ⟹ AD ⊥ □ かつ AD ⊥ □ を示す

（□：平面 ABC 上の交わる 2 直線）

Action» 直線 l と平面 α の垂直は，α 上の交わる2直線と l の垂直を考えよ

解 (1) $\overrightarrow{AB}=(1,\ 2,\ 3)$, $\overrightarrow{AC}=(-2,\ 1,\ 1)$ より

$$|\overrightarrow{AB}|^2=1^2+2^2+3^2=14$$
$$|\overrightarrow{AC}|^2=(-2)^2+1^2+1^2=6$$
$$\overrightarrow{AB}\cdot\overrightarrow{AC}=1\times(-2)+2\times1+3\times1=3$$

よって $\triangle ABC=\dfrac{1}{2}\sqrt{|\overrightarrow{AB}|^2|\overrightarrow{AC}|^2-(\overrightarrow{AB}\cdot\overrightarrow{AC})^2}$

$$=\frac{1}{2}\sqrt{14\times6-9}=\boldsymbol{\frac{5\sqrt{3}}{2}}$$

◀ $\overrightarrow{AB}=(2-1,\ 3-1,\ 3-0)=(1,\ 2,\ 3)$
$\overrightarrow{AC}=(-1-1,\ 2-1,\ 1-0)=(-2,\ 1,\ 1)$

◀ 例題 46 **Point** 参照。平面における三角形の面積公式は，空間における三角形にも適用できる。

(2) $\overrightarrow{AD}=(-1,\ -7,\ 5)$

$\overrightarrow{AD}$ と平面 ABC 上の平行でない 2 つのベクトル $\overrightarrow{AB}$, $\overrightarrow{AC}$ について

$$\overrightarrow{AD}\cdot\overrightarrow{AB}=-1\times1+(-7)\times2+5\times3=0$$
$$\overrightarrow{AD}\cdot\overrightarrow{AC}=-1\times(-2)+(-7)\times1+5\times1=0$$

$\overrightarrow{AD}\neq\vec{0}$, $\overrightarrow{AB}\neq\vec{0}$, $\overrightarrow{AC}\neq\vec{0}$ より

$$\overrightarrow{AD}\perp\overrightarrow{AB},\quad \overrightarrow{AD}\perp\overrightarrow{AC}$$

ゆえに，直線 AD は平面 ABC に垂直である。

◀ ❗直線 l ⊥ 平面 α ⟺ 平面 α 上の平行でない 2 つの直線 m, n に対して $l\perp m$, $l\perp n$
例題 47 **Point** 参照。

(3) (2) より，線分 AD は △ABC を底面としたときの四面体 ABCD の高さである。

$$AD=|\overrightarrow{AD}|=\sqrt{(-1)^2+(-7)^2+5^2}=5\sqrt{3}$$

よって $V=\dfrac{1}{3}\times\dfrac{5\sqrt{3}}{2}\times5\sqrt{3}=\boldsymbol{\dfrac{25}{2}}$

◀
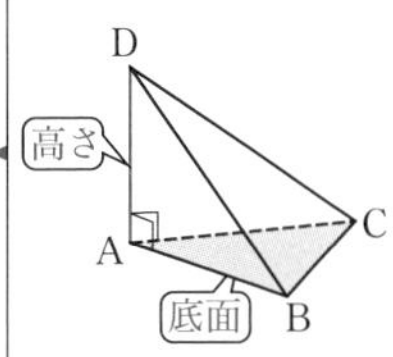

練習 56 4 点 A(3, −3, 4), B(1, −1, 3), C(−1, −3, 3), D(−2, −2, 7) がある。
(1) △BCD の面積を求めよ。
(2) 直線 AB は平面 BCD に垂直であることを示せ。
(3) 四面体 ABCD の体積 V を求めよ。

➡p.140 問題56

頻出

例題 57 空間における垂線〔1〕

★★★☆

四面体 OABC は $OA=8$, $OB=10$, $OC=6$, $\angle AOB=90^\circ$, $\angle AOC=\angle BOC=60^\circ$ を満たしている。頂点 C から △OAB に垂線 CH を下ろしたとき，$\overrightarrow{OH}$ を $\overrightarrow{OA}$, $\overrightarrow{OB}$ を用いて表せ。

思考のプロセス

« Re Action 直線 l と平面 α の垂直は，α 上の交わる2直線と l の垂直を考えよ ◀例題 56

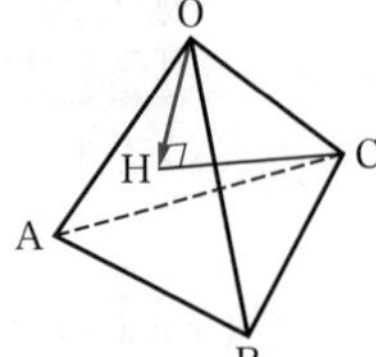

基準を定める

始点を O とすると，すべてのベクトルを $\overrightarrow{OA}$, $\overrightarrow{OB}$, $\overrightarrow{OC}$ で表すことができる。（1次独立）

H は平面 OAB 上の点 $\Longrightarrow$ $\overrightarrow{OH}=s\overrightarrow{OA}+t\overrightarrow{OB}$

条件の言い換え

CH ⊥ 平面 OAB $\Longleftrightarrow$ $\begin{cases}\overrightarrow{CH}\perp\overrightarrow{OA}\\ \overrightarrow{CH}\perp\overrightarrow{OB}\end{cases}$

解 点 H は平面 OAB 上にあるから

例題 52 $\overrightarrow{OH}=s\overrightarrow{OA}+t\overrightarrow{OB}$ （s, t は実数）とおける。

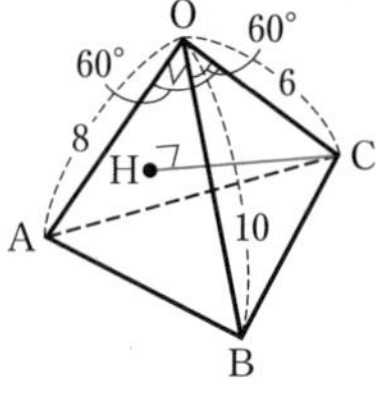

例題 56 CH は平面 OAB に垂直であるから

$\overrightarrow{CH}\perp\overrightarrow{OA}$ かつ $\overrightarrow{CH}\perp\overrightarrow{OB}$

すなわち

$\overrightarrow{CH}\cdot\overrightarrow{OA}=0$ …① かつ $\overrightarrow{CH}\cdot\overrightarrow{OB}=0$ …②

◀ $\overrightarrow{OC}$ は用いずに表すことができる。

ここで $\overrightarrow{CH}=\overrightarrow{OH}-\overrightarrow{OC}=s\overrightarrow{OA}+t\overrightarrow{OB}-\overrightarrow{OC}$

◀ $\overrightarrow{CH}$ を $\overrightarrow{OA}$, $\overrightarrow{OB}$, $\overrightarrow{OC}$ で表す。

また $\overrightarrow{OA}\cdot\overrightarrow{OB}=0$, $\overrightarrow{OB}\cdot\overrightarrow{OC}=10\times6\times\cos60^\circ=30$

$\overrightarrow{OC}\cdot\overrightarrow{OA}=6\times8\times\cos60^\circ=24$

① より

$$\begin{aligned}\overrightarrow{CH}\cdot\overrightarrow{OA}&=(s\overrightarrow{OA}+t\overrightarrow{OB}-\overrightarrow{OC})\cdot\overrightarrow{OA}\\&=s|\overrightarrow{OA}|^2+t\overrightarrow{OA}\cdot\overrightarrow{OB}-\overrightarrow{OC}\cdot\overrightarrow{OA}\\&=64s-24=0 \quad \cdots③\end{aligned}$$

② より

$$\begin{aligned}\overrightarrow{CH}\cdot\overrightarrow{OB}&=(s\overrightarrow{OA}+t\overrightarrow{OB}-\overrightarrow{OC})\cdot\overrightarrow{OB}\\&=s\overrightarrow{OA}\cdot\overrightarrow{OB}+t|\overrightarrow{OB}|^2-\overrightarrow{OB}\cdot\overrightarrow{OC}\\&=100t-30=0 \quad \cdots④\end{aligned}$$

③, ④ より $s=\dfrac{3}{8}$, $t=\dfrac{3}{10}$

したがって $\boldsymbol{\overrightarrow{OH}=\dfrac{3}{8}\overrightarrow{OA}+\dfrac{3}{10}\overrightarrow{OB}}$

練習 57 1辺の長さが1の正四面体 OABC において，頂点 A から △OBC に垂線 AH を下ろしたとき，$\overrightarrow{AH}$ を $\overrightarrow{OA}$, $\overrightarrow{OB}$, $\overrightarrow{OC}$ を用いて表せ。

➡p.140 問題57

例題 58　空間における垂線〔2〕

D ★★★★

4 点 A(3, 3, 1), B(1, 4, 3), C(4, 1, 2), D(4, 4, 3) において，点 A から平面 BCD に垂線 AH を下ろしたとき，点 H の座標を求めよ。

思考のプロセス

«ReAction 直線 l と平面 α の垂直は，α 上の交わる 2 直線と l の垂直を考えよ ◀例題 56

基準を定める

始点を原点 O とすると　点 H の座標 ⟷(対応) $\overrightarrow{OH}$ の成分

H は平面 BCD 上の点 ⟹ $\overrightarrow{OH} = s\overrightarrow{OB} + t\overrightarrow{OC} + u\overrightarrow{OD}$

$(s+t+u=1)$

条件の言い換え

AH ⊥ 平面 BCD ⟺ $\begin{cases} \overrightarrow{AH} \perp \overrightarrow{BC} \\ \overrightarrow{AH} \perp \overrightarrow{BD} \end{cases}$ s, t, u の関係式

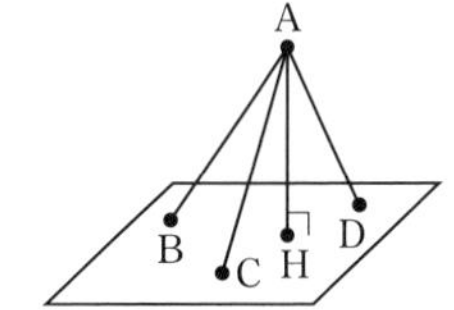

解 点 H は平面 BCD 上にあるから，O を原点として（例題 53）

$\overrightarrow{OH} = s\overrightarrow{OB} + t\overrightarrow{OC} + u\overrightarrow{OD}$　…①

とおける。ただし，s, t, u は実数で　$s+t+u=1$　…②

◀原点 O を始点に考える。
ReAction 例題 53「平面 ABC 上の点 P は，$\overrightarrow{OP} = s\overrightarrow{OA} + t\overrightarrow{OB} + u\overrightarrow{OC}$, $s+t+u=1$ とせよ」

① より

$\overrightarrow{OH} = s(1, 4, 3) + t(4, 1, 2) + u(4, 4, 3)$

$= (s+4t+4u, 4s+t+4u, 3s+2t+3u)$　…③

AH は平面 BCD に垂直であるから（例題 56）

$\overrightarrow{AH}\cdot\overrightarrow{BC} = 0$ …④　かつ　$\overrightarrow{AH}\cdot\overrightarrow{BD} = 0$ …⑤

ここで　$\overrightarrow{BC} = (3, -3, -1)$, $\overrightarrow{BD} = (3, 0, 0)$

◀ $\overrightarrow{BC} = (4-1, 1-4, 2-3) = (3, -3, -1)$
$\overrightarrow{BD} = (4-1, 4-4, 3-3) = (3, 0, 0)$

$\overrightarrow{AH} = \overrightarrow{OH} - \overrightarrow{OA}$

$= (s+4t+4u-3, 4s+t+4u-3, 3s+2t+3u-1)$

④ より

$3(s+4t+4u-3) - 3(4s+t+4u-3) - (3s+2t+3u-1) = 0$

よって　$12s-7t+3u=1$　…⑥

⑤ より　$3(s+4t+4u-3)=0$

よって　$s+4t+4u=3$　…⑦

②×4−⑦ より，$3s=1$ であるから　$s=\dfrac{1}{3}$

このとき，②，⑥ より　$t+u=\dfrac{2}{3}$, $7t-3u=3$

これを解くと　$t=\dfrac{1}{2}$, $u=\dfrac{1}{6}$

③ に代入すると　$\overrightarrow{OH} = \left(3, \dfrac{5}{2}, \dfrac{5}{2}\right)$

したがって，点 H の座標は　$\left(3, \dfrac{5}{2}, \dfrac{5}{2}\right)$

練習 58　4 点 A(1, 2, 0), B(1, 4, 2), C(2, 2, 2), D(4, 4, 1) において，点 D から平面 ABC に垂線 DH を下ろしたとき，点 H の座標を求めよ。

➡ p.140 問題 58

例題 59　四面体の内部の点の位置ベクトル ★★★☆

1辺の長さが1の正四面体 OABC の内部に点 P があり，
等式 $2\overrightarrow{OP}+\overrightarrow{AP}+2\overrightarrow{BP}+3\overrightarrow{CP}=\vec{0}$ が成り立っている。

(1) 直線 OP と底面 ABC の交点を Q，直線 AQ と辺 BC の交点を R とするとき，BR：RC，AQ：QR，OP：PQ を求めよ。

(2) 4つの四面体 PABC，POBC，POCA，POAB の体積比を求めよ。

(3) 線分 OP の長さを求めよ。

思考のプロセス

(1)，(2) 例題25の内容を空間に**拡張**した問題である。

基準を定める

どこにあるか分からない点 P は基準にしにくい。

⟹ 始点を O とし，3つのベクトル $\overrightarrow{OA}$，$\overrightarrow{OB}$，$\overrightarrow{OC}$ で $\overrightarrow{OP}$ を表す。

求めるものの言い換え

BR：RC ⟹ $\overrightarrow{OR}=\dfrac{▲\overrightarrow{OB}+●\overrightarrow{OC}}{●+▲}$

AQ：QR ⟹ $\overrightarrow{OQ}=\dfrac{△\overrightarrow{OA}+○\overrightarrow{OR}}{○+△}$

OP：PQ ⟹ $\overrightarrow{OP}=\square\overrightarrow{OQ}$

⟹ $\overrightarrow{OP}=\square\overrightarrow{OQ}$

$=\square\times\dfrac{△\overrightarrow{OA}+○\overrightarrow{OR}}{○+△}$

$=\square\times\dfrac{△\overrightarrow{OA}+○\times\dfrac{▲\overrightarrow{OB}+●\overrightarrow{OC}}{●+▲}}{○+△}$

の形に導く。

« Re Action $\vec{p}=n\vec{a}+m\vec{b}$ は，$\vec{p}=(m+n)\dfrac{n\vec{a}+m\vec{b}}{m+n}$ と変形せよ ◀例題25

解 例題25

(1) $2\overrightarrow{OP}+\overrightarrow{AP}+2\overrightarrow{BP}+3\overrightarrow{CP}=\vec{0}$ より

$$2\overrightarrow{OP}+(\overrightarrow{OP}-\overrightarrow{OA})+2(\overrightarrow{OP}-\overrightarrow{OB})+3(\overrightarrow{OP}-\overrightarrow{OC})=\vec{0}$$

$$8\overrightarrow{OP}=\overrightarrow{OA}+2\overrightarrow{OB}+3\overrightarrow{OC}$$

◀始点を O とするベクトルに直し，$\overrightarrow{OP}$ を表す。

よって

$$\overrightarrow{OP}=\frac{\overrightarrow{OA}+2\overrightarrow{OB}+3\overrightarrow{OC}}{8}$$

$$=\frac{1}{8}\left(\overrightarrow{OA}+5\times\frac{2\overrightarrow{OB}+3\overrightarrow{OC}}{5}\right)$$

$$=\frac{3}{4}\times\frac{\overrightarrow{OA}+5\times\dfrac{2\overrightarrow{OB}+3\overrightarrow{OC}}{5}}{6}$$

◀ $\dfrac{1}{8}(\overrightarrow{OA}+5\overrightarrow{OR})$
$=\dfrac{1}{8}\times6\times\dfrac{\overrightarrow{OA}+5\overrightarrow{OR}}{6}$
$=\dfrac{3}{4}\overrightarrow{OQ}$

3点 O，P，Q は一直線上にあり，点 Q は AR 上，点 R は BC 上の点であるから

$$\overrightarrow{OR}=\frac{2\overrightarrow{OB}+3\overrightarrow{OC}}{5},\ \overrightarrow{OQ}=\frac{\overrightarrow{OA}+5\overrightarrow{OR}}{6},\ \overrightarrow{OP}=\frac{3}{4}\overrightarrow{OQ}$$

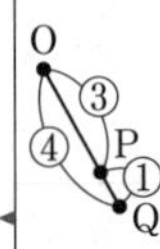

したがって

BR：RC＝3：2，AQ：QR＝5：1，OP：PQ＝3：1

(2) 四面体 OABC の体積を V とすると

$$(\text{四面体 PABC}) = \frac{1}{4}(\text{四面体 OABC}) = \frac{V}{4}$$

$$(\text{四面体 POBC}) = \frac{3}{4}(\text{四面体 QOBC})$$

$$= \frac{3}{4} \times \frac{1}{6}(\text{四面体 OABC}) = \frac{V}{8}$$

$$(\text{四面体 POCA}) = \frac{3}{4}(\text{四面体 QOCA})$$

$$= \frac{3}{4} \times \frac{5}{6}(\text{四面体 ROCA})$$

$$= \frac{3}{4} \times \frac{5}{6} \times \frac{2}{5}(\text{四面体 OABC}) = \frac{V}{4}$$

$$(\text{四面体 POAB}) = \frac{3}{4}(\text{四面体 QOAB})$$

$$= \frac{3}{4} \times \frac{5}{6}(\text{四面体 ROAB})$$

$$= \frac{3}{4} \times \frac{5}{6} \times \frac{3}{5}(\text{四面体 OABC}) = \frac{3}{8}V$$

◀ (四面体 POAB) $= V - \left(\frac{V}{4} + \frac{V}{8} + \frac{V}{4}\right) = \frac{3}{8}V$ としてもよい。

したがって，求める体積比は

$$\frac{V}{4} : \frac{V}{8} : \frac{V}{4} : \frac{3}{8}V = \mathbf{2:1:2:3}$$

(3) $|\overrightarrow{OA}| = |\overrightarrow{OB}| = |\overrightarrow{OC}| = 1$,

$$\overrightarrow{OA}\cdot\overrightarrow{OB} = \overrightarrow{OB}\cdot\overrightarrow{OC} = \overrightarrow{OC}\cdot\overrightarrow{OA} = 1 \times 1 \times \cos 60^\circ = \frac{1}{2}$$

◀ 四面体 OABC は 1 辺の長さが 1 の正四面体より $OA = OB = OC = 1$, $\angle AOB = \angle BOC = \angle COA = 60^\circ$

よって

$$|\overrightarrow{OP}|^2 = \left|\frac{\overrightarrow{OA} + 2\overrightarrow{OB} + 3\overrightarrow{OC}}{8}\right|^2$$

$$= \frac{1}{64}(|\overrightarrow{OA}|^2 + 4|\overrightarrow{OB}|^2 + 9|\overrightarrow{OC}|^2 + 4\overrightarrow{OA}\cdot\overrightarrow{OB} + 12\overrightarrow{OB}\cdot\overrightarrow{OC} + 6\overrightarrow{OC}\cdot\overrightarrow{OA})$$

$$= \frac{25}{64}$$

$|\overrightarrow{OP}| > 0$ より，$|\overrightarrow{OP}| = \frac{5}{8}$ であるから　　$\mathbf{OP} = \frac{5}{8}$

練習 59 $OA = 2$, $OB = 3$, $OC = 4$, $\angle AOB = \angle BOC = \angle COA = 60^\circ$ である四面体 OABC の内部に点 P があり，等式 $3\overrightarrow{PO} + 3\overrightarrow{PA} + 2\overrightarrow{PB} + \overrightarrow{PC} = \vec{0}$ が成り立っている。

(1) 直線 OP と底面 ABC の交点を Q，直線 AQ と辺 BC の交点を R とするとき，BR : RC，AQ : QR，OP : PQ を求めよ。

(2) 4 つの四面体 PABC，POBC，POCA，POAB の体積比を求めよ。

(3) 線分 OQ の長さを求めよ。

➡ p.140 問題 59

Go Ahead 6　平面図形のベクトル方程式と空間図形のベクトル方程式

ここでは，平面における直線や円のベクトル方程式をもとにして，空間における3つの図形のベクトル方程式を考えてみましょう。

1．空間における直線のベクトル方程式

xy 平面に点 $\mathrm{A}(\vec{a})$ を通り $\vec{u}$ に平行な直線 l があるとき，l 上の任意の点Pに対して $\overrightarrow{\mathrm{AP}} /\!/ \vec{u}$ または $\overrightarrow{\mathrm{AP}}=\vec{0}$ が成り立つから実数 t を用いて $\overrightarrow{\mathrm{AP}}=t\vec{u}$ が成り立ちます。

このことから，$\vec{p}-\vec{a}=t\vec{u}$ より　$\vec{p}=\vec{a}+t\vec{u}$

すなわち，点 $\mathrm{A}(\vec{a})$ を通り $\vec{u}$ に平行な直線のベクトル方程式は　$\vec{p}=\vec{a}+t\vec{u}$

となることは既に学習しました（図1）。

図1

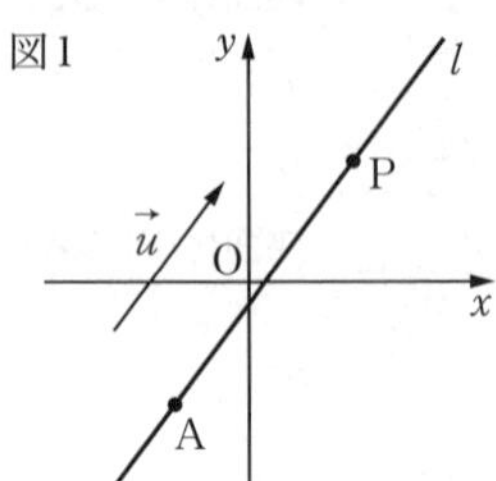

ここで，空間における直線について考えてみましょう。xyz 空間に点 $\mathrm{A}(\vec{a})$ を通り $\vec{u}$ に平行な直線 l があるとき，平面における直線の場合と全く同様に，空間における直線 l 上の任意の点Pに対して $\overrightarrow{\mathrm{AP}} /\!/ \vec{u}$ または $\overrightarrow{\mathrm{AP}}=\vec{0}$ が成り立つことが分かります（図2）。よって，xyz 空間において点 $\mathrm{A}(\vec{a})$ を通り $\vec{u}$ に平行な直線のベクトル方程式は　$\boldsymbol{\vec{p}=\vec{a}+t\vec{u}}$

となります。（このとき，$\vec{u}$ を直線 l の **方向ベクトル** といいます。）

図2

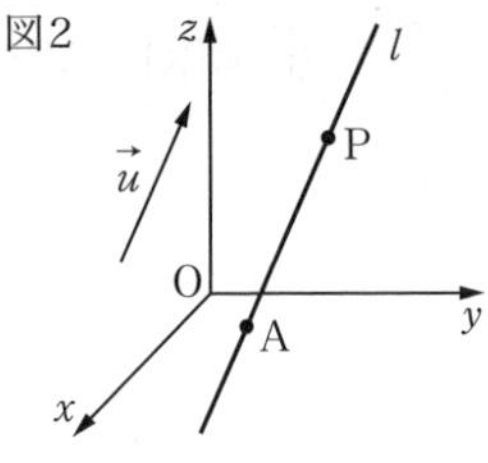

2．空間における平面のベクトル方程式

次に，xy 平面に点 $\mathrm{A}(\vec{a})$ を通り $\vec{n}$ に垂直な直線 l があるとき，l 上の任意の点Pに対して $\vec{n}\perp\overrightarrow{\mathrm{AP}}$ または $\overrightarrow{\mathrm{AP}}=\vec{0}$ が成り立つから，$\vec{n}\cdot\overrightarrow{\mathrm{AP}}=0$ より

$$\vec{n}\cdot(\vec{p}-\vec{a})=0$$

すなわち，点 $\mathrm{A}(\vec{a})$ を通り $\vec{n}$ に垂直な直線のベクトル方程式は　$\vec{n}\cdot(\vec{p}-\vec{a})=0$

となることも既に学習しました（図3）。

図3

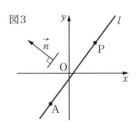

ここで，空間における平面について考えてみましょう。xyz 空間に点 $\mathrm{A}(\vec{a})$ を通り $\vec{n}$ に垂直な平面 α があるとき，平面における直線の場合と全く同様に，平面 α 上の任意の点Pに対して $\vec{n}\perp\overrightarrow{\mathrm{AP}}$ または $\overrightarrow{\mathrm{AP}}=\vec{0}$ が成り立つことが分かります（図4）。よって，xyz 空間において点 $\mathrm{A}(\vec{a})$ を通り $\vec{n}$ に垂直な平面のベクトル方程式は

$$\boldsymbol{\vec{n}\cdot(\vec{p}-\vec{a})=0}$$

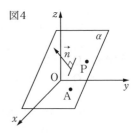

となります。（このとき，$\vec{n}$ を平面 α の **法線ベクトル** といいます。）

図4

3．空間における球のベクトル方程式

最後に，xy 平面に点 $\mathrm{C}(\vec{c})$ を中心とする半径 r の円 C があるとき，C 上の任意の点 P に対して $|\overrightarrow{\mathrm{CP}}|=r$ が成り立つから　　　$|\vec{p}-\vec{c}|=r$

すなわち，点 $\mathrm{C}(\vec{c})$ を中心とする半径 r の円 C のベクトル方程式は　　$|\vec{p}-\vec{c}|=r$

となることも，既に学習しました（図 5）。

図5

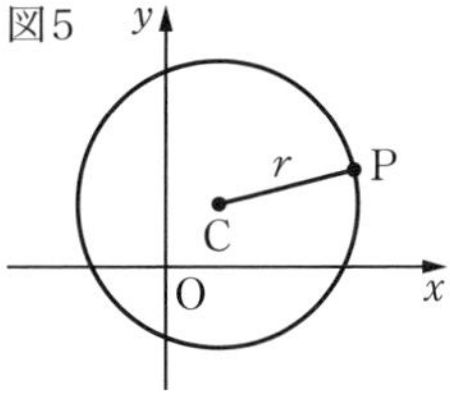

ここで，空間における球について考えてみましょう。xyz 空間に点 $\mathrm{C}(\vec{c})$ を中心とする半径 r の球があるとき，平面における円の場合と全く同様に，球上の任意の点 P に対して $|\overrightarrow{\mathrm{CP}}|=r$ が成り立つことが分かります（図 6）。よって，xyz 空間において点 $\mathrm{C}(\vec{c})$ を中心とする半径 r の球のベクトル方程式は

$$|\vec{p}-\vec{c}|=r$$

となります。

図6

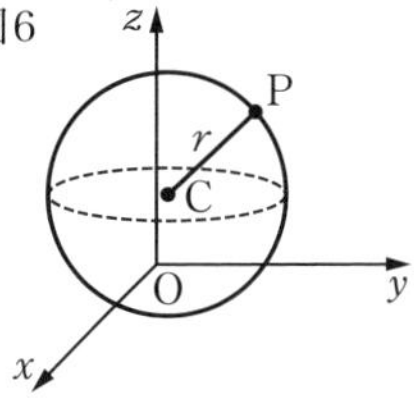

平面における図形のベクトル方程式は，
空間においてもそれぞれに対応する図形を表すのですね。

その通り。ベクトルの次元が変わっても
ベクトル方程式は変わらないのです。

まとめると，次のようになります。

ベクトル方程式	表す図形		備　考
	平面のベクトル	空間のベクトル	
$\vec{p}=\vec{a}+t\vec{u}$	直線	直線	$\vec{u}$ を方向ベクトルとし，点 $\mathrm{A}(\vec{a})$ を通る
$\vec{n}\cdot(\vec{p}-\vec{a})=0$	直線	平面	$\vec{n}$ を法線ベクトルとし，点 $\mathrm{A}(\vec{a})$ を通る
$\|\vec{p}-\vec{c}\|=r$	円	球	点 $\mathrm{C}(\vec{c})$ を中心とし，半径は r

ベクトル方程式の表す図形を求める問題では，それが「平面における」ベクトルなのか，「空間における」ベクトルなのかに注意しましょう。（⇨ p.140 問題 60）

例題 60　空間におけるベクトル方程式　★★☆☆

空間内に 3 点 $A(\vec{a})$, $B(\vec{b})$, $C(\vec{c})$ がある。次の図形を表すベクトル方程式を求めよ。

(1)　点 A を通り，直線 BC に平行な直線

(2)　直線 AB に垂直で，点 C を通る平面

(3)　線分 AB を直径の両端とする球

思考のプロセス

既知の問題に帰着

空間においても，平面のベクトル方程式と同様に考える。

(1)　**« ReAction　直線のベクトル方程式は，通る点と方向ベクトルを考えよ**　◀例題 33

(2)　求める平面上の点を P とすると　$\overrightarrow{\square} \perp \overrightarrow{\square}$

(3)　円のベクトル方程式と同様に，中心からの距離を考える。

解 (1)　$\overrightarrow{BC}$ が求める直線の方向ベクトルとなるから，求める直線上の点を $P(\vec{p})$ とすると，t を媒介変数として

$$\overrightarrow{OP} = \overrightarrow{OA} + t\overrightarrow{BC}$$

よって　$\vec{p} = \vec{a} + t(\vec{c} - \vec{b})$

$$= \boldsymbol{\vec{a} - t\vec{b} + t\vec{c}}$$

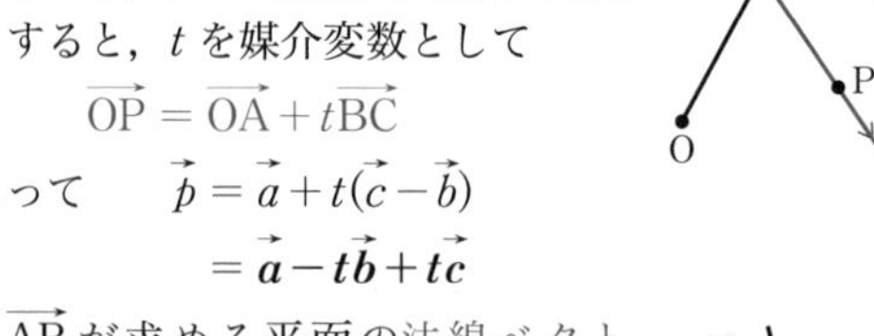

(2)　$\overrightarrow{AB}$ が求める平面の法線ベクトルとなるから，求める平面上の点を $P(\vec{p})$ とすると

$$\overrightarrow{CP} \perp \overrightarrow{AB} \text{ または } \overrightarrow{CP} = \vec{0}$$

よって　$\overrightarrow{CP} \cdot \overrightarrow{AB} = 0$

$$\boldsymbol{(\vec{p} - \vec{c}) \cdot (\vec{b} - \vec{a}) = 0}$$

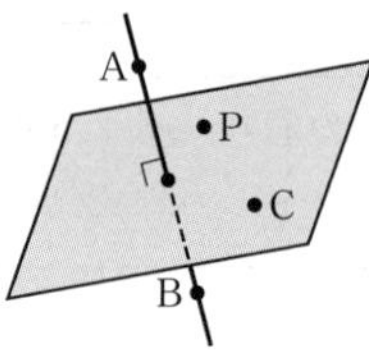

(3)　中心の位置ベクトルは　$\dfrac{\vec{a} + \vec{b}}{2}$

半径は　$\left|\vec{a} - \dfrac{\vec{a} + \vec{b}}{2}\right| = \left|\dfrac{\vec{a} - \vec{b}}{2}\right|$

よって，求める球上の点を $P(\vec{p})$ とすると

$$\boldsymbol{\left|\vec{p} - \frac{\vec{a} + \vec{b}}{2}\right| = \left|\frac{\vec{a} - \vec{b}}{2}\right|}$$

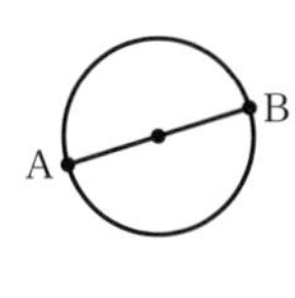

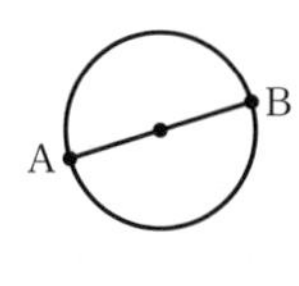

◀ 中心は線分 AB の中点 M であり，半径は AM である。
半径を BM と考えて
$\left|\vec{b} - \dfrac{\vec{a} + \vec{b}}{2}\right| = \left|\dfrac{\vec{b} - \vec{a}}{2}\right|$
としてもよい。

◀ $\overrightarrow{AP} \perp \overrightarrow{BP}$ であるから
$(\vec{p} - \vec{a}) \cdot (\vec{p} - \vec{b}) = 0$
と考えてもよい。

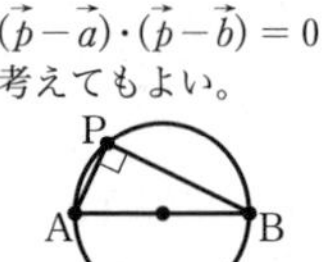

練習 60　空間内に一直線上にない異なる 3 点 $A(\vec{a})$, $B(\vec{b})$, $C(\vec{c})$ がある。次の図形を表すベクトル方程式を求めよ。

(1)　△ABC の重心 G を通り，BC に平行な直線

(2)　線分 AB の中点 M を通り，AB に垂直な平面

(3)　線分 AB の中点 M を中心とし，点 C を通る球

➡p.140　問題60

D ★★★☆

例題 61 立体を平面で切った断面の面積

1辺の長さが1の正方形を底面とする直方体 OABC − DEFG を考える。3点 P，Q，R をそれぞれ辺 AE，BF，CG 上に，4点 O，P，Q，R が同一平面上にあるようにとる。さらに，$\angle AOP = \alpha$，$\angle COR = \beta$，四角形 OPQR の面積を S とおく。S を $\tan\alpha$ と $\tan\beta$ を用いて表せ。　（東京大　改）

思考のプロセス

«ReAction 平面 ABC 上の点 P は，$\overrightarrow{AP} = s\overrightarrow{AB} + t\overrightarrow{AC}$ とおけ ◀例題 52

条件の言い換え 4点 O，P，Q，R が同一平面上 ⟹ $\overrightarrow{OQ} = s\overrightarrow{OP} + t\overrightarrow{OR}$

s，t が求まれば，四角形 OPQR の形状が確定する。

解 O を原点とし，OA を x 軸，OC を y 軸，OD を z 軸とする座標空間を考える。

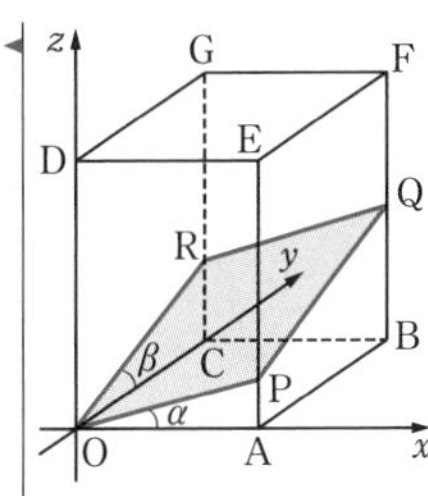

$OA = OC = 1$，$\angle OAP = \angle OCR = \dfrac{\pi}{2}$

$\angle AOP = \alpha$，$\angle COR = \beta$

であるから　$AP = \tan\alpha$，$CR = \tan\beta$

よって，点 P，R の座標はそれぞれ

$P(1,\ 0,\ \tan\alpha)$，$R(0,\ 1,\ \tan\beta)$

例題 52 次に，4点 O，P，Q，R は同一平面上にあるから

$\overrightarrow{OQ} = s\overrightarrow{OP} + t\overrightarrow{OR}$　（s，t は実数）　…①

とおくと　$\overrightarrow{OQ} = s(1,\ 0,\ \tan\alpha) + t(0,\ 1,\ \tan\beta)$

$= (s,\ t,\ s\tan\alpha + t\tan\beta)$

◀ $B(1,\ 1,\ 0)$

一方，点 Q の x 座標，y 座標はともに 1 であるから

$s = t = 1$

これを ① に代入すると　$\overrightarrow{OQ} = \overrightarrow{OP} + \overrightarrow{OR}$

ゆえに，四角形 OPQR は平行四辺形である。

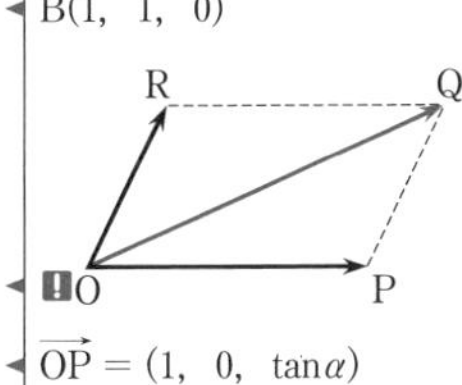

例題 56 さらに　$|\overrightarrow{OP}| = \sqrt{1+\tan^2\alpha}$，$|\overrightarrow{OR}| = \sqrt{1+\tan^2\beta}$

$\overrightarrow{OP}\cdot\overrightarrow{OR} = \tan\alpha\tan\beta$ より

◀ $\overrightarrow{OP} = (1,\ 0,\ \tan\alpha)$
$\overrightarrow{OR} = (0,\ 1,\ \tan\beta)$

$S = 2\times\triangle OPR = 2\times\dfrac{1}{2}\sqrt{|\overrightarrow{OP}|^2|\overrightarrow{OR}|^2 - (\overrightarrow{OP}\cdot\overrightarrow{OR})^2}$

$= \sqrt{(1+\tan^2\alpha)(1+\tan^2\beta) - (\tan\alpha\tan\beta)^2}$

$= \boldsymbol{\sqrt{1+\tan^2\alpha+\tan^2\beta}}$

◀ 平行四辺形 OPQR の面積は，△OPR の面積の 2 倍である。

練習 61 $O(0,\ 0,\ 0)$，$A(2,\ 0,\ 0)$，$C(0,\ 3,\ 0)$，$D(-1,\ 0,\ \sqrt{6})$ であるような平行六面体 OABC − DEFG において，辺 AB の中点を M とし，辺 DG 上の点 N を $MN = 4$ かつ $DN < GN$ を満たすように定める。

(1) N の座標を求めよ。

(2) 3点 E，M，N を通る平面と y 軸との交点 P の座標を求めよ。

(3) 3点 E，M，N を通る平面による平行六面体 OABC − DEFG の切り口の面積を求めよ。　（東北大）

➡ p.140 問題 61

D ★★☆☆

例題 62　空間における点と直線の距離

2 点 A(2, 1, 3), B(4, 3, −1) を通る直線 AB 上の点のうち，原点 O に最も近い点 P の座標を求めよ。また，そのときの線分 OP の長さを求めよ。

思考のプロセス

空間における直線であるから，ベクトル方程式で考える。

«ReAction 直線のベクトル方程式は，通る点と方向ベクトルを考えよ ◀例題 33

未知のものを文字でおく

⟹ 媒介変数 t を用いて

$\overrightarrow{OP} = \overrightarrow{OA} + t\overrightarrow{AB} = (\square, \square, \square)$ ⟵ 各成分 t の式

$|\overrightarrow{OP}|$ が最小となるような t の値を求める。

解 点 P は直線 AB 上にあるから，$\overrightarrow{OP} = \overrightarrow{OA} + t\overrightarrow{AB}$ (t は実数) とおける。

◀直線 AB は点 A を通り，$\overrightarrow{AB}$ は方向ベクトルである。

$\overrightarrow{OA} = (2, 1, 3)$, $\overrightarrow{AB} = (2, 2, -4)$ であるから

$$\overrightarrow{OP} = (2, 1, 3) + t(2, 2, -4)$$
$$= (2+2t, 1+2t, 3-4t) \quad \cdots ①$$

よって

例題 10

$$|\overrightarrow{OP}|^2 = (2+2t)^2 + (1+2t)^2 + (3-4t)^2$$
$$= 24t^2 - 12t + 14$$
$$= 24\left(t - \frac{1}{4}\right)^2 + \frac{25}{2}$$

◀$|\overrightarrow{OP}|$ の最小値は $|\overrightarrow{OP}|^2$ の最小値から考える。

$|\overrightarrow{OP}|^2$ は $t = \frac{1}{4}$ のとき最小値 $\frac{25}{2}$ をとる。

このとき $|\overrightarrow{OP}|$ も最小となり，OP の最小値は

$$\frac{5}{\sqrt{2}} = \frac{5\sqrt{2}}{2}$$

また，$t = \frac{1}{4}$ のとき，① より　$\overrightarrow{OP} = \left(\frac{5}{2}, \frac{3}{2}, 2\right)$

したがって　**P$\left(\frac{5}{2}, \frac{3}{2}, 2\right)$**

〔別解〕 (解答 5 行目まで同じ)

直線 AB 上の点のうち，原点 O に最も近い点 P は

$\overrightarrow{OP} \perp \overrightarrow{AB}$ を満たすから　$\overrightarrow{OP} \cdot \overrightarrow{AB} = 0$

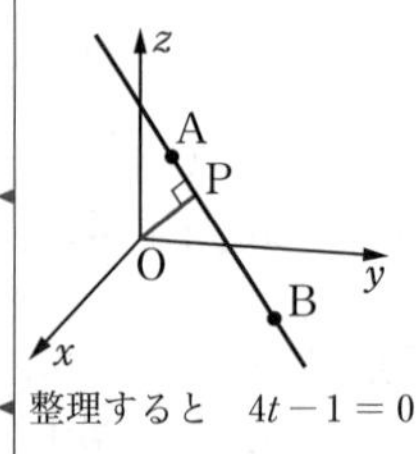

よって　$2(2+2t) + 2(1+2t) - 4(3-4t) = 0$

◀整理すると　$4t - 1 = 0$

これを解くと　$t = \frac{1}{4}$　(以降同様)

練習 62　2 点 A(−1, 2, 1), B(2, 1, 3) を通る直線 AB 上の点のうち，原点 O に最も近い点 P の座標を求めよ。また，そのときの線分 OP の長さを求めよ。

➡p.141 問題62

D ★★★☆

例題 63 空間における2直線の最短距離

Oを原点とする空間において，点 A(4, 0, −2) を通り $\overrightarrow{d_1}=(1,\ 2,\ 1)$ に平行な直線を l，点 B(5, −5, −1) を通り $\overrightarrow{d_2}=(-1,\ 1,\ 1)$ に平行な直線を m とする。直線 l 上に点Pを，直線 m 上に点Qをとる。線分 PQ の長さが最小となるような2点P，Qの座標を求めよ。（神戸大 改）

思考のプロセス

例題62との違い … 動点がP，Qの2つになった。

«ReAction 直線のベクトル方程式は，通る点と方向ベクトルを考えよ ◀例題33

未知のものを文字でおく

媒介変数 s を用いて $\overrightarrow{OP}=\overrightarrow{OA}+s\overrightarrow{d_1}=(\square,\ \square,\ \square)$ ← 各成分 s の式
媒介変数 t を用いて $\overrightarrow{OQ}=\overrightarrow{OB}+t\overrightarrow{d_2}=(\square,\ \square,\ \square)$ ← 各成分 t の式

⟹ $|\overrightarrow{PQ}|$ が最小となるような s，t の値を求める。

解 点Pは直線 l 上，点Qは直線 m 上にあるから

$$\overrightarrow{OP}=\overrightarrow{OA}+s\overrightarrow{d_1}=(4+s,\ 2s,\ -2+s) \quad \cdots ①$$

$$\overrightarrow{OQ}=\overrightarrow{OB}+t\overrightarrow{d_2}=(5-t,\ -5+t,\ -1+t) \quad \cdots ②$$

とおける。よって

$$\overrightarrow{PQ}=(-s-t+1,\ -2s+t-5,\ -s+t+1)$$

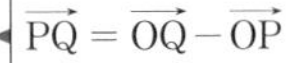
◀ $\overrightarrow{PQ}=\overrightarrow{OQ}-\overrightarrow{OP}$

$$\begin{aligned}|\overrightarrow{PQ}|^2&=(-s-t+1)^2+(-2s+t-5)^2+(-s+t+1)^2\\&=6s^2-4st+3t^2+16s-10t+27\\&=6\left(s-\frac{t-4}{3}\right)^2+\frac{7}{3}(t-1)^2+14\end{aligned}$$

◀ まず s について式を整理し，s について平方完成したあと，定数項を t について平方完成する。

ゆえに，PQ は　$s-\dfrac{t-4}{3}=0$，$t-1=0$

すなわち $s=-1$，$t=1$ のとき最小となる。

①，②より　$\overrightarrow{OP}=(3,\ -2,\ -3)$，$\overrightarrow{OQ}=(4,\ -4,\ 0)$

◀ このとき
$PQ=|\overrightarrow{PQ}|=\sqrt{14}$
この値を2直線 l, m の距離という。

したがって　**P(3, −2, −3)，Q(4, −4, 0)**

〔別解〕（解答5行目まで同じ）

線分 PQ の長さが最小となるとき　$l\perp PQ$ かつ $m\perp PQ$

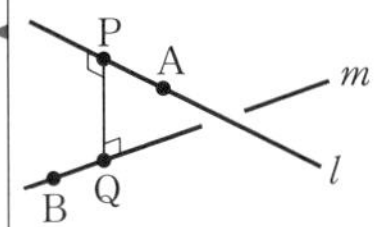

$l\perp PQ$ より，$\overrightarrow{d_1}\cdot\overrightarrow{PQ}=0$ であるから

$$1(-s-t+1)+2(-2s+t-5)+1(-s+t+1)=0$$

整理すると　$-3s+t-4=0$　$\cdots ③$

$m\perp PQ$ より，$\overrightarrow{d_2}\cdot\overrightarrow{PQ}=0$ であるから

$$(-1)(-s-t+1)+1(-2s+t-5)+1(-s+t+1)=0$$

整理すると　$-2s+3t-5=0$　$\cdots ④$

③，④を解くと　$s=-1$，$t=1$　（以降同様）

練習 63 空間において，2点 A(2, 1, 0)，B(1, −2, 1) を通る直線上に点Pをとる。また，y 軸上に点Qをとるとき，2点P，Q間の距離の最小値と，そのときの2点P，Qの座標を求めよ。

⇒p.141 問題63

D

例題 64 空間における折れ線の長さの最小値

★★★☆

2 点 A$(-1,\ 2,\ 3)$, B$(8,\ 5,\ 6)$ がある。xy 平面上に点 P をとるとき，AP＋PB の最小値およびそのときの点 P の座標を求めよ。

思考のプロセス

次元を下げる

「図形と方程式」で学習した LEGEND 数学Ⅱ＋B 例題 91 の内容を空間に**拡張**した問題である。

«ReAction 折れ線の長さの最小値は，対称点を利用せよ ◀ⅡB 例題 91

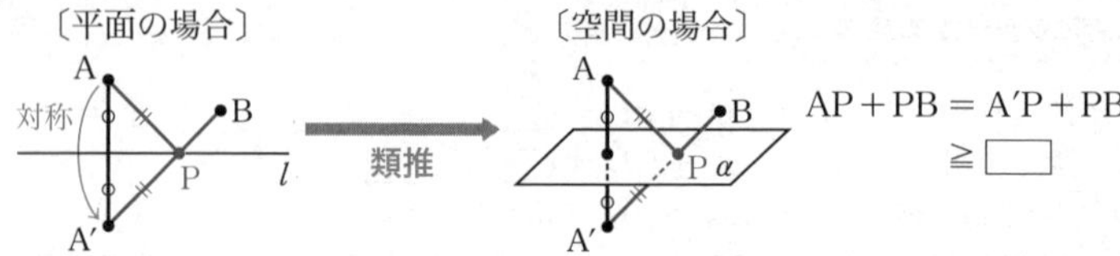

解 ⅡB 91

2 点 A, B は，xy 平面に関して同じ側にあるから，点 A の xy 平面に関する対称点 A′ をとると

$A'(-1,\ 2,\ -3)$

AP＝A′P より

$AP+PB=A'P+PB \geqq A'B$

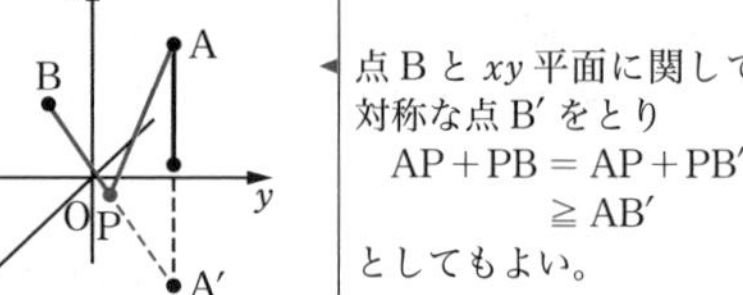

よって，AP＋PB の最小値は線分 A′B の長さに等しいから

$A'B=\sqrt{(8+1)^2+(5-2)^2+(6+3)^2}=\mathbf{3\sqrt{19}}$

◀ 点 B と xy 平面に関して対称な点 B′ をとり $AP+PB=AP+PB' \geqq AB'$ としてもよい。

このとき，点 P は直線 A′B と xy 平面の交点であるから，

$\overrightarrow{OP}=\overrightarrow{OA'}+t\overrightarrow{A'B}$ （t は実数）とおける。

◀ $\overrightarrow{OP}$ の成分が点 P の座標である。

$$\overrightarrow{OP}=(-1,\ 2,\ -3)+t(9,\ 3,\ 9)$$
$$=(-1+9t,\ 2+3t,\ -3+9t) \quad \cdots ①$$

点 P は xy 平面上の点であるから　$-3+9t=0$

◀ $\overrightarrow{OP}$ の z 成分が 0 である。

よって　$t=\dfrac{1}{3}$

① に代入すると　$\overrightarrow{OP}=(2,\ 3,\ 0)$

したがって　**P(2, 3, 0)**

練習 64 2 点 A$(1,\ 2,\ -2)$, B$(-2,\ 3,\ 2)$ がある。zx 平面上に点 P をとるとき，AP＋BP の最小値およびそのときの点 P の座標を求めよ。

⇒p.141 問題 64

D 頻出

例題 65 球の方程式〔1〕…中心や半径の条件

★★☆☆

次の球の方程式を求めよ。

(1) 点 $(2,\ 1,\ -3)$ を中心とし，半径 5 の球

(2) 2 点 $A(-2,\ 1,\ 5)$，$B(4,\ -3,\ -1)$ を直径の両端とする球

(3) 点 $(1,\ -1,\ 2)$ を通り，3 つの座標平面に接する球

思考のプロセス

円の方程式の決定（LEGEND 数学Ⅱ＋B 例題 96 参照）と同様に考える。

未知のものを文字でおく

球の表し方は，次の 2 つがある。

(ア) $(x-a)^2+(y-b)^2+(z-c)^2=r^2$ （標準形） ← 中心や半径が分かる式 中心 $(a,\ b,\ c)$，半径 r

(イ) $x^2+y^2+z^2+kx+ly+mz+n=0$ （一般形）

ここでは，中心や半径に関する条件が与えられているから，標準形を用いる。

Action» 球の方程式は，まず中心と半径に着目せよ

解 (1) $(x-2)^2+(y-1)^2+(z+3)^2=25$

(2) 球の中心 C は線分 AB の中点であるから

$$C\left(\frac{-2+4}{2},\ \frac{1+(-3)}{2},\ \frac{5+(-1)}{2}\right)$$

すなわち　$C(1,\ -1,\ 2)$

また，半径は AC であり

$$AC=\sqrt{\{1-(-2)\}^2+(-1-1)^2+(2-5)^2}=\sqrt{22}$$

◀ 線分 AB が直径であり，線分 AC が半径である。

よって，求める球の方程式は

$$(x-1)^2+(y+1)^2+(z-2)^2=22$$

(3) 点 $(1,\ -1,\ 2)$ を通り 3 つの座標平面に接するから，球の半径を r とおくと，中心は $(r,\ -r,\ r)$ と表すことができる。

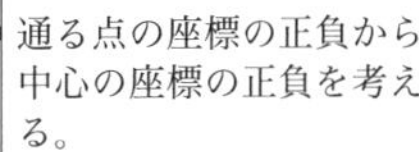

◀ 通る点の座標の正負から中心の座標の正負を考える。

よって，求める球の方程式は

$$(x-r)^2+(y+r)^2+(z-r)^2=r^2$$

これが点 $(1,\ -1,\ 2)$ を通るから

$$(1-r)^2+(-1+r)^2+(2-r)^2=r^2$$

ゆえに　$2r^2-8r+6=0$

これを解くと　$r=1,\ 3$

◀ $2(r-1)(r-3)=0$

したがって　$(x-1)^2+(y+1)^2+(z-1)^2=1$

$(x-3)^2+(y+3)^2+(z-3)^2=9$

◀ 条件を満たす球は 2 つある。

練習 65 次の球の方程式を求めよ。

(1) 点 $(-3,\ -2,\ 1)$ を中心とし，半径 4 の球

(2) 点 $C(-3,\ 1,\ 2)$ を中心とし，点 $P(-2,\ 5,\ 4)$ を通る球

(3) 2 点 $A(2,\ -3,\ 1)$，$B(-2,\ 3,\ -1)$ を直径の両端とする球

(4) 点 $(5,\ 5,\ -2)$ を通り，3 つの座標平面に接する球

➡p.141 問題65

D ★★☆☆

例題 66　球の方程式〔2〕…通る4点

4 点 $(0,\ 0,\ 0)$, $(0,\ 0,\ 2)$, $(3,\ 0,\ -1)$, $(2,\ -2,\ 4)$ を通る球の方程式を求めよ。また，この球の中心の座標と半径を求めよ。

思考のプロセス

未知のものを文字でおく

どちらの形でおくか？

(ア)　$(x-a)^2+(y-b)^2+(z-c)^2=r^2$　（標準形）⟵ 中心や半径が分かる式

(イ)　$x^2+y^2+z^2+kx+ly+mz+n=0$　（一般形）

与えられた条件＿＿から，中心や半径はすぐに分からない。

Action» 4点を通る球の方程式は，一般形を用いよ

解 求める球の方程式を $x^2+y^2+z^2+kx+ly+mz+n=0$ とおく。

◀与えられた条件が，通る点の座標だけであるから，一般形を用いる。

点 $(0,\ 0,\ 0)$ を通るから　$n=0$　…①

点 $(0,\ 0,\ 2)$ を通るから　$2m+n+4=0$　…②

点 $(3,\ 0,\ -1)$ を通るから　$3k-m+n+10=0$　…③

点 $(2,\ -2,\ 4)$ を通るから

$$2k-2l+4m+n+24=0 \quad \cdots ④$$

① を ② に代入すると

$2m+4=0$　すなわち　$m=-2$

これらを ③ に代入すると

$3k+2+10=0$　すなわち　$k=-4$

これらを ④ に代入すると

$-8-2l-8+24=0$　すなわち　$l=4$

したがって，求める球の方程式は

$$\boldsymbol{x^2+y^2+z^2-4x+4y-2z=0}$$

これより　$(x^2-4x)+(y^2+4y)+(z^2-2z)=0$

$(x-2)^2-4+(y+2)^2-4+(z-1)^2-1=0$

◀左辺を x, y, z それぞれについて平方完成する。

よって　$(x-2)^2+(y+2)^2+(z-1)^2=9$

したがって，この球の中心と半径は

中心 $(2,\ -2,\ 1)$，半径 3

Point…4点を通る球

円は通る 3 点が決まれば 1 つに定まるように，球は通る 4 点が決まれば 1 つに定まる。このことから，四面体には必ず外接球が存在することが分かる。

練習 66　4 点 $(0,\ 0,\ 0)$, $(1,\ -1,\ 0)$, $(0,\ 1,\ 1)$, $(6,\ -1,\ 1)$ を通る球の方程式を求めよ。また，この球の中心の座標と半径を求めよ。

⇒p.141 問題66

例題 67　球と直線の共有点

点 A$(-4,\ -2,\ k)$ を通り，$\vec{d}=(1,\ 2,\ 1)$ に平行な直線 l と球 $\omega: x^2+y^2+z^2=9$ がある。

(1)　$k=-1$ のとき，球 ω と直線 l の共有点の座標を求めよ。

(2)　球 ω と直線 l が接するような定数 k の値を求めよ。

思考のプロセス

l は空間における直線であるから，ベクトル方程式で考える。

«ReAction 直線のベクトル方程式は，通る点と方向ベクトルを考えよ ◀例題 33

未知のものを文字でおく

媒介変数 t を用いて

$\overrightarrow{\mathrm{OP}}=\overrightarrow{\mathrm{OA}}+t\vec{d}$

$=(\boxed{},\ \boxed{},\ \boxed{})$ ←── (l 上の点Pの座標であり，ω の方程式を満たす)

（k と t の式）

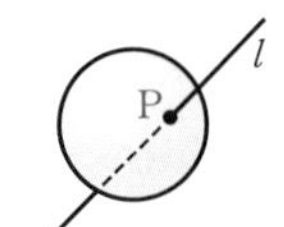

解 球 ω と直線 l の共有点をPとする。点Pは直線 l 上にあるから，$\overrightarrow{\mathrm{OP}}=\overrightarrow{\mathrm{OA}}+t\vec{d}$（$t$ は実数）とおける。

$$\overrightarrow{\mathrm{OP}}=(-4,\ -2,\ k)+t(1,\ 2,\ 1)$$
$$=(t-4,\ 2t-2,\ t+k)$$

よって　　P$(t-4,\ 2t-2,\ t+k)$

(1)　$k=-1$ のとき　　P$(t-4,\ 2t-2,\ t-1)$

これが球 ω 上の点であるから

$$(t-4)^2+(2t-2)^2+(t-1)^2=9$$
$$6t^2-18t+12=0$$
$$t^2-3t+2=0$$

$(t-1)(t-2)=0$ より　　$t=1,\ 2$

よって，求める共有点の座標は

$$\boldsymbol{(-3,\ 0,\ 0),\ (-2,\ 2,\ 1)}$$

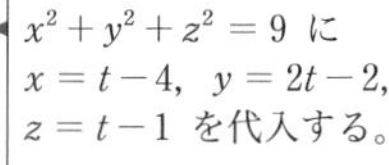
◀ $x^2+y^2+z^2=9$ に $x=t-4$，$y=2t-2$，$z=t-1$ を代入する。

(2)　球 ω と直線 l が接するとき

$$(t-4)^2+(2t-2)^2+(t+k)^2=9$$

すなわち $6t^2+2(k-8)t+k^2+11=0$ が重解をもつから，判別式を D とすると　　$D=0$

$$\frac{D}{4}=(k-8)^2-6(k^2+11)$$
$$=-5k^2-16k-2$$

$5k^2+16k+2=0$ より　　$\boldsymbol{k=\dfrac{-8\pm3\sqrt{6}}{5}}$

◀ $x^2+y^2+z^2=9$ に $x=t-4$，$y=2t-2$，$z=t+k$ を代入する。

◀ 球と直線が接するとき，共有点はただ1つであるから，この t についての2次方程式はただ1つの解（重解）をもつ。

練習 67　点 A$(0,\ -2,\ k)$ を通り，$\vec{d}=(1,\ -1,\ 2)$ に平行な直線 l と球 $\omega: x^2+y^2+z^2=3$ がある。

(1)　$k=1$ のとき，球 ω と直線 l の共有点の座標を求めよ。

(2)　球 ω と直線 l が共有点をもつような定数 k の値の範囲を求めよ。

⇒p.141 問題67

例題 68　球が平面から切り取る円〔1〕

D ★★★☆

中心 A(2, 3, a), 半径 $\sqrt{7}$ の球が，平面 $z=1$ と交わってできる円 C の半径が $\sqrt{3}$ であるとき，次の問に答えよ。

(1) 定数 a の値とそのときの球の方程式を求めよ。

(2) 円 C の方程式を求めよ。

思考のプロセス

(1) LEGEND 数学II＋B 例題 103 の内容を空間に**拡張**した問題である。

次元を下げる

球の中心 A と円 C の中心を通る面での断面を考える。

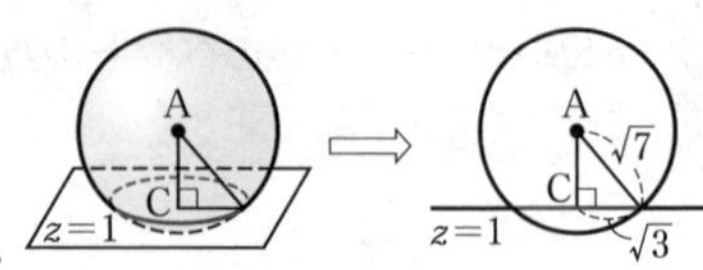

(2) 球の方程式において，$z=1$ のときを考える。

Action» 球が平面から切り取る円の半径は，三平方の定理を利用せよ

解 (1) 球の中心が A(2, 3, a) であるから，円 C の中心は C(2, 3, 1) であり　AC $=|a-1|$

◀ a と 1 の大小は分からないから，絶対値を付けて考える。

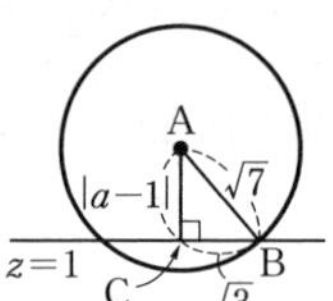

IIB 103 円 C 上に点 B をとると，△ABC は ∠C = 90° の直角三角形であるから，三平方の定理により

$$|a-1|^2+(\sqrt{3})^2=(\sqrt{7})^2$$

◀ $(a-1)^2=4$

$a-1=\pm 2$ より　$a=-1,\ 3$

したがって，a の値と球の方程式は

$a=-1$ のとき　$(x-2)^2+(y-3)^2+(z+1)^2=7$　…①

$a=3$ のとき　$(x-2)^2+(y-3)^2+(z-3)^2=7$　…②

◀〔別解〕 球の方程式は $(x-2)^2+(y-3)^2+(z-a)^2=7$ とおける。円 C の方程式は $z=1$ と連立して $(x-2)^2+(y-3)^2=7-(1-a)^2$, $z=1$
半径が $\sqrt{3}$ であるから
$7-(1-a)^2=3$
よって　$a=-1,\ 3$
(以降同様)

(2) ① または ② に $z=1$ を代入すると

$$(x-2)^2+(y-3)^2+4=7$$

したがって，円 C の方程式は

$$(x-2)^2+(y-3)^2=3,\ z=1$$

◀ Point 参照。

Point...空間における円の方程式

例題 68 (2) の解答において，円 C の方程式を

$$(x-2)^2+(y-3)^2=3$$

のみにしてしまうと，z は任意の実数となり，右の図のような円柱状の図形を表すことになる。

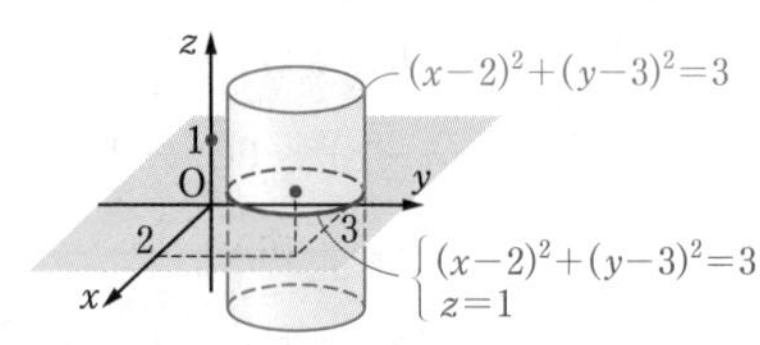

練習 68 中心 A(3, 4, $-2a$), 半径 a の球が，平面 $y=3$ と交わってできる円 C の半径が $\sqrt{3}$ であるとき，次の問に答えよ。

(1) 定数 a の値とそのときの球の方程式を求めよ。

(2) 円 C の方程式を求めよ。

➡p.141 問題68

例題 69　2つの球の位置関係

D ★★★☆

2つの球 $(x-1)^2+(y+2)^2+(z+1)^2=5$ …①,
$(x-3)^2+(y+3)^2+(z-1)^2=2$ …② がある。

(1) 点 P(3, 2, 4) を中心とし，球①に接する球の方程式を求めよ。

(2) 2つの球①，②が交わってできる円 C の中心の座標と半径を求めよ。

思考のプロセス

(1) 2円の位置関係（LEGEND 数学II＋B 例題 106 参照）と同様に考える。

« ReAction 2円の位置関係は，中心間の距離と半径の和・差を比べよ ◀IIB 例題 106

(2) **次元を下げる**

立体のままでは考えにくいから，2球の中心 A，B を通る面での断面を考える。

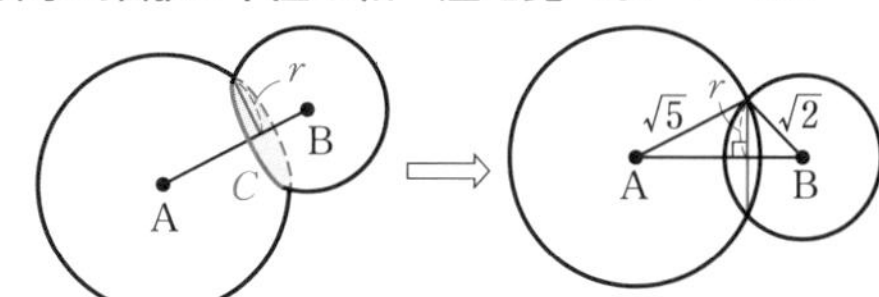

解 (1) 球①は　中心 A(1, −2, −1)，半径 $\sqrt{5}$

よって，中心間の距離 AP は

$$\mathrm{AP}=\sqrt{(3-1)^2+(2+2)^2+(4+1)^2}=3\sqrt{5}$$

ゆえに，求める球の半径は2つの球が外接するとき $2\sqrt{5}$，内接するとき $4\sqrt{5}$ であるから，求める球の方程式は

$$(x-3)^2+(y-2)^2+(z-4)^2=20$$
$$(x-3)^2+(y-2)^2+(z-4)^2=80$$

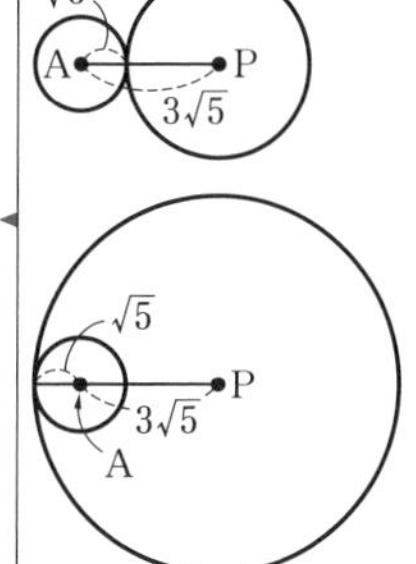

(2) 球②は　中心 B(3, −3, 1)，半径 $\sqrt{2}$

よって，球①，②の中心間の距離 AB は

$$\mathrm{AB}=\sqrt{(3-1)^2+(-3+2)^2+(1+1)^2}=3$$

円 C の中心を Q，半径を r とする。

◀直線 AB と円 C を含む平面は垂直であるから，AB ⊥ QR である。

AQ $=x$ とおくと，三平方の定理により

$$\begin{cases} r^2=5-x^2 \\ r^2=2-(3-x)^2 \end{cases}$$

◀直角三角形 AQR において

◀直角三角形 BQR において

$5-x^2=2-(3-x)^2$ より

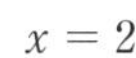

$x=2$

よって，AQ $=2$，QB $=1$ より　AQ : QB $=2:1$

ゆえに，円 C の中心 Q の座標は $\left(\dfrac{7}{3},\ -\dfrac{8}{3},\ \dfrac{1}{3}\right)$

◀点 Q は線分 AB を 2 : 1 に内分する点である。

また，円 C の半径 r は　$r=\sqrt{5-2^2}=1$

練習 69 2つの球 $(x-4)^2+(y+2)^2+(z-1)^2=20$ …①，
$(x-2)^2+(y-4)^2+(z-4)^2=13$ …② がある。

(1) 点 P(−1, 6, 7) を中心とし，球①に接する球の方程式を求めよ。

(2) 2つの球①，②が交わってできる円 C の中心の座標と半径を求めよ。

⇒p.141 問題69

Go Ahead 7　空間における平面と直線の方程式

xyz 空間における平面と直線がどのような方程式で表されるかについて学習しましょう。

1．空間における平面の方程式

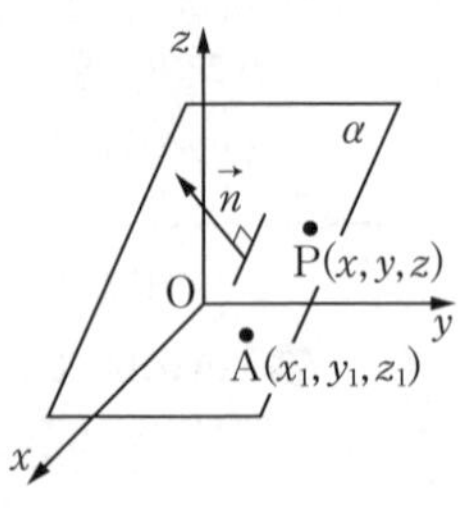

xyz 空間において，点 $A(x_1,\ y_1,\ z_1)$ を通り $\vec{n}=(a,\ b,\ c)$ に垂直な平面 α の方程式を考えましょう。**Go Ahead** 6 で学習したように，この平面 α 上の任意の点 $P(x,\ y,\ z)$ に対して $\vec{n}\perp\overrightarrow{AP}$ または $\overrightarrow{AP}=\vec{0}$ が成り立つことから，平面 α のベクトル方程式は $\vec{n}\cdot(\vec{p}-\vec{a})=0$ …① となります。
ここで $\vec{n}=(a,\ b,\ c)$，$\vec{p}-\vec{a}=(x-x_1,\ y-y_1,\ z-z_1)$ より，①は　$a(x-x_1)+b(y-y_1)+c(z-z_1)=0$　…②
②を整理すると $ax+by+cz-(ax_1+by_1+cz_1)=0$
$d=-(ax_1+by_1+cz_1)$ とおくと，②は $ax+by+cz+d=0$ となります。

> (1)　xyz 空間において，点 $A(x_1,\ y_1,\ z_1)$ を通りベクトル $\vec{n}=(a,\ b,\ c)$ に垂直な平面の方程式は　　$\boldsymbol{a(x-x_1)+b(y-y_1)+c(z-z_1)=0}$
> (2)　xyz 空間において，平面は x，y，z の1次方程式 $\boldsymbol{ax+by+cz+d=0}$ の形で表すことができる。また，この平面は $\vec{n}=(a,\ b,\ c)$ に垂直である。

2．空間における直線の方程式

次に，xyz 空間において，点 $A(x_1,\ y_1,\ z_1)$ を通り $\vec{u}=(a,\ b,\ c)$ に平行な直線 l の方程式を考えましょう。**Go Ahead** 6 で学習したように，この直線 l 上の任意の点 $P(x,\ y,\ z)$ に対して $\overrightarrow{AP}\parallel\vec{u}$ または $\overrightarrow{AP}=\vec{0}$ が成り立つことから，直線 l のベクトル方程式は実数 t を用いて $\vec{p}=\vec{a}+t\vec{u}$ …③ となります。ここで，$\vec{p}=(x,\ y,\ z)$，$\vec{u}=(a,\ b,\ c)$，$\vec{a}=(x_1,\ y_1,\ z_1)$ であるから，③は

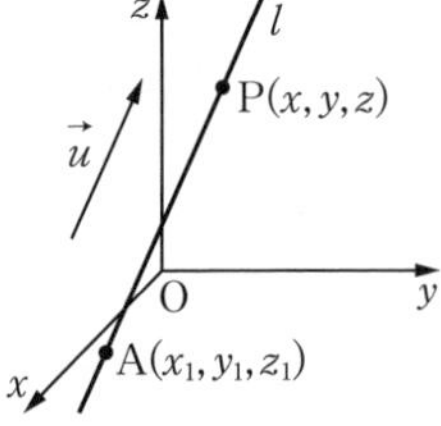

$$(x,\ y,\ z)=(x_1,\ y_1,\ z_1)+t(a,\ b,\ c)$$
$$=(x_1+at,\ y_1+bt,\ z_1+ct)$$

すなわち　$\begin{cases} x=x_1+at \\ y=y_1+bt \\ z=z_1+ct \end{cases}$ …④ が成り立ちます。

これを，空間における直線の媒介変数表示，t を媒介変数といいます。
さらに，④は $abc\neq0$ のとき $\dfrac{x-x_1}{a}=\dfrac{y-y_1}{b}=\dfrac{z-z_1}{c}=t$ と変形できます。

> xyz 空間において，点 $A(x_1,\ y_1,\ z_1)$ を通りベクトル $\vec{u}=(a,\ b,\ c)$ に平行な直線 l がある。
> (1)　この直線 l を，媒介変数 t を用いて表すと　$\begin{cases} x=x_1+at \\ y=y_1+bt \\ z=z_1+ct \end{cases}$
> (2)　$abc\neq0$ のとき，この直線の方程式は　$\boldsymbol{\dfrac{x-x_1}{a}=\dfrac{y-y_1}{b}=\dfrac{z-z_1}{c}}$

直線 l : $\dfrac{x-x_1}{a}=\dfrac{y-y_1}{b}=\dfrac{z-z_1}{c}$ は

Ⓐ $\dfrac{x-x_1}{a}=\dfrac{y-y_1}{b}$ かつ Ⓑ $\dfrac{y-y_1}{b}=\dfrac{z-z_1}{c}$

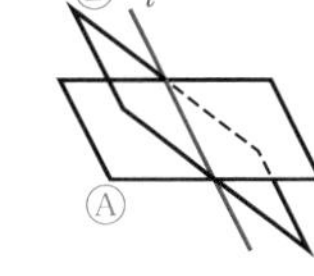

であり，この2つの方程式はともに平面を表すから，直線 l はこの2平面の交線の方程式と考えることができます。

探究例題 7　平面の方程式の決定

直線 l : $x-3=-y+2=\dfrac{z+2}{2}$ を含み，点 A$(-1,\ 2,\ 5)$ を通る平面 α の方程式を求めよ。

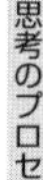

定義に戻る

法線ベクトル ⟵ これを求める

点 A $(x_1,\ y_1,\ z_1)$ を通り，$\vec{n}=(a,\ b,\ c)$ に垂直な
平面の方程式：$a(x-x_1)+b(y-y_1)+c(z-z_1)=0$

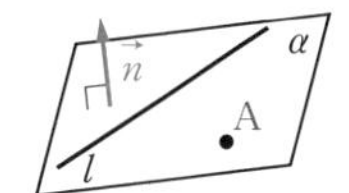

Action» 平面の方程式は，通る点と垂直なベクトルに着目せよ

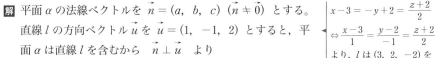

解 平面 α の法線ベクトルを $\vec{n}=(a,\ b,\ c)$ $(\vec{n}\neq\vec{0})$ とする。
直線 l の方向ベクトル $\vec{u}$ を $\vec{u}=(1,\ -1,\ 2)$ とすると，平面 α は直線 l を含むから $\vec{n}\perp\vec{u}$ より

$$a-b+2c=0 \quad \cdots ①$$

また，点 P$(3,\ 2,\ -2)$ は直線 l 上にあるから

$$\vec{n}\perp\overrightarrow{\mathrm{AP}} \text{ より} \quad 4a-7c=0 \quad \cdots ②$$

①，② より $\quad a=\dfrac{7}{4}c,\ b=\dfrac{15}{4}c$

よって，$\overrightarrow{n'}=(7,\ 15,\ 4)$ とおくと，平面 α は点 A$(-1,\ 2,\ 5)$ を通り，$\overrightarrow{n'}$ に垂直であるから，その方程式は

$$7(x+1)+15(y-2)+4(z-5)=0$$

したがって $\quad \boldsymbol{7x+15y+4z-43=0}$

> $x-3=-y+2=\dfrac{z+2}{2}$
> $\Leftrightarrow \dfrac{x-3}{1}=\dfrac{y-2}{-1}=\dfrac{z+2}{2}$
> より，l は $(3,\ 2,\ -2)$ を通り，$\vec{u}=(1,\ -1,\ 2)$ に平行な直線である。
>
> $\overrightarrow{\mathrm{AP}}=(4,\ 0,\ -7)$
>
> $\vec{n}=\left(\dfrac{7}{4}c,\ \dfrac{15}{4}c,\ c\right)$
> $c=4$ のときを $\overrightarrow{n'}$ とする。

探究例題において，直線 l は平面 β : $x-3=-y+2$，平面 γ : $-y+2=\dfrac{z+2}{2}$ の交線です。ここで，数学II「図形と方程式」で，2直線の交点を通る直線を $\boldsymbol{kf(x,\ y)+g(x,\ y)=0}$ と表したことを思い出しましょう（LEGEND 数学II＋B 例題 89）。 同様に考えて，2平面 α，β の交線を含む平面（ただし，平面 β は除く）は

$$\boldsymbol{k(x+y-5)+(-2y-z+2)=0} \quad \cdots (*)$$

と表すことができます。平面 α は点 A$(-1,\ 2,\ 5)$ を通るから（$*$）に代入して

$$-4k-7=0 \qquad \text{よって} \qquad k=-\frac{7}{4}$$

したがって，これを（$*$）に代入して，平面 α の方程式は $-\dfrac{7}{4}x-\dfrac{15}{4}y-z+\dfrac{43}{4}=0$ より $7x+15y+4z-43=0$ と求めることもできます。

例題 70　点と平面の距離　★★★☆

空間に $\vec{n}=(1,\ 2,\ -3)$ を法線ベクトルとし，点 $\mathrm{A}(-1,\ 2,\ -1)$ を通る平面 α がある。

(1) 平面 α の方程式を求めよ。

(2) 点 $\mathrm{P}(3,\ 5,\ -7)$ から平面 α に下ろした垂線を PH とする。点 H の座標を求めよ。また，点 P と平面 α の距離を求めよ。

思考のプロセス

(1) 点 $\mathrm{A}(x_1,\ y_1,\ z_1)$ を通り，法線ベクトルが $\vec{n}=(a,\ b,\ c)$ である平面の方程式は

$$a(x-x_1)+b(y-y_1)+c(z-z_1)=0$$

(2) **見方を変える**

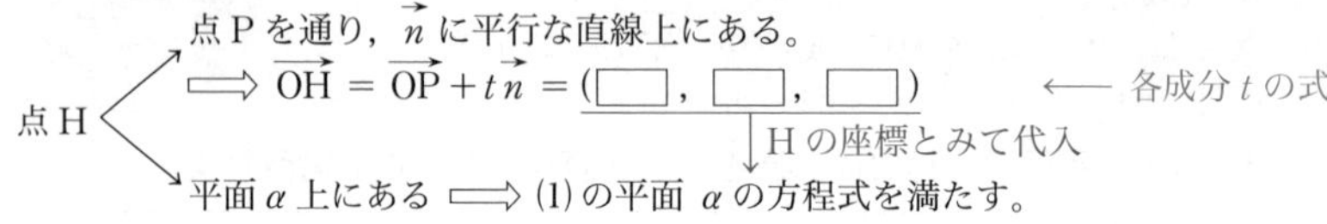

点 P を通り，n に平行な直線上にある。
⟹ OH = OP + tn = (□, □, □)
← 各成分 t の式
点 H
H の座標とみて代入
平面 α 上にある ⟹ (1) の平面 α の方程式を満たす。

Action» 平面の方程式は，$a(x-x_1)+b(y-y_1)+c(z-z_1)=0$ とせよ

解 (1) $1(x+1)+2(y-2)-3(z+1)=0$ より

$$\boldsymbol{x+2y-3z-6=0}$$

(2) 直線 PH は $\vec{n}$ に平行であるから，

$\overrightarrow{\mathrm{OH}}=\overrightarrow{\mathrm{OP}}+t\vec{n}$（$t$ は実数）とおける。

◀点 H は点 P を通り，$\vec{n}$ に平行な直線上にある。

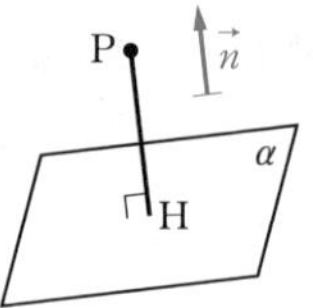

$$\overrightarrow{\mathrm{OH}}=(3,\ 5,\ -7)+t(1,\ 2,\ -3)$$
$$=(t+3,\ 2t+5,\ -3t-7)$$

よって

$$\mathrm{H}(t+3,\ 2t+5,\ -3t-7)$$

点 H は平面 α 上にあるから

$$(t+3)+2(2t+5)-3(-3t-7)-6=0$$
$$14t+28=0$$

◀(1) の方程式に $x=t+3$，$y=2t+5$，$z=-3t-7$ を代入する。

ゆえに　$t=-2$

したがって　$\mathbf{H(1,\ 1,\ -1)}$

◀$\mathrm{H}(t+3,\ 2t+5,\ -3t-7)$ に $t=-2$ を代入する。

また，点 P と平面 α の距離は，線分 PH の長さであるから

$$\mathrm{PH}=\sqrt{(1-3)^2+(1-5)^2+(-1+7)^2}=\boldsymbol{2\sqrt{14}}$$

練習 70 空間に $\vec{n}=(1,\ 2,\ -2)$ を法線ベクトルとし，点 $\mathrm{A}(-8,\ -3,\ 2)$ を通る平面 α がある。

(1) 平面 α の方程式を求めよ。

(2) 原点 O から平面 α に下ろした垂線を OH とする。点 H の座標を求めよ。また，原点 O と平面 α の距離を求めよ。

➡p.141 問題 70

Go Ahead 8　点と平面の距離の公式

例題 70 では，点と平面の距離を学習しましたが，一般に次の公式が成り立ちます。

> 点 $\mathrm{A}(x_1,\ y_1,\ z_1)$ と平面 $\alpha : ax+by+cz+d=0$ の距離は
> $$\frac{|\boldsymbol{ax_1+by_1+cz_1+d}|}{\sqrt{\boldsymbol{a^2+b^2+c^2}}}$$

あれ？　数学Ⅱ「図形と方程式」で学習した点と直線の距離の公式にとてもよく似ていますね。

よいことに気がつきましたね。この公式は，法線ベクトルを用いて証明します。

p.82 の **Play Back 7** 探究例題 4 では，点と直線の距離の公式をベクトルを用いて証明しました。その証明とも見比べながら点と平面の距離の公式を証明してみましょう。

〔証明〕

点 A から平面 α に下ろした垂線を AH とする。

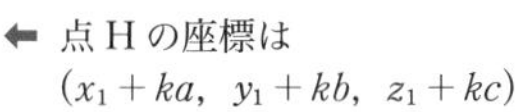

平面 α の法線ベクトルの 1 つは $\vec{n}=(a,\ b,\ c)$ であるから，

$\overrightarrow{\mathrm{AH}} \parallel \vec{n}$ より，$\overrightarrow{\mathrm{AH}}=k\vec{n}=k(a,\ b,\ c)$ とおける（k は実数）。

$$\overrightarrow{\mathrm{OH}}=\overrightarrow{\mathrm{OA}}+\overrightarrow{\mathrm{AH}}$$
$$=(x_1+ka,\ y_1+kb,\ z_1+kc)$$

← 点 H の座標は $(x_1+ka,\ y_1+kb,\ z_1+kc)$

点 H は平面 α 上にあるから

$$a(x_1+ka)+b(y_1+kb)+c(z_1+kc)+d=0$$

← α の方程式に代入する。

ゆえに　$k=\dfrac{-(ax_1+by_1+cz_1+d)}{a^2+b^2+c^2}$

← α は平面を表すから，a，b，c がすべて 0 であることはない。よって　$a^2+b^2+c^2 \neq 0$

したがって，$|\vec{n}|=\sqrt{a^2+b^2+c^2}$ であるから

$$|\overrightarrow{\mathrm{AH}}|=|k\vec{n}|=|k||\vec{n}|=\frac{|ax_1+by_1+cz_1+d|}{\sqrt{a^2+b^2+c^2}}$$

点と直線の距離の公式の証明とほとんど同じですね。
違いは成分に z 成分が加わったことだけで，考え方は全く同じです。

その通り。ここにベクトルのよさが現れています。
内分点や重心の位置ベクトルの公式，円と球のベクトル方程式など，平面から空間に次元が上がっても，同様に表されるものがベクトルにはたくさんあるのです。

なお，この公式を用いると，例題 70 における点 P と平面 α の距離は

$$\frac{|1\cdot 3+2\cdot 5-3\cdot(-7)-6|}{\sqrt{1^2+2^2+(-3)^2}}=\frac{28}{\sqrt{14}}=2\sqrt{14}$$

と簡単に求めることができます。

1章 4 空間におけるベクトル

D ★★★☆

例題 71 球が平面から切り取る円〔2〕

空間に3点A(0, 0, −1), B(−1, 0, 1), C(−1, 1, 3) および
球 ω : $x^2+y^2+z^2-6x+4y-2z=11$ がある。

(1) 3点A, B, Cを通る平面 α の方程式を求めよ。

(2) 球 ω と平面 α が交わってできる円の半径 r を求めよ。

思考のプロセス

(1) **未知のものを文字でおく**

通る点の座標の条件のみ ⟹ 一般形 $ax+by+cz+d=0$ とおく。

(2) 例題68と似た構図である。

例題68との違い

… 平面 α が座標平面に平行でない。

⟶ PQの長さをどのように求めるか？

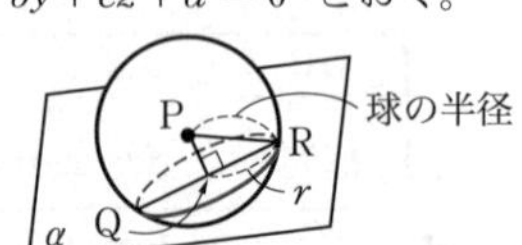

«ReAction 球が平面から切り取る円の半径は，三平方の定理を利用せよ ◀例題68

解 (1) 平面 α の方程式を $ax+by+cz+d=0$ …① とおく。
ただし，a, b, c の少なくとも1つは0ではない。
平面 α は3点A(0, 0, −1), B(−1, 0, 1),
C(−1, 1, 3) を通るから

$$\begin{cases} -c+d=0 & \cdots ② \\ -a+c+d=0 & \cdots ③ \\ -a+b+3c+d=0 & \cdots ④ \end{cases}$$

◀ ② より $c=d$
$c=d$ を ③ に代入して
$a=2d$
$c=d$, $a=2d$ を ④ に代入して $b=-2d$

②〜④ より　$c=d$, $a=2d$, $b=-2d$　…⑤

⑤ を ① に代入すると　$2dx-2dy+dz+d=0$

$d \neq 0$ より，求める平面 α の方程式は

$$\mathbf{2x-2y+z+1=0}$$

◀ ❗ $d=0$ とすると，⑤ より $a=b=c=0$ となり，a, b, c の少なくとも1つは0ではないことに反する。

(2) $x^2+y^2+z^2-6x+4y-2z=11$ を変形すると

$$(x-3)^2+(y+2)^2+(z-1)^2=25$$

よって，球 ω の中心はP(3, −2, 1)，半径は5である。
ゆえに，球 ω の中心Pと平面 α の距離は

$$\frac{|2\cdot3-2\cdot(-2)+1+1|}{\sqrt{2^2+(-2)^2+1^2}}=4$$

◀ p.133 **Go Ahead** 8 参照。
例題70の方法を用いてもよい。

例題68

球 ω と平面 α が交わってできる円の中心をQ，この円上の点をRとすると，△PQRは直角三角形であるから，三平方の定理により　$5^2=4^2+r^2$

よって　$\boldsymbol{r=3}$

◀

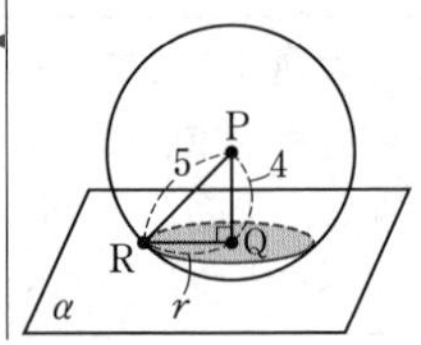

練習 71 空間に平面 α : $x+2y+2z=a$ と球 ω : $x^2+y^2+z^2=25$ がある。

(1) 平面 α と球 ω が共有点をもつとき，a の値の範囲を求めよ。

(2) 球 ω と平面 α が交わってできる円の半径が4のとき，定数 a の値を求めよ。

➡ p.142 問題71

D
例題 72 空間のベクトルと軌跡
★★★☆

原点をOとする空間内に，2点 A(2, 2, 0)，B(0, 0, 1) がある。
点 P$(x,\ y,\ z)$ が等式 $\overrightarrow{OP}\cdot\overrightarrow{AP}+\overrightarrow{OP}\cdot\overrightarrow{BP}+\overrightarrow{AP}\cdot\overrightarrow{BP}=3$ を満たすように動くとき，点Pはどのような図形上を動くか。また，その図形の方程式を求めよ。

思考のプロセス

例題 37 の内容を空間に**拡張**した問題である。

«ReAction 点Pの軌跡は，P$(\vec{p})$ に関するベクトル方程式をつくれ ◀例題 37

基準を定める

与式では，始点がそろっていない。

⟹ 基準をOとして与式の始点をOにそろえ，図形が分かるベクトル方程式に導く。

例 直線：$\overrightarrow{OP}=\overrightarrow{OA}+t\overrightarrow{AB}$ の形
平面：$(\overrightarrow{OP}-\overrightarrow{OA})\cdot\vec{n}=0$ の形
球：$|\overrightarrow{OP}-\overrightarrow{OA}|=r$ や $(\overrightarrow{OP}-\overrightarrow{OA})\cdot(\overrightarrow{OP}-\overrightarrow{OB})=0$ の形

解 与式より （例題 37）

$$\overrightarrow{OP}\cdot(\overrightarrow{OP}-\overrightarrow{OA})+\overrightarrow{OP}\cdot(\overrightarrow{OP}-\overrightarrow{OB})+(\overrightarrow{OP}-\overrightarrow{OA})\cdot(\overrightarrow{OP}-\overrightarrow{OB})=3$$

$$3|\overrightarrow{OP}|^2-2\overrightarrow{OA}\cdot\overrightarrow{OP}-2\overrightarrow{OB}\cdot\overrightarrow{OP}+\overrightarrow{OA}\cdot\overrightarrow{OB}=3$$

$\overrightarrow{OA}\cdot\overrightarrow{OB}=2\times0+2\times0+0\times1=0$ であるから

$$3|\overrightarrow{OP}|^2-2(\overrightarrow{OA}+\overrightarrow{OB})\cdot\overrightarrow{OP}=3$$

$$|\overrightarrow{OP}|^2-\frac{2}{3}(\overrightarrow{OA}+\overrightarrow{OB})\cdot\overrightarrow{OP}=1$$

$$\left|\overrightarrow{OP}-\frac{\overrightarrow{OA}+\overrightarrow{OB}}{3}\right|^2=\left|\frac{\overrightarrow{OA}+\overrightarrow{OB}}{3}\right|^2+1 \quad \cdots①$$

$\overrightarrow{OG}=\dfrac{\overrightarrow{OA}+\overrightarrow{OB}}{3}=\left(\dfrac{2}{3},\ \dfrac{2}{3},\ \dfrac{1}{3}\right)$ とおくと

$$|\overrightarrow{OG}|^2=\left(\frac{2}{3}\right)^2+\left(\frac{2}{3}\right)^2+\left(\frac{1}{3}\right)^2=1$$

よって，① は

$$|\overrightarrow{OP}-\overrightarrow{OG}|^2=2 \quad すなわち \quad |\overrightarrow{OP}-\overrightarrow{OG}|=\sqrt{2}$$

ゆえに，点Pは

中心 $\left(\dfrac{2}{3},\ \dfrac{2}{3},\ \dfrac{1}{3}\right)$，半径 $\sqrt{2}$ の球上を動く。

したがって，この図形の方程式は

$$\left(x-\frac{2}{3}\right)^2+\left(y-\frac{2}{3}\right)^2+\left(z-\frac{1}{3}\right)^2=2$$

◀〔別解〕（解答4行目までは同様）
$|\overrightarrow{OP}|^2=x^2+y^2+z^2$，
$\overrightarrow{OA}\cdot\overrightarrow{OP}=2x+2y$
$\overrightarrow{OB}\cdot\overrightarrow{OP}=z$
よって
$3(x^2+y^2+z^2)-2(2x+2y)-2z=3$
$x^2+y^2+z^2-\frac{4}{3}x-\frac{4}{3}y-\frac{2}{3}z=1$
ゆえに
$\left(x-\frac{2}{3}\right)^2+\left(y-\frac{2}{3}\right)^2+\left(z-\frac{1}{3}\right)^2=2$

◀△OAB の重心Gの位置ベクトルである。

◀球のベクトル方程式
$|\overrightarrow{GP}|=\sqrt{2}$

◀△OAB の重心Gを中心とする半径 $\sqrt{2}$ の球。

練習 72 空間内に3点 A(5, 0, 0)，B(0, 3, 0)，C(3, 6, 0) がある。点 P$(x,\ y,\ z)$ が $\overrightarrow{PA}\cdot(2\overrightarrow{PB}+\overrightarrow{PC})=0$ を満たすように動くとき，点Pはどのような図形上を動くか。また，その図形の方程式を求めよ。

➡p.142 問題 72

例題 73　2平面のなす角・交線の方程式　★★★☆

空間に平面 $\alpha : x-10y-7z=0$ と平面 $\beta : 3x+5y+4z=35$ がある。
(1) 平面 α と平面 β のなす角 θ $(0^\circ \leqq \theta \leqq 90^\circ)$ を求めよ。
(2) 平面 α と平面 β の交線 l の方程式を求めよ。

思考のプロセス

(1) **見方を変える**

2平面のなす角 θ
⟹ 2つの法線ベクトルのなす角 θ'
❗ このようにみると，例題 39 の内容を空間に**拡張**した問題である。

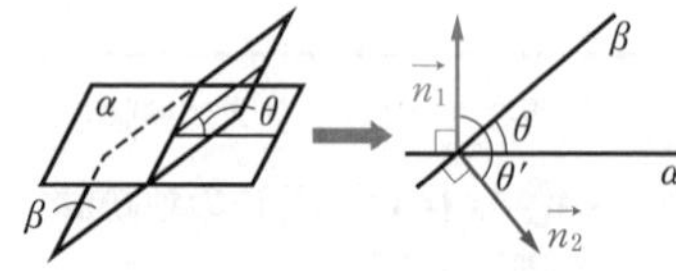

Action» 2平面のなす角は，法線ベクトルのなす角を利用せよ

(2) 平面 α と平面 β の交線 l の方程式
⟹ α，β の方程式をともに満たす関係式
⟹ 連立方程式を考える。

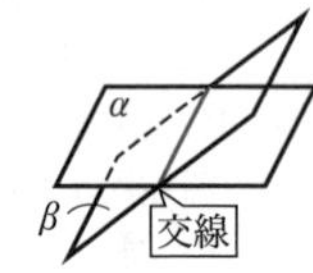

解 (1) 平面 α と平面 β の法線ベクトルの 1 つをそれぞれ $\vec{n_1}$，$\vec{n_2}$ とすると

例題 39

$$\vec{n_1}=(1,\ -10,\ -7),\quad \vec{n_2}=(3,\ 5,\ 4)$$

$\vec{n_1}$ と $\vec{n_2}$ のなす角 θ' $(0^\circ \leqq \theta' \leqq 180^\circ)$ は

$$\cos\theta' = \frac{\vec{n_1}\cdot\vec{n_2}}{|\vec{n_1}||\vec{n_2}|} = \frac{3-50-28}{\sqrt{150}\sqrt{50}} = -\frac{\sqrt{3}}{2}$$

よって　$\theta' = 150^\circ$

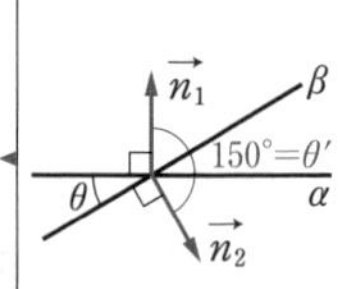

ゆえに，平面 α と平面 β のなす角 θ は　$\boldsymbol{\theta = 30^\circ}$

◀ $0^\circ \leqq \theta \leqq 90^\circ$ であるから
$0^\circ \leqq \theta' \leqq 90^\circ$ のとき
$\theta = \theta'$
$90^\circ < \theta' \leqq 180^\circ$ のとき
$\theta = 180^\circ - \theta'$

(2) $x-10y-7z=0$ …①，$3x+5y+4z=35$ …②
とおく。①，② より，x を y または z で表すと

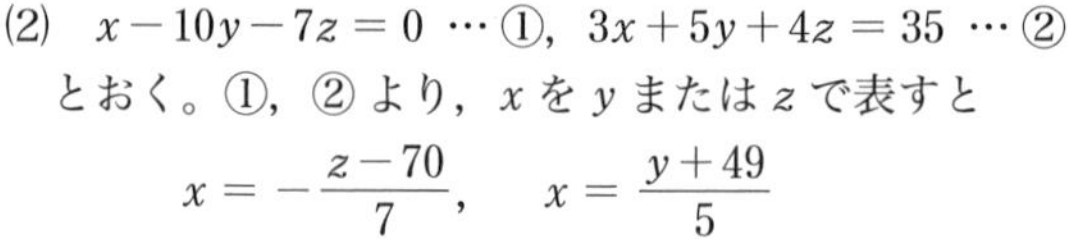

$$x = -\frac{z-70}{7},\quad x = \frac{y+49}{5}$$

◀ ①+②×2, ①×4+②×7

よって，交線 l の方程式は　$\boldsymbol{x = \frac{y+49}{5} = -\frac{z-70}{7}}$

◀ Point 参照。

Point...空間における直線の方程式の表し方

例題 73 (2) は，①，② から x と z を順に消去し，y を z または x で表すと

②−①×3 より　$y = -\dfrac{5z-7}{7}$，　①×4+②×7 より　$y = 5x-49$

よって，交線 l の方程式は　$5x-49 = y = -\dfrac{5z-7}{7}$　と答えてもよい。

すなわち，$x = \dfrac{y+49}{5} = -\dfrac{z-70}{7}$ と $5x-49 = y = -\dfrac{5z-7}{7}$ は同じ直線を表す。

このように，空間における直線の方程式は複数の表し方がある。

練習 73　空間に平面 $\alpha : 2x+y-3z=3$ と平面 $\beta : x-3y+2z=5$ がある。
(1) 平面 α と平面 β のなす角 θ $(0^\circ \leqq \theta \leqq 90^\circ)$ を求めよ。
(2) 平面 α と平面 β の交線 l の方程式を求めよ。

➡p.142 問題73

例題 74　直線と平面のなす角　★★★★

空間に直線 $l:\dfrac{x+3}{5}=\dfrac{y+3}{3}=-\dfrac{z}{4}$ と平面 $\alpha:5x+4ay+3z=-2$ がある。

(1) 直線 l と平面 α が平行であるとき，a の値を求めよ。

(2) 直線 l と平面 α のなす角が 30° のとき，a の値を求めよ。

(3) 直線 l と平面 α が平行でないとき，平面 α は a の値によらず直線 l と定点 P で交わることを示し，その点の座標を求めよ。

思考のプロセス

例題 73 のように，平面 α と直線 l の法線ベクトルのなす角を考えたいが，直線 l の法線ベクトルは考えにくい。

見方を変える

直線 l と平面 α のなす角

$\Longrightarrow$ (l の方向ベクトル $\vec{u}$ ／ α の法線ベクトル $\vec{n}$) のなす角を利用。

(2) 法線ベクトルは，向きが 2 通りあることに注意する。

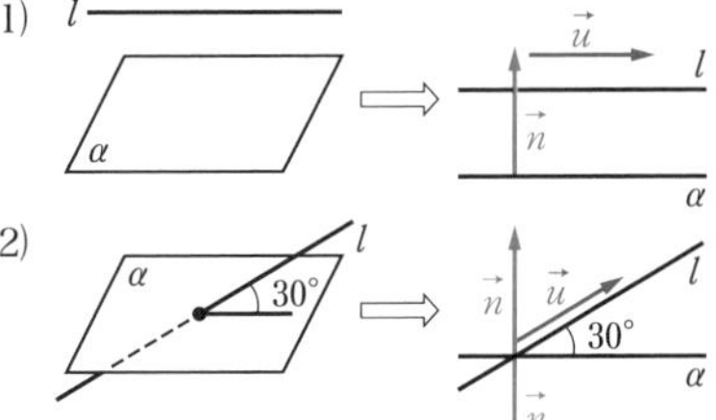

Action» 直線と平面のなす角は，方向ベクトルと法線ベクトルのなす角を利用せよ

解 (1) 直線 l の方向ベクトル $\vec{u}$ は　$\vec{u}=(5,\ 3,\ -4)$

平面 α の法線ベクトル $\vec{n}$ は　$\vec{n}=(5,\ 4a,\ 3)$

直線 l と平面 α が平行のとき　$\vec{u}\perp\vec{n}$

◀ $l\parallel\vec{u}$, $\alpha\perp\vec{n}$ であるから $l\parallel\alpha \Longleftrightarrow \vec{u}\perp\vec{n}$

ゆえに，$\vec{u}\cdot\vec{n}=12a+13=0$ より　$\boldsymbol{a=-\dfrac{13}{12}}$

(2) 直線 l と平面 α のなす角が 30° のとき，

$\vec{u}$ と $\vec{n}$ のなす角 θ $(0°\leqq\theta\leqq180°)$ は　60° または 120°

◀

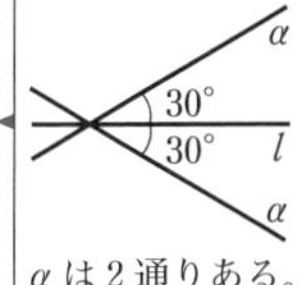

α は 2 通りある。

ここで　$\cos\theta=\dfrac{\vec{u}\cdot\vec{n}}{|\vec{u}||\vec{n}|}=\dfrac{12a+13}{\sqrt{50}\sqrt{16a^2+34}}$

よって，$\pm\dfrac{1}{2}=\dfrac{12a+13}{10\sqrt{8a^2+17}}$ を解くと　$\boldsymbol{a=1,\ \dfrac{32}{7}}$

◀ 両辺を 2 乗して分母をはらう。
$25(8a^2+17)=(12a+13)^2$
$7a^2-39a+32=0$
$(a-1)(7a-32)=0$
よって　$a=1,\ \dfrac{32}{7}$

(3) 直線 l を媒介変数 t を用いて表すと

$x=5t-3,\ y=3t-3,\ z=-4t$　…①

① を平面 α の方程式に代入すると

$5(5t-3)+4a(3t-3)+3(-4t)=-2$

これを整理すると　$(12a+13)(t-1)=0$

直線 l と平面 α は平行でないから　$12a+13\neq0$

◀ (1) より

$t=1$ となり，これを ① に代入すると　**P(2, 0, −4)**

◀ a の値によらず点 P を通る。

練習 74　空間に平面 $\alpha:3x-5y-4z=9$ と直線 $l:x=\dfrac{y-6}{10}=\dfrac{z-9}{7}$ がある。平面 α と直線 l のなす角 θ $(0°\leqq\theta\leqq90°)$ と，交点 P の座標を求めよ。

➡p.142 問題 74

空間におけるベクトル

▶▶解答編 p.92

40 ★☆☆☆ 点 A$(x,\ y,\ -4)$ を y 軸に関して対称移動し，さらに，zx 平面に関して対称移動すると，点 B$(2,\ -1,\ z)$ となる。このとき，x，y，z の値を求めよ。

41 ★☆☆☆ 3 点 A$(2,\ 2,\ 0)$，B$(2,\ 0,\ -2)$，C$(0,\ 2,\ -2)$ に対して，四面体 ABCD が正四面体となるような点 D の座標を求めよ。

42 ★☆☆☆ 平行六面体 ABCD−EFGH において，次の等式が成り立つことを証明せよ。

(1) $\overrightarrow{AC}+\overrightarrow{AH}+\overrightarrow{AF}=2\overrightarrow{AG}$　　(2) $\overrightarrow{AG}+\overrightarrow{BH}+\overrightarrow{CE}+\overrightarrow{DF}=4\overrightarrow{AE}$

43 ★☆☆☆ $\overrightarrow{e_1}=(1,\ 0,\ 0)$，$\overrightarrow{e_2}=(0,\ 1,\ 0)$，$\overrightarrow{e_3}=(0,\ 0,\ 1)$ とし，$\vec{a}=(1,\ 2,\ 1)$，$\vec{b}=(-1,\ 0,\ 1)$，$\vec{c}=(0,\ 1,\ 2)$ とするとき

(1) $\overrightarrow{e_1}$，$\overrightarrow{e_2}$，$\overrightarrow{e_3}$ をそれぞれ $\vec{a}$，$\vec{b}$，$\vec{c}$ で表せ。

(2) $\vec{d}=(s,\ t,\ u)$ のとき，$\vec{d}$ を $\vec{a}$，$\vec{b}$，$\vec{c}$ で表せ。

44 ★★☆☆ 空間の 3 つのベクトル $\vec{a}=(1,\ -3,\ -3)$，$\vec{b}=(1,\ -1,\ -2)$，$\vec{c}=(-2,\ 3,\ 4)$ に対して，次の 2 つの条件を満たすベクトル $\vec{e}$ を $s\vec{a}+t\vec{b}+u\vec{c}$ の形で表せ。

(ア) $\vec{e}$ は単位ベクトル　　(イ) $\vec{e}$ は $\vec{d}=(-5,\ 6,\ 8)$ と平行

45 ★★☆☆ 1 辺の長さが 2 の正四面体 ABCD で，CD の中点を M とする。次の内積を求めよ。

(1) $\overrightarrow{AB}\cdot\overrightarrow{AC}$　　(2) $\overrightarrow{BC}\cdot\overrightarrow{CD}$

(3) $\overrightarrow{AB}\cdot\overrightarrow{CD}$　　(4) $\overrightarrow{MA}\cdot\overrightarrow{MB}$

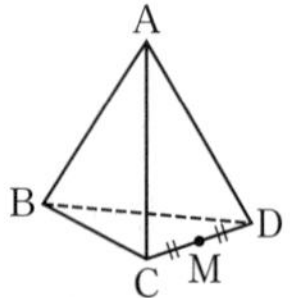

46 ★★☆☆ 3 点 A$(0,\ 5,\ 5)$，B$(2,\ 3,\ 4)$，C$(6,\ -2,\ 7)$ について，△ABC の面積を求めよ。

47 ★★☆☆ $\vec{a}=(1,\ 3,\ -2)$ となす角が 60°，$\vec{b}=(1,\ -1,\ -1)$ と垂直で，大きさが $\sqrt{14}$ であるベクトル $\vec{p}$ を求めよ。

48 ★★☆☆ $\vec{p}$ が y 軸，z 軸の正の向きとのなす角がそれぞれ 45°，120° であり，$|\vec{p}|=4$ のとき

(1) $\vec{p}$ の x 軸の正の向きとのなす角を求めよ。　(2) $\vec{p}$ の成分を求めよ。

49 ★☆☆☆ △ABC の辺 AB，BC，CA の中点を P$(-1,\ 5,\ 2)$，Q$(-2,\ 2,\ -2)$，R$(1,\ 1,\ -1)$ とする。

(1) 頂点 A，B，C の座標を求めよ。　(2) △ABC の重心の座標を求めよ。

50 ★★☆☆ 四面体 ABCD において，辺 AB を 2:3 に内分する点を L，辺 CD の中点を M，線分 LM を 4:5 に内分する点を N，△BCD の重心を G とするとき，線分 AG は N を通ることを示せ。また，AN:NG を求めよ。

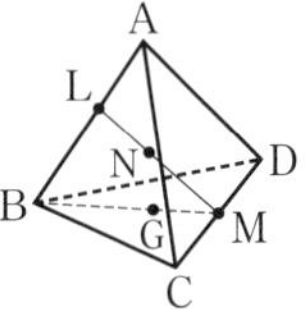

51 ★★☆☆ 正四面体 OABC において，$\overrightarrow{OA}=\vec{a}$，$\overrightarrow{OB}=\vec{b}$，$\overrightarrow{OC}=\vec{c}$ とする。線分 AB を 1:2 に内分する点を L，線分 BC の中点を M，線分 OC を $t:(1-t)$ に内分する点を N とする。さらに，線分 AM と CL の交点を P とし，線分 OP と LN の交点を Q とする。ただし，$0<t<1$ である。このとき，$\overrightarrow{OP}$，$\overrightarrow{OQ}$ を t，$\vec{a}$，$\vec{b}$，$\vec{c}$ を用いて表せ。

52 ★★☆☆ 4 点 A$(1,\ 1,\ 1)$，B$(2,\ 3,\ 2)$，C$(-1,\ -2,\ -3)$，D$(m+6,\ 1,\ m+10)$ が同一平面上にあるとき，m の値を求めよ。

53 ★★★☆ 平行六面体 ABCD−EFGH において，辺 CD を 2:1 に内分する点を P，辺 FG を 1:2 に内分する点を Q とし，平面 APQ と直線 CE との交点を R とする。$\overrightarrow{AB}=\vec{a}$，$\overrightarrow{AD}=\vec{b}$，$\overrightarrow{AE}=\vec{c}$ として，$\overrightarrow{AR}$ を $\vec{a}$，$\vec{b}$，$\vec{c}$ で表せ。

54 ★★★☆ 四面体 ABCD の頂点 A，B から対面へそれぞれ垂線 AA′，BB′ を下ろすとき，次を証明せよ。

(1) $AB\perp CD$ であれば，直線 AA′ と直線 BB′ は交わる。

(2) $AB\perp CD$，$AC\perp BD$ であれば，$AD\perp BC$ である。

55 ★★★★ 四面体 OABC において，OA，AB，BC，OC，OB，AC の中点をそれぞれ P，Q，R，S，T，U とすると，PR，QS，TU は 1 点で交わることを示せ。

56 ★★★☆ 4点 O(0, 0, 0), A(−1, −1, 3), B(1, 0, 4), C(0, 1, 4) がある。

(1) △ABC の面積を求めよ。　　(2) 四面体 OABC の体積を求めよ。

57 ★★★☆ 四面体 OABC において $OA=2, OB=OC=1, BC=\dfrac{\sqrt{10}}{2}$, $\angle AOB=\angle AOC=60°$ とする。点 O から平面 ABC に下ろした垂線を OH とする。$\overrightarrow{OA}=\vec{a}$, $\overrightarrow{OB}=\vec{b}$, $\overrightarrow{OC}=\vec{c}$ として次の問に答えよ。

(1) 内積 $\vec{a}\cdot\vec{b}$, $\vec{b}\cdot\vec{c}$, $\vec{c}\cdot\vec{a}$ の値を求めよ。

(2) $\overrightarrow{OH}$ を $\vec{a}$, $\vec{b}$, $\vec{c}$ を用いて表せ。

(3) 四面体 OABC の体積を求めよ。　(徳島大)

58 ★★★★ 4点 O(0, 0, 0), A(1, 2, 1), B(2, 0, 0), C(−2, 1, 3) を頂点とする四面体において，点 C から平面 OAB に下ろした垂線を CH とする。

(1) △OAB の面積を求めよ。　　(2) 点 H の座標を求めよ。

(3) 四面体 OABC の体積を求めよ。

59 ★★★☆ 右の図のような平行六面体 OADB−CEFG がある。辺 OC, DF の中点をそれぞれ M, N とし，辺 OA, CG を 3:1 に内分する点をそれぞれ P, Q とする。

$\overrightarrow{OA}=\vec{a}$, $\overrightarrow{OB}=\vec{b}$, $\overrightarrow{OC}=\vec{c}$ とするとき

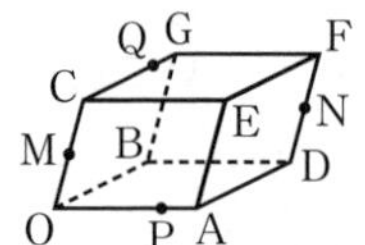

(1) ベクトル $\overrightarrow{MP}$, $\overrightarrow{MQ}$ を $\vec{a}$, $\vec{b}$, $\vec{c}$ を用いて表せ。

(2) 点 M, N, P, Q は，同一平面上にあることを示せ。

(3) $\vec{a}\perp\vec{b}$, $\vec{b}\perp\vec{c}$, $\vec{a}$ と $\vec{c}$ のなす角が 60°, $|\vec{a}|:|\vec{b}|:|\vec{c}|=2:2:1$ のとき，$\overrightarrow{MP}$ と $\overrightarrow{MQ}$ のなす角 θ に対して，$\cos\theta$ の値を求めよ。

60 ★★☆☆ 次の平面におけるベクトル方程式は，どのような図形を表すか。また，空間におけるベクトル方程式の場合には，どのような図形を表すか。

ただし，$A(\vec{a})$, $B(\vec{b})$ は定点であるとする。

(1) $3\vec{p}-(3t+2)\vec{a}-(3t+1)\vec{b}=\vec{0}$　　(2) $(\vec{p}-\vec{a})\cdot(\vec{p}-\vec{b})=0$

61 ★★★☆ 1辺の長さが2の正方形を底面とし，高さが1の直方体を K とする。2点 A, B を直方体 K の同じ面に属さない2つの頂点とする。直線 AB を含む平面で直方体 K を切ったときの断面積の最大値と最小値を求めよ。　(一橋大)

62 ★★☆☆ 3 点 A(2, 0, 0), B(1, 1, 0), C(1, −1, 1) を通る平面 ABC 上の点のうち，原点 O に最も近い点 P の座標を求めよ。

63 ★★★☆ 空間において，4 点 A(3, 4, 2), B(4, 3, 2), C(2, −3, 4), D(1, −2, 3) がある。2 直線 AB, CD の距離を求めよ。

64 ★★★☆ 2 点 A(2, 1, 3), B(1, 3, 4) と xy 平面上に動点 P, yz 平面上に動点 Q がある。このとき 3 つの線分の長さの和 AP＋PQ＋QB の最小値を求めよ。

65 ★★☆☆ 次の球の方程式を求めよ。

(1) 点 (3, 1, −4) を中心とし，xy 平面に接する球

(2) 点 (−3, 1, 4) を通り，3 つの平面 $x=2$, $y=0$, $z=0$ に接する球

66 ★★☆☆ 4 点 A(1, 1, 1), B(−1, 1, −1), C(−1, −1, 0), D(2, 1, 0) を頂点とする四面体 ABCD の外接球の方程式を求めよ。

67 ★★★☆ 空間に 3 点 A(−1, 0, 1), B(1, 2, 3), C(3, 4, 2) がある。点 C を中心とし，直線 AB に接する球 ω を考える。

(1) 球 ω の半径 r を求めよ。また球 ω の方程式を求めよ。

(2) 点 P($k+2$, $2k+1$, $3k-2$) が球 ω の内部の点であるとき，定数 k の値の範囲を求めよ。

68 ★★★☆ 球 $x^2+y^2+(z-2)^2=9$ と平面 $x=a$ $(a>0)$ が交わってできる円 C の半径が $\dfrac{\sqrt{35}}{2}$ であるとき，次の問に答えよ。

(1) a の値を求めよ。

(2) 点 P(0, 0, 5) があり，点 Q が円 C 上を動くとき，直線 PQ と xy 平面の交点 R の軌跡を求めよ。

69 ★★★☆ 球 $x^2+y^2+z^2=r^2$ $(r>1)$ と球 $x^2+y^2+(z-2)^2=1$ が交わってできる円の面積が $\dfrac{3}{4}\pi$ となるときの r の値を求めよ。

70 ★★★☆ 空間に 4 点 O(0, 0, 0), A(1, 0, 0), B(0, 1, 0), C(0, 0, −1) がある。

(1) 3 点 A, B, C を通る平面 α の方程式を求めよ。

(2) 平面 α に垂直になるように原点 O から直線を引いたとき，平面 α との交点 T の座標を求めよ。

(3) △ABC の面積を求めよ。

(4) 四面体 OABC の体積を求めよ。 (福島大)

71 ★★★☆　2つの球 $\omega_1 : x^2+y^2+z^2=2$ と $\omega_2 : (x-k)^2+(y+2k)^2+(z-2k)^2=8$ が共有点をもっている。

(1)　定数 k の値の範囲を求めよ。

(2)　ω_1 と ω_2 が交わってできる円の半径が1であるとき，この円を含む平面 α の方程式を求めよ。

72 ★★★☆　a, b, c を実数とし，座標空間内の点を O(0, 0, 0), A(2, 1, 1), B(1, 2, 3), C(a, b, c), M$\left(1, \dfrac{1}{2}, 1\right)$ と定める。空間内の点Pで $4|\overrightarrow{\mathrm{OP}}|^2+|\overrightarrow{\mathrm{AP}}|^2+2|\overrightarrow{\mathrm{BP}}|^2+3|\overrightarrow{\mathrm{CP}}|^2=30$ を満たすもの全体がMを中心とする球面をなすとき，この球面の半径と a，b，c の値を求めよ。（東北大）

73 ★★★☆　空間に2つの平面 $\alpha : x=y$，$\beta : 2x=y+z$ がある。平面 α 上にA(3, 3, 0), 平面 β 上にB(2, 5, −1)をとる。

(1)　2平面 α，β のなす角 θ $(0^\circ \leqq \theta \leqq 90^\circ)$ と2平面の交線 m の方程式を求めよ。

(2)　(1)の直線 m 上に $\angle\mathrm{APB}=\theta$ となる点Pが存在することを示し，Pの座標を求めよ。

74 ★★★★　空間に2直線 $l : x-3=-\dfrac{y}{2}=\dfrac{z}{3}$，$m : x-1=\dfrac{y+8}{2}=z$ がある。

(1)　2直線 l，m は交わることを示し，その交点Pの座標を求めよ。

(2)　2直線 l，m のなす角 θ $(0^\circ \leqq \theta \leqq 90^\circ)$ を求めよ。

(3)　2直線 l，m を含む平面 α の方程式を求めよ。

本質を問う4

▶▶解答編 p.119

1　(1)　ある4点O，A，B，Cについて，$\overrightarrow{\mathrm{OA}}$，$\overrightarrow{\mathrm{OB}}$，$\overrightarrow{\mathrm{OC}}$ が1次独立であるとはどういうことか述べよ。

(2)　$\vec{a}=(2, 3, 0)$，$\vec{b}=(4, 0, 0)$，$\vec{c}=(0, 5, 0)$ において，$\vec{a}$，$\vec{b}$，$\vec{c}$ は1次独立であるといえるか。

◀p.88 2

2　空間において，同一直線上にない3点A$(\vec{a})$，B$(\vec{b})$，C$(\vec{c})$がある。A，B，Cを含む平面上の任意の点をP$(\vec{p})$とするとき

$$\vec{p}=s\vec{a}+t\vec{b}+u\vec{c},\quad s+t+u=1$$

であることを示せ。

◀p.91 概要 4

3　直線 l が，点Oで交わる2直線OA，OBのそれぞれに垂直であるとき，直線 l は，直線OA，OBで定まる平面 α に垂直であることをベクトルを用いて示せ。

◀p.90 5

Let's Try! 4

▶▶解答編 p.120

① 四面体OABCにおいて，辺ABの中点をP，線分PCの中点をQとする。また，$0<m<1$ に対し，線分OQを $m:(1-m)$ に内分する点をR，直線ARと平面OBCの交点をSとする。さらに，$\overrightarrow{\mathrm{OA}}=\vec{a}$，$\overrightarrow{\mathrm{OB}}=\vec{b}$，$\overrightarrow{\mathrm{OC}}=\vec{c}$ とする。

(1) $\overrightarrow{\mathrm{OP}}$，$\overrightarrow{\mathrm{OQ}}$，$\overrightarrow{\mathrm{OR}}$ を $\vec{a}$，$\vec{b}$，$\vec{c}$ と m で表せ。

(2) AR:RS を m で表せ。

(3) 辺OAと線分SQが平行となるとき，m の値を求めよ。（南山大）

◀例題44, 53

② 四面体ABCDにおいて，△BCDの重心をGとする。このとき，次の問に答えよ。

(1) ベクトル $\overrightarrow{\mathrm{AG}}$ をベクトル $\overrightarrow{\mathrm{AB}}$，$\overrightarrow{\mathrm{AC}}$，$\overrightarrow{\mathrm{AD}}$ で表せ。

(2) 線分AGを3:1に内分する点をE，△ACDの重心をFとする。このとき，3点B，E，Fは一直線上にあり，EはBFを3:1に内分する点であることを示せ。

(3) BA＝BD，CA＝CD であるとき，2つのベクトル $\overrightarrow{\mathrm{BF}}$ と $\overrightarrow{\mathrm{AD}}$ は垂直であることを示せ。（静岡大） ◀例題54

③ 空間ベクトル $\overrightarrow{\mathrm{OA}}=(1,\ 0,\ 0)$，$\overrightarrow{\mathrm{OB}}=(a,\ b,\ 0)$，$\overrightarrow{\mathrm{OC}}$ が，条件

$$|\overrightarrow{\mathrm{OB}}|=|\overrightarrow{\mathrm{OC}}|=1,\quad \overrightarrow{\mathrm{OA}}\cdot\overrightarrow{\mathrm{OB}}=\frac{1}{3},\quad \overrightarrow{\mathrm{OA}}\cdot\overrightarrow{\mathrm{OC}}=\frac{1}{2},\quad \overrightarrow{\mathrm{OB}}\cdot\overrightarrow{\mathrm{OC}}=\frac{5}{6}$$

を満たしているとする。ただし，a，b は正の数とする。

(1) a，b の値を求めよ。　　(2) △OABの面積 S を求めよ。

(3) 四面体OABCの体積 V を求めよ。（名古屋大） ◀例題56

④ 座標空間の4点A(1, 1, 2)，B(2, 1, 4)，C(3, 2, 2)，D(2, 7, 1)を考える。

(1) 線分ABと線分ACのなす角を θ とするとき，$\sin\theta$ の値を求めよ。ただし，$0^\circ \leqq \theta \leqq 180^\circ$ とする。

(2) 点Dから△ABCを含む平面へ垂線DHを下ろすとする。Hの座標を求めよ。（岐阜大　改） ◀例題58

⑤ xyz 空間内に xy 平面と交わる半径5の球がある。その球の中心の z 座標が正であり，その球と xy 平面の交わりがつくる円の方程式が
$x^2+y^2-4x+6y+4=0$ であるとき，その球の中心の座標を求めよ。

（早稲田大） ◀例題68

2章 平面上の曲線

例題MAP

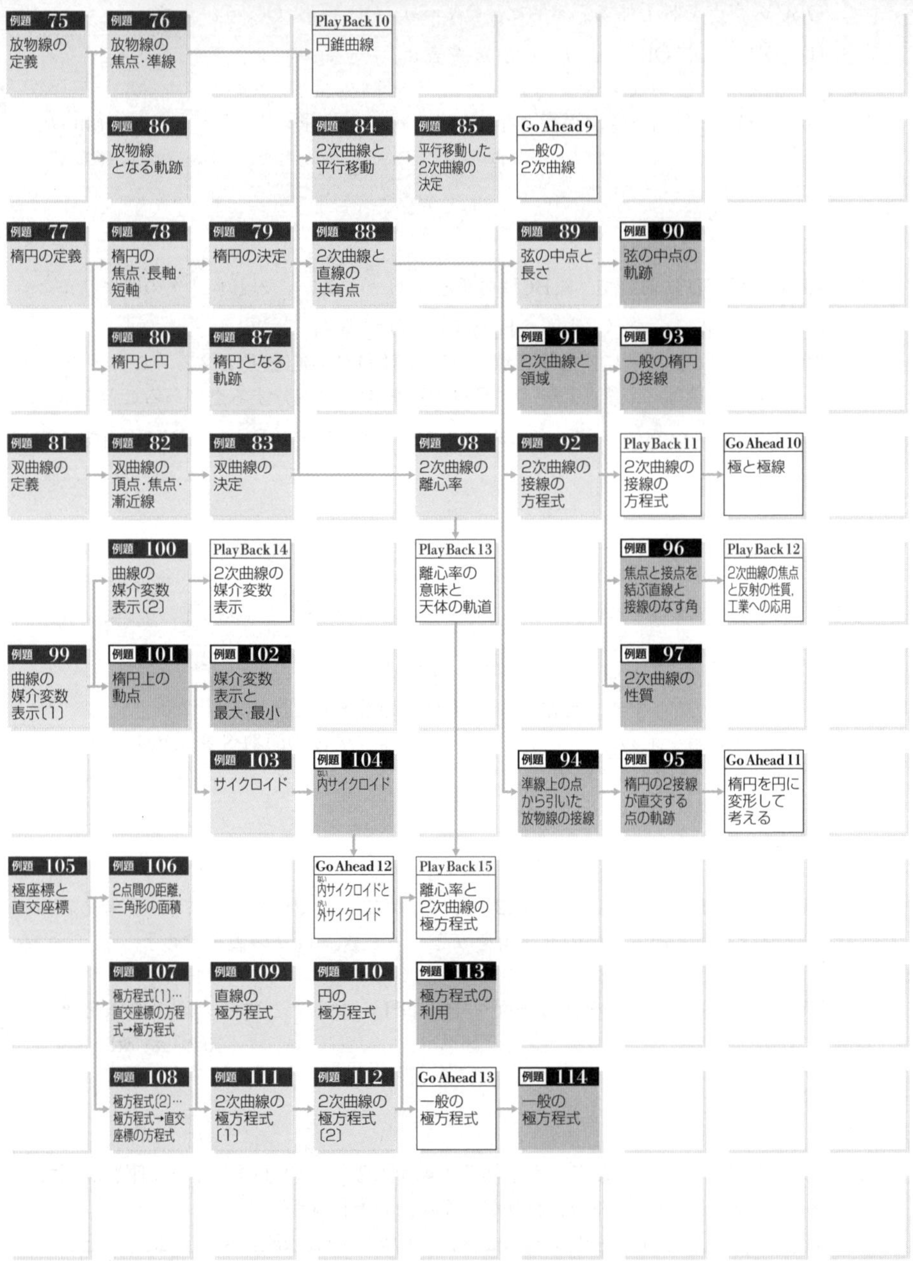

例題■は教科書の予習復習に，例題■は教科書学習後の実力UPに適しています。
ある例題でつまずいたときは，→をたどって，基礎となる例題を復習しましょう。

この章の解説動画と
デジタルコンテンツは
こちら →

例題一覧

5 2次曲線

例題番号	探究	頻出	デジタル	難易度	プロセスワード
75			D	★★☆☆	段階的に考える
76		頻		★☆☆☆	公式の利用
77			D	★★☆☆	段階的に考える
78		頻		★☆☆☆	公式の利用
79		頻	D	★★☆☆	未知のものを文字でおく
80			D	★★☆☆	段階的に考える
81			D	★★☆☆	段階的に考える
82		頻	D	★☆☆☆	公式の利用
83		頻	D	★★☆☆	未知のものを文字でおく
84		頻		★★☆☆	既知の問題に帰着
85				★★☆☆	基準を定める
GA9			D		
86			D	★★☆☆	段階的に考える
87			D	★★☆☆	段階的に考える
PB10			D		

6 2次曲線と直線

例題番号	探究	頻出	デジタル	難易度	プロセスワード
88			D	★☆☆☆	既知の問題に帰着
89			D	★★☆☆	見方を変える
90			D	★★★☆	段階的に考える
91			D	★★★☆	図で考える 対応を考える
92		頻	D	★☆☆☆	公式の利用 未知のものを文字でおく
PB11					
GA10			D		
93			D	★★☆☆	段階的に考える
94			D	★★★☆	条件の言い換え 結論の言い換え
95			D	★★★☆	未知のものを文字でおく 条件の言い換え
GA11	探				見方を変える
96			D	★★★★	目標の言い換え
PB12	探		D		目標の言い換え
97			D	★★☆☆	未知のものを文字でおく
98			D	★★☆☆	段階的に考える
PB13			D		

7 曲線の媒介変数表示

例題番号	探究	頻出	デジタル	難易度	プロセスワード
99		頻	D	★★☆☆	変数を減らす
100			D	★★★☆	変数を減らす 次数を下げる
PB14					
101			D	★★★☆	未知のものを文字でおく 変数を減らす
102				★★★☆	見方を変える 変数を減らす
103		頻	D	★★☆☆	対応を考える 見方を変える
104			D	★★★☆	対応を考える 見方を変える
GA12			D		

8 極座標と極方程式

例題番号	探究	頻出	デジタル	難易度	プロセスワード
105			D	★☆☆☆	対応を考える
106				★☆☆☆	定理の利用 図を分ける
107		頻		★☆☆☆	対応を考える
108		頻		★★☆☆	対応を考える
109			D	★★☆☆	図で考える 既知の問題に帰着
110		頻		★★☆☆	図で考える
111				★★☆☆	段階的に考える
112			D	★★☆☆	条件の言い換え
PB15	探		D		段階的に考える
113			D	★★★☆	図で考える 未知のものを文字でおく
GA13			D		
114			D	★★☆☆	対称性の利用 具体的に考える

まとめ 5　2次曲線

1 放物線

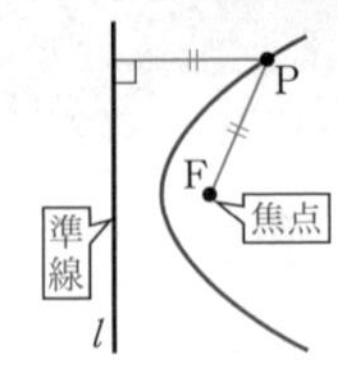

(1) 放物線の定義

定点Fと，Fを通らない直線 l から等距離にある点Pの軌跡を **放物線** といい，この点Fを放物線の **焦点**，直線 l を **準線** という。

(2) 放物線の方程式（標準形）

(ア) **放物線 $y^2=4px$**

焦点　$(p,\ 0)$

準線　$x=-p$

頂点　$(0,\ 0)$

軸　　x 軸 $(y=0)$

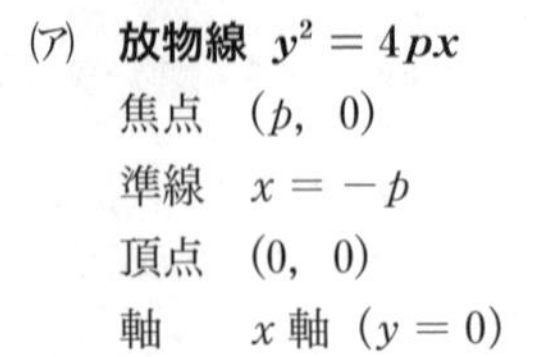
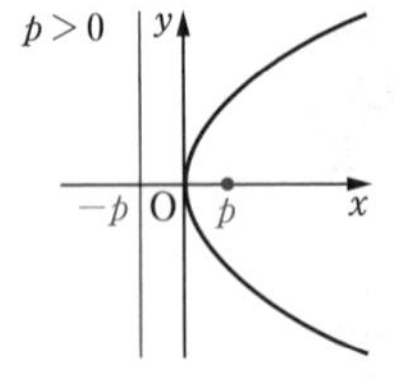

(イ) **放物線 $x^2=4py$**

焦点　$(0,\ p)$

準線　$y=-p$

頂点　$(0,\ 0)$

軸　　y 軸 $(x=0)$

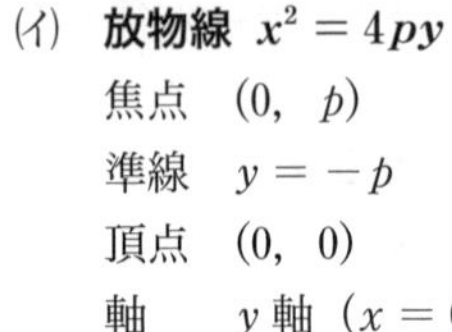
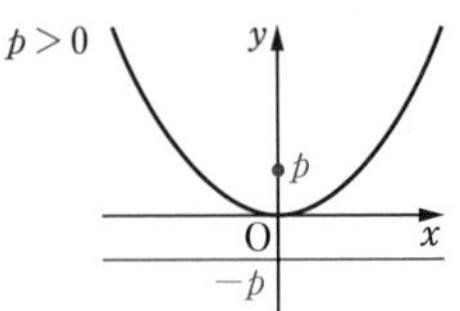
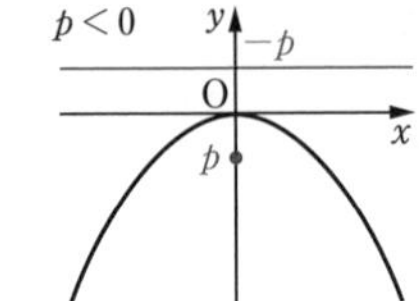

2 楕円

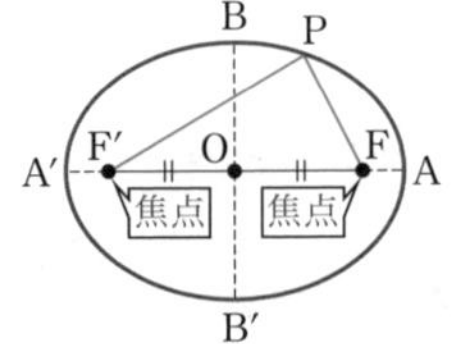

(1) 楕円の定義

2定点F，F′ からの距離の和が一定である点Pの軌跡を **楕円** といい，この点F，F′ を楕円の **焦点**，線分FF′ の中点Oを楕円の **中心** という。

直線FF′ と楕円の交点をA，A′，中心Oを通り直線FF′ と垂直な直線と楕円の交点をB，B′ とするとき，4点A，A′，B，B′ を楕円の **頂点** といい，線分AA′ を **長軸**，線分BB′ を **短軸** という。

(2) 楕円の方程式（標準形）

(ア) **楕円 $\dfrac{x^2}{a^2}+\dfrac{y^2}{b^2}=1$** $(a>b>0)$

焦点　$\mathrm{F}\left(\sqrt{a^2-b^2},\ 0\right)$，$\mathrm{F}'\left(-\sqrt{a^2-b^2},\ 0\right)$

頂点　$\mathrm{A}(a,\ 0)$，$\mathrm{A}'(-a,\ 0)$，$\mathrm{B}(0,\ b)$，$\mathrm{B}'(0,\ -b)$

長軸 AA′ の長さ $2a$，**短軸** BB′ の長さ $2b$

楕円上の点Pに対して $\mathrm{PF}+\mathrm{PF}'=2a$ が成り立つ。

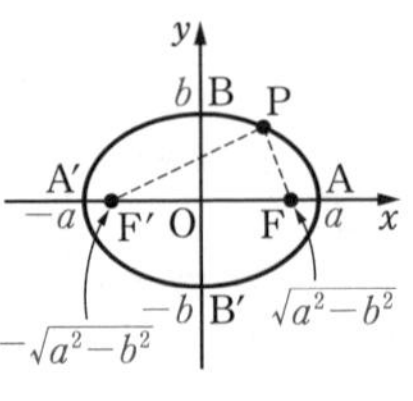

(イ) **楕円 $\dfrac{x^2}{a^2}+\dfrac{y^2}{b^2}=1$** $(b>a>0)$

焦点　$\mathrm{F}\left(0,\ \sqrt{b^2-a^2}\right)$，$\mathrm{F}'\left(0,\ -\sqrt{b^2-a^2}\right)$

頂点　$\mathrm{A}(a,\ 0)$，$\mathrm{A}'(-a,\ 0)$，$\mathrm{B}(0,\ b)$，$\mathrm{B}'(0,\ -b)$

長軸BB′ の長さ $2b$，短軸AA′ の長さ $2a$

楕円上の点Pに対して $\mathrm{PF}+\mathrm{PF}'=2b$ が成り立つ。

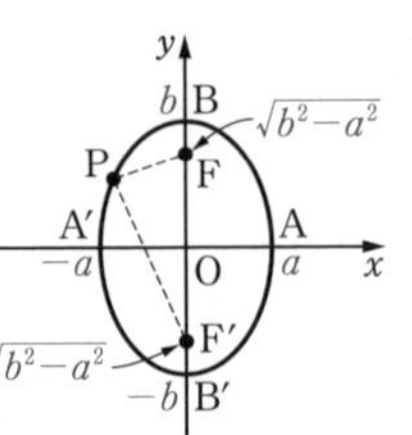

概要

1 放物線

・放物線の方程式

(ア) 焦点が F(p, 0) ($p \neq 0$), 準線が $l : x = -p$ である放物線の方程式

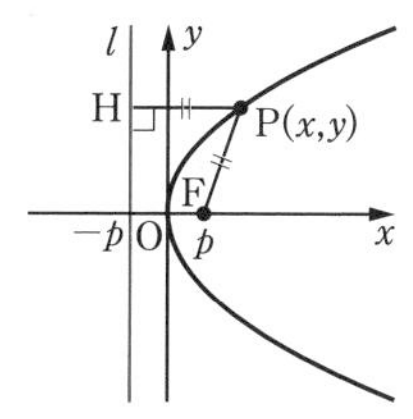

この放物線上の点 P の座標を (x, y), 点 P から l に垂線 PH を下ろすと, PF = PH より

$$\sqrt{(x-p)^2+y^2} = |x-(-p)|$$

両辺を 2 乗すると　$(x-p)^2+y^2=(x+p)^2$

よって　$y^2 = 4px$　…①

(イ) 焦点が点 F(0, p) ($p \neq 0$), 準線が $l : y = -p$ である放物線の方程式も, (ア) と同様にして

$$x^2 = 4py \quad \cdots ②$$

これは, (イ) の放物線が (ア) の放物線の焦点, 準線を直線 $y = x$ に関して対称移動したものであるから,「方程式 ② は方程式 ① の x と y を入れかえた式となっている。」と考えてもよい。

! 例題 75 のような軌跡を求める問題では, 放物線上のすべての点が, 与えられた条件を満たすことを示す必要があるが, それが明らかな場合には, 証明を省略することがある。例題 77 や例題 81 も同様。

・放物線と 2 次関数のグラフ

数学 I において, 2 次関数 $y = ax^2$ …③ のグラフを放物線と学習した。

③ を変形すると $x^2 = 4 \cdot \frac{1}{4a} y$ であるから, 放物線 ③ は焦点が $\left(0,\ \frac{1}{4a}\right)$, 準線が直線 $y = -\frac{1}{4a}$ である。

2 楕円

・楕円の方程式

(ア) 焦点 F(c, 0), F′($-c$, 0) ($c > 0$) からの距離の和が $2a$ である楕円上の点 P の座標を (x, y) とすると, PF + PF′ = $2a$ より

$$\sqrt{(x-c)^2+y^2}+\sqrt{(x+c)^2+y^2}=2a$$

よって　$\sqrt{(x-c)^2+y^2}=2a-\sqrt{(x+c)^2+y^2}$

両辺を 2 乗して整理すると

$$a\sqrt{(x+c)^2+y^2}=a^2+cx$$

さらに, 両辺を 2 乗して整理すると

$$(a^2-c^2)x^2+a^2y^2=a^2(a^2-c^2)$$

PF + PF′ > FF′ より, $a > c$ であるから, $\sqrt{a^2-c^2}=b$ ($b > 0$) とおくと

$$\frac{x^2}{a^2}+\frac{y^2}{b^2}=1 \quad (a>b>0,\ c=\sqrt{a^2-b^2})$$

(イ) 焦点 F(0, c), F′(0, $-c$) ($c > 0$) からの距離の和が $2b$ である楕円の方程式も, (ア) と同様にして　$\frac{x^2}{a^2}+\frac{y^2}{b^2}=1 \quad (b>a>0,\ c=\sqrt{b^2-a^2})$

これも, 放物線のときと同様に, (ア) と (イ) の焦点が直線 $y = x$ に関して対称であることから考えてもよい。

③ 双曲線

(1)　双曲線の定義

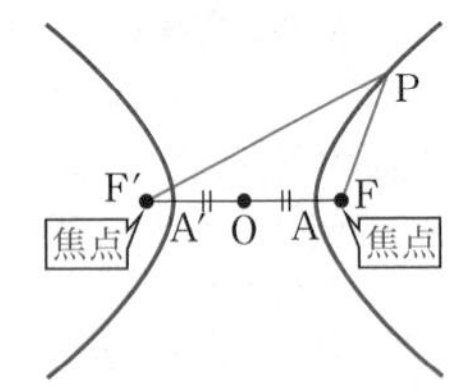

2定点 F，F′ からの距離の差が一定である点 P の軌跡を **双曲線** といい，この点 F，F′ を双曲線の **焦点**，線分 FF′ の中点 O を双曲線の **中心** という。

直線 FF′ と双曲線の交点 A，A′ を双曲線の **頂点**，直線 AA′ を **主軸** という。

(2)　双曲線の方程式（標準形）

(ア)　**双曲線** $\dfrac{\boldsymbol{x}^2}{\boldsymbol{a}^2}-\dfrac{\boldsymbol{y}^2}{\boldsymbol{b}^2}=\mathbf{1}$ $(a>0,\ b>0)$

焦点　$\mathrm{F}\left(\sqrt{a^2+b^2},\ 0\right)$，$\mathrm{F}'\left(-\sqrt{a^2+b^2},\ 0\right)$

頂点　$\mathrm{A}(a,\ 0)$，$\mathrm{A}'(-a,\ 0)$

主軸は　直線 AA′

漸近線　$y=\pm\dfrac{b}{a}x$　$\left(\dfrac{x}{a}\pm\dfrac{y}{b}=0\right)$

双曲線上の点 P に対して　$|\mathrm{PF}-\mathrm{PF}'|=2a$

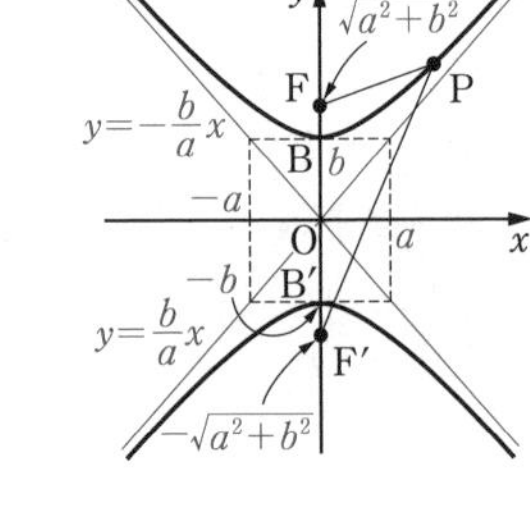

(イ)　**双曲線** $\dfrac{\boldsymbol{x}^2}{\boldsymbol{a}^2}-\dfrac{\boldsymbol{y}^2}{\boldsymbol{b}^2}=-\mathbf{1}$ $(a>0,\ b>0)$

焦点　$\mathrm{F}\left(0,\ \sqrt{a^2+b^2}\right)$，$\mathrm{F}'\left(0,\ -\sqrt{a^2+b^2}\right)$

頂点　$\mathrm{B}(0,\ b)$，$\mathrm{B}'(0,\ -b)$

主軸は　直線 BB′

漸近線　$y=\pm\dfrac{b}{a}x$　$\left(\dfrac{x}{a}\pm\dfrac{y}{b}=0\right)$

双曲線上の点 P に対して　$|\mathrm{PF}-\mathrm{PF}'|=2b$

❗　2つの漸近線が直交する双曲線を **直角双曲線** という。

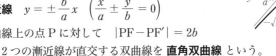

概要

③ 双曲線

・双曲線の方程式

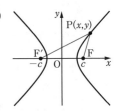

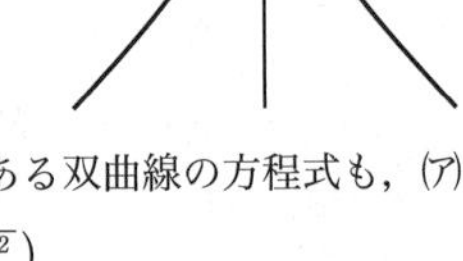

(ア)　焦点 $\mathrm{F}(c,0)$, $\mathrm{F}'(-c,0)$ $(c>0)$ からの距離の差が $2a$ $(c>a>0)$ である双曲線上の点 P の座標を (x,y) とすると，$|\mathrm{PF}-\mathrm{PF}'|=2a$

より　$\sqrt{(x-c)^2+y^2}-\sqrt{(x+c)^2+y^2}=\pm 2a$

楕円の場合と同様にして　$(c^2-a^2)x^2-a^2y^2=a^2(c^2-a^2)$

ここで，$\sqrt{c^2-a^2}=b$ $(b>0)$ とすると

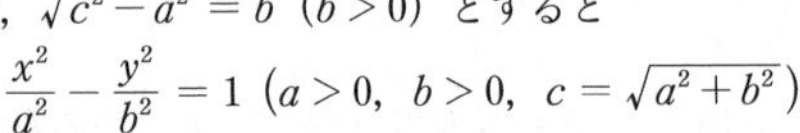

$$\frac{x^2}{a^2}-\frac{y^2}{b^2}=1\ \left(a>0,\ b>0,\ c=\sqrt{a^2+b^2}\right)$$

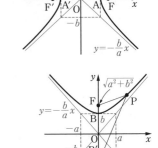

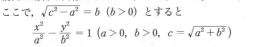

(イ)　焦点 $\mathrm{F}(0,\ c)$，$\mathrm{F}'(0,\ -c)$ $(c>0)$ からの距離の差が $2b$ である双曲線の方程式も，(ア)と同様にして　$\dfrac{x^2}{a^2}-\dfrac{y^2}{b^2}=-1$ $\left(a>0,\ b>0,\ c=\sqrt{a^2+b^2}\right)$

これも，放物線・楕円のときと同様に，(ア)と(イ)の焦点が直線 $y=x$ に関して対称であることから考えてもよい。

・双曲線の漸近線

例えば，双曲線 $\dfrac{x^2}{a^2}-\dfrac{y^2}{b^2}=1$ …① は，第1象限に含まれる部分では　$y=\dfrac{b}{a}\sqrt{x^2-a^2}$

このとき，$\dfrac{b}{a}x=\dfrac{b}{a}\sqrt{x^2}>\dfrac{b}{a}\sqrt{x^2-a^2}$ であるから，曲線①は直線 $y=\dfrac{b}{a}x$ …② より下側にある。同じ x に対する，②と①の y 座標の差 d は

$$d=\frac{b}{a}(x-\sqrt{x^2-a^2})$$
$$=\frac{b}{a}\cdot\frac{(x-\sqrt{x^2-a^2})(x+\sqrt{x^2-a^2})}{x+\sqrt{x^2-a^2}}$$
$$=\frac{b}{a}\cdot\frac{a^2}{x+\sqrt{x^2-a^2}}=\frac{ab}{x+\sqrt{x^2-a^2}}$$

よって，x が限りなく大きくなるとき，d は限りなく0に近づくから，直線②は双曲線①の漸近線である。

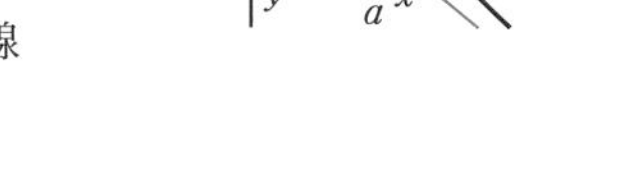

双曲線①は x 軸，y 軸に関して対称であるから，2直線 $y=\pm\dfrac{b}{a}x$ が双曲線①の漸近線となる。

❗ 4行目から8行目の内容は，数学Ⅲで学習する極限の考え方を用いると次のようになる。

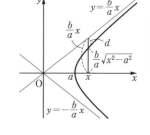

$$\lim_{x\to\infty}\left(\frac{b}{a}x-\frac{b}{a}\sqrt{x^2-a^2}\right)=\lim_{x\to\infty}\frac{b}{a}(x-\sqrt{x^2-a^2})=\lim_{x\to\infty}\frac{ab}{x+\sqrt{x^2-a^2}}=0$$

・直角双曲線 $y=\dfrac{1}{x}$

中学校で学習した反比例 $y=\dfrac{1}{x}$ …③ のグラフは双曲線であると学習した。

これがここで学習する双曲線と同じ形状であることは，3章「複素数平面」で学習する考え方を用いて証明することができる。

〔証明〕

③上の点 $(X,\ Y)$ を原点のまわりに $-\dfrac{\pi}{4}$ だけ回転した点を $(x,\ y)$ とすると

$$x+yi=(X+Yi)\left\{\cos\left(-\frac{\pi}{4}\right)+i\sin\left(-\frac{\pi}{4}\right)\right\}$$

よって　$X+Yi=(x+yi)\left(\cos\dfrac{\pi}{4}+i\sin\dfrac{\pi}{4}\right)$

$$=(x+yi)\left(\frac{1}{\sqrt{2}}+\frac{1}{\sqrt{2}}i\right)$$
$$=\frac{1}{\sqrt{2}}(x-y)+\frac{1}{\sqrt{2}}(x+y)i$$

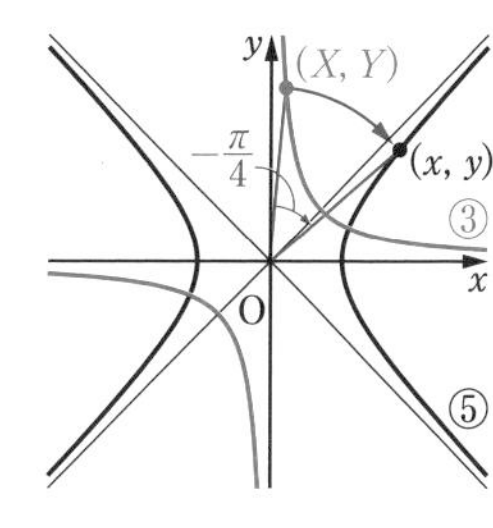

$x,\ y,\ X,\ Y$ は実数であるから　$X=\dfrac{1}{\sqrt{2}}(x-y),\ Y=\dfrac{1}{\sqrt{2}}(x+y)$　…④

点 $(X,\ Y)$ は③上の点であるから　$Y=\dfrac{1}{X}$　すなわち　$XY=1$

ここに④を代入すると　$\dfrac{1}{\sqrt{2}}(x-y)\cdot\dfrac{1}{\sqrt{2}}(x+y)=1$

よって　$\dfrac{x^2}{2}-\dfrac{y^2}{2}=1$　…⑤

⑤は焦点が点 $(2,\ 0)$，$(-2,\ 0)$ の双曲線であるから，回転前の③も双曲線である。
また，③は漸近線が x 軸と y 軸であるから，直角双曲線である。

4 曲線の平行移動

曲線 $f(x,\ y)=0$ を x 軸方向に α，y 軸方向に β だけ平行移動して得られる曲線の方程式は

$$\boldsymbol{f(x-\alpha,\ y-\beta)=0}$$

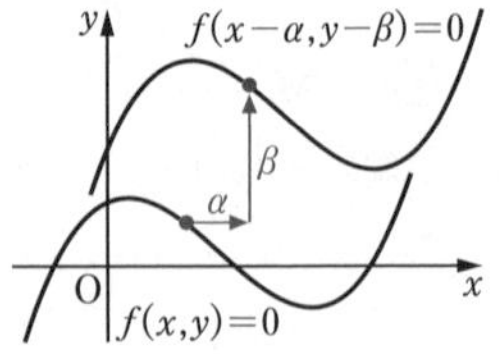

概要

4 曲線の平行移動

・平行移動した曲線の方程式

方程式 $f(x,\ y)=0$ で表される曲線 F を

x 軸方向に α，y 軸方向に β だけ　…(＊)

平行移動した曲線を G とする。

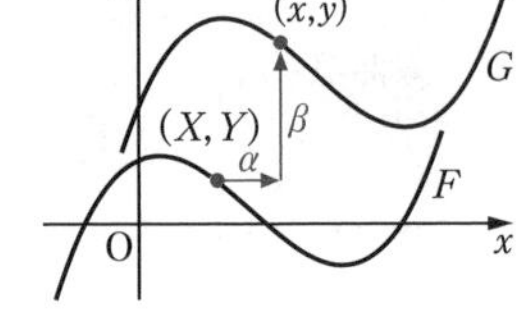

曲線 F 上の点 $(X,\ Y)$ に対して，(＊) の平行移動によって移る曲線 G 上の点を $(x,\ y)$ とすると

$x=X+\alpha,\ y=Y+\beta$

すなわち　$X=x-\alpha,\ Y=y-\beta$　…①

点 $(X,\ Y)$ は曲線 F 上の点であるから　$f(X,\ Y)=0$

① を代入すると　$f(x-\alpha,\ y-\beta)=0$

したがって，曲線 G の方程式は　$f(x-\alpha,\ y-\beta)=0$

・2 次曲線の平行移動

2 次曲線を x 軸方向に α，y 軸方向に β だけ平行移動すると，次のようになる。

(ア)　放物線 $y^2=4px$ は，$(y-\beta)^2=4p(x-\alpha)$ に移り

頂点 $(\alpha,\ \beta)$，焦点 $(p+\alpha,\ \beta)$，準線 $x=-p+\alpha$

(イ)　楕円 $\dfrac{x^2}{a^2}+\dfrac{y^2}{b^2}=1\ (a>b>0)$ は，$\dfrac{(x-\alpha)^2}{a^2}+\dfrac{(y-\beta)^2}{b^2}=1$ に移り

中心 $(\alpha,\ \beta)$，焦点 $\left(\pm\sqrt{a^2-b^2}+\alpha,\ \beta\right)$，頂点 $(\pm a+\alpha,\ \beta)$，$(\alpha,\ \pm b+\beta)$

(ウ)　双曲線 $\dfrac{x^2}{a^2}-\dfrac{y^2}{b^2}=1\ (a>0,\ b>0)$ は，$\dfrac{(x-\alpha)^2}{a^2}-\dfrac{(y-\beta)^2}{b^2}=1$ に移り

中心 $(\alpha,\ \beta)$，焦点 $\left(\pm\sqrt{a^2+b^2}+\alpha,\ \beta\right)$，漸近線は直線 $y-\beta=\pm\dfrac{b}{a}(x-\alpha)$

・一般の 2 次曲線

座標平面上のすべての 2 次曲線は　$ax^2+bxy+cy^2+dx+ey+f=0$　の形の方程式で表される。ただし，a，b，c の少なくとも 1 つは 0 でない。

x や y の項は，放物線の頂点や楕円・双曲線の中心が原点でない場合に現れ，xy の項は，放物線の軸や楕円の長軸，双曲線の主軸が座標軸に平行でない場合に現れる。

さらに，次のことが知られている。

(ア)　$b^2-4ac=0$ のとき　放物線

(イ)　$b^2-4ac<0$ のとき　楕円　（特に，$a=c$，$b=0$ のとき　円）

(ウ)　$b^2-4ac>0$ のとき　双曲線

❗　3 章「複素数平面」で学ぶ回転移動を利用することで，2 次曲線の軸を座標軸に平行にすることができる。その結果，xy の項が消去される。

例題 75　放物線の定義　D ★★☆☆

x 軸上の点 F(1, 0) からの距離と直線 $x=-1$ からの距離が等しい点 P の軌跡を求めよ。

思考のプロセス

段階的に考える　数学IIで学習した**軌跡**の問題である。

«ReAction 点 P の軌跡は，P(x, y) とおいて x，y の関係式を導け　◀IIB 例題 112

1 軌跡を求める点 P を (x, y) とおく。
2 与えられた条件を x，y の式で表す。
⟹ PF = PH ⟶ x，y の式で表す。
3 2 の式を整理して，軌跡を求める。

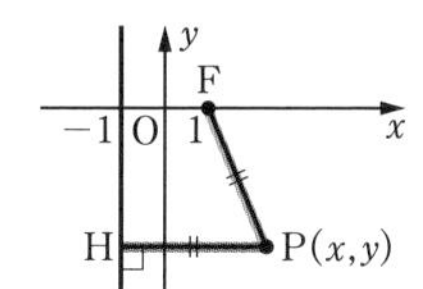

解 点 P の座標を (x, y) とおくと

$$\mathrm{PF}=\sqrt{(x-1)^2+y^2}$$　◀ 2 点間の距離の公式

点 P から直線 $x=-1$ へ垂線 PH を下ろすと，H(-1, y) であるから

$$\mathrm{PH}=|x+1|$$　◀ 点と直線の距離とは，点から直線に下ろした垂線の長さである。$\mathrm{PH}=|x-(-1)|$

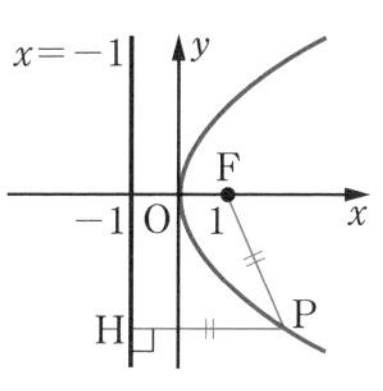

PF = PH より　$\mathrm{PF}^2=\mathrm{PH}^2$

よって　$(x-1)^2+y^2=(x+1)^2$　◀ $\mathrm{PH}^2=|x+1|^2=(x+1)^2$

これを整理すると，求める軌跡は

放物線 $y^2=4x$

〔別解〕

定直線と直線上にない定点からの距離が等しいから，点 P の軌跡は放物線であり，焦点は F(1, 0)，準線は直線 $x=-1$ である。　◀ Point 参照。

例題 76

頂点は原点 O，軸は x 軸であるから，この放物線の方程式は

$$y^2=4\cdot 1\cdot x$$

すなわち，求める軌跡は　放物線 $y^2=4x$

Point...放物線の定義

定点 F と F を通らない直線 l からの距離が等しい点 P(x, y) の軌跡を **放物線** という。

また，点 F を放物線の **焦点**，直線 l を放物線の **準線** という。

点 F(p, 0) を焦点，直線 $x=-p$ を準線とする放物線の方程式は **$y^2=4px$** である。

放物線の頂点は，焦点 F から準線に下ろした垂線 FG の中点，軸は直線 FG である。

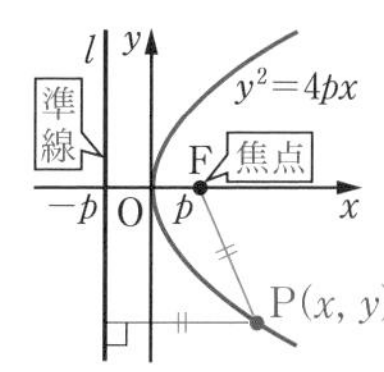

練習 75　x 軸上の点 F(-2, 0) からの距離と直線 $x=2$ からの距離が等しい点 P の軌跡を求めよ。

➡p.168 問題 75

頻出

例題 76 放物線の焦点・準線

★☆☆☆

〔1〕 次の放物線の焦点の座標，準線の方程式を求め，その概形をかけ。

(1) $y^2 = 2x$　　　(2) $x^2 = -8y$

〔2〕 次の条件を満たす放物線の方程式を求めよ。

(1) 焦点 $(3,\ 0)$，準線 $x = -3$　　　(2) 焦点 $(0,\ -4)$，準線 $y = 4$

思考のプロセス

(ア) 放物線 $y^2 = 4px$ (図 1)

⟶ 軸は x 軸　　頂点は原点

焦点 $(p,\ 0)$　準線 $x = -p$

(イ) 放物線 $x^2 = 4py$ (図 2)

⟶ 軸は y 軸　　頂点は原点

焦点 $(0,\ p)$　準線 $y = -p$

図 1

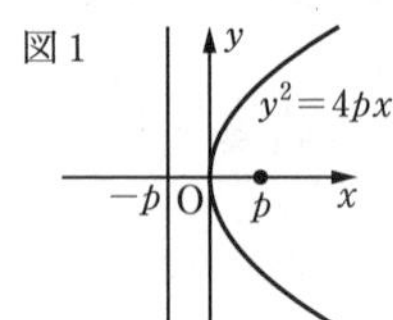

図 2

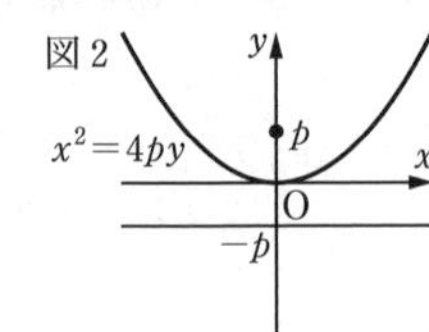

公式の利用

〔1〕 (1) $y^2 = 4\cdot\square x$
　　 (2) $x^2 = 4\cdot\square y$ ⟶ 軸は $\square$ 軸上にある。焦点・準線は？ (x？ y？)

〔2〕 (1) ⟶ 方程式は「$y^2 =$ 」の形？ 「$x^2 =$ 」の形？

Action» 放物線は，準線が x 軸と y 軸のどちらに垂直かに注意せよ

解 〔1〕 (1) $y^2 = 4\cdot\dfrac{1}{2}x$ より

焦点 $\left(\dfrac{1}{2},\ 0\right)$，**準線** $x = -\dfrac{1}{2}$

概形は **右の図**。

(2) $x^2 = 4\cdot(-2)y$ より

焦点 $(0,\ -2)$，**準線** $y = 2$

概形は **右の図**。

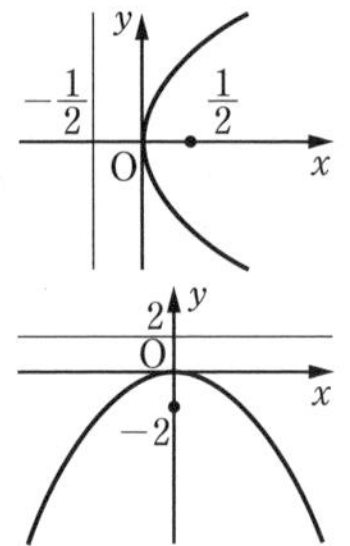

◀ $y^2 = 4px$ の形に変形する。このとき
焦点 $(p,\ 0)$，準線 $x = -p$

◀ $x^2 = 4py$ の形に変形する。このとき
焦点 $(0,\ p)$，準線 $y = -p$

〔2〕 (1) 焦点 $(3,\ 0)$，準線 $x = -3$ であるから，

求める放物線の方程式は　$y^2 = 4\cdot 3x$

すなわち　$\boldsymbol{y^2 = 12x}$

◀ 頂点が原点で，焦点が x 軸上にあるから
$y^2 = 4px$

(2) 焦点 $(0,\ -4)$，準線 $y = 4$ であるから，

求める放物線の方程式は　$x^2 = 4\cdot(-4)y$

すなわち　$\boldsymbol{x^2 = -16y}$

◀ 頂点が原点で，焦点が y 軸上にあるから
$x^2 = 4py$

練習 76 〔1〕 次の放物線の焦点の座標，準線の方程式を求め，その概形をかけ。

(1) $y^2 = -x$　　　(2) $x^2 = \dfrac{1}{2}y$

〔2〕 次の条件を満たす放物線の方程式を求めよ。

(1) 焦点 $(0,\ \sqrt{2})$，準線 $y = -\sqrt{2}$　　　(2) 焦点 $\left(-\dfrac{1}{2},\ 0\right)$，準線 $x = \dfrac{1}{2}$

⇒p.168 問題76

例題 77　楕円の定義

D ★★☆☆

2 点 F(4, 0), F′(−4, 0) からの距離の和が 10 である点 P の軌跡を求めよ。

思考のプロセス

段階的に考える　**軌跡**の問題である。

«ReAction　点 P の軌跡は，P(x, y) とおいて x, y の関係式を導け　◀ⅡB 例題 112

[1] 軌跡を求める点 P を (x, y) とおく。

[2] 与えられた条件を x, y の式で表す。

⟹ PF + PF′ = 10 ⟶ x, y の式で表す。

[3] [2] の式を整理して，軌跡を求める。

❗ $\sqrt{\ }$ がうまく消えるように，変形を工夫する。

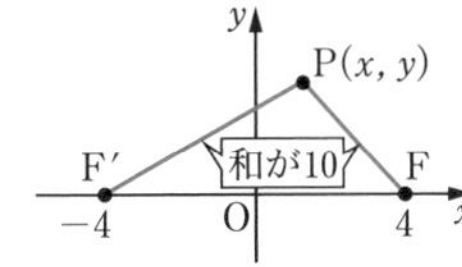

解 点 P の座標を (x, y) とおくと

$$PF = \sqrt{(x-4)^2+y^2},\ PF' = \sqrt{(x+4)^2+y^2}$$

◀ 2 点間の距離の公式

PF + PF′ = 10 より

$$\sqrt{(x-4)^2+y^2} + \sqrt{(x+4)^2+y^2} = 10$$

これより　$\sqrt{(x-4)^2+y^2} = 10 - \sqrt{(x+4)^2+y^2}$

◀ ❗$\sqrt{A}+\sqrt{B}=k$ の形のままで両辺を 2 乗すると計算がとても大変になる。$\sqrt{A}=k-\sqrt{B}$ としてから両辺を 2 乗する方が簡単である。

両辺を 2 乗すると

$$(x-4)^2+y^2 = 100-20\sqrt{(x+4)^2+y^2}+(x+4)^2+y^2$$

$$4x+25 = 5\sqrt{(x+4)^2+y^2}$$

さらに，両辺を 2 乗して整理すると

$$9x^2+25y^2 = 225$$

◀ $4x+25 \geqq 0$ すなわち $x \geqq -\dfrac{25}{4}$ を満たす。

よって，求める軌跡は

楕円　$\dfrac{x^2}{25}+\dfrac{y^2}{9}=1$

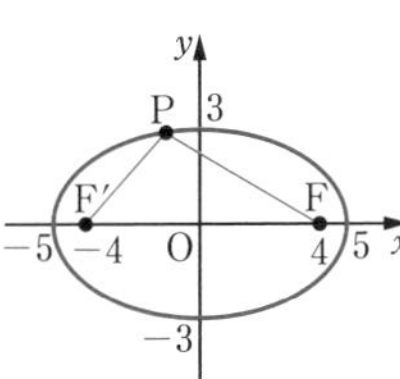

〔別解〕

2 定点 F, F′ からの距離の和が一定であるから，点 P の軌跡は 2 点 F, F′ を焦点とする楕円である。

◀ 楕円の定義

例題 79

楕円の中心が原点で，焦点が x 軸上にあるから，求める楕円の方程式を $\dfrac{x^2}{a^2}+\dfrac{y^2}{b^2}=1$ $(a>b>0)$ とおく。

◀ ❗焦点が x 軸上にあるから　$a>b$

PF + PF′ = 10 であるから　　$2a = 10$

◀ $PF+PF'=2a$

よって　　$a=5$　　…①

焦点が F(4, 0), F′(−4, 0) であるから

$\sqrt{a^2-b^2}=4$　すなわち　$a^2-b^2=16$

◀ 焦点が x 軸上にある楕円 $\dfrac{x^2}{a^2}+\dfrac{y^2}{b^2}=1$ の焦点の座標は　$(\pm\sqrt{a^2-b^2},\ 0)$

① を代入すると，$25-b^2=16$ より　　$b=3$

これは，$a>b>0$ を満たす。

よって，求める軌跡は　　楕円 $\dfrac{x^2}{25}+\dfrac{y^2}{9}=1$

練習 77　2 点 F(0, 2), F′(0, −2) からの距離の和が 8 である点 P の軌跡を求めよ。

➡ p.168 問題 77

頻出

★☆☆☆

例題 78 楕円の焦点・長軸・短軸

次の楕円の頂点と焦点の座標，長軸と短軸の長さを求め，その概形をかけ。

(1) $\dfrac{x^2}{9}+\dfrac{y^2}{3}=1$　　(2) $2x^2+y^2=8$

思考のプロセス

楕円 $\dfrac{x^2}{a^2}+\dfrac{y^2}{b^2}=1$

⟶ 頂点 $(\pm a,\ 0)$，$(0,\ \pm b)$

焦点 (ア) $a>b$ のとき

$(\pm\sqrt{a^2-b^2},\ 0)$

(イ) $a<b$ のとき

$(0,\ \pm\sqrt{b^2-a^2})$

(ア) $a>b$ のとき　(イ) $a<b$ のとき

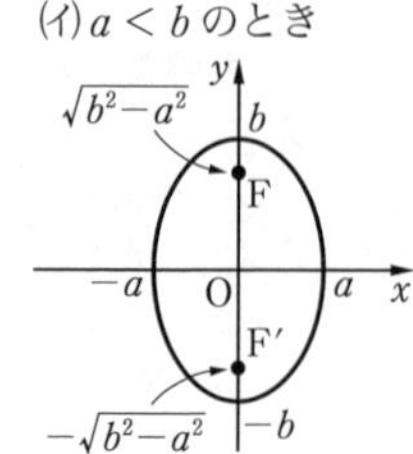

公式の利用

(1) $\dfrac{x^2}{9}+\dfrac{y^2}{3}=1$　(2) $2x^2+y^2=8$

㊅　㊋ ⟶ 焦点は［x? y?］軸上　　8 → 1 になるように変形

Action» 楕円は，焦点が x 軸上か y 軸上かに注意せよ

解 (1) 楕円 $\dfrac{x^2}{9}+\dfrac{y^2}{3}=1$ の頂点

$(3,\ 0)$，$(-3,\ 0)$，$(0,\ \sqrt{3})$，$(0,\ -\sqrt{3})$

また，$\sqrt{9-3}=\sqrt{6}$ より

焦点　$(\sqrt{6},\ 0)$，$(-\sqrt{6},\ 0)$

長軸の長さは　$2\times3=6$

短軸の長さは　$2\times\sqrt{3}=2\sqrt{3}$

概形は **右の図**。

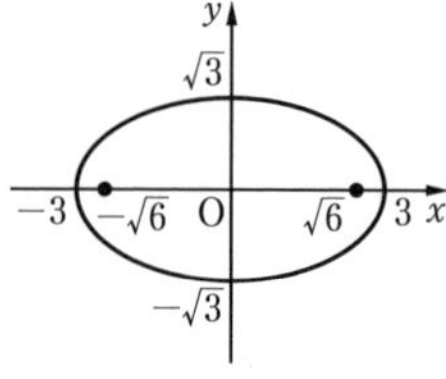

◀ $a^2=9$ より　$a=3$
$b^2=3$ より　$b=\sqrt{3}$
$a>b$ であるから
焦点　$(\pm\sqrt{a^2-b^2},\ 0)$
長軸の長さ　$2a$
短軸の長さ　$2b$

(2) 与式の両辺を 8 で割ると，$\dfrac{x^2}{4}+\dfrac{y^2}{8}=1$ であるから

この楕円の頂点

$(2,\ 0)$，$(-2,\ 0)$，$(0,\ 2\sqrt{2})$，$(0,\ -2\sqrt{2})$

また，$\sqrt{8-4}=2$ より

焦点　$(0,\ 2)$，$(0,\ -2)$

長軸の長さは　$2\times2\sqrt{2}=4\sqrt{2}$

短軸の長さは　$2\times2=4$

概形は **右の図**。

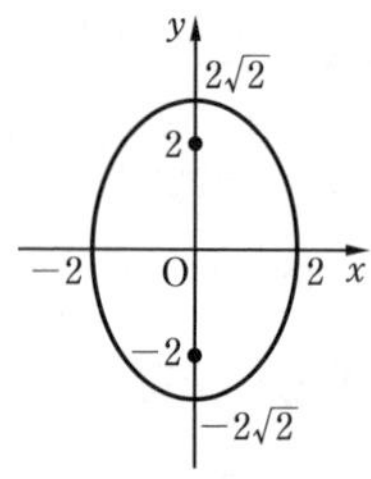

◀ 右辺を 1 にする。

◀ $a^2=4$ より　$a=2$
$b^2=8$ より　$b=2\sqrt{2}$
$a<b$ であるから
焦点　$(0,\ \pm\sqrt{b^2-a^2})$
長軸の長さ　$2b$
短軸の長さ　$2a$

練習 78 次の楕円の頂点と焦点の座標，長軸と短軸の長さを求め，その概形をかけ。

(1) $\dfrac{x^2}{5}+y^2=1$　　(2) $3x^2+2y^2=6$

⇒p.168 問題78

D 頻出

★★☆☆

例題 79 楕円の決定

次の条件を満たす楕円の方程式を求めよ。

(1) ①2点 $(3,\ 0)$，$(-3,\ 0)$ を焦点とし，②長軸の長さが 10 である。

(2) 中心が原点，焦点が y 軸上にあり，①焦点間の距離が 8 で，②点 $(\sqrt{3},\ \sqrt{5})$ を通る。

思考のプロセス

«ReAction 楕円は，焦点が x 軸上か y 軸上かに注意せよ ◀例題 78

未知のものを文字でおく

求める楕円の方程式を $\dfrac{x^2}{a^2}+\dfrac{y^2}{b^2}=1$ とおく。

(1) 条件 ① ⟹ 焦点は x 軸上にあるから □ $=3$
条件 ② ⟹ □ $=10$

(2) 条件 ① ⟹ □ $=8$
条件 ② ⟹ □ $=1$

解 (1) 求める楕円の中心は原点で，焦点が x 軸上にあるから，

方程式を $\dfrac{x^2}{a^2}+\dfrac{y^2}{b^2}=1$ $(a>b>0)$ とおく。

◀ 中心（2つの焦点を結んだ線分の中点）は原点である。また，焦点が x 軸上にあるから，$a>b$ である。

焦点が点 $(\pm 3,\ 0)$ であるから

$$\sqrt{a^2-b^2}=3 \quad \text{すなわち} \quad a^2-b^2=9 \quad \cdots ①$$

長軸の長さが 10 であるから

$$2a=10 \quad \cdots ②$$

①，② より　$a=5,\ b=4$

◀ b の値を求めずに，$b^2=16$ から方程式を求めてもよい。

よって，求める方程式は

$$\boldsymbol{\frac{x^2}{25}+\frac{y^2}{16}=1}$$

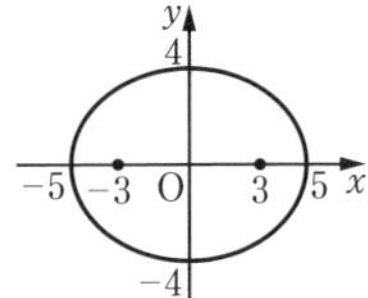

(2) 求める楕円の中心は原点で，焦点が y 軸上にあるから，

方程式を $\dfrac{x^2}{a^2}+\dfrac{y^2}{b^2}=1$ $(b>a>0)$ とおく。

◀ 中心は原点である。焦点が y 軸上にあるから，$b>a$ である。

焦点間の距離が 8 であるから

$$2\sqrt{b^2-a^2}=8 \quad \text{すなわち} \quad b^2-a^2=4^2 \quad \cdots ①$$

点 $(\sqrt{3},\ \sqrt{5})$ を通るから

$$\frac{3}{a^2}+\frac{5}{b^2}=1 \quad \cdots ②$$

◀ $\dfrac{(\sqrt{3})^2}{a^2}+\dfrac{(\sqrt{5})^2}{b^2}=1$

①，② より　$a=2,\ b=2\sqrt{5}$

◀ a，b の値を求めずに，$a^2=4$，$b^2=20$ から方程式を求めてもよい。

よって，求める方程式は

$$\boldsymbol{\frac{x^2}{4}+\frac{y^2}{20}=1}$$

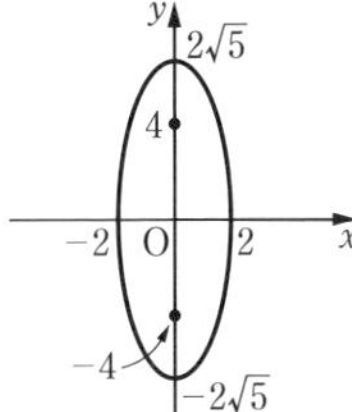

練習 79 次の条件を満たす楕円の方程式を求めよ。

(1) 2点 $(0,\ \sqrt{2})$，$(0,\ -\sqrt{2})$ を焦点とし，長軸の長さが $2\sqrt{3}$ である。

(2) 焦点が $(\sqrt{6},\ 0)$，$(-\sqrt{6},\ 0)$ で，長軸の長さが短軸の長さの 2 倍である。

(3) 焦点の座標が $(0,\ 3)$，$(0,\ -3)$ で，点 $(1,\ 2\sqrt{2})$ を通る。

⇒p.168 問題79

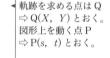

D ★★☆☆

例題 80 楕円と円

円 $C: x^2+y^2=9$ 上の点Pの座標を次のように拡大または縮小した点をQとする。点Pが円 C 上を動くとき，点Qの軌跡を求めよ。

(1) y 座標を $\frac{2}{3}$ 倍に縮小　　(2) x 座標を2倍に拡大

思考のプロセス

段階的に考える　**軌跡**の問題である。

«ReAction 動点Pに連動する点Qの軌跡は，P$(s,\ t)$ とおいて $s,\ t$ を消去せよ ◀ⅡB例題114

1 軌跡を求める点を $(X,\ Y)$ とおく。⟹ 点Q$(X,\ Y)$ とおく。
　それ以外の動点を $(s,\ t)$ とおく。⟹ 点P$(s,\ t)$ とおく。

2 与えられた条件を $X,\ Y,\ s,\ t$ の式で表す。
　(1) 条件＿＿ ⟹ P$(s,\ t)$ が円 $C: x^2+y^2=9$ 上にある。
　　条件＿＿ ⟹ Q$(X,\ Y)$ はPの y 座標を $\frac{2}{3}$ 倍に縮小。x 座標は**そのまま。**
　　（$X,\ Y,\ s,\ t$ の式で表す。）

3 2の式から $s,\ t$ **を消去して**，$X,\ Y$ の式を導く。

解 点Pの座標を $(s,\ t)$，点Qの座標を $(X,\ Y)$ とおく。
点P$(s,\ t)$ は円 C 上にあるから　$s^2+t^2=9$ …①

◀軌跡を求める点はQ ⇨ Q$(X,\ Y)$ とおく。図形上を動く点P ⇨ P$(s,\ t)$ とおく。

(1) 点Qは点Pの y 座標を $\frac{2}{3}$ 倍した点であるから

$$X=s,\ Y=\frac{2}{3}t$$

よって　$s=X,\ t=\frac{3}{2}Y$

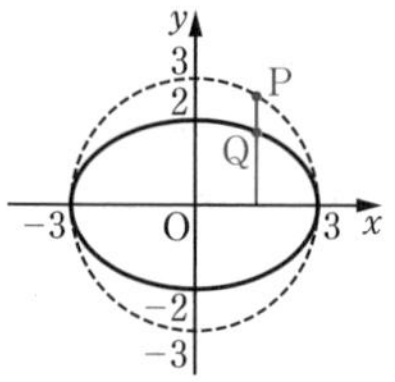

これらを①に代入すると

$$X^2+\left(\frac{3}{2}Y\right)^2=9$$

◀$s,\ t$ を消去する。

◀$X^2+\frac{9Y^2}{4}=9$ の両辺を9で割る。

したがって，求める軌跡は　**楕円** $\boldsymbol{\frac{x^2}{9}+\frac{y^2}{4}=1}$

(2) 点Qは点Pの x 座標を2倍した点であるから

$$X=2s,\ Y=t$$

よって　$s=\frac{X}{2},\ t=Y$

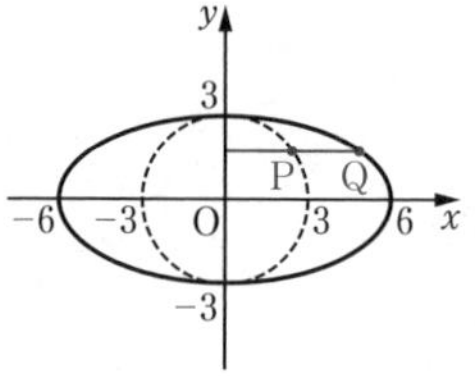

これらを①に代入すると

$$\left(\frac{X}{2}\right)^2+Y^2=9$$

◀$s,\ t$ を消去する。

◀$\frac{X^2}{4}+Y^2=9$ の両辺を9で割る。

したがって，求める軌跡は　**楕円** $\boldsymbol{\frac{x^2}{36}+\frac{y^2}{9}=1}$

練習 80 円 $C: x^2+y^2=16$ 上の点Pの座標を次のように拡大または縮小した点をQとする。点Pが円 C 上を動くとき，点Qの軌跡を求めよ。

(1) y 座標を2倍に拡大　　(2) x 座標を $\frac{1}{3}$ 倍に縮小

⇒p.168 問題80

D
★★☆☆

例題 81 双曲線の定義

2点 F(0, 5), F′(0, −5) からの距離の差が 6 である点 P の軌跡を求めよ。

思考のプロセス

段階的に考える **軌跡**の問題である。

«ReAction 点 P の軌跡は，P(x, y) とおいて x，y の関係式を導け ◀IIB 例題 112

1 軌跡を求める点 P を $(x,\ y)$ とおく。

2 与えられた条件を x，y の式で表す。

⟹ $|\mathrm{PF}-\mathrm{PF'}|=6$ ⟶ x，y の式で表す。

! 距離の「差」であるから，絶対値を忘れないようにする。

3 2 の式を整理して，軌跡を求める。

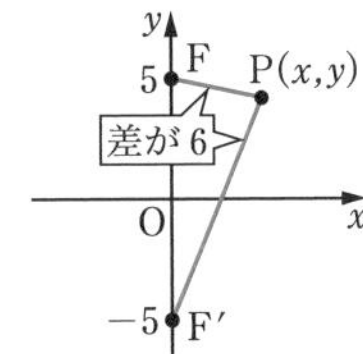

解 点 P の座標を $(x,\ y)$ とおくと

$$\mathrm{PF}=\sqrt{x^2+(y-5)^2},\quad \mathrm{PF'}=\sqrt{x^2+(y+5)^2}$$

$|\mathrm{PF}-\mathrm{PF'}|=6$ より，$\mathrm{PF}-\mathrm{PF'}=\pm6$ であるから

◀2定点からの距離の差は $|\mathrm{PF}-\mathrm{PF'}|$ 絶対値に注意する。

$$\sqrt{x^2+(y-5)^2}-\sqrt{x^2+(y+5)^2}=\pm6$$

これより $\sqrt{x^2+(y-5)^2}=\pm6+\sqrt{x^2+(y+5)^2}$

◀! $\sqrt{A}-\sqrt{B}=k$ の形のままで両辺を2乗すると計算がとても大変になる。$\sqrt{A}=k+\sqrt{B}$ としてから両辺を2乗する方が簡単である。

両辺を2乗すると

$$x^2+(y-5)^2=36\pm12\sqrt{x^2+(y+5)^2}+x^2+(y+5)^2$$

$$-5y-9=\pm3\sqrt{x^2+(y+5)^2}$$

さらに両辺を2乗して整理すると

$$9x^2-16y^2=-144$$

よって，求める軌跡は

双曲線 $\boldsymbol{\dfrac{x^2}{16}-\dfrac{y^2}{9}=-1}$

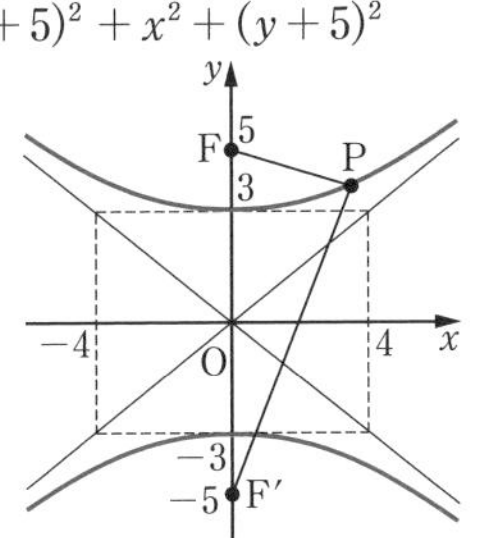

〔別解〕

2定点 F，F′ からの距離の差が一定であるから，点 P の軌跡は2点 F，F′ を焦点とする双曲線である。

◀双曲線の定義

双曲線の中心が原点で，焦点が y 軸上にあるから，求める双曲線の方程式を

◀! 焦点が y 軸上にあるから，右辺は -1 である。

例題 83 $\dfrac{x^2}{a^2}-\dfrac{y^2}{b^2}=-1$ $(a>0,\ b>0)$ とおく。

$|\mathrm{PF}-\mathrm{PF'}|=6$ であるから $2b=6$

◀$|\mathrm{PF}-\mathrm{PF'}|=2b$

よって $b=3$ …①

焦点が F(0, 5), F′(0, −5) であるから

$\sqrt{a^2+b^2}=5$ すなわち $a^2+b^2=25$

◀焦点が y 軸上にある双曲線 $\dfrac{x^2}{a^2}-\dfrac{y^2}{b^2}=-1$ の焦点の座標は $(0,\ \pm\sqrt{a^2+b^2})$

① を代入すると，$a^2+9=25$ より $a=4$

◀$a>0$

よって，求める軌跡は 双曲線 $\dfrac{x^2}{16}-\dfrac{y^2}{9}=-1$

練習 81 2点 $\mathrm{F}(\sqrt{5},\ 0)$，$\mathrm{F'}(-\sqrt{5},\ 0)$ からの距離の差が 4 である点 P の軌跡を求めよ。

➡p.168 問題81

D 頻出
★☆☆☆

例題 82 双曲線の頂点・焦点・漸近線

次の双曲線の頂点と焦点の座標，漸近線の方程式を求め，その概形をかけ。

(1) $4x^2-9y^2=36$　　　(2) $4x^2-y^2=-4$

思考のプロセス

(ア) 双曲線 $\dfrac{x^2}{a^2}-\dfrac{y^2}{b^2}=1$

$\longrightarrow$ 頂点 $(\pm a,\ 0)$，焦点 $(\pm\sqrt{a^2+b^2},\ 0)$

(イ) 双曲線 $\dfrac{x^2}{a^2}-\dfrac{y^2}{b^2}=-1$

$\longrightarrow$ 頂点 $(0,\ \pm b)$，焦点 $(0,\ \pm\sqrt{a^2+b^2})$

(ア)，(イ)どちらも漸近線は　$y=\pm\dfrac{b}{a}x$

(ア)

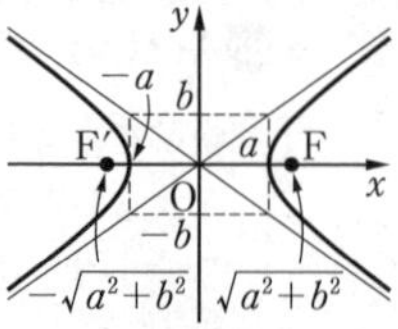

(イ)

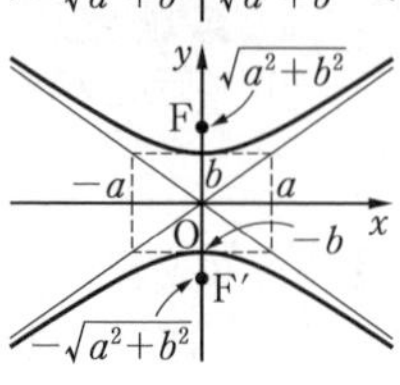

公式の利用

(1) $4x^2-9y^2=36 \longrightarrow \dfrac{x^2}{9}-\dfrac{y^2}{4}=1$

(2) $4x^2-y^2=-4 \longrightarrow x^2-\dfrac{y^2}{4}=-1$

焦点は $\boxed{}$ 軸上（x? y?）

Action» 双曲線は，焦点が x 軸上か y 軸上かに注意せよ

解 (1) $\dfrac{x^2}{9}-\dfrac{y^2}{4}=1$ であるから，頂点　$(3,\ 0)$，$(-3,\ 0)$

また，$\sqrt{9+4}=\sqrt{13}$ より

焦点　$(\sqrt{13},\ 0)$，$(-\sqrt{13},\ 0)$

漸近線　$y=\pm\dfrac{2}{3}x$

概形は **右の図**。

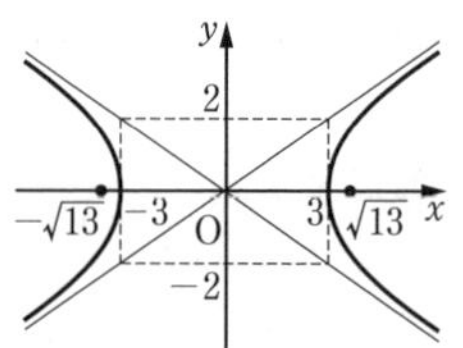

◀両辺を 36 で割って，右辺を 1 にする。

◀$a^2=9$ より　$a=3$
$b^2=4$ より　$b=2$

◀双曲線 $\dfrac{x^2}{a^2}-\dfrac{y^2}{b^2}=1$ は
頂点　$(\pm a,\ 0)$
焦点　$(\pm\sqrt{a^2+b^2},\ 0)$

(2) $x^2-\dfrac{y^2}{4}=-1$ であるから

頂点　$(0,\ 2)$，$(0,\ -2)$

また，$\sqrt{1+4}=\sqrt{5}$ より

焦点　$(0,\ \sqrt{5})$，$(0,\ -\sqrt{5})$

漸近線　$y=\pm 2x$

概形は **右の図**。

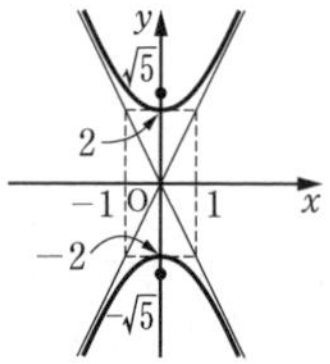

◀両辺を 4 で割って，右辺を -1 にする。

◀$a^2=1$ より　$a=1$
$b^2=4$ より　$b=2$

◀双曲線 $\dfrac{x^2}{a^2}-\dfrac{y^2}{b^2}=-1$ は
頂点　$(0,\ \pm b)$
焦点　$(0,\ \pm\sqrt{a^2+b^2})$

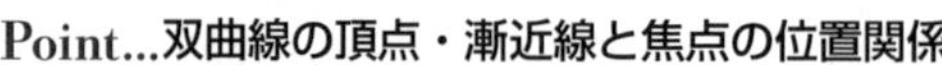

Point...双曲線の頂点・漸近線と焦点の位置関係

双曲線 $\dfrac{x^2}{a^2}-\dfrac{y^2}{b^2}=\pm 1$ の頂点と漸近線は右の図のようになるから，点 A の座標は $(a,\ b)$ であり

$\mathrm{OA}=\sqrt{a^2+b^2}$

よって，2 焦点を F，F′ とすると

$\mathrm{OF}=\mathrm{OF'}=\mathrm{OA}$

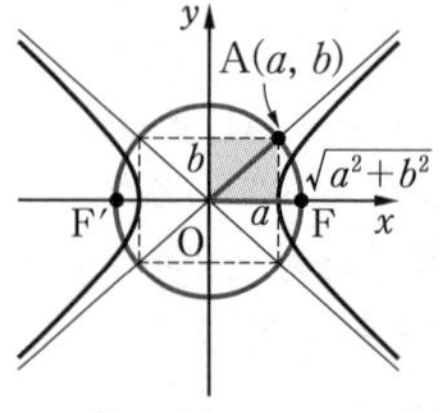

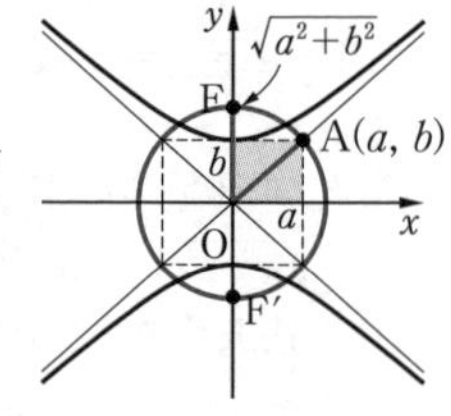

練習 82 次の双曲線の頂点と焦点の座標，漸近線の方程式を求め，その概形をかけ。

(1) $5x^2-3y^2=15$　　　(2) $3x^2-4y^2=-12$

➡p.168 問題82

D 頻出
★★☆☆

例題 83　双曲線の決定

次の条件を満たす双曲線の方程式を求めよ。

(1)　2点 $(2,\ 0)$，$(-2,\ 0)$ を頂点とし，点 $(4,\ 3)$ を通る。

(2)　2点 $(0,\ \sqrt{3})$，$(0,\ -\sqrt{3})$ を焦点とし，2本の漸近線の傾きがそれぞれ $\sqrt{2}$，$-\sqrt{2}$ である。

思考のプロセス

« ReAction　双曲線は，焦点が x 軸上か y 軸上かに注意せよ　◀例題82

未知のものを文字でおく

(1)　頂点が x 軸上 $\Longrightarrow$ $\dfrac{x^2}{a^2}-\dfrac{y^2}{b^2}=\square$ とおく。

(2)　焦点が y 軸上 $\Longrightarrow$ $\dfrac{x^2}{a^2}-\dfrac{y^2}{b^2}=\square$ とおく。

解 (1)　求める双曲線の中心は原点で，頂点が x 軸上にあるから，方程式を $\dfrac{x^2}{a^2}-\dfrac{y^2}{b^2}=1$ $(a>0,\ b>0)$ とおく。

◀頂点が x 軸上にあるから，焦点も x 軸上にあり，右辺は1である。

頂点の座標が $(\pm 2,\ 0)$ であるから　$a=2$

点 $(4,\ 3)$ を通るから

$\dfrac{16}{4}-\dfrac{9}{b^2}=1$ より　$b=\sqrt{3}$

◀b の値を求めずに，$b^2=3$ から方程式を求めてもよい。

よって，求める双曲線の方程式は

$$\boldsymbol{\frac{x^2}{4}-\frac{y^2}{3}=1}$$

◀漸近線の方程式は

$y=\pm\dfrac{\sqrt{3}}{2}x$

(2)　求める双曲線の中心は原点で，焦点が y 軸上にあるから，

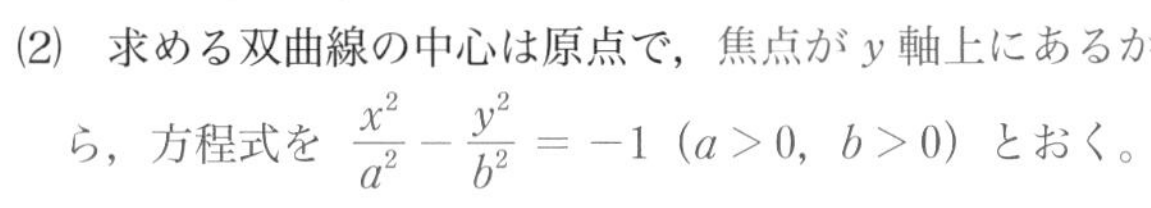

方程式を $\dfrac{x^2}{a^2}-\dfrac{y^2}{b^2}=-1$ $(a>0,\ b>0)$ とおく。

◀焦点が y 軸上にあるから，右辺は -1 である。

焦点が $(0,\ \pm\sqrt{3})$ であるから

$\sqrt{a^2+b^2}=\sqrt{3}$　すなわち　$a^2+b^2=3$　…①

漸近線の傾きが $\pm\sqrt{2}$ であるから

$\dfrac{b}{a}=\sqrt{2}$　…②

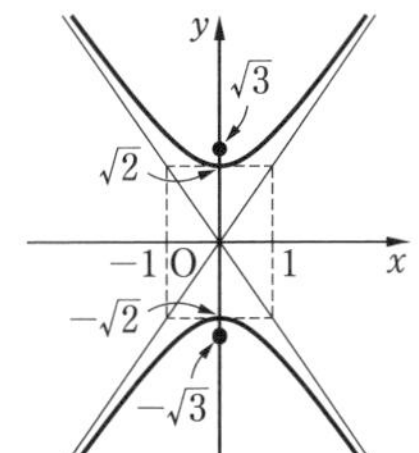

◀漸近線の方程式は

$y=\pm\sqrt{2}x$

①，② より　$a=1,\ b=\sqrt{2}$

◀a，b の値を求めずに，$a^2=1$，$b^2=2$ から方程式を求めてもよい。

よって，求める双曲線の方程式は

$$\boldsymbol{x^2-\frac{y^2}{2}=-1}$$

練習 83　次の条件を満たす双曲線の方程式を求めよ。

(1)　2点 $(0,\ 3)$，$(0,\ -3)$ を頂点とし，点 $(4\sqrt{3},\ 6)$ を通る。

(2)　2点 $(\sqrt{10},\ 0)$，$(-\sqrt{10},\ 0)$ を焦点とし，2本の漸近線の傾きがそれぞれ $\dfrac{1}{2}$，$-\dfrac{1}{2}$ である。

➡p.168 問題83

頻出

例題 84　2次曲線と平行移動

★★☆☆

(1)　放物線 $y^2-3x+3=0$ の頂点，焦点の座標および準線の方程式を求め，その概形をかけ。

(2)　楕円 $9x^2+4y^2-36x+8y+4=0$ の中心，焦点の座標を求め，その概形をかけ。

(3)　双曲線 $9x^2-4y^2-18x-16y-43=0$ の中心，焦点の座標および漸近線の方程式を求め，その概形をかけ。

思考のプロセス

既知の問題に帰着　与式の＿＿の部分が，これまでの式の形と異なる。

放物線 $y^2=4px$ → $(y-\beta)^2=4p(x-\alpha)$

楕円 $\dfrac{x^2}{a^2}+\dfrac{y^2}{b^2}=1$ → $\dfrac{(x-\alpha)^2}{a^2}+\dfrac{(y-\beta)^2}{b^2}=1$

双曲線 $\dfrac{x^2}{a^2}-\dfrac{y^2}{b^2}=\pm1$ → $\dfrac{(x-\alpha)^2}{a^2}-\dfrac{(y-\beta)^2}{b^2}=\pm1$

（x 軸方向に α，y 軸方向に β 平行移動）

与式をこの形に変形して，平行移動の量を考え，焦点，準線，漸近線も同様に平行移動する。

Action» x，y の2次式は，x，y を別々に平方完成せよ

解 (1)　$y^2-3x+3=0$ …① を変形すると　$y^2=3(x-1)$

これは，放物線 $y^2=3x$ …② を x 軸方向に1だけ平行移動したものである。放物線②の頂点は点 $(0,\ 0)$，焦点は点 $\left(\dfrac{3}{4},\ 0\right)$，準線は直線 $x=-\dfrac{3}{4}$ であるから，求める放物線①の

頂点　$(1,\ 0)$，**焦点**　$\left(\dfrac{7}{4},\ 0\right)$，

準線　$x=\dfrac{1}{4}$

概形は **右の図**。

◀ $y^2=4\cdot\dfrac{3}{4}x$

◀ 放物線 $y^2=4px$ の焦点 $(p,\ 0)$，準線 $x=-p$

◀ ①の頂点 $(0+1,\ 0)$　焦点 $\left(\dfrac{3}{4}+1,\ 0\right)$　準線 $x=-\dfrac{3}{4}+1$

(2)　$9x^2+4y^2-36x+8y+4=0$ …③ を変形すると

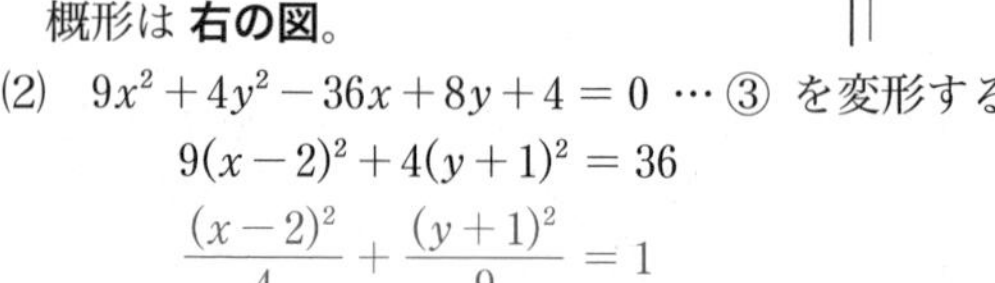

$$9(x-2)^2+4(y+1)^2=36$$

$$\frac{(x-2)^2}{4}+\frac{(y+1)^2}{9}=1$$

◀ $9(x^2-4x)+4(y^2+2y)=-4$
$9\{(x-2)^2-2^2\}+4\{(y+1)^2-1^2\}=-4$
$9(x-2)^2+4(y+1)^2-36-4=-4$

これは，楕円 $\dfrac{x^2}{4}+\dfrac{y^2}{9}=1$ …④ を x 軸方向に2，y 軸方向に -1 だけ平行移動したものである。

楕円④の中心は点 $(0,\ 0)$，焦点は点 $(0,\ \sqrt{5})$，点 $(0,\ -\sqrt{5})$ であるから，求める楕円③の

中心　$(2,\ -1)$，

焦点　$(2,\ \sqrt{5}-1)$，$(2,\ -\sqrt{5}-1)$

概形は **右の図**。

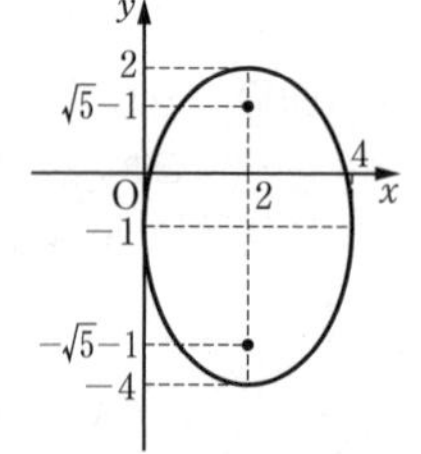

◀ 楕円 $\dfrac{x^2}{a^2}+\dfrac{y^2}{b^2}=1$ $(b>a>0)$ の焦点 $(0,\ \pm\sqrt{b^2-a^2})$

◀ 頂点 $(2,\ 0)$，$(-2,\ 0)$，$(0,\ 3)$，$(0,\ -3)$ はそれぞれ $(4,\ -1)$，$(0,\ -1)$，$(2,\ 2)$，$(2,\ -4)$ に移動する。

(3) $9x^2-4y^2-18x-16y-43=0$ …⑤ を変形すると

$$9(x-1)^2-4(y+2)^2=36$$

$$\frac{(x-1)^2}{4}-\frac{(y+2)^2}{9}=1$$

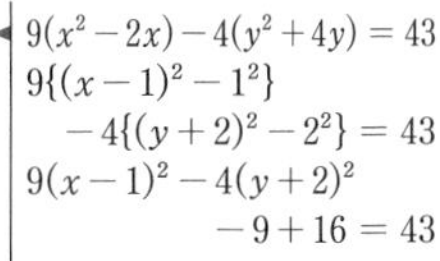

◀ $9(x^2-2x)-4(y^2+4y)=43$
$9\{(x-1)^2-1^2\}$
$-4\{(y+2)^2-2^2\}=43$
$9(x-1)^2-4(y+2)^2$
$-9+16=43$

これは，双曲線 $\dfrac{x^2}{4}-\dfrac{y^2}{9}=1$ …⑥ を x 軸方向に 1，y 軸方向に -2 だけ平行移動したものである。

双曲線 ⑥ の中心は点 $(0,\ 0)$，

焦点は点 $(\sqrt{13},\ 0)$，$(-\sqrt{13},\ 0)$，

漸近線は直線 $y=\pm\dfrac{3}{2}x$ で

あるから，求める双曲線 ⑤ の

中心 $(1,\ -2)$，

焦点

$(1+\sqrt{13},\ -2)$，$(1-\sqrt{13},\ -2)$

漸近線 $y+2=\pm\dfrac{3}{2}(x-1)$

すなわち $y=\dfrac{3}{2}x-\dfrac{7}{2}$，$y=-\dfrac{3}{2}x-\dfrac{1}{2}$

概形は **右の図**。

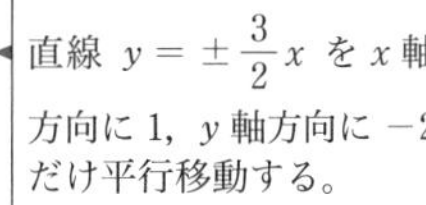

◀ 直線 $y=\pm\dfrac{3}{2}x$ を x 軸方向に 1，y 軸方向に -2 だけ平行移動する。

Point…2次曲線の平行移動

曲線 $f(x,\ y)=0$ を x 軸方向に p，y 軸方向に q だけ平行移動した曲線の方程式は

$$f(x-p,\ y-q)=0$$

このことを利用すると，$\dfrac{(x-p)^2}{a^2}+\dfrac{(y-q)^2}{b^2}=1$

$(a>b>0)$ は，楕円 $\dfrac{x^2}{a^2}+\dfrac{y^2}{b^2}=1$ を x 軸方向に p，y 軸方向に q だけ平行移動した楕円であり，焦点

$$(\pm\sqrt{a^2-b^2}+p,\ q)$$

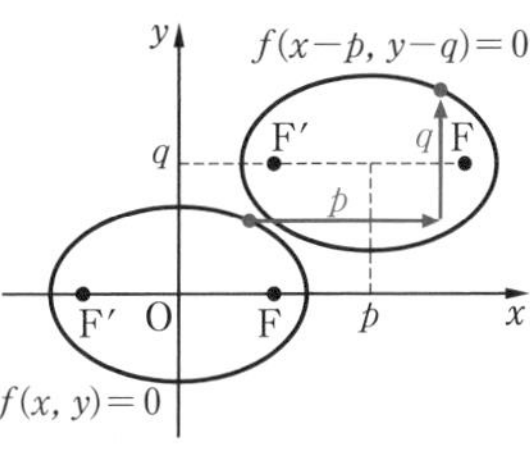

練習84 〔1〕 次の放物線の頂点，焦点の座標および準線の方程式を求め，その概形をかけ。

(1) $y^2+2x-4=0$　　(2) $y^2=6y+2x-7$

〔2〕 次の楕円の中心，焦点の座標を求め，その概形をかけ。

(1) $x^2+5y^2-10y=0$　　(2) $9x^2+4y^2+18x-24y+9=0$

〔3〕 次の双曲線の中心，焦点の座標および漸近線の方程式を求め，その概形をかけ。

(1) $9x^2-4y^2+16y-52=0$　　(2) $4x^2-y^2-8x-4y+4=0$

➡p.169 問題84

例題 85 平行移動した2次曲線の決定 ★★☆☆

次の2次曲線の方程式を求めよ。

(1) 頂点 $(-1,\ 2)$，準線 $x=2$ の放物線

(2) 焦点の座標が $(2,\ 1)$，$(2,\ -3)$ で点 $(2,\ 0)$ を通る双曲線

思考のプロセス

基準を定める

放物線の頂点や双曲線の中心が原点になるように平行移動した曲線で考える。

(1) (頂点 $(-1,\ 2)$ / 準線 $x=2$) —頂点を原点に→ (頂点 $(0,\ 0)$ / 準線 $x=$ □)

求める方程式 ←逆の平行移動— 曲線の方程式

(2) (中心 $(2,\ -1)$ / 焦点 $(2,\ 1)$，$(2,\ -3)$) —中心を原点に→ (中心 $(0,\ 0)$ / 焦点 (□，□)，(□，□))

求める方程式 ←逆の平行移動— 曲線の方程式

Action» 平行移動した2次曲線は，中心や頂点を原点に移動して考えよ

解 (1) 求める放物線の頂点 $(-1,\ 2)$ が原点と一致するように x 軸方向に 1，y 軸方向に -2 だけ平行移動した放物線の方程式を $y^2=4px$ とおくと，準線は直線 $x=3$ であるから $p=-3$

◀ 準線が x 軸に垂直であるから，"$y^2=$" の形でおく。

よって，求める放物線は $y^2=-12x$ を x 軸方向に -1，y 軸方向に 2 だけ平行移動したものであるから

$$(y-2)^2=-12(x+1)$$

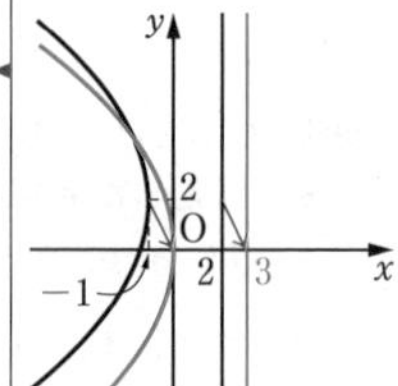

(2) 求める双曲線の中心 $(2,\ -1)$ が原点と一致するように x 軸方向に -2，y 軸方向に 1 だけ平行移動した双曲線の方程式を $\dfrac{x^2}{a^2}-\dfrac{y^2}{b^2}=-1$ $(a>0,\ b>0)$ とおくと

◀ 焦点を結ぶ線分の中点が，双曲線の中心である。

◀ ❗焦点が y 軸上にあるから，右辺は -1 である。

点 $(0,\ 1)$ を通るから，$-\dfrac{1}{b^2}=-1$ より $b^2=1$ …①

◀ 焦点は点 $(0,\ 2)$，$(0,\ -2)$ に移り，通る点は点 $(0,\ 1)$ に移る。

焦点は点 $(0,\ 2)$，点 $(0,\ -2)$ となるから

$\sqrt{a^2+b^2}=2$ すなわち $a^2+b^2=4$ …②

①，② より $a=\sqrt{3}$，$b=1$

よって，求める双曲線は $\dfrac{x^2}{3}-y^2=-1$ を x 軸方向に 2，y 軸方向に -1 だけ平行移動したものであるから

$$\frac{(x-2)^2}{3}-(y+1)^2=-1$$

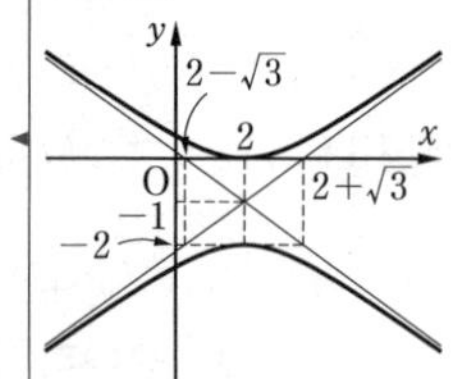

練習 85 次の2次曲線の方程式を求めよ。

(1) 頂点 $(1,\ 3)$，準線 $y=2$ の放物線

(2) 2点 $(1,\ 4)$，$(1,\ 0)$ を焦点とし，点 $(3,\ 2)$ を通る楕円

(3) 2点 $(5,\ 2)$，$(-5,\ 2)$ を焦点とし，頂点の1つが $(3,\ 2)$ である双曲線

➡p.169 問題85

Go Ahead 9　一般の２次曲線

放物線，楕円，双曲線の３つの曲線を総称して２次曲線といいます。これらの曲線は一般に，x，y の２次方程式 $ax^2+bxy+cy^2+dx+ey+f=0$ …① の形で表されます。ここでは，方程式①の各係数の値によって，曲線がどのような形になるかを調べてみましょう。

例　(1)　$a=-1$，$b=c=0$，$d=2$，$e=1$，$f=0$ のとき

①は $-x^2+2x+y=0$ より，放物線 $y=x^2-2x$ を表す。

(2)　$a=0$，$b=0$，$c=1$，$d=-1$，$e=0$，$f=1$ のとき

①は $y^2-x+1=0$ より，放物線 $x=y^2+1$ を表す。

(3)　$a=4$，$c=9$，$b=d=e=0$，$f=-36$ のとき

①は $4x^2+9y^2-36=0$ より，楕円 $\dfrac{x^2}{9}+\dfrac{y^2}{4}=1$ を表す。

(4)　$a=1$，$c=-4$，$b=d=e=0$，$f=-4$ のとき

①は $x^2-4y^2-4=0$ より，双曲線 $\dfrac{x^2}{4}-y^2=1$ を表す。

(5)　$a=c=0$，$b=1$，$d=0$，$e=-2$，$f=-1$ のとき

①は $xy-2y-1=0$ より，双曲線 $y=\dfrac{1}{x-2}$ を表す。

(1)
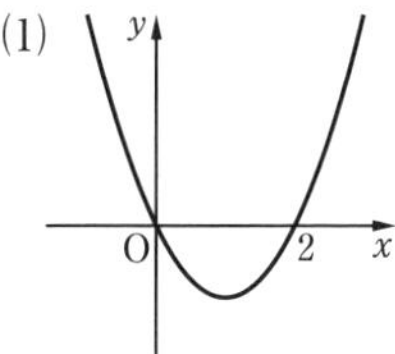

(2)
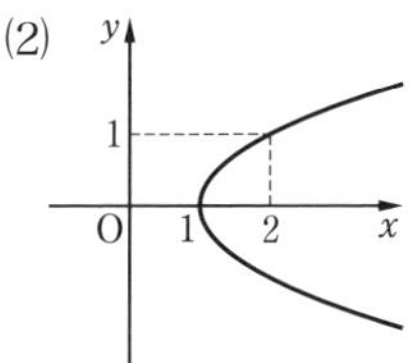

(3)
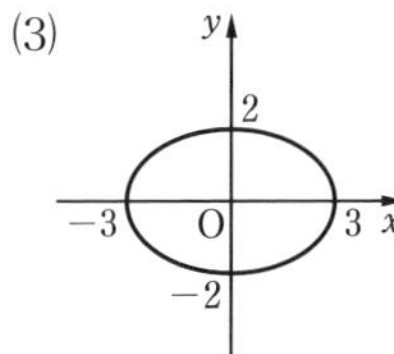

(4)
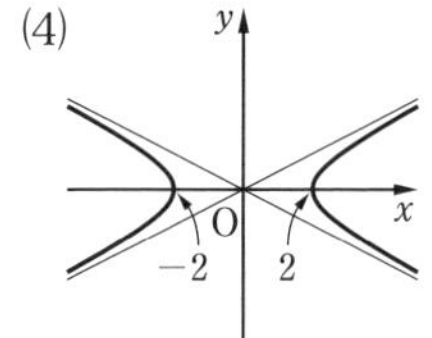

(5)
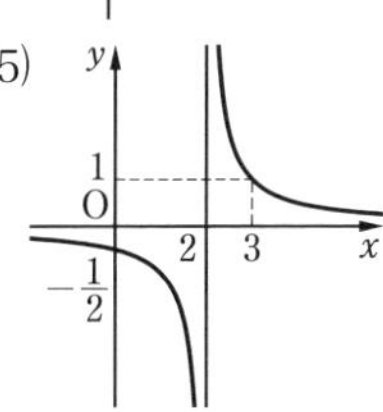

⬅ (5)のグラフは，数学Ⅲ「関数と極限」で学習する。

①の形で表された図形は放物線，楕円，双曲線のいずれかになるということですね。

いいえ。放物線，楕円，双曲線のいずれかならばその方程式は①の形で表すことができますが，逆は必ずしも成り立つとは限りません。

例　$a=1$，$c=-1$，$b=d=e=f=0$ のとき

①は　　$x^2-y^2=0$　すなわち　$(x+y)(x-y)=0$

よって，２直線 $y=x$，$y=-x$ を表すから，このとき①が表す図形は放物線，楕円，双曲線のいずれでもない。

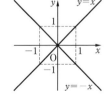

D ★★☆☆

例題 86 放物線となる軌跡

①直線 $l:x=-2$ に接し，②円 $C_1:(x-1)^2+y^2=1$ に外接する円 C_2 の中心 P の軌跡を求めよ。

思考のプロセス

段階的に考える **軌跡**の問題である。

1 軌跡を求める点 P を $(X,\ Y)$ とおく。

2 与えられた条件を $X,\ Y$ の式で表す。

条件 ① ⟹ 円 C_2 が直線 l に接する

条件 ② ⟹ 円 C_1 と C_2 が外接する

→ $X,\ Y,\ r$ の式で表す。

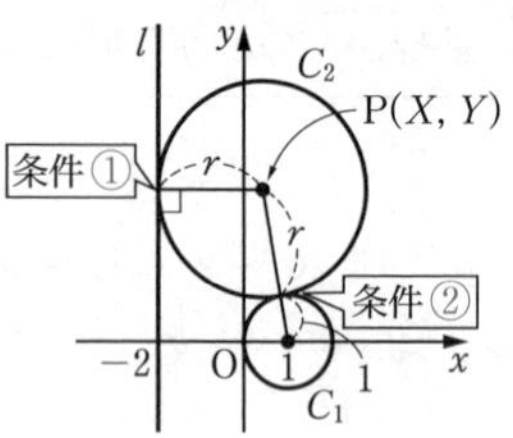

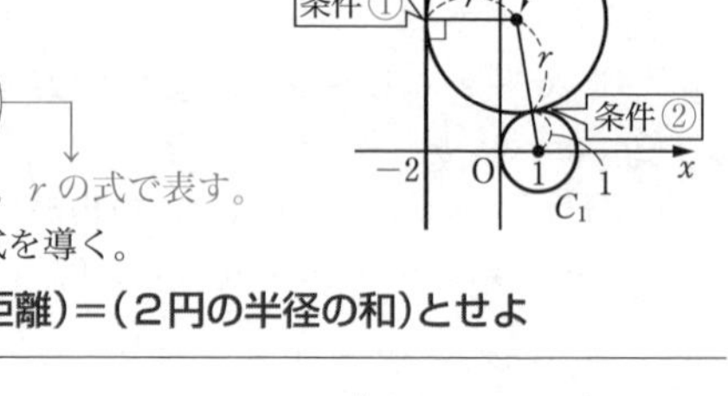

3 2 の式から **r を消去して**，$X,\ Y$ の式を導く。

Action» 外接する2円は，(中心間の距離)＝(2円の半径の和)とせよ

解 中心 P の座標を $(X,\ Y)$ とおく。
円 C_2 の半径を r とすると，r は点 P と直線 l との距離に等しいから

$$r=|X-(-2)|=|X+2|$$

図より，$X \geqq -2$ であるから

$$r=X+2 \quad \cdots ①$$

2 円 C_1，C_2 の中心間の距離は

$$\sqrt{(X-1)^2+Y^2}$$

2 円 C_1，C_2 は外接するから

$$\sqrt{(X-1)^2+Y^2}=1+r$$

① を代入すると　$\sqrt{(X-1)^2+Y^2}=X+3$

両辺を 2 乗すると

$$(X-1)^2+Y^2=(X+3)^2$$

ゆえに　$Y^2=8(X+1)$

したがって，求める軌跡は　**放物線 $y^2=8(x+1)$**

◀軌跡を求める点は P ⇨ P$(X,\ Y)$ とおく。

◀円 C_2 が円 C_1 と直線 l の両方に接するから，中心 P は直線 l より右側にある。

◀C_1 の中心は $(1,\ 0)$

◀2 円が外接するとき，2 つの円の半径を r_1，r_2，中心間の距離を d とすると　$d=r_1+r_2$

Point...定直線と定円に接する円の中心の軌跡

例題 86 において，補助線 $x=-3$ を引くと，点 P は点 $(1,\ 0)$ からと直線 $x=-3$ から等距離になっている。
すなわち，点 P の軌跡は点 $(1,\ 0)$ を焦点，直線 $x=-3$ を準線とする放物線である。
一般に，円と直線の両方に接する円の中心の軌跡は，与えられた円の中心を焦点とする放物線になる。

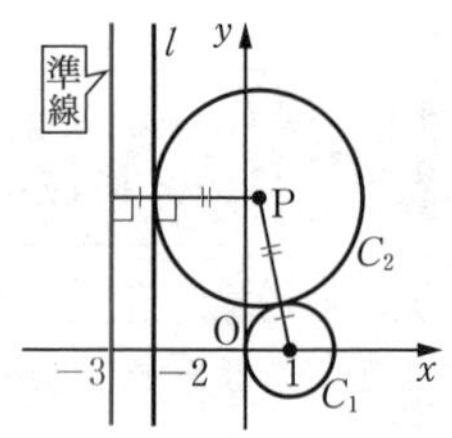

練習 86 直線 $l:y=2$ に接し，円 $C_1:x^2+(y+1)^2=1$ に外接する円 C_2 の中心 P の軌跡を求めよ。

⇒p.169 問題86

例題 87 楕円となる軌跡

D ★★☆☆

①x 軸上の点Aと②y 軸上の点Bが③AB $=6$ を満たしながら動くとき，④線分ABを $1:2$ に内分する点Cの軌跡を求めよ。

思考のプロセス

点A，BがAB $=6$ を満たしながら動くとき，それに連動して点Cが動く。

«ReAction 連動点Cの軌跡は，A，Bの座標を文字でおいてそれを消去せよ

◀ⅡB 例題 114

段階的に考える

1 軌跡を求める点を $(X,\ Y)$ とおく。 ⟹ C$(X,\ Y)$ とおく。
　それ以外の動点の座標を文字でおく。⟹ ①A$(a,\ 0)$，②B$(0,\ b)$ とおく。

2 与えられた条件を $X,\ Y,\ a,\ b$ の式で表す。
　⟹ 条件③，④を $X,\ Y,\ a,\ b$ の式で表す。

3 2の式から **a，b を消去して**，$X,\ Y$ の式を導く。

解 点A，Bの座標をそれぞれA$(a,\ 0)$，B$(0,\ b)$，点Cの座標を $(X,\ Y)$ とおく。

◀軌跡を求める点C ⇨ C$(X,\ Y)$ とおく。図形上を動く点A，B ⇨ A$(a,\ 0)$，B$(0,\ b)$ とおく。

AB $=6$ より　$\sqrt{a^2+b^2}=6$

よって　$a^2+b^2=36$　…①

また，Cは線分ABを $1:2$ に内分する点であるから　$X=\dfrac{2}{3}a,\ Y=\dfrac{b}{3}$

◀C$\left(\dfrac{2a+1\cdot0}{1+2},\ \dfrac{2\cdot0+1\cdot b}{1+2}\right)$ より C$\left(\dfrac{2}{3}a,\ \dfrac{b}{3}\right)$ よって $\begin{cases} X=\dfrac{2}{3}a \\ Y=\dfrac{b}{3} \end{cases}$

$a,\ b$ について解くと　$a=\dfrac{3}{2}X,\ b=3Y$

①に代入すると

$$\left(\frac{3}{2}X\right)^2+(3Y)^2=36$$

$$\frac{X^2}{16}+\frac{Y^2}{4}=1$$

◀式の形から楕円になることを見越して，両辺を36で割り，右辺を1にする。

よって，点Cの軌跡は

楕円 $\dfrac{x^2}{16}+\dfrac{y^2}{4}=1$

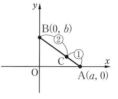

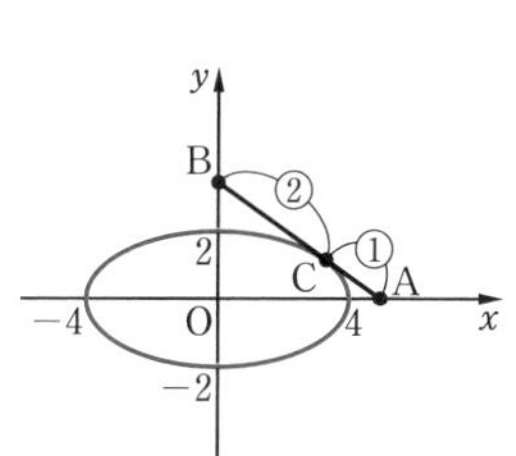

Point...楕円となる軌跡

x 軸上の点Aと y 軸上の点BがAB $=a$ を満たしながら動くとき，線分ABを $t:(1-t)$ に分ける点Cの軌跡は，

楕円　$\dfrac{x^2}{\{a(1-t)\}^2}+\dfrac{y^2}{(at)^2}=1$

となる。例題87は $a=6,\ t=\dfrac{1}{3}$ のときである。

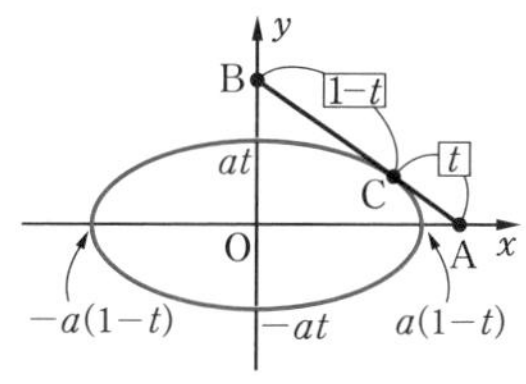

練習 87 x 軸上の点Aと y 軸上の点BがAB $=7$ を満たしながら動くとき，線分ABを $5:2$ に内分する点Cの軌跡を求めよ。

➡p.169 問題87

Play Back 10 円錐曲線

放物線，楕円，双曲線は **円錐曲線** ともよばれます。
これは，下の図のように，円錐をその頂点Oを通らない平面 α で切った切り口に，放物線，楕円，双曲線が現れるからです。

㈠ 平面 α が円錐の母線 l に平行なとき	… 放物線
㈡ 平面 α が円錐の一方のみを切り取るとき	… 楕円
㈢ 平面 α が円錐の両方を切り取るとき	… 双曲線

⑺

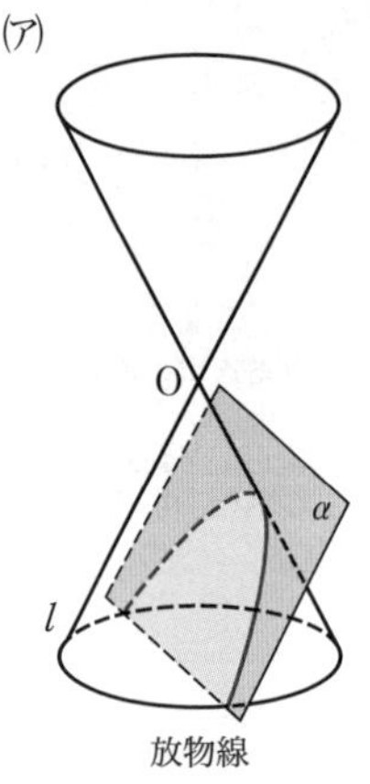

放物線

⑷

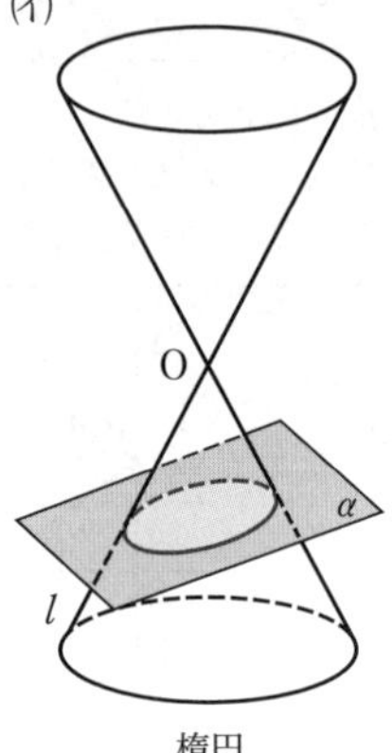

楕円

⑹

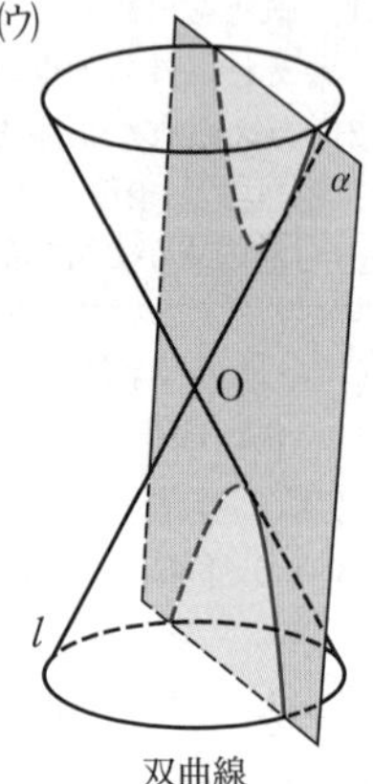

双曲線

これを確かめるには，円錐に内接し，平面 α にも接する球 C を考えます。

⑺ 放物線

球 C と平面 α の接点をFとし，球 C と円錐が接する部分の円を含む平面を β，2平面 α と β の交線を g とする。
また，切り口の曲線上の任意の点Pから交線 g へ下ろした垂線をPHとし，球 C と円錐が接する部分の円と母線OPの交点をQとする。
このとき，点Pを通り平面 β に平行な平面を β' とし，母線 l と平面 β，β' の交点をそれぞれA，Bとすると $\mathrm{BA}=\mathrm{PH}$ であり，$\mathrm{BA}=\mathrm{PQ}$ でもあるから

$$\mathrm{PH}=\mathrm{PQ} \quad \cdots ①$$

また，PFとPQはともに点Pから球 C へ引いた接線であるから　　$\mathrm{PF}=\mathrm{PQ}$ …②
①，② より，切り口の曲線上の任意の点Pに対して　　$\mathrm{PH}=\mathrm{PF}$
したがって，点Pは点Fを焦点，直線 g を準線とする放物線上にある。

(イ) 楕円

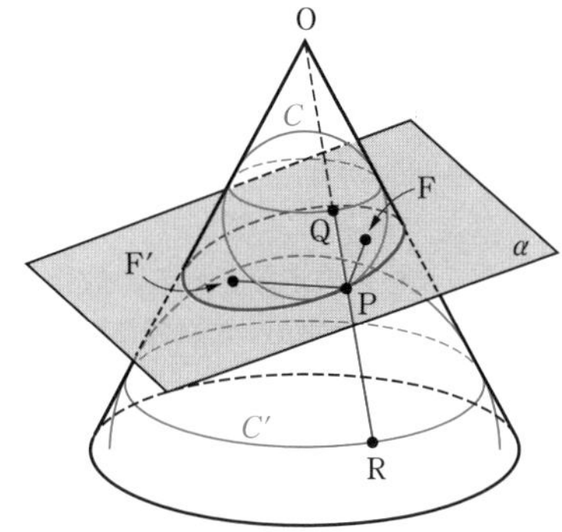

球 C は2つ存在するから，頂点Oに近い方から C，C' とし，球 C，C' と平面 α の接点をそれぞれF，F′とする。また，切り口の曲線上の点をPとし，球 C，C' と円錐が接する部分の円と母線OPの交点をそれぞれQ，Rとする。

このとき，PFとPQはともに点Pから球 C に引いた接線であるから　　PF = PQ

同様に，PF′とPRはともに点Pから球 C' に引いた接線であるから　　PF′ = PR

よって，切り口の曲線上の任意の点Pに対して

$$\mathrm{PF}+\mathrm{PF'}=\mathrm{PQ}+\mathrm{PR}=\mathrm{QR}\ (一定)$$

したがって，点Pは2点F，F′を焦点とする楕円上にある。

(ウ) 双曲線

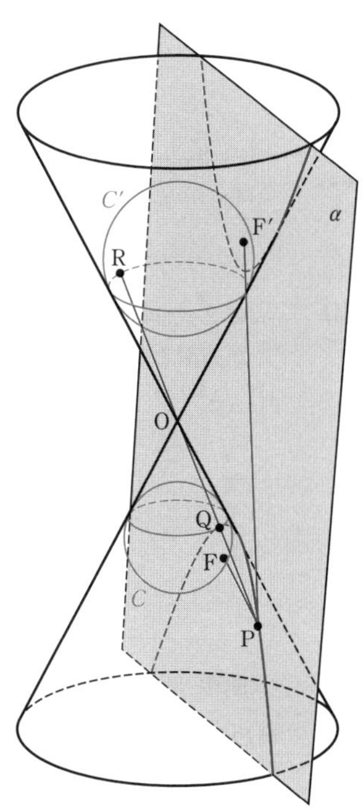

球 C は2つ存在するから，図のように下側の球を C，上側の球を C' とし，球 C，C' と平面 α の接点をそれぞれF，F′とする。また，切り口の曲線上の点をPとし，球 C，C' と円錐が接する部分の円と母線OPの交点をそれぞれQ，Rとする。

このとき，PFとPQはともに点Pから球 C に引いた接線であるから　　PF = PQ

同様に，PF′とPRはともに点Pから球 C' に引いた接線であるから　　PF′ = PR

よって，切り口の曲線上の任意の点Pに対して

$$|\mathrm{PF}-\mathrm{PF'}|=|\mathrm{PQ}-\mathrm{PR}|=\mathrm{QR}\ (一定)$$

したがって，点Pは2点F，F′を焦点とする双曲線上にある。

円錐を切った切り口に2次曲線が現れるだけでも不思議なのに，円錐に内接する球と円錐を切り取る平面の接点にその焦点が現れるなんて，驚きですね。

2次曲線

▶▶解答編 p.135

75 ★★☆☆ 次の点Pの軌跡を求めよ。

(1) 点$\left(0,\ \dfrac{1}{2}\right)$からの距離と直線 $y=-\dfrac{1}{2}$ からの距離が等しい点P

(2) 点$(-2,\ 1)$からの距離と直線 $x=2$ からの距離が等しい点P

76 ★☆☆☆ pを正の定数とする。放物線 $y^2=4px$ と直線 $x=p$ との交点をA, B, 放物線 $y^2=8px$ と直線 $x=2p$ との交点をC, Dとする。△OABと△OCDの面積比を求めよ。

77 ★★☆☆ 円 $C_1:(x+3)^2+y^2=64$ に内接し，点$(3,\ 0)$を通る円C_2の中心Pの軌跡を求めよ。

78 ★☆☆☆ 楕円 $2x^2+y^2=2a^2$ の頂点と焦点の座標，長軸と短軸の長さを求め，その概形をかけ。ただし，$a>0$ とする。

79 ★★☆☆ 楕円 $3x^2+4y^2=12$ 上の点Pから直線 $x=4$ までの距離は，常にPから点A$(1,\ 0)$までの距離の2倍であることを示せ。

80 ★★☆☆ 次の2次曲線C上の点Pのx座標をa倍，y座標をb倍した点をQとする。点Pが曲線C上を動くとき，点Qの軌跡を求めよ。ただし，$a>0,\ b>0$ とする。

(1) $x^2+y^2=1$　　　(2) $y=x^2$

81 ★★☆☆ 円 $C_1:(x+2)^2+y^2=12$ に外接し，点$(2,\ 0)$を通る円C_2の中心Pの軌跡を求めよ。

82 ★☆☆☆ 双曲線 $3x^2-y^2=3$ 上の点Pから直線 $x=\dfrac{1}{2}$ までの距離は，常にPから点A$(2,\ 0)$までの距離の半分であることを示せ。

83 ★★☆☆ 中心が原点，主軸がx軸またはy軸であり，2点$(2,\ \sqrt{2})$，$(-2\sqrt{3},\ 2)$を通る双曲線の方程式を求めよ。

84 ★★☆☆ 曲線 $11x^2-24xy+4y^2=20$ を C とする。直線 $y=3x$ に関して，曲線 C と対称な曲線 C' の方程式を求めよ。

85 ★★☆☆ 次の 2 次曲線の方程式を求めよ。

(1) 直線 $y=1$ を軸とし，2 点 $(-1,\ 3)$，$(2,\ -3)$ を通る放物線

(2) 軸が座標軸と平行で，3 点 $(2,\ 1)$，$(2,\ 5)$，$(5,\ -1)$ を通る放物線

(3) 2 直線 $y=x+3$，$y=-x-1$ を漸近線とし，点 $\left(1,\ 1+\sqrt{7}\right)$ を通る双曲線

86 ★★☆☆ 直線 $x=-2$ に接し，円 $C_1:(x-1)^2+y^2=1$ が内接する円 C_2 の中心 P の軌跡を求めよ。

87 ★★☆☆ x 軸上の点 A と y 軸上の点 B が AB $=2$ を満たしながら動くとき，$\overrightarrow{\mathrm{AC}}=2\overrightarrow{\mathrm{AB}}$ を満たす点 C の軌跡を求めよ。

本質を問う 5

▶▶解答編 p.143

1 次の曲線の定義を述べよ。

(1) 放物線　(2) 楕円　(3) 双曲線

◀p.146, 148 1～3

2 円 $x^2+y^2=1$ をどのように変形すると楕円 $\dfrac{x^2}{9}+\dfrac{y^2}{4}=1$ になるか，説明せよ。

◀p.156 例題80

3 x または y についての 2 次方程式 $ax^2+by^2+cx+dy=0$ …① (ただし，$a\neq b$，$c\neq 0$，$d\neq 0$，$bc^2+ad^2\neq 0$) で表される曲線が，次の図形になる条件を述べよ。

(1) 放物線　(2) 楕円　(3) 双曲線

◀p.150 概要4

Let's Try! 5

▶▶解答編 p.144

① 次の方程式で表される２次曲線が，放物線のときは焦点の座標と準線の方程式，楕円や双曲線のときは焦点の座標を求め，その概形をかけ。

(1) $4x^2+9y^2-8x+36y+4=0$

(2) $x^2-6x-4y+1=0$

(3) $5x^2-4y^2+20x-8y-4=0$

◀例題84

② ２点 A(0, 1)，B(3, 4) と，放物線 $x^2=4y$ 上に点 P がある。AP と BP の長さの和を最小にする点 P の座標を求めよ。

◀例題75

③ 双曲線 $x^2-y^2=a^2$ の焦点を F，F′ とし，双曲線上の任意の点を P とするとき，$\mathrm{PF}\cdot\mathrm{PF'}=\mathrm{OP}^2$ であることを示せ。

◀例題82

④ ２直線 $l_1: y-kx=0$，$l_2: x+2ky=1$ の交点を P とする。k が $0<k<1$ の範囲で変化するとき，P の軌跡を図示せよ。

◀例題87

⑤ 座標平面上に，原点 O を中心とする半径 $2a$ の円 C と，定点 F$(-2b,\ 0)$ $(0<b<a)$ をとる。C 上の点を Q とし，線分 FQ の垂直二等分線と線分 OQ との交点を P とする。

(1) 線分の長さの和 FP＋PO は，点 Q の位置には無関係に一定であることを示せ。

(2) 点 Q が C 上を動くとき，点 P の軌跡の方程式を求めよ。　（愛知教育大）

◀例題87

まとめ 6 2次曲線と直線

1 2次曲線と直線

直線と2次曲線の方程式を連立してできる x または y の2次方程式の判別式を D とすると，この直線と2次曲線の位置関係は

(ア) $D>0 \iff$ **異なる2点で交わる**

(イ) $D=0 \iff$ **接する**

(ウ) $D<0 \iff$ **共有点をもたない**

2 2次曲線の接線の方程式

接点が $(x_1,\ y_1)$ のとき，2次曲線の接線の方程式は次のようになる。

(1) 放物線 $y^2=4px$ の接線 $\Longrightarrow$ $\boldsymbol{y_1y=2p(x+x_1)}$

$x^2=4py$ の接線 $\Longrightarrow$ $\boldsymbol{x_1x=2p(y+y_1)}$

(2) 楕円 $\dfrac{x^2}{a^2}+\dfrac{y^2}{b^2}=1$ の接線 $\Longrightarrow$ $\boldsymbol{\dfrac{x_1x}{a^2}+\dfrac{y_1y}{b^2}=1}$

(3) 双曲線 $\dfrac{x^2}{a^2}-\dfrac{y^2}{b^2}=1$ の接線 $\Longrightarrow$ $\boldsymbol{\dfrac{x_1x}{a^2}-\dfrac{y_1y}{b^2}=1}$

$\dfrac{x^2}{a^2}-\dfrac{y^2}{b^2}=-1$ の接線 $\Longrightarrow$ $\boldsymbol{\dfrac{x_1x}{a^2}-\dfrac{y_1y}{b^2}=-1}$

概要

1 2次曲線と直線

・2次曲線と直線の共有点の座標

数学II「図形と方程式」において学習したことと同様に，2つの方程式を連立して解く。

2次曲線 $f(x,\ y)=0$ …① と直線 $ax+by+c=0$ …② について，これらの共有点の x 座標は，①，②から y を消去して得られる方程式 $px^2+qx+r=0$ …③ の実数解である。

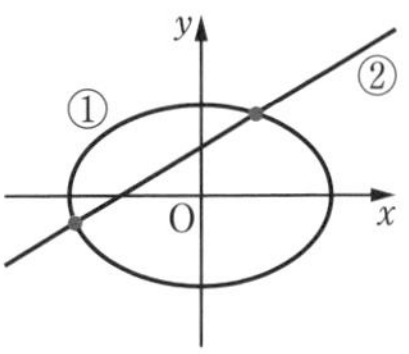

また，①，②から x を消去した y の方程式を考えてもよい。

・2次曲線と直線の共有点の個数

上のことから，曲線①と直線②の共有点の個数は方程式③の実数解の個数に一致する。

よって，③が2次方程式となるとき

(ア) $D>0 \iff$ ③は異なる2つの実数解をもつ $\iff$ **異なる2点で交わる**

(イ) $D=0 \iff$ ③は重解をもつ $\iff$ **接する**

(ウ) $D<0 \iff$ ③は実数解をもたない $\iff$ **共有点をもたない**

また，③が1次方程式となるときは

③は1つの実数解をもつ $\iff$ 1点で交わる

2 2次曲線の接線の方程式

接線の方程式の証明は p.178 **Play Back 11** を参照。

なお，接線の方程式は2次曲線の方程式において，次のように置き換えた形になっている。

$x^2 \to x_1x,\quad y^2 \to y_1y,\quad 2x \to x+x_1,\quad 2y \to y+y_1$

3 離心率

定点 F からの距離 PF と定直線 l からの距離 PH の比の値 e が一定である点 P の軌跡は，F を焦点の 1 つとする 2 次曲線となる。この e の値を 2 次曲線の **離心率**，直線 l を **準線** という。

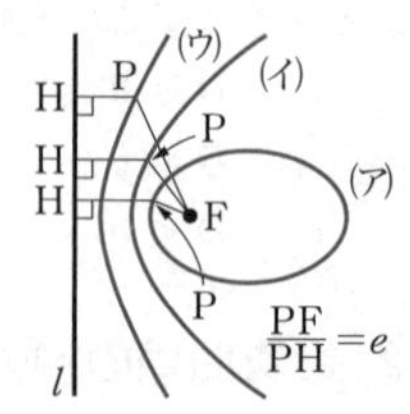

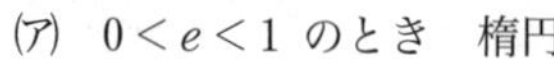
(ア) $0<e<1$ のとき　楕円

(イ) $e=1$ のとき　放物線

(ウ) $1<e$ のとき　双曲線

であることが知られている。

概要

3 離心率　焦点 $F(p,\ 0)$，準線 $l : x=-p$，点 $P(x,\ y)$ とすると，$\frac{PF}{PH}=e$ より　$PF^2=e^2PH^2$

よって　$(x-p)^2+y^2=e^2(x+p)^2$

$$(1-e^2)x^2-2p(1+e^2)x+y^2+(1-e^2)p^2=0 \quad \cdots ①$$

(ア) $e=1$ のとき，① より　$y^2=4px$

これは，焦点 $F(p,\ 0)$，準線 $x=-p$ である放物線を表している。

(イ) $e\neq 1$ のとき，$1-e^2\neq 0$ であるから，① より

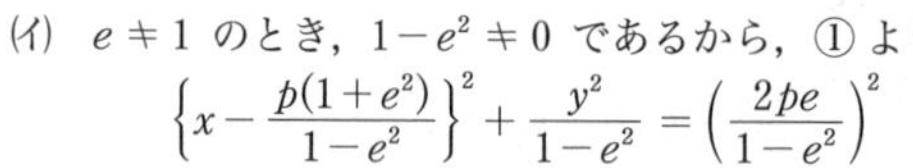
$$\left\{x-\frac{p(1+e^2)}{1-e^2}\right\}^2+\frac{y^2}{1-e^2}=\left(\frac{2pe}{1-e^2}\right)^2$$

ここで，x 軸方向に $-\frac{p(1+e^2)}{1-e^2}$ だけ平行移動して整理すると

$$\frac{x^2}{\left(\frac{2pe}{1-e^2}\right)^2}+\frac{y^2}{\frac{(2pe)^2}{1-e^2}}=1 \quad \cdots ②$$

(i) $0<e<1$ のとき

$\frac{2pe}{1-e^2}=a$，$a^2(1-e^2)=b^2$ $(b>0)$ とおくと，② は　$\frac{x^2}{a^2}+\frac{y^2}{b^2}=1$ $(a>b>0)$

これは，左の焦点 $\left(p-\frac{p(1+e^2)}{1-e^2},\ 0\right)$ すなわち $(-ae,\ 0)$，左の焦点に対する準線 $x=-p-\frac{p(1+e^2)}{1-e^2}=-\frac{a}{e}$ である楕円を表している。

また，離心率は，$a^2(1-e^2)=b^2$ より　$e=\frac{\sqrt{a^2-b^2}}{a}$

(ii) $1<e$ のとき

$\frac{2pe}{1-e^2}=-a$，$a^2(1-e^2)=-b^2$ $(b>0)$ とおくと，② は　$\frac{x^2}{a^2}-\frac{y^2}{b^2}=1$ $(a>0,\ b>0)$

これは，右の焦点 $\left(p-\frac{p(1+e^2)}{1-e^2},\ 0\right)$ すなわち $(ae,\ 0)$，右の焦点に対する準線 $x=-p-\frac{p(1+e^2)}{1-e^2}=\frac{a}{e}$ である双曲線を表している。

また，離心率は，$a^2(1-e^2)=-b^2$ より　$e=\frac{\sqrt{a^2+b^2}}{a}$

例題 88　2次曲線と直線の共有点

D ★☆☆☆

k を定数とするとき，楕円 $2x^2+y^2=2$ と直線 $y=x+k$ の共有点の個数を調べよ。

思考のプロセス

既知の問題に帰着

«ReAction　2つのグラフの共有点は，2式を連立したときの実数解とせよ ◀ⅠA 例題 96

$f(x,\ y)=0$ と $g(x,\ y)=0$ のグラフの共有点の個数 ⟷ 連立方程式 $\begin{cases} f(x,\ y)=0 \\ g(x,\ y)=0 \end{cases}$ の実数解の個数

解　2式を連立して y を消去すると　$2x^2+(x+k)^2=2$

よって　$3x^2+2kx+k^2-2=0$　…①

楕円と直線の共有点の個数と2次方程式①の実数解の個数は一致するから，方程式①の判別式を D とすると

$$\frac{D}{4}=k^2-3(k^2-2)=-2\left(k+\sqrt{3}\right)\left(k-\sqrt{3}\right)$$

◀楕円と直線の方程式を連立し，x または y の2次方程式をつくる。

(ア)　$D>0$ のとき

$-2\left(k+\sqrt{3}\right)\left(k-\sqrt{3}\right)>0$

より　$-\sqrt{3}<k<\sqrt{3}$

このとき，共有点は2個

◀共有点の個数は
$\begin{cases} D>0 \text{ のとき } 2\text{個} \\ D=0 \text{ のとき } 1\text{個} \\ D<0 \text{ のとき } 0\text{個} \end{cases}$

(イ)　$D=0$ のとき

$-2\left(k+\sqrt{3}\right)\left(k-\sqrt{3}\right)=0$

より　$k=\pm\sqrt{3}$

このとき，共有点は1個

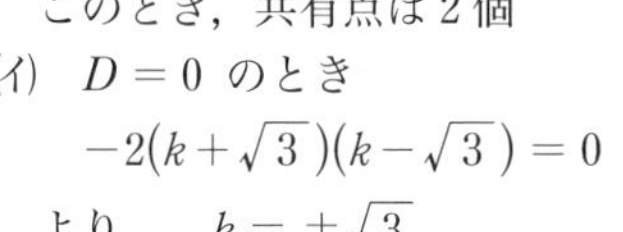

(ウ)　$D<0$ のとき

$-2\left(k+\sqrt{3}\right)\left(k-\sqrt{3}\right)<0$ より　$k<-\sqrt{3},\ \sqrt{3}<k$

このとき，共有点はなし。

(ア)〜(ウ)より，共有点の個数は

$$\begin{cases} -\sqrt{3}<k<\sqrt{3} \text{ のとき} & 2\text{個} \\ k=\pm\sqrt{3} \text{ のとき} & 1\text{個} \\ k<-\sqrt{3},\ \sqrt{3}<k \text{ のとき} & 0\text{個} \end{cases}$$

Point...2次曲線と直線の共有点の個数

2次曲線と直線の共有点の x 座標（y 座標）は，2つの方程式を連立してできる x の（y の）2次方程式の実数解であるから，その判別式 D の符号によって共有点の個数を調べることができる。

練習 88　k を定数とするとき，放物線 $y^2=x$ と直線 $y=kx+k$ の共有点の個数を調べよ。

➡p.193 問題88

例題 89　弦の中点と長さ

D ★★☆☆

直線 $l: y = x+1$ が楕円 $C: 4x^2+9y^2=36$ によって切り取られる弦 AB の中点 M の座標および弦 AB の長さを求めよ。

思考のプロセス

素直に考えると…

直線 l と楕円 C の交点 A，B の座標を求め，中点 M，弦の長さを求める。

⟶ 2 式を連立すると $x = \dfrac{-9 \pm \sqrt{9^2+13\cdot 27}}{13}$ …(大変)

見方を変える

2 交点の x 座標を α，β とおく。⟶ 2 交点 $(\alpha,\ \square)$，$(\beta,\ \square)$ （直線 l 上の点）

↓　　　　　　　　　　　　　↓

解と係数の関係より $\alpha+\beta$，$\alpha\beta$ の値が求まる。 ⟶(利用) $\begin{cases} \text{中点 M}\left(\dfrac{\alpha+\beta}{2},\ \square\right) \\ \text{AB} = (\alpha,\ \beta \text{の式}) \end{cases}$

Action» 弦の中点や長さは，解と係数の関係を利用せよ

解 2 式を連立して y を消去すると

$$4x^2+9(x+1)^2=36$$

すなわち　$13x^2+18x-27=0$

この 2 解は直線 l と楕円 C の交点の x 座標であり，これらを α，β とおくと，解と係数の関係より

$$\alpha+\beta = -\frac{18}{13},\quad \alpha\beta = -\frac{27}{13}$$

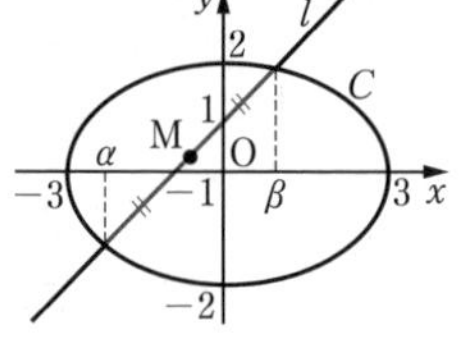

このとき，弦 AB の両端の座標は $(\alpha,\ \alpha+1)$，$(\beta,\ \beta+1)$ であるから，弦 AB の中点 M の座標は

$$\left(\frac{\alpha+\beta}{2},\ \frac{\alpha+\beta}{2}+1\right) \quad \text{すなわち} \quad \left(-\frac{9}{13},\ \frac{4}{13}\right)$$

◀ ❗弦の両端の点は直線 l 上にあるから，その y 座標はそれぞれ $\alpha+1$，$\beta+1$

また，弦 AB の長さは

$$\begin{aligned} \text{AB} &= \sqrt{(\alpha-\beta)^2+\{(\alpha+1)-(\beta+1)\}^2} \\ &= \sqrt{2(\alpha-\beta)^2} = \sqrt{2\{(\alpha+\beta)^2-4\alpha\beta\}} \\ &= \sqrt{2\left\{\left(-\frac{18}{13}\right)^2-4\cdot\left(-\frac{27}{13}\right)\right\}} = \frac{24\sqrt{6}}{13} \end{aligned}$$

◀ $(\alpha-\beta)^2 = (\alpha+\beta)^2-4\alpha\beta$

Point...弦の中点

2 次曲線と直線 $y=mx+k$ が異なる 2 点 $\text{A}(\alpha,\ m\alpha+k)$，$\text{B}(\beta,\ m\beta+k)$ で交わるとき，弦 AB の中点 M の座標は　$\text{M}\left(\dfrac{\alpha+\beta}{2},\ m\cdot\dfrac{\alpha+\beta}{2}+k\right)$

このとき，$\alpha+\beta$ の値は解と係数の関係から求めるとよい。

練習 89 直線 $l: 2x+y-5=0$ と双曲線 $C: x^2-2y^2=2$ の交点を A，B とするとき，線分 AB の中点の座標および線分 AB の長さを求めよ。

➡p.193 問題89

D ★★★☆

例題 90 弦の中点の軌跡

双曲線 $x^2-y^2=2$ …① と直線 $y=3x+k$ …② が異なる 2 点 A, B で交わるとき，線分 AB の中点 M の軌跡を求めよ。

思考のプロセス

段階的に考える **軌跡**の問題である。

1. 軌跡を求める点 M を $(X,\ Y)$ とおく。
2. 与えられた条件を $X,\ Y,\ k$ の式で表す。

« ReAction 弦の中点や長さは，解と係数の関係を利用せよ ◀例題 89

①, ② を連立した方程式の 2 解を $\alpha,\ \beta$ とする。 ⟹ A(α, □), B(β, □)

3. 2 の式から **k を消去して**，$X,\ Y$ の式を導く。
4. **除外点**がないか調べる。

⟹ もし k の値に範囲があれば，連動して $X,\ Y$ の値にも範囲がある。

« ReAction 軌跡を求めるときは，除外点がないか確かめよ ◀ⅡB 例題 115

解 ①, ② を連立すると

$8x^2+6kx+k^2+2=0$ …③

◀ $x^2-(3x+k)^2=2$

双曲線 ① と直線 ② が異なる 2 点で交わるとき，③ の判別式を D とすると $D>0$

◀ 2 次方程式 ③ は異なる 2 つの実数解をもつ。

よって $\dfrac{D}{4}=(3k)^2-8(k^2+2)$

$=k^2-16>0$

ゆえに $k<-4,\ 4<k$ …④

◀ $(k+4)(k-4)>0$

例題 89

このとき，③ の実数解を $\alpha,\ \beta$ とおくと，解と係数の関係より $\alpha+\beta=-\dfrac{3}{4}k$ …⑤

◀ 実際に A, B の座標を求めてから中点の座標を求めると計算が複雑である。

このとき，A$(\alpha,\ 3\alpha+k)$, B$(\beta,\ 3\beta+k)$ であるから，線分 AB の中点 M の座標を $(X,\ Y)$ とおくと

$X=\dfrac{\alpha+\beta}{2}$ …⑥, $Y=3X+k$ …⑦

◀ 点 M は直線 ② 上にあるから $Y=3X+k$

⑤, ⑥ より $k=-\dfrac{8}{3}X$ …⑧

⑧ を ⑦ に代入すると $Y=\dfrac{1}{3}X$

また，⑧ を ④ に代入すると

$-\dfrac{8}{3}X<-4,\ 4<-\dfrac{8}{3}X$ より $X<-\dfrac{3}{2},\ \dfrac{3}{2}<X$

◀ X のとり得る値の範囲を求める。
$k=-\dfrac{8}{3}X$ を ④ に代入する。

したがって，中点 M の軌跡は

直線 $y=\dfrac{1}{3}x$ の $x<-\dfrac{3}{2},\ \dfrac{3}{2}<x$ の部分

練習 90 放物線 $y^2=2x$ …① と直線 $x-my-3=0$ …② が異なる 2 点 A, B で交わるとき，線分 AB の中点 M の軌跡を求めよ。

⇒p.193 問題90

D

例題 91　2次曲線と領域

★★★☆

3つの不等式 $x+2y \geqq 0$, $x-y \leqq 0$, $x-4y+6 \geqq 0$ を満たす x, y に対して，y^2-2x の最大値と最小値を求めよ。また，そのときの x, y の値を求めよ。

思考のプロセス

領域における最大・最小の問題である。（LEGEND 数学Ⅱ＋B　例題 128～130 参照）

Action» **領域における $f(x, y)$ の最大・最小は，“$f(x, y)=k$” とおいて曲線を考えよ**

図で考える

Ⅰ．条件の不等式を満たす領域 P を図示する。

Ⅱ．$y^2-2x=k$ とおく

$\Longrightarrow x=\dfrac{1}{2}y^2-\dfrac{k}{2}$ より，軸が x 軸，頂点 $\left(-\dfrac{k}{2},\ 0\right)$ の放物線

頂点の x 座標の最大・最小を考えることになる。

Ⅲ．領域 P と共有点をもつように放物線を平行移動させて考える。

対応を考える　k が $\begin{pmatrix}最大\\最小\end{pmatrix} \Longrightarrow$ 頂点の x 座標 $-\dfrac{k}{2}$ は $\begin{pmatrix}最小\\最大\end{pmatrix}$

解　3つの不等式を満たす領域は，右の図の3点 O(0, 0)，A(2, 2)，B$(-2,\ 1)$ を頂点とする三角形の周および内部である。

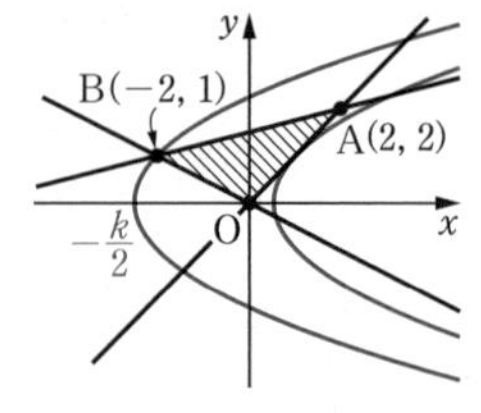

◀ $x+2y \geqq 0$ より $y \geqq -\dfrac{1}{2}x$

$x-y \leqq 0$ より $y \geqq x$

$x-4y+6 \geqq 0$ より $y \leqq \dfrac{1}{4}x+\dfrac{3}{2}$

$y^2-2x=k$ …① とおくと

$$x=\frac{1}{2}y^2-\frac{k}{2}$$

より，① は軸が x 軸，頂点の x 座標が $-\dfrac{k}{2}$ の放物線を表す。

ⅡB 128 129 130

(ア)　k が最大となるのは，放物線 ① が点 B$(-2,\ 1)$ を通るとき

◀ 頂点の x 座標の値が最も小さくなるとき。

よって，k の最大値は　5

◀ $k=1^2-2\cdot(-2)=5$

(イ)　k が最小となるのは，放物線 ① が線分 OA と接するとき

◀ 頂点の x 座標の値が最も大きくなるとき。線分 OA の方程式は $y=x\ (0 \leqq x \leqq 2)$ である。

$y=x$ を ① に代入すると　$x^2-2x-k=0$　…②

この判別式を D とすると，接するから　$D=0$

$\dfrac{D}{4}=1+k=0$ より　$k=-1$

このとき，② より $x=1$ となり　$y=1$

◀ $x=1$ より $0 \leqq x \leqq 2$ を満たすから，放物線 ① は線分 OA と点 (1, 1) で接している。

よって，k の最小値は　-1

(ア)，(イ) より，y^2-2x は

$x=-2$, $y=1$ のとき　最大値 5

$x=1$, $y=1$ のとき　最小値 -1

練習 91　3つの不等式 $2x+y \geqq 0$, $x-2y+5 \geqq 0$, $4x-3y \leqq 0$ を満たす x, y に対して，y^2+x の最大値と最小値を求めよ。また，そのときの x, y の値を求めよ。

➡p.193 問題91

例題 92 2次曲線の接線の方程式

D 頻出 ★☆☆☆

双曲線 $\dfrac{x^2}{4} - y^2 = 1$ …① について，次の接線の方程式を求めよ。

(1) ① 上の点 $\left(-\sqrt{5},\ \dfrac{1}{2}\right)$ における接線　　(2) 点 $(2,\ -2)$ を通る接線

思考のプロセス

公式の利用 **接点が分かれば**公式が利用できる。

(1) 双曲線上の点 $\left(-\sqrt{5},\ \dfrac{1}{2}\right)$ における接線（接点）　　◀ 曲線上の点は接点である。

(2) 双曲線外の点 $(2,\ -2)$ を通る（接点ではない）

未知のものを文字でおく

接点を $(x_1,\ y_1)$ とおくと，接線 $\dfrac{x_1x}{4} - y_1y = 1$ …②

⟹ ② が点 $(2,\ -2)$ を通る／$(x_1,\ y_1)$ は双曲線上の点　　未知数が x_1，y_1 の 2 つであり，式も 2 つだから求めることができる。

Action» 接線の方程式は，接点が分からなければ $(x_1,\ y_1)$ とおけ

解 (1) $\dfrac{-\sqrt{5}\cdot x}{4} - \dfrac{1}{2}\cdot y = 1$ すなわち $\boldsymbol{\sqrt{5}x + 2y + 4 = 0}$

◀ 双曲線上の点 $(x_1,\ y_1)$ における接線の方程式 $\dfrac{x_1x}{a^2} - \dfrac{y_1y}{b^2} = 1$ に当てはめる。

(2) 接点を $\mathrm{P}(x_1,\ y_1)$ とおくと，接線の方程式は

$$\frac{x_1x}{4} - y_1y = 1 \quad \cdots ②$$

これが点 $(2,\ -2)$ を通るから　$\dfrac{x_1}{2} + 2y_1 = 1$　…③

◀ $\dfrac{x_1\cdot 2}{4} - y_1\cdot(-2) = 1$

点 P は双曲線 ① 上にあるから　$\dfrac{{x_1}^2}{4} - {y_1}^2 = 1$　…④

③，④ を連立すると　$(x_1,\ y_1) = (2,\ 0),\ \left(-\dfrac{10}{3},\ \dfrac{4}{3}\right)$

◀ x_1 を消去すると $(-2y_1+1)^2 - {y_1}^2 = 1$

② に代入すると，求める接線の方程式は

$$\boldsymbol{x = 2,\ 5x + 8y + 6 = 0}$$

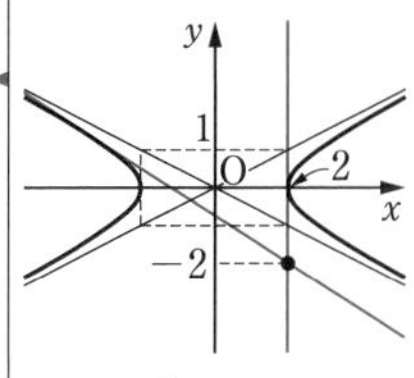

〔別解〕 グラフより，直線 $x = 2$ は接線である。

点 $(2,\ -2)$ を通る直線を $y + 2 = m(x - 2)$ とおく。

例題 88

双曲線① の方程式と連立して y を消去すると

$$(1 - 4m^2)x^2 + 16m(m+1)x - 4\{4(m+1)^2 + 1\} = 0$$

$1 - 4m^2 \neq 0$ より，判別式を D とすると

$$\frac{D}{4} = \{8m(m+1)\}^2 + 4(1 - 4m^2)\{4(m+1)^2 + 1\} = 0$$

$m = -\dfrac{5}{8}$ より　　$x = 2,\ 5x + 8y + 6 = 0$

◀ $m = \pm\dfrac{1}{2}$ のとき，直線は漸近線と平行になり，双曲線 ① と接することはないから　$m \neq \pm\dfrac{1}{2}$　すなわち　$1 - 4m^2 \neq 0$

練習 92 楕円 $x^2 + 2y^2 = 6$ …① について，次の接線の方程式を求めよ。

(1) ① 上の点 $(\sqrt{2},\ -\sqrt{2})$ における接線　　(2) 点 $(4,\ -1)$ を通る接線

➡ p.193 問題92

Play Back 11 2次曲線の接線の方程式

次の2次曲線上の点 $\mathrm{P}(x_1,\ y_1)$ における接線の方程式は次のようになる。

放物線 $y^2=4px$ のとき　$\boldsymbol{y_1y=2p(x+x_1)}$

楕円 $\dfrac{x^2}{a^2}+\dfrac{y^2}{b^2}=1$ のとき　$\boldsymbol{\dfrac{x_1x}{a^2}+\dfrac{y_1y}{b^2}=1}$

双曲線 $\dfrac{x^2}{a^2}-\dfrac{y^2}{b^2}=\pm1$ のとき　$\boldsymbol{\dfrac{x_1x}{a^2}-\dfrac{y_1y}{b^2}=\pm1}$ (複号同順)

楕円の場合について証明してみよう。

〔証明〕

点 $(a,\ 0)$, $(-a,\ 0)$ における接線は，明らかに直線 $x=a$, $x=-a$ である。

2点 $(\pm a,\ 0)$ 以外の点における接線の方程式を

$$y=mx+k \quad \cdots ①$$

とおく。① を楕円の方程式 $\dfrac{x^2}{a^2}+\dfrac{y^2}{b^2}=1$ に代入して整理すると

$$(a^2m^2+b^2)x^2+2a^2kmx+a^2(k^2-b^2)=0$$

接する条件より，この2次方程式の判別式を D とすると

$$\frac{D}{4}=(a^2km)^2-(a^2m^2+b^2)a^2(k^2-b^2)=0$$

整理すると　$k^2=a^2m^2+b^2 \quad \cdots ②$

点 $\mathrm{P}(x_1,\ y_1)$ が楕円および接線上にあることより

$$\frac{{x_1}^2}{a^2}+\frac{{y_1}^2}{b^2}=1 \cdots ③,\quad y_1=mx_1+k \cdots ④$$

②, ④ より k を消去し，m について整理すると

$$(a^2-{x_1}^2)m^2+2x_1y_1m+(b^2-{y_1}^2)=0 \quad \cdots ⑤$$

③ より　$a^2-{x_1}^2=\dfrac{a^2{y_1}^2}{b^2}$, $b^2-{y_1}^2=\dfrac{b^2{x_1}^2}{a^2}$

であるから，⑤ に代入すると　$(a^2y_1m+b^2x_1)^2=0$

$y_1\neq 0$ であるから　$m=-\dfrac{b^2x_1}{a^2y_1}$

④ より $k=\dfrac{b^2}{y_1}$ であり，① に代入すると　$y=-\dfrac{b^2x_1x}{a^2y_1}+\dfrac{b^2}{y_1}$

整理すると　$\dfrac{x_1x}{a^2}+\dfrac{y_1y}{b^2}=1$

これは，点 $(\pm a,\ 0)$ においても成り立つ。

よって，求める接線の方程式は　$\dfrac{x_1x}{a^2}+\dfrac{y_1y}{b^2}=1$

! 数学Ⅲで学ぶ陰関数の微分を用いて証明することもできる。

チャレンジ〈6〉 双曲線，放物線の接線の方程式について証明せよ。 (⇨ 解答編 p.151)

Go Ahead 10 極と極線

点 P$(x_1,\ y_1)$ が楕円 $C:\dfrac{x^2}{a^2}+\dfrac{y^2}{b^2}=1$ 上にあるとき，$\dfrac{x_1x}{a^2}+\dfrac{y_1y}{b^2}=1$ …① は，点 P における楕円 C の接線の方程式を表しました。これは，「点 P が楕円 C 上にある」ことが前提ですが，点 P が楕円 C の外にあるとき，① はどのような直線を表すのでしょうか？

例　点 P$(-1,\ 3)$，楕円 $C:\dfrac{x^2}{12}+\dfrac{y^2}{4}=1$ のとき

① は　$\dfrac{-1\cdot x}{12}+\dfrac{3\cdot y}{4}=1$　すなわち　$x-9y+12=0$

点 P が楕円 C 上にあるときは，① が接線の方程式になるのですから，点 P を通る楕円 C の接線も図にかいてみてはどうでしょうか。

例題 92 の方法で，点 P を通る楕円 C の接線の方程式を求めると

接点 $(-3,\ 1)$ のとき　　$x-y+4=0$　…②

接点 $\left(\dfrac{15}{7},\ \dfrac{11}{7}\right)$ のとき　　$5x+11y-28=0$　…③

よって，右の図のようになります。

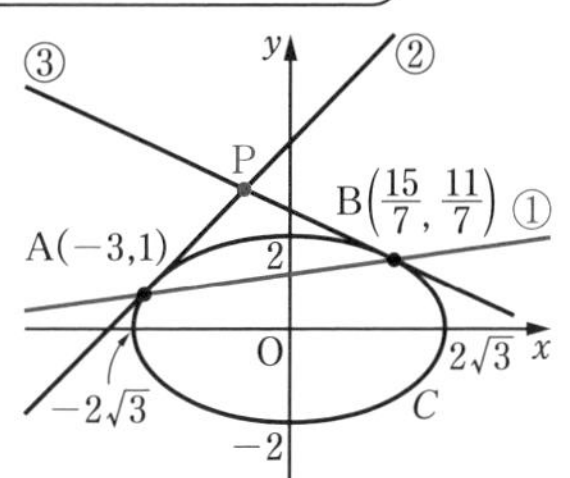

直線 ① は 2 つの接点を通る直線になりましたが，これは偶然なのでしょうか？
一般に成り立つとすると，次のような性質が成り立つことになります。

> 点 P$(x_1,\ y_1)$ が楕円 $C:\dfrac{x^2}{a^2}+\dfrac{y^2}{b^2}=1$ の外側にあるとき，$\dfrac{x_1x}{a^2}+\dfrac{y_1y}{b^2}=1$ …①
> は点 P から楕円 C に引いた 2 本の接線の接点を通る直線の方程式を表す。

〔証明〕

点 P から楕円 C に引いた 2 本の接線の接点 A，B の座標をそれぞれ $(x_2,\ y_2)$，$(x_3,\ y_3)$ とする。

A，B における接線の方程式は，それぞれ

$$\frac{x_2x}{a^2}+\frac{y_2y}{b^2}=1,\qquad \frac{x_3x}{a^2}+\frac{y_3y}{b^2}=1$$

この 2 直線はともに点 $(x_1,\ y_1)$ を通るから

$$\frac{x_1x_2}{a^2}+\frac{y_1y_2}{b^2}=1\ \cdots②,\qquad \frac{x_1x_3}{a^2}+\frac{y_1y_3}{b^2}=1\ \cdots③$$

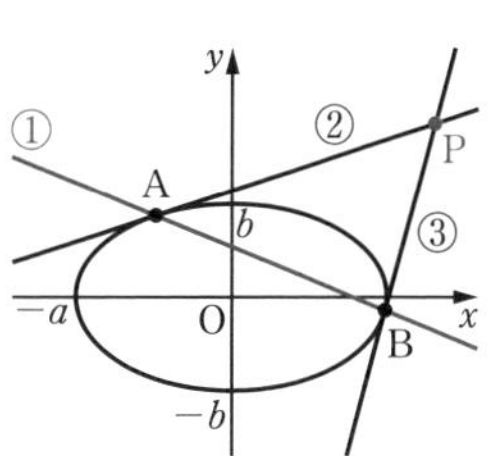

よって，② は ① において $x=x_2$，$y=y_2$ を代入したものであり，
　　　③ は ① において $x=x_3$，$y=y_3$ を代入したものである。

したがって，① は 2 接点 A，B を通る直線である。

このとき，楕円 C に対して，点 P を **極**，直線 ① を **極線** といいます。
LEGEND 数学Ⅱ＋B の例題 102 では，円の極と極線を解説しています。参照しておきましょう。

例題 93 一般の楕円の接線

D ★★☆☆

楕円 $4x^2+y^2-16x+2y+9=0$ 上の点 A(3, 1) における接線の方程式を求めよ。

思考のプロセス

« Re Action 平行移動した２次曲線は，中心や頂点を原点に移動して考えよ ◀例題 85

段階的に考える 楕円 $C: 4x^2+y^2-16x+2y+9=0$

Ⅰ．楕円の中心を原点に移動　　Ⅱ．接線を求める（公式利用）　　Ⅲ．もとの位置に戻す

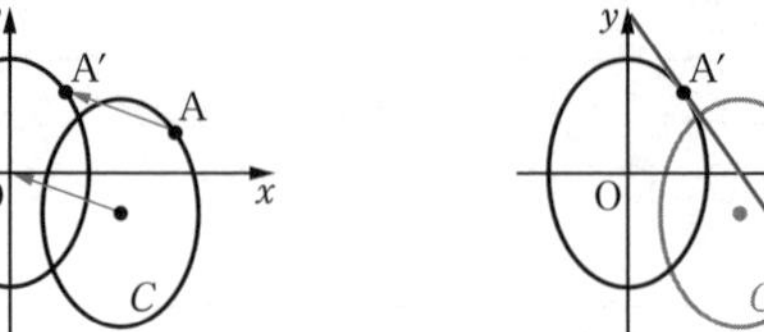

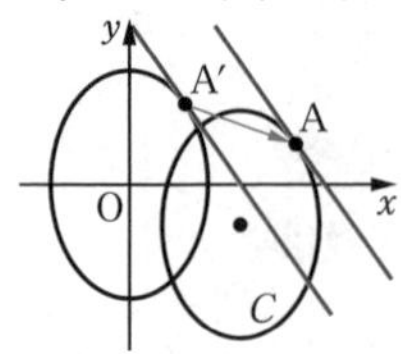

解 $4x^2+y^2-16x+2y+9=0$ を変形すると

例題 85

$$\frac{(x-2)^2}{2}+\frac{(y+1)^2}{8}=1 \quad \cdots ①$$

楕円 ①，接点 A(3, 1) を x 軸方向に -2，y 軸方向に 1 だけ平行移動すると，それぞれ楕円 $\frac{x^2}{2}+\frac{y^2}{8}=1 \cdots ②$，点 A′(1, 2) となる。

◀ $4(x^2-4x)+(y^2+2y)=-9$
$4\{(x-2)^2-4\}+(y+1)^2-1=-9$
$4(x-2)^2+(y+1)^2=8$

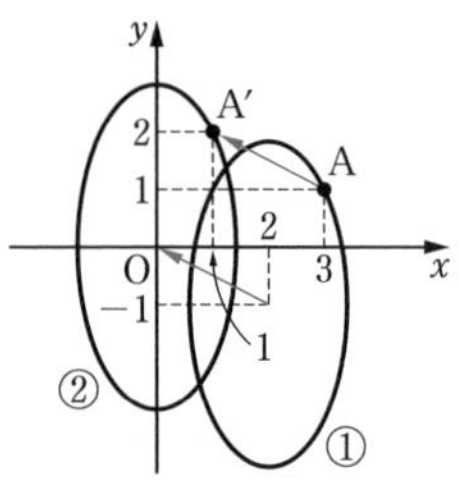

例題 92

ここで，楕円 ② 上の点 A′(1, 2) における接線の方程式は

$\frac{x}{2}+\frac{y}{4}=1$ より　$2x+y=4$

求める接線は，これを x 軸方向に 2，y 軸方向に -1 だけ平行移動して

$2(x-2)+(y+1)=4$ すなわち　$\boldsymbol{2x+y-7=0}$

◀楕円 $\frac{x^2}{a^2}+\frac{y^2}{b^2}=1$ 上の点 (x_1, y_1) における接線の方程式は
$\frac{x_1x}{a^2}+\frac{y_1y}{b^2}=1$

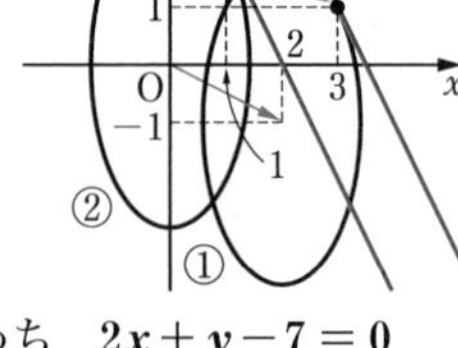

◀楕円 ② が ① の位置に戻るように平行移動する。

Point...楕円の接線の方程式

例題 93 と同様に平行移動を利用すると，

楕円 $\frac{(x-p)^2}{a^2}+\frac{(y-q)^2}{b^2}=1$ 上の点 (x_1, y_1) における接線の方程式は

$$\boldsymbol{\frac{(x_1-p)(x-p)}{a^2}+\frac{(y_1-q)(y-q)}{b^2}=1}$$

（例題 93 の別解） $x_1=3$，$y_1=1$，$p=2$，$q=-1$，$a^2=2$，$b^2=8$ を代入すると

$$\frac{(3-2)(x-2)}{2}+\frac{(1+1)(y+1)}{8}=1 \quad すなわち \quad 2x+y-7=0$$

練習 93 双曲線 $2x^2-3y^2+4x+12y-16=0$ 上の点 A(2, 0) における接線の方程式を求めよ。

➡p.193 問題93

例題 94 準線上の点から引いた放物線の接線

D ★★★☆

放物線 $C: y^2=4x$ …① の準線 l 上の点Aから放物線 C に引いた2本の接線は直交することを示せ。

思考のプロセス

準線 l は直線 $x=$ □ ⟹ 点Aの座標を (□, a) とおく。

接線の傾きを考える ⟹ 接線の方程式を $y-a=m(x-$ □$)$ …② の形でおく。

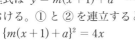

条件の言い換え **結論の言い換え**

条件 ⟹ C と②を連立した2次方程式の判別式 D は $D=0$（m の2次方程式）

結論 ⟹ a の値にかかわらず $m_1m_2=-1$ ← 2解を m_1, m_2 とすると

« ReAction 直交する接線は，重解条件と垂直条件を利用せよ ◀ⅡB 例題120

解 放物線 C の準線 l は，直線 $x=-1$ であるから，準線 l 上の点Aの座標を $(-1,\ a)$ とおく。

◀ 放物線 $y^2=4px$ の準線は $x=-p$

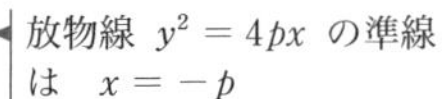

点Aから放物線 C に引いた接線は y 軸に平行ではないから，接線 l の方程式は $y=m(x+1)+a$ …②

とおける。①と②を連立すると

◀ 傾きを m とおくために，接線が y 軸に平行にならないことを確かめる。

$$\{m(x+1)+a\}^2=4x$$

$$m^2x^2+2(m^2+am-2)x+m^2+2am+a^2=0 \quad \cdots ③$$

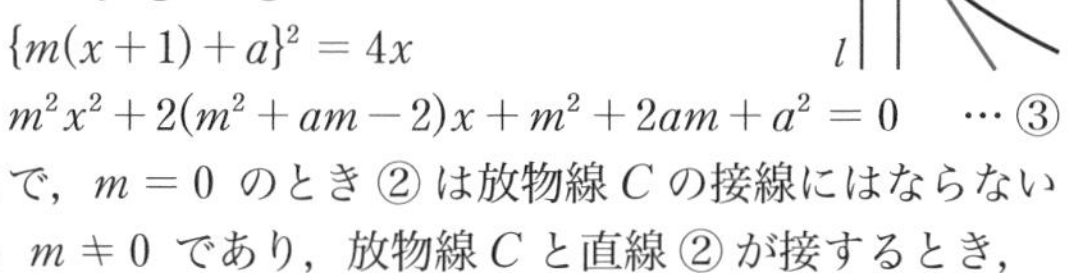

ここで，$m=0$ のとき②は放物線 C の接線にはならないから $m \neq 0$ であり，放物線 C と直線②が接するとき，2次方程式③の判別式を D とすると $D=0$

$$\frac{D}{4}=(m^2+am-2)^2-m^2(m^2+2am+a^2)$$

$$=-4m^2-4am+4$$

よって $m^2+am-1=0$ …④

◀ x を消去して考えてもよい。②より $x=\frac{1}{m}y-1-\frac{a}{m}$ ①に代入すると $y^2=\frac{4}{m}y-4-\frac{4a}{m}$ $my^2-4y+4m+4a=0$ この判別式を考えると，④と同じ式が得られる。

m についての方程式④の2つの解を m_1, m_2 とすると，m_1, m_2 は2本の接線の傾きを表す。

ここで，解と係数の関係より $m_1m_2=-1$

したがって，2本の接線は直交する。

❗④を実際に解くと $m=\frac{-a\pm\sqrt{a^2+4}}{2}$

◀ この積が -1 となることを示してもよい。

Point... 準線と放物線

一般に，放物線 C とその準線 l に対して，次が成り立つ。

(1) l 上の点から C に引いた2本の接線は直交する。

(2) ある点Pから C に引いた2本の接線が直交するとき，点Pは l 上にある。

また，(1)，(2)において，2つの接点を結んだ直線は必ず放物線 C の焦点を通る。(⇨問題94)

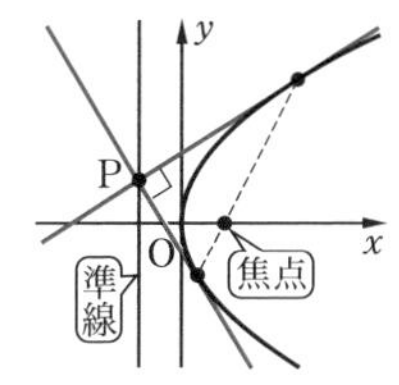

練習 94 点 $\mathrm{P}(0,\ 1)$ から放物線 $y^2-4x+4=0$ に引いた2本の接線は直交することを示せ。

➡p.193 問題94

例題 95　楕円の2接線が直交する点の軌跡

D ★★★☆

点 $\mathrm{P}(p,\ q)$ から楕円 $\dfrac{x^2}{4}+y^2=1$ …① に引いた2本の接線が直交すると
き，点Pの軌跡を求めよ。

（下線㋐：「点P(p, q)から楕円…に引いた2本の接線が」　下線㋑：「直交すると」）

思考のプロセス

軌跡の問題である。

[1] 軌跡を求める点Pは $\mathrm{P}(p,\ q)$ とおかれている。
　　⟶ $p,\ q$ の関係式を求めたい。

[2] 与えられた条件を式で表す。

未知のものを文字でおく

接線の傾きを考える。
⟹ 接線の方程式を $y-q=m(x-p)$ …② の形でおく。

条件の言い換え

«ReAction 直交する接線は，重解条件と垂直条件を利用せよ ◀IIB 例題 120

①と②を連立した方程式を③とすると

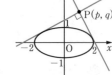

条件㋐ $\begin{cases} \text{①と②が接する} \Longrightarrow (\text{③の判別式})=0 \quad \cdots④ \ (m\text{の2次方程式}) \\ \text{接線が2本ある} \Longrightarrow \text{④を満たす実数}m\text{が2つある。} \end{cases}$

↓ $m_1,\ m_2$ とすると

条件㋑より $m_1m_2=-1$

[3] [2]の式から $p,\ q$ 以外の文字を消去して，$p,\ q$ の式を導く。

[4] 除外点がないか調べる。

解 (ア) 点Pを通る直線 $x=p$ が楕円に接するとき　$p=\pm 2$

よって，4点 $(2,\ 1)$，$(2,\ -1)$，$(-2,\ 1)$，$(-2,\ -1)$ から，直交する楕円の接線

$x=\pm 2,\ y=\pm 1$（複号任意）

を引くことができる。

◀点Pを通る直線は
$x=p$　または
$y-q=m(x-p)$

◀頂点における接線
$x=\pm 2,\ y=\pm 1$（複号任意）の交点である。

(イ) $p \neq \pm 2$ のとき

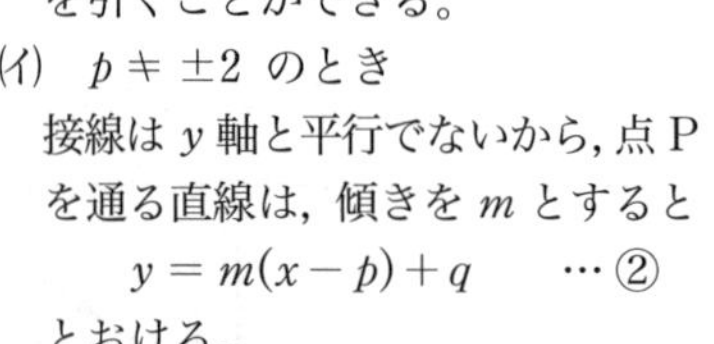

接線は y 軸と平行でないから，点Pを通る直線は，傾きを m とすると

$y=m(x-p)+q$　　…②

とおける。

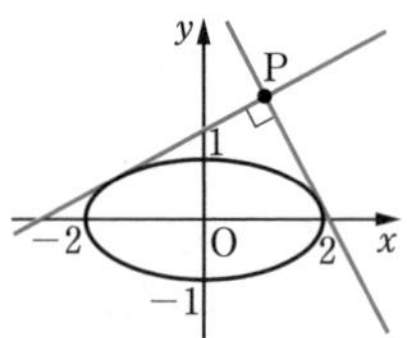

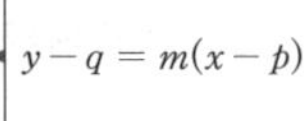

◀$y-q=m(x-p)$

①，②を連立すると

$x^2+4\{m(x-p)+q\}^2=4$

$(4m^2+1)x^2-8m(mp-q)x+4\{(mp-q)^2-1\}=0$ …③

◀$4m^2+1 \neq 0$ より，③は x の2次方程式である。

楕円①と直線②が接するとき，2次方程式③の判別式を D_1 とすると　$D_1=0$

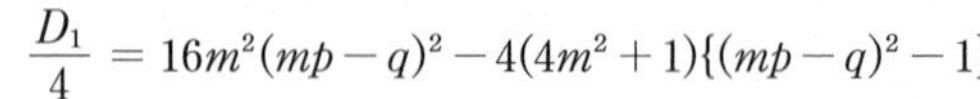

$\dfrac{D_1}{4}=16m^2(mp-q)^2-4(4m^2+1)\{(mp-q)^2-1\}$

$= -4(mp-q)^2+4(4m^2+1)$

$= 4\{(4-p^2)m^2+2pqm+1-q^2\}$

よって　　$(4-p^2)m^2+2pqm+1-q^2=0$　　…④

$4-p^2 \neq 0$ であるから，④ は m についての 2 次方程式であり，④ の判別式を D_2 とすると

◀ $p \neq \pm 2$ より　$4-p^2 \neq 0$

$$\frac{D_2}{4}=(pq)^2-(4-p^2)(1-q^2)=p^2+4q^2-4$$

ここで，点 P は楕円 ① の外部にあるから　　$\dfrac{p^2}{4}+q^2>1$

◀ 点 P から楕円に接線を引けるとき，点 P は楕円の外部にある。

すなわち　$p^2+4q^2>4$ であるから　　$D_2>0$

ゆえに，④ は異なる 2 つの実数解をもつ。

よって，④ は 2 つの実数解 m_1，m_2 をもち，m_1，m_2 は 2 本の接線の傾きを表す。

2 本の接線が直交するとき $m_1m_2=-1$ であり，④ について解と係数の関係より

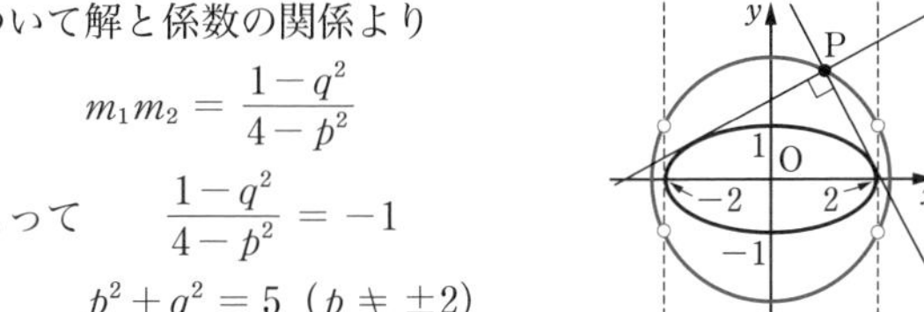

$$m_1m_2=\frac{1-q^2}{4-p^2}$$

よって　　$\dfrac{1-q^2}{4-p^2}=-1$

$p^2+q^2=5$ $(p \neq \pm 2)$

したがって，点 P の軌跡は

$x^2+y^2=5$ $(x \neq \pm 2)$

(ア)，(イ) より，求める点 P の軌跡は

円 $x^2+y^2=5$

◀ (イ) で求めた軌跡に (ア) の 4 点を加えると円 $x^2+y^2=5$ 全体となる。

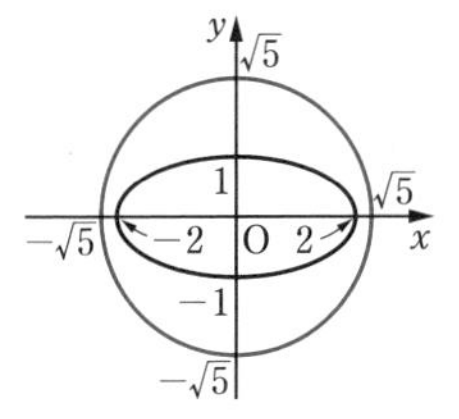

Point...楕円の 2 接線が直交する点の軌跡

例題 94 の **Point** (2) で学習したように放物線 C に引いた 2 本の接線が直交するような点 P の軌跡は放物線 C の準線である。

一方，例題 95 で学習したように，楕円 C に引いた 2 本の接線が直交するような点 P の軌跡は円となる。この円を楕円 C の **準円** という。

図 1

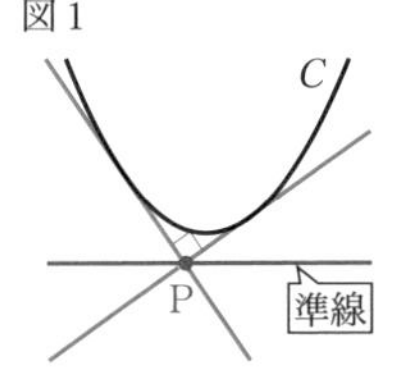

図 2

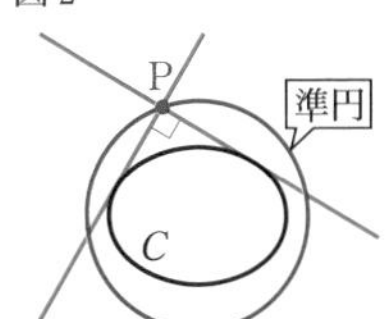

一般に，楕円 $\dfrac{x^2}{a^2}+\dfrac{y^2}{b^2}=1$ の準円は $x^2+y^2=a^2+b^2$ となる。

練習 95　点 $\mathrm{P}(p,\ q)$ から楕円 $2x^2+y^2=2$ …① に引いた 2 本の接線が直交するとき，点 P の軌跡を求めよ。

➡p.193 問題95

Go Ahead 11 楕円を円に変形して考える

例題 80 で学習したように，円を伸縮すると楕円になります。

円 $x^2+y^2=a^2$ …①

↓ x 軸を基準にして，y 軸方向に $\dfrac{b}{a}$ 倍 …(＊)

楕円 $\dfrac{x^2}{a^2}+\dfrac{y^2}{b^2}=1$ …②

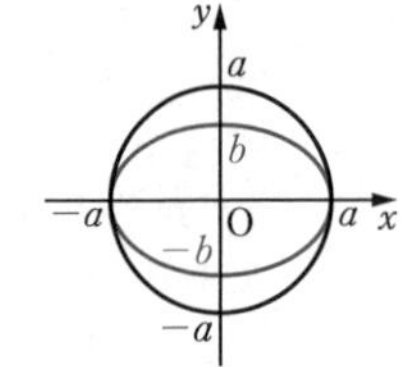

このように，一般に図形を(＊)のように伸縮するときには，その図形の方程式の y を $\dfrac{a}{b}y$ に置き換えます。(LEGEND 数学II＋B p.263 **Play Back** 15 参照)

また，円 ① 上の点 $\mathrm{A}(x_1,\ y_1)$ における接線の方程式は $x_1x+y_1y=a^2$ …③ ですから，円 ① と接線 ③ をともに(＊)のように伸縮すると，③ は

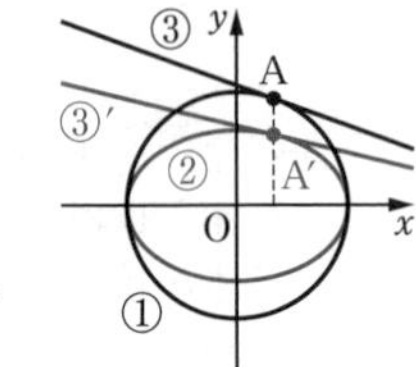

$$x_1x+y_1\cdot\frac{a}{b}y=a^2 \quad \text{すなわち} \quad \frac{x_1x}{a^2}+\frac{\left(\dfrac{b}{a}y_1\right)y}{b^2}=1 \quad \cdots ③'$$

点 $\mathrm{A}'\left(x_1,\ \dfrac{b}{a}y_1\right)$ は楕円 ② 上の点ですから，③′ は楕円 ② の点 A′ における接線の方程式です。このように，伸縮の考え方を用いて，楕円の接線の方程式を導くことができます。

逆に，楕円を円に変形することで，円において成り立つ性質を用いることができます。

探究例題 8 楕円を円に変形して考えよう

例題 95 の $p \neq \pm 2$ の場合において，楕円 ① を円に変形することを用いて点 P の軌跡を求めよ。

思考のプロセス

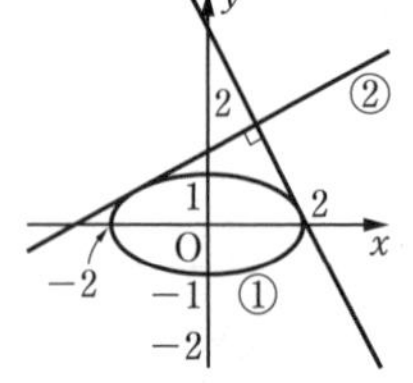

見方を変える

円に変形する

→ y 軸方向に 2 倍

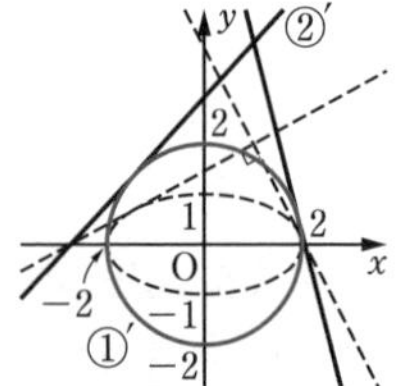

楕円 ① と直線 ② が接する
⟹ ①，② を連立した方程式が重解をもつ（例題 95）

円 ①′ と直線 ②′ が接する
⟹ (①′ の中心と ②′ の距離) ＝ (①′ の半径)
円において成り立つ性質

«ReAction 円の接線は，(中心と接線の距離)＝(半径) を利用せよ ◀IIB 例題 101

解 $p \neq \pm 2$ のとき，接線は y 軸と平行でないから，点 $\mathrm{P}(p,\ q)$ を通る直線は，傾きを m とすると

$$y=m(x-p)+q \quad \cdots ②$$

とおける。

x 軸を基準に y 軸方向に 2 倍す

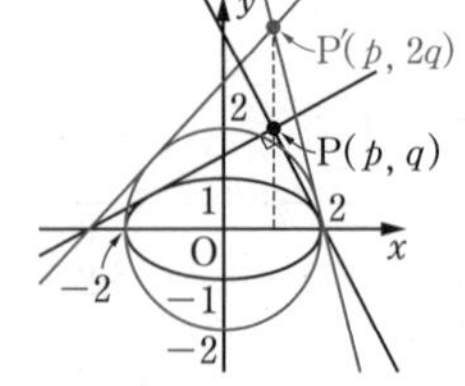

y を $\dfrac{y}{2}$ に置き換える。

$\dfrac{x^2}{4}+\left(\dfrac{y}{2}\right)^2=1$

$\dfrac{y}{2}=m(x-p)+q$

ると，楕円 ① は円 $x^2+y^2=4$ …①′，
点 P は点 P′$(p,\ 2q)$，直線 ② は直線 $y=2m(x-p)+2q$
すなわち $2mx-y+2(q-mp)=0$ …②′ となる。
楕円 ① と直線 ② が接するとき，円 ①′ と直線 ②′ も接する
から $\dfrac{|2(q-mp)|}{\sqrt{(2m)^2+(-1)^2}}=2$

$$2\sqrt{(2m)^2+(-1)^2}=|2(q-mp)| \quad \cdots ③$$

③ の両辺は 0 以上であるから，2 乗して

$$4\{(2m)^2+(-1)^2\}=4(q-mp)^2$$

よって $(4-p^2)m^2+2pqm+1-q^2=0$ …④
（以降，例題 95，p.183 の 4 行目〜16 行目と同様に考えることができるため，解答略）
したがって，点 P の軌跡は
円 $x^2+y^2=5$ ただし，4 点 $(2,\ 1)$，$(2,\ -1)$，$(-2,\ 1)$，$(-2,\ -1)$ を除く。

◀傾きと y 切片の値が 2 倍になる。

◀円 ①′ の中心 $(0,\ 0)$ と接線 ②′ の距離が，半径の 2 に等しい。

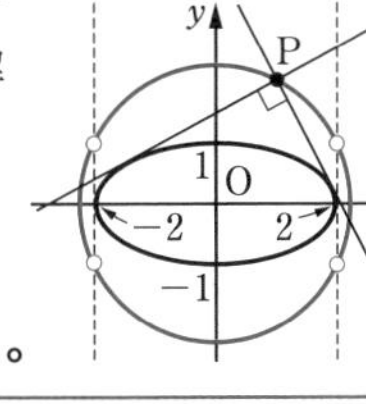

探究例題では，円の性質を利用して，解答することができました。
一方で，点 P から楕円 ① に引いた 2 本の直線は直交していますが，点 P′ から円 ② に引いた 2 本の直線は直交していないようです。

その通りです。一般に，楕円から円（円から楕円）への変換では，直線の傾きが変わることからなす角の大きさは変化します。

p.197 まとめ 7 で学習する楕円の媒介変数表示も，この（＊）の伸縮を利用しています。

円 ① $\begin{cases} x=a\cos\theta \\ y=a\sin\theta \end{cases}$ ⟺ 楕円 ② $\begin{cases} x=a\cos\theta \\ y=b\sin\theta \end{cases}$

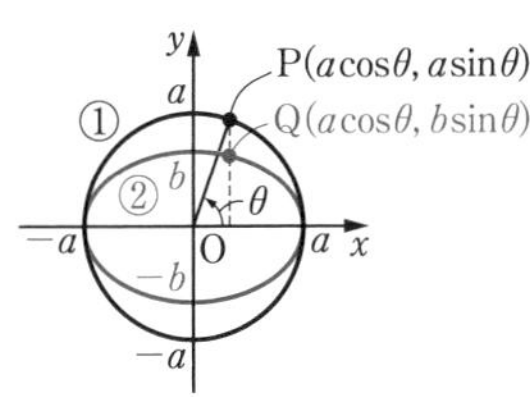

右の図からも分かるように，楕円 ② の媒介変数表示における θ は，円 ① 上の点 P$(a\cos\theta,\ a\sin\theta)$ に対する動径 OP と x 軸の正の向きとのなす角であり，楕円上の点 Q$(a\cos\theta,\ b\sin\theta)$ に対する，動径 OQ と x 軸の正の向きとのなす角ではないということです。

「どのような問題でも円に変形させて考えてよい」というわけではないのですね。

チャレンジ〈7〉 放物線 $x=y^2$ の $y>1$ の部分に点 P をとる。点 P から楕円 $2x^2+y^2=2$ に引いた 2 本の接線が垂直に交わるとき，点 P の x 座標を求めよ。（和歌山大）

（⇨ 解答編 p.154）

例題 96　焦点と接点を結ぶ直線と接線のなす角

D ★★★★

楕円 $\dfrac{x^2}{a^2}+\dfrac{y^2}{b^2}=1$ 上の任意の点Pにおける接線を l とし，2つの焦点をF，F′ とするとき，接線 l が2直線PF，PF′ となす角は等しいことを示せ。

思考のプロセス

目標の言い換え

2直線のなす角

→ (傾き) $=\tan\theta_1$ と $\tan\theta=\tan(\theta_1-\theta_2)=\cdots$(加法定理)$\cdots$ の利用

　　⟶ 接線 l や直線PF，PF′ が x 軸に垂直のときを分けて考えなければならない。(大変)

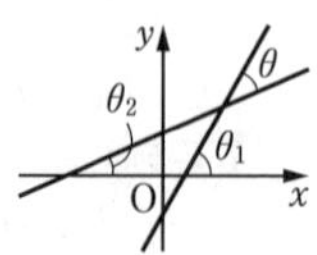

→ 法線ベクトルの利用

　　⟶ すべての場合を考えることができる。

⟹ 接線 l の法線ベクトルを $\vec{n}$ とすると

($\vec{n}$ と $\overrightarrow{\mathrm{PF}}$ のなす角 α) $=$ ($\vec{n}$ と $\overrightarrow{\mathrm{PF'}}$ のなす角 β)

⟹ $\cos\alpha=\cos\beta$ を目指す。

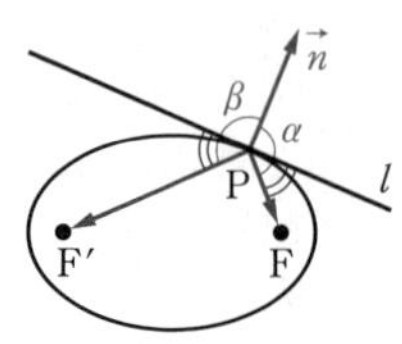

Action» 接線が直線となす角の性質は，法線が直線となす角を利用せよ

解 $a>b>0$ としても一般性を失わない。

焦点 F′$(-c,\ 0)$，F$(c,\ 0)$ $(c>0)$

とすると　　$c^2=a^2-b^2$

また，点P$(x_1,\ y_1)$ とすると，接線

l の方程式は　　$\dfrac{x_1x}{a^2}+\dfrac{y_1y}{b^2}=1$

よって，l の法線ベクトルの1つは

$$\vec{n}=\left(\frac{x_1}{a^2},\ \frac{y_1}{b^2}\right)$$

ここで，$\overrightarrow{\mathrm{PF}}=(c-x_1,\ -y_1)$ より

$$\overrightarrow{\mathrm{PF}}\cdot\vec{n}=(c-x_1)\frac{x_1}{a^2}-\frac{{y_1}^2}{b^2}$$

$$=\frac{cx_1}{a^2}-\frac{{x_1}^2}{a^2}-\frac{{y_1}^2}{b^2}$$

Pは楕円上の点であるから　　$\dfrac{{x_1}^2}{a^2}+\dfrac{{y_1}^2}{b^2}=1$

よって　　$\overrightarrow{\mathrm{PF}}\cdot\vec{n}=\dfrac{cx_1}{a^2}-1$

また　　$|\overrightarrow{\mathrm{PF}}|^2=(c-x_1)^2+{y_1}^2$

$$=c^2-2cx_1+{x_1}^2+b^2\left(1-\frac{{x_1}^2}{a^2}\right)$$

$$=c^2+b^2-2cx_1+\left(1-\frac{b^2}{a^2}\right){x_1}^2$$

◀ ❗$b>a$（長軸が y 軸上）のときも同様に証明できることが明らかであるから，$a>b$ の場合だけ考えればよい。

◀ 直線 $ax+by+c=0$ の法線ベクトルの1つは
$\vec{n}=(a,\ b)$

◀ ${y_1}^2=b^2\left(1-\dfrac{{x_1}^2}{a^2}\right)$

$$= a^2 - 2cx_1 + \frac{c^2 x_1{}^2}{a^2} = \left(a - \frac{cx_1}{a}\right)^2$$

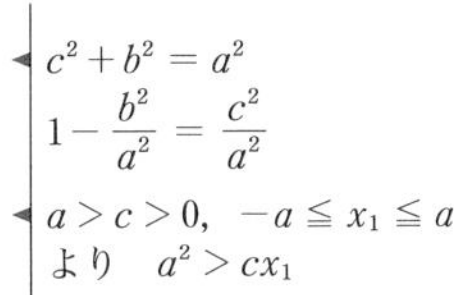
◀ $c^2 + b^2 = a^2$
$1 - \frac{b^2}{a^2} = \frac{c^2}{a^2}$
◀ $a > c > 0$, $-a \leqq x_1 \leqq a$
より　$a^2 > cx_1$

$a^2 > cx_1$ であるから　　$|\overrightarrow{\mathrm{PF}}| = a - \dfrac{cx_1}{a}$

同様に，$\overrightarrow{\mathrm{PF'}} = (-c - x_1,\ -y_1)$ より

$$\overrightarrow{\mathrm{PF'}} \cdot \vec{n} = -\frac{cx_1}{a^2} - 1,\quad |\overrightarrow{\mathrm{PF'}}| = a + \frac{cx_1}{a}$$

$\overrightarrow{\mathrm{PF}}$，$\overrightarrow{\mathrm{PF'}}$ と $\vec{n}$ のなす角をそれぞれ α，β $(0 \leqq \alpha \leqq \pi$，$0 \leqq \beta \leqq \pi)$ とおくと

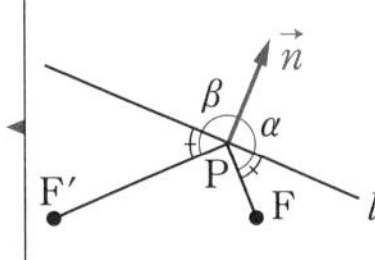

$$\cos\alpha = \frac{\overrightarrow{\mathrm{PF}} \cdot \vec{n}}{|\overrightarrow{\mathrm{PF}}||\vec{n}|} = \frac{\frac{cx_1}{a^2} - 1}{\left(a - \frac{cx_1}{a}\right)|\vec{n}|} = -\frac{1}{a|\vec{n}|}$$

$$\cos\beta = \frac{\overrightarrow{\mathrm{PF'}} \cdot \vec{n}}{|\overrightarrow{\mathrm{PF'}}||\vec{n}|} = \frac{-\frac{cx_1}{a^2} - 1}{\left(a + \frac{cx_1}{a}\right)|\vec{n}|} = -\frac{1}{a|\vec{n}|}$$

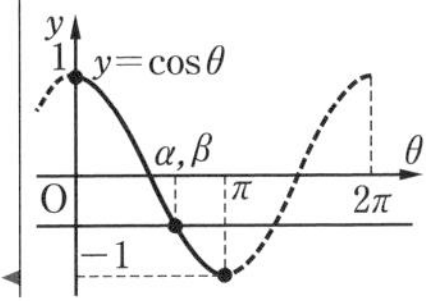

よって　　$\cos\alpha = \cos\beta$

$0 \leqq \alpha \leqq \pi$，$0 \leqq \beta \leqq \pi$ であるから　　$\alpha = \beta$

したがって，接線 l が 2 直線 PF，PF′ となす角は等しい。

Point...焦点と接点を結ぶ直線と接線のなす角

光線が直線に当たって反射するとき，右の図 1 のように入射角と反射角の大きさは等しくなる。曲線上の点 P に当たって反射する場合には，図 2 のように，点 P における接線に対して入射角と反射角を考え，直線と同様にこれらの大きさは等しくなる。

図 1　　図 2　P

例題 96 で証明したことは，右の図 3 において，点 P が楕円上のどのような位置にあってもこの性質が成り立つことであり，楕円の 1 つの焦点から発射した光線が楕円に当たって反射すると，すべてもう 1 つの焦点に集まることが示されたことになる。（さらに，p.188 **Play Back** 12 も参照。）

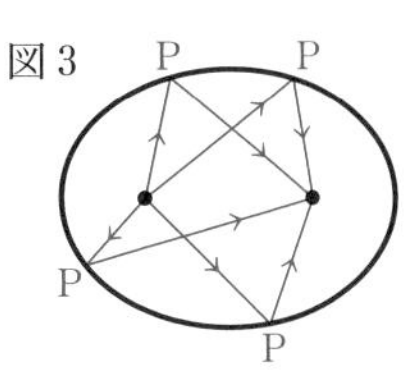

練習 96　a, b は $a > 0$, $b \neq 0$ を満たす定数とする。放物線 $C : y = ax^2$ と直線 $m : x = b$ の交点 P における放物線 C の接線を l とし，放物線 C の焦点を F とするとき，接線 l が 2 直線 m，PF となす角は等しいことを示せ。

⇒p.193 問題96

Play Back 12 2次曲線の焦点と反射の性質，工業への応用

例題 96，練習 96，問題 96 で証明した性質から，次のことがいえます。

楕円：1つの焦点から発射した光線が楕円に当たって反射すると，すべてもう1つの焦点に集まる。⇨例題 96（図 1）

放物線：軸に平行に入射した光線が放物線に当たって反射すると，すべて焦点に集まる。⇨練習 96（図 2）

双曲線：1つの焦点から発射した光線が双曲線に当たって反射すると，すべてもう1つの焦点から発射した光のように進む。⇨問題 96（図 3）

図 1

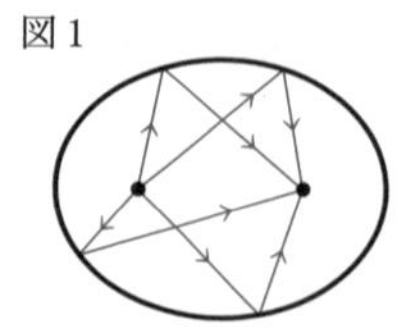

図 2

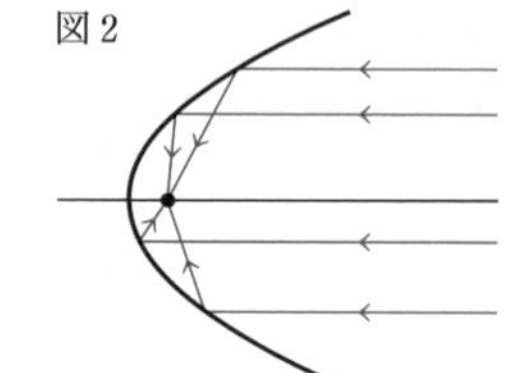

図 3

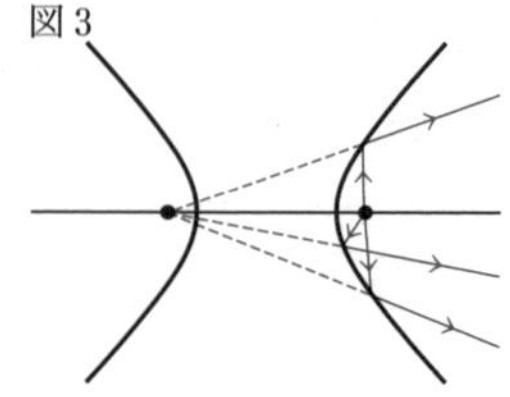

実は，これらの性質はとても重要で，工業や医療などの多くの場面で利用されているのです！

① 放物線

放物線を英語に訳すと parabola であることからも想像がつくように，放物線の性質はパラボラアンテナに利用されています。
パラボラアンテナは，放物線を軸のまわりに回転させてできる「回転放物面」の焦点の位置に受信機が取り付けられたものです。放物線の性質から，電波を回転放物面に当てることによって受信機に集めることができ，微弱な電波も増幅して受信することができるのです。

② 楕円

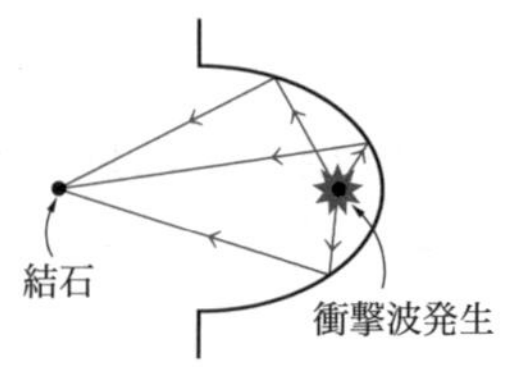

楕円の性質は，体内にできた結石を除去する装置に利用されています。
装置は楕円体の焦点に結石が位置するように患者を寝かせ，もう1つの焦点から衝撃波を発生させます。楕円の性質から，衝撃波は楕円体に反射し患者の結石に集まって，結石を砕くことができます。この装置では，患者の体を切開することも周囲の臓器を傷つけることもなく治療することができます。

数学が私たちの生活に役立っているのですね。

探究例題 9　パラボラアンテナの性質

電波の受信に利用されているパラボラアンテナは，断面が放物線の形状をしている。「放物線の軸に平行に進んで来た電波は，アンテナ面のどこに当たっても放物線の軸上の特定の1点を通るように反射する」性質 …① があるため，その点に受信機を置くことで検出力を向上させることができる。

電波が放物線上の点Pに当たって反射する場合，右の図のように，点Pにおける放物線の接線に対して，入射角と反射角が等しくなる。このことを利用して，パラボラアンテナの断面が放物線 $y=ax^2$ 上にあるとき，性質 ① を証明せよ。

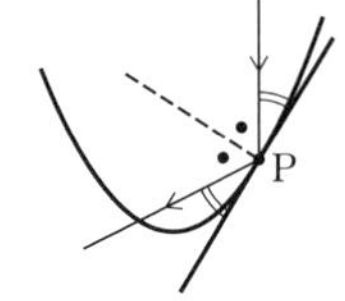

思考のプロセス

目標の言い換え　性質 ① の証明

⟹ 特定の1点の位置は，電波の位置によらず一定。

⟹ 電波が直線 $x=p$ 上を進むとすると，特定の1点の座標は p によらない。

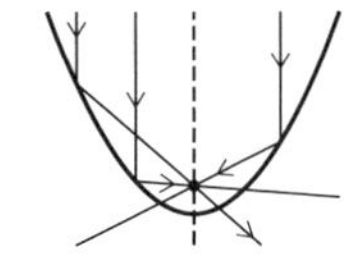

«ReAction　$x=a$ における接線の傾きは，$f'(a)$ とせよ ◀ⅡB 例題 217

解　電波が直線 $x=p$ $(p \neq 0)$ 上を進むとき，放物線 $y=ax^2$ 上の点 $\mathrm{P}(p,\ ap^2)$ で反射し，y 軸上の点Fを通るとする。

点Pにおける $y=ax^2$ 上の接線を l とすると，その方程式は

$$y=2ap(x-p)+ap^2$$

よって，l と y 軸の交点をQとすると　$\mathrm{Q}(0,\ -ap^2)$

ここで，直線 $x=p$ と l のなす角を θ とすると，接線 l への入射角と反射角が等しいから

$$\angle\mathrm{FPQ}=\theta$$

また，平行な直線の同位角は等しいから　$\angle\mathrm{FQP}=\theta$

よって，△FPQ は二等辺三角形である。

ゆえに，FP＝FQ であるから，$\mathrm{F}(0,\ b)$ とすると

$$p^2+(ap^2-b)^2=\{b-(-ap^2)\}^2$$

$$p^2+\cancel{a^2p^4}-2abp^2+\cancel{b^2}=\cancel{b^2}+2abp^2+\cancel{a^2p^4}$$

$$p^2(1-4ab)=0$$

$p \neq 0$ より　$b=\dfrac{1}{4a}$

また，電波が直線 $x=0$ 上を進むとき，反射して再び直線 $x=0$ 上を進むから，放物線の軸上の特定の1点を通る。

したがって，進んできた電波の位置，すなわち $x=p$ の値によらず，点Fは定点 $\left(0,\ \dfrac{1}{4a}\right)$ であるから，性質 ① が証明された。

◀ $y'=2ax$ より，接線 l の傾きは　$2ap$

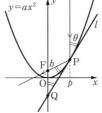

◀ **図をかいて考える**
図形的性質を利用する。

◀ $\mathrm{FP}^2=\mathrm{FQ}^2$
$\mathrm{F}(0,\ b)$，$\mathrm{P}(p,\ ap^2)$，$\mathrm{Q}(0,\ -ap^2)$

◀ 定点Fは放物線の焦点である。
$x^2=4\cdot\dfrac{1}{4a}y$

例題 97　2次曲線の性質

D ★★☆☆

双曲線 $\dfrac{x^2}{a^2}-\dfrac{y^2}{b^2}=1$ 上の任意の点Pから2つの漸近線に下ろした垂線をPQ，PRとすると，PQ・PRの値は一定であることを示せ。

思考のプロセス

未知のものを文字でおく 点Pを $(p,\ q)$ とおく。

条件＿＿ ⟹ 点Pと2つの漸近線の距離

結論＿＿ ⟹ PQ・PR＝(p，q を含まない式) となる

Action» 双曲線 $\dfrac{x^2}{a^2}-\dfrac{y^2}{b^2}=\pm1$ の漸近線は，直線 $y=\pm\dfrac{b}{a}x$ とせよ

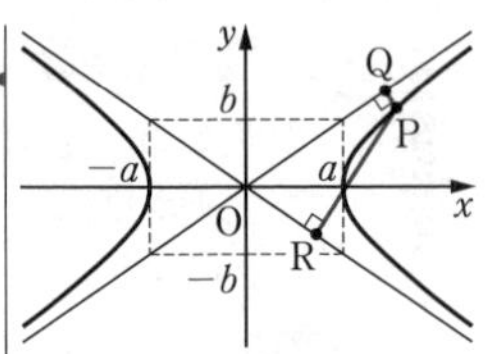

解 点P$(p,\ q)$ とすると　$\dfrac{p^2}{a^2}-\dfrac{q^2}{b^2}=1$ …①

この双曲線の2本の漸近線は　直線 $y=\pm\dfrac{b}{a}x$

すなわち　$bx-ay=0,\ bx+ay=0$

よって　$\mathrm{PQ}\cdot\mathrm{PR}=\dfrac{|bp-aq|}{\sqrt{a^2+b^2}}\cdot\dfrac{|bp+aq|}{\sqrt{a^2+b^2}}=\dfrac{|b^2p^2-a^2q^2|}{a^2+b^2}$

◀点と直線の距離の公式を利用。

ここで，①より　$b^2p^2-a^2q^2=a^2b^2$

よって　$\mathrm{PQ}\cdot\mathrm{PR}=\dfrac{a^2b^2}{a^2+b^2}$

◀ $|a^2b^2|=a^2b^2$
PQ・PRは，p，q に無関係な値である。

したがって，PQ・PRの値は一定である。

Point...双曲線の様々な図形的性質

(ア)　PA＝PB

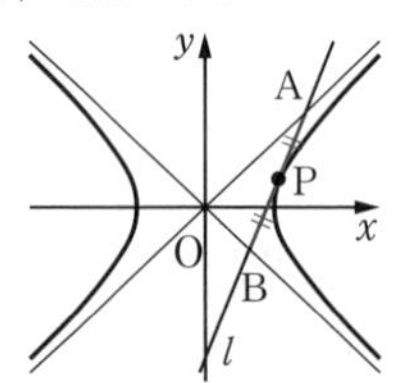

(イ)　AA′＝BB′

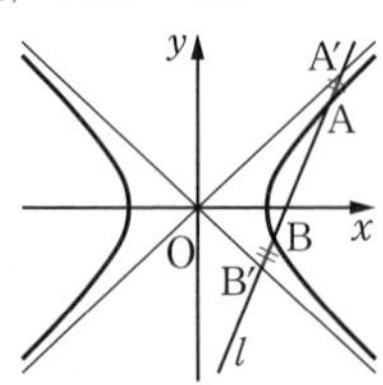

(ウ)　∠FPQ＝∠F′PQ

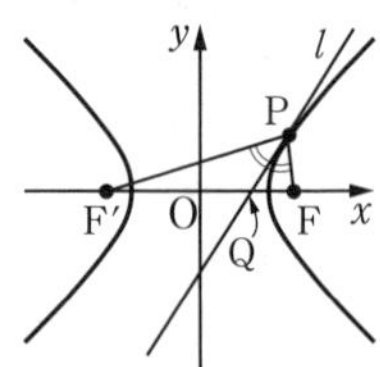

(エ)　△OABの面積は一定

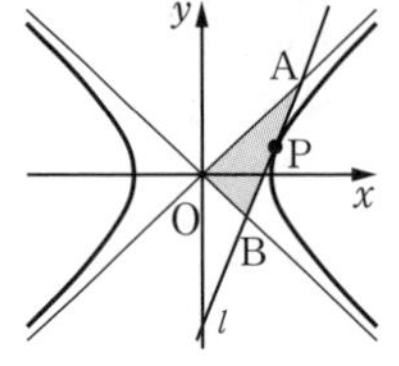

(オ)　平行四辺形OQPRの面積は一定

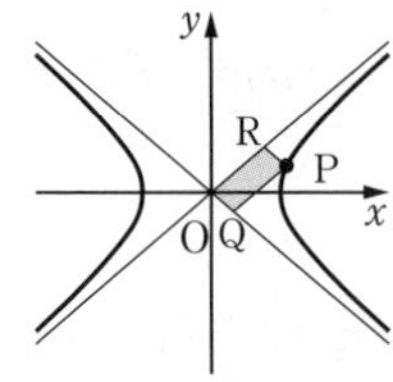

((ア)，(エ)は問題97〔1〕
(イ)は問題97〔2〕
(ウ)は問題96
(オ)は問題97〔3〕を参照)

練習 97　放物線 $C:y^2=4px$ 上の原点Oと異なる2点P，Qが，OP⊥OQを満たしながら動く。このとき，直線PQは定点を通ることを示せ。

➡p.194 問題97

D ★★☆☆

例題 98　2次曲線の離心率

点 F(1, 0) からの距離と直線 $l: x=-2$ からの距離の比が次のようになる点 P の軌跡を求めよ。

(1)　1:1　　(2)　1:2　　(3)　2:1

思考のプロセス

段階的に考える **軌跡**の問題である。

«ReAction 点 P の軌跡は，P(x, y) とおいて x, y の関係式を導け ◀IIB 例題 112

1 軌跡を求める点 P を (x, y) とおく。
2 与えられた条件を x, y の式で表す。
　＿＿と＿＿の比 ⟹ 右の図の PF：PH
3 2 の式を整理して，軌跡を求める。

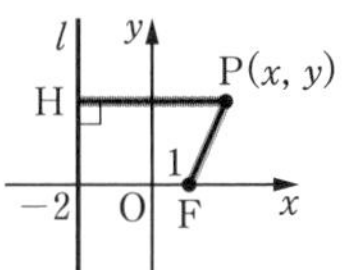

解 点 P の座標を (x, y) とおき，点 P から直線 l へ下ろした垂線を PH とする。

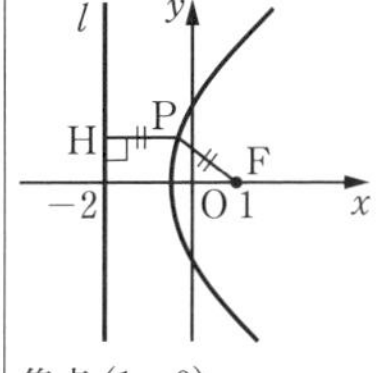

(1) PF：PH = 1：1 より　　PH = PF

$$|x+2| = \sqrt{(x-1)^2+y^2}$$

2乗して整理すると　　$y^2=6x+3$

よって，求める軌跡は　　**放物線** $\boldsymbol{y^2=6\left(x+\frac{1}{2}\right)}$

◀焦点 (1, 0)，準線 $x=-2$，頂点 $\left(-\frac{1}{2}, 0\right)$

(2) PF：PH = 1：2 より　　PH = 2PF

$$|x+2| = 2\sqrt{(x-1)^2+y^2}$$

2乗して整理すると　　$3x^2-12x+4y^2=0$

よって，求める軌跡は　　**楕円** $\boldsymbol{\frac{(x-2)^2}{4}+\frac{y^2}{3}=1}$

◀$3(x-2)^2+4y^2=12$ 両辺を 12 で割って標準形に直す。

(3) PF：PH = 2：1 より　　2PH = PF

$$2|x+2| = \sqrt{(x-1)^2+y^2}$$

2乗して整理すると　　$3x^2+18x-y^2+15=0$

よって，求める軌跡は　　**双曲線** $\boldsymbol{\frac{(x+3)^2}{4}-\frac{y^2}{12}=1}$

◀$3(x+3)^2-y^2=12$ 両辺を 12 で割って標準形に直す。

Point...2次曲線の離心率

一般に，定点 F（焦点）と定直線 l（準線）からの距離の比が $e:1$ $(e>0)$ である点 P の軌跡は

(ア)　$0<e<1$ のとき　　楕円
(イ)　$e=1$ のとき　　放物線
(ウ)　$1<e$ のとき　　双曲線

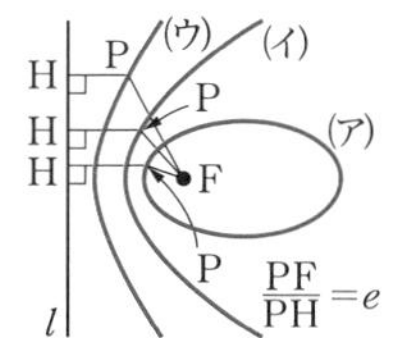

練習 98　点 F(2, 0) からの距離と直線 $l: x=-1$ からの距離の比が次のようになる点 P の軌跡を求めよ。

(1)　1:1　　(2)　1:2　　(3)　2:1

➡p.194 問題98

Play Back 13 離心率の意味と天体の軌道

p.172 のまとめ 3 や例題 98 で学習したように，定点 $\mathrm{F}(p,\ 0)$ と定直線 $l：x=-p$ からの距離の比が $e：1$ $(e>0)$ である点 P の軌跡は点 F を 1 つの焦点にもつ 2 次曲線となります。このとき，e を離心率，直線 l を準線といい，この曲線の方程式は

$$(1-e^2)x^2-2p(1+e^2)x+y^2+(1-e^2)p^2=0 \quad \cdots ①$$

で表されます。e の値によって，2 次曲線 ① は次のように分類されます。

(ア) **$0<e<1$ のとき　楕円**　(イ) **$e=1$ のとき　放物線**　(ウ) **$1<e$ のとき　双曲線**

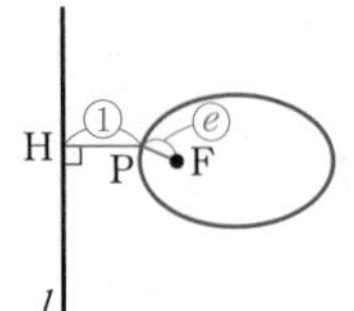

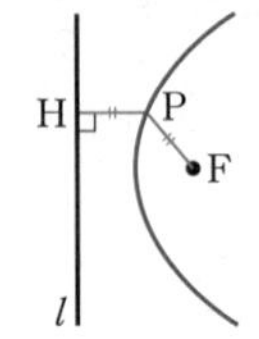

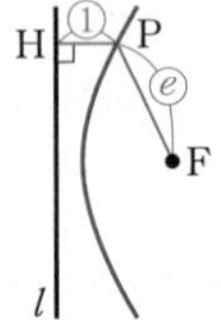

楕円と双曲線について，e の値を変化させると，曲線の形状がどのように変化するか，詳しく調べてみましょう。

(1)　楕円 $\dfrac{x^2}{a^2}+\dfrac{y^2}{b^2}=1$ $(a>b>0)$

この楕円の離心率は $e=\dfrac{\sqrt{a^2-b^2}}{a}$ $\cdots ②$ となります。

e が 1 に近くなるのは，b が 0 に近いときですから，短軸が短い横長の楕円となり，e が 0 に近くなるのは，b が a に近いときですから，円に近い楕円となります。

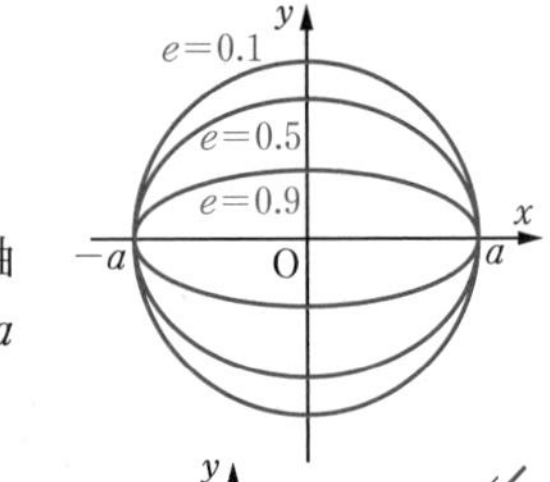

(2)　双曲線 $\dfrac{x^2}{a^2}-\dfrac{y^2}{b^2}=1$

この双曲線の離心率は $e=\dfrac{\sqrt{a^2+b^2}}{a}$ となります。

e が 1 に近くなるのは，b が 0 に近いときですから，漸近線が x 軸に近い横長の双曲線となり，e が大きくなるのは，b が大きくなるときですから，漸近線が y 軸に近い縦長の双曲線となります。

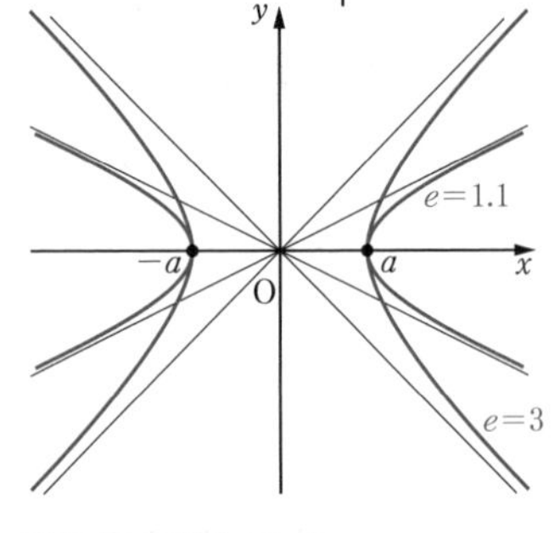

太陽系の天体は太陽を焦点とする楕円軌道上を運動することが知られています。主な天体の軌道の離心率は，下の表の通りです。

② より楕円の短軸と長軸の長さの比 $\dfrac{b}{a}=\sqrt{1-e^2}$ を計算すると，地球の場合

$$\frac{b}{a}=\sqrt{1-0.0167^2}=0.999860\cdots$$

と 1 に近く，円に近い軌道であることが分かります。

一方で，ハレー彗星については

$$\frac{b}{a}=\sqrt{1-0.967^2}=0.254776\cdots$$

となり，細長い楕円の軌道であると分かります。

彗星の中には，離心率が 1 より大きく，一度太陽に接近したのち二度と戻ってこないものも存在します。

天体	離心率
地球	0.0167
水星	0.2056
木星	0.0485
冥王星	0.252
ハレー彗星	0.967

88 ★☆☆☆ k を定数とするとき，双曲線 $(x-1)^2-4(y-2)^2=4$ と直線 $y=kx$ の共有点の個数を調べよ。

89 ★★☆☆ 直線 $l: y=x+k$ と楕円 $C: x^2+4y^2=4$ が異なる 2 点 A，B で交わっている。

(1) 定数 k の値の範囲を求めよ。

(2) 原点を O とするとき，△OAB の面積の最大値を求めよ。

90 ★★★☆ 楕円 $9x^2+4y^2=36$ …① と直線 $y=2x+k$ …② が異なる 2 点 A，B で交わるとき，線分 AB の中点 M の軌跡を求めよ。

91 ★★★☆ 3 つの不等式 $x>0$，$x^2+8y^2 \leqq 8$，$x^2-8y^2 \geqq 4$ を満たす x，y に対して，$y+x$ の最大値と最小値を求めよ。また，そのときの x，y の値を求めよ。

92 ★☆☆☆ 次の曲線の接線のうち，与えられた点を通るものを求めよ。

(1) 曲線 $y^2-4y-2x=0$，点 $(-2,\ -3)$

(2) 曲線 $3x^2+12x+y^2=0$，点 $(6,\ 4)$

(3) 曲線 $2x^2-12x-y^2-8y+9=0$，点 $(-2,\ -3)$

93 ★★☆☆ 放物線 $y^2+2y-2x+5=0$ 上の点 A$(10,\ 3)$ における接線の方程式を求めよ。

94 ★★★☆ 放物線 $y^2=4px$ に準線上の 1 点から 2 本の接線を引くとき，2 つの接点を結んだ直線は，焦点を通ることを示せ。

95 ★★★☆ 点 P$(p,\ q)$ から双曲線 $x^2-2y^2=2$ …① に引いた 2 本の接線が直交するとき，点 P の軌跡を求めよ。

96 ★★★★ 双曲線 $\dfrac{x^2}{a^2}-\dfrac{y^2}{b^2}=1$ 上の任意の点 P における接線を l，2 つの焦点を F，F′ とするとき，接線 l が 2 直線 PF，PF′ となす角は等しいことを示せ。

97 ★★★☆ 〔1〕 原点をOとする。双曲線 $C:\dfrac{x^2}{a^2}-\dfrac{y^2}{b^2}=1$ $(a>0,\ b>0)$ 上の点Pにおける接線 l と双曲線 C の2本の漸近線との交点をQ，Rとするとき，次を示せ。

(1) 点Pは線分QRの中点である。

(2) △OQRの面積 S は一定である。

〔2〕 右の図のように，直線 l と双曲線 $C:\dfrac{x^2}{a^2}-\dfrac{y^2}{b^2}=1$ $(a>0,\ b>0)$ の2つの交点をP，Qとし，2つの漸近線との交点をP′，Q′とするとき，PP′＝QQ′であることを示せ。

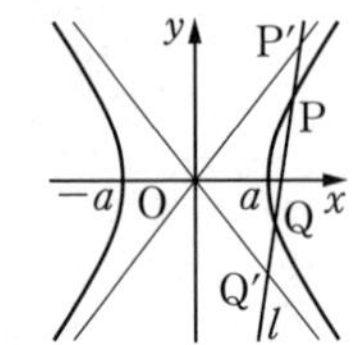

〔3〕 双曲線 $\dfrac{x^2}{a^2}-\dfrac{y^2}{b^2}=1$ $(a>0,\ b>0)$ 上の点 $\mathrm{P}(p,\ q)$ $(p>0,\ q>0)$ を通り，2つの漸近線に平行な直線を引き，それぞれが漸近線と交わる点をQ，Rとする。このとき，平行四辺形OQPRの面積は一定であることを示せ。ただし，Oは原点とする。

98 ★★☆☆ 点 $\mathrm{F}(0,\ -2)$ からの距離と直線 $l:y=6$ からの距離の比が次のような点Pの軌跡を求めよ。

(1) 1：1　　(2) 1：3　　(3) 3：1

本質を問う 6

▶▶解答編 p.167

1 点 $(3,\ 1)$ から双曲線 $\dfrac{x^2}{9}-\dfrac{y^2}{4}=1$ に引いた2本の接線の接点をA，Bとする。直線ABの方程式を求めよ。 ◀p.171 2, p.179 Go Ahead 10

2 2次曲線の離心率 e とは何か説明せよ。 ◀p.172 3

3 楕円 $C_1:\dfrac{x^2}{4}+\dfrac{y^2}{2}=1$ の離心率は $\dfrac{\sqrt{2}}{2}$ である。このことを利用して，2点 $(1,\ 1)$，$(-1,\ -1)$ からの距離の和が4である楕円 C_2 の離心率を求めよ。 ◀p.172 3

Let's Try! 6

▶▶解答編 p.168

① 直線 $y = mx + b$ $(|m| < 1)$ が円 $x^2 + y^2 = 1$ と 2 点 P，Q で交わり，双曲線 $x^2 - y^2 = 1$ と 2 点 R，S で交わるとする。2 点 P，Q が線分 RS を 3 等分するような m，b の値を求めよ。 （新潟大）

◀例題89

② (1) 曲線 $x^2 - y^2 = 1$ と直線 $y = kx + 2$ が相異なる 2 点で交わるような実数 k の値の範囲を求めよ。

(2) 曲線 $x^2 - y^2 = 1$ と直線 $y = kx + 2$ が相異なる 2 点 P，Q で交わるとき，P と Q の中点を R とする。

(i) R の座標 $(X,\ Y)$ を k の式で表せ。

(ii) k が変化するとき，R はある 2 次曲線 C の一部分を動く。C を表す方程式を求めよ。 （山梨大）

◀例題90

③ (1) 不等式 $(a^2 + b^2)(x^2 + y^2) \geqq (ax + by)^2$ が成り立つことを証明せよ。また，等号が成り立つのはどのようなときか。

(2) 曲線 $C : \dfrac{x^2}{a^2} + \dfrac{y^2}{b^2} = 1$ $(a > 0,\ b > 0)$ 上の点 $\mathrm{P}(p,\ q)$ におけるこの曲線の接線 l と x 軸，y 軸の交点をそれぞれ Q，R とする。点 P が曲線 C の第 1 象限の部分を動くとき，線分 QR の長さの最小値を求めよ。 （香川大　改）

◀例題92

④ 楕円 $C_1 : \dfrac{x^2}{\alpha^2} + \dfrac{y^2}{\beta^2} = 1$ と双曲線 $C_2 : \dfrac{x^2}{a^2} - \dfrac{y^2}{b^2} = 1$ を考える。C_1 と C_2 の焦点が一致しているならば，C_1 と C_2 の交点でそれぞれの接線は直交することを示せ。 （北海道大）

◀例題78, 82, 92

⑤ xy 平面上の楕円 $4x^2 + 9y^2 = 36$ を C とする。

(1) 直線 $y = ax + b$ が楕円 C に接するための条件を a と b の式で表せ。

(2) 楕円 C の外部の点 P から C に引いた 2 本の接線が直交するような点 P の軌跡を求めよ。 （弘前大）

◀例題95

⑥ 放物線 $y^2 = 4x$ 上の点 $\mathrm{P}(a,\ b)$ $(a \neq 0)$ を通り，焦点 F を中心とする円が x 軸の負の部分と交わる点を Q，正の部分と交わる点を R とする。

(1) PF を a を用いて表せ。

(2) 直線 PQ はこの放物線に接することを証明せよ。

(3) $\dfrac{\mathrm{PR}^2}{\mathrm{PF}}$ は一定であることを証明せよ。 （山梨大）

◀例題97

まとめ 7 曲線の媒介変数表示

1 媒介変数表示

(1) 媒介変数表示と媒介変数

平面上の曲線が，ある変数 t によって $\begin{cases} x=f(t) \\ y=g(t) \end{cases}$ で表されるとき，これをその曲線の **媒介変数表示** といい，t を **媒介変数** という。

(2) 媒介変数表示と平行移動

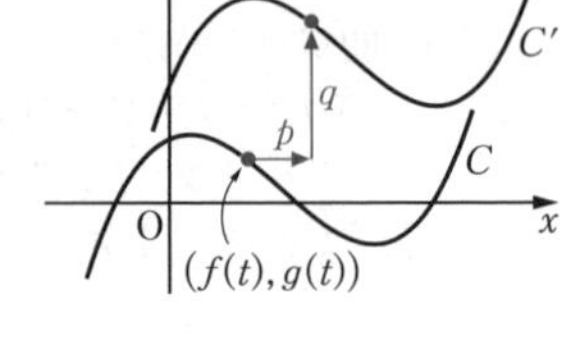

曲線 $C:\begin{cases} x=f(t) \\ y=g(t) \end{cases}$ を x 軸方向に p，y 軸方向に q だけ平行移動した曲線 C' は

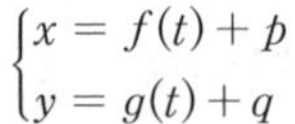

$$\begin{cases} x=f(t)+p \\ y=g(t)+q \end{cases}$$

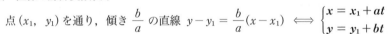

(3) 直線の媒介変数表示

点 $(x_1,\ y_1)$ を通り，傾き $\dfrac{b}{a}$ の直線 $y-y_1=\dfrac{b}{a}(x-x_1) \iff \begin{cases} \boldsymbol{x=x_1+at} \\ \boldsymbol{y=y_1+bt} \end{cases}$

(4) 2次曲線の媒介変数表示

(ア) 円 $x^2+y^2=a^2 \iff \begin{cases} \boldsymbol{x=a\cos\theta} \\ \boldsymbol{y=a\sin\theta} \end{cases}$

(イ) 放物線 $y^2=4px \iff \begin{cases} \boldsymbol{x=pt^2} \\ \boldsymbol{y=2pt} \end{cases}$

(ウ) 楕円 $\dfrac{x^2}{a^2}+\dfrac{y^2}{b^2}=1 \iff \begin{cases} \boldsymbol{x=a\cos\theta} \\ \boldsymbol{y=b\sin\theta} \end{cases}$

(エ) 双曲線 $\dfrac{x^2}{a^2}-\dfrac{y^2}{b^2}=1 \iff \begin{cases} \boldsymbol{x=\dfrac{a}{\cos\theta}} \\ \boldsymbol{y=b\tan\theta} \end{cases}$

概要

1 媒介変数表示

・媒介変数表示の例

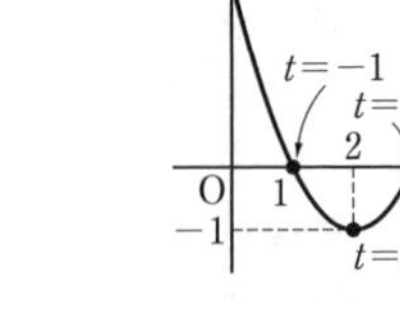

例えば，$\begin{cases} x=t+2 \\ y=t^2-1 \end{cases}$ …① のとき，t の値に対応する点Pの座標は

$t=-1$ のとき P(1, 0)，　$t=0$ のとき P(2, −1)，

$t=1$ のとき P(3, 0)，　$t=2$ のとき P(4, 3)，…

と定まる。

また，① より $t=x-2$ であるから，t を消去すると

$$y=(x-2)^2-1=x^2-4x+3$$

よって，上で求めた各点はこの曲線上の点である。

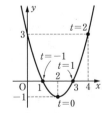

・媒介変数表示の方法

ある曲線に対して，媒介変数表示は1通りではない。

例えば，放物線 $y=x^2-4x+3$ は，上の ① のほかに，$\begin{cases} x=t \\ y=t^2-4t+3 \end{cases}$ や $\begin{cases} x=t+1 \\ y=t^2-2t \end{cases}$ のように媒介変数表示することもできる。

・**直線の媒介変数表示**

点 $A(x_1,\ y_1)$ を通り傾き $\dfrac{b}{a}$ である直線は，方向ベクトルが $\vec{d}=(a,\ b)$ であるから，この直線上の点を $P(x,\ y)$ とすると

$$\overrightarrow{AP}=t\vec{d} \quad \text{すなわち} \quad (x-x_1,\ y-y_1)=(at,\ bt)$$

よって，この直線の媒介変数表示は $\begin{cases} x=x_1+at \\ y=y_1+bt \end{cases}$

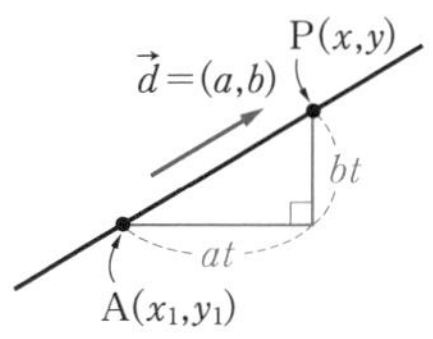

・**円の媒介変数表示**

数学IIで学習したように，円 $x^2+y^2=a^2$ …② 上の点Pは $P(a\cos\theta,\ a\sin\theta)$ と表されるから，$\begin{cases} x=a\cos\theta \\ y=a\sin\theta \end{cases}$ は円②の媒介変数表示となる。

・**楕円の媒介変数表示 1（図形的な考え方）**

例題 80 で学習したように，楕円 $\dfrac{x^2}{a^2}+\dfrac{y^2}{b^2}=1$ …③ は円②を x 軸を基準にして y 軸方向に $\dfrac{b}{a}$ 倍にしたものである。

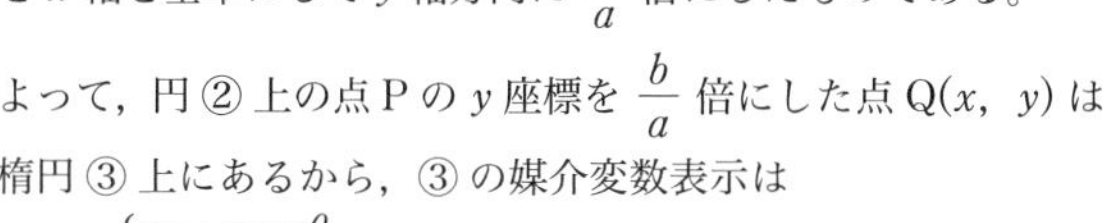

よって，円②上の点Pの y 座標を $\dfrac{b}{a}$ 倍にした点 $Q(x,\ y)$ は楕円③上にあるから，③の媒介変数表示は

$$\begin{cases} x=a\cos\theta \\ y=\dfrac{b}{a}\cdot a\sin\theta \end{cases} \quad \text{すなわち} \quad \begin{cases} x=a\cos\theta \\ y=b\sin\theta \end{cases}$$

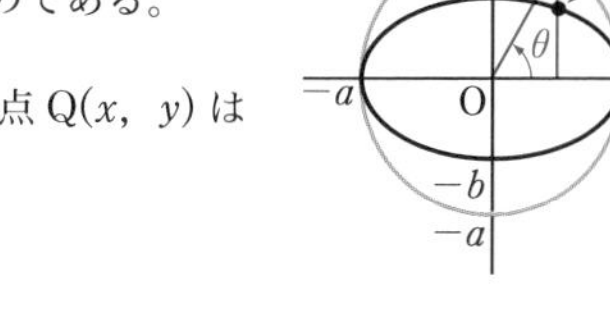

❗ 楕円の媒介変数表示における媒介変数 θ は，右の図において OQ と x 軸の正の向きとのなす角ではないことに注意する。p.184 **Go Ahead** 11 参照。

・**楕円の媒介変数表示 2（相互関係の利用）**

三角関数の相互関係 $\sin^2\theta+\cos^2\theta=1$ に着目し，楕円 $\dfrac{x^2}{a^2}+\dfrac{y^2}{b^2}=1$ …③ に対して $\dfrac{x}{a}=\cos\theta,\ \dfrac{y}{b}=\sin\theta$ を考えることにより，$\begin{cases} x=a\cos\theta \\ y=b\sin\theta \end{cases}$ が楕円③の媒介変数表示であることが分かる。

・**双曲線の媒介変数表示**

三角関数の相互関係 $1+\tan^2\theta=\dfrac{1}{\cos^2\theta}$ より，$\dfrac{1}{\cos^2\theta}-\tan^2\theta=1$ に着目し，双曲線 $\dfrac{x^2}{a^2}-\dfrac{y^2}{b^2}=1$ …④ に対して，$\dfrac{x}{a}=\dfrac{1}{\cos\theta},\ \dfrac{y}{b}=\tan\theta$ を考えることにより，$\begin{cases} x=\dfrac{a}{\cos\theta} \\ y=b\tan\theta \end{cases}$ が双曲線④の媒介変数表示であることが分かる。

これを，楕円の媒介変数表示のように円 ②：$x^2+y^2=a^2$ との対応として考えると次のようになる。

円②上の点 $P(a\cos\theta,\ a\sin\theta)$ における円の接線 l と x 軸の共有点をRとし，点Rの x 座標における双曲線④上の点を $Q(x,\ y)$ とする。

接線 l の方程式は　$(a\cos\theta)x+(a\sin\theta)y=a^2$

よって，点Rの x 座標は　$x=\dfrac{a}{\cos\theta}$

この x 座標における双曲線上の点Qの y 座標は

$\dfrac{1}{\cos^2\theta}-\dfrac{y^2}{b^2}=1$ より　$y=b\tan\theta$

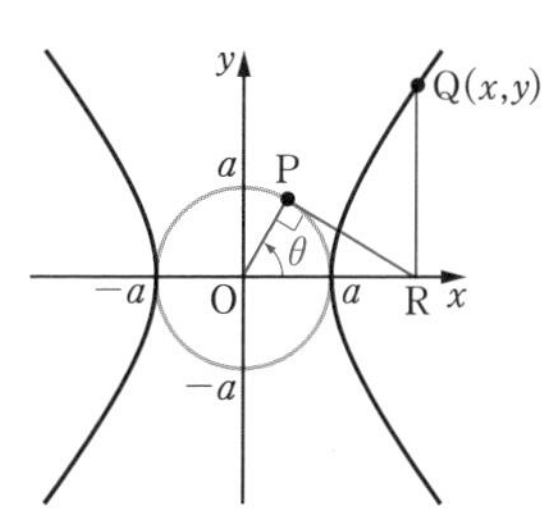

D 頻出

例題 99 曲線の媒介変数表示〔1〕

★★☆☆

次の媒介変数表示が表す曲線の概形をかけ。

(1) $\begin{cases} x = t+1 \\ y = 2t^2+4t \end{cases}$　(2) $\begin{cases} x = \sqrt{t}+1 \\ y = -t+3 \end{cases}$　(3) $\begin{cases} x = 1+2\cos\theta \\ y = -2+\sin\theta \end{cases}$

(4) $\begin{cases} x = \sin\theta+\cos\theta \\ y = 1-2\sin\theta\cos\theta \end{cases}$ $(0 \leqq \theta \leqq \pi)$　(5) $\begin{cases} x = t+\dfrac{1}{t} \\ y = t^2+\dfrac{1}{t^2}+1 \end{cases}$ $(t>0)$

思考のプロセス

(1)(2)(5) $\begin{cases} x = (t\text{の式}) \\ y = (t\text{の式}) \end{cases}$ ← t が媒介変数　(3)(4) $\begin{cases} x = (\theta\text{の式}) \\ y = (\theta\text{の式}) \end{cases}$ ← θ が媒介変数

変数を減らす

［1］ t や θ を消去して，**x と y だけの式**をつくる。

→ (基本) $t=$ (x の式) や $t=$ (y の式) と変形して代入。

(3) “$\theta=$” にはできない … $\sin\theta$，$\cos\theta$ のまま扱い，
相互関係 $\sin^2\theta+\cos^2\theta=1$ などを利用して消去。

(4) $x = \underbrace{\sin\theta+\cos\theta}_{\text{和}}$ から $y = 1-2\underbrace{\sin\theta\cos\theta}_{\text{積}}$ をつくるには？

(5) $x = \underbrace{t+\dfrac{1}{t}}_{\text{和}}$ から $y = \underbrace{t^2+\dfrac{1}{t^2}}_{\text{2乗の和}}+1$ をつくるには？

［2］ x，y の値の範囲を調べる。

↑ t や θ の値に範囲がなくても，とり得る値の範囲が限られることがある。

Action» 媒介変数表示された曲線は，x，y のとり得る値の範囲に注意して媒介変数を消去せよ

解 (1) $x=t+1$ より　$t=x-1$

これを $y=2t^2+4t$ に代入すると

$y = 2(x-1)^2+4(x-1)$
$= 2x^2-2$

よって，この曲線は放物線
$y=2x^2-2$ であり，概形は **右の図**。

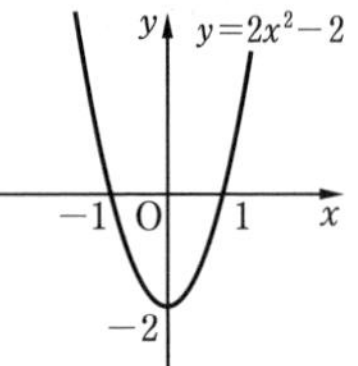

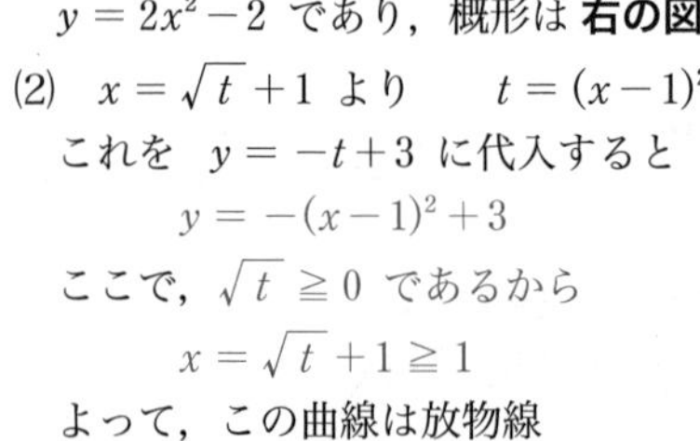

(2) $x=\sqrt{t}+1$ より　$t=(x-1)^2$

これを $y=-t+3$ に代入すると

$y = -(x-1)^2+3$

ここで，$\sqrt{t} \geqq 0$ であるから

$x = \sqrt{t}+1 \geqq 1$

よって，この曲線は放物線
$y=-(x-1)^2+3$ の $x \geqq 1$ の部分であり，概形は **右の図**。

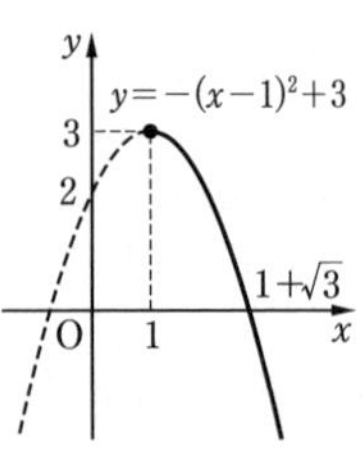

◀ x のとり得る値の範囲に注意する。

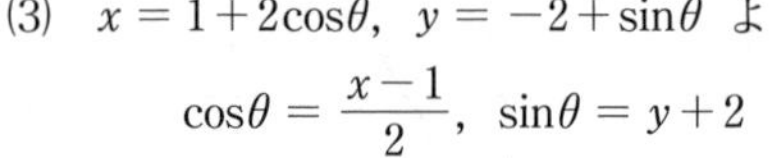

(3) $x=1+2\cos\theta$，$y=-2+\sin\theta$ より

$\cos\theta = \dfrac{x-1}{2}$，$\sin\theta = y+2$

これらを $\sin^2\theta+\cos^2\theta=1$ に代入すると

$$(y+2)^2+\left(\frac{x-1}{2}\right)^2=1$$

よって，この曲線は

楕円 $\dfrac{(x-1)^2}{4}+(y+2)^2=1$

であり，概形は **右の図**。

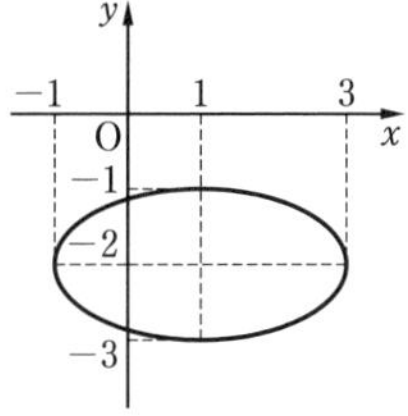

◀ ❗三角関数の相互関係を利用して，θ を消去する。

◀ $-1\leqq\cos\theta\leqq1$ より，$-1\leqq x\leqq3$ となるが，これは楕円の方程式において，x のとり得る値の範囲と一致するから，この範囲を特に述べなくてよい。

(4)　$x^2=1+2\sin\theta\cos\theta$ より　　$2\sin\theta\cos\theta=x^2-1$

$y=1-2\sin\theta\cos\theta$ に代入すると　　$y=-x^2+2$

ここで　　$x=\sin\theta+\cos\theta=\sqrt{2}\sin\left(\theta+\dfrac{\pi}{4}\right)$

$0\leqq\theta\leqq\pi$ より，$\dfrac{\pi}{4}\leqq\theta+\dfrac{\pi}{4}\leqq\dfrac{5}{4}\pi$ であるから

$$-\frac{1}{\sqrt{2}}\leqq\sin\left(\theta+\frac{\pi}{4}\right)\leqq1$$

よって　　$-1\leqq x\leqq\sqrt{2}$

ゆえに，この曲線は放物線

$y=-x^2+2$ の $-1\leqq x\leqq\sqrt{2}$ の

部分であり，概形は **右の図**。

◀ $x^2=\sin^2\theta+2\sin\theta\cos\theta+\cos^2\theta$
$=1+2\sin\theta\cos\theta$

◀ 三角関数の合成

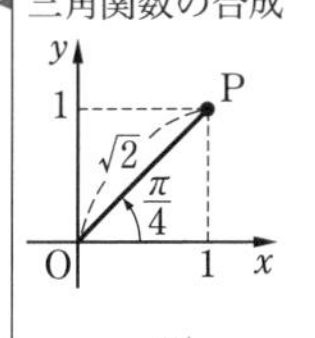

◀

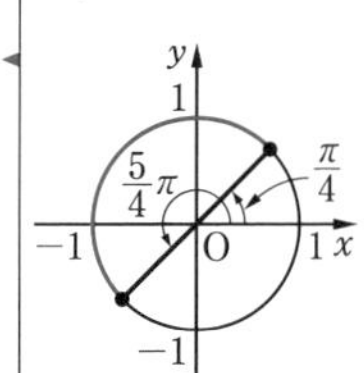

(5)　$x^2=t^2+\dfrac{1}{t^2}+2$ より　　$t^2+\dfrac{1}{t^2}=x^2-2$

$y=t^2+\dfrac{1}{t^2}+1$ に代入すると　　$y=x^2-1$

$t>0$ であるから，相加平均と相乗平均の関係より

$$x=t+\frac{1}{t}\geqq2\sqrt{t\cdot\frac{1}{t}}=2$$

これは $t=\dfrac{1}{t}$ すなわち，

$t>0$ より $t=1$ のとき等号成立。

よって，この曲線は放物線

$y=x^2-1$ の $x\geqq2$ の部分であり，概形は **右の図**。

◀ $x^2=\left(t+\dfrac{1}{t}\right)^2$
$=t^2+\dfrac{1}{t^2}+2$

◀ $t>0$ より　$\dfrac{1}{t}>0$

練習 99　次の媒介変数表示が表す曲線の概形をかけ。

(1) $\begin{cases}x=t-1\\y=t^2-3t\end{cases}$　　(2) $\begin{cases}x=-\sqrt{t}+2\\y=t-3\end{cases}$

(3) $\begin{cases}x=2-\cos\theta\\y=1+\sin\theta\end{cases}$　　(4) $\begin{cases}x=\dfrac{2}{\cos\theta}-1\\y=3\tan\theta-2\end{cases}$

(5) $\begin{cases}x=\sin\theta-\cos\theta\\y=\sin\theta\cos\theta\end{cases}$ $(0\leqq\theta\leqq\pi)$　　(6) $\begin{cases}x=t+\dfrac{1}{t}\\y=2\left(t^2+\dfrac{1}{t^2}\right)\end{cases}$ $(t>0)$

➡p.209 問題99

D ★★★☆

例題 100 曲線の媒介変数表示〔2〕

t を媒介変数とするとき，$x=\dfrac{2(1-t^2)}{1+t^2}$，$y=\dfrac{6t}{1+t^2}$ が表す図形を求めよ。

思考のプロセス

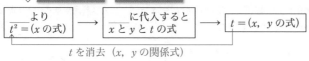

«ReAction 媒介変数表示された曲線は，x，y のとり得る値の範囲に注意して媒介変数を消去せよ ◀例題 99

____は x と t^2 の式（2種類），____は y と t と t^2 の式（3種類） ⟵ 種類が少ない____に着目。

⇩ 変数を減らす　次数を下げる

____より $t^2=(x\text{ の式})$ ⟶ ____に代入すると x と y と t の式 ⟶ $t=(x,\ y\text{ の式})$

t を消去（x，y の関係式）

解 $x=\dfrac{2(1-t^2)}{1+t^2}$ より　$(x+2)t^2=-x+2$

$x=-2$ のとき，この式は成り立たないから　$x\neq -2$

◀ ❗ x の値の範囲に注意する。$x=-2$ のとき，この式は $0\cdot t^2=4$ となり，これを満たす t は存在しない。

よって　$t^2=-\dfrac{x-2}{x+2}$　…①

$y=\dfrac{6t}{1+t^2}$ より　$(1+t^2)y=6t$

① を代入すると，$\dfrac{4}{x+2}y=6t$ より　$t=\dfrac{2y}{3(x+2)}$

◀ t はそのままで，まず t^2 を消去する。

① に代入すると　$\dfrac{4y^2}{9(x+2)^2}=-\dfrac{x-2}{x+2}$

ゆえに　$9x^2+4y^2=36$

◀ 分母をはらって整理する。

したがって，求める図形は

楕円 $\dfrac{x^2}{4}+\dfrac{y^2}{9}=1$ ただし，点 $(-2,\ 0)$ を除く。

◀ ❗ $x=-2$ のとき，$\dfrac{(-2)^2}{4}+\dfrac{y^2}{9}=1$ より $y=0$

〔別解〕

$\dfrac{x}{2}=\dfrac{1-t^2}{1+t^2}$，$\dfrac{y}{3}=\dfrac{2t}{1+t^2}$ であるから，この2つの式の両辺を2乗して，辺々を加えると

$$\left(\frac{x}{2}\right)^2+\left(\frac{y}{3}\right)^2=\left(\frac{1-t^2}{1+t^2}\right)^2+\left(\frac{2t}{1+t^2}\right)^2$$

$$=\frac{(1-t^2)^2+4t^2}{(1+t^2)^2}=1$$

◀ $t=\tan\dfrac{\theta}{2}$ とするとき $\sin\theta=\dfrac{2t}{1+t^2}$，$\cos\theta=\dfrac{1-t^2}{1+t^2}$ ただし　$\theta\neq\pi$ p.201 **Play Back** 14 参照。

ここで　$x=\dfrac{-2(1+t^2)+4}{1+t^2}=-2+\dfrac{4}{1+t^2}\neq -2$

◀ $\dfrac{4}{1+t^2}\neq 0$

よって，楕円 $\dfrac{x^2}{4}+\dfrac{y^2}{9}=1$　ただし，点 $(-2,\ 0)$ を除く。

練習 100 t を媒介変数とするとき，次の式が表す図形を求めよ。

(1) $x=\dfrac{4(1-t^2)}{1+t^2}$，$y=\dfrac{2t}{1+t^2}$　　(2) $x=\dfrac{2(1+t^2)}{1-t^2}$，$y=\dfrac{4t}{1-t^2}$

➡p.209 問題100

Play Back 14 ２次曲線の媒介変数表示

例題 100 の媒介変数表示について，もう少し詳しく見てみましょう。

円 $C: x^2+y^2=1$ 上の点を $\mathrm{P}(x,\ y)$，半径 OP と x 軸の正の向きとのなす角を θ とすると，円 C は $\begin{cases} x=\cos\theta \\ y=\sin\theta \end{cases}$ と媒介変数表示できます。

次に，右の図のように点 P が点 $\mathrm{A}(-1,\ 0)$ 以外にあるとき，

点 P を円 C と点 A を通る傾き t の直線の交点とみて　$\begin{cases} x^2+y^2=1 \\ y=t(x+1) \end{cases}$

これより　$x^2+t^2(x+1)^2-1=0$

$(x+1)\{(1+t^2)x-1+t^2\}=0$

$x \neq -1$ であるから　$x=\dfrac{1-t^2}{1+t^2},\ y=\dfrac{2t}{1+t^2}$

これも，円 C の媒介変数表示です。

この 2 通りの媒介変数表示の関係を考えてみましょう。

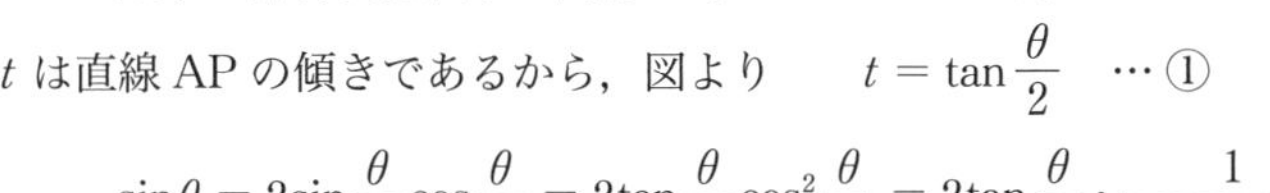

t は直線 AP の傾きであるから，図より　$t=\tan\dfrac{\theta}{2}$　…①

$$\sin\theta=2\sin\frac{\theta}{2}\cos\frac{\theta}{2}=2\tan\frac{\theta}{2}\cos^2\frac{\theta}{2}=2\tan\frac{\theta}{2}\cdot\frac{1}{1+\tan^2\dfrac{\theta}{2}}=\frac{2t}{1+t^2}$$

$$\cos\theta=2\cos^2\frac{\theta}{2}-1=\frac{2}{1+\tan^2\dfrac{\theta}{2}}-1=\frac{1-t^2}{1+t^2}\quad\cdots②$$

$\sin^2\theta+\cos^2\theta=1$ であるから　$\left(\dfrac{1-t^2}{1+t^2}\right)^2+\left(\dfrac{2t}{1+t^2}\right)^2=1$

すなわち，媒介変数として三角関数を用いるか，AP の傾き t を用いるかで，同じ円を異なる媒介変数で表すことができるのです。

例題 100 の別解は，この性質を利用しています。

同様に，右の図の双曲線 $x^2-y^2=1$ 上の $\mathrm{A}(-1,\ 0)$ 以外の点 $\mathrm{Q}(x,\ y)$ について，双曲線と直線 AP の交点とみて　$\begin{cases} x^2-y^2=1 \\ y=t(x+1) \end{cases}$

これより　$x^2-t^2(x+1)^2-1=0$

$(x+1)\{(1-t^2)x-1-t^2\}=0$

$x \neq -1$ であるから　$x=\dfrac{1+t^2}{1-t^2},\ y=\dfrac{2t}{1-t^2}$

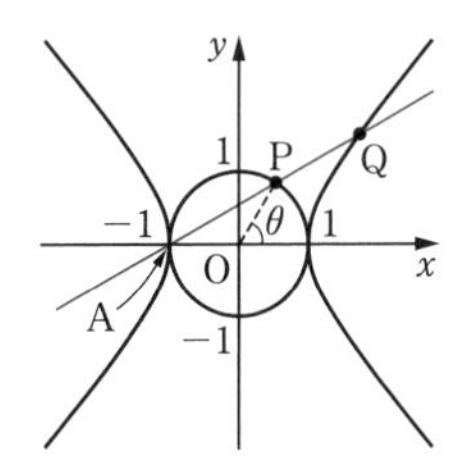

また，①，② を用いると，θ を媒介変数として

$$x=\frac{1}{\cos\theta},\ y=\frac{2\tan\dfrac{\theta}{2}}{1-\tan^2\dfrac{\theta}{2}}=\tan\theta$$

とも表すことができます。

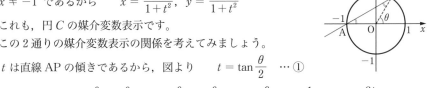

例題 101 楕円上の動点

D ★★★☆

楕円 $C: \dfrac{x^2}{4}+y^2=1$ 上で第1象限にある点Pについて

(1) 点Pにおける楕円 C の接線と x 軸，y 軸の交点をそれぞれA，Bとする。点Pが動くとき，△OABの面積の最小値を求めよ。また，そのときの点Pの座標を求めよ。

(2) 直線 $l: 2x+3y-10=0$ 上に点Qをとる。点P，Qが動くとき，線分PQの長さの最小値を求めよ。また，そのときの点Pの座標を求めよ。

思考のプロセス

(1) **未知のものを文字でおく**

点Pにおける接線 ⟶ A，Bの座標 ⟶ △OABの面積の最小値

$\mathrm{P}(x_1,\ y_1)$ とおく（2変数） ⟶ $\triangle\mathrm{OAB} = (x_1$ と y_1 の式$)$（2変数） …〔別解〕

変数を減らす

$\mathrm{P}(2\cos\theta,\ \sin\theta)$ とおく（1変数） ⟶ $\triangle\mathrm{OAB} = (\theta$ の式$)$（1変数） …〔本解〕

Action» 楕円 $\dfrac{x^2}{a^2}+\dfrac{y^2}{b^2}=1$ 上の点は，$(a\cos\theta,\ b\sin\theta)$ とおけ

(2) PもQも動点

Ⅰ．Pを固定して，Qを動かしたときの線分PQの最小値 d を考える。

Ⅱ．Pを動かして，d の最小値を考える。

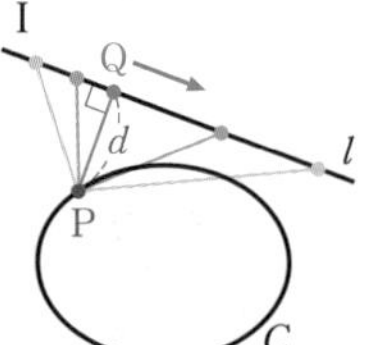

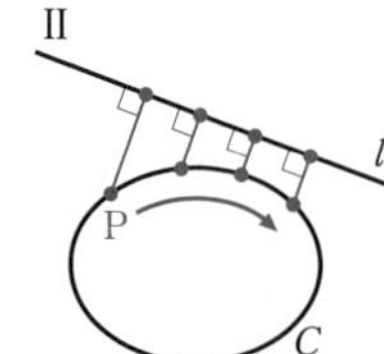

解 $\mathrm{P}(2\cos\theta,\ \sin\theta)$ $\left(0<\theta<\dfrac{\pi}{2}\right)$ とおく。

(1) 点Pにおける接線の方程式は

$$\frac{(2\cos\theta)x}{4}+(\sin\theta)y=1 \quad \cdots①$$

$y=0$ とおくと，$x=\dfrac{2}{\cos\theta}$ より　$\mathrm{A}\left(\dfrac{2}{\cos\theta},\ 0\right)$

$x=0$ とおくと，$y=\dfrac{1}{\sin\theta}$ より　$\mathrm{B}\left(0,\ \dfrac{1}{\sin\theta}\right)$

よって　$\triangle\mathrm{OAB}=\dfrac{1}{2}\cdot\dfrac{2}{\cos\theta}\cdot\dfrac{1}{\sin\theta}=\dfrac{2}{\sin 2\theta}$

$0<\theta<\dfrac{\pi}{2}$ より $0<\sin 2\theta \leqq 1$ であるから，△OABの面積は $\sin 2\theta=1$ すなわち $\theta=\dfrac{\pi}{4}$ のとき　**最小値 2**

このとき，点Pの座標は　$\mathbf{P}\left(\sqrt{2},\ \dfrac{\sqrt{2}}{2}\right)$

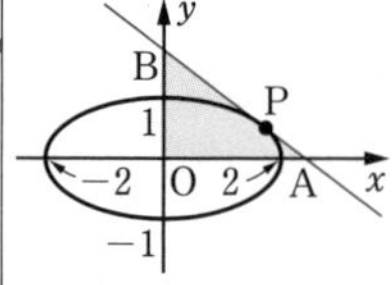

◀楕円 $\dfrac{x^2}{a^2}+\dfrac{y^2}{b^2}=1$ 上の点 $(x_1,\ y_1)$ における接線の方程式は $\dfrac{x_1x}{a^2}+\dfrac{y_1y}{b^2}=1$

◀❗$2\sin\theta\cos\theta=\sin 2\theta$

◀$\mathrm{P}\left(2\cos\dfrac{\pi}{4},\ \sin\dfrac{\pi}{4}\right)$

(2) 点Pを固定すると，点Pと直線 l の距離 d は

$$d=\frac{|2\cdot 2\cos\theta+3\sin\theta-10|}{\sqrt{2^2+3^2}}$$
$$=\frac{|5\sin(\theta+\alpha)-10|}{\sqrt{13}}=\frac{10-5\sin(\theta+\alpha)}{\sqrt{13}}$$

ただし，α は $\cos\alpha=\frac{3}{5}$，$\sin\alpha=\frac{4}{5}$ …② を満たす。

次に，点Pを第1象限内で動かすと，

$0<\theta<\frac{\pi}{2}$ より　　$\alpha<\theta+\alpha<\frac{\pi}{2}+\alpha$

② より $0<\alpha<\frac{\pi}{2}$ であるから　　$\frac{3}{5}<\sin(\theta+\alpha)\leqq 1$

よって，線分PQの長さは，$\sin(\theta+\alpha)=1$ のとき

最小値 $\boldsymbol{\frac{5\sqrt{13}}{13}}$

このとき，$\theta=\frac{\pi}{2}-\alpha$ であるから

$$\cos\theta=\cos\left(\frac{\pi}{2}-\alpha\right)=\sin\alpha=\frac{4}{5}$$
$$\sin\theta=\sin\left(\frac{\pi}{2}-\alpha\right)=\cos\alpha=\frac{3}{5}$$

ゆえに，点Pの座標は　　$\mathbf{P}\left(\frac{8}{5},\ \frac{3}{5}\right)$

〔別解〕

(1) 点 $\mathrm{P}(x_1,\ y_1)$ とおくと，$x_1>0$，$y_1>0$ であり

$$\frac{{x_1}^2}{4}+{y_1}^2=1 \quad \cdots ①$$

点Pにおける接線の方程式は　　$\frac{x_1}{4}x+y_1y=1$

$y=0$ とおくと，$x=\frac{4}{x_1}$ より　　$\mathrm{A}\left(\frac{4}{x_1},\ 0\right)$

$x=0$ とおくと，$y=\frac{1}{y_1}$ より　　$\mathrm{B}\left(0,\ \frac{1}{y_1}\right)$

よって　　$\triangle\mathrm{OAB}=\frac{1}{2}\cdot\frac{4}{x_1}\cdot\frac{1}{y_1}=\frac{2}{x_1y_1}$

ここで，$x_1>0$，$y_1>0$ であるから，相加平均と相乗平均の関係より

$$\frac{{x_1}^2}{4}+{y_1}^2\geqq 2\sqrt{\frac{{x_1}^2}{4}\cdot{y_1}^2}=|x_1y_1|=x_1y_1 \quad \cdots ②$$

これは，$\frac{{x_1}^2}{4}={y_1}^2$ すなわち $x_1=2y_1$ …③ のとき等号成立。

①，② より　　$x_1y_1\leqq 1$

段階的に考える

まず点Pを固定して考える。

❗ $3\sin\theta+4\cos\theta$
$=5\sin(\theta+\alpha)$

$\sin(\theta+\alpha)$ が最大のとき d は最小となる。

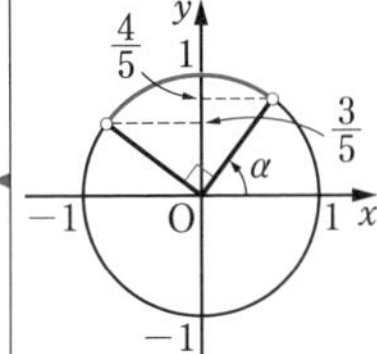

$\theta+\alpha=\frac{\pi}{2}$

$\mathrm{P}(2\cos\theta,\ \sin\theta)$

点Pは楕円 C 上の点であるから，① が成り立つ。

$x_1>0$，$y_1>0$ より
$\frac{x_1}{2}=y_1$
よって　$x_1=2y_1$

2章 7 曲線の媒介変数表示

ゆえに　$\triangle \mathrm{OAB} = \dfrac{2}{x_1 y_1} \geqq 2$

したがって，$\triangle$OAB の面積の最小値は　2

このとき，①，③ より　$2{y_1}^2 = 1$

$y_1 > 0$ より $y_1 = \dfrac{\sqrt{2}}{2}$ であり，③ より　$x_1 = \sqrt{2}$

よって，点 P の座標は　$\mathrm{P}\left(\sqrt{2},\ \dfrac{\sqrt{2}}{2}\right)$

◀ 等号が成り立つ場合があるから，2 が最小値となる。

(2)　直線 l に平行である楕円 C の接線のうち，接点が第 1 象限にあるものを l_1 とすると，線分 PQ の長さの最小値は，2 直線 l と l_1 の距離 d に等しい。

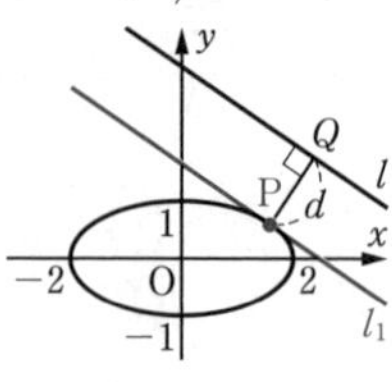

このとき，l_1 の接点が P であり，$\mathrm{P}(x_1,\ y_1)$ とおくと

$$\frac{{x_1}^2}{4} + {y_1}^2 = 1 \quad \cdots ④$$

点 P における l_1 の方程式は　$\dfrac{x_1}{4}x + y_1 y = 1$

これが l と平行であるから　$\dfrac{x_1}{4} \cdot 3 - 2 \cdot y_1 = 0$

◀ 2 直線 $a_1x + b_1y + c_1 = 0$, $a_2x + b_2y + c_2 = 0$ が平行 $\Longleftrightarrow a_1b_2 - a_2b_1 = 0$

すなわち　$y_1 = \dfrac{3}{8}x_1$

④ に代入すると　$\dfrac{{x_1}^2}{4} + \dfrac{9}{64}{x_1}^2 = 1$

${x_1}^2 = \dfrac{64}{25}$ であり，$x_1 > 0$ より　$x_1 = \dfrac{8}{5}$

よって　$y_1 = \dfrac{3}{5}$

ゆえに，点 $\mathrm{P}\left(\dfrac{8}{5},\ \dfrac{3}{5}\right)$ であるから，線分 PQ の最小値は

$$d = \frac{\left|2 \cdot \frac{8}{5} + 3 \cdot \frac{3}{5} - 10\right|}{\sqrt{2^2 + 3^2}} = \frac{|-5|}{\sqrt{13}} = \frac{5\sqrt{13}}{13}$$

◀ $d =$ (点 P と直線 l の距離) である。

練習 101 (1)　楕円 $25x^2 + 9y^2 = 225$ 上に 2 点 A(3, 0)，B(0, 5) および点 P をとる。$\triangle$ABP の面積の最大値を求めよ。また，そのときの点 P の座標を求めよ。

(2)　楕円 $C : x^2 + 3y^2 = 3$ 上で第 1 象限にある点 P，直線 $l : x + y - 3 = 0$ 上に点 Q をとる。点 P，Q が動くとき，線分 PQ の長さの最小値を求めよ。また，そのときの点 P の座標を求めよ。

➡p.209 問題 101

例題 102 媒介変数表示と最大・最小 ★★★☆

実数 x，y が $x^2+9y^2=9$ を満たすとき，

$\sqrt{3}x^2+\frac{2}{3}xy+7\sqrt{3}y^2$ の最大値と最小値を求めよ。　（埼玉大）

思考のプロセス

条件付きの2変数関数である。

条件＿＿より x または y を消去してはどうか？

⟶ ＿＿の xy の項が複雑になってしまう。

＿＿＿＿ $=k$ とおいて図形的に考えてはどうか？

⟶ これが表す図形は考えにくい。

見方を変える　変数を減らす

点 $(x,\ y)$ が $x^2+9y^2=9$ 上にある ⟹ $\begin{cases} x=\square\cos\theta \\ y=\square\sin\theta \end{cases}$ とおく（2変数 → 1変数）

«ReAction 楕円 $\frac{x^2}{a^2}+\frac{y^2}{b^2}=1$ 上の点は，$(a\cos\theta,\ b\sin\theta)$ とおけ ◀例題 101

解 $x^2+9y^2=9$ より　$\frac{x^2}{9}+y^2=1$

よって，x，y は θ を媒介変数として

$x=3\cos\theta$，$y=\sin\theta$ $(0\leqq\theta<2\pi)$

と表されるから

$$\sqrt{3}x^2+\frac{2}{3}xy+7\sqrt{3}y^2$$
$$=9\sqrt{3}\cos^2\theta+2\cos\theta\sin\theta+7\sqrt{3}\sin^2\theta$$
$$=9\sqrt{3}\cdot\frac{1+\cos2\theta}{2}+\sin2\theta+7\sqrt{3}\cdot\frac{1-\cos2\theta}{2}$$
$$=\sin2\theta+\sqrt{3}\cos2\theta+8\sqrt{3}$$
$$=2\sin\left(2\theta+\frac{\pi}{3}\right)+8\sqrt{3}$$

ここで，$0\leqq\theta<2\pi$ より　$\frac{\pi}{3}\leqq2\theta+\frac{\pi}{3}<\frac{13}{3}\pi$

よって　$-1\leqq\sin\left(2\theta+\frac{\pi}{3}\right)\leqq1$

$$-2\leqq2\sin\left(2\theta+\frac{\pi}{3}\right)\leqq2$$
$$-2+8\sqrt{3}\leqq2\sin\left(2\theta+\frac{\pi}{3}\right)+8\sqrt{3}\leqq2+8\sqrt{3}$$

したがって

最大値 $2+8\sqrt{3}$，**最小値** $-2+8\sqrt{3}$

◀点 $(x,\ y)$ は楕円 $\frac{x^2}{9}+y^2=1$ 上の点である。

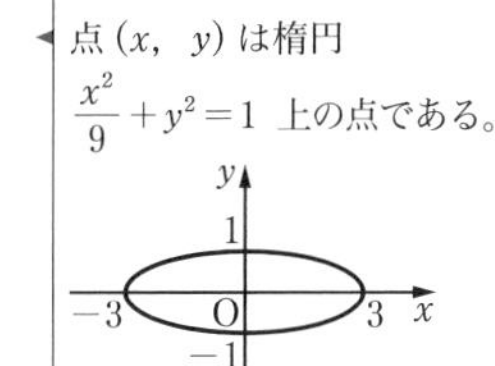

◀$\sin2\theta=2\sin\theta\cos\theta$
$\cos^2\theta=\frac{1+\cos2\theta}{2}$
$\sin^2\theta=\frac{1-\cos2\theta}{2}$

◀三角関数の合成

◀$0\leqq\theta<2\pi$

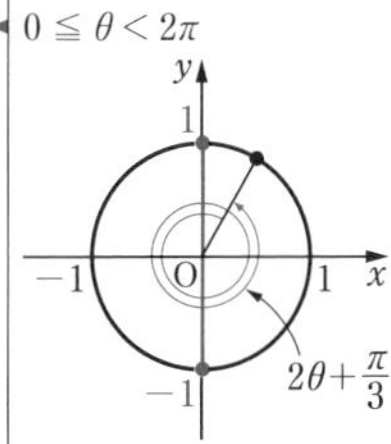

練習 102 実数 x，y が $9x^2+4y^2=36$ を満たすとき，$3x^2+\sqrt{3}xy+2y^2$ の最大値と最小値を求めよ。

2章 7 曲線の媒介変数表示

⇒p.209 問題102

D 頻出
★★☆☆

例題 103 サイクロイド

右の図のように，半径 a の円 C が x 軸に接しながら，滑らずに x 軸の正の方向に回転する。円 C 上の点 P が初め原点 O の位置にあったとし，円 C が角 θ だけ回転したときの点 P の座標を $(x,\ y)$ とおく。

(1) 円 C が角 θ $(0 \leqq \theta < 2\pi)$ だけ回転したときの円 C の中心 A の座標を θ で表せ。

(2) x，y をそれぞれ θ で表せ。

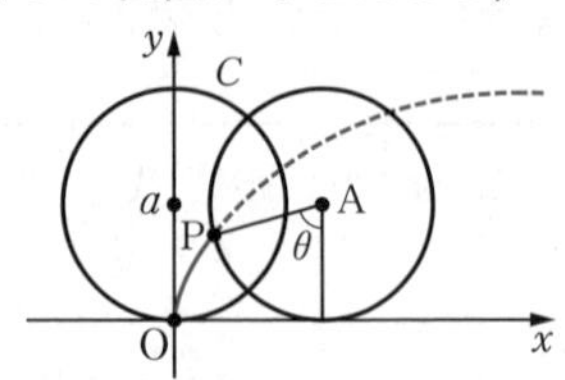

思考のプロセス

図 1

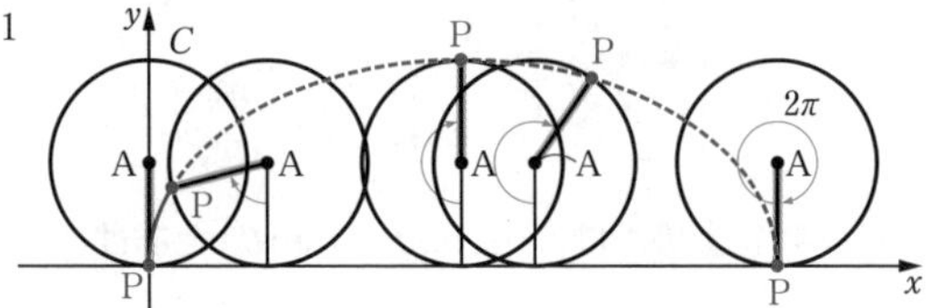

図 2

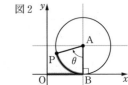

(1) **対応を考える** 条件＿＿ ⟹ 図 2 の ━━ の長さが等しい。

(A の x 座標) $= \mathrm{OB} = \overset{\frown}{\mathrm{BP}} =$ (θ の式)

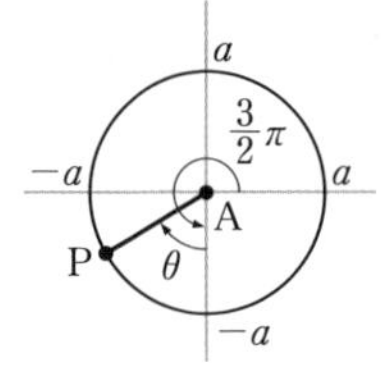

(2) 原点 O に対する P の位置 ←── 考えにくい
中心 A に対する P の位置 ←── 考えやすい

見方を変える

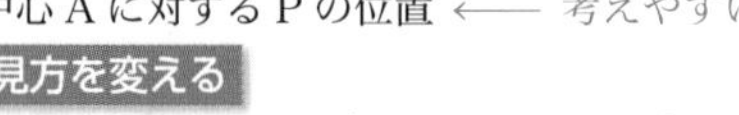

点 P の座標 ⟹ $\overrightarrow{\mathrm{OP}}$ の成分 ⟹ $\overrightarrow{\mathrm{OP}} = \overrightarrow{\mathrm{OA}} + \overrightarrow{\mathrm{AP}}$

$\overrightarrow{\mathrm{OA}}$：(1)　$\overrightarrow{\mathrm{AP}}$ → $(a\cos\square,\ a\sin\square)$

Action» 滑らずに回転する円上の点の軌跡は，長さが等しい弧を利用せよ

解 (1) 円 C が角 θ だけ回転したとき，円の中心 A から x 軸に垂線 AB を下ろす。

$\mathrm{OB} = \overset{\frown}{\mathrm{PB}} = a\theta$，$\mathrm{AB} = a$ であるから　**$\mathrm{A}(a\theta,\ a)$**

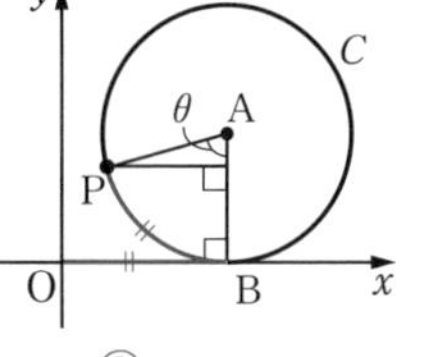

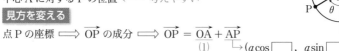

◀ 扇形 APB の弧 PB の長さは
(半径)×(中心角) $= a\theta$

◀ AB は円の半径 a である。

(2) $\mathrm{P}(x,\ y)$ より　$\overrightarrow{\mathrm{OP}} = (x,\ y)$　…①

ここで　$\overrightarrow{\mathrm{AP}} = \left(a\cos\left(\frac{3}{2}\pi - \theta\right),\ a\sin\left(\frac{3}{2}\pi - \theta\right)\right)$

$= (-a\sin\theta,\ -a\cos\theta)$

よって　$\overrightarrow{\mathrm{OP}} = \overrightarrow{\mathrm{OA}} + \overrightarrow{\mathrm{AP}}$

$= (a\theta,\ a) + (-a\sin\theta,\ -a\cos\theta)$

$= (a(\theta - \sin\theta),\ a(1 - \cos\theta))$　…②

ゆえに，①，② より　$\begin{cases} \boldsymbol{x = a(\theta - \sin\theta)} \\ \boldsymbol{y = a(1 - \cos\theta)} \end{cases}$

◀ この曲線を **サイクロイド** という。

練習 103 例題 103 において，$a = 3$，$\theta = \frac{\pi}{3}$ のとき，点 P の座標を求めよ。

➡p.209 問題 103

例題 104 内(ない)サイクロイド

D ★★★☆

原点を中心とする半径 3 の円 C に半径 1 の円 C' が内接し，滑らずに回転する。円 C' 上の点 P が初め点 A(3, 0) にあり，円 C' の中心 O′ と原点を結ぶ線分 OO′ が x 軸の正の向きとなす角を θ とするとき，点 P$(x,\ y)$ の軌跡を媒介変数 θ を用いて表せ。

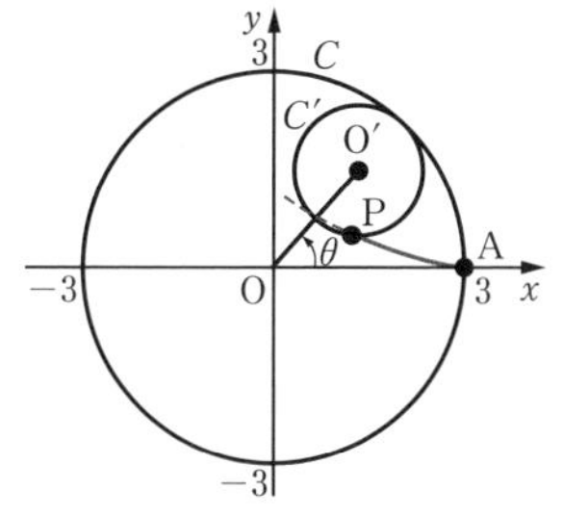

思考のプロセス

«ReAction 滑らずに回転する円上の点の軌跡は，長さが等しい弧を利用せよ

◀例題 103

対応を考える

条件＿＿ ⟹ 図の ━━ の長さが等しい。

⟹ $\alpha =$ $\boxed{}$（θの式）

見方を変える

点 P の座標 ⟹ $\overrightarrow{\mathrm{OP}} = \overrightarrow{\mathrm{OO'}} + \overrightarrow{\mathrm{O'P}}$

$\overrightarrow{\mathrm{O'P}} = (\cos(\theta-\alpha),\ \sin(\theta-\alpha))$

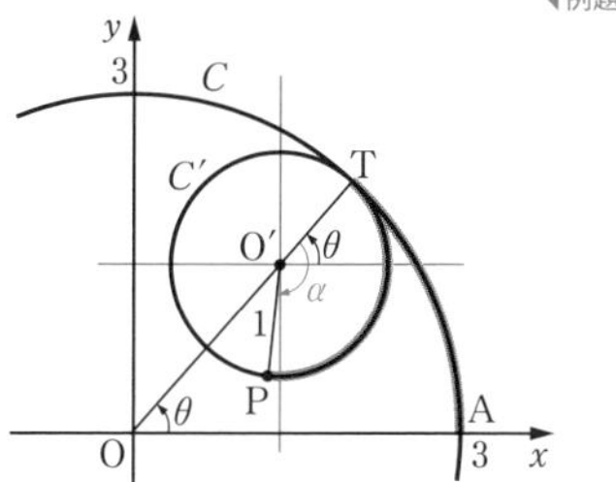

解 P$(x,\ y)$ より

$\overrightarrow{\mathrm{OP}} = (x,\ y)$ …①

右の図のように，円 C と円 C' の接点を T とする。

$\overset{\frown}{\mathrm{TP}} = \overset{\frown}{\mathrm{TA}}$ であるから

$1\cdot\angle\mathrm{PO'T} = 3\cdot\theta$

よって　$\angle\mathrm{PO'T} = 3\theta$

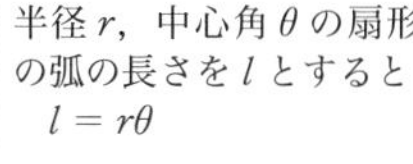

◀半径 r，中心角 θ の扇形の弧の長さを l とすると $l = r\theta$

ゆえに

$\overrightarrow{\mathrm{O'P}} = (1\cdot\cos(\theta-3\theta),\ 1\cdot\sin(\theta-3\theta))$
$= (\cos2\theta,\ -\sin2\theta)$

◀O′P = 1

また　$\overrightarrow{\mathrm{OO'}} = (2\cos\theta,\ 2\sin\theta)$

◀OO′ = OT − O′T = 3 − 1 = 2

よって　$\overrightarrow{\mathrm{OP}} = \overrightarrow{\mathrm{OO'}} + \overrightarrow{\mathrm{O'P}}$
$= (2\cos\theta,\ 2\sin\theta) + (\cos2\theta,\ -\sin2\theta)$
$= (2\cos\theta + \cos2\theta,\ 2\sin\theta - \sin2\theta)$ …②

①，② より，点 P の軌跡は

$$\begin{cases} \boldsymbol{x = 2\cos\theta + \cos2\theta} \\ \boldsymbol{y = 2\sin\theta - \sin2\theta} \end{cases}$$

練習 104 例題 104 において，円 C の半径を 4 としたとき，点 P の軌跡を媒介変数 θ を用いて表せ。

➡p.209 問題104

Go Ahead 12 内サイクロイドと外サイクロイド

定直線に接しながら円が滑らずに回転するとき，円上の定点Pの軌跡を **サイクロイド** といいます。ここでは，定円に接しながらもう1つの円が滑らずに回転するとき，この円上の定点Pの軌跡を考えてみよう。

半径 R の定円に内接しながら半径 r の円が滑らずに回転するとき，回転する円上の定点Pの軌跡を **内サイクロイド** またはハイポサイクロイド（hypocycloid）といいます。内サイクロイドの形状は，2つの円の半径の比 $R:r$ によって定まります。
例題104の曲線はデルトイドといい，内サイクロイドの1つです。

(1) $r=\frac{1}{3}R$

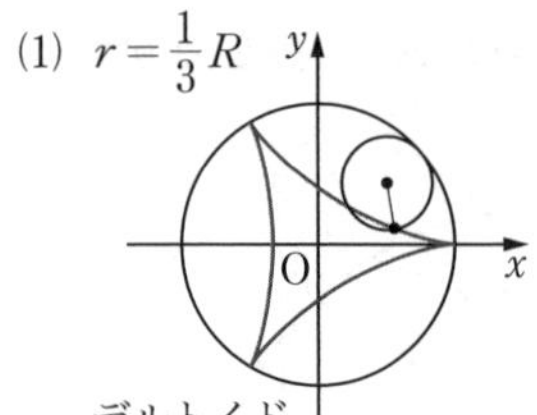

(2) $r=\frac{1}{4}R$

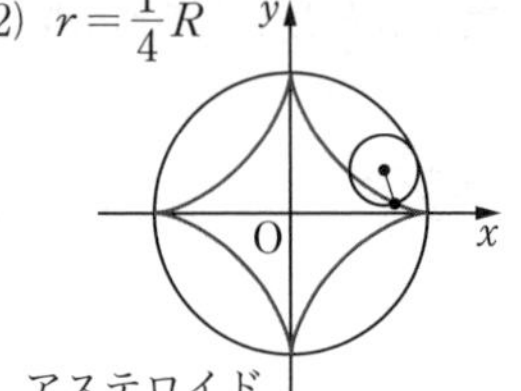

(3) $r=\frac{1}{5}R$

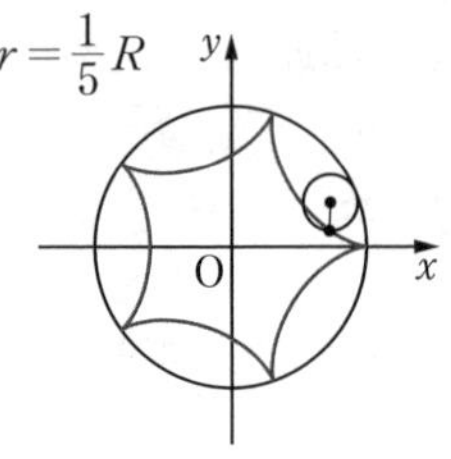

内サイクロイドの方程式を媒介変数表示すると次のようになることが分かっています。

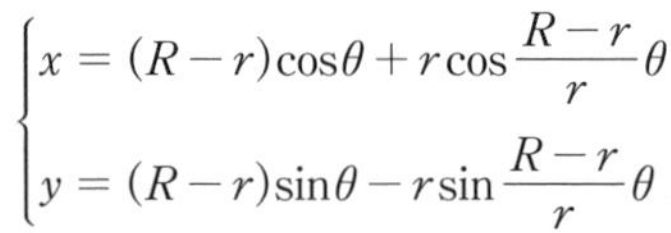

$$\begin{cases} x=(R-r)\cos\theta+r\cos\dfrac{R-r}{r}\theta \\ y=(R-r)\sin\theta-r\sin\dfrac{R-r}{r}\theta \end{cases}$$

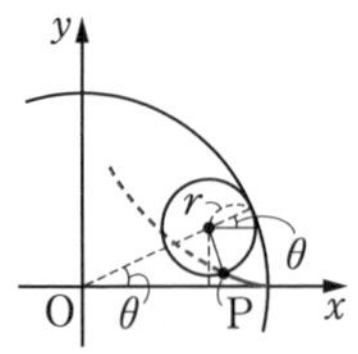

次に，半径 R の定円に外接しながら半径 r の円が滑らずに回転するとき，回転する円上の定点Pの軌跡を **外サイクロイド** またはエピサイクロイド（epicycloid）といいます。外サイクロイドの形状も，2つの円の半径の比 $R:r$ によって定まります。
次の曲線は外サイクロイドの1つです。

(1) $r=\frac{1}{2}R$

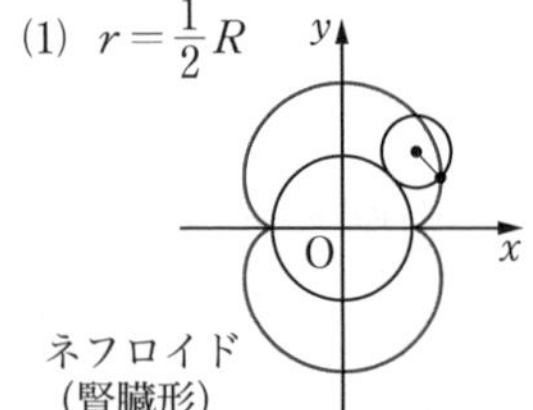

(2) $r=R$

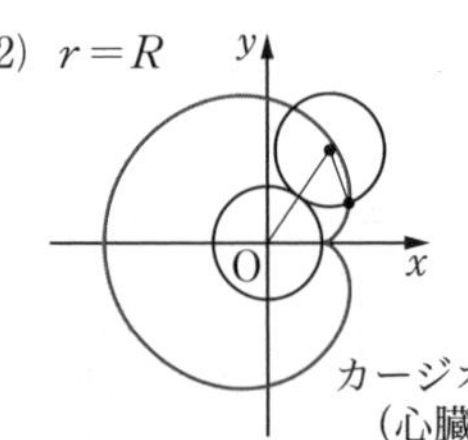

(3) $r=2R$

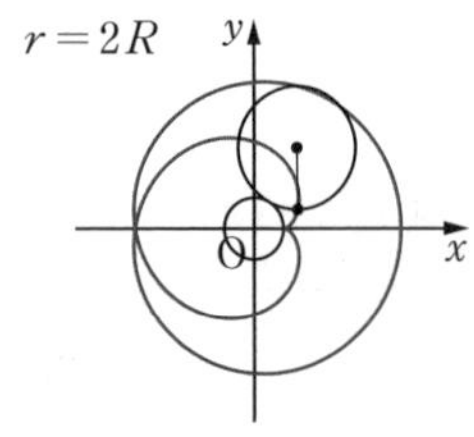

外サイクロイドの方程式を媒介変数表示すると次のようになることが分かっています。

$$\begin{cases} x=(R+r)\cos\theta-r\cos\dfrac{R+r}{r}\theta \\ y=(R+r)\sin\theta-r\sin\dfrac{R+r}{r}\theta \end{cases}$$

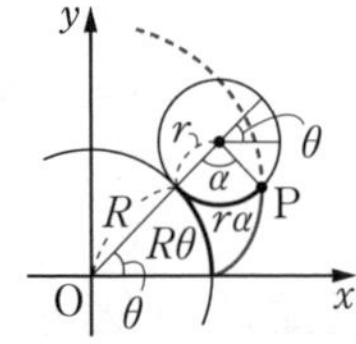

曲線の媒介変数表示

▶▶解答編 p.180

99 ★★☆☆ 次の媒介変数表示が表す曲線の概形をかけ。

(1) $\begin{cases} x = t^4 - 2t^2 \\ y = -t^2 + 2 \end{cases}$　　(2) $\begin{cases} x = \sqrt{t-1} \\ y = \sqrt{t} \end{cases}$

(3) $\begin{cases} x = 1 - \sin\theta \\ y = -\cos 2\theta - 2\sin\theta \end{cases}$　　(4) $\begin{cases} x = \dfrac{1}{2\sin\theta} \\ y = \dfrac{1}{\tan\theta} \end{cases}$

100 ★★★☆ t を媒介変数とするとき，$x = \dfrac{6}{1+t^2}$，$y = \dfrac{(1-t)^2}{1+t^2}$ が表す図形を求めよ。

101 ★★★☆ (1) 楕円 $\dfrac{x^2}{a^2} + \dfrac{y^2}{b^2} = 1$ $(0 < a,\ 0 < b)$ 上で第1象限にある点Pにおける法線と x 軸，y 軸との交点をそれぞれA，Bとする。点Pが動くとき△OABの面積の最大値を求めよ。

(2) 楕円 $9x^2 + 4y^2 - 36x - 24y + 36 = 0$ と直線 $x + y + 5 = 0$ の最短距離を求めよ。

102 ★★★☆ 実数 x，y が $x^2 + 4y^2 - 4x = 0$ を満たすとき，$x^2 - y^2 - xy - 4x + 2y$ の最大値と最小値を求めよ。

103 ★★☆☆ 半径が a である円板上に点Pがあり，中心が $(0,\ a)$，点Pが $\left(0,\ \dfrac{a}{2}\right)$ の位置にある。この位置から，円板が x 軸に接しながら，滑ることなく x 軸の正の方向に角 θ だけ回転したとき，点Pの座標を θ で表せ。

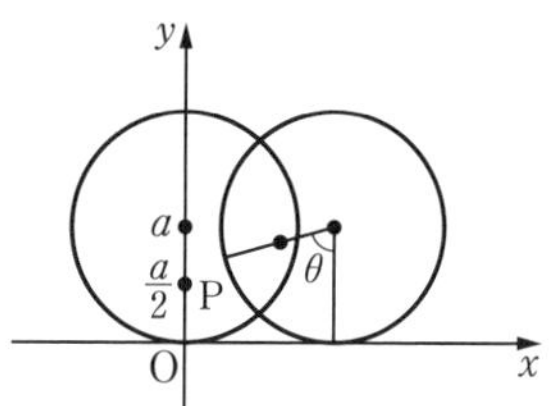

104 ★★★☆ 原点を中心とする半径2の円 C に半径1の円 C' が外接し，滑ることなく回転する。円 C' 上の点Pが初め点A(2, 0)にあったとするとき，点Pの軌跡の媒介変数表示を求めよ。

本質を問う 7

▶▶解答編 p.185

1 円 $(x-a)^2 + (y-b)^2 = r^2$ $(r > 0)$ の媒介変数表示を求めよ。ただし，媒介変数を θ とせよ。

◀p.196 1

2 t を媒介変数とするとき $\begin{cases} x = \sqrt{t} + 1 \\ y = -t + 3 \end{cases}$ が表す図形を，太郎さんは次のように答えて，解答が不十分であった。その理由を説明せよ。また，正しい解を述べよ。

> $x = \sqrt{t} + 1$ より　　$t = (x-1)^2$
> これを $y = -t + 3$ に代入すると　　$y = -(x-1)^2 + 3$
> したがって，この図形は　　放物線 $y = -(x-1)^2 + 3$

◀p.198 例題99

Let's Try! 7

▶▶解答編 p.186

① t が実数全体を動くとき，次の関係式で定められる点 $(x,\ y)$ の軌跡を求めて図示せよ。

(1) $\begin{cases} x = 1 + |t| \\ y = 3 + |t| \end{cases}$　　(2) $\begin{cases} x = \dfrac{t}{1+t^2} \\ 1 - y = \dfrac{1+t^4}{1+2t^2+t^4} \end{cases}$　（麻布大）

◀例題99

② 次の空欄を埋めよ。
媒介変数表示 $x = 3^{t+1} + 3^{-t+1} + 1,\ y = 3^t - 3^{-t}$ で表される図形は，$x,\ y$ についての方程式 $\boxed{} = 1$ で定まる双曲線 C の $x > 0$ の部分である。また，C の傾きが正の漸近線の方程式は $y = \boxed{}$ である。（関西大）

◀例題84, 99

③ 楕円 $C : \dfrac{(x-1)^2}{4} + y^2 = 1$ 上の点 $\mathrm{P}(x,\ y)$ について，$x + 2y^2$ の最大値と最小値を求めよ。

◀例題102

④ 媒介変数 t を用いて $x = \sin 2t,\ y = \sin 5t$ と表される座標平面上の曲線を C とする。C と y 軸が交わる座標平面上の点の個数を求めよ。（産業医科大）

⑤ 半径 a の円 C が，原点 O を中心とする半径 1 の定円 C_0 に図のように接しながら滑らずに回転する。最初 C の中心 Q が点 $\mathrm{Q_0}(1+a,\ 0)$ にあり，P が点 $\mathrm{A}(1,\ 0)$ にあるとする。C が動いたときの P の座標を a と $\angle \mathrm{Q_0OQ} = \theta$ で表せ。

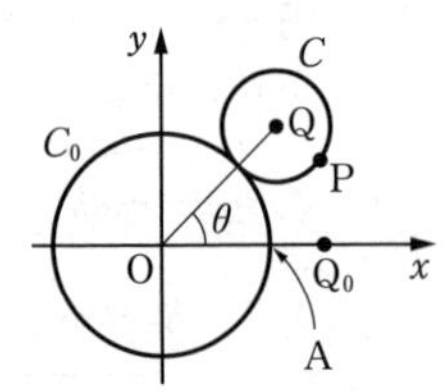

◀例題104

まとめ 8 極座標と極方程式

1 極座標

(1) 極座標

平面上に点Oと半直線OXを定めると，平面上の点Pを，点Oからの距離 r とOXを始線とする動径OPの表す角 θ で定めることができる。このとき，$(r,\ \theta)$ を点Pの **極座標** といい，点Oを **極**，θ を **偏角**，r を動径OPの **長さ** または **大きさ** という。

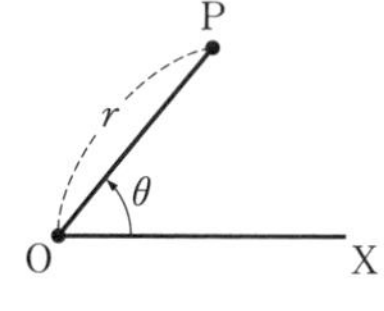

(2) 極座標と直交座標

極座標に対して，今まで用いた $(x,\ y)$ で表された座標を **直交座標** という。直交座標の原点Oを極，x 軸の正の部分を始線OXとする極座標をとると

$$\begin{cases} x = r\cos\theta \\ y = r\sin\theta \end{cases} \iff \begin{cases} r = \sqrt{x^2 + y^2} \\ \cos\theta = \dfrac{x}{r},\ \sin\theta = \dfrac{y}{r} \end{cases}$$

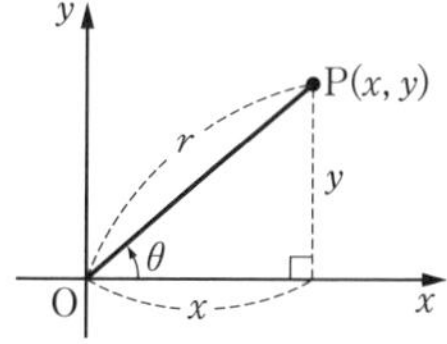

概要

1 極座標

・極座標の表し方

極座標 $(r,\ \theta)$ において，r は $r \geqq 0$ の実数であり，θ は弧度法で表した角である。

極Oの極座標は，θ を任意の実数として $(0,\ \theta)$ と定める。

極座標では，点 $\left(1,\ \dfrac{\pi}{4}\right)$ と点 $\left(1,\ \dfrac{9}{4}\pi\right)$ が同じ点を表すように，点 $(r,\ \theta)$ と点 $(r,\ \theta + 2n\pi)$ (n は整数) は同じ点を表す。そのため，偏角 θ を例えば $0 \leqq \theta < 2\pi$ のように制限することによって，極O以外の点Pの極座標が1通りに定まるようにすることがある。

・直交座標と極座標

直交座標から極座標を考えるとき，極Oを直交座標の原点Oにとると

$$x = r\cos\theta,\ y = r\sin\theta$$

が成り立つが，必ずしも極Oを直交座標の原点Oにとらなければならない訳ではない。

特に指定がない場合は，極Oはどの位置にとることもできる。

・2点間の距離，三角形の面積

$A(r_1,\ \theta_1)$，$B(r_2,\ \theta_2)$ $(r_1 > 0,\ r_2 > 0)$ とするとき

(ア) 線分ABの長さについて，△OABにおいて余弦定理により

$$AB^2 = OA^2 + OB^2 - 2OA \cdot OB\cos\angle AOB$$

よって

$$AB = \sqrt{r_1{}^2 + r_2{}^2 - 2r_1r_2\cos(\theta_2 - \theta_1)}$$

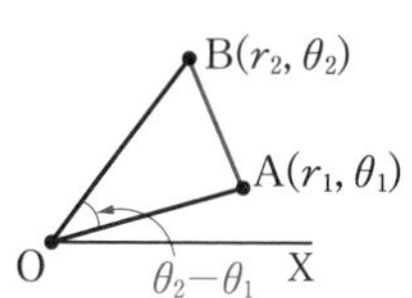

(イ) △AOBの面積は

$$\triangle AOB = \frac{1}{2}OA \cdot OB\sin\angle AOB$$

$$= \frac{1}{2}r_1r_2|\sin(\theta_2 - \theta_1)|$$

② 極方程式

平面上の曲線が極座標を用いて $\boldsymbol{r=f(\theta)}$ または $\boldsymbol{F(r,\ \theta)=0}$ で表されるとき，これらの式をその曲線の **極方程式** という。極方程式を考えるとき，θ の値によっては r が負の値をとる。このとき，点 $(r,\ \theta)$ は点 $(|r|,\ \theta+\pi)$ を表すものとする。

(1) 直線の極方程式

(ア) 極を通り始線と α の角をなす直線　　$\boldsymbol{\theta=\alpha}$

(イ) $\mathrm{H}(p,\ \alpha)$ を通り OH に垂直な直線　　$\boldsymbol{r\cos(\theta-\alpha)=p}$

(2) 円の極方程式

(ウ) 極が中心，半径 a の円　　$\boldsymbol{r=a}$

(エ) $\mathrm{C}(a,\ 0)$ が中心，半径 a の円　　$\boldsymbol{r=2a\cos\theta}$

(オ) $\mathrm{C}(c,\ \alpha)$ が中心，半径 a の円　　$\boldsymbol{r^2+c^2-2cr\cos(\theta-\alpha)=a^2}$

概要

② 極方程式

・$r<0$ となる場合

極方程式を考えるときの注意点は，θ の値によっては，方程式を満たす r の値が負になる場合があることである。

$r<0$ となった場合には，点 $(r,\ \theta)$ は点 $(|r|,\ \theta+\pi)$ を表すと考える。

例えば，点 $\left(-1,\ \dfrac{\pi}{3}\right)$ は点 $\left(1,\ \dfrac{4}{3}\pi\right)$ と考える。

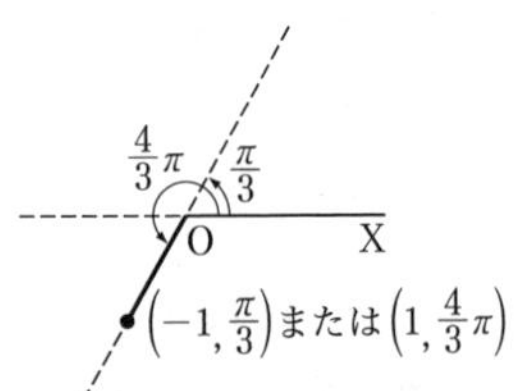

・直線の極方程式

以下，求める直線や円上の点 P の極座標を $(r,\ \theta)$ とする。

(ア) 極を通り始線と α の角をなす直線

この直線上の点 P の偏角は α または $\alpha+\pi$ である。

偏角が $\alpha+\pi$ である場合は，r に負の値を考えることにより，偏角が α であると見なすことができるから

r は任意の実数の値をとり　　$\theta=\alpha$

よって，この直線の極方程式は　　$\theta=\alpha$

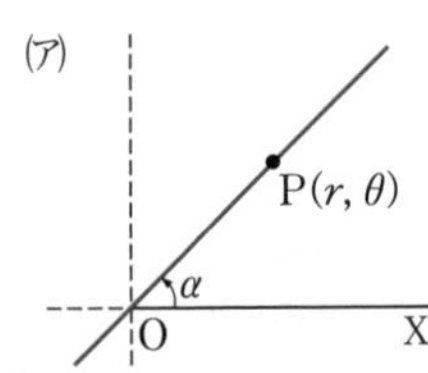

(イ) 点 $\mathrm{H}(p,\ \alpha)$ を通り OH に垂直な直線

$\triangle\mathrm{OPH}$ は $\mathrm{OP}=r$，$\mathrm{OH}=p$，$\angle\mathrm{OHP}=\dfrac{\pi}{2}$ の直角三角形であるから　　$\mathrm{OH}=\mathrm{OP}\cos\angle\mathrm{POH}$

よって　　$r\cos|\theta-\alpha|=p$

ここで，$\cos|\theta-\alpha|=\cos(\theta-\alpha)$ であるから，この直線の極方程式は　　$r\cos(\theta-\alpha)=p$

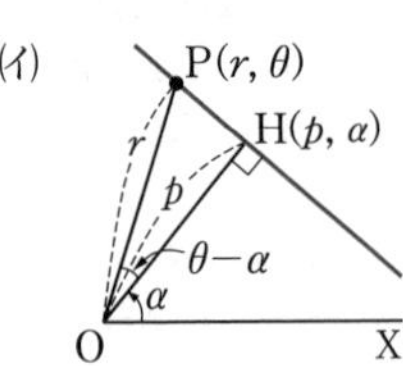

・円の極方程式

(ウ) 極が中心，半径 a の円

$r=a$，θ は任意の値であるから，この円の極方程式は

$r=a$

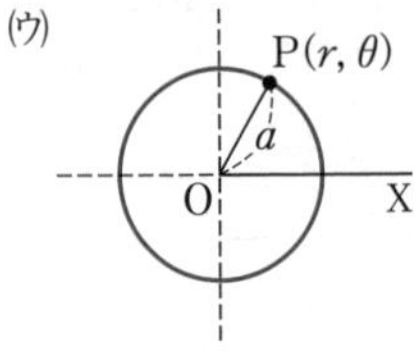

(エ) C$(a,\ 0)$ が中心，半径 a の円

点 A$(2a,\ 0)$ とすると，OA は直径であるから，△OPA は

$\mathrm{OA}=2a$，$\mathrm{OP}=r$，$\angle\mathrm{OPA}=\dfrac{\pi}{2}$ の直角三角形である。

よって　$\mathrm{OP}=\mathrm{OA}\cos\angle\mathrm{POA}$

ゆえに，この円の極方程式は　$r=2a\cos\theta$

! 円の下半分は，例えば $\dfrac{\pi}{2}<\theta<\pi$ の範囲に対して，$r<0$ として現れていることに注意する。

(オ) C$(c,\ \alpha)$ が中心，半径 a の円

△OCP において，余弦定理により

$$\mathrm{CP}^2=\mathrm{OP}^2+\mathrm{OC}^2-2\mathrm{OP}\cdot\mathrm{OC}\cos\angle\mathrm{COP}$$

よって，この円の極方程式は

$$r^2+c^2-2cr\cos(\theta-\alpha)=a^2$$

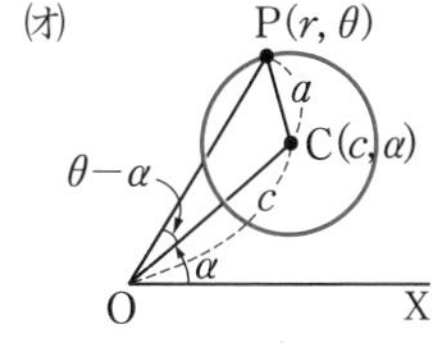

・極方程式と直交座標の方程式の変換

直交座標で表されたすべての方程式は，$x=r\cos\theta$，$y=r\sin\theta$ を代入することにより，極方程式で表すことができる。

一方，極方程式は，必ずしも直交座標の方程式で表すことができるとは限らない。

例　アルキメデスの渦巻線

・直交座標の方程式から極方程式への変換における r の扱い

極方程式においては，$r<0$ のときも極座標として扱ってきた。

しかし，直交座標の方程式を極方程式に変換する際に　$x=r\cos\theta$，$y=r\sin\theta$

とおくときには，r は 0 以上の値として考えればよく，$r<0$ を考える必要はない。

なぜなら，直交座標 $(x,\ y)$ と極座標 $(r,\ \theta)$ が極 O を除いたすべての点が 1 対 1 に対応しているから，曲線の方程式を満たすすべての $(x,\ y)$ の組が，$(r,\ \theta)$ の組 $(r>0)$ で表されることになるからである。

・極方程式で表された曲線 D

(ア) アルキメデスの渦巻線　(イ) 正葉曲線　(ウ) カージオイド　(エ) レムニスケート

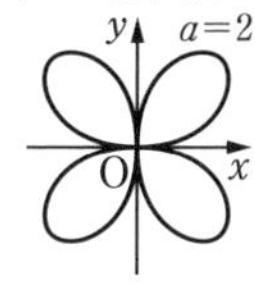

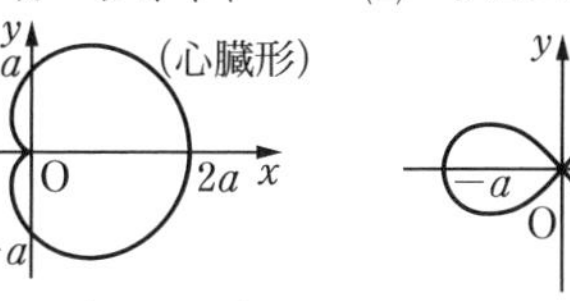

$r=a\theta$　$r=\sin a\theta$　$r=a(1+\cos\theta)$　$r^2=a^2\cos2\theta$

! **媒介変数で表された曲線** も紹介しておく。

(ア) アステロイド　(イ) サイクロイド　(ウ) インボリュート(伸開線)

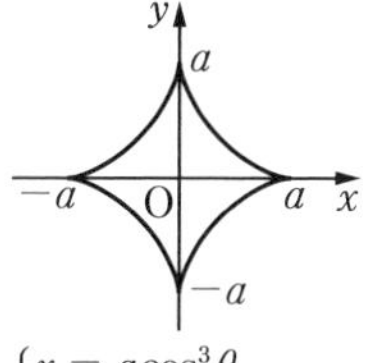

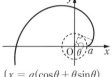

$\begin{cases}x=a\cos^3\theta\\ y=a\sin^3\theta\end{cases}$

$\left(x^{\frac{2}{3}}+y^{\frac{2}{3}}=a^{\frac{2}{3}}\right)$

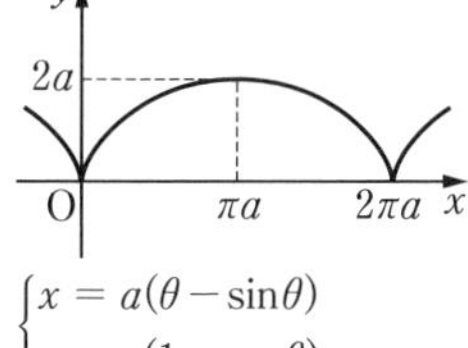

$\begin{cases}x=a(\theta-\sin\theta)\\ y=a(1-\cos\theta)\end{cases}$

$\begin{cases}x=a(\cos\theta+\theta\sin\theta)\\ y=a(\sin\theta-\theta\cos\theta)\end{cases}$

例題 105 極座標と直交座標

D ★☆☆☆

〔1〕 極座標 $\left(\sqrt{2},\ -\dfrac{5}{4}\pi\right)$ で表された点の直交座標を求めよ。

〔2〕 次の直交座標で表された点の極座標 $(r,\ \theta)$ を求めよ。ただし，$0 \leqq \theta < 2\pi$ とする。

(1) $(-3\sqrt{3},\ -3)$　　(2) $(-1,\ 0)$

思考のプロセス

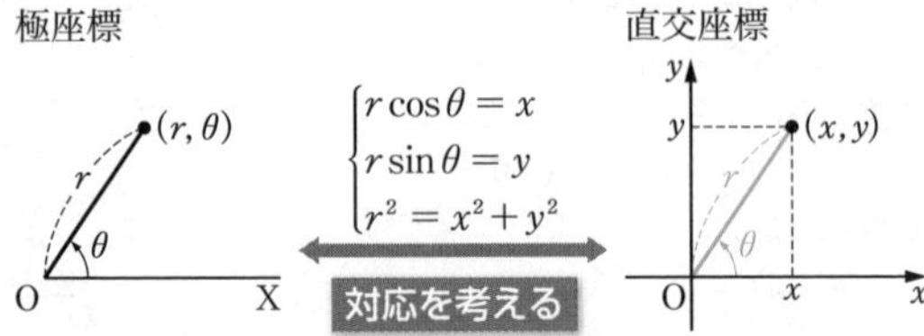

〔1〕 極座標 $\left(\sqrt{2},\ -\dfrac{5}{4}\pi\right)$ より　$r = \square$，$\theta = \square$　⟶ x，y を求める。

〔2〕 直交座標 $(-3\sqrt{3},\ -3)$ ⟹ $\begin{cases} r\cos\theta = -3\sqrt{3} \\ r\sin\theta = -3 \\ r = \sqrt{(-3\sqrt{3})^2 + (-3)^2} \end{cases}$ r，θ を求める。

Action» 直交座標と極座標の変換は，$x = r\cos\theta$，$y = r\sin\theta$ を利用せよ

解 〔1〕 $x = \sqrt{2}\cos\left(-\dfrac{5}{4}\pi\right) = -1$，$y = \sqrt{2}\sin\left(-\dfrac{5}{4}\pi\right) = 1$

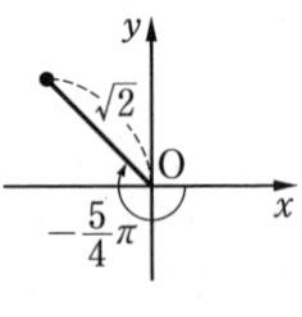

よって，求める直交座標は　**$(-1,\ 1)$**

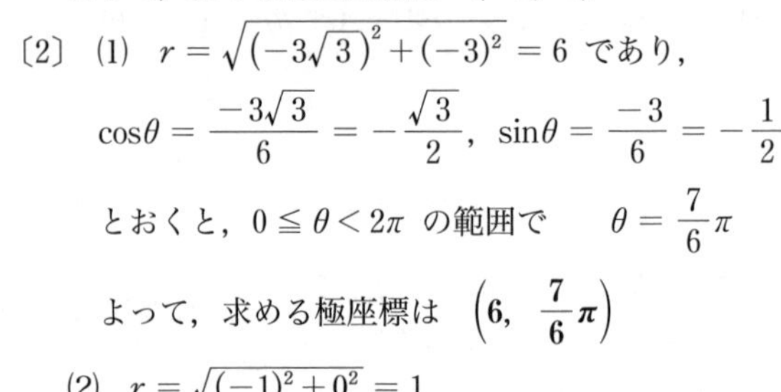

〔2〕 (1) $r = \sqrt{(-3\sqrt{3})^2 + (-3)^2} = 6$ であり，

$\cos\theta = \dfrac{-3\sqrt{3}}{6} = -\dfrac{\sqrt{3}}{2}$，$\sin\theta = \dfrac{-3}{6} = -\dfrac{1}{2}$

とおくと，$0 \leqq \theta < 2\pi$ の範囲で　$\theta = \dfrac{7}{6}\pi$

よって，求める極座標は　**$\left(6,\ \dfrac{7}{6}\pi\right)$**

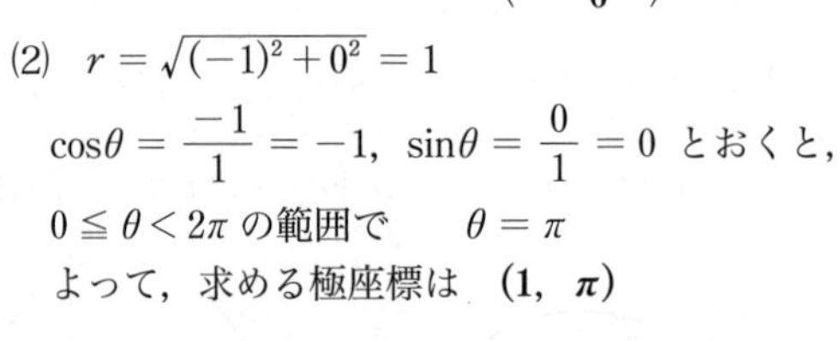

(2) $r = \sqrt{(-1)^2 + 0^2} = 1$

$\cos\theta = \dfrac{-1}{1} = -1$，$\sin\theta = \dfrac{0}{1} = 0$ とおくと，

$0 \leqq \theta < 2\pi$ の範囲で　$\theta = \pi$

よって，求める極座標は　**$(1,\ \pi)$**

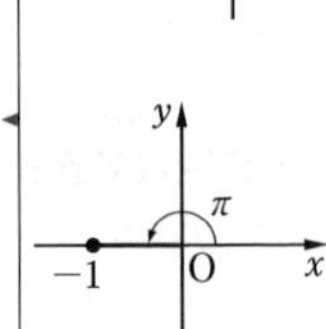

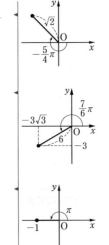

練習 105 〔1〕 次の極座標で表された点の直交座標を求めよ。

(1) $\left(3,\ \dfrac{5}{3}\pi\right)$　　(2) $\left(5,\ \dfrac{3}{2}\pi\right)$

〔2〕 次の直交座標で表された点の極座標 $(r,\ \theta)$ を求めよ。ただし，$0 \leqq \theta < 2\pi$ とする。

(1) $(-\sqrt{2},\ \sqrt{2})$　　(2) $(0,\ 3)$

➡p.227 問題105

例題 106 2点間の距離，三角形の面積 ★☆☆☆

極を O，3 点 A，B，C の極座標を $A\left(8,\ \frac{\pi}{4}\right)$，$B\left(4,\ \frac{11}{12}\pi\right)$，$C\left(12,\ \frac{5}{12}\pi\right)$ とするとき

(1) 線分 AB の長さを求めよ。　　(2) △OAB の面積を求めよ。

(3) △ABC の面積を求めよ。

思考のプロセス

(1) 素直に考えると …

A，B を直交座標で表して，2 点間の距離を求める。

└→ 偏角が $\frac{11}{12}\pi$ であり，計算が大変

⇓ **定理の利用**

極座標で表されているから，△OAB における OA，OB，∠AOB が容易に分かる。

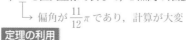

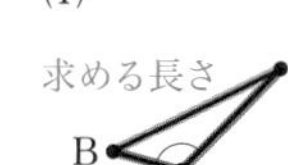
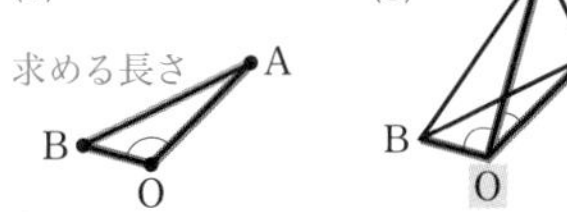

(3) $\begin{cases} \angle ABC,\ \angle BCA,\ \angle CAB \text{ は求めにくいが，} \angle AOC,\ \angle BOC \text{ は求めやすい。} \\ AC,\ BC \text{ は求めにくいが，} OB,\ OA \text{ は求めやすい。} \end{cases}$

⟹ **図を分ける** 求めやすい三角形の面積を足し引きして考える。

Action» 極座標における角は，偏角の差をとれ

解 (1) $\angle AOB = \frac{11}{12}\pi - \frac{\pi}{4} = \frac{2}{3}\pi$

△OAB において，余弦定理により

$AB^2 = 8^2 + 4^2 - 2\cdot 8\cdot 4\cos\frac{2}{3}\pi$

$= 112$

AB > 0 より　　**$AB = 4\sqrt{7}$**

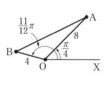

◀ $AB^2 = OA^2 + OB^2 - 2OA\cdot OB\cos\angle AOB$

(2) (1) より　　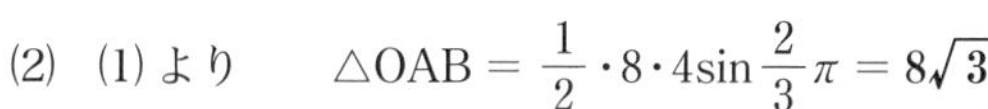
$\triangle OAB = \frac{1}{2}\cdot 8\cdot 4\sin\frac{2}{3}\pi = \mathbf{8\sqrt{3}}$

◀ $\triangle OAB = \frac{1}{2}\cdot OA\cdot OB\sin\angle AOB$

(3) $\angle AOC = \frac{5}{12}\pi - \frac{\pi}{4} = \frac{\pi}{6}$，

$\angle BOC = \frac{11}{12}\pi - \frac{5}{12}\pi = \frac{\pi}{2}$ より

$\triangle OAC = \frac{1}{2}\cdot 8\cdot 12\sin\frac{\pi}{6} = 24$

$\triangle OBC = \frac{1}{2}\cdot 4\cdot 12\sin\frac{\pi}{2} = 24$

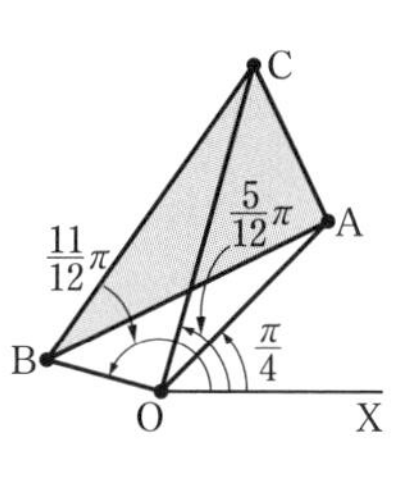

◀ △OBC は直角三角形であるから $\triangle OBC = \frac{1}{2}\cdot 4\cdot 12 = 24$ としてもよい。

よって　$\triangle ABC = \triangle OAC + \triangle OBC - \triangle OAB$

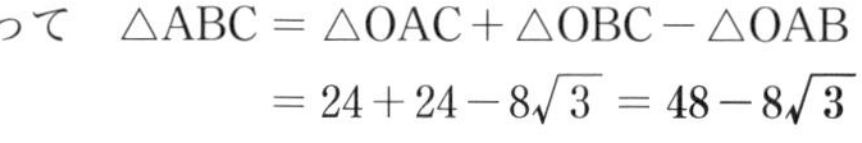
$= 24 + 24 - 8\sqrt{3} = \mathbf{48 - 8\sqrt{3}}$

練習 106 極を O，3 点 A，B，C の極座標を $A\left(7,\ \frac{13}{12}\pi\right)$，$B\left(5,\ \frac{5}{12}\pi\right)$，$C\left(12,\ \frac{3}{4}\pi\right)$ とするとき

(1) 線分 AB の長さを求めよ。　　(2) △OAB の面積を求めよ。

(3) △ABC の面積を求めよ。

➡p.227 問題106

頻出

例題 107 極方程式〔1〕…直交座標の方程式→極方程式 ★☆☆☆

次の方程式を極方程式で表せ。

(1) $\sqrt{3}\,x + y = -2$　　(2) $y^2 = 4x$　　(3) $x^2 + (y-1)^2 = 1$

思考のプロセス

«ReAction 直交座標と極座標の変換は，$x = r\cos\theta$，$y = r\sin\theta$ を利用せよ ◀例題 105

対応を考える

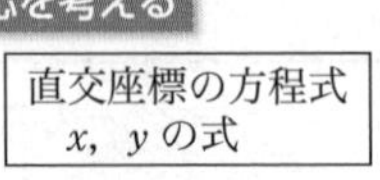

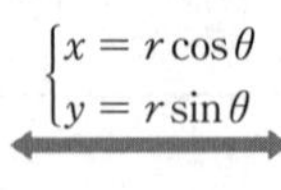

極方程式
r，θ の式

❗ 三角関数の相互関係や合成などを利用して，式を整理して答える。

解 (1) $x = r\cos\theta$，$y = r\sin\theta$ を代入して

$$\sqrt{3}\,r\cos\theta + r\sin\theta = -2$$

$$r(\sin\theta + \sqrt{3}\cos\theta) = -2$$

$$2r\sin\left(\theta + \frac{\pi}{3}\right) = -2$$

よって　$\boldsymbol{r\sin\left(\theta + \frac{\pi}{3}\right) = -1}$

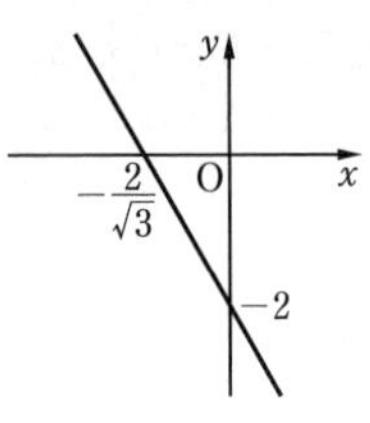

◀ $r(\sin\theta + \sqrt{3}\cos\theta) = -2$ と答えてもよい。

◀ 三角関数の合成

◀ $r = \dfrac{-2}{\sqrt{3}\cos\theta + \sin\theta}$，$r = \dfrac{-1}{\sin\left(\theta + \frac{\pi}{3}\right)}$ などと答えてもよい。

(2) $x = r\cos\theta$，$y = r\sin\theta$ を代入して

$$(r\sin\theta)^2 = 4r\cos\theta$$

$$r(r\sin^2\theta - 4\cos\theta) = 0$$

よって

$r = 0$ または $r\sin^2\theta - 4\cos\theta = 0$

$r = 0$ は $r\sin^2\theta - 4\cos\theta = 0$ に含まれるから

$$\boldsymbol{r\sin^2\theta - 4\cos\theta = 0}$$

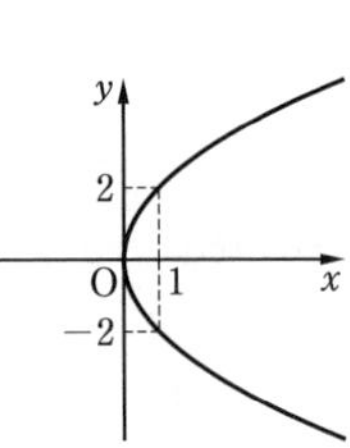

◀ ❗ $r\sin^2\theta - 4\cos\theta = 0$ において，$\theta = \frac{\pi}{2}$ のとき $r = 0$ となる。

◀ $r = \dfrac{4\cos\theta}{\sin^2\theta}$ と答えてもよい。

(3) $x = r\cos\theta$，$y = r\sin\theta$ を代入して

$$(r\cos\theta)^2 + (r\sin\theta - 1)^2 = 1$$

$$r^2(\sin^2\theta + \cos^2\theta) - 2r\sin\theta = 0$$

$$r(r - 2\sin\theta) = 0$$

よって

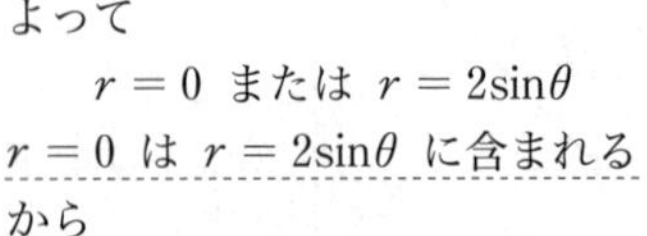

$r = 0$ または $r = 2\sin\theta$

$r = 0$ は $r = 2\sin\theta$ に含まれるから

$$\boldsymbol{r = 2\sin\theta}$$

◀ $\sin^2\theta + \cos^2\theta = 1$

◀ ❗ $r = 2\sin\theta$ において，$\theta = 0$ のとき $r = 0$ となる。

練習 107 次の方程式を極方程式で表せ。

(1) $x + y = 2$　　(2) $x^2 = 4y$　　(3) $(x-1)^2 + y^2 = 1$

➡p.227 問題107

頻出

例題 108 極方程式〔2〕…極方程式→直交座標の方程式 ★★☆☆

次の極方程式を直交座標の方程式で表せ。

(1) $r\cos\left(\theta+\dfrac{5}{6}\pi\right)=1$　　(2) $r=-2\sin\theta$　　(3) $r^2\sin 2\theta=2$

思考のプロセス

対応を考える

$\begin{cases} r\cos\theta = x \\ r\sin\theta = y \\ r^2 = x^2+y^2 \end{cases}$

極方程式 r, θ の式 ⟷ 直交座標の方程式 x と y の式

(1) 左辺を $r\cos\theta$, $r\sin\theta$ で表したい。

(2) 右辺に $\sin\theta$ がある ⟹ $r\sin\theta$ をつくりたい。

(3) 左辺に $\sin 2\theta$ がある ⟹ まず, $\sin\theta$, $\cos\theta$ で表したい。

Action» 直交座標への変換は, $r\cos\theta=x$, $r\sin\theta=y$, $r^2=x^2+y^2$ を用いよ

解 (1) $r\cos\left(\theta+\dfrac{5}{6}\pi\right)=1$ より

$$-\frac{\sqrt{3}}{2}r\cos\theta-\frac{1}{2}r\sin\theta=1$$

よって　$\sqrt{3}\,r\cos\theta+r\sin\theta=-2$

$r\cos\theta=x$, $r\sin\theta=y$ を代入して

$$\boldsymbol{\sqrt{3}\,x+y=-2}$$

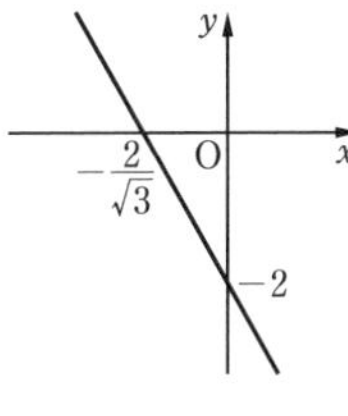

◀ 加法定理を用いて展開し, 整理する。

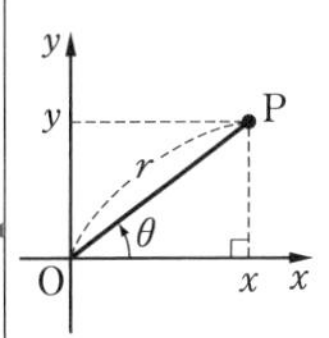

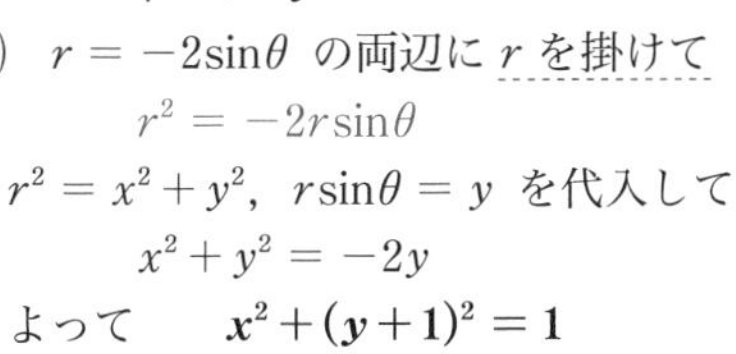

(2) $r=-2\sin\theta$ の両辺に r を掛けて

$$r^2=-2r\sin\theta$$

$r^2=x^2+y^2$, $r\sin\theta=y$ を代入して

$$x^2+y^2=-2y$$

よって　$\boldsymbol{x^2+(y+1)^2=1}$

◀ ❗r^2, $r\sin\theta$ の形をつくるために, 両辺に r を掛ける。

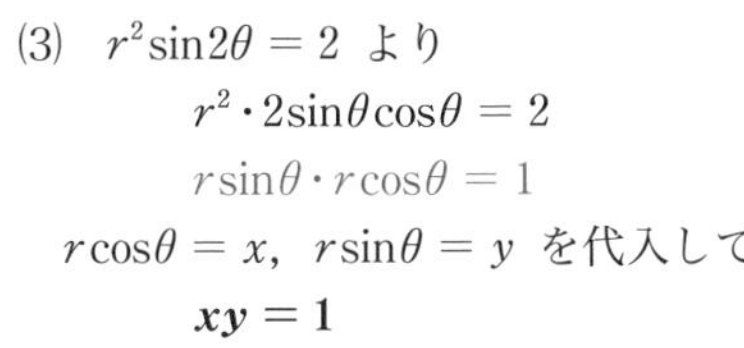

(3) $r^2\sin 2\theta=2$ より

$$r^2\cdot 2\sin\theta\cos\theta=2$$

$$r\sin\theta\cdot r\cos\theta=1$$

$r\cos\theta=x$, $r\sin\theta=y$ を代入して

$$\boldsymbol{xy=1}$$

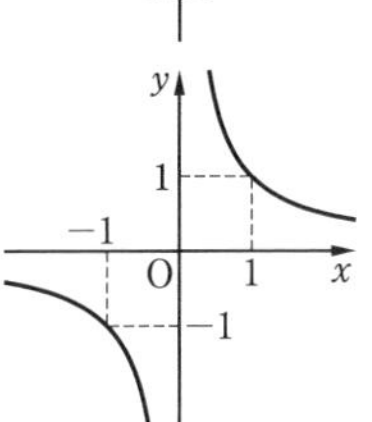

◀ $xy=1$ より反比例 $y=\dfrac{1}{x}$ のグラフである。

Point…極方程式を直交座標の方程式に直す

例題 108 (2) において, r^2 の形をつくるために $r=-2\sin\theta$ の両辺を 2 乗すると $r^2=4\sin^2\theta$ となり, 右辺の θ を消去することができない。両辺に r を掛けて $r^2=-2r\sin\theta$ とし r^2 と $r\sin\theta$ の形を同時につくることがポイントである。

練習 108 次の極方程式を直交座標の方程式で表せ。

(1) $r\sin\left(\theta-\dfrac{\pi}{3}\right)=2$　　(2) $r=-\dfrac{1}{3}\sin\theta$　　(3) $r^2\cos 2\theta=1$

➡p.227 問題108

例題 109 直線の極方程式

D ★★☆☆

次の直線の極方程式を求めよ。

(1) 極座標が$\left(2,\ \dfrac{\pi}{3}\right)$である点Hを通り，OHに垂直な直線$l$

(2) 極座標が$(a,\ 0)$である点Aを通り，始線OXとのなす角が$\alpha\left(\dfrac{\pi}{2}<\alpha<\pi\right)$である直線$m$

思考のプロセス

図で考える

直線上の点を$\mathrm{P}(r,\ \theta)$とおき，図からrとθの関係式（極方程式）を導く。

(1)

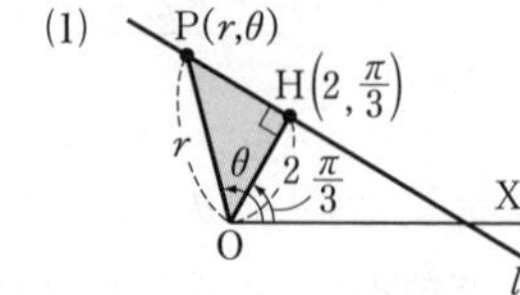

(2)

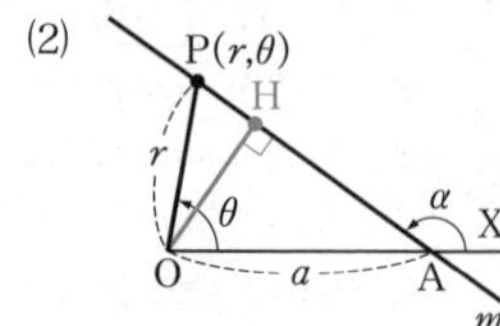

既知の問題に帰着

(2)は，(1)の方法に帰着させるために，極Oから直線mに垂線OHを下ろして考える。

← 点Hを垂線の足という。

Action» 直線の極方程式は，極・垂線の足・直線上の点を結んだ直角三角形を考えよ

解 (1) 直線l上の点Pの極座標を$(r,\ \theta)$とすると，△OPHにおいて

$$\mathrm{OP}\cos\angle\mathrm{POH}=\mathrm{OH}$$

よって　$\boldsymbol{r\cos\left(\theta-\dfrac{\pi}{3}\right)=2}$

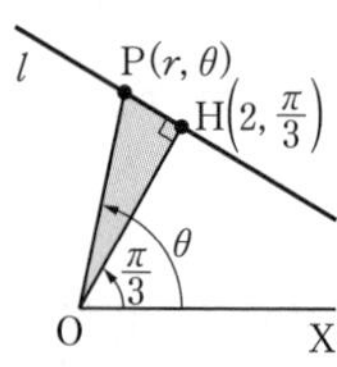

◀ △OPHは $\angle\mathrm{OHP}=\dfrac{\pi}{2}$ の直角三角形である。

◀ $\angle\mathrm{POH}=\left|\theta-\dfrac{\pi}{3}\right|$ であり $\cos\left|\theta-\dfrac{\pi}{3}\right|=\cos\left(\theta-\dfrac{\pi}{3}\right)$

〔別解〕

直交座標で考えると，$x=2\cos\dfrac{\pi}{3}$，$y=2\sin\dfrac{\pi}{3}$ より

$\mathrm{H}(1,\ \sqrt{3})$であり，直線OHの傾きは　$\tan\dfrac{\pi}{3}=\sqrt{3}$

◀ 極Oを原点，始線をx軸の正の方向にとり，直交座標系を考える。

直線lはOHに直交し，点Hを通るから

$$y-\sqrt{3}=-\frac{1}{\sqrt{3}}(x-1)$$

よって　$x+\sqrt{3}y-4=0$

例題107　$x=r\cos\theta$，$y=r\sin\theta$ を代入すると

$$r(\cos\theta+\sqrt{3}\sin\theta)-4=0$$

したがって　$r\sin\left(\theta+\dfrac{\pi}{6}\right)=2$

◀ 本解と式の形は異なるが，$\sin\left(\theta+\dfrac{\pi}{6}\right)=\cos\left(\theta-\dfrac{\pi}{3}\right)$であり，等しい。

(2) 極Oから直線mに垂線OHを下ろすと，点Hの偏角は　$\alpha-\dfrac{\pi}{2}$

また，直線m上の点Pの極座標を$(r,\ \theta)$とすると，

△OPHにおいて

$$\mathrm{OH}=\mathrm{OP}\cos\angle\mathrm{POH}$$

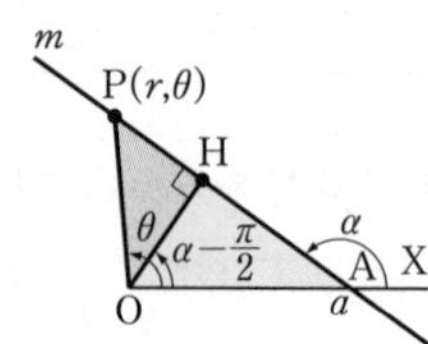

◀ $\angle\mathrm{POH}=\left|\theta-\left(\alpha-\dfrac{\pi}{2}\right)\right|$であり

$\cos\left|\theta-\left(\alpha-\dfrac{\pi}{2}\right)\right|$
$=\cos\left\{\theta-\left(\alpha-\dfrac{\pi}{2}\right)\right\}$

$$= r\cos\left\{\theta - \left(\alpha - \frac{\pi}{2}\right)\right\}$$

$$= r\cos\left\{\frac{\pi}{2} + (\theta - \alpha)\right\}$$

$$= -r\sin(\theta - \alpha) \qquad \cdots ①$$

ここで，△OAHにおいて

$$\mathrm{OH} = \mathrm{OA}\cos\angle\mathrm{AOH}$$

$$= a\cos\left(\alpha - \frac{\pi}{2}\right)$$

$$= a\sin\alpha \qquad \cdots ②$$

①，② より，求める極方程式は

$$\boldsymbol{r\sin(\theta - \alpha) = -a\sin\alpha}$$

〔別解 1〕（正弦定理の利用）

$\angle\mathrm{PAO} = \pi - \alpha$，$\angle\mathrm{POA} = \theta$ であるから

$$\angle\mathrm{APO} = \alpha - \theta$$

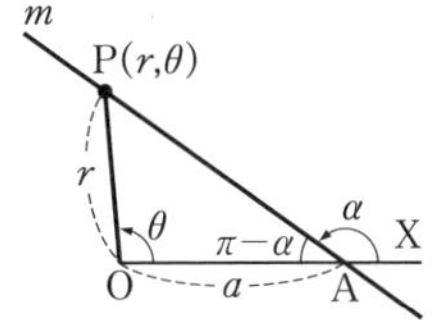

△OAP において，正弦定理により

$$\frac{r}{\sin(\pi - \alpha)} = \frac{a}{\sin(\alpha - \theta)}$$

$$r\sin(\alpha - \theta) = a\sin(\pi - \alpha)$$

$$-r\sin(\theta - \alpha) = a\sin\alpha$$

◀ $\sin(-\theta) = -\sin\theta$ より $\sin(\alpha - \theta) = -\sin(\theta - \alpha)$

よって　　$r\sin(\theta - \alpha) = -a\sin\alpha$

〔別解 2〕（直交座標で考える）

直交座標で考えると，A$(a,\ 0)$ であり，直線 m の傾きは　　$\tan\alpha$

よって，直線 m の方程式は

$$y = \tan\alpha(x - a)$$

$x = r\cos\theta$，$y = r\sin\theta$ を代入すると

$$r\sin\theta = \tan\alpha(r\cos\theta - a)$$

$$r\sin\theta\cos\alpha = r\cos\theta\sin\alpha - a\sin\alpha$$

$$r(\sin\theta\cos\alpha - \cos\theta\sin\alpha) = -a\sin\alpha$$

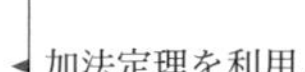

◀加法定理を利用。

したがって　　$r\sin(\theta - \alpha) = -a\sin\alpha$

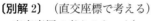

練習 109 次の直線の極方程式を求めよ。

(1) 極座標が $\left(2,\ \frac{\pi}{6}\right)$ である点 H を通り，OH に垂直な直線 l

(2) 極座標が $\left(2,\ \frac{3}{2}\pi\right)$ である点 A を通り，始線 OX に平行な直線 m

(3) 極座標が $(a,\ 0)$ である点 A を通り，始線 OX とのなす角が α $\left(0 < \alpha < \frac{\pi}{2}\right)$ である直線 n

➡p.227 問題109

頻出

例題 110 円の極方程式

★★☆☆

(1) 点 $C\left(2,\ \dfrac{\pi}{2}\right)$ を中心とし，極 O を通る円の極方程式を求めよ。

(2) 点 $C\left(2,\ \dfrac{\pi}{3}\right)$ を中心とし，半径が 1 の円の極方程式を求めよ。

思考のプロセス

図で考える

円上の点を $P(r,\ \theta)$ とおき，図から r と θ の関係式（極方程式）を導く。

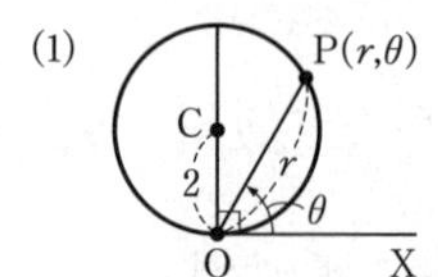

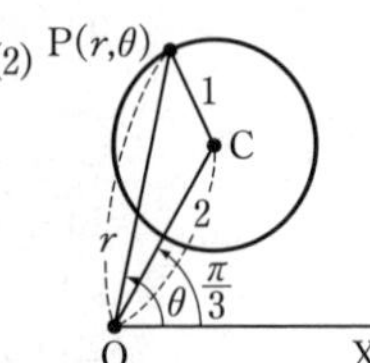

Action» 円の極方程式は，極・中心・円上の点を結んだ三角形を考えよ

解 (1) 円の直径 OA を考えると，点 A の極座標は　$A\left(4,\ \dfrac{\pi}{2}\right)$

円上の点 P の極座標を $(r,\ \theta)$ とすると

$\angle APO = \dfrac{\pi}{2}$ より，△APO において

$$OP = OA\cos\angle AOP$$

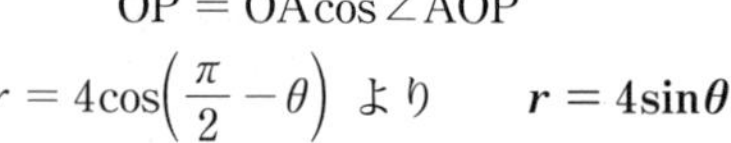

$r = 4\cos\left(\dfrac{\pi}{2} - \theta\right)$ より　$\boldsymbol{r = 4\sin\theta}$

◀ OA が円の直径であるから $\angle APO = \dfrac{\pi}{2}$

◀ $\angle AOP = \left|\dfrac{\pi}{2} - \theta\right|$ であり $\cos\left|\dfrac{\pi}{2} - \theta\right| = \cos\left(\dfrac{\pi}{2} - \theta\right)$

(2) 円上の点 P の極座標を $(r,\ \theta)$ とすると，△OCP において，余弦定理により

$$CP^2 = OC^2 + OP^2 - 2OC\cdot OP\cos\angle POC$$

$$1^2 = 2^2 + r^2 - 2\cdot 2r\cos\left(\theta - \frac{\pi}{3}\right)$$

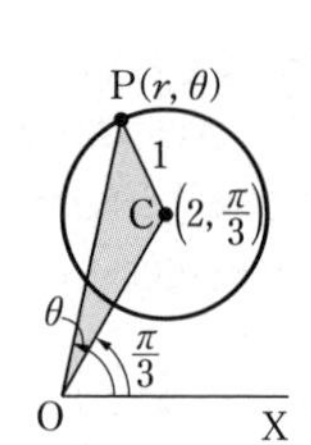

◀ $\angle POC = \left|\theta - \dfrac{\pi}{3}\right|$ であり $\cos\left|\theta - \dfrac{\pi}{3}\right| = \cos\left(\theta - \dfrac{\pi}{3}\right)$

よって　$\boldsymbol{r^2 - 4r\cos\left(\theta - \dfrac{\pi}{3}\right) + 3 = 0}$

〔別解〕 直交座標で考えると，点 $C(1,\ \sqrt{3})$ を中心とする半径 1 の円の方程式は　$(x-1)^2 + (y-\sqrt{3})^2 = 1$

例題 107

$$x^2 + y^2 - 2x - 2\sqrt{3}y + 3 = 0$$

$x = r\cos\theta,\ y = r\sin\theta,\ x^2 + y^2 = r^2$ を代入すると

$$r^2 - 2r\cos\theta - 2\sqrt{3}r\sin\theta + 3 = 0$$

$$r^2 - 4r\left(\frac{1}{2}\cos\theta + \frac{\sqrt{3}}{2}\sin\theta\right) + 3 = 0$$

よって　$r^2 - 4r\cos\left(\theta - \dfrac{\pi}{3}\right) + 3 = 0$

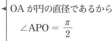

◀ $r^2 - 4r\sin\left(\theta + \dfrac{\pi}{6}\right) + 3 = 0$ としてもよい。

練習 110 (1) 点 $C\left(2,\ \dfrac{\pi}{6}\right)$ を中心とし，極 O を通る円の極方程式を求めよ。

(2) 点 $C\left(2,\ \dfrac{\pi}{4}\right)$ を中心とし，半径が 3 の円の極方程式を求めよ。

➡p.227 問題110

例題 111 2次曲線の極方程式〔1〕 ★★☆☆

次の極方程式は，極 O を焦点とする 2 次曲線を表すことを示せ。

(1) $r=\dfrac{2}{1-\cos\theta}$　　(2) $r=\dfrac{3}{2+\cos\theta}$

思考のプロセス

極方程式のままでは，どのような図形か分かりにくい。

段階的に考える

Ⅰ．極方程式を直交座標の方程式に直す。

«ReAction 直交座標への変換は，$r\cos\theta=x$，$r\sin\theta=y$，$r^2=x^2+y^2$ を用いよ

◀例題 108

Ⅱ．Ⅰの方程式で表される曲線が，原点 O を焦点とする 2 次曲線であることを示す。

解 (1) $r=\dfrac{2}{1-\cos\theta}$ …① より　$r-r\cos\theta=2$

よって　$r=r\cos\theta+2$

両辺を 2 乗すると　$r^2=(r\cos\theta+2)^2$

例題 108 $r^2=x^2+y^2$，$r\cos\theta=x$ を代入すると

$$x^2+y^2=(x+2)^2$$

ゆえに　$y^2=4(x+1)$

これは $(-1,\ 0)$ を頂点とする放物線を表す。この放物線の焦点は点 $(0,\ 0)$ であるから，極方程式 ① は極 O を焦点とする放物線を表す。

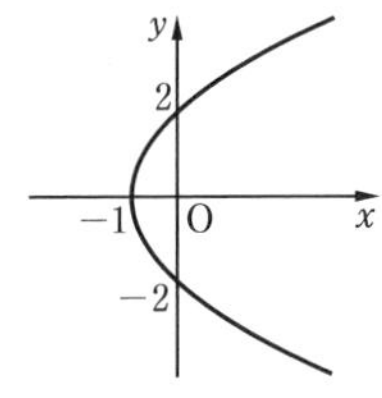

◀直交座標で考える。

◀放物線 $y^2=4x$ の焦点 $(1,\ 0)$
放物線 $y^2=4(x+1)$ の焦点は，これを x 軸方向に -1 だけ平行移動すればよい。

(2) $r=\dfrac{3}{2+\cos\theta}$ …② より　$2r+r\cos\theta=3$

よって　$2r=3-r\cos\theta$

両辺を 2 乗すると　$4r^2=(3-r\cos\theta)^2$

例題 108 $r^2=x^2+y^2$，$r\cos\theta=x$ を代入すると

$$4(x^2+y^2)=(3-x)^2$$

ゆえに　$\dfrac{(x+1)^2}{4}+\dfrac{y^2}{3}=1$

これは $(-1,\ 0)$ を中心とする楕円を表す。

この楕円の焦点の座標は，

$\left(\pm\sqrt{4-3}-1,\ 0\right)$ より

$(0,\ 0)$ と $(-2,\ 0)$ となる。

以上より，極方程式 ② は極 O を焦点の 1 つとする楕円を表す。

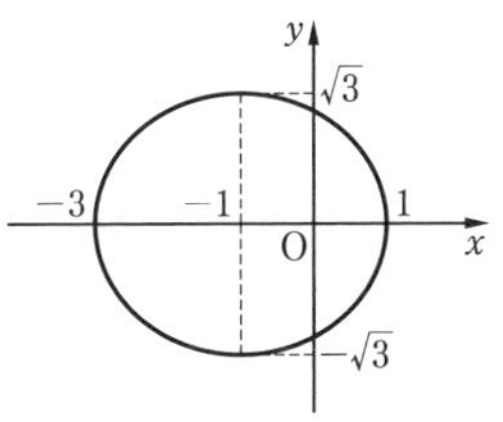

◀楕円 $\dfrac{x^2}{4}+\dfrac{y^2}{3}=1$ の焦点 $\left(\pm\sqrt{4-3},\ 0\right)$
楕円 $\dfrac{(x+1)^2}{4}+\dfrac{y^2}{3}=1$ の焦点は，これらを x 軸方向に -1 だけ平行移動すればよい。

練習 111 次の極方程式は，極 O を焦点とする 2 次曲線を表すことを示せ。

(1) $r=\dfrac{1}{2-2\cos\theta}$　　(2) $r=\dfrac{1}{2+\sqrt{3}\cos\theta}$

➡p.227 問題111

例題 112 2次曲線の極方程式〔2〕

D ★★☆☆

点F(1, 0)からの距離と直線 $l: x=-2$ からの距離の比が1:1である点Pの軌跡を，点Fを極，x軸の正の部分を始線とする極方程式で表せ。

思考のプロセス

点Pの軌跡を極方程式で表す。

⟹ 点P(r, θ)として，r, θの関係式を導く。

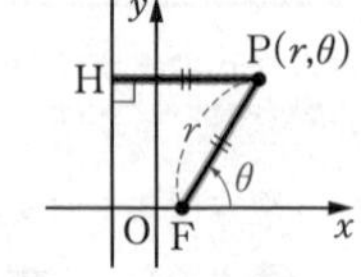

条件の言い換え

点Pの条件 ⟹ PF = PH

極がOではなく，Fであることに注意して，rとθの式で表す。

Action» 極方程式で表すときは，極の位置に注意せよ

解 右の図のように，点Pからlへ垂線PHを下ろし，Pの極座標を(r, θ)とすると

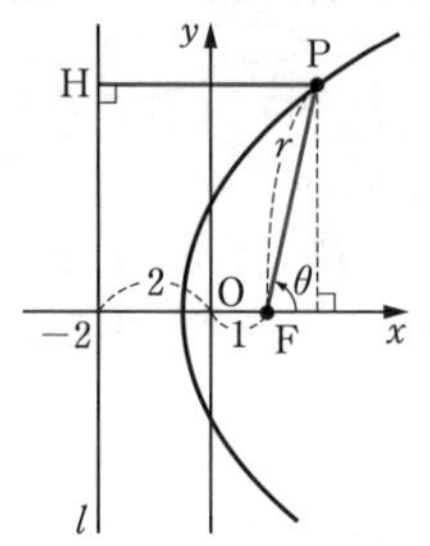

$$\mathrm{PF}=r,\ \mathrm{PH}=3+r\cos\theta$$

◀ 点Pを極座標で表す。

◀ $\mathrm{PH}=2+1+r\cos\theta$

PF = PH より

$$r=3+r\cos\theta$$

$$r(1-\cos\theta)=3$$

よって $\boldsymbol{r=\dfrac{3}{1-\cos\theta}}$

◀ $\theta=2n\pi$（nは整数）のとき，PF = PH を満たす点Pは存在しないから $1-\cos\theta \neq 0$

〔参考〕右のように点P(r, θ)をとると

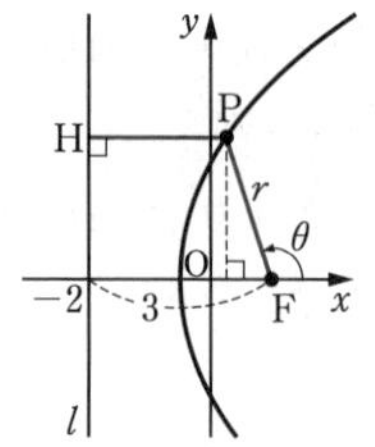

$$\mathrm{PF}=r,\ \mathrm{PH}=3-r\cos(\pi-\theta)$$

$\cos(\pi-\theta)=-\cos\theta$ より

$$\mathrm{PH}=3+r\cos\theta$$

となり，上と同様の結果となる。

$\theta=\dfrac{\pi}{2}$, π, $\dfrac{3}{2}\pi$ のときも成り立つ。

Point... 2次曲線の極方程式と離心率

極Fからの距離と定直線lからの距離の比が$e:1$である点Pの軌跡は2次曲線となる。
lがFの左側にある場合，Fとlの距離をdとすると，その極方程式は

$$r=\frac{ed}{1-e\cos\theta}\quad\left(\text{離心率 } e=\frac{\mathrm{PF}}{\mathrm{PH}}\right)$$

で表される。eの値について

(ア) $0<e<1$ のとき　楕円

(イ) $e=1$ のとき　放物線

(ウ) $1<e$ のとき　双曲線

放物線，楕円，双曲線を同じ形の式で表すことができる。

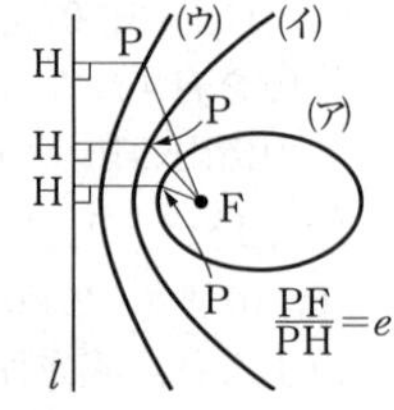

練習 112 点F(1, 0)からの距離と直線 $l: x=-2$ からの距離の比が次のような点Pの軌跡を，点Fを極，x軸の正の部分を始線とする極方程式で表せ。

(1) 1:2　　(2) 2:1

➡p.227 問題112

Play Back 15 離心率と2次曲線の極方程式

探究例題 10 e を動かすとどうなる？

事実：極方程式 $r=\dfrac{ed}{1-e\cos\theta}$ （$e>0$, $d>0$, d は定数）は2次曲線を表す。

太郎：本当かな？ e の値を様々に動かしてみよう。

花子：$0<e<1$ のときは ア，$e=1$ のときは イ，$1<e$ のときは ウ になっていそうです。

(1) ア ～ ウ に当てはまる適切な図形を述べよ。

(2) 各 e の値で，(1) で答えた図形になることを証明せよ。

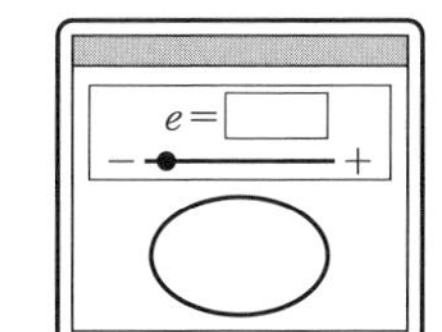

思考のプロセス

段階的に考える

(2) 極方程式を直交座標の方程式に直して考える。

« Re Action 直交座標への変換は，$r\cos\theta=x$, $r\sin\theta=y$, $r^2=x^2+y^2$ を用いよ ◀例題 108

解 (1) ア **楕円**　イ **放物線**　ウ **双曲線**

(2) $r=\dfrac{ed}{1-e\cos\theta}$ …① より　$r-er\cos\theta=ed$

よって　$r=e(r\cos\theta+d)$

両辺を2乗すると　$r^2=e^2(r\cos\theta+d)^2$

$r^2=x^2+y^2$, $r\cos\theta=x$ を代入すると　$x^2+y^2=e^2(x+d)^2$　◀直交座標で考える。

よって　$(1-e^2)x^2-2e^2dx+y^2=(ed)^2$　…②

(ア) $e=1$ のとき　$y^2=2dx+d^2$ より ① は放物線を表す。

(イ) $e\neq1$ のとき　② の両辺を $1-e^2$ で割ると

$$\left(x-\frac{e^2d}{1-e^2}\right)^2+\frac{y^2}{1-e^2}=\left(\frac{ed}{1-e^2}\right)^2$$

◀右辺は $\dfrac{(ed)^2}{1-e^2}+\dfrac{e^4d^2}{(1-e^2)^2}=\dfrac{(ed)^2}{(1-e^2)^2}$

(i) $0<e<1$ のとき，$1-e^2>0$ であるから，① は楕円を表す。◀y^2 の係数の符号が正

(ii) $1<e$ のとき，$1-e^2<0$ であるから，① は双曲線を表す。◀y^2 の係数の符号が負

探究例題の解答の5行目の $x^2+y^2=e^2(x+d)^2$ の式から $\sqrt{x^2+y^2}=e(x+d)$ が導かれます。これは，「点 (x, y) から，原点Oまでの距離と，直線 $x=-d$ までの距離の比が $e:1$ である」ということを意味しています。

極方程式 $r=\dfrac{ed}{1-e\cos\theta}$ は，右の図のような極Oを1つの焦点とし，始線を x 軸の正の部分とする2次曲線を表しているのですね！

(図: l, y, H, P(r,θ), r, θ, $-d$, d, O, x)

準線が焦点の右側にある場合，2次曲線の極方程式は $r=\dfrac{ed}{1+e\cos\theta}$ と表されます。

チャレンジ《8》 次の極方程式で表される2次曲線の離心率を答えよ。

(1) $r=\dfrac{2}{1+\cos\theta}$　　(2) $r=\dfrac{4}{2-3\cos\theta}$

(⇨ 解答編 p.196)

例題 113 極方程式の利用

D ★★★☆

(1) 楕円 $\dfrac{x^2}{4}+\dfrac{y^2}{3}=1$ を C とする。焦点 F(1, 0) を極，x 軸の正の部分を始線とする極座標において，楕円 C の極方程式を求めよ。

(2) (1) の楕円 C，点 F に対して，F を通る直線と楕円 C との 2 つの交点を A，B とするとき，$\dfrac{1}{\text{FA}}+\dfrac{1}{\text{FB}}$ は一定の値をとることを証明せよ。

思考のプロセス

«ReAction 直交座標と極座標の変換は，$x=r\cos\theta$，$y=r\sin\theta$ を利用せよ ◀例題 105

(1) 図で考える

極が F(1, 0)

r と θ の式

$\begin{cases} x = \square \\ y = \square \end{cases}$

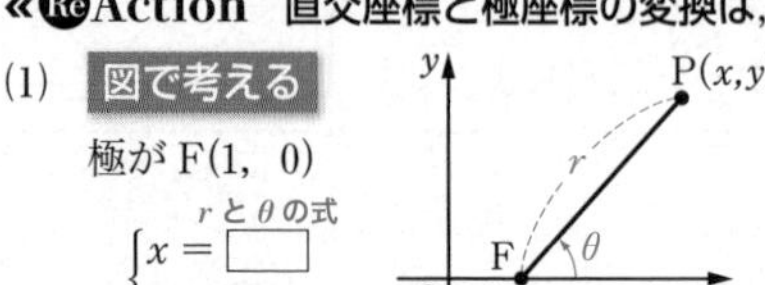

(参考)

極が O(0, 0)

$\begin{cases} x = r\cos\theta \\ y = r\sin\theta \end{cases}$

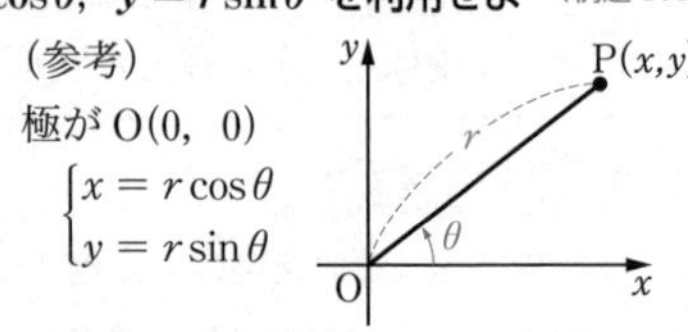

(2) 未知のものを文字でおく 極座標で A$(r_1,\ \theta_1)$，B$(r_2,\ \theta_2)$ とおく。

条件___ ⟹ θ_1 と θ_2 の関係は？

解 (1) 楕円 C 上の点 P$(x,\ y)$ の極座標を $(r,\ \theta)$ $(r\geqq 0)$ とおくと $\begin{cases} x=1+r\cos\theta \\ y=r\sin\theta \end{cases}$

◀楕円上の点を極座標で表す。

$\dfrac{x^2}{4}+\dfrac{y^2}{3}=1$ に代入すると

$$\frac{(1+r\cos\theta)^2}{4}+\frac{(r\sin\theta)^2}{3}=1$$

$$(4-\cos^2\theta)r^2+6r\cos\theta-9=0$$

よって $\{(2+\cos\theta)r-3\}\{(2-\cos\theta)r+3\}=0$

$r\geqq 0$ より，求める極方程式は $\boldsymbol{r=\dfrac{3}{2+\cos\theta}}$

◀$(2-\cos\theta)r+3>0$

(2) A，B の極座標をそれぞれ $(r_1,\ \theta_1)$，$(r_2,\ \theta_2)$ とおくと

$$r_1=\frac{3}{2+\cos\theta_1},\quad r_2=\frac{3}{2+\cos\theta_2}$$

ここで，$\theta_2=\theta_1+\pi$ であるから

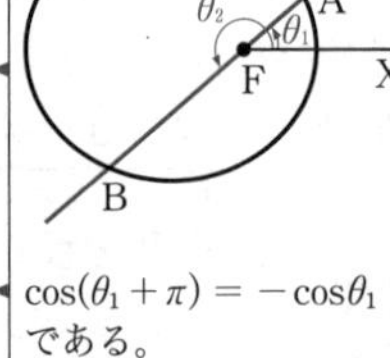

$$\frac{1}{\text{FA}}+\frac{1}{\text{FB}}=\frac{1}{r_1}+\frac{1}{r_2}=\frac{2+\cos\theta_1}{3}+\frac{2+\cos(\theta_1+\pi)}{3}$$

$$=\frac{1}{3}(4+\cos\theta_1-\cos\theta_1)=\frac{4}{3}$$

◀$\cos(\theta_1+\pi)=-\cos\theta_1$ である。

したがって，$\dfrac{1}{\text{FA}}+\dfrac{1}{\text{FB}}$ は一定である。

練習 113 (1) 双曲線 $C: x^2-y^2=1$ とする。焦点 F$(\sqrt{2},\ 0)$ を極，x 軸の正の部分を始線とする極座標において，双曲線 C の極方程式を求めよ。

(2) (1) の双曲線 C，点 F に対して，F を通る直線と C の $x\geqq 1$ の部分との 2 つの交点を A，B とするとき，$\dfrac{1}{\text{FA}}+\dfrac{1}{\text{FB}}$ は一定の値をとることを証明せよ。

➡p.228 問題113

Go Ahead 13 一般の極方程式

極方程式で表された曲線がすべて直交座標で表されるわけではありません。例として，次の極方程式で表される曲線の概形をかいてみましょう。

まず，$0 \leqq \theta < 2\pi$ の範囲で極方程式の θ にいろいろな値を代入し，それに対応する r の値の表をつくります。その表をもとに平面上に点をとり，概形をかきます。

(1) $r = 2\theta$

← 一般に，$r = a\theta$ で表される曲線をアルキメデスの渦巻線という。

θ	0	$\frac{\pi}{6}$	$\frac{\pi}{3}$	$\frac{\pi}{2}$	$\frac{2}{3}\pi$	$\frac{5}{6}\pi$	π	$\frac{7}{6}\pi$	$\frac{4}{3}\pi$	$\frac{3}{2}\pi$	$\frac{5}{3}\pi$	$\frac{11}{6}\pi$	2π
r	0	$\frac{\pi}{3}$	$\frac{2}{3}\pi$	π	$\frac{4}{3}\pi$	$\frac{5}{3}\pi$	2π	$\frac{7}{3}\pi$	$\frac{8}{3}\pi$	3π	$\frac{10}{3}\pi$	$\frac{11}{3}\pi$	4π

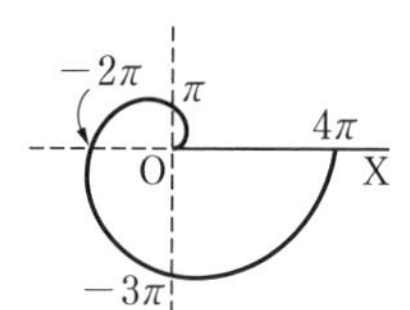

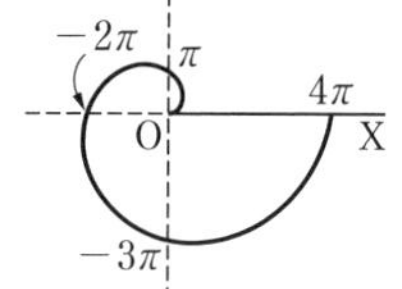

表より，曲線の概形は右の図。

(2) $r = \sin 3\theta$

← 一般に，$r = \sin n\theta$ で表される曲線を正葉曲線という。
n が奇数のときは n 枚の花びらのように見える。
n が偶数のときは $2n$ 枚の花びらのように見える。

θ	0	$\frac{\pi}{6}$	$\frac{\pi}{4}$	$\frac{\pi}{3}$	$\frac{\pi}{2}$	$\frac{2}{3}\pi$	$\frac{3}{4}\pi$	$\frac{5}{6}\pi$	π	$\frac{7}{6}\pi$	$\frac{5}{4}\pi$	$\frac{4}{3}\pi$	$\frac{3}{2}\pi$	$\frac{5}{3}\pi$	$\frac{7}{4}\pi$	$\frac{11}{6}\pi$	2π
r	0	1	$\frac{\sqrt{2}}{2}$	0	-1	0	$\frac{\sqrt{2}}{2}$	1	0	-1	$-\frac{\sqrt{2}}{2}$	0	1	0	$-\frac{\sqrt{2}}{2}$	-1	0

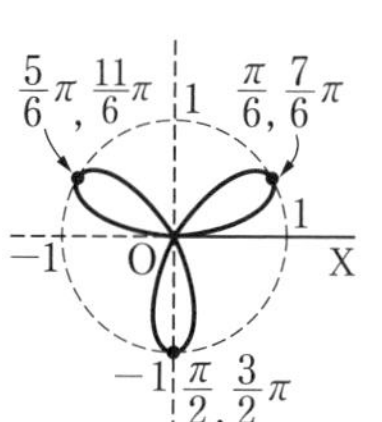

表より，曲線の概形は右の図。

(3) $r = 1 + \cos\theta$

← 一般に，$r = a(1 + \cos\theta)$ で表される曲線をカージオイドまたは心臓形という。

θ	0	$\frac{\pi}{6}$	$\frac{\pi}{4}$	$\frac{\pi}{3}$	$\frac{\pi}{2}$	$\frac{2}{3}\pi$	$\frac{3}{4}\pi$	$\frac{5}{6}\pi$	π	$\frac{5}{4}\pi$	$\frac{3}{2}\pi$	$\frac{7}{4}\pi$	2π
r	2	$1+\frac{\sqrt{3}}{2}$	$1+\frac{\sqrt{2}}{2}$	$\frac{3}{2}$	1	$\frac{1}{2}$	$1-\frac{\sqrt{2}}{2}$	$1-\frac{\sqrt{3}}{2}$	0	$1-\frac{\sqrt{2}}{2}$	1	$1+\frac{\sqrt{2}}{2}$	2

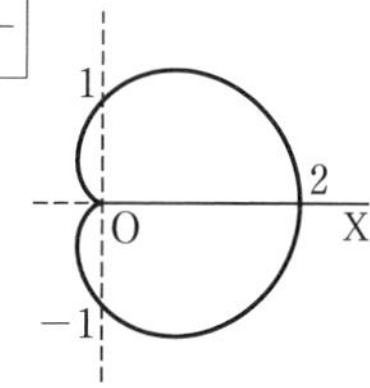

表より，曲線の概形は右の図。

曲線をかくときは，曲線の対称性に着目することで，調べる値の数をより少なくすることができます。例題 114 参照。

D ★★☆☆

例題 114 一般の極方程式

極方程式が $r^2 = \cos 2\theta$ で表される曲線の概形をかけ。

思考のプロセス

対称性の利用

極方程式 $r = f(\theta)$ の対称性は

(ア) $f(-\theta) = f(\theta)$ のとき
… 始線に関して対称

(イ) $f(\theta+\pi) = f(\theta)$ のとき
… 極に関して対称

(ア)

(イ)

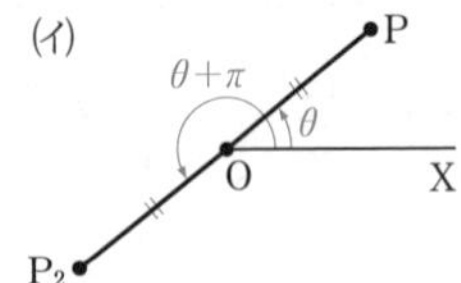

この曲線では，$\square \leqq \theta \leqq \square$ の範囲で考えればよい。

具体的に考える

上の範囲で θ にいくつかの値を代入し，r の値を求めて点をとり，それらをつないで概形をかく。

Action» 極方程式の曲線は，対称性を調べ，具体的に点をとってかけ

解 偏角が θ，$-\theta$，$\theta+\pi$ となる曲線上の点を P，P_1，P_2 とする。

このとき

$$OP^2 = \cos 2\theta$$
$$OP_1{}^2 = \cos 2(-\theta) = \cos 2\theta$$
$$OP_2{}^2 = \cos 2(\theta+\pi) = \cos 2\theta$$

となるから

$$OP = OP_1 = OP_2$$

$OP = OP_1$ より，点 P と点 P_1 は始線に関して対称

$OP = OP_2$ より，点 P と点 P_2 は極に関して対称

である。

よって，この曲線は始線および極に関して対称である。

◀ θ を $-\theta$，$\theta+\pi$ に置き換えて対称性を調べる。

◀ r は周期 π の周期関数である。

$0 \leqq \theta \leqq \dfrac{\pi}{4}$ の範囲で，θ にいくつかの値を代入して対応する r^2 の値を求めると，右の表のようになる。

θ	0	$\dfrac{\pi}{12}$	$\dfrac{\pi}{8}$	$\dfrac{\pi}{6}$	$\dfrac{\pi}{4}$
r^2	1	$\dfrac{\sqrt{3}}{2}$	$\dfrac{\sqrt{2}}{2}$	$\dfrac{1}{2}$	0

曲線の対称性から，曲線の概形は **右の図** のようになる。

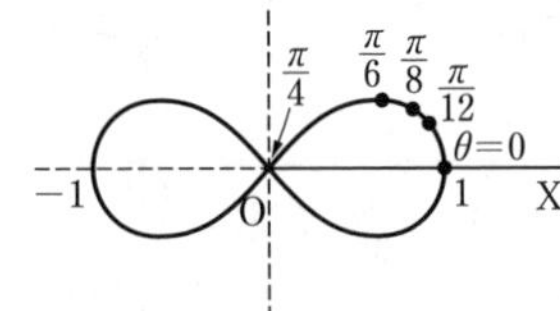

◀ ❗$0 \leqq \theta \leqq \dfrac{\pi}{2}$ の範囲での概形をかけばよいが，$\dfrac{\pi}{4} < \theta \leqq \dfrac{\pi}{2}$ のとき $\cos 2\theta < 0$ より r は存在しない。

◀ 一般に，$r^2 = a^2 \cos 2\theta$ で表される曲線をレムニスケートという。

練習 114 長さ $2a$ $(a>0)$ の線分 AB の中点を O とする。線分 AB 外の動点 P が $AP \cdot BP = a^2$ となるように動くとき，点 P の軌跡を図示せよ。

➡p.228 問題114

極座標と極方程式

▶▶解答編 p.198

105 ★☆☆☆ 極座標$\left(-2,\ \dfrac{\pi}{6}\right)$で表された点を図示せよ。また，その直交座標を求めよ。

106 ★★☆☆ 極をO，2点A，Bの極座標をA$(r_1,\ \theta_1)$，B$(r_2,\ \theta_2)$とするとき，次の等式を示せ。ただし，$r_1>0$，$r_2>0$，$0\leqq\theta_1\leqq 2\pi$，$0\leqq\theta_2\leqq 2\pi$ とする。

(1) $\mathrm{AB}=\sqrt{{r_1}^2+{r_2}^2-2r_1r_2\cos(\theta_2-\theta_1)}$

(2) $\triangle\mathrm{OAB}=\dfrac{1}{2}r_1r_2|\sin(\theta_2-\theta_1)|$

107 ★☆☆☆ 次の方程式を極方程式で表せ。

(1) $2x-y=k$　(2) $y^2=4px$　(3) $(x-a)^2+(y-a)^2=2a^2$

108 ★★☆☆ 次の極方程式を直交座標の方程式で表せ。

(1) $r=\dfrac{\cos\theta}{\sin^2\theta}$　(2) $r=\dfrac{\sqrt{2}}{1-\sqrt{2}\cos\theta}$

109 ★★☆☆ 極座標で表された2点A$\left(2,\ \dfrac{\pi}{3}\right)$，B$\left(4,\ \dfrac{2}{3}\pi\right)$を通る直線の極方程式を求めよ。

110 ★★☆☆ 次の円の極方程式を求めよ。

(1) 極座標で，中心がC$(c,\ \alpha)$，半径がaである円

(2) 半径aで始線上に中心をもち，極を通る円

111 ★★☆☆ eを $0<e<1$ を満たす定数，aを正の定数とする。極方程式 $r=\dfrac{a(1-e^2)}{1+e\cos\theta}$ はどのような図形を表すか。

112 ★★☆☆ 直線 $r\cos\left(\theta-\dfrac{\pi}{4}\right)=2$ 上を動く点Pと極Oを結ぶ線分OPを1辺とする正三角形OPQをつくるとき，点Qの軌跡の極方程式を求めよ。

113 楕円 $\dfrac{x^2}{a^2}+\dfrac{y^2}{b^2}=1\ (a>b>0)$ の焦点を $\mathrm{F}(ae,\ 0)$ とする。F を通る 2 つの弦
★★★☆
PQ, RS が直交するとき，$\dfrac{1}{\mathrm{PF}\cdot\mathrm{QF}}+\dfrac{1}{\mathrm{RF}\cdot\mathrm{SF}}$ の値を求めよ。ただし，e は離心率とする。

114 双曲線 $xy=1$ 上の動点を P とする。P におけるこの双曲線の接線に関して，
★★☆☆
原点 O の対称点を Q とする。$\mathrm{OQ}=r$，OQ と x 軸の正の方向のなす角を θ とするとき，r を θ の関数として表し，点 Q の軌跡を図示せよ。

本質を問う 8

▶▶解答編 p.205

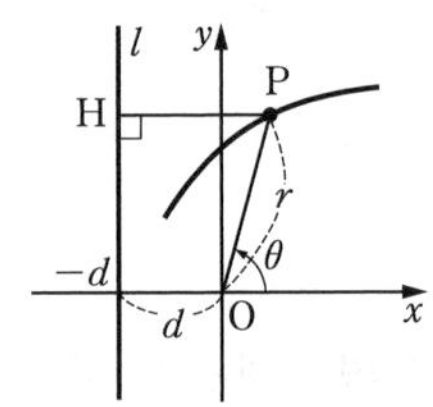

1 右の図のように，定点 O からの距離と定直線 $l : x=-d$ からの距離の比の値 $e=\dfrac{\mathrm{PO}}{\mathrm{PH}}$ が一定である点 P の軌跡の極方程式を求めよ。

◀p.223 Play Back 15

2 極方程式 $r=1+\cos\theta$ の概形を考えるとき，$0 \leqq \theta \leqq 2\pi$ の範囲を考えずとも，例えば $0 \leqq \theta \leqq \pi$ の範囲を考えれば，全体の概形を求めることができる。その理由を説明せよ。

◀p.225 Go Ahead 13

Let's Try! 8

▶▶解答編 p.205

① 座標平面上で媒介変数表示された曲線 $\begin{cases} x = 2\sin t - \sin 2t \\ y = 2\cos t - \cos 2t - 1 \end{cases}$ について，次の問に答えよ。

(1) 曲線上の点 $(x,\ y)$ について，$\sqrt{x^2 + y^2}$ を $\cos t$ を用いて表せ。

(2) 曲線を極方程式で表せ。 （愛知教育大）

◀例題107

② 次の極方程式を直交座標の方程式で表せ。

(1) $r\cos\left(\theta + \dfrac{\pi}{3}\right) = 2$

(2) $r\cos 2\theta = \cos\theta$

◀例題108

③ 極方程式で表された楕円 $C : r = \dfrac{3}{2 + \cos\theta}$ と直線 $l : r\cos\theta = k$ が，共有点をもつとき，定数 k の値の範囲を求めよ。

◀例題108

④ (1) 極座標に関して，点 $\mathrm{A}\left(2a,\ \dfrac{5}{12}\pi\right)$ を通り，始線 OX と $\dfrac{3}{4}\pi$ の角をなす直線の方程式を求めよ。ただし，$a > 0$ とする。

(2) (1) で求めた直線と OX との交点を B とする。さらに，極 O を通り OX となす角が $\dfrac{7}{12}\pi$ である直線と直線 BA の交点を C とするとき，△OBC の面積を求めよ。

(3) OB を直径とする円の任意の接線に，O から下ろした垂線の足 $\mathrm{P}(r,\ \theta)$ の軌跡の方程式を極座標を用いて表せ。ただし，直線上にない点からその直線に下ろした垂線とその直線の交点を，この垂線の足という。 （北海道大）

◀例題109，110

⑤ 座標平面上に定点 $\mathrm{F}(-4,\ 0)$ および定直線 $l : x = -\dfrac{25}{4}$ が与えられている。

(1) 動点 $\mathrm{P}(x,\ y)$ から l へ垂線 PH を引くとき，$\dfrac{\mathrm{PF}}{\mathrm{PH}} = \dfrac{4}{5}$ となるように P が動くものとする。このとき，P の軌跡の方程式を求めよ。

(2) F を極，F から x 軸の正の方向に向かう半直線を始線（基線）とする極座標を考える。このとき，(1) で得られた図形を極方程式で表せ。

(3) 原点 O を極，O から x 軸の正の方向に向かう半直線を始線（基線）とする極座標を考える。このとき，(1) で得られた図形を極方程式で表せ。 （山梨大）

◀例題112

3章 複素数平面

例題MAP

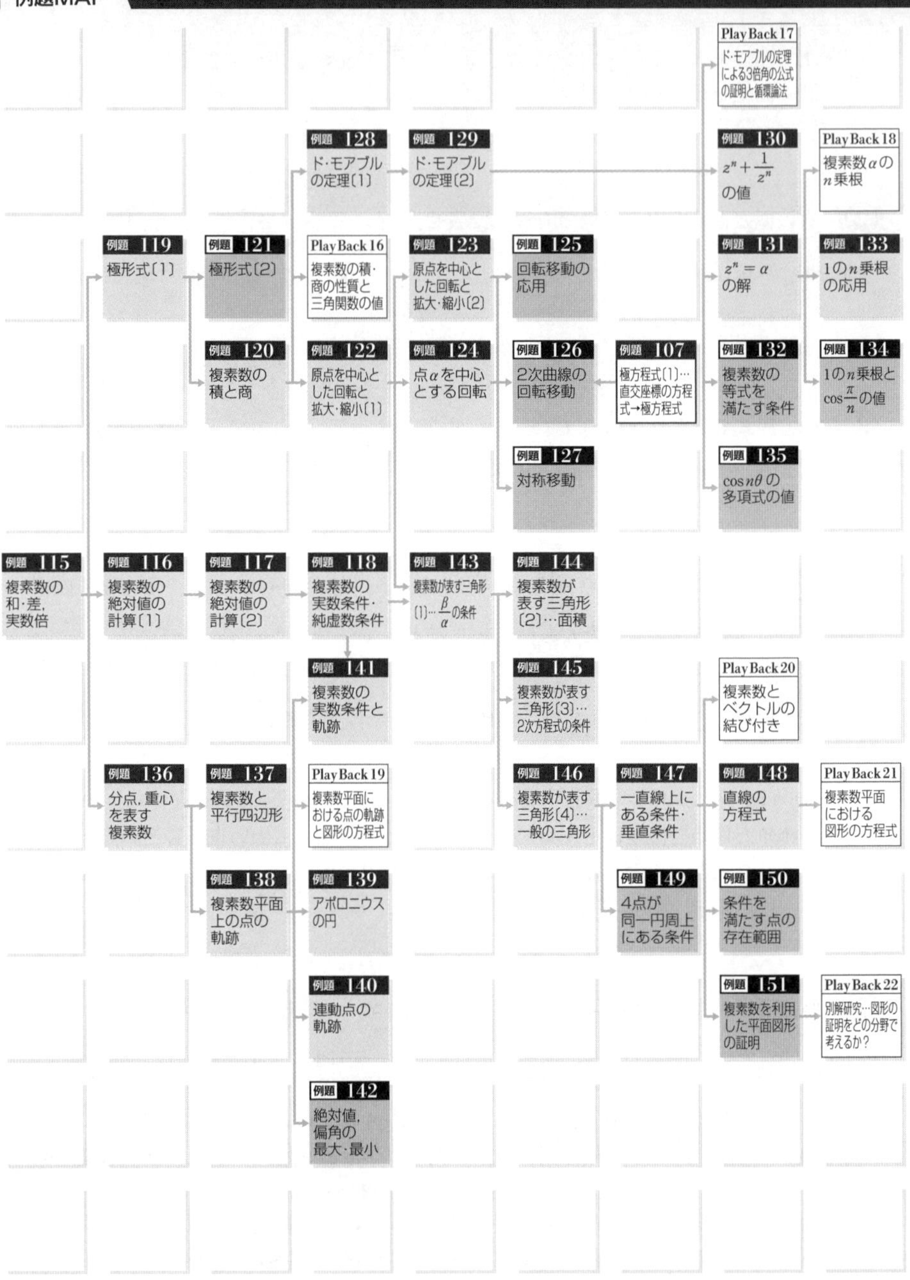

PlayBack 17 ド・モアブルの定理による3倍角の公式の証明と循環論法
例題 128 ド・モアブルの定理〔1〕
例題 129 ド・モアブルの定理〔2〕
例題 130 $z^n+\frac{1}{z^n}$ の値
PlayBack 18 複素数αのn乗根
例題 119 極形式〔1〕
例題 121 極形式〔2〕
PlayBack 16 複素数の積・商の性質と三角関数の値
例題 123 原点を中心とした回転と拡大・縮小〔2〕
例題 125 回転移動の応用
例題 131 $z^n=\alpha$ の解
例題 133 1のn乗根の応用
例題 120 複素数の積と商
例題 122 原点を中心とした回転と拡大・縮小〔1〕
例題 124 点αを中心とする回転
例題 126 2次曲線の回転移動
例題 107 極方程式〔1〕…直交座標の方程式→極方程式
例題 132 複素数の等式を満たす条件
例題 134 1のn乗根と$\cos\frac{\pi}{n}$の値
例題 127 対称移動
例題 135 $\cos n\theta$ の多項式の値
例題 115 複素数の和・差，実数倍
例題 116 複素数の絶対値の計算〔1〕
例題 117 複素数の絶対値の計算〔2〕
例題 118 複素数の実数条件・純虚数条件
例題 143 複素数が表す三角形〔1〕…$\frac{\beta}{\alpha}$の条件
例題 144 複素数が表す三角形〔2〕…面積
例題 141 複素数の実数条件と軌跡
例題 145 複素数が表す三角形〔3〕…2次方程式の条件
PlayBack 20 複素数とベクトルの結び付き
例題 136 分点，重心を表す複素数
例題 137 複素数と平行四辺形
PlayBack 19 複素数平面における点の軌跡と図形の方程式
例題 146 複素数が表す三角形〔4〕…一般の三角形
例題 147 一直線上にある条件・垂直条件
例題 148 直線の方程式
PlayBack 21 複素数平面における図形の方程式
例題 138 複素数平面上の点の軌跡
例題 139 アポロニウスの円
例題 149 4点が同一円周上にある条件
例題 150 条件を満たす点の存在範囲
例題 140 連動点の軌跡
例題 151 複素数を利用した平面図形の証明
PlayBack 22 別解研究…図形の証明をどの分野で考えるか？
例題 142 絶対値，偏角の最大・最小

例題■は教科書の予習復習に，例題■は教科書学習後の実力 UP に適しています。
ある例題でつまずいたときは，→をたどって，基礎となる例題を復習しましょう。

この章の解説動画と
デジタルコンテンツは
こちら →

例題一覧

9 複素数平面

例題番号	探究	頻出	デジタル	難易度	プロセスワード
115			D	★☆☆☆	対応を考える　図で考える
116		頻		★★☆☆	公式の利用
117				★★☆☆	公式の利用
118		頻		★★★☆	条件の言い換え　結論の言い換え
119		頻	D	★☆☆☆	図で考える
120		頻		★☆☆☆	公式の利用
PB16					
121				★★★☆	段階的に考える
122			D	★☆☆☆	公式の利用
123		頻	D	★★☆☆	見方を変える
124		頻	D	★★☆☆	既知の問題に帰着　段階的に考える
125			D	★★☆☆	見方を変える
126			D	★★★☆	既知の問題に帰着　対応を考える
127			D	★★☆☆	段階的に考える
128		頻		★☆☆☆	定理の利用
129		頻		★☆☆☆	段階的に考える
PB17	探				定理の利用
130				★★★☆	具体的に考える
131		頻		★★☆☆	未知のものを文字でおく　対応を考える
PB18			D		
132				★★☆☆	既知の問題に帰着
133			D	★★★☆	見方を変える
134				★★★☆	前問の結果の利用
135				★★★★	対応を考える

10 図形への応用

例題番号	探究	頻出	デジタル	難易度	プロセスワード
136				★☆☆☆	公式の利用
137			D	★☆☆☆	条件の言い換え
138		頻	D	★☆☆☆	見方を変える
PB19					
139		頻	D	★★☆☆	段階的に考える
140		頻	D	★★☆☆	条件の言い換え
141		頻		★★★☆	条件の言い換え
142			D	★★★☆	図で考える
143		頻	D	★★☆☆	図で考える
144			D	★★☆☆	対応を考える
145		頻	D	★★★☆	既知の問題に帰着
146		頻		★★☆☆	既知の問題に帰着
147			D	★☆☆☆	条件の言い換え
PB20	探		D		見方を変える
148				★★★☆	条件の言い換え
PB21			D		
149				★★★☆	結論の言い換え
150			D	★★★☆	条件の言い換え
151			D	★★☆☆	結論の言い換え
PB22	探				見方を変える

PB…Play Back, **GA**…Go Ahead
頻…定期考査などで出題されやすい，特に重要な例題です。
探…探究例題を通して，数学的な見方・考え方を広げるコラムです。
D…内容の解説のためのデジタルコンテンツが付いています。

まとめ 9 複素数平面

1 複素数平面

平面上に座標軸を定め，複素数 $z=x+yi$ に点 $(x,\ y)$ を対応させた平面を **複素数平面** または **複素平面** という。
このとき，x 軸を **実軸**，y 軸を **虚軸** という。
また，複素数 z に対応する点 P を P(z) と表す。
単に点 z ということもある。

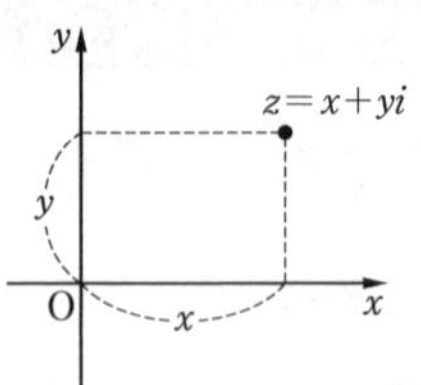

2 共役な複素数の性質

(1) **共役**(きょうやく)**な複素数** … 複素数 $z=a+bi$ に対する $a-bi$ であり，$\overline{z}$ で表す。

(2) 共役な複素数の性質

(ア) $\overline{\alpha+\beta}=\overline{\alpha}+\overline{\beta}$　(イ) $\overline{\alpha-\beta}=\overline{\alpha}-\overline{\beta}$

(ウ) $\overline{\alpha\beta}=\overline{\alpha}\,\overline{\beta}$　(エ) $\overline{\left(\dfrac{\alpha}{\beta}\right)}=\dfrac{\overline{\alpha}}{\overline{\beta}}$　(オ) $\overline{(\overline{\alpha})}=\alpha$

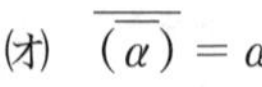

(3) 複素数平面における対称点

(ア) 点 z と点 $\overline{z}$ は実軸に関して対称

(イ) 点 z と点 $-z$ は原点に関して対称

(ウ) 点 z と点 $-\overline{z}$ は虚軸に関して対称

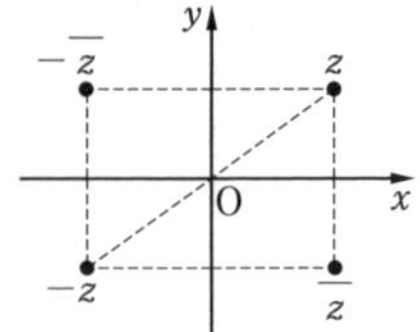

(4) 実数となるための条件，純虚数となるための条件

(ア) z が実数 $\iff$ $\overline{z}=z$

(イ) z が純虚数 $\iff$ $\overline{z}=-z$，$z\neq 0$

概要

1 複素数平面

・複素数（数学 II の復習）

虚数単位 … 2乗すると -1 になる数であり，記号 i で表す。
すなわち　$i^2=-1$

複素数 … a，b を任意の実数として，$a+bi$ の形に表される数。
複素数 $a+bi$ において，a を **実部**，b を **虚部** という。

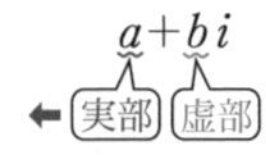

虚数 … 実数ではない複素数

純虚数 … 実部が 0 の虚数

よって

複素数 $a+bi\begin{cases}\text{実数（}b=0\text{ のとき）}\\\text{虚数（}b\neq 0\text{ のとき）　特に，}a=0\text{ のとき純虚数}\end{cases}$

複素数 $a+bi$
実数 ($b=0$)
虚数 ($b\neq 0$)
純虚数 ($a=0$)

❗ 純虚数を「実部が 0 の複素数」と誤って，0 を純虚数に含めないように注意する。

・Re(z)，Im(z)

複素数 z の実部を Re(z)，虚部を Im(z) と表すことがある。
なお，Re は実部を表す real part，Im は虚部を表す imaginary part に由来する記号である。

以下，$a+bi$，$c+di$ における a，b，c，d は実数とする。

・**複素数の平面との対応**

実数と数直線上の点は，1つずつ，漏れなく対応（1対1に対応）している。これと同様に，複素数と座標平面上の点は，1つずつ，漏れなく対応（1対1に対応）させることができる。このことから，2つの複素数 $\alpha=a+bi$，$\beta=c+di$ に対して

$$\alpha=\beta \Longleftrightarrow a=c,\ b=d \text{（複素数の相等）}$$

・**実軸，虚軸と実数，純虚数**

複素数平面上では，実軸上の点は実数を表し，虚軸上の点は原点Oを除いて純虚数を表す。

2 共役な複素数の性質

・**共役な複素数の性質(ア)～(エ)の証明**

(ア)～(エ)はいずれも，2つの複素数 $\alpha=a+bi$，$\beta=c+di$ に対して，左辺，右辺の値を考えることによって証明することができる。

〔(ア)の証明〕

$\alpha+\beta=(a+c)+(b+d)i$ より　　$\overline{\alpha+\beta}=(a+c)-(b+d)i$

また，$\overline{\alpha}=a-bi$，$\overline{\beta}=c-di$ より　　$\overline{\alpha}+\overline{\beta}=(a+c)-(b+d)i$

したがって　$\overline{\alpha+\beta}=\overline{\alpha}+\overline{\beta}$

〔(ウ)の証明〕

$\alpha\beta=(ac-bd)+(ad+bc)i$ より　　$\overline{\alpha\beta}=(ac-bd)-(ad+bc)i$

また，$\overline{\alpha}=a-bi$，$\overline{\beta}=c-di$ より　　$\overline{\alpha}\,\overline{\beta}=(ac-bd)-(ad+bc)i$

したがって　$\overline{\alpha\beta}=\overline{\alpha}\,\overline{\beta}$

(イ)，(エ)についても同様に証明することができる。

・**$\overline{(\alpha^n)}=(\overline{\alpha})^n$**

共役な複素数の性質(ウ)において，$\beta=\alpha$ とおくと　　$\overline{(\alpha^2)}=(\overline{\alpha})^2$

この両辺に $\overline{\alpha}$ を掛け，性質(ウ)を用いると　　$\overline{(\alpha^3)}=(\overline{\alpha})^3$

これを繰り返すことにより，自然数 n に対して　　$\overline{(\alpha^n)}=(\overline{\alpha})^n$

・**z と $\overline{z}$ の和と積**

z と $\overline{z}$ の和と積は必ず実数となる。$z=a+bi$ とすると

和：$z+\overline{z}=(a+bi)+(a-bi)=2a$（実数）

積：$z\overline{z}=(a+bi)(a-bi)=a^2+b^2$（実数）

・**共役な複素数を用いた，複素数 z の実部と虚部の表し方**

$z=a+bi$ とすると　　$z+\overline{z}=2a$ …①，$z-\overline{z}=2bi$ …②

よって，①より　(z の実部 a) $=\dfrac{z+\overline{z}}{2}$，　②より　($z$ の虚部 b) $=\dfrac{z-\overline{z}}{2i}$

・**複素数が実数，純虚数となるための条件**

$z=a+bi$ に対して

(ア)　z が実数 $\Longleftrightarrow b=0 \Longleftrightarrow \overline{z}=z$

(イ)　z が純虚数 $\Longleftrightarrow a=0$ かつ $b\neq 0 \Longleftrightarrow \overline{z}=-z$ かつ $z\neq 0$

！ (イ)について，～～を忘れないように注意する。

3 複素数の絶対値

(1) 複素数の絶対値

点 z と原点 O の距離を複素数 z の **絶対値** といい，$|z|$ で表す。

$z=a+bi$ （a，b は実数）のとき　　$|z|=\sqrt{a^2+b^2}$

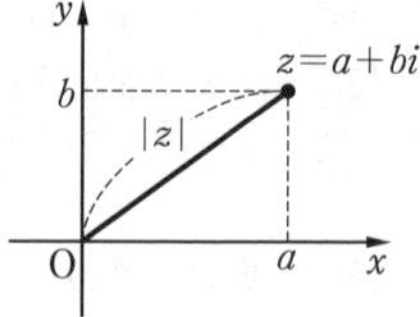

(2) 複素数の絶対値の性質

(ア) $|z| \geqq 0$　特に　$|z|=0 \iff z=0$

(イ) $|z|=|-z|=|\overline{z}|$　　(ウ) $|z|^2=z\overline{z}$

4 複素数平面と複素数の実数倍，和と差

(1) 複素数の実数倍

z を 0 でない複素数，k を 0 でない実数とする。

O を原点とする複素数平面において，3 点 O，P(z)，Q(kz) は一直線上にあり　　$\mathrm{OQ}=|k|\mathrm{OP}$

$k>0$ のとき

(2) 複素数の和と差

$\alpha=a+bi$ （a，b は実数）とする。

複素数平面上において，点 $z+\alpha$ は点 z を実軸方向に a，虚軸方向に b だけ平行移動した点である。

これを，複素数 z を複素数 α だけ平行移動するという。

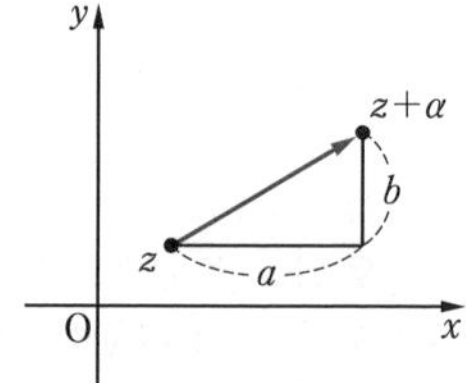

(3) 2 点間の距離

2 点 A(α)，B(β) の距離は　　$\mathbf{AB}=|\boldsymbol{\beta}-\boldsymbol{\alpha}|$

5 複素数の極形式

(1) 極形式

複素数平面において，0 でない複素数 $z=a+bi$ （a，b は実数）が表す点を P とする。

点 P と原点 O の距離を r，実軸の正の部分を始線としたときの動径 OP が表す角を θ とするとき

$$z=r(\cos\theta+i\sin\theta)$$

と表される。これを z の **極形式** という。

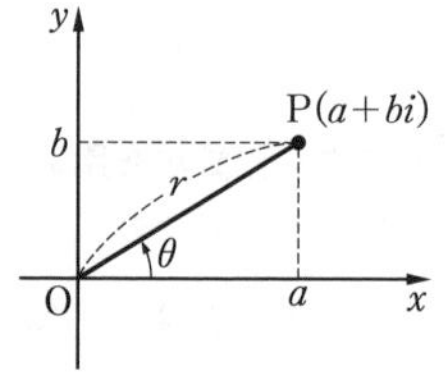

このとき

$$r=\sqrt{a^2+b^2}=|z|,\ \cos\theta=\frac{a}{r},\ \sin\theta=\frac{b}{r}$$

また，θ を複素数 z の **偏角** といい，$\boldsymbol{\theta}=\mathbf{arg}\,\boldsymbol{z}$ で表す。

(2) 共役な複素数の偏角

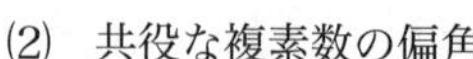

$z \neq 0$ のとき　　$\mathbf{arg}\,\overline{\boldsymbol{z}}=-\mathbf{arg}\,\boldsymbol{z}$

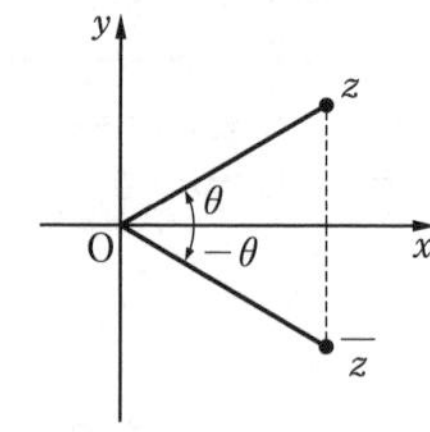

概要

3 複素数の絶対値

・複素数の絶対値の性質 (イ), (ウ) の証明

$z=a+bi$ とする。

〔(イ) の証明〕 $-z=-a-bi$ より　$|-z|=\sqrt{(-a)^2+(-b)^2}=\sqrt{a^2+b^2}$

$\overline{z}=a-bi$ より　$|\overline{z}|=\sqrt{a^2+(-b)^2}=\sqrt{a^2+b^2}$

したがって　$|z|=|-z|=|\overline{z}|$

❗ このことは，p.232 まとめ 2 (3) で学習した，点 z と点 $-z$，点 z と点 $\overline{z}$ のそれぞれ原点，実軸に関する対称性からも明らかである。

〔(ウ) の証明〕 (右辺) $=(a+bi)(a-bi)=a^2+b^2=|z|^2=$ (左辺)

information 「任意の複素数 β に対して，$\beta\overline{\beta}=|\beta|^2$ が成り立つことを示せ。」という問題が，岡山県立大学（2021 年）の入試で出題されている。

4 複素数平面と複素数の実数倍，和と差

・複素数の実数倍

実数 k と 0 でない複素数 $z=a+bi$ に対して　$kz=ka+kbi$

このとき，右の図より，kz は

$k>0$ のとき，原点に関して点 z と同じ側にある。

$k=0$ のとき，原点と一致する。

$k<0$ のとき，原点に関して点 z と反対側にある。

また，次のことが成り立つ。

$\alpha\neq0$ のとき，3 点 O(0)，A(α)，B(β) が一直線上にある $\Longleftrightarrow$ $\beta=k\alpha$（k は実数）

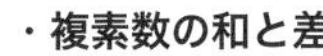

・複素数の和と差

2 つの複素数 $\alpha=a+bi$，$\beta=c+di$ に対して

$\alpha+\beta=(a+c)+(b+d)i$，$\alpha-\beta=(a-c)+(b-d)i$

よって　点 $\alpha+\beta$ … 点 α を実軸方向に c，虚軸方向に d だけ平行移動した点

点 $\alpha-\beta$ … 点 α を実軸方向に $-c$，虚軸方向に $-d$ だけ平行移動した点

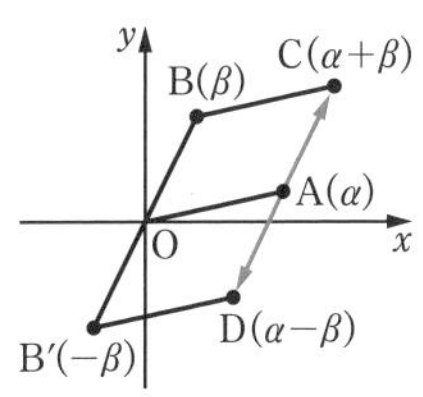

右の図より，3 点 O(0)，A(α)，B(β) が一直線上にないとき，点 C($\alpha+\beta$) とすると，四角形 OACB は平行四辺形である。

点 B′($-\beta$)，D($\alpha-\beta$) とすると，四角形 OADB′ は平行四辺形である。

❗ この考え方は，ベクトルの和・差と同様である（p.284 **Play Back** 20 も参照）。

・2 点間の距離

異なる 2 点 A(α)，B(β) に対して，点 C($\beta-\alpha$) とおくと，

複素数の和と差の定義より　$\mathrm{AB}=\mathrm{OC}=|\beta-\alpha|$

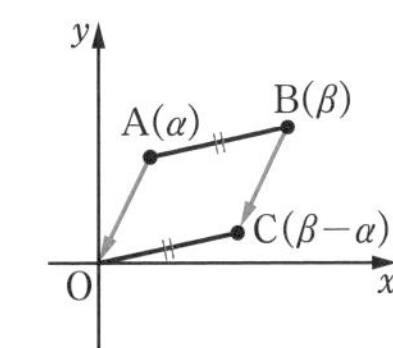

5 複素数の極形式

・偏角

偏角 θ は，$0\leqq\theta<2\pi$ の範囲で 1 通りに定まり，一般にこの範囲で考える。

一般角で考える場合は $\arg z=\theta+2n\pi$（n は整数）と表される。

なお，arg は偏角を意味する argument に由来する記号である。

⑥ 複素数の積と商

(1) 複素数の積と商

0 でない 2 つの複素数 $z_1=r_1(\cos\theta_1+i\sin\theta_1)$, $z_2=r_2(\cos\theta_2+i\sin\theta_2)$ について

(ア) $\boldsymbol{z_1z_2=r_1r_2\{\cos(\theta_1+\theta_2)+i\sin(\theta_1+\theta_2)\}}$ が成り立つから

$$\boldsymbol{|z_1z_2|=|z_1||z_2|,\quad \arg(z_1z_2)=\arg z_1+\arg z_2}\quad\cdots①$$

(イ) $\boldsymbol{\dfrac{z_1}{z_2}=\dfrac{r_1}{r_2}\{\cos(\theta_1-\theta_2)+i\sin(\theta_1-\theta_2)\}}$ が成り立つから

$$\boldsymbol{\left|\frac{z_1}{z_2}\right|=\frac{|z_1|}{|z_2|},\quad \arg\left(\frac{z_1}{z_2}\right)=\arg z_1-\arg z_2}\quad\cdots②$$

(2) 複素数平面における回転移動　z を 0 でない複素数とする。複素数平面において，点 z を原点 O を中心に角 θ だけ回転した点を表す複素数は　　$\boldsymbol{(\cos\theta+i\sin\theta)z}$

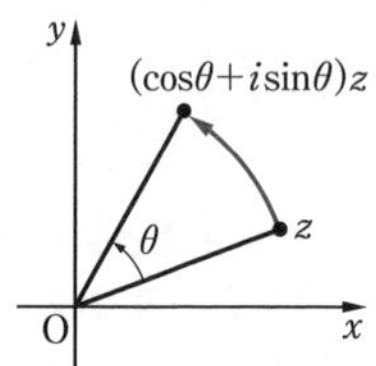

⑦ ド・モアブルの定理

整数 n に対して　　$\boldsymbol{(\cos\theta+i\sin\theta)^n=\cos n\theta+i\sin n\theta}$

概要

⑥ 複素数の積と商

$$\begin{aligned}z_1z_2&=r_1(\cos\theta_1+i\sin\theta_1)\times r_2(\cos\theta_2+i\sin\theta_2)\\&=r_1r_2\{(\cos\theta_1\cos\theta_2-\sin\theta_1\sin\theta_2)+i(\sin\theta_1\cos\theta_2+\cos\theta_1\sin\theta_2)\}\\&=r_1r_2\{\cos(\theta_1+\theta_2)+i\sin(\theta_1+\theta_2)\}\end{aligned}$$

⬅ 加法定理

$$\begin{aligned}\frac{z_1}{z_2}&=\frac{r_1(\cos\theta_1+i\sin\theta_1)}{r_2(\cos\theta_2+i\sin\theta_2)}=\frac{r_1(\cos\theta_1+i\sin\theta_1)(\cos\theta_2-i\sin\theta_2)}{r_2(\cos\theta_2+i\sin\theta_2)(\cos\theta_2-i\sin\theta_2)}\\&=\frac{r_1\{(\cos\theta_1\cos\theta_2+\sin\theta_1\sin\theta_2)+i(\sin\theta_1\cos\theta_2-\cos\theta_1\sin\theta_2)\}}{r_2(\cos^2\theta_2+\sin^2\theta_2)}\\&=\frac{r_1}{r_2}\{\cos(\theta_1-\theta_2)+i\sin(\theta_1-\theta_2)\}\end{aligned}$$

! なお，等式 ①，② の両辺の角は $2n\pi$（n は整数）の差を除いて考える。

information 積の極形式についての証明は神戸大学（2011 年），商の極形式については島根大学（2016 年推薦）の入試で出題されている。

⑦ ド・モアブルの定理　　$z=\cos\theta+i\sin\theta$ とするとき

$$z^2=zz=\cos(\theta+\theta)+i\sin(\theta+\theta)=\cos2\theta+i\sin2\theta$$
$$z^3=z^2z=\cos(2\theta+\theta)+i\sin(2\theta+\theta)=\cos3\theta+i\sin3\theta$$

これを繰り返すことにより，自然数 n に対して　　$(\cos\theta+i\sin\theta)^n=\cos n\theta+i\sin n\theta$　…①

$n=0$ のとき，$z^0=1$ と定めると，① を満たす。

また，自然数 n に対して，$z^{-n}=\dfrac{1}{z^n}$ と定めると

$$(\cos\theta+i\sin\theta)^{-n}=\frac{1}{(\cos\theta+i\sin\theta)^n}=\frac{1}{\cos n\theta+i\sin n\theta}=\cos(-n\theta)+i\sin(-n\theta)$$

したがって，ド・モアブルの定理が成り立つ。

information n が自然数の場合にド・モアブルの公式が成り立つことを証明する問題が，広島大学（2019 年後期），北海道大学（2019 年）の入試で出題されている。

例題 115 複素数の和・差，実数倍

D ★☆☆☆

$\alpha = 2+i$，$\beta = 1-i$，$\gamma = a+3i$ について
(1) 複素数平面上に，点 A(α)，B(β)，P$(2\alpha+\beta)$，Q$(\alpha-3\beta)$ を図示せよ。
(2) 2 点 α，β 間の距離を求めよ。
(3) 3 点 0，α，γ が一直線上にあるとき，実数 a の値を求めよ。

思考のプロセス

(1) **対応を考える**

$z = a+bi$（a，b は実数）のとき
点 z ⟺ 点 $(a,\ b)$

(2) 原点 O と点 z の距離は
$|z| = \sqrt{a^2+b^2}$

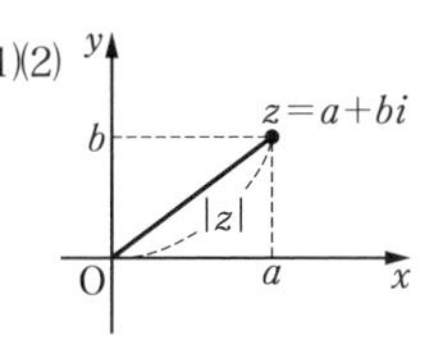

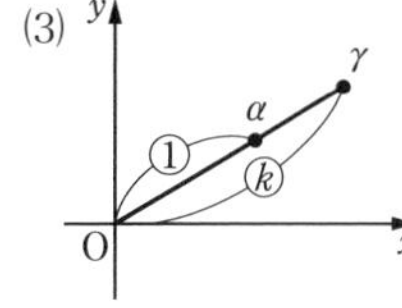

(3) **図で考える**

3 点 0，α，γ が一直線上 ⟹ $\gamma = $(実数 k)$\times \alpha$ で表される。

Action» 3点 0，α，β が一直線上にあるときは，$\beta = k\alpha$ とせよ

解 (1) 点 A(α) は点 (2，1) に，点 B(β) は点 (1，-1) に対応する。

次に　$2\alpha+\beta = 2(2+i)+(1-i) = 5+i$

よって，点 P$(2\alpha+\beta)$ は点 (5，1) に対応する。

また

$\alpha-3\beta = (2+i)-3(1-i)$
$= -1+4i$

よって，点 Q$(\alpha-3\beta)$ は点 $(-1,\ 4)$ に対応する。

したがって，4 点 A，B，P，Q は **右の図**。

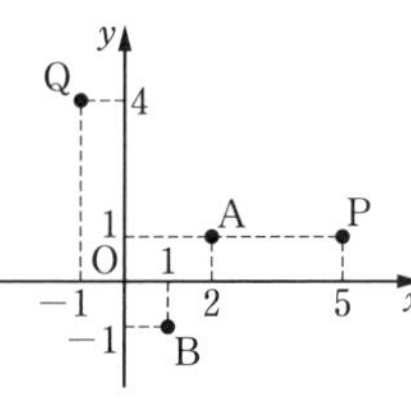

◀ 点 A(α) に対して，点 A$'(2\alpha)$ をとるとき，線分 OA$'$，OB を 2 辺とする平行四辺形の残りの頂点が P，点 B(β) に対して，点 B$'(-3\beta)$ をとるとき，線分 OA，OB$'$ を 2 辺とする平行四辺形の残りの頂点が Q である。

(2) 2 点 α，β 間の距離は $|\beta-\alpha|$ であり

$|\beta-\alpha| = |(1-i)-(2+i)|$
$= |-1-2i|$
$= \sqrt{(-1)^2+(-2)^2} = \sqrt{5}$

◀ ❗ $\sqrt{(-1)^2+(-2i)^2}$ としないように注意する。

(3) $\gamma = k\alpha$ となる実数 k が存在するから

$a+3i = k(2+i) = 2k+ki$

a，k は実数より　$a = 2k$，$3 = k$

したがって　$\boldsymbol{a = 6}$

◀ a，b，c，d が実数のとき
$a+bi = c+di$
$\Longleftrightarrow a = c$，$b = d$

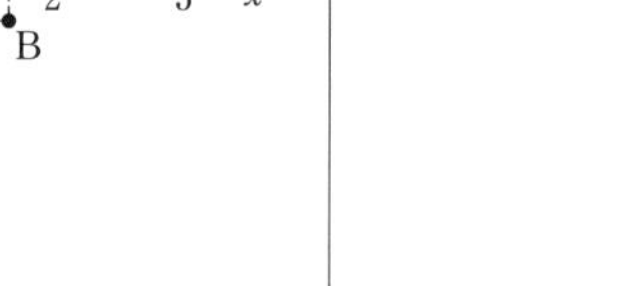

練習 115 $\alpha = 3-i$，$\beta = -2+3i$，$\gamma = a+i$ について
(1) 複素数平面上に，点 A(α)，B(β)，P$(\alpha+\beta)$，Q$(2\alpha-\beta)$ を図示せよ。
(2) 2 点 α，β 間の距離を求めよ。
(3) 3 点 0，β，γ が一直線上にあるとき，実数 a の値を求めよ。

➡p.265 問題115

頻出 ★★☆☆

例題 116 複素数の絶対値の計算〔1〕

(1) $z=2-3i$ のとき，$|2z+\overline{z}|$ の値を求めよ。

(2) $|z|=2$ のとき，$\left|z+\dfrac{2}{z}\right|$ の値を求めよ。

思考のプロセス

(1) $z=2-3i$（具体的）が与えられている。

⟹ ① $2z+\overline{z}$ を具体的に計算　② その絶対値を計算

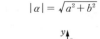

← $\alpha=a+bi$ のとき $|\alpha|=\sqrt{a^2+b^2}$

(2) 絶対値の条件のみ（z が具体的でない）

α が 実数 の場合は「$|\alpha|=2 \Longrightarrow \alpha=\pm 2$」であったが，

複素数の場合は，$|\alpha|=2$ となる α は無数にある。

⇩ 公式の利用

「$|\alpha|$ は 2 乗して，$|\alpha|^2=\alpha\overline{\alpha}$」を用いる。

←

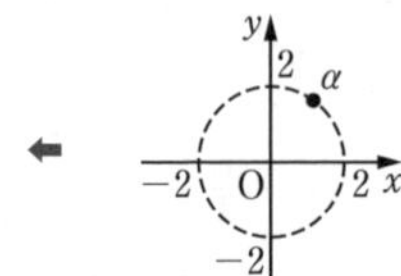

Action» 複素数の絶対値は，$|z|^2=z\overline{z}$ を用いよ

解 (1) $z=2-3i$ のとき，$\overline{z}=2+3i$ であるから

$$2z+\overline{z}=2(2-3i)+2+3i=6-3i$$

よって

$$|2z+\overline{z}|=|6-3i|=\sqrt{6^2+(-3)^2}=\mathbf{3\sqrt{5}}$$

◀ $|2z+\overline{z}|=2|z|+|\overline{z}|$ としてはいけない。

◀ $z=a+bi$ のとき $|z|=\sqrt{a^2+b^2}$

(2)
$$\left|z+\frac{2}{z}\right|^2=\left(z+\frac{2}{z}\right)\overline{\left(z+\frac{2}{z}\right)}$$
$$=\left(z+\frac{2}{z}\right)\left(\overline{z}+\frac{2}{\overline{z}}\right)$$
$$=z\overline{z}+\frac{4}{z\overline{z}}+4=|z|^2+\frac{4}{|z|^2}+4$$

$|z|=2$ より　$\left|z+\dfrac{2}{z}\right|^2=2^2+\dfrac{4}{2^2}+4=9$

$\left|z+\dfrac{2}{z}\right|\geqq 0$ であるから　$\left|z+\dfrac{2}{z}\right|=\mathbf{3}$

◀ 複素数 z が具体的に与えられていないから $|z|^2=z\overline{z}$ を利用する。**Point** 参照。

$\overline{\left(z+\dfrac{2}{z}\right)}=\overline{z}+\dfrac{\overline{2}}{\overline{(z)}}$

$=\overline{z}+\dfrac{2}{\overline{z}}$

Point...共役な複素数の性質

複素数 $\alpha=a+bi$（a，b は実数）に対して，$\overline{\alpha}=a-bi$ を α と **共役な複素数** という。

共役な複素数について，次のことが成り立つ。

(1) $\overline{\alpha+\beta}=\overline{\alpha}+\overline{\beta}$　(2) $\overline{\alpha-\beta}=\overline{\alpha}-\overline{\beta}$

(3) $\overline{\alpha\beta}=\overline{\alpha}\ \overline{\beta}$　(4) $\overline{\left(\dfrac{\alpha}{\beta}\right)}=\dfrac{\overline{\alpha}}{\overline{\beta}}$　(5) $\overline{(\overline{\alpha})}=\alpha$

練習 116 (1) $z=1+2i$ のとき，$\left|\dfrac{5}{z}+3\overline{z}\right|$ の値を求めよ。

(2) $|z|=\sqrt{2}$ のとき，$\left|3\overline{z}-\dfrac{1}{z}\right|$ の値を求めよ。

➡p.265 問題116

例題 117 複素数の絶対値の計算〔2〕 ★★☆☆

α，β を複素数とするとき，次を証明せよ。

(1) $|\alpha+\beta|^2+|\alpha-\beta|^2=2(|\alpha|^2+|\beta|^2)$

(2) $|\alpha+3|=|\alpha-3i|$ ならば　$\alpha=-i\overline{\alpha}$

思考のプロセス

α，β は複素数であるから

㊟ $|\alpha+\beta|^2=\alpha^2+2|\alpha\beta|+\beta^2$ は誤り

« ReAction 複素数の絶対値は，$|z|^2=z\overline{z}$ を用いよ ◀例題 116

(1) **公式の利用**

左辺は $\begin{cases}|\alpha+\beta|^2=(\alpha+\beta)(\overline{\alpha+\beta})\\|\alpha-\beta|^2=(\alpha-\beta)(\overline{\alpha-\beta})\end{cases}$ を用いる。

(2) $|\alpha+3|=|\alpha-3i|$ のままでは計算が進まない。

⟹ 2 乗して $|\alpha+3|^2=|\alpha-3i|^2$ を用いる。

解 (1)
$$
\begin{aligned}
(\text{左辺})&=(\alpha+\beta)(\overline{\alpha+\beta})+(\alpha-\beta)(\overline{\alpha-\beta})\\
&=(\alpha+\beta)(\overline{\alpha}+\overline{\beta})+(\alpha-\beta)(\overline{\alpha}-\overline{\beta})\\
&=(\alpha\overline{\alpha}+\alpha\overline{\beta}+\overline{\alpha}\beta+\beta\overline{\beta})\\
&\qquad+(\alpha\overline{\alpha}-\alpha\overline{\beta}-\overline{\alpha}\beta+\beta\overline{\beta})\\
&=2(\alpha\overline{\alpha}+\beta\overline{\beta})\\
&=2(|\alpha|^2+|\beta|^2)=(\text{右辺})
\end{aligned}
$$

◀ $|z|^2=z\overline{z}$

◀ 共役な複素数の性質 $\overline{\alpha+\beta}=\overline{\alpha}+\overline{\beta}$，$\overline{\alpha-\beta}=\overline{\alpha}-\overline{\beta}$

例題 116

したがって

$$|\alpha+\beta|^2+|\alpha-\beta|^2=2(|\alpha|^2+|\beta|^2)$$

(2) $|\alpha+3|=|\alpha-3i|$ の両辺を 2 乗すると

例題 116

$$
\begin{aligned}
|\alpha+3|^2&=|\alpha-3i|^2\\
(\alpha+3)(\overline{\alpha+3})&=(\alpha-3i)(\overline{\alpha-3i})\\
(\alpha+3)(\overline{\alpha}+3)&=(\alpha-3i)(\overline{\alpha}+3i)\\
\alpha\overline{\alpha}+3\alpha+3\overline{\alpha}+9&=\alpha\overline{\alpha}+3i\alpha-3i\overline{\alpha}+9
\end{aligned}
$$

◀ $\overline{\alpha+3}=\overline{\alpha}+\overline{3}=\overline{\alpha}+3$

$\overline{\alpha-3i}=\overline{\alpha}-\overline{3i}=\overline{\alpha}-(-3i)=\overline{\alpha}+3i$

整理すると　$(1-i)\alpha=-(1+i)\overline{\alpha}$

よって　$\alpha=-\dfrac{1+i}{1-i}\overline{\alpha}=-i\overline{\alpha}$

◀ 分母・分子に $1+i$ を掛けて分母を実数化する。

$\dfrac{1+i}{1-i}=\dfrac{(1+i)^2}{(1-i)(1+i)}=\dfrac{2i}{2}=i$

したがって

$|\alpha+3|=|\alpha-3i|$ ならば　$\alpha=-i\overline{\alpha}$

練習 117 α，β を複素数とするとき，次を証明せよ。

(1) $|\alpha+\beta|^2-|\alpha-\beta|^2=2(\alpha\overline{\beta}+\overline{\alpha}\beta)$

(2) $|\alpha|=1$ ならば　$|1-\overline{\alpha}\beta|=|\alpha-\beta|$

➡p.265 問題117

頻出

例題 118 複素数の実数条件・純虚数条件

★★★☆

$z \neq \pm i$ を満たす虚数 z に対して，$w = \dfrac{z}{1+z^2}$ とおく。次のことを示せ。

(1) w が実数ならば，$|z| = 1$ である。

(2) w が純虚数ならば，z も純虚数である。

思考のプロセス

$\alpha = a+bi$（a，b は実数）に対して，$\overline{\alpha} = a-bi$ より

α が実数 $\Longleftrightarrow \overline{\alpha} = \alpha$（$b=0$）　　**$\alpha$ が純虚数 $\Longleftrightarrow \overline{\alpha} = -\alpha$，$\alpha \neq 0$**（$a=0$ かつ $b\neq 0$）

条件の言い換え　　結論の言い換え

(1) w が実数 $\Updownarrow$ $\overline{w} = w \longrightarrow \overline{\left(\dfrac{z}{1+z^2}\right)} = \dfrac{z}{1+z^2} \longrightarrow \cdots \longrightarrow z\overline{z} = 1$ $\Updownarrow$ $|z| = 1$

(2) w が純虚数 $\Updownarrow$ $\begin{cases}\overline{w} = -w \\ w \neq 0\end{cases} \longrightarrow \overline{\left(\dfrac{z}{1+z^2}\right)} = -\dfrac{z}{1+z^2} \longrightarrow \cdots \longrightarrow \begin{cases}\overline{z} = -z \\ z \neq 0\end{cases}$ $\Updownarrow$ z が純虚数

Action» 複素数 z が実数ならば $\overline{z} = z$，純虚数ならば $\overline{z} = -z$，$z \neq 0$ とせよ

解 (1) w が実数のとき，$\overline{w} = w$ が成り立つから

$$\overline{\left(\frac{z}{1+z^2}\right)} = \frac{z}{1+z^2} \text{ より } \quad \frac{\overline{z}}{1+(\overline{z})^2} = \frac{z}{1+z^2}$$

よって

$$\overline{z}(1+z^2) = z\{1+(\overline{z})^2\}$$

$$z(\overline{z})^2 - \overline{z}z^2 + z - \overline{z} = 0$$

$$(z\overline{z}-1)(\overline{z}-z) = 0$$

例題116　z は虚数より $z \neq \overline{z}$ であるから　$z\overline{z} - 1 = 0$

すなわち，$|z|^2 = 1$ より　$|z| = 1$

(2) w が純虚数のとき，$\overline{w} = -w$ であるから

$$\overline{\left(\frac{z}{1+z^2}\right)} = -\frac{z}{1+z^2} \text{ より } \quad \frac{\overline{z}}{1+(\overline{z})^2} = -\frac{z}{1+z^2}$$

よって

$$\overline{z}(1+z^2) = -z\{1+(\overline{z})^2\}$$

$$z(\overline{z})^2 + \overline{z}z^2 + z + \overline{z} = 0$$

$$(z\overline{z}+1)(\overline{z}+z) = 0$$

例題116　$z\overline{z}+1 = |z|^2+1 > 0$ であるから　$\overline{z}+z = 0$

すなわち　$\overline{z} = -z$

また，w が純虚数のとき，$w \neq 0$ であるから　$z \neq 0$

したがって，z は純虚数である。

◀ $z = a+bi$ について z が実数 $\Longleftrightarrow b = 0$ $\Longleftrightarrow \overline{z} = z$

◀ $\overline{\left(\dfrac{\alpha}{\beta}\right)} = \dfrac{\overline{\alpha}}{\overline{\beta}}$

◀ $z\overline{z}(\overline{z}-z) - (\overline{z}-z) = 0$

◀ ❗$z = a+bi$ について z が虚数 $\Longleftrightarrow b \neq 0$

◀ $z\overline{z}(\overline{z}+z) + (\overline{z}+z) = 0$

◀ $z = a+bi$ について z が純虚数 $\Longleftrightarrow a = 0$，$b \neq 0$ $\Longleftrightarrow \overline{z} = -z$，$z \neq 0$

練習 118 $z \neq \pm i$ を満たす複素数 z に対して，$w = \dfrac{z}{1+z^2}$ とおく。次のことを示せ。

(1) $|z| = 1$ ならば，w は実数である。

(2) z が純虚数ならば，w も純虚数である。

➡p.265 問題118

D 頻出 ★☆☆☆

例題 119 極形式〔1〕

次の複素数を極形式で表せ。ただし，(1), (2) における偏角 θ は $0 \leqq \theta < 2\pi$ とする。

(1) $3+\sqrt{3}i$　(2) $2i$　(3) $2\cos\alpha - 2i\sin\alpha$　(4) $\sin\alpha + i\cos\alpha$

思考のプロセス

図で考える

$z = a + bi$ →(極形式で表す) 右の図の r，θ に対して

$z = r(\cos\theta + i\sin\theta)$　(r：絶対値，θ：偏角)

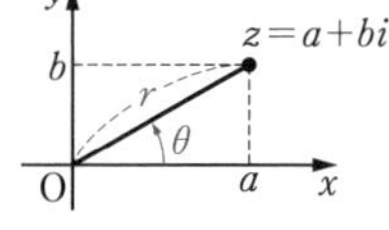

(3) 誤 $2(\cos\alpha - i\sin\alpha)$ は極形式ではない。（$-$ は）＋でなければならない。

(与式) $= 2\{\cos\alpha + i(-\sin\alpha)\}$

cos□ かつ sin□ となる□は？

(4) 誤 $\sin\alpha + i\cos\alpha$ は極形式ではない。cos かつ sin でなければならない。

(与式) $= \sin\alpha + i\cos\alpha$

cos□ かつ sin□ となる□は？

Action» 極形式は，まず絶対値を求め，正弦・余弦から偏角を求めよ

解 (1) $|3+\sqrt{3}i| = \sqrt{3^2+(\sqrt{3})^2} = 2\sqrt{3}$

$\cos\theta = \dfrac{3}{2\sqrt{3}} = \dfrac{\sqrt{3}}{2}$，$\sin\theta = \dfrac{\sqrt{3}}{2\sqrt{3}} = \dfrac{1}{2}$ とおくと，

$0 \leqq \theta < 2\pi$ の範囲で　$\theta = \dfrac{\pi}{6}$

よって　$\boldsymbol{3+\sqrt{3}i = 2\sqrt{3}\left(\cos\dfrac{\pi}{6} + i\sin\dfrac{\pi}{6}\right)}$

◀ cos□＋$i$sin□ の形に変形する。

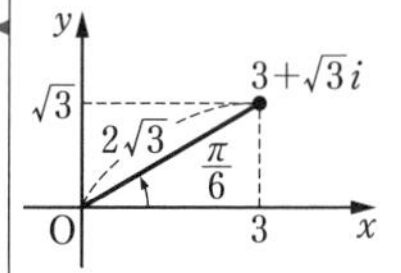

(2) $|2i| = |0+2i| = \sqrt{0^2+2^2} = 2$

$\cos\theta = 0$，$\sin\theta = 1$ とおくと，$0 \leqq \theta < 2\pi$ の範囲で

$\theta = \dfrac{\pi}{2}$

よって　$\boldsymbol{2i = 2\left(\cos\dfrac{\pi}{2} + i\sin\dfrac{\pi}{2}\right)}$

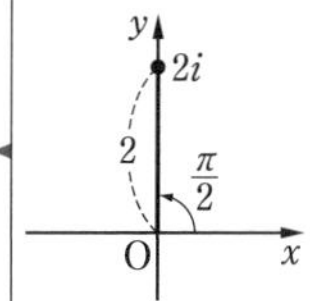

(3) $|2\cos\alpha - 2i\sin\alpha| = \sqrt{(2\cos\alpha)^2 + (-2\sin\alpha)^2}$

$= \sqrt{4(\cos^2\alpha + \sin^2\alpha)} = 2$

◀ $|2\{\cos\alpha + i(-\sin\alpha)\}| = 2|\cos\alpha + i(-\sin\alpha)|$ と考えてもよい。

$\cos\alpha = \cos(-\alpha)$，$-\sin\alpha = \sin(-\alpha)$ であるから

$2\cos\alpha - 2i\sin\alpha = 2\{\cos\alpha + i(-\sin\alpha)\}$

$\boldsymbol{= 2\{\cos(-\alpha) + i\sin(-\alpha)\}}$

◀ 偏角は $-\alpha$ である。

(4) $|\sin\alpha + i\cos\alpha| = \sqrt{\sin^2\alpha + \cos^2\alpha} = 1$

$\sin\alpha = \cos\left(\dfrac{\pi}{2} - \alpha\right)$，$\cos\alpha = \sin\left(\dfrac{\pi}{2} - \alpha\right)$ であるから

$\boldsymbol{\sin\alpha + i\cos\alpha = \cos\left(\dfrac{\pi}{2} - \alpha\right) + i\sin\left(\dfrac{\pi}{2} - \alpha\right)}$

◀ 偏角は $\dfrac{\pi}{2} - \alpha$ である。

練習 119 次の複素数を極形式で表せ。ただし，(1), (2) における偏角 θ は $0 \leqq \theta < 2\pi$ とする。

(1) $1+i$　(2) -3　(3) $-\sin\alpha + i\cos\alpha$　(4) $3\sin\alpha - 3i\cos\alpha$

➡p.265 問題119

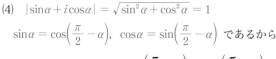

頻出

例題 120 複素数の積と商

★☆☆☆

$z_1=-\frac{1}{2}+\frac{\sqrt{3}}{2}i$，$z_2=1+i$ のとき，次の複素数を極形式で表せ。ただし，偏角 θ は $0\leqq\theta<2\pi$ とする。

(1) z_1z_2　　(2) $\frac{z_1}{z_2}$　　(3) $\overline{z_1}z_2$

思考のプロセス

(1) 「積を計算 ⟶ 極形式」の順で考えると …

⇓ $z_1z_2=-\frac{\sqrt{3}+1}{2}+\frac{\sqrt{3}-1}{2}i$ ⟵ 偏角を求めにくい。

「極形式で表す ⟶ 積を計算」の順で考えると

公式の利用

$\begin{cases}z_1=r_1(\cos\theta_1+i\sin\theta_1)\\ z_2=r_2(\cos\theta_2+i\sin\theta_2)\end{cases}$ ⟹

積 $z_1z_2=\underbrace{r_1r_2}_{積}\{\cos(\theta_1+\theta_2)+i\sin(\theta_1+\theta_2)\}$（偏角は和）

商 $\frac{z_1}{z_2}=\underbrace{\frac{r_1}{r_2}}_{商}\{\cos(\theta_1-\theta_2)+i\sin(\theta_1-\theta_2)\}$（偏角は差）

Action» 複素数の積（商）は，絶対値の積（商）と偏角の和（差）を求めよ

解 $z_1=\cos\frac{2}{3}\pi+i\sin\frac{2}{3}\pi$，$z_2=\sqrt{2}\left(\cos\frac{\pi}{4}+i\sin\frac{\pi}{4}\right)$ より

$|z_1|=1$，$|z_2|=\sqrt{2}$，$\arg z_1=\frac{2}{3}\pi$，$\arg z_2=\frac{\pi}{4}$

◀ z_1，z_2 をそれぞれ極形式で表す。
$z_2=\sqrt{2}\left(\frac{1}{\sqrt{2}}+\frac{1}{\sqrt{2}}i\right)$

(1) $|z_1z_2|=|z_1||z_2|=\sqrt{2}$, $\arg(z_1z_2)=\arg z_1+\arg z_2=\frac{11}{12}\pi$

◀ $\frac{2}{3}\pi+\frac{\pi}{4}=\frac{11}{12}\pi$

よって　$\boldsymbol{z_1z_2=\sqrt{2}\left(\cos\frac{11}{12}\pi+i\sin\frac{11}{12}\pi\right)}$

(2) $\left|\frac{z_1}{z_2}\right|=\frac{|z_1|}{|z_2|}=\frac{\sqrt{2}}{2}$，$\arg\left(\frac{z_1}{z_2}\right)=\arg z_1-\arg z_2=\frac{5}{12}\pi$

◀ $\frac{2}{3}\pi-\frac{\pi}{4}=\frac{5}{12}\pi$

よって　$\boldsymbol{\frac{z_1}{z_2}=\frac{\sqrt{2}}{2}\left(\cos\frac{5}{12}\pi+i\sin\frac{5}{12}\pi\right)}$

(3) $|\overline{z_1}|=|z_1|=1$，$\arg\overline{z_1}=-\arg z_1=-\frac{2}{3}\pi$ であるから

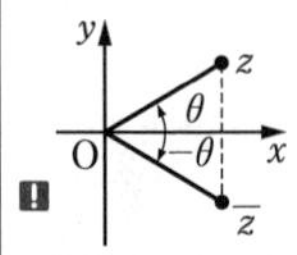

$|\overline{z_1}z_2|=|\overline{z_1}||z_2|=\sqrt{2}$，$\arg(\overline{z_1}z_2)=\arg\overline{z_1}+\arg z_2=-\frac{5}{12}\pi$

◀ 偏角 θ は $0\leqq\theta<2\pi$ で考えるから $\overline{z_1}z_2$ の偏角は $-\frac{5}{12}\pi+2\pi=\frac{19}{12}\pi$

よって　$\boldsymbol{\overline{z_1}z_2=\sqrt{2}\left(\cos\frac{19}{12}\pi+i\sin\frac{19}{12}\pi\right)}$

練習 120 $z_1=1-i$，$z_2=3+\sqrt{3}i$ のとき，次の複素数を極形式で表せ。ただし，偏角 θ は $0\leqq\theta<2\pi$ とする。

(1) z_1z_2　　(2) $\frac{z_1}{z_2}$　　(3) $z_1\overline{z_2}$

➡p.265 問題120

Play Back 16 複素数の積・商の性質と三角関数の値

複素数の積・商の性質を利用すると，sin15°，sin75° などの値を求めることができます。

$$\cos 30^\circ + i\sin 30^\circ = \frac{1}{2}(\sqrt{3}+i) \quad \cdots ①$$

$$\cos 45^\circ + i\sin 45^\circ = \frac{\sqrt{2}}{2}(1+i) \quad \cdots ②$$

を用いて計算してみましょう。

(1) cos75°，sin75° の値

① と ② の辺々を掛けると

$$(\cos 30^\circ + i\sin 30^\circ)(\cos 45^\circ + i\sin 45^\circ) = \frac{1}{2}(\sqrt{3}+i)\cdot\frac{\sqrt{2}}{2}(1+i)$$

$$(\text{左辺}) = \cos(30^\circ+45^\circ) + i\sin(30^\circ+45^\circ) = \cos 75^\circ + i\sin 75^\circ$$

$$(\text{右辺}) = \frac{\sqrt{2}}{4}(\sqrt{3}+i)(1+i) = \frac{\sqrt{6}-\sqrt{2}}{4} + \frac{\sqrt{6}+\sqrt{2}}{4}i$$

よって　$\cos 75^\circ + i\sin 75^\circ = \dfrac{\sqrt{6}-\sqrt{2}}{4} + \dfrac{\sqrt{6}+\sqrt{2}}{4}i$

両辺の実部と虚部を比較すると

$$\cos 75^\circ = \frac{\sqrt{6}-\sqrt{2}}{4},\quad \sin 75^\circ = \frac{\sqrt{6}+\sqrt{2}}{4}$$

(2) cos15°，sin15° の値

② の辺々を ① の辺々で割ると

$$\frac{\cos 45^\circ + i\sin 45^\circ}{\cos 30^\circ + i\sin 30^\circ} = \frac{\frac{\sqrt{2}}{2}(1+i)}{\frac{1}{2}(\sqrt{3}+i)}$$

$$(\text{左辺}) = \cos(45^\circ-30^\circ) + i\sin(45^\circ-30^\circ) = \cos 15^\circ + i\sin 15^\circ$$

$$(\text{右辺}) = \frac{\sqrt{2}(1+i)}{\sqrt{3}+i} = \frac{\sqrt{2}(1+i)(\sqrt{3}-i)}{(\sqrt{3}+i)(\sqrt{3}-i)}$$

$$= \frac{\sqrt{2}\{(\sqrt{3}+1)+(\sqrt{3}-1)i\}}{4} = \frac{\sqrt{6}+\sqrt{2}}{4} + \frac{\sqrt{6}-\sqrt{2}}{4}i$$

よって　$\cos 15^\circ + i\sin 15^\circ = \dfrac{\sqrt{6}+\sqrt{2}}{4} + \dfrac{\sqrt{6}-\sqrt{2}}{4}i$

両辺の実部と虚部を比較すると

$$\cos 15^\circ = \frac{\sqrt{6}+\sqrt{2}}{4},\quad \sin 15^\circ = \frac{\sqrt{6}-\sqrt{2}}{4}$$

チャレンジ〈9〉　複素数の積の性質を利用して，次の角の正弦，余弦の値を求めよ。

(1) 105°　　(2) 165°　（⇨ 解答編 p.212）

例題 121 極形式〔2〕 ★★★☆

$z_1=\cos\alpha+i\sin\alpha$, $z_2=\cos\beta+i\sin\beta$ とするとき，次の複素数を極形式で表せ。ただし，$0\leqq\alpha\leqq\pi$, $0\leqq\beta\leqq\pi$ とする。

(1) z_1+1　　　　(2) z_1+z_2

思考のプロセス

«ReAction 極形式は，まず絶対値を求め①，正弦・余弦から偏角を求めよ② ◀例題 119

段階的に考える

(1) $z_1+1=(1+\cos\alpha)+i\sin\alpha=\underset{\text{絶対値}}{\boxed{}}(\cos\boxed{}+i\sin\boxed{})$ としたい。（偏角）

⟹ ① $|z_1+1|=\sqrt{(1+\cos\alpha)^2+\sin^2\alpha}$
$=\sqrt{2(1+\cos\alpha)}=\sqrt{(\quad)^2}$ ← ルートを外したいから，この形にしたい。

② $\begin{cases}\text{実部 } \cos\alpha+1\\ \text{虚部 } \sin\alpha\end{cases}$ を，①の値がくくり出せるように変形する。

解 (1) $z_1+1=(1+\cos\alpha)+i\sin\alpha$ より

$$|z_1+1|=\sqrt{(1+\cos\alpha)^2+\sin^2\alpha}$$
$$=\sqrt{1+2\cos\alpha+\cos^2\alpha+\sin^2\alpha}$$
$$=\sqrt{2(1+\cos\alpha)}$$
$$=\sqrt{4\cos^2\frac{\alpha}{2}}=2\left|\cos\frac{\alpha}{2}\right|$$

◀半角の公式 $\cos^2\dfrac{\alpha}{2}=\dfrac{1+\cos\alpha}{2}$

ここで，$0\leqq\alpha\leqq\pi$ すなわち $0\leqq\dfrac{\alpha}{2}\leqq\dfrac{\pi}{2}$ より，

$\cos\dfrac{\alpha}{2}\geqq0$ であるから　$|z_1+1|=2\cos\dfrac{\alpha}{2}$

よって　$z_1+1=(1+\cos\alpha)+i\sin\alpha$

$$=2\cos^2\frac{\alpha}{2}+2i\sin\frac{\alpha}{2}\cos\frac{\alpha}{2}$$
$$=\mathbf{2\cos\frac{\alpha}{2}\left(\cos\frac{\alpha}{2}+i\sin\frac{\alpha}{2}\right)}$$

◀$|z_1+1|=2\cos\dfrac{\alpha}{2}$ が現れるように，実部・虚部を変形する。

$\sin\alpha=2\sin\dfrac{\alpha}{2}\cos\dfrac{\alpha}{2}$

〔別解 1〕（初めに $|z_1+1|$ を求めない場合）

$z_1+1=(1+\cos\alpha)+i\sin\alpha$

$$=2\cos\frac{\alpha}{2}\left(\cos\frac{\alpha}{2}+i\sin\frac{\alpha}{2}\right)\quad\cdots①$$

◀解答の最終 3 行と同じ変形。

ここで，$0\leqq\alpha\leqq\pi$ すなわち $0\leqq\dfrac{\alpha}{2}\leqq\dfrac{\pi}{2}$ より

$\cos\dfrac{\alpha}{2}\geqq0$ であるから，①が z_1+1 の極形式である。

◀❗初めに $|z_1+1|$ を求めない場合，極形式とするためには $2\cos\dfrac{\alpha}{2}\geqq0$ であることを示さなければならない。

〔別解 2〕　P(1), Q(z_1), R(z_1+1) とする。$\alpha\neq0$, π のとき，四角形 OPRQ は 1 辺の長さが 1 のひし形となるから

$\angle\mathrm{POR}=\dfrac{1}{2}\times\angle\mathrm{POQ}=\dfrac{\alpha}{2}$

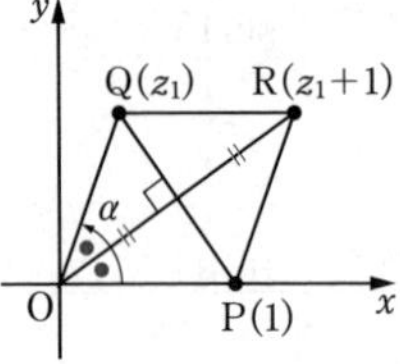

◀$\alpha=0$ または $\alpha=\pi$ のとき 4 点 O, P, Q, R は四角形をつくらない。

$$\mathrm{OR}=2\mathrm{OP}\cos\angle\mathrm{POR}=2\cos\frac{\alpha}{2}$$

◀ひし形の2つの対角線は直交し，互いの中点で交わる。

よって　$z_1+1=2\cos\frac{\alpha}{2}\left(\cos\frac{\alpha}{2}+i\sin\frac{\alpha}{2}\right)$　…①

$\alpha=0$ のとき $z_1+1=2$，$\alpha=\pi$ のとき $z_1+1=0$ となるから，① を満たす。

◀① の右辺は，$\alpha=0$ のとき $2\cos0(\cos0+i\sin0)=2$ 　$\alpha=\pi$ のとき $2\cos\frac{\pi}{2}\left(\cos\frac{\pi}{2}+i\sin\frac{\pi}{2}\right)=0$

したがって，① が z_1+1 の極形式である。

(2)　$z_1+z_2=(\cos\alpha+\cos\beta)+i(\sin\alpha+\sin\beta)$

$$=2\cos\frac{\alpha+\beta}{2}\cos\frac{\alpha-\beta}{2}+2i\sin\frac{\alpha+\beta}{2}\cos\frac{\alpha-\beta}{2}$$

◀和と積の変換公式

$$=2\cos\frac{\alpha-\beta}{2}\left(\cos\frac{\alpha+\beta}{2}+i\sin\frac{\alpha+\beta}{2}\right)$$

$0\leqq\alpha\leqq\pi$，$0\leqq\beta\leqq\pi$ より，$-\frac{\pi}{2}\leqq\frac{\alpha-\beta}{2}\leqq\frac{\pi}{2}$

であるから　$\cos\frac{\alpha-\beta}{2}\geqq0$

◀❗極形式であるためには $2\cos\frac{\alpha-\beta}{2}\geqq0$ でなければならないから，このことを明記しなければならない。

したがって，z_1+z_2 を極形式で表すと

$$\boldsymbol{z_1+z_2=2\cos\frac{\alpha-\beta}{2}\left(\cos\frac{\alpha+\beta}{2}+i\sin\frac{\alpha+\beta}{2}\right)}$$

〔別解〕

P(z_1)，Q(z_2)，R(z_1+z_2) とする。以下，$\alpha\leqq\beta$ としても一般性を失わない。

◀❗α と β の値を入れかえても z_1+z_2 の値は変わらない（対称性がある）から，$\alpha\geqq\beta$ の場合も同様に示すことができる。

(ア)　$\alpha\neq\beta$，$(\alpha,\ \beta)\neq(0,\ \pi)$ のとき，四角形 OPRQ は1辺の長さが1のひし形となるから

$\angle\mathrm{POR}=\frac{1}{2}\times\angle\mathrm{POQ}=\frac{\beta-\alpha}{2}$

よって，z_1+z_2 の偏角は　$\alpha+\frac{\beta-\alpha}{2}=\frac{\alpha+\beta}{2}$

また　$\mathrm{OR}=2\mathrm{OP}\cos\angle\mathrm{POR}=2\cos\frac{\beta-\alpha}{2}=2\cos\frac{\alpha-\beta}{2}$

ゆえに

$z_1+z_2=2\cos\frac{\alpha-\beta}{2}\left(\cos\frac{\alpha+\beta}{2}+i\sin\frac{\alpha+\beta}{2}\right)$ …①

(イ)　$\alpha=\beta$ のとき $z_1+z_2=2(\cos\alpha+i\sin\alpha)$ となり，① を満たす。

(ウ)　$(\alpha,\ \beta)=(0,\ \pi)$ のとき $z_1+z_2=0$ となり，① を満たす。

したがって，① が z_1+z_2 の極形式である。

練習 121 絶対値が1で偏角が θ である複素数 z について，$w=z+1$ とおく。ただし，$0\leqq\theta<\pi$ とする。

(1)　w を極形式で表せ。　　(2)　$|w|=1$ となるような θ の値を求めよ。

➡p.265 問題121

D

例題 122 原点を中心とした回転と拡大・縮小〔1〕

★☆☆☆

複素数平面上に点 $\mathrm{P}(2+4i)$ がある。次の点を表す複素数を求めよ。

(1) 点Pを原点を中心に $\dfrac{\pi}{4}$ だけ回転した点Q

(2) 点Pを原点を中心に $-\dfrac{\pi}{3}$ だけ回転し，原点からの距離を2倍に拡大した点R

思考のプロセス

公式の利用

点 z を原点を中心に θ だけ回転する。… $z(\cos\theta+i\sin\theta)$

点 z を原点からの距離を r 倍する。… $z\times r$

⇩

点 z を原点を中心に θ だけ回転し，原点からの距離を r 倍する。… $z\times r(\cos\theta+i\sin\theta)$

Action» 原点中心の回転，拡大・縮小は，複素数 $r(\cos\theta+i\sin\theta)$ を掛けよ

解 (1) 絶対値1，偏角 $\dfrac{\pi}{4}$ の複素数 w_1 は

$$w_1=\cos\frac{\pi}{4}+i\sin\frac{\pi}{4}=\frac{1}{\sqrt{2}}(1+i)$$

点Qを表す複素数は，点Pを表す複素数 $2+4i$ に w_1 を掛けて

$$(2+4i)w_1=2(1+2i)\cdot\frac{1}{\sqrt{2}}(1+i)$$
$$=-\sqrt{2}+3\sqrt{2}i$$

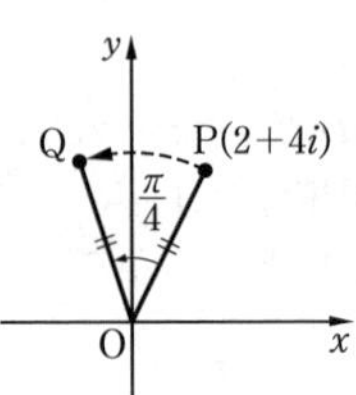

◀ 点Pと点Qの原点からの距離は変わらず，偏角が $\dfrac{\pi}{4}$ だけ増えるから，絶対値が1で偏角 $\dfrac{\pi}{4}$ の複素数を掛ける。

◀ 複素数 $\cos\theta+i\sin\theta$ との積は，原点を中心に θ だけ回転移動することを表す。

(2) 絶対値2，偏角 $-\dfrac{\pi}{3}$ の複素数 w_2 は

$$w_2=2\left\{\cos\left(-\frac{\pi}{3}\right)+i\sin\left(-\frac{\pi}{3}\right)\right\}=1-\sqrt{3}i$$

点Rを表す複素数は，点Pを表す複素数 $2+4i$ に w_2 を掛けて

$$(2+4i)w_2$$
$$=(2+4i)(1-\sqrt{3}i)$$
$$=(2+4\sqrt{3})+(4-2\sqrt{3})i$$

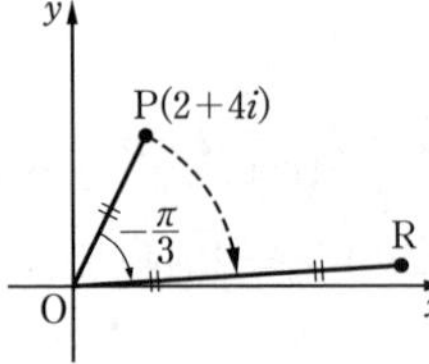

◀ 複素数 $r(\cos\theta+i\sin\theta)$ との積は，原点を中心に θ だけ回転し，原点からの距離を r 倍に拡大（縮小）することを表す。

練習 122 複素数平面上に点 $\mathrm{P}(2-4i)$ がある。次の点を表す複素数を求めよ。

(1) 点Pを原点を中心に $\dfrac{\pi}{3}$ だけ回転した点Q

(2) 点Pを原点を中心に $-\dfrac{\pi}{4}$ だけ回転し，原点からの距離を $\dfrac{1}{2}$ 倍に縮小した点R

➡p.265 問題122

D 頻出 ★★☆☆

例題 123 原点を中心とした回転と拡大・縮小〔2〕

複素数平面上に，点 A$(2+6i)$ がある。△OAB が ∠AOB の大きさが $\frac{\pi}{4}$ である直角二等辺三角形となるような，点 B を表す複素数を求めよ。

思考のプロセス

見方を変える

(条件＿＿を満たす △OAB)

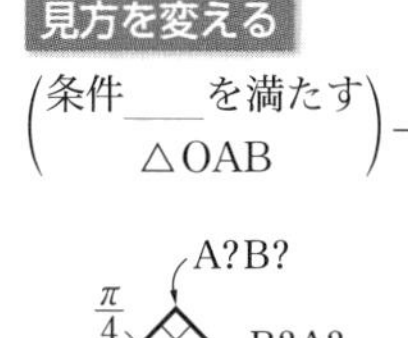

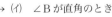

→ (ア) ∠A が直角のとき
点 B(z) は
点 A を点 O を中心に □ だけ回転し，
点 O からの距離を □ 倍した点

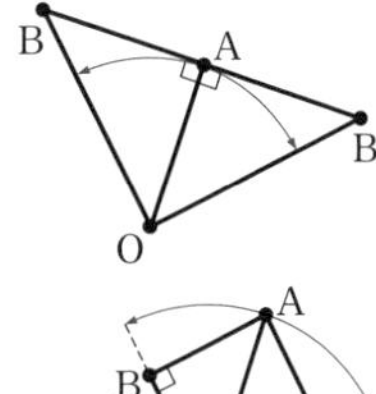

→ (イ) ∠B が直角のとき
点 B(z) は
点 A を点 O を中心に □ だけ回転し，
点 O からの距離を □ 倍した点

«ReAction 原点中心の回転，拡大・縮小は，複素数 $r(\cos\theta+i\sin\theta)$ を掛けよ ◀例題 122

解 (ア) ∠OAB が直角のとき

OA = AB，OA : OB = 1 : $\sqrt{2}$

例題 122 点 B は，点 A を原点を中心に $\pm\frac{\pi}{4}$ だけ回転し，原点からの距離を $\sqrt{2}$ 倍に拡大した点であるから

$$z=(2+6i)\cdot\sqrt{2}\left\{\cos\left(\pm\frac{\pi}{4}\right)+i\sin\left(\pm\frac{\pi}{4}\right)\right\}$$

$=(2+6i)(1\pm i)$ (複号同順)

$=-4+8i,\ 8+4i$

◀条件より三角形は(ア)，(イ)の 2 種類あり，求める点 B はそれぞれの場合で 2 つずつ存在する。

◀❗回転の向きに正の向きと負の向きがあることに注意する。

(イ) ∠ABO が直角のとき

OB = AB，OA : OB = $\sqrt{2}$: 1

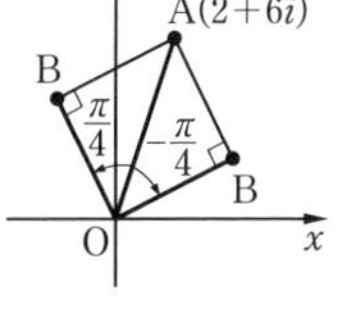

例題 122 点 B は，点 A を原点を中心に $\pm\frac{\pi}{4}$ だけ回転し，原点からの距離を $\frac{1}{\sqrt{2}}$ 倍に縮小した点であるから

$$z=(2+6i)\cdot\frac{1}{\sqrt{2}}\left\{\cos\left(\pm\frac{\pi}{4}\right)+i\sin\left(\pm\frac{\pi}{4}\right)\right\}$$

$=2(1+3i)\cdot\frac{1}{2}(1\pm i)$ (複号同順)

$=-2+4i,\ 4+2i$

◀❗正の向きと負の向きがある。

(ア)，(イ) より，求める複素数 z は

$$\boldsymbol{z=-4+8i,\ 8+4i,\ -2+4i,\ 4+2i}$$

練習 123 複素数平面上に，点 A$(3+2i)$ がある。四角形 OABC が正方形となるような，点 B，C を表す複素数を求めよ。

➡p.265 問題123

D 頻出
★★☆☆

例題 124 点 α を中心とする回転

複素数 $\alpha=2+2i$, $\beta=3+5i$ について，点 β を点 α を中心に $\dfrac{\pi}{3}$ だけ回転した点を表す複素数 γ を求めよ。

思考のプロセス

例題 122 との違い … 回転の中心が原点ではない。

⟶ **既知の問題に帰着** 回転の中心を原点に移動して考える。

段階的に考える

Ⅰ．点 β を，回転の中心 α が原点になるように平行移動

$\beta-\alpha$

Ⅱ．Ⅰの点を原点を中心に $\theta\left(=\dfrac{\pi}{3}\right)$ だけ回転

$(\beta-\alpha)(\cos\theta+i\sin\theta)$

Ⅲ．Ⅱの点を α だけ平行移動

$(\beta-\alpha)(\cos\theta+i\sin\theta)+\alpha$

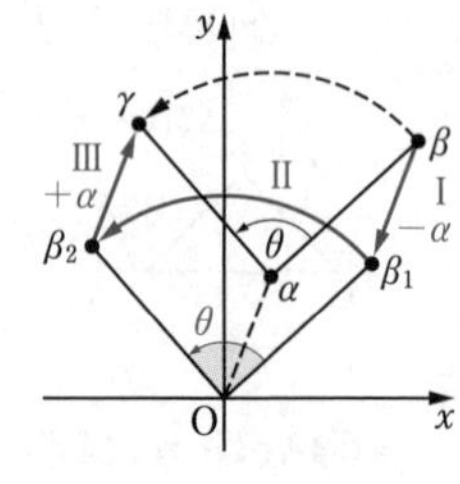

Action» 点 α を中心とする点 β の回転は，平行移動して点 $\beta-\alpha$ を原点を中心に回転せよ

解 点 β を $-\alpha$ だけ平行移動した点を β_1 とし，点 β_1 を原点 O を中心に $\dfrac{\pi}{3}$ だけ回転した点を β_2 とすると

例題 122

$$\beta_2=\beta_1\left(\cos\frac{\pi}{3}+i\sin\frac{\pi}{3}\right)$$

$$=(\beta-\alpha)\left(\cos\frac{\pi}{3}+i\sin\frac{\pi}{3}\right)$$

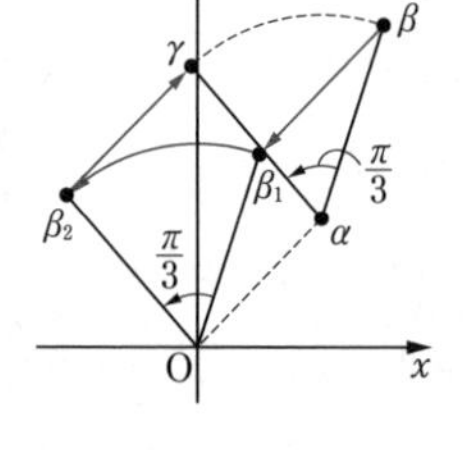

◀ 点 α が原点と重なるように点 β を平行移動する。

◀ 原点中心の回転は，回転を表す複素数 $\cos\theta+i\sin\theta$ を掛ける。

点 β_2 を α だけ平行移動した点が，求める点 γ であるから

$$\gamma=\beta_2+\alpha=(\beta-\alpha)\left(\cos\frac{\pi}{3}+i\sin\frac{\pi}{3}\right)+\alpha$$

$$=\{(3+5i)-(2+2i)\}\left(\frac{1}{2}+\frac{\sqrt{3}}{2}i\right)+(2+2i)$$

$$=\boldsymbol{\frac{5-3\sqrt{3}}{2}+\frac{7+\sqrt{3}}{2}i}$$

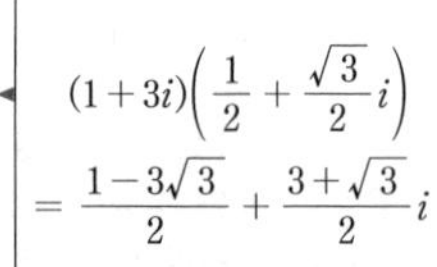

◀ $(1+3i)\left(\dfrac{1}{2}+\dfrac{\sqrt{3}}{2}i\right)$
$=\dfrac{1-3\sqrt{3}}{2}+\dfrac{3+\sqrt{3}}{2}i$

Point...原点以外を中心とする点の回転とベクトルのイメージ

点 A(α) を中心に点 B(β) を θ だけ回転した点を C(γ) とすると

$\gamma=(\beta-\alpha)(\cos\theta+i\sin\theta)+\alpha$

これはベクトルと結び付けて，$\beta-\alpha$ を $\overrightarrow{\mathrm{AB}}$, $\gamma-\alpha$ を $\overrightarrow{\mathrm{AC}}$ と対応させて考えると，イメージしやすい。

$$\underbrace{\gamma-\alpha}_{\overrightarrow{\mathrm{AC}}}=\underbrace{(\beta-\alpha)}_{\overrightarrow{\mathrm{AB}}}(\cos\theta+i\sin\theta)$$

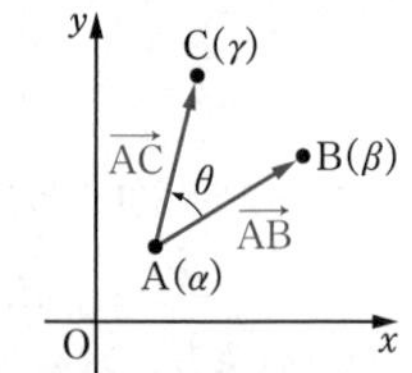

練習 124 複素数 $\alpha=2-3i$, $\beta=1-2i$ について，点 β を点 α を中心に $\dfrac{3}{4}\pi$ だけ回転した点を表す複素数 γ を求めよ。

➡p.266 問題124

例題 125 回転移動の応用

D ★★☆☆

2点 $A(1-2i)$，$B(3+i)$ について，線分 AB を対角線とする正方形の他の頂点を表す複素数を求めよ。

思考のプロセス

見方を変える

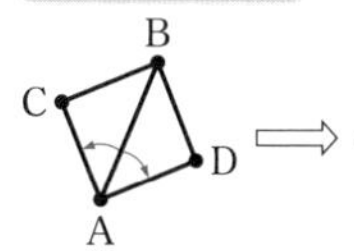

⟹ 点Cは，点Bを点Aを中心に □ だけ回転し，点Aからの距離を □ 倍した点

点Dは，点Bを点Aを中心に □ だけ回転し，点Aからの距離を □ 倍した点

« ReAction 点 α を中心とする点 β の回転は，平行移動して点 $\beta-\alpha$ を原点を中心に回転せよ ◀例題 124

解 残りの2頂点は，点Bを点Aを中心に $\pm\dfrac{\pi}{4}$ だけ回転し，$\dfrac{1}{\sqrt{2}}$ 倍した点である。その点を表す複素数を z とすると

例題 124

◀ !

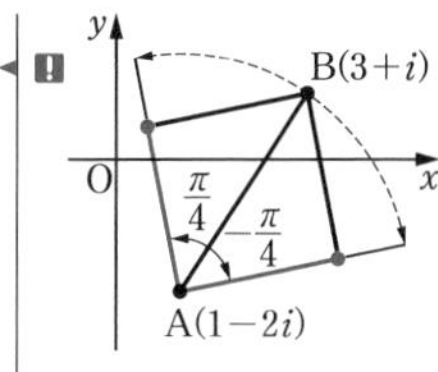

$$z=\{(3+i)-(1-2i)\}\cdot\frac{1}{\sqrt{2}}\left\{\cos\left(\pm\frac{\pi}{4}\right)+i\sin\left(\pm\frac{\pi}{4}\right)\right\}+(1-2i) \text{（複号同順）}$$

◀例題 124 参照。

よって　$z=(2+3i)\cdot\dfrac{1}{2}(1+i)+(1-2i)=\dfrac{1}{2}+\dfrac{1}{2}i$　◀ $\dfrac{\pi}{4}$ 回転のとき

または　$z=(2+3i)\cdot\dfrac{1}{2}(1-i)+(1-2i)=\dfrac{7}{2}-\dfrac{3}{2}i$　◀ $-\dfrac{\pi}{4}$ 回転のとき

したがって　$\boldsymbol{z=\dfrac{1}{2}+\dfrac{1}{2}i,\ \dfrac{7}{2}-\dfrac{3}{2}i}$

〔別解〕

残りの2つの頂点は，線分 AB の中点 M を中心として，点 A を $\pm\dfrac{\pi}{2}$ だけ回転した点である。◀

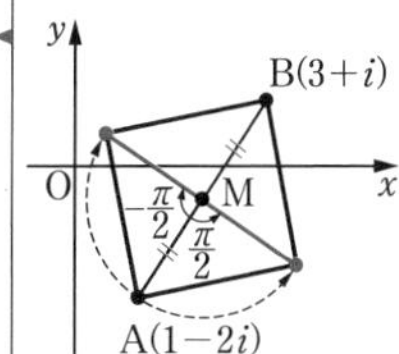

$\dfrac{(1-2i)+(3+i)}{2}=2-\dfrac{1}{2}i$ より　$M\left(2-\dfrac{1}{2}i\right)$

よって，残りの2頂点を表す複素数 z は

$$z=\left\{(1-2i)-\left(2-\frac{1}{2}i\right)\right\}\left\{\cos\left(\pm\frac{\pi}{2}\right)+i\sin\left(\pm\frac{\pi}{2}\right)\right\}+\left(2-\frac{1}{2}i\right) \text{（複号同順）}$$

よって　$z=\left(-1-\dfrac{3}{2}i\right)i+\left(2-\dfrac{1}{2}i\right)=\dfrac{7}{2}-\dfrac{3}{2}i$　◀ $\dfrac{\pi}{2}$ 回転のとき

または　$z=\left(-1-\dfrac{3}{2}i\right)(-i)+\left(2-\dfrac{1}{2}i\right)=\dfrac{1}{2}+\dfrac{1}{2}i$　◀ $-\dfrac{\pi}{2}$ 回転のとき

したがって　$z=\dfrac{1}{2}+\dfrac{1}{2}i,\ \dfrac{7}{2}-\dfrac{3}{2}i$

練習 125 2点 $A(1+3i)$，$B(-3-5i)$ について，線分 AB を1辺とする正三角形の他の頂点を C とするとき，辺 BC の中点を表す複素数を求めよ。

⇒p.266 問題125

D

例題 126 2次曲線の回転移動

★★★☆

双曲線 $C: xy=1$ を，原点のまわりに $\frac{\pi}{4}$ だけ回転してできる双曲線 C' の方程式を求めよ。

思考のプロセス

〔本解〕 既知の問題に帰着

曲線全体ではなく，点であれば回転できる。

«ReAction 原点中心の回転，拡大・縮小は，複素数 $r(\cos\theta+i\sin\theta)$ を掛けよ ◀例題 122

対応を考える

C 上の点 $P(x,\ y)$ ⇕ $x+yi$ —原点中心，$\frac{\pi}{4}$ 回転→ / ←原点中心，$-\frac{\pi}{4}$ 回転— C' 上の点 $Q(X,\ Y)$ ⇕ $X+Yi$ ⟹ $\begin{cases} x=(X,\ Y\text{の式}) \\ y=(X,\ Y\text{の式}) \end{cases}$ … (＊)

C' は，点 P が $C: \underline{xy=1}$ 上を動くときの $\underline{\text{点 Q の軌跡}}$

→ (＊) → $X,\ Y$ の関係式

〔別解〕

直交座標 $(x,\ y)$ は回転を考えにくい。

⟹ 極座標 $(r,\ \theta)$ で考える。

$C: xy=1$ ⇓ 極方程式へ

$f(r,\ \theta)=0$ ⟹（$\frac{\pi}{4}$ 回転）$f(r,\ \boxed{})=0$

⇑ 直交座標の方程式へ $C': (x,\ y\text{の式})$

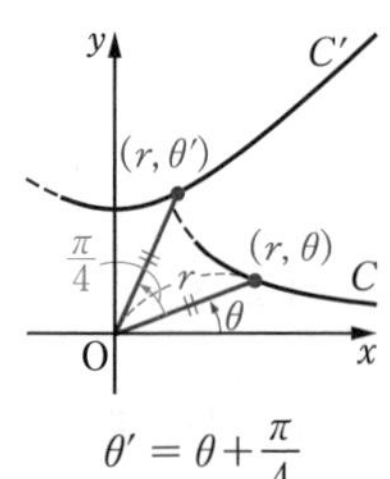

$\theta'=\theta+\frac{\pi}{4}$

解 双曲線 C 上の点 (x,y) を原点のまわりに $\frac{\pi}{4}$ だけ回転した点を (X,Y) とすると，点 (x,y) は点 (X,Y) を原点のまわりに $-\frac{\pi}{4}$ だけ回転した点であるから

◀複素数平面で考える。点 $P(x+yi)$ を原点のまわりに $\frac{\pi}{4}$ だけ回転した点 $Q(X+Yi)$ について考える。

$$x+yi=(X+Yi)\left\{\cos\left(-\frac{\pi}{4}\right)+i\sin\left(-\frac{\pi}{4}\right)\right\}$$
$$=(X+Yi)\left(\frac{\sqrt{2}}{2}-\frac{\sqrt{2}}{2}i\right)$$
$$=\frac{\sqrt{2}}{2}(X+Y)+\frac{\sqrt{2}}{2}(-X+Y)i$$

◀$X,\ Y$ の関係式を導くために，$x,\ y$ を $X,\ Y$ の式で表す。

$x,\ y,\ X,\ Y$ は実数であるから

$$x=\frac{\sqrt{2}}{2}(X+Y),\quad y=\frac{\sqrt{2}}{2}(-X+Y)$$

双曲線 C の方程式に代入すると

$$\frac{\sqrt{2}}{2}(X+Y)\times\frac{\sqrt{2}}{2}(-X+Y)=1$$

$$\frac{1}{2}(-X^2+Y^2)=1$$

$$X^2-Y^2=-2$$

したがって，求める双曲線 C' の方程式は

$$\boldsymbol{\frac{x^2}{2}-\frac{y^2}{2}=-1}$$

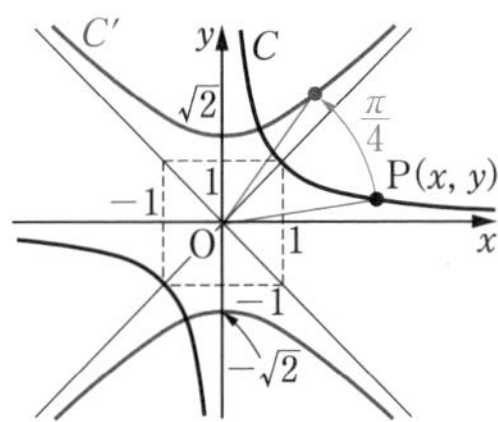

◀点 $(X,\ Y)$ は方程式 $\frac{x^2}{2}-\frac{y^2}{2}=-1$ を満たしているから，C' は双曲線 $\frac{x^2}{2}-\frac{y^2}{2}=-1$ である。

〔別解〕

$C:xy=1$ に $x=r\cos\theta$，$y=r\sin\theta$ を代入して極方程式に直すと

$$r\cos\theta r\sin\theta=1$$

$$r^2\sin\theta\cos\theta=1 \quad \cdots ①$$

◀**見方を変える**

与えられた曲線を極方程式で表す。

C' は曲線 ① を $\frac{\pi}{4}$ だけ回転したものであるから

$$r^2\sin\left(\theta-\frac{\pi}{4}\right)\cos\left(\theta-\frac{\pi}{4}\right)=1$$

$$r^2\left(\sin\theta\cos\frac{\pi}{4}-\cos\theta\sin\frac{\pi}{4}\right)\times\left(\cos\theta\cos\frac{\pi}{4}+\sin\theta\sin\frac{\pi}{4}\right)=1$$

$$r^2(\sin\theta-\cos\theta)(\cos\theta+\sin\theta)=2$$

$$r^2(\sin^2\theta-\cos^2\theta)=2$$

$$(r\sin\theta)^2-(r\cos\theta)^2=2$$

◀極方程式 $f(r,\ \theta)=0$ で表された曲線を原点を中心に α だけ回転した曲線の極方程式は

$f(r,\ \theta-\alpha)=0$

これは，直交座標の方程式で表された曲線 $g(x,\ y)=0$ を x 軸方向に p, y 軸方向に q だけ平行移動した曲線が

$g(x-p,\ y-q)=0$

であるのと同様。

これを直交座標の方程式に直すと

$$y^2-x^2=2$$

よって，求める双曲線 C' の方程式は

$$\frac{x^2}{2}-\frac{y^2}{2}=-1$$

練習 126 曲線 $C:7x^2+2\sqrt{3}xy+5y^2=2$ を，原点のまわりに $\frac{\pi}{3}$ だけ回転してできる曲線の方程式を求めよ。

⇒p.266 問題126

D

★★☆☆

例題 127 対称移動

$\alpha=3+4i$，$\beta=1+3i$ とするとき，原点Oと点 $\mathrm{A}(\alpha)$ を通る直線 l に関して点 $\mathrm{B}(\beta)$ と対称な点Cを表す複素数 γ を求めよ。

思考のプロセス

段階的に考える

Ⅰ．対称軸が実軸となるように回転移動　　Ⅱ．実軸に関して対称移動　　Ⅲ．Ⅰと逆の回転移動

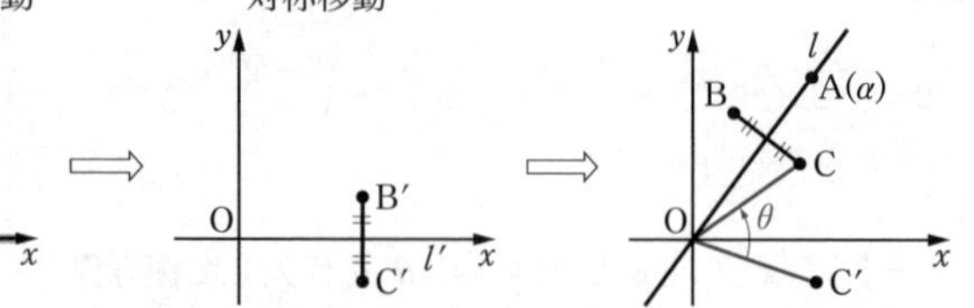

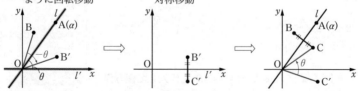

Action» 線対称は，対称軸が実軸に重なるように回転して共役複素数をとれ

解 α の偏角を θ とすると　　$\alpha=|\alpha|(\cos\theta+i\sin\theta)$

また　　$\overline{\alpha}=|\alpha|\{\cos(-\theta)+i\sin(-\theta)\}$

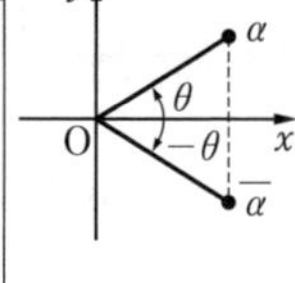

よって，点Bを原点を中心に $-\theta$ だけ回転した点を $\mathrm{B}'(\beta')$ とすると

$$\beta'=\beta\{\cos(-\theta)+i\sin(-\theta)\}$$
$$=\beta\cdot\frac{1}{|\alpha|}\overline{\alpha}$$

点B′を実軸に関して対称移動した点を $\mathrm{C}'(\gamma')$ とすると

$$\gamma'=\overline{\beta'}=\frac{1}{|\alpha|}\alpha\overline{\beta}$$

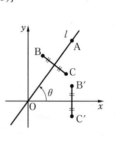

◀点 z を実軸に関して対称移動した点は点 $\overline{z}$ である。

点 $\mathrm{C}(\gamma)$ は点C′を原点を中心に θ だけ回転した点であるから　　$\gamma=\gamma'(\cos\theta+i\sin\theta)=\gamma'\cdot\frac{1}{|\alpha|}\alpha$

$$=\frac{1}{|\alpha|}\alpha\overline{\beta}\cdot\frac{1}{|\alpha|}\alpha=\frac{1}{|\alpha|^2}\alpha^2\overline{\beta}=\frac{\alpha}{\overline{\alpha}}\overline{\beta}$$

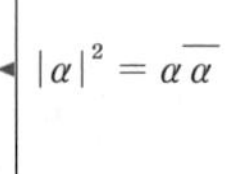

◀ $|\alpha|^2=\alpha\overline{\alpha}$

$$=\frac{3+4i}{3-4i}\cdot(1-3i)=\boldsymbol{\frac{13}{5}+\frac{9}{5}i}$$

Point...複素数平面における線対称

複素数平面上の点 $\mathrm{A}(\alpha)$，$\mathrm{B}(\beta)$ に対して，直線OAに関して点Bの対称点を $\mathrm{C}(\gamma)$ とすると　　$\boldsymbol{\gamma=\frac{\alpha}{\overline{\alpha}}\overline{\beta}}$

また，$\arg\alpha=\theta$ $(0\leqq\theta<2\pi)$ とすると　$\gamma=(\cos2\theta+i\sin2\theta)\overline{\beta}$　(p.266 問題127 参照)

練習 127 $\alpha=3+i$，$\beta=2+4i$ とするとき，原点Oと点 $\mathrm{A}(\alpha)$ を通る直線 l に関して点 $\mathrm{B}(\beta)$ と対称な点Cを表す複素数 γ を求めよ。

➡p.266 問題127

例題 128 ド・モアブルの定理〔1〕

次の値を計算せよ。

(1) $(\sqrt{3}-i)^7$　　(2) $\dfrac{1}{(1+i)^5}$　　(3) $(1+\sqrt{3}i)^5(1-i)^4$

思考のプロセス

(1) $(\sqrt{3}-i)^7$ を展開するのは大変。

⟹ 7つの $\sqrt{3}-i$ の積とみる。　⟵ まず，$\sqrt{3}-i$ を極形式で表す。

定理の利用 〔ド・モアブルの定理〕

$$\{r(\cos\theta+i\sin\theta)\}^n=r^n(\cos n\theta+i\sin n\theta)$$

Action» 複素数の n 乗は，極形式で表してド・モアブルの定理を用いよ

解 (1) $\sqrt{3}-i=2\left\{\cos\left(-\dfrac{\pi}{6}\right)+i\sin\left(-\dfrac{\pi}{6}\right)\right\}$ より

$$(\sqrt{3}-i)^7=\left[2\left\{\cos\left(-\frac{\pi}{6}\right)+i\sin\left(-\frac{\pi}{6}\right)\right\}\right]^7$$
$$=2^7\left\{\cos\left(-\frac{7}{6}\pi\right)+i\sin\left(-\frac{7}{6}\pi\right)\right\}$$
$$=128\left(-\frac{\sqrt{3}}{2}+\frac{1}{2}i\right)=\mathbf{-64\sqrt{3}+64i}$$

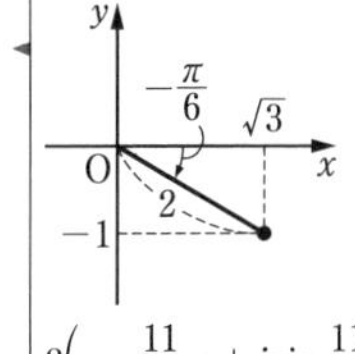

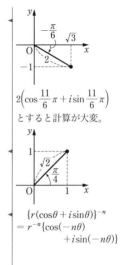

$2\left(\cos\dfrac{11}{6}\pi+i\sin\dfrac{11}{6}\pi\right)$ とすると計算が大変。

(2) $1+i=\sqrt{2}\left(\cos\dfrac{\pi}{4}+i\sin\dfrac{\pi}{4}\right)$ より

$$\frac{1}{(1+i)^5}=(1+i)^{-5}=\left\{\sqrt{2}\left(\cos\frac{\pi}{4}+i\sin\frac{\pi}{4}\right)\right\}^{-5}$$
$$=(\sqrt{2})^{-5}\left\{\cos\left(-\frac{5}{4}\pi\right)+i\sin\left(-\frac{5}{4}\pi\right)\right\}$$
$$=\frac{1}{4\sqrt{2}}\left(-\frac{1}{\sqrt{2}}+\frac{1}{\sqrt{2}}i\right)=\mathbf{-\frac{1}{8}+\frac{1}{8}i}$$

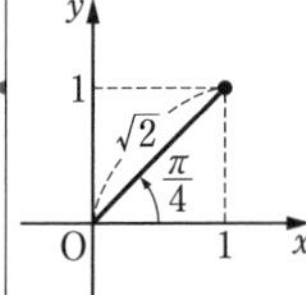

$\{r(\cos\theta+i\sin\theta)\}^{-n}$
$=r^{-n}\{\cos(-n\theta)+i\sin(-n\theta)\}$

(3) $1+\sqrt{3}i=2\left(\cos\dfrac{\pi}{3}+i\sin\dfrac{\pi}{3}\right)$，

$1-i=\sqrt{2}\left\{\cos\left(-\dfrac{\pi}{4}\right)+i\sin\left(-\dfrac{\pi}{4}\right)\right\}$ より

$$(1+\sqrt{3}i)^5(1-i)^4$$
$$=\left\{2\left(\cos\frac{\pi}{3}+i\sin\frac{\pi}{3}\right)\right\}^5\left[\sqrt{2}\left\{\cos\left(-\frac{\pi}{4}\right)+i\sin\left(-\frac{\pi}{4}\right)\right\}\right]^4$$
$$=2^5\left(\cos\frac{5}{3}\pi+i\sin\frac{5}{3}\pi\right)(\sqrt{2})^4\{\cos(-\pi)+i\sin(-\pi)\}$$
$$=2^5\cdot(\sqrt{2})^4\left(\frac{1}{2}-\frac{\sqrt{3}}{2}i\right)\cdot(-1)=\mathbf{-64+64\sqrt{3}i}$$

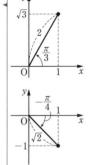

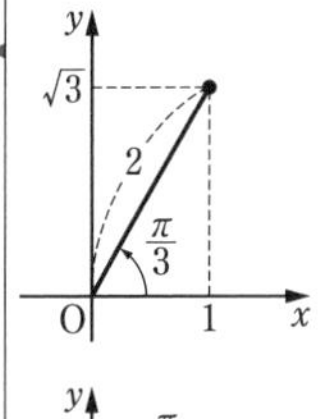

練習 128 次の値を計算せよ。

(1) $(\sqrt{2}+\sqrt{6}i)^3$　　(2) $\dfrac{1}{(1-\sqrt{3}i)^4}$　　(3) $(\sqrt{2}+\sqrt{2}i)^6(1+i)^3$

⇒p.266 問題128

頻出

例題 129 ド・モアブルの定理〔2〕

★☆☆☆

次の値を計算せよ。

(1) $\left(\dfrac{-1+i}{1+\sqrt{3}i}\right)^8$　　(2) $\left(\dfrac{-5+i}{2-3i}\right)^{10}$

思考のプロセス

«ReAction 複素数の n 乗は，極形式で表してド・モアブルの定理を用いよ ◀例題 128

段階的に考える

$\left(\dfrac{分子}{分母}\right)^n$ —極形式→ $\{r(\cos\theta+i\sin\theta)\}^n$ —ド・モアブルの定理→ $r^n(\cos n\theta+i\sin n\theta)$

分母・分子の偏角が

- 分かる …「それぞれ極形式で表す ⟶ 商を計算」の順
- 分からない …「商を計算 ⟶ 極形式で表す」の順
  （商を計算：分母の実数化）

解 (1)

$$\frac{-1+i}{1+\sqrt{3}i}=\frac{\sqrt{2}\left(\cos\frac{3}{4}\pi+i\sin\frac{3}{4}\pi\right)}{2\left(\cos\frac{\pi}{3}+i\sin\frac{\pi}{3}\right)}$$

◀分母・分子の複素数の偏角を求めることができる。⇨それぞれ極形式で表す。

$$=\frac{\sqrt{2}}{2}\left\{\cos\left(\frac{3}{4}\pi-\frac{\pi}{3}\right)+i\sin\left(\frac{3}{4}\pi-\frac{\pi}{3}\right)\right\}$$

◀$z_1 \neq 0$ のとき $\left|\dfrac{z_2}{z_1}\right|=\dfrac{|z_2|}{|z_1|}$　$\arg\left(\dfrac{z_2}{z_1}\right)=\arg z_2-\arg z_1$

$$=\frac{1}{\sqrt{2}}\left(\cos\frac{5}{12}\pi+i\sin\frac{5}{12}\pi\right)$$

よって

$$\left(\frac{-1+i}{1+\sqrt{3}i}\right)^8=\left\{\frac{1}{\sqrt{2}}\left(\cos\frac{5}{12}\pi+i\sin\frac{5}{12}\pi\right)\right\}^8$$

$$=\left(\frac{1}{\sqrt{2}}\right)^8\left(\cos\frac{10}{3}\pi+i\sin\frac{10}{3}\pi\right)$$

$$=-\frac{1}{32}-\frac{\sqrt{3}}{32}i$$

(2)

$$\frac{-5+i}{2-3i}=\frac{(-5+i)(2+3i)}{(2-3i)(2+3i)}=\frac{-13-13i}{13}=-1-i$$

◀分母・分子の複素数の偏角を求めることができない。⇨分母の実数化をする。

$$=\sqrt{2}\left(\cos\frac{5}{4}\pi+i\sin\frac{5}{4}\pi\right)$$

よって

$$\left(\frac{-5+i}{2-3i}\right)^{10}=\left\{\sqrt{2}\left(\cos\frac{5}{4}\pi+i\sin\frac{5}{4}\pi\right)\right\}^{10}$$

$$=(\sqrt{2})^{10}\left(\cos\frac{25}{2}\pi+i\sin\frac{25}{2}\pi\right)$$

◀$\dfrac{25}{2}\pi=12\pi+\dfrac{\pi}{2}$

$$=32i$$

練習 129 次の値を計算せよ。

(1) $\left(\dfrac{1+\sqrt{3}i}{1+i}\right)^8$　　(2) $\left(\dfrac{1+\sqrt{3}i}{\sqrt{3}-3i}\right)^{10}$　　(3) $\left(\dfrac{-3+i}{2+i}\right)^7$

➡p.266 問題129

Play Back 17 ド・モアブルの定理による3倍角の公式の証明と循環論法

探究例題 11 ド・モアブルの定理を用いて証明しよう

ド・モアブルの定理を用いて

$$\sin 3\theta = 3\sin\theta - 4\sin^3\theta,\ \cos 3\theta = 4\cos^3\theta - 3\cos\theta \quad \cdots (*)$$

が成り立つことを示せ。　(金沢大)

思考のプロセス

定理の利用　$(\cos\theta + i\sin\theta)^3 \xrightarrow{\text{ド・モアブルの定理}} \cos 3\theta + i\sin 3\theta$

$(\cos\theta + i\sin\theta)^3 \xrightarrow{\text{乗法公式による展開}} \square + i \times \square$

← 3θ と 3 乗が結び付く

«ReAction 複素数の n 乗は，極形式で表してド・モアブルの定理を用いよ ◀例題 128

解 ド・モアブルの定理により

$$(\cos\theta + i\sin\theta)^3 = \cos 3\theta + i\sin 3\theta \quad \cdots ①$$

また　(① の左辺)

$$= \cos^3\theta + 3\cos^2\theta \cdot i\sin\theta + 3\cos\theta \cdot (i\sin\theta)^2 + (i\sin\theta)^3$$
$$= (\cos^3\theta - 3\cos\theta\sin^2\theta) + i(3\cos^2\theta\sin\theta - \sin^3\theta)$$
$$= \{\cos^3\theta - 3\cos\theta(1-\cos^2\theta)\} + i\{3(1-\sin^2\theta)\sin\theta - \sin^3\theta\}$$
$$= (4\cos^3\theta - 3\cos\theta) + i(3\sin\theta - 4\sin^3\theta) \quad \cdots ②$$

①，② の右辺の実部，虚部をそれぞれ比較することより，(＊) は示された。

◀ $(a+b)^3 = a^3 + 3a^2b + 3ab^2 + b^3$

◀ $i^3 = i \cdot i^2 = -i$

3 倍角の公式の証明ですね。これと同様に考えれば，4 倍角，5 倍角の公式などもつくれそうですね。

さて，同じように考えると，三角関数の加法定理

$$\sin(\alpha+\beta) = \sin\alpha\cos\beta + \cos\alpha\sin\beta,\ \cos(\alpha+\beta) = \cos\alpha\cos\beta - \sin\alpha\sin\beta$$

は次のように証明できそうですが，いかがですか？

(証明)？　$z_1 = \cos\alpha + i\sin\alpha$，$z_2 = \cos\beta + i\sin\beta$ とすると，複素数の積の性質より

$$z_1z_2 = \cos(\alpha+\beta) + i\sin(\alpha+\beta) \quad \cdots ③$$

一方　$z_1z_2 = (\cos\alpha + i\sin\alpha)(\cos\beta + i\sin\beta)$

$$= (\cos\alpha\cos\beta - \sin\alpha\sin\beta) + i(\sin\alpha\cos\beta + \cos\alpha\sin\beta) \quad \cdots ④$$

③，④ の実部，虚部をそれぞれ比較することにより，加法定理が示された。

残念ながら，これは証明にはなっていません。
複素数の積の性質 ③ はどのように導いたのでしょうか？

p.236 の概要 6 にも証明がありますが，それを利用して……
あれ？　証明の中で加法定理を利用していますね。

その通り！　加法定理を証明するために，「加法定理によって導かれる事実」(複素数の積の性質) を利用してしまったのです。
これは **循環論法** といい，誤った議論ですから，証明する際は注意しましょう。

例題 130 $z^n+\frac{1}{z^n}$ の値 ★★★☆

(1) 複素数 z が $z+\frac{1}{z}=\sqrt{3}$ を満たすとき，$z^{30}+\frac{1}{z^{30}}$ の値を求めよ。

(2) 複素数 z が $z+\frac{1}{z}=-1$ を満たすとき，$w=z^n+\frac{1}{z^n}$ の値を求めよ。ただし，n は整数とする。

思考のプロセス

(1) $z^{30}+\frac{1}{z^{30}}=\left(z+\frac{1}{z}\right)^{30}-\boxed{}$ と考えるのは大変。

« ReAction 複素数の n 乗は，極形式で表してド・モアブルの定理を用いよ ◀例題 128

具体的に考える

$z+\frac{1}{z}=\sqrt{3}$ より $z^2-\sqrt{3}z+1=0$ ⟹ $z=\boxed{}$（極形式）

解 (1) $z+\frac{1}{z}=\sqrt{3}$ より　$z^2-\sqrt{3}z+1=0$

よって

$$z=\frac{\sqrt{3}\pm\sqrt{(-\sqrt{3})^2-4\cdot1\cdot1}}{2}$$

◀ 解の公式

$$=\frac{\sqrt{3}}{2}\pm\frac{1}{2}i$$

$$=\cos\left(\pm\frac{\pi}{6}\right)+i\sin\left(\pm\frac{\pi}{6}\right)\quad(\text{複号同順})$$

このとき，ド・モアブルの定理により

$$z^{30}=\left\{\cos\left(\pm\frac{\pi}{6}\right)+i\sin\left(\pm\frac{\pi}{6}\right)\right\}^{30}$$

$$=\cos(\pm5\pi)+i\sin(\pm5\pi)\quad(\text{複号同順})$$

$$=-1$$

◀ $5\pi=\pi+2\cdot2\pi$
$\begin{cases}\cos(-\theta)=\cos\theta\\ \sin(-\theta)=-\sin\theta\end{cases}$

ゆえに　$\frac{1}{z^{30}}=\frac{1}{-1}=-1$

したがって　$z^{30}+\frac{1}{z^{30}}=-1-1=-2$

(2) $z+\frac{1}{z}=-1$ より　$z^2+z+1=0$

◀ 2次方程式の解の公式を用いて z の値を求める。

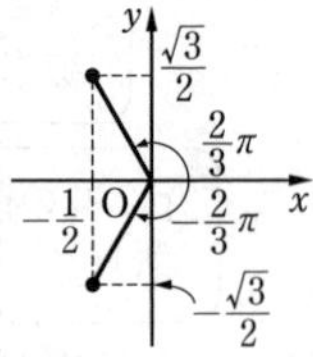

よって

$$z=\frac{-1\pm\sqrt{3}i}{2}$$

$$=\cos\left(\pm\frac{2}{3}\pi\right)+i\sin\left(\pm\frac{2}{3}\pi\right)\quad(\text{複号同順})$$

このとき，ド・モアブルの定理により

$$w=z^n+\frac{1}{z^n}=z^n+z^{-n}$$

$= \left\{\cos\left(\pm\frac{2}{3}\pi\right)+i\sin\left(\pm\frac{2}{3}\pi\right)\right\}^n + \left\{\cos\left(\pm\frac{2}{3}\pi\right)+i\sin\left(\pm\frac{2}{3}\pi\right)\right\}^{-n}$

$= \cos\left(\pm\frac{2n}{3}\pi\right)+i\sin\left(\pm\frac{2n}{3}\pi\right)+\cos\left(\mp\frac{2n}{3}\pi\right)+i\sin\left(\mp\frac{2n}{3}\pi\right)$ ◀ド・モアブルの定理を用いる。

$= \cos\frac{2n}{3}\pi \pm i\sin\frac{2n}{3}\pi + \cos\frac{2n}{3}\pi \mp i\sin\frac{2n}{3}\pi$ （複号同順） ◀ $\begin{cases}\cos(-\theta)=\cos\theta \\ \sin(-\theta)=-\sin\theta\end{cases}$

$= 2\cos\frac{2n}{3}\pi$

(ア) $n=3k$ （k は整数）のとき

$w = 2\cos(2k\pi) = 2$ ◀

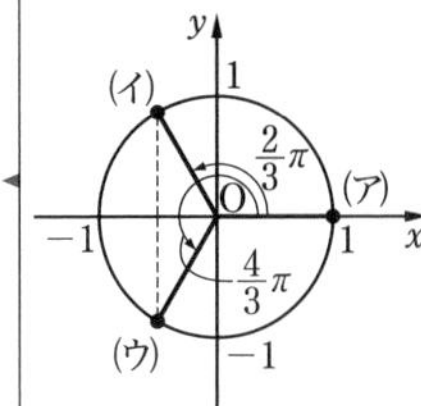

(イ) $n=3k+1$ （k は整数）のとき

$w = 2\cos\left(2k\pi+\frac{2}{3}\pi\right) = 2\cos\frac{2}{3}\pi = -1$

(ウ) $n=3k+2$ （k は整数）のとき

$w = 2\cos\left(2k\pi+\frac{4}{3}\pi\right) = 2\cos\frac{4}{3}\pi = -1$

(ア)〜(ウ) より，k を整数とすると

$$w = \begin{cases} 2 & (n=3k \text{ のとき}) \\ -1 & (n=3k+1,\ 3k+2 \text{ のとき}) \end{cases}$$

◀(イ), (ウ) の場合をまとめる。$n=3k\pm1$ のときとしてもよい。

Point...$z+\frac{1}{z}=k$ のときの $z^n+\frac{1}{z^n}$ の値

虚数 z が $z+\frac{1}{z}=k$ …① （k は実数）を満たすとする。

① より　$z^2-kz+1=0$

この 2 解は互いに共役な複素数 z, $\overline{z}$ であるから，解と係数の関係より　$z\overline{z}=1$

よって　$|z|^2=1$　すなわち　$|z|=1$

ゆえに，$z=\cos\theta+i\sin\theta$ とおくと

$z^n=\cos n\theta+i\sin n\theta$ ⬅ ド・モアブルの定理

したがって

$$\begin{aligned} z^n+\frac{1}{z^n} &= z^n+(z^n)^{-1} \\ &= (\cos n\theta+i\sin n\theta)+(\cos n\theta+i\sin n\theta)^{-1} \\ &= (\cos n\theta+i\sin n\theta)+(\cos n\theta-i\sin n\theta) \\ &= 2\cos n\theta \end{aligned}$$

このことから，$z^n+\frac{1}{z^n}$ は n の値にかかわらず実数となることも分かる。

練習 130 (1)　複素数 z が $z+\frac{1}{z}=-\sqrt{2}$ を満たすとき，$z^{12}+\frac{1}{z^{12}}$ の値を求めよ。

(2)　複素数 z が $z+\frac{1}{z}=\sqrt{2}$ を満たすとき，$w=z^n+\frac{1}{z^n}$ の値を求めよ。ただし，n は整数とする。

➡p.266 問題130

頻出

例題 131 $z^n=\alpha$ の解

★★☆☆

次の方程式を解け。

(1) $z^6=1$　　(2) $z^4=-8(1+\sqrt{3}i)$

思考のプロセス

« ReAction 複素数の n 乗は，極形式で表してド・モアブルの定理を用いよ ◀例題 128

z^6 や z^4 があるから，ド・モアブルの定理を用いることを考える。

未知のものを文字でおく → 極形式を利用したい。

$z=r(\cos\theta+i\sin\theta)$ $(r>0,\ 0\leqq\theta<2\pi)$ とおくと

(1) $z^6=1 \Longrightarrow r^6(\cos 6\theta+i\sin 6\theta)=\cos 0+i\sin 0$

$\Longrightarrow$ **対応を考える** 両辺の絶対値と偏角を比較する。

$$\begin{cases} r^6=1 \\ 6\theta=0+2k\pi \end{cases}$$

← まず，$0\leqq\theta<2\pi$ から k を具体的に絞り込む。

$2k\pi$ ← ❗ 一般角で考える

解 (1) $z=r(\cos\theta+i\sin\theta)$ $(r>0,\ 0\leqq\theta<2\pi)$ とおくと，

ド・モアブルの定理により，与えられた方程式は

$$r^6(\cos 6\theta+i\sin 6\theta)=\cos 0+i\sin 0$$

両辺の絶対値と偏角を比較すると

$$r^6=1 \cdots ①,\quad 6\theta=0+2k\pi\ (k \text{ は整数}) \cdots ②$$

$r>0$ であるから，① より　$r=1$

② より　$\theta=\dfrac{k}{3}\pi$

$0\leqq\theta<2\pi$ の範囲で考えると　$k=0,\ 1,\ 2,\ 3,\ 4,\ 5$

(ア) $k=0$ のとき

$$z=\cos 0+i\sin 0=1$$

(イ) $k=1$ のとき

$$z=\cos\frac{\pi}{3}+i\sin\frac{\pi}{3}=\frac{1}{2}+\frac{\sqrt{3}}{2}i$$

(ウ) $k=2$ のとき

$$z=\cos\frac{2}{3}\pi+i\sin\frac{2}{3}\pi=-\frac{1}{2}+\frac{\sqrt{3}}{2}i$$

(エ) $k=3$ のとき

$$z=\cos\pi+i\sin\pi=-1$$

(オ) $k=4$ のとき

$$z=\cos\frac{4}{3}\pi+i\sin\frac{4}{3}\pi=-\frac{1}{2}-\frac{\sqrt{3}}{2}i$$

(カ) $k=5$ のとき

$$z=\cos\frac{5}{3}\pi+i\sin\frac{5}{3}\pi=\frac{1}{2}-\frac{\sqrt{3}}{2}i$$

(ア)〜(カ) より　$z=\pm 1,\ \dfrac{1}{2}\pm\dfrac{\sqrt{3}}{2}i,\ -\dfrac{1}{2}\pm\dfrac{\sqrt{3}}{2}i$

◀ $|1|=1$, $\arg 1=0$ より $1=\cos 0+i\sin 0$

◀ $z^6=r^6(\cos 6\theta+i\sin 6\theta)$

◀ ❗ $\alpha=\beta$ $\iff \begin{cases} |\alpha|=|\beta| \\ \arg\alpha=\arg\beta+2k\pi \end{cases}$ (k は整数)

◀ 一般に，6 次方程式 $z^6=1$ の解は 6 個あり，k は 6 個となる。

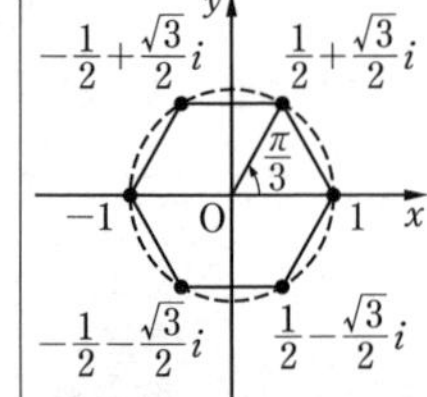

◀ 6 個の解は，複素数平面上で点 1 を 1 つの頂点とする正六角形の頂点になっている。

〔別解〕

$z^6=1$ より　$z^6-1=0$

$(z^3+1)(z^3-1)=0$

$(z+1)(z^2-z+1)(z-1)(z^2+z+1)=0$

◀ $z^3=A$ とおくと
$A^2-1=0$
$(A+1)(A-1)=0$
よって
$(z^3+1)(z^3-1)=0$

$z^2-z+1=0$ を解くと　$z=\dfrac{1\pm\sqrt{3}i}{2}$

$z^2+z+1=0$ を解くと　$z=\dfrac{-1\pm\sqrt{3}i}{2}$

したがって，$z^6=1$ の解は

$$z=\pm1,\ \frac{1}{2}\pm\frac{\sqrt{3}}{2}i,\ -\frac{1}{2}\pm\frac{\sqrt{3}}{2}i$$

(2)　$-8(1+\sqrt{3}i)=16\left(-\dfrac{1}{2}-\dfrac{\sqrt{3}}{2}i\right)=16\left(\cos\dfrac{4}{3}\pi+i\sin\dfrac{4}{3}\pi\right)$

◀ $|-8(1+\sqrt{3}i)|$
$=|-8||1+\sqrt{3}i|$
$=8\times2=16$

であるから，$z=r(\cos\theta+i\sin\theta)$ $(r>0,\ 0\leqq\theta<2\pi)$ とおくと，ド・モアブルの定理により，与えられた方程式は　$r^4(\cos4\theta+i\sin4\theta)=16\left(\cos\dfrac{4}{3}\pi+i\sin\dfrac{4}{3}\pi\right)$

両辺の絶対値と偏角を比較すると

$r^4=16$ …①，$4\theta=\dfrac{4}{3}\pi+2k\pi$（$k$ は整数）…②

◀ ❗ $\alpha=\beta$
$\iff\begin{cases}|\alpha|=|\beta|\\ \arg\alpha=\arg\beta+2k\pi\end{cases}$
（k は整数）

$r>0$ であるから，① より　$r=2$

② より　$\theta=\dfrac{\pi}{3}+\dfrac{k}{2}\pi$

$0\leqq\theta<2\pi$ の範囲で考えると　$k=0,\ 1,\ 2,\ 3$

◀ k は4個ある。

(ア)　$k=0$ のとき

$$z=2\left(\cos\frac{\pi}{3}+i\sin\frac{\pi}{3}\right)=1+\sqrt{3}i$$

(イ)　$k=1$ のとき

$$z=2\left(\cos\frac{5}{6}\pi+i\sin\frac{5}{6}\pi\right)=-\sqrt{3}+i$$

◀ 4つの解は，半径が2の円に内接する正方形の頂点になっている。

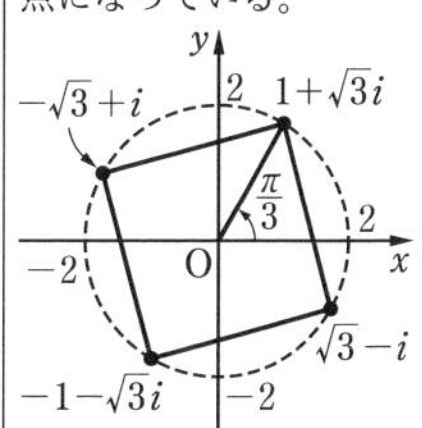

(ウ)　$k=2$ のとき

$$z=2\left(\cos\frac{4}{3}\pi+i\sin\frac{4}{3}\pi\right)=-1-\sqrt{3}i$$

(エ)　$k=3$ のとき

$$z=2\left(\cos\frac{11}{6}\pi+i\sin\frac{11}{6}\pi\right)=\sqrt{3}-i$$

(ア)〜(エ) より　$\boldsymbol{z=\pm(1+\sqrt{3}i),\ \pm(\sqrt{3}-i)}$

練習 131 次の方程式を解け。

(1)　$z^8=1$　　(2)　$z^2=i$

(3)　$z^3=-8$　　(4)　$z^4=8(-1+\sqrt{3}i)$

➡p.266 問題131

Play Back 18 複素数 α の n 乗根

例題 131 (1) で 1 の n 乗根，(2) で α の n 乗根の求め方を学習しました。
これらの関係について，少し調べてみましょう。

(1) $z^n=1$（n は自然数）の解は

$$z=\cos\frac{2k}{n}\pi+i\sin\frac{2k}{n}\pi \quad (k=0,\ 1,\ 2,\ \cdots,\ n-1)$$

であり，これらが表す点は，**原点を中心とし，半径が 1 である円上に等間隔にあって，正 n 角形** をつくる。

$w=\cos\dfrac{2\pi}{n}+i\sin\dfrac{2\pi}{n}$ とおくと，これらの解は

$$z=1,\ w,\ w^2,\ \cdots,\ w^{n-1}$$

と表すことができる。

$z_k=w^k$（$k=0,\ 1,\ 2,\ \cdots,\ n-1$）とおいて

これらの点を複素数平面上にとると右の図のようになる。

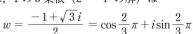

例えば，1 の 3 乗根（$z^3=1$ の解）は

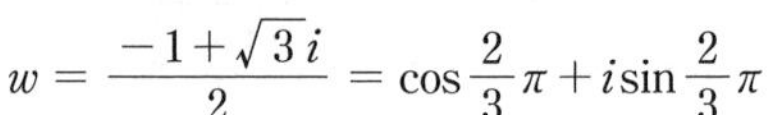

$$w=\frac{-1+\sqrt{3}i}{2}=\cos\frac{2}{3}\pi+i\sin\frac{2}{3}\pi$$

とおくと

$$w^2=\frac{-1-\sqrt{3}i}{2}=\cos\frac{4}{3}\pi+i\sin\frac{4}{3}\pi$$

となり，$z=1,\ w,\ w^2$ となる。

これらの 3 点を複素数平面上にとると，正三角形をつくる。

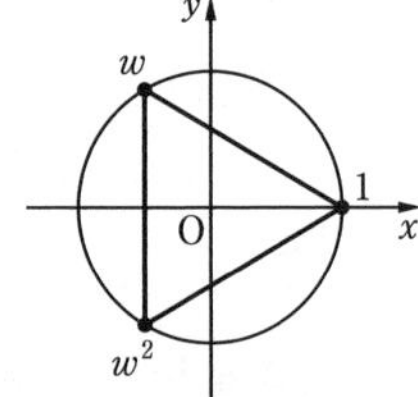

(2) $z^n=\alpha$（n は自然数，$\alpha \neq 0$）の解の 1 つを α_0 とすると，

$\alpha={\alpha_0}^n$ であるから，方程式は $z^n={\alpha_0}^n$ となる。

$\alpha_0 \neq 0$ であるから

$$\frac{z^n}{{\alpha_0}^n}=1 \quad すなわち \quad \left(\frac{z}{\alpha_0}\right)^n=1$$

よって

$$\frac{z}{\alpha_0}=1,\ w,\ w^2,\ \cdots,\ w^{n-1}$$

したがって

$$z=\alpha_0,\ \alpha_0 w,\ \alpha_0 w^2,\ \cdots,\ \alpha_0 w^{n-1}$$

これらが表す点は，原点を中心とし，半径が $\sqrt[n]{|\alpha|}$ である円上に等間隔にあって，正 n 角形をつくる。

$z_k=\alpha_0 w^k$（$k=0,\ 1,\ 2,\ \cdots,\ n-1$）とおいて

これらの点を複素数平面上にとると右の図のようになる。

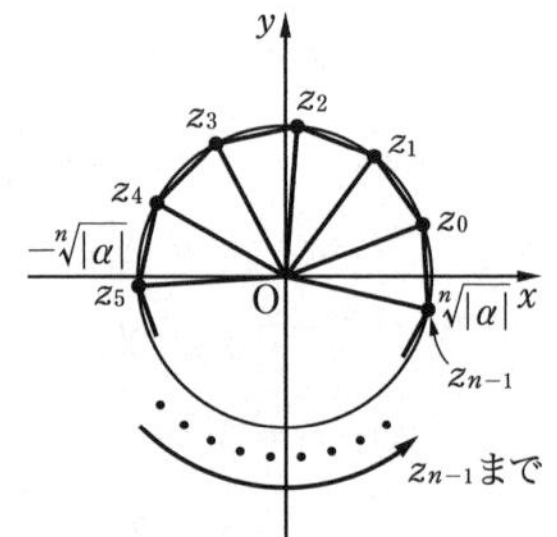

例題 132 複素数の等式を満たす条件

★★☆☆

複素数 $\alpha = \dfrac{\sqrt{3}}{2} + \dfrac{1}{2}i,\ \beta = \dfrac{1}{\sqrt{2}} + \dfrac{1}{\sqrt{2}}i$ が与えられている。

(1) $-2i = \alpha^n(1+\sqrt{3}i)$ となるような自然数 n のうちで，最小のものを求めよ。

(2) $-2i = \alpha^n\beta^m(1+\sqrt{3}i)$ となるような自然数の組 $(n,\ m)$ のうちで，$2n+3m$ が最小となるものを求めよ。

（龍谷大　改）

思考のプロセス

既知の問題に帰着

(1) $-2i = \alpha^n(1+\sqrt{3}i) \Longrightarrow \alpha^n = \dfrac{-2i}{1+\sqrt{3}i}$

«ReAction 複素数の n 乗は，極形式で表してド・モアブルの定理を用いよ ◀例題 128

解 (1) $\alpha^n = \left(\cos\dfrac{\pi}{6} + i\sin\dfrac{\pi}{6}\right)^n = \cos\dfrac{n}{6}\pi + i\sin\dfrac{n}{6}\pi$

また，$-2i = \alpha^n(1+\sqrt{3}i)$ より

$$\alpha^n = \frac{2\left(\cos\frac{3}{2}\pi + i\sin\frac{3}{2}\pi\right)}{2\left(\cos\frac{\pi}{3} + i\sin\frac{\pi}{3}\right)} = \cos\frac{7}{6}\pi + i\sin\frac{7}{6}\pi$$

例題131

よって　$\cos\dfrac{n}{6}\pi + i\sin\dfrac{n}{6}\pi = \cos\dfrac{7}{6}\pi + i\sin\dfrac{7}{6}\pi$

ゆえに　$\dfrac{n}{6}\pi = \dfrac{7}{6}\pi + 2k\pi$（$k$ は整数）

$n = 7+12k$ より，求める最小の自然数 n は　$\boldsymbol{n=7}$

(2) $\alpha^n\beta^m = \left(\cos\dfrac{\pi}{6} + i\sin\dfrac{\pi}{6}\right)^n\left(\cos\dfrac{\pi}{4} + i\sin\dfrac{\pi}{4}\right)^m$

$= \cos\left(\dfrac{n}{6} + \dfrac{m}{4}\right)\pi + i\sin\left(\dfrac{n}{6} + \dfrac{m}{4}\right)\pi$

また，$-2i = \alpha^n\beta^m(1+\sqrt{3}i)$ より

$$\alpha^n\beta^m = \frac{-2i}{1+\sqrt{3}i} = \cos\frac{7}{6}\pi + i\sin\frac{7}{6}\pi$$

例題131

$$\cos\left(\frac{n}{6} + \frac{m}{4}\right)\pi + i\sin\left(\frac{n}{6} + \frac{m}{4}\right)\pi = \cos\frac{7}{6}\pi + i\sin\frac{7}{6}\pi$$

よって　$\left(\dfrac{n}{6} + \dfrac{m}{4}\right)\pi = \dfrac{7}{6}\pi + 2k\pi$（$k$ は整数）

ゆえに　$2n+3m = 14+24k$

$2n+3m$ が最小となるのは $k=0$ のとき　$2n+3m=14$

$3m = 2(7-n)$ を解くと　$\boldsymbol{(n,\ m) = (1,\ 4),\ (4,\ 2)}$

◀ $\alpha = \dfrac{\sqrt{3}}{2} + \dfrac{1}{2}i = \cos\dfrac{\pi}{6} + i\sin\dfrac{\pi}{6}$

◀ $\alpha^n = \dfrac{-2i}{1+\sqrt{3}i}$

◀ $k=0$ のとき，n が最小となる。

◀ $\beta = \dfrac{1}{\sqrt{2}} + \dfrac{1}{\sqrt{2}}i = \cos\dfrac{\pi}{4} + i\sin\dfrac{\pi}{4}$

◀(1)と同様に考える。

! 2と3は互いに素であるから，$7-n$ は3の倍数である。
$7-n=3l$（l は整数）とおくと
$n=7-3l,\ m=2l$
$m,\ n$ は自然数より
$7-3l \geqq 1,\ 2l \geqq 1$
◀よって　$l=1,\ 2$

練習 132 複素数 $\alpha = \dfrac{1}{2} + \dfrac{\sqrt{3}}{2}i,\ \beta = i$ が与えられている。

(1) $\alpha^n(1+\sqrt{3}i) = 2$ となるような自然数 n のうちで，最小のものを求めよ。

(2) $\alpha^n(1+\sqrt{3}i) = 2\beta^m$ となるような自然数の組 $(n,\ m)$ のうちで，$n+m$ が最小となるものを求めよ。

➡p.266 問題132

例題 133 1の n 乗根の応用

D ★★★☆

方程式 $z^5-1=0$ …① を満たす虚数の1つを α とするとき

(1) $z=\alpha^2,\ \alpha^3,\ \alpha^4$ も方程式①を満たすことを示せ。

(2) $(1-\alpha)(1-\alpha^2)(1-\alpha^3)(1-\alpha^4)$ の値を求めよ。

思考のプロセス

見方を変える

(2) 方程式① ⟹ $\begin{cases}\text{(1)より，解は } z=1,\ \alpha,\ \alpha^2,\ \alpha^3,\ \alpha^4 \\ \text{変形すると } (z-1)(z^4+z^3+z^2+z+1)=0\end{cases}$

$(z-\square)(z-\square)\cdots(z-\square)$ と表すことができる。

Action» α が $z^n=1$ の解ならば，1, α, α^2, …, α^{n-1} も解であることを利用せよ

解 (1) α は①を満たすから　$\alpha^5=1$

このとき　$(\alpha^2)^5-1=(\alpha^5)^2-1=1^2-1=0$

$(\alpha^3)^5-1=(\alpha^5)^3-1=1^3-1=0$

$(\alpha^4)^5-1=(\alpha^5)^4-1=1^4-1=0$

よって，$z=\alpha^2,\ \alpha^3,\ \alpha^4$ はいずれも①を満たす。

◀ $z=\alpha^2,\ \alpha^3,\ \alpha^4$ のとき，いずれも $z^5-1=0$ を満たすことを示す。

(2) ①を変形すると　$(z-1)(z^4+z^3+z^2+z+1)=0$

ここで，①は5次方程式であるから5つの解をもち，1, α, α^2, α^3, α^4 はすべて異なるから，(1)より①の解は

$z=1,\ \alpha,\ \alpha^2,\ \alpha^3,\ \alpha^4$

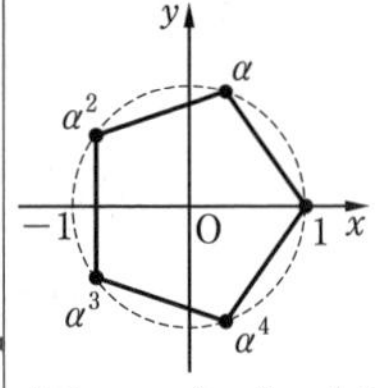

◀ 点1, α, α^2, α^3, α^4 は正五角形の異なる頂点である。

よって，方程式 $z^4+z^3+z^2+z+1=0$ …② の解は $z=\alpha,\ \alpha^2,\ \alpha^3,\ \alpha^4$ であるから

$$z^4+z^3+z^2+z+1=(z-\alpha)(z-\alpha^2)(z-\alpha^3)(z-\alpha^4)$$

◀ ②の左辺はこのように因数分解される。この式は z についての恒等式である。

両辺に $z=1$ を代入すると

$$(1-\alpha)(1-\alpha^2)(1-\alpha^3)(1-\alpha^4)=1^4+1^3+1^2+1+1=5$$

Point... 1の n 乗根の性質

例題133の結果は一般化できる（練習133参照）。$n\geqq 2$ のとき，方程式 $z^n-1=0$ …① に対して，$\alpha=\cos\dfrac{2\pi}{n}+i\sin\dfrac{2\pi}{n}$ とするとき，①の解は $z=1,\ \alpha,\ \alpha^2,\ \cdots,\ \alpha^{n-1}$ であり，次の式が成り立つ。

$$(1-\alpha)(1-\alpha^2)(1-\alpha^3)\cdots(1-\alpha^{n-1})=n$$

よって　$|1-\alpha||1-\alpha^2||1-\alpha^3|\cdots|1-\alpha^{n-1}|=n$ …②

この関係式には，次のような図形的な意味がある。

方程式①の解で表される点は，右の図の正 n 角形上の点 P_0, P_1, P_2, …, P_{n-1} であり，②は　$P_0P_1\times P_0P_2\times P_0P_3\times\cdots\times P_0P_{n-1}=n$

よって，**半径1の円に内接する正 n 角形において，いずれか1つの頂点からほかの各頂点に引いた $(n-1)$ 本の線分の長さの積は n である。**

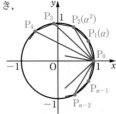

練習 133 $\alpha=\cos\dfrac{2\pi}{n}+i\sin\dfrac{2\pi}{n}$ （n は2以上の整数）とするとき，

$(1-\alpha)(1-\alpha^2)(1-\alpha^3)\cdots(1-\alpha^{n-1})=n$ であることを示せ。

➡p.267 問題133

例題 134 1の n 乗根と $\cos\frac{\pi}{n}$ の値 ★★★☆

$\alpha = \cos\frac{2}{5}\pi + i\sin\frac{2}{5}\pi$ とする。

(1) α^5, $1+\alpha+\alpha^2+\alpha^3+\alpha^4$, $1+\alpha+\alpha^2+\overline{\alpha}+(\overline{\alpha})^2$ の値を求めよ。

(2) $\cos\frac{2}{5}\pi$ の値を求めよ。

思考のプロセス

(1) $1+\alpha+\alpha^2+\alpha^3+\alpha^4$ ⟹ 因数分解 $x^5-1=(x-1)(x^4+x^3+x^2+x+1)$ を利用。

前問の結果の利用 α と $\overline{\alpha}$ の関係 $\alpha\overline{\alpha}=|\alpha|^2$ を利用

→ $1+\alpha+\alpha^2+\overline{\alpha}+(\overline{\alpha})^2$ をつくる。

Action» $\alpha^{n-1}+\alpha^{n-2}+\cdots+\alpha+1$ は，α^n-1 の因数分解を利用せよ

(2) $\cos\frac{2}{5}\pi=$ (α の実部) ⟹ α，$\overline{\alpha}$ の式で $\cos\frac{2}{5}\pi$ を表すと？

Action» α の実部は，$\frac{1}{2}(\alpha+\overline{\alpha})$ を考えよ

解 (1) $\alpha^5=\left(\cos\frac{2}{5}\pi+i\sin\frac{2}{5}\pi\right)^5=\cos2\pi+i\sin2\pi=\mathbf{1}$

◀ド・モアブルの定理

これより　$\alpha^5-1=0$

よって　$(\alpha-1)(\alpha^4+\alpha^3+\alpha^2+\alpha+1)=0$

◀一般に $x^n-1=(x-1)(x^{n-1}+x^{n-2}+\cdots+1)$

$\alpha\neq1$ であるから　$\mathbf{1+\alpha+\alpha^2+\alpha^3+\alpha^4=0}$

$|\alpha|=1$ より $|\alpha|^2=1$ であるから　$\alpha\overline{\alpha}=1$

よって，$\overline{\alpha}=\frac{1}{\alpha}$ であるから

◀$|\alpha|=\left|\cos\frac{2}{5}\pi+i\sin\frac{2}{5}\pi\right|=1$

$$1+\alpha+\alpha^2+\overline{\alpha}+(\overline{\alpha})^2=1+\alpha+\alpha^2+\frac{1}{\alpha}+\frac{1}{\alpha^2}$$

$$=\frac{1+\alpha+\alpha^2+\alpha^3+\alpha^4}{\alpha^2}=\mathbf{0}$$

◀$1+\alpha+\alpha^2+\alpha^3+\alpha^4=0$ を代入する。

(2) $x=\cos\frac{2}{5}\pi$ とおくと，$\cos\frac{2}{5}\pi=\frac{1}{2}(\alpha+\overline{\alpha})$ であるから　$\alpha+\overline{\alpha}=2x$　…①

また　$\alpha^2+(\overline{\alpha})^2=(\alpha+\overline{\alpha})^2-2\alpha\overline{\alpha}=4x^2-2$　…②

◀$\alpha\overline{\alpha}=|\alpha|^2=1$

(1) より，$1+(\alpha+\overline{\alpha})+\{\alpha^2+(\overline{\alpha})^2\}=0$ であるから，

①，② を代入すると　$4x^2+2x-1=0$

◀$x=\frac{-1\pm\sqrt{5}}{4}$

$x=\cos\frac{2}{5}\pi>0$ であるから　$\cos\frac{2}{5}\pi=\frac{-1+\sqrt{5}}{4}$

◀$0<\frac{2}{5}\pi<\frac{\pi}{2}$ より $0<\cos\frac{2}{5}\pi<1$

練習 134 $\alpha=\cos\frac{2}{7}\pi+i\sin\frac{2}{7}\pi$ とする。

(1) $\alpha^6+\alpha^5+\alpha^4+\alpha^3+\alpha^2+\alpha+1$ の値を求めよ。

(2) $\alpha^3+(\overline{\alpha})^3+\alpha^2+(\overline{\alpha})^2+\alpha+\overline{\alpha}+1$ の値を求めよ。

(3) $\cos\frac{2}{7}\pi=x$ とすると，$8x^3+4x^2-4x=1$ であることを示せ。

➡p.267 問題134

例題 135 $\cos n\theta$ の多項式の値 ★★★★

n を自然数，$0<\theta<\pi$，$z=\cos\theta+i\sin\theta$ とする。
$(1-z)(1+z+z^2+\cdots+z^n)=1-z^{n+1}$ を利用して，次の等式を証明せよ。

$$1+\cos\theta+\cos 2\theta+\cdots+\cos n\theta=\frac{\sin\frac{n+1}{2}\theta\cos\frac{n}{2}\theta}{\sin\frac{\theta}{2}}$$

思考のプロセス

« ReAction 複素数の n 乗は，極形式で表してド・モアブルの定理を用いよ ◀例題 128

対応を考える　$z^k=\cos k\theta+i\sin k\theta$ より

$1+\cos\theta+\cos 2\theta+\cdots+\cos n\theta=($ ＿＿ の実部$)=\left(\dfrac{1-z^{n+1}}{1-z}\text{ の実部}\right)$

解 $z=\cos\theta+i\sin\theta$ のとき，$z^n=\cos n\theta+i\sin n\theta$ であるから

$$1+\cos\theta+\cos 2\theta+\cdots+\cos n\theta$$

は，複素数 $1+z+z^2+\cdots+z^n$ の実部である。

$z\neq 1$ より，$1+z+z^2+\cdots+z^n=\dfrac{1-z^{n+1}}{1-z}$ …① であり

例題 119

$$1-z=(1-\cos\theta)-i\sin\theta=2\sin^2\frac{\theta}{2}-i\cdot 2\sin\frac{\theta}{2}\cos\frac{\theta}{2}$$

$$=2\sin\frac{\theta}{2}\left(\sin\frac{\theta}{2}-i\cos\frac{\theta}{2}\right)$$

$$=2\sin\frac{\theta}{2}\left\{\cos\left(\frac{\theta}{2}-\frac{\pi}{2}\right)+i\sin\left(\frac{\theta}{2}-\frac{\pi}{2}\right)\right\}$$

$$1-z^{n+1}=\{1-\cos(n+1)\theta\}-i\sin(n+1)\theta$$

$$=2\sin^2\frac{n+1}{2}\theta-i\cdot 2\sin\frac{n+1}{2}\theta\cos\frac{n+1}{2}\theta$$

$$=2\sin\frac{n+1}{2}\theta\left\{\cos\left(\frac{n+1}{2}\theta-\frac{\pi}{2}\right)+i\sin\left(\frac{n+1}{2}\theta-\frac{\pi}{2}\right)\right\}$$

よって，① の右辺の実部は

$$\frac{2\sin\frac{n+1}{2}\theta}{2\sin\frac{\theta}{2}}\cos\left\{\left(\frac{n+1}{2}\theta-\frac{\pi}{2}\right)-\left(\frac{\theta}{2}-\frac{\pi}{2}\right)\right\}=\frac{\sin\frac{n+1}{2}\theta\cos\frac{n}{2}\theta}{\sin\frac{\theta}{2}}$$

より　$1+\cos\theta+\cos 2\theta+\cdots+\cos n\theta=\dfrac{\sin\frac{n+1}{2}\theta\cos\frac{n}{2}\theta}{\sin\frac{\theta}{2}}$

◀ $0<\theta<\pi$ より　$z\neq 1$

◀ ① の右辺の分母・分子をそれぞれ極形式で表す。
$1-\cos\theta=2\sin^2\dfrac{\theta}{2}$
$\sin\theta=2\sin\dfrac{\theta}{2}\cos\dfrac{\theta}{2}$
例題 121 参照。

◀ $\sin\alpha=\cos\left(\alpha-\dfrac{\pi}{2}\right)$
$\cos\alpha=-\sin\left(\alpha-\dfrac{\pi}{2}\right)$

◀ $\dfrac{z_2}{z_1}$ の実部は
$\dfrac{|z_2|}{|z_1|}\times\cos(\arg z_2-\arg z_1)$

練習 135 等式 $\sin\theta+\sin 2\theta+\cdots+\sin n\theta=\dfrac{\sin\frac{n+1}{2}\theta\sin\frac{n}{2}\theta}{\sin\frac{\theta}{2}}$ $(0<\theta<\pi$，n は自然数$)$

を示せ。

➡p.267 問題135

115 ★☆☆☆ 複素数平面上の原点 O，A$(5+2i)$，B$(1-i)$ について

(1)　2 つの線分 OA，OB を 2 辺とする平行四辺形において，残りの頂点 C を表す複素数を求めよ。

(2)　線分 OA を 1 辺とし，線分 OB が対角線となるような平行四辺形において，残りの頂点 D を表す複素数を求めよ。また，このとき線分 AD の長さを求めよ。

116 ★★☆☆ $|z|=\sqrt{3}$ のとき，$\left|tz+\dfrac{1}{z}\right|$ の値を最小にする実数 t の値を求めよ。

117 ★★☆☆ 複素数 α，β，γ が $\alpha+\beta+\gamma=0$，$|\alpha|=|\beta|=|\gamma|=1$ を満たすとき，$|\alpha-\beta|^2+|\beta-\gamma|^2+|\gamma-\alpha|^2$ を求めよ。

118 ★★★☆ 絶対値が 1 である複素数 z について，$z^2-z+\dfrac{2}{z^2}$ が実数となる z をすべて求めよ。

119 ★★☆☆ 複素数 $\tan\alpha+i$ $\left(0\leqq\alpha<\dfrac{\pi}{2}\right)$ を極形式で表せ。

120 ★☆☆☆ $z=r(\cos\alpha+i\sin\alpha)$ $\left(r>0,\ 0<\alpha<\dfrac{\pi}{2}\right)$ とする。次の複素数の絶対値と偏角を r，α で表せ。

(1)　$(z+\overline{z})z$　　　(2)　$\dfrac{z}{z-\overline{z}}$

121 ★★★☆ $z=\cos\theta+i\sin\theta$ $(0<\theta<\pi)$，$w=\dfrac{1-z^3}{1-z}$ とするとき，$|w|$ は $a+b\cos\theta$ の形で表される。定数 a，b の値を求めよ。

122 ★☆☆☆ 点 P$(1+i)$ を原点を中心に θ だけ回転し，原点からの距離を r 倍に拡大した点が Q$((\sqrt{3}-1)+(\sqrt{3}+1)i)$ となるような θ，r を求めよ。ただし，$0\leqq\theta<2\pi$，$r>0$ とする。

123 ★★☆☆ 複素数平面上に，点 A$(1+2i)$ がある。△OAB が，∠OAB の大きさが $\dfrac{\pi}{2}$，3 辺の比が $1:2:\sqrt{3}$ であるとき，点 B を表す複素数を求めよ。

124 ★★☆☆ 点 A$(2, 1)$ を点 P を中心に $\dfrac{\pi}{3}$ だけ回転した点の座標は $\left(\dfrac{3}{2}-\dfrac{3\sqrt{3}}{2},\ -\dfrac{1}{2}+\dfrac{\sqrt{3}}{2}\right)$ であった。複素数平面を利用して，点 P の座標を求めよ。

125 ★★☆☆ 2 点 A$(2-i)$，B$(3+2i)$ について，線分 AB を最も長い対角線とする正六角形の他の頂点を表す複素数を求めよ。

126 ★★★☆ 曲線 $C: x^2+2\sqrt{3}\,xy+3y^2-8\sqrt{3}\,x+8y=0$ について

(1) 原点のまわりに $\dfrac{\pi}{6}$ だけ回転することによって，曲線 C が放物線であることを示せ。

(2) 曲線 C の焦点の座標，および準線の方程式を求めよ。

127 ★★☆☆ $\arg\alpha=\theta$ $(0 \leqq \theta < 2\pi)$ とするとき，原点 O と点 A(α) を通る直線 l に関して，点 B(β) と対称な点を C(γ) とする。$\gamma=\dfrac{\alpha}{\overline{\alpha}}\overline{\beta}=(\cos2\theta+i\sin2\theta)\overline{\beta}$ が成り立つことを示せ。

128 ★★☆☆ $\left\{\left(\dfrac{1+\sqrt{3}\,i}{2}\right)^{2003}\right\}^n=1$ を満たす最小の自然数 n を求めよ。 (北見工業大)

129 ★☆☆☆ $\theta=\dfrac{\pi}{18}$ のとき，$\left\{\dfrac{(\cos8\theta+i\sin8\theta)(\cos3\theta-i\sin3\theta)}{\cos2\theta+i\sin2\theta}\right\}^{10}$ の値を求めよ。

130 ★★★☆ 複素数 z は $z+\dfrac{1}{z}=2\cos\theta$ $(0 \leqq \theta \leqq \pi)$ を満たすとする。

(1) 自然数 n に対して，$z^n+\dfrac{1}{z^n}$ を $\cos n\theta$ を用いて表せ。

(2) $\theta=\dfrac{\pi}{20}$ のとき，$\left(z^5+\dfrac{1}{z^5}\right)^3$ の値を求めよ。 (九州工業大　改)

131 ★★☆☆ 方程式 $z^5=1$ について

(1) $z^5-1=(z-1)(z^4+z^3+z^2+z+1)$ を用いて解け。

(2) $z=r(\cos\theta+i\sin\theta)$ $(r>0,\ 0 \leqq \theta < 2\pi)$ とおくことによって解け。

132 ★★☆☆ $(1+i)^n=(1+\sqrt{3}\,i)^m$ を満たす自然数の組 $(n,\ m)$ のうち，$n+m$ が最小となるものを求めよ。

133 ★★★☆ $z=\cos\frac{2}{5}\pi+i\sin\frac{2}{5}\pi$ とする。

(1) $z^n=1$ となる最小の正の整数 n を求めよ。

(2) $z^4+z^3+z^2+z+1$ の値を求めよ。

(3) $(1+z)(1+z^2)(1+z^4)(1+z^8)$ の値を求めよ。

(4) $\cos\frac{2}{5}\pi+\cos\frac{4}{5}\pi$ の値を求めよ。 (富山県立大)

134 ★★★☆ $z=\cos\frac{2}{7}\pi+i\sin\frac{2}{7}\pi$ とおく。

(1) $z+z^2+z^3+z^4+z^5+z^6$ を求めよ。

(2) $\alpha=z+z^2+z^4$ とするとき，$\alpha+\overline{\alpha}$，$\alpha\overline{\alpha}$ および α を求めよ。

(千葉大)

135 ★★★★ n を正の整数，a を正の実数とし，i を虚数単位とする。実数 x に対して $(x+ai)^n=P(x)+iQ(x)$ とする。ただし，$P(x)$，$Q(x)$ は実数を係数とする多項式とする。

(1) $P(x)$ を1次式 $x-a$ で割った余りは，$(\sqrt{2}a)^n\cos\frac{n}{4}\pi$ であることを示せ。

(2) $P(x)$ が $x-a$ で割り切れるならば，$x+a$ でも割り切れることを示せ。

本質を問う 9

▶▶解答編 p.239

1 次のうち，複素数をすべて選べ。また，実数をすべて選べ。

$2+3i,\quad \frac{1}{3}i,\quad 1-\sqrt{2}i,\quad \sqrt{2.5},\quad 0$

◀p.232 概要 1

2 複素数 z について，次の文章は常に正しいかどうか述べよ。また，正しくない場合は z についてどのような条件があるとき正しくなるか述べよ。

(1) z が実数である $\iff$ $\overline{z}=z$

(2) z が純虚数である $\iff$ $\overline{z}=-z$

◀p.233 概要 2

3 複素数平面上の点 $\mathrm{P}(\alpha)$ を考える。次の各点は，点Pの位置をどのように変化させた位置であるか。

(1) 点 $\mathrm{Q}(\alpha+\beta)$ (β は複素数)　(2) 点 $\mathrm{R}(3\alpha)$

(3) 点 $\mathrm{S}(-\alpha)$　(4) 点 $\mathrm{T}(i\alpha)$

◀p.235 概要 4，p.236 概要 6

4 1の n 乗根 (n は自然数) について，次の問に答えよ。

(1) 1の n 乗根が表す点は複素数平面上でどのように表されるか。

(2) 1の n 乗根の総和は0であることを示せ。

◀p.260 Play Back 18

Let's Try! 9

▶▶解答編 p.241

① 複素数 α，β，γ は $|\alpha|=|\beta|=|\gamma|=1$ を満たしている。このとき

$$\frac{(\beta+\gamma)(\gamma+\alpha)(\alpha+\beta)}{\alpha\beta\gamma}$$

は実数であることを証明せよ。（茨城大）

◀例題117，118

② (1) 複素数平面上の 2 点を z_1，z_2，それらの偏角をそれぞれ θ_1，θ_2 とするとき

$$z_1\overline{z_2}+\overline{z_1}z_2=2|z_1||z_2|\cos(\theta_1-\theta_2)$$

であることを示せ。

(2) $|\alpha|=2$，$|\beta|=1$，$\arg\dfrac{\beta}{\alpha}=\dfrac{\pi}{3}$ のとき

(ｱ) $\alpha\overline{\beta}+\overline{\alpha}\beta$ を求めよ。　(ｲ) $|\alpha-\beta|$，$|\alpha+\beta|$ を求めよ。

◀例題117，119，120

③ 複素数平面上で，2 点 B，C を表す複素数をそれぞれ $1+2i$，3 とする。

(1) BC を 1 辺とする正三角形 ABC の頂点 A を表す複素数を求めよ。

(2) (1)の BA，BC を 2 辺とする平行四辺形 ABCD の頂点 D を表す複素数を求めよ。

◀例題115，125

④ 複素数 $z=\cos\theta+i\sin\theta$ について，次の問に答えよ。ただし，$0<\theta<\pi$ とする。

(1) $z+1$ を極形式で表せ。

(2) $\dfrac{1}{z+1}$ の実部の値を求めよ。（大阪市立大　改）

◀例題121

⑤ $z=\dfrac{1-\sin\theta-i\cos\theta}{1-\sin\theta+i\cos\theta}$ $\left(0<\theta<\dfrac{\pi}{2}\right)$ のとき，z^{-4} の絶対値と偏角を求めよ。

（鳥取大）

◀例題129

まとめ 10 図形への応用

① 複素数平面上の分点

複素数平面上の 3 点 A(α), B(β), C(γ) について

(ア) 線分 AB を $m:n$ に分ける点は $\dfrac{n\alpha+m\beta}{m+n}$

特に，線分 AB の中点は $\dfrac{\alpha+\beta}{2}$

❗ $m:n$ に外分する点のときは，$m:(-n)$ に内分すると考える。

(イ) △ABC の重心は $\dfrac{\alpha+\beta+\gamma}{3}$

② 複素数平面上の図形

複素数平面上の異なる 2 点 A(α), B(β) について

(ア) $|z-\alpha|=|z-\beta|$

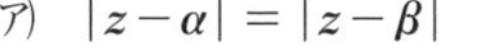

⟺ 点 z は**線分 AB の垂直二等分線**をえがく。

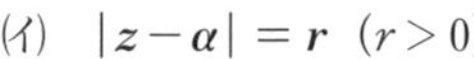

(イ) $|z-\alpha|=r$ $(r>0)$

⟺ 点 z は**点 A を中心とする半径 r の円**をえがく。

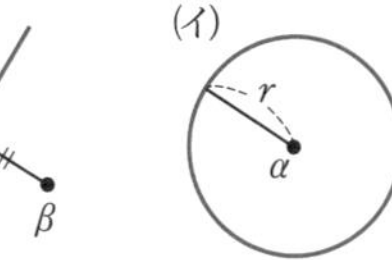

概要

① 複素数平面上の分点

・内分点，外分点を表す複素数

数学Ⅱ「図形と方程式」で学習した内分点，外分点の座標の公式に帰着させて考える。

2 点 A(α), B(β) に対して，$\alpha=a+bi$, $\beta=c+di$ とおく。

線分 AB を $m:n$ に内分する点 P を表す複素数は，

実部が $\dfrac{na+mc}{m+n}$，虚部が $\dfrac{nb+md}{m+n}$ である。

よって $\dfrac{n\alpha+m\beta}{m+n}$ （外分点も同様に考える。）

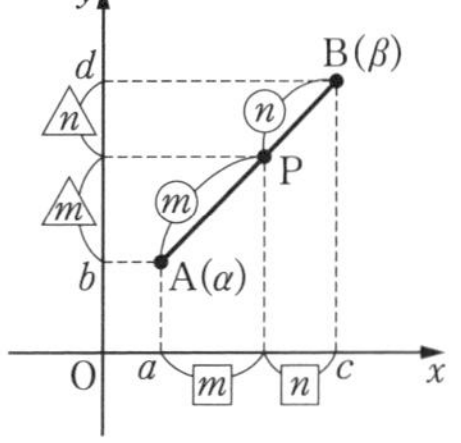

・重心を表す複素数

△ABC の重心 G(z) は，中線 AM を 2:1 に内分する。

辺 BC の中点 M を表す複素数は $\dfrac{\beta+\gamma}{2}$ であるから

$$z=\frac{\alpha+2\cdot\dfrac{\beta+\gamma}{2}}{3}=\frac{\alpha+\beta+\gamma}{3}$$

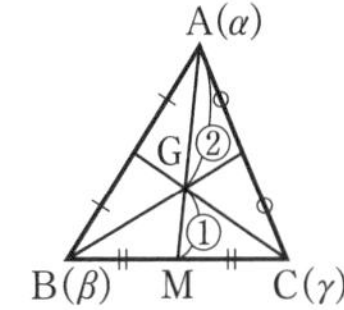

② 複素数平面上の図形

$|z-\alpha|$ は 2 点 A(α), P(z) の距離を表す （p.234 の ④(3) を参照）から

(ア) $|z-\alpha|=|z-\beta|$ ⟺ AP = BP ⟺ 点 P は 2 点 A，B から等距離にある

⟺ 点 P は線分 AB の垂直二等分線上にある

(イ) $|z-\alpha|=r$ $(r>0)$ ⟺ AP = r ⟺ 点 P は点 A から r（一定）の距離にある

⟺ 点 P は点 A を中心とする半径 r の円上にある

3 複素数と三角形

Oを原点とする複素数平面上の異なる3点$P(z_1)$，$Q(z_2)$，$R(z_3)$に対して

(1)　2直線のなす角

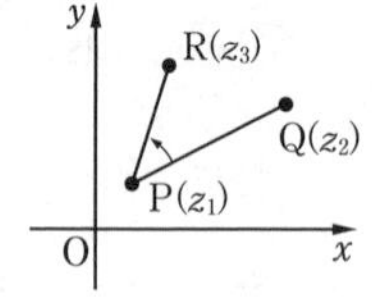

$$\angle QPR = \arg\left(\frac{z_3 - z_1}{z_2 - z_1}\right) \quad 特に \quad \angle POQ = \arg\left(\frac{z_2}{z_1}\right)$$

！　$\angle QPR$，$\angle POQ$は向きを含めて考えた角である。

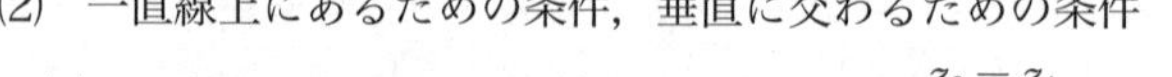

(2)　一直線上にあるための条件，垂直に交わるための条件

(ア)　3点P，Q，Rが一直線上にある $\Longleftrightarrow$ $\dfrac{z_3 - z_1}{z_2 - z_1}$ が実数

(イ)　2直線PQ，PRが垂直に交わる $\Longleftrightarrow$ $\dfrac{z_3 - z_1}{z_2 - z_1}$ が純虚数

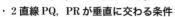

概要

3 複素数と三角形

・2直線のなす角

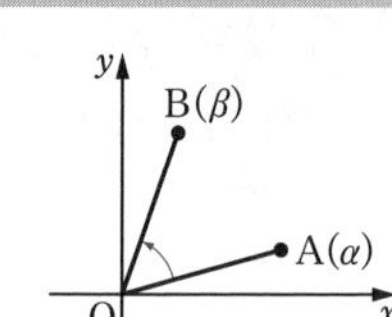

異なる2点$A(\alpha)$，$B(\beta)$に対して，右の図のように，$\angle AOB$は向きを含めて（反時計回りが正の向き）考えると

$$\angle AOB = \arg\beta - \arg\alpha = \arg\frac{\beta}{\alpha}$$

よって，異なる3点$P(z_1)$，$Q(z_2)$，$R(z_3)$に対して，$Q'(z_2 - z_1)$，$R'(z_3 - z_1)$とすると

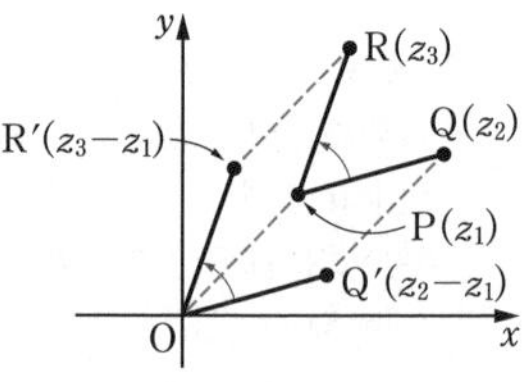

$$\begin{aligned}\angle QPR &= \angle Q'OR' \\ &= \arg(z_3 - z_1) - \arg(z_2 - z_1) \\ &= \arg\left(\frac{z_3 - z_1}{z_2 - z_1}\right)\end{aligned}$$

・3点$P(z_1)$，$Q(z_2)$，$R(z_3)$が一直線上にある条件

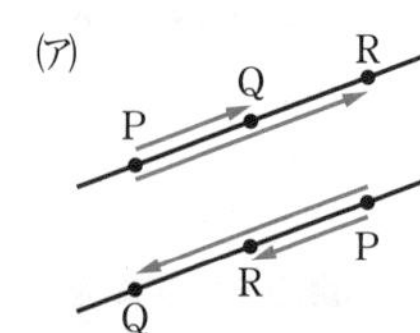

$\angle QPR = \arg\left(\dfrac{z_3 - z_1}{z_2 - z_1}\right) = 0,\ \pi$ より，$\dfrac{z_3 - z_1}{z_2 - z_1}$ は実数である。

(ア)　$\arg\left(\dfrac{z_3 - z_1}{z_2 - z_1}\right) = 0$ すなわち $\dfrac{z_3 - z_1}{z_2 - z_1} > 0$ のとき，

点QとRは，Pに対して同じ側にある。

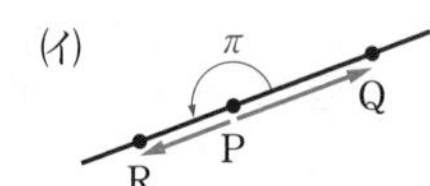

(イ)　$\arg\left(\dfrac{z_3 - z_1}{z_2 - z_1}\right) = \pi$ すなわち $\dfrac{z_3 - z_1}{z_2 - z_1} < 0$ のとき，

点Pは，QとRの間にある。

・2直線PQ，PRが垂直に交わる条件

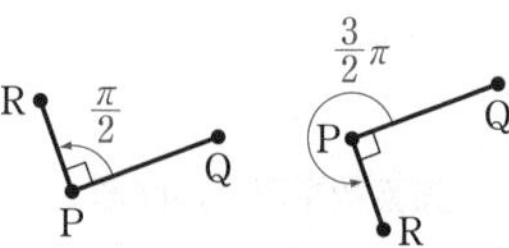

$\angle QPR = \arg\left(\dfrac{z_3 - z_1}{z_2 - z_1}\right) = \dfrac{\pi}{2},\ \dfrac{3}{2}\pi$ より，$\dfrac{z_3 - z_1}{z_2 - z_1}$ は純虚数である。

！　この性質はPQとPRの垂直条件であることに注意する。異なる4点$P(z_1)$，$Q(z_2)$，$R(z_3)$，$S(z_4)$に対して，点Rが点Pに一致するように，2点R，Sを平行移動するとSは$S'(z_4 - (z_3 - z_1))$に移るから

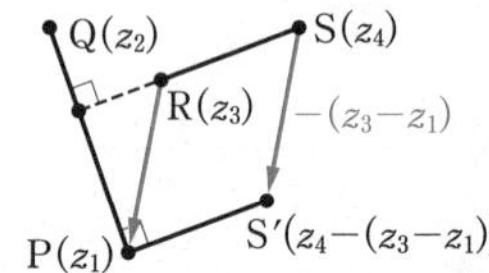

$$PQ \perp RS \Longleftrightarrow PQ \perp PS'$$
$$\Longleftrightarrow \frac{\{z_4 - (z_3 - z_1)\} - z_1}{z_2 - z_1} = \frac{z_4 - z_3}{z_2 - z_1} \text{ が純虚数}$$

例題 136 分点，重心を表す複素数

★☆☆☆

複素数平面上に，3 点 A$(-3+4i)$，B$(4-3i)$，C$(-1+6i)$ がある。

(1) 線分 AB を 3：4 に内分する点 D を表す複素数を求めよ。

(2) 線分 AC を 1：3 に外分する点 E を表す複素数を求めよ。

(3) (1)，(2) のとき，△ODE の重心 G を表す複素数を求めよ。

思考のプロセス

公式の利用

座標平面やベクトルにおける内分点・外分点，重心の公式に似ている。

点 A(α)，B(β)，C(γ) に対して

線分 AB を m：n に内分する点 P(z_1) は

$$z_1=\frac{n\alpha+m\beta}{m+n}$$

y, A(α), P(z_1), m, n, B(β), O, x

! m：n に外分する点は m：$(-n)$ に内分すると考える。

△ABC の重心 G(z_2) は　$z_2=\dfrac{\alpha+\beta+\gamma}{3}$

Action» 分点を表す複素数は，$\dfrac{n\alpha+m\beta}{m+n}$ で表せ

解 (1) 点 D を表す複素数は

$$\frac{4(-3+4i)+3(4-3i)}{3+4}$$

$$=\frac{7i}{7}=i$$

よって　**D(i)**

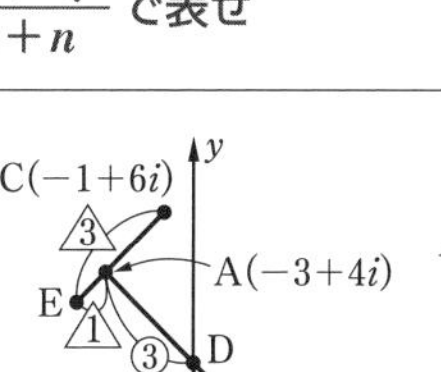

◀ 3：4 に分ける点と考えて公式を用いる。

(2) 点 E を表す複素数は

$$\frac{(-3)(-3+4i)+1\cdot(-1+6i)}{1+(-3)}$$

$$=\frac{8-6i}{-2}=-4+3i$$

よって　**E$(-4+3i)$**

◀ 1：(-3) に内分する点と考えてもよい。

(3) △ODE の重心 G を表す複素数は

$$\frac{0+i+(-4+3i)}{3}=-\frac{4}{3}+\frac{4}{3}i$$

よって　**G$\left(-\dfrac{4}{3}+\dfrac{4}{3}i\right)$**

◀ 3 点 A(α), B(β), C(γ) において，△ABC の重心を表す複素数は
$\dfrac{\alpha+\beta+\gamma}{3}$

練習 136 複素数平面上に，2 点 A$(-1+2i)$，B$(5+3i)$ がある。

(1) 線分 AB を 3：2 に内分する点 C を表す複素数を求めよ。

(2) 線分 AB を 3：2 に外分する点 D を表す複素数を求めよ。

(3) (1)，(2) のとき，△CDE の重心が原点 O となるような点 E を表す複素数を求めよ。

➡ p.294 問題136

例題 137 複素数と平行四辺形

D ★☆☆☆

複素数平面上に点 A$(3+3i)$, B$(-5i)$, C$(-2+i)$, D(z) がある。4 点 A, B, C, D を頂点とする四角形が平行四辺形であるとき，絶対値が最小となる z を求めよ。

思考のプロセス

4 点 A, B, C, D を頂点とする四角形が平行四辺形

⟹ 点 D の位置は □ 通り考えられる。

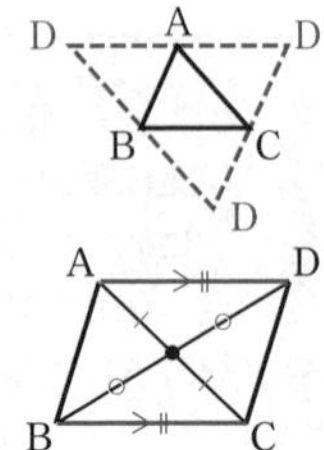

条件の言い換え

平行四辺形 ＜ 対角線がそれぞれの中点で交わる **〔本解〕**
向かい合う 1 組の辺が平行で長さが等しい **〔別解〕**

Action» 平行四辺形は，対角線の中点が一致することを利用せよ

解 (ア) 四角形 ABDC が平行四辺形のとき

2 本の対角線 AD, BC の中点が一致することから

$$\frac{z+(3+3i)}{2}=\frac{(-5i)+(-2+i)}{2}$$

よって　$z=-5-7i$

このとき　$|z|=\sqrt{(-5)^2+(-7)^2}=\sqrt{74}$

(イ) 四角形 ABCD が平行四辺形のとき

2 本の対角線 BD, AC の中点が一致することから

$$\frac{z+(-5i)}{2}=\frac{(3+3i)+(-2+i)}{2}$$

よって　$z=1+9i$

このとき　$|z|=\sqrt{1^2+9^2}=\sqrt{82}$

(ウ) 四角形 ADBC が平行四辺形のとき

2 本の対角線 CD, AB の中点が一致することから

$$\frac{z+(-2+i)}{2}=\frac{(3+3i)+(-5i)}{2}$$

よって　$z=5-3i$

このとき　$|z|=\sqrt{5^2+(-3)^2}=\sqrt{34}$

(ア)～(ウ) より，絶対値が最小のものは　$\boldsymbol{z=5-3i}$

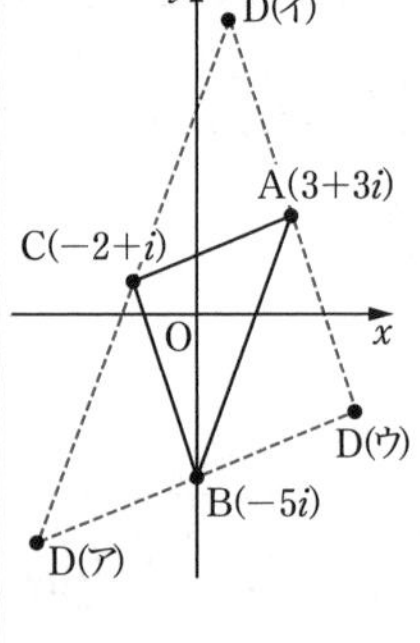

〔別解〕

向かい合う 2 辺が平行かつ同じ長さであることを利用して，(ア) 四角形 ABDC が平行四辺形のとき

$$z-(-2+i)=-5i-(3+3i)$$

よって，$z=-5-7i$ と求めてもよい。(イ), (ウ) も同様。

◀ 平行四辺形 ABDC において　$\overrightarrow{CD}=\overrightarrow{AB}$

練習 137 複素数平面上に点 A$(1+4i)$, B(-3), C$(2+3i)$, D(z) がある。4 点 A, B, C, D を頂点とする四角形が平行四辺形であるとき，絶対値が最小となる z を求めよ。

➡p.294 問題 137

D 頻出

例題 138 複素数平面上の点の軌跡

★☆☆☆

複素数 z が次の方程式を満たすとき，複素数平面において点 z はどのような図形をえがくか。

(1) $|z-1|=|z+i|$　　(2) $|2z-1-i|=4$

思考のプロセス

点 z が表す図形 ⟹ 点 z の軌跡

見方を変える

点 $A(\alpha)$，$B(\beta)$，$P(z)$ とすると

(ア) $|z-\alpha|=|z-\beta|$

⟹ (点 z と点 α の距離)＝(点 z と点 β の距離)

⟹ $AP=BP$ を満たす点 P の軌跡

(イ) $|z-\alpha|=r$ (一定)

⟹ (点 z と点 α の距離)$=r$

⟹ $AP=r$ を満たす点 P の軌跡

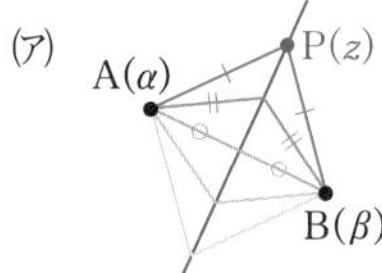

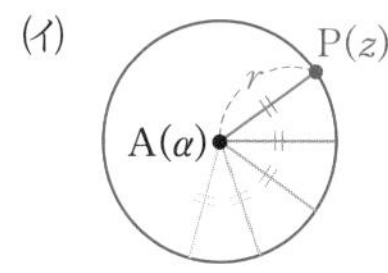

Action» 絶対値 $|z-\alpha|$ は，点 z と点 α の距離とみよ

解 (1) $|z-1|$ は点 z と点 1 の距離を表し，$|z+i|$ は点 z と点 $-i$ の距離を表す。

◀ $|z+i|=|z-(-i)|$

よって，点 z は 2 点 1，$-i$ からの距離が等しい点であるから，点 z は **2 点 1，$-i$ を結ぶ線分の垂直二等分線** をえがく。

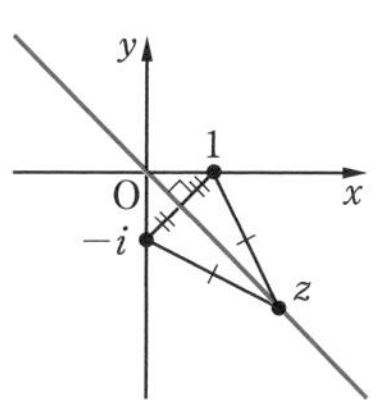

(2) $|2z-1-i|=4$ の両辺を 2 で割ると

◀ z の係数を 1 にするために，両辺を 2 で割る。

$$\left|z-\frac{1+i}{2}\right|=2$$

$\left|z-\frac{1+i}{2}\right|$ は点 z と点 $\frac{1}{2}+\frac{1}{2}i$ の距離を表すから，点 z は **点 $\frac{1}{2}+\frac{1}{2}i$ を中心とする半径 2 の円** をえがく。

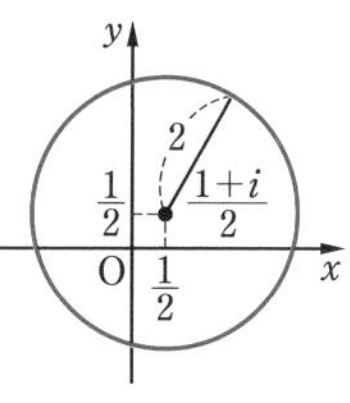

練習 138 複素数 z が次の方程式を満たすとき，複素数平面において点 z はどのような図形をえがくか。

(1) $|z-3|=|z-2i|$　　(2) $|2-z|=|z+1+i|$

(3) $|z-i|=3$　　(4) $|3z-1+2i|=6$

⇒p.294 問題138

Play Back 19 複素数平面における点の軌跡と図形の方程式

例題 138 において，複素数平面上の点 z の軌跡を求める問題を学習しました。例題では，図形のもつ性質を利用して軌跡を求めましたが，ほかに xy 平面における図形の方程式を利用して軌跡を求める解法があります。ここで紹介してみましょう。

〔例題 138 の別解〕

(1) $|z-1|=|z+i|$ …① を満たす点 P(z) の軌跡を考える。

$z=x+yi$（x，y は実数）とおくと

$$z-1=(x-1)+yi, \quad z+i=x+(y+1)i$$

よって　$|z-1|=\sqrt{(x-1)^2+y^2}$，　$|z+i|=\sqrt{x^2+(y+1)^2}$

① より，$|z-1|^2=|z+i|^2$ であるから

$$(x-1)^2+y^2=x^2+(y+1)^2$$

これを整理して，点 P の軌跡は　直線 $y=-x$

すなわち，点 z は 2 点 1，$-i$ を結ぶ線分の垂直二等分線をえがく。

(2) $|2z-1-i|=4$ …② を満たす点 P(z) の軌跡を考える。

$z=x+yi$（x，y は実数）とおくと

$$2z-1-i=(2x-1)+(2y-1)i$$

よって　$|2z-1-i|=\sqrt{(2x-1)^2+(2y-1)^2}$

② より，$|2z-1-i|^2=16$ であるから

$$(2x-1)^2+(2y-1)^2=16$$

$4\left(x-\dfrac{1}{2}\right)^2+4\left(y-\dfrac{1}{2}\right)^2=16$ より　$\left(x-\dfrac{1}{2}\right)^2+\left(y-\dfrac{1}{2}\right)^2=4$

よって，点 P の軌跡は　円 $\left(x-\dfrac{1}{2}\right)^2+\left(y-\dfrac{1}{2}\right)^2=4$

すなわち，点 z は点 $\dfrac{1}{2}+\dfrac{1}{2}i$ を中心とする半径 2 の円をえがく。

先生，分かりやすい解法ですね。

数学Ⅱで学習した図形の方程式や軌跡の考え方がそのまま使えるため，こちらの解法の方が理解しやすい人がいるかもしれませんね。
ただし，$z=x+yi$（x，y は実数）とおくから，2 つの変数 x，y を扱うことになり，計算が大変になる場合があるので注意しましょう。

D 頻出
★★☆☆

例題 139 アポロニウスの円

複素数平面において，次の方程式を満たす点 z はどのような図形をえがくか。
(1) $|z+2|=2|z-1|$　　(2) $|z-5i|=3|z+3i|$

思考のプロセス

(1) $A(-2)$，$B(1)$，$P(z)$ とすると，$AP=2BP$ より $AP:BP=2:1$
⇩ ⟶ 点 z の軌跡は円（アポロニウスの円）と予想　⬅ LEGEND 数学 II＋B 例題 112 参照。
与式を $|z-○|=$（一定）の形に変形したい。

段階的に考える

① $|\alpha|^2=\alpha\overline{\alpha}$ を用いて展開する。

$|z+2|=2|z-1|$
$|z+2|^2=4|z-1|^2$
$(z+2)(\overline{z+2})=4(z-1)(\overline{z-1})$
⋮
$z\overline{z}+2z+2\overline{z}+4=4(z\overline{z}+\cdots)$

② $\alpha\overline{\alpha}=|\alpha|^2$ を用いてまとめる。

$|z+○|=$（一定）
$|z+○|^2=$（一定）
$(z+○)(\overline{z+○})=$（一定）
⋮
$z\overline{z}+\square z+\square\overline{z}+\square=0$

（整理）

Action» 方程式 $z\overline{z}-\overline{\alpha}z-\alpha\overline{z}=0$ は，$(z-\alpha)(\overline{z}-\overline{\alpha})=\alpha\overline{\alpha}$ とせよ

解 (1) 与式の両辺を 2 乗すると　$|z+2|^2=4|z-1|^2$
例題 116

$$(z+2)(\overline{z+2})=4(z-1)(\overline{z-1})$$
$$(z+2)(\overline{z}+2)=4(z-1)(\overline{z}-1)$$
$$z\overline{z}+2z+2\overline{z}+4=4(z\overline{z}-z-\overline{z}+1)$$

◀ 2 も 2 乗することに注意する。
◀ $|\alpha|^2=\alpha\overline{\alpha}$
◀ $\overline{z+2}=\overline{z}+\overline{2}=\overline{z}+2$

整理すると　$z\overline{z}-2z-2\overline{z}=0$
よって　$(z-2)(\overline{z}-2)=4$
例題 116　$(z-2)(\overline{z-2})=4$
ゆえに　$|z-2|^2=4$
$|z-2|\geqq 0$ より　$|z-2|=2$
したがって，点 z は **点 2 を中心とする半径 2 の円** をえがく。

◀ z と $\overline{z}$ の係数に着目して $z\overline{z}-2z-2\overline{z}=(z-2)(\overline{z}-2)-4$ と変形する。

例題 116
(2) 与式の両辺を 2 乗すると　$|z-5i|^2=9|z+3i|^2$

$$(z-5i)(\overline{z-5i})=9(z+3i)(\overline{z+3i})$$
$$(z-5i)(\overline{z}+5i)=9(z+3i)(\overline{z}-3i)$$
$$z\overline{z}+5iz-5i\overline{z}+25=9(z\overline{z}-3iz+3i\overline{z}+9)$$

◀ $\overline{z-5i}=\overline{z}-\overline{5i}=\overline{z}-(-5i)=\overline{z}+5i$

整理すると　$z\overline{z}-4iz+4i\overline{z}+7=0$
よって　$(z+4i)(\overline{z}-4i)=9$
例題 116　$(z+4i)(\overline{z+4i})=9$
ゆえに　$|z+4i|^2=9$
$|z+4i|\geqq 0$ より　$|z+4i|=3$
したがって，点 z は **点 $-4i$ を中心とする半径 3 の円** をえがく。

◀ $z\overline{z}-4iz+4i\overline{z}=(z+4i)(\overline{z}-4i)-16$

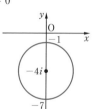

練習 139 複素数平面において，次の方程式を満たす点 z はどのような図形をえがくか。
(1) $|z+1|=2|z-2|$　　(2) $|z-7i|=3|z+i|$

➡p.294 問題139

D 頻出

例題 140 連動点の軌跡

★★☆☆

複素数平面上で，点 z が原点を中心とする半径2の円上を動くとき，次の条件を満たす点 w はどのような図形をえがくか。

(1) $w=2z+i$　　(2) $w=\dfrac{3z-2i}{z-2}$ $(z \neq 2)$

思考のプロセス

求めるのは点 w の軌跡 ⟹ 図形が分かるような w の方程式を求める。

条件の言い換え

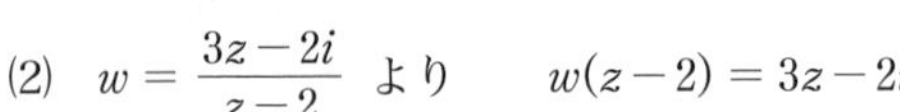

Action» 点 z と連動する点 w の軌跡は，z を消去して w の式をつくれ

解 点 z は原点を中心とする半径2の円上を動くから

$|z|=2$ …①

◀動点 z が満たす方程式を求める。

(1) $w=2z+i$ より　$z=\dfrac{w-i}{2}$

◀ z について解く。

①に代入すると　$\left|\dfrac{w-i}{2}\right|=2$

◀ $\left|\dfrac{\alpha}{\beta}\right|=\dfrac{|\alpha|}{|\beta|}$ $(\beta \neq 0)$

$\dfrac{|w-i|}{2}=2$

よって　$|w-i|=4$

したがって，点 w は **点 i を中心とする半径4の円** をえがく。

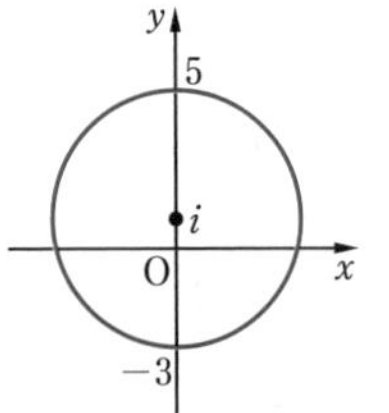

◀ w のえがく図形は，①の円を原点を中心に2倍に拡大して，i だけ平行移動したものである。

(2) $w=\dfrac{3z-2i}{z-2}$ より　$w(z-2)=3z-2i$

◀ z について解く。

整理すると　$(w-3)z=2w-2i$

$w-3 \neq 0$ であるから　$z=\dfrac{2w-2i}{w-3}$

◀❗ $w-3=0$ とすると $0=6-2i$ となり矛盾。

①に代入すると　$\left|\dfrac{2w-2i}{w-3}\right|=2$

$\dfrac{2|w-i|}{|w-3|}=2$

よって　$|w-i|=|w-3|$

したがって，点 w は **2点 i，3を結ぶ線分の垂直二等分線** をえがく。

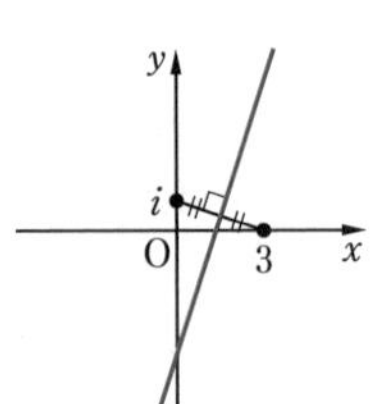

練習 140 複素数平面上で，点 z が原点を中心とする半径3の円上を動くとき，次の条件を満たす点 w はどのような図形をえがくか。

(1) $w=2z-i$　　(2) $w=\dfrac{z+3i}{z-3}$ $(z \neq 3)$

➡p.294 問題140

頻出 ★★★☆

例題 141 複素数の実数条件と軌跡

$z+\dfrac{1}{z}$ が実数となるように複素数 z が変化するとき，複素数平面において z が表す点はどのような図形をえがくか。また，それを図示せよ。

思考のプロセス

求めるものは点 z の軌跡 ⟹ 図形が分かるような z の方程式を求める。

条件の言い換え

«ReAction 複素数 z が実数ならば $\overline{z}=z$，純虚数ならば $\overline{z}=-z$，$z\neq 0$ とせよ ◀例題 118

$z+\dfrac{1}{z}$ が実数 ⟹ $\overline{\left(z+\dfrac{1}{z}\right)}=z+\dfrac{1}{z}$ ←── 展開・整理する。

解 $z+\dfrac{1}{z}$ が実数であるから　$\overline{\left(z+\dfrac{1}{z}\right)}=z+\dfrac{1}{z}$

例題 118

よって　$\overline{z}+\dfrac{1}{\overline{z}}=z+\dfrac{1}{z}$

両辺の分母をはらうと

$$z(\overline{z})^2+z=z^2\overline{z}+\overline{z} \quad \text{かつ} \quad z\neq 0$$

◀両辺を $z\overline{z}$ 倍する。

整理すると

$$(z\overline{z}-1)(z-\overline{z})=0$$
$$(|z|^2-1)(z-\overline{z})=0$$

◀$z^2\overline{z}-z(\overline{z})^2-z+\overline{z}=0$
$z\overline{z}(z-\overline{z})-(z-\overline{z})=0$
よって
$(z\overline{z}-1)(z-\overline{z})=0$
また　$z\overline{z}=|z|^2$

$|z|^2-1=0$ のとき　$|z|=1$

したがって

$|z|=1$　または　$z=\overline{z}$

◀$z=\overline{z} \iff z$ は実数
$\iff z$ は実軸上

ただし，$z=0$ を除く。

これは，**原点を中心とする半径 1 の円および原点を除く実軸** をえがき，**右の図**。

◀原点は除かれることに注意する。

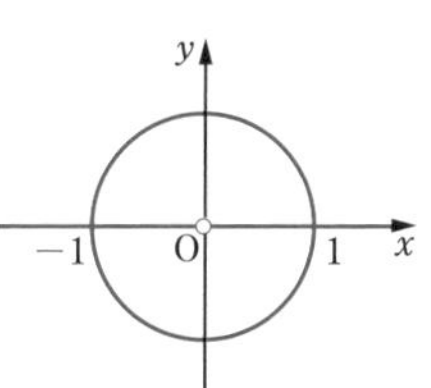

Point...$z+\dfrac{a^2}{z}$ が実数となる条件

$z+\dfrac{a^2}{z}$ $(a>0)$ が実数のとき

$$\overline{\left(z+\dfrac{a^2}{z}\right)}=z+\dfrac{a^2}{z} \iff \overline{z}+\dfrac{a^2}{\overline{z}}=z+\dfrac{a^2}{z}$$

分母をはらって整理すると

$$(|z|^2-a^2)(z-\overline{z})=0 \quad \Leftarrow z\overline{z}=|z|^2$$

したがって　**$|z|=a$，$z=\overline{z}$　ただし，$z\neq 0$**

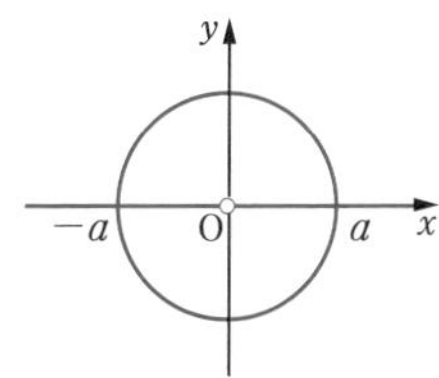

練習 141 $\dfrac{(i-1)z}{i(z-2)}$ が実数となるように複素数 z が変化するとき，複素数平面において z が表す点はどのような図形をえがくか。また，それを図示せよ。（神戸大　改）

3章 10 図形への応用

➡ p.294 問題 141

例題 142 絶対値，偏角の最大・最小

D ★★★☆

不等式 $|z-2-2i| \leqq \sqrt{2}$ を満たす複素数 z について

(1) 複素数平面上の点 P(z) の存在範囲を図示せよ。

(2) $|z-1|$ の最大値，最小値を求めよ。

(3) z の偏角を θ $(0 \leqq \theta < 2\pi)$ とするとき，θ の最大値を求めよ。

思考のプロセス

«ReAction 絶対値 $|z-\alpha|$ は，点 z と点 α の距離とみよ ◀例題 138

(1) 不等式＿＿ ⟹ (点 z と点 □ の距離) $\leqq \sqrt{2}$

図で考える

(2) $|z-1|$ の最大・最小

⟹ 点 z と点 1 の距離の最大・最小

(3) z の偏角 θ の最大

⟹ OP と実軸の正の向きとのなす角の最大

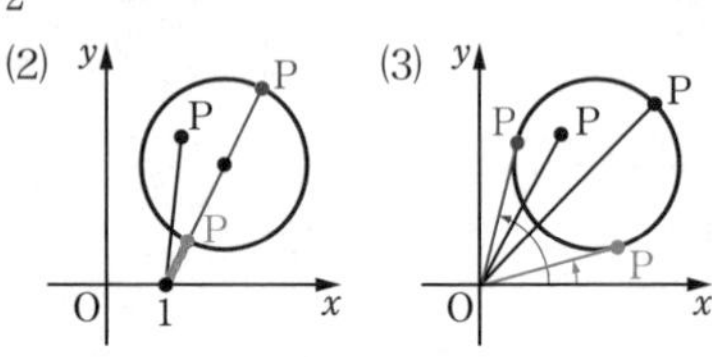

解 (1) $|z-2-2i| \leqq \sqrt{2}$ より

$$|z-(2+2i)| \leqq \sqrt{2}$$

よって，点 P(z) の存在範囲は **右の図の斜線部分**。ただし，**境界線を含む**。

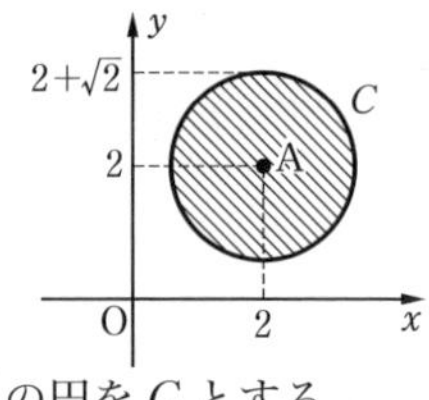

◀点 $2+2i$ からの距離が $\sqrt{2}$ 以下となる点であるから，中心が点 A($2+2i$)，半径が $\sqrt{2}$ の円 C の周および内部となる。

(2) 中心が点 A($2+2i$)，半径が $\sqrt{2}$ の円を C とする。

$|z-1|$ は，(1) で求めた領域内の点 z と点 1 の距離を表す。

円 C の半径は $\sqrt{2}$ であり，点 1 と点 A($2+2i$) の距離は

$$|(2+2i)-1| = |1+2i| = \sqrt{5}$$

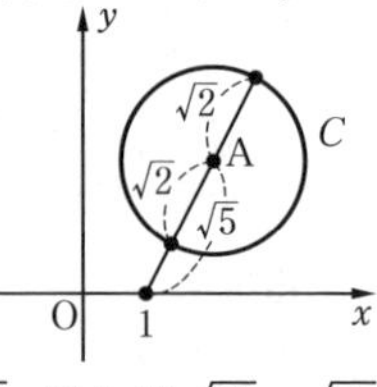

◀$|1+2i| = \sqrt{1^2+2^2} = \sqrt{5}$

よって，$|z-1|$ は　**最大値 $\sqrt{5}+\sqrt{2}$，最小値 $\sqrt{5}-\sqrt{2}$**

◀最大・最小となるのは，点 z が点 1 と円 C の中心 A を通る直線と円 C の交点になるときである。

(3) z の偏角 θ が最大となるのは，直線 OP が右の図のように，円 C に接するときである。このとき

$$\text{AP} : \text{OA} = \sqrt{2} : 2\sqrt{2} = 1 : 2$$

◀$\text{OA} = \sqrt{2^2+2^2} = 2\sqrt{2}$

$\angle\text{OPA} = \dfrac{\pi}{2}$ より　$\angle\text{AOP} = \dfrac{\pi}{6}$

◀△POA は直角三角形。

また，直線 OA と実軸の正の部分のなす角は　$\dfrac{\pi}{4}$

◀点 A を表す複素数は $2+2i$ であり $\arg(2+2i) = \dfrac{\pi}{4}$

よって，θ は　最大値 $\dfrac{\pi}{4}+\dfrac{\pi}{6} = \boldsymbol{\dfrac{5}{12}\pi}$

練習 142 不等式 $|z+1-\sqrt{3}i| \leqq \sqrt{2}$ を満たす複素数 z について

(1) 複素数平面上の点 P(z) の存在範囲を図示せよ。

(2) $|z-2\sqrt{3}i|$ の最大値，最小値を求めよ。

(3) z の偏角を θ $(0 \leqq \theta < 2\pi)$ とするとき，θ の最大値，最小値およびそのときの z の値を求めよ。

➡p.294 問題142

D　頻出
★★☆☆

例題 143 複素数が表す三角形〔1〕… $\dfrac{\beta}{\alpha}$ の条件

複素数平面上で，原点 O と異なる 2 点 A(α)，B(β) がある。α，β が次の関係式を満たすとき，△OAB はどのような三角形か。

(1)　$\beta=(1+i)\alpha$　　　　(2)　$\dfrac{\beta}{\alpha}=\dfrac{1+\sqrt{3}\,i}{2}$

思考のプロセス

図で考える　△OAB の形状 ⟹ 辺の比や角の大きさを求めたい。

(1)　$\beta=(1+i)\alpha=\sqrt{2}\left(\cos\dfrac{\pi}{4}+i\sin\dfrac{\pi}{4}\right)\alpha$

⟹ 点 B(β)は，点 A(α)を原点を中心に $\dfrac{\pi}{4}$ だけ回転し，原点からの距離を $\sqrt{2}$ 倍した点

⟹ △OAB はどのような三角形か？

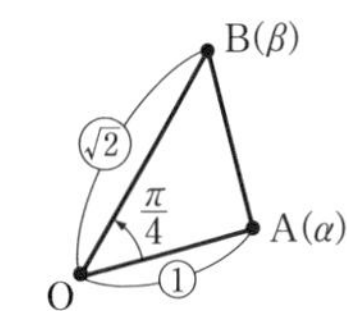

Action» △OAB の形状は，$\dfrac{\beta}{\alpha}$ の絶対値と偏角から求めよ

解 (1)　$\alpha\neq0$，$\beta=(1+i)\alpha$ より　$\dfrac{\beta}{\alpha}=\sqrt{2}\left(\cos\dfrac{\pi}{4}+i\sin\dfrac{\pi}{4}\right)$

例題122

◀点 A は点 O と異なるから $\alpha\neq0$

よって，$\left|\dfrac{\beta}{\alpha}\right|=\sqrt{2}$ より　OA : OB $=|\alpha|:|\beta|=1:\sqrt{2}$

また　$\angle\mathrm{AOB}=\arg\left(\dfrac{\beta}{\alpha}\right)=\dfrac{\pi}{4}$

◀$\angle\mathrm{AOB}=\dfrac{\pi}{4}$，OB $=\sqrt{2}$OA より　$\angle\mathrm{OAB}=\dfrac{\pi}{2}$

したがって，△OAB は

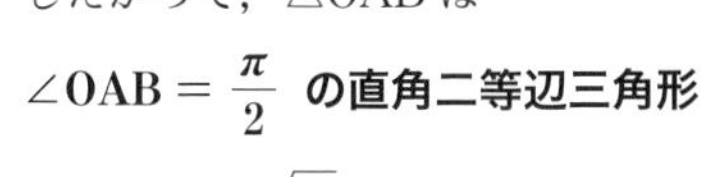

$\angle\mathrm{OAB}=\dfrac{\pi}{2}$ の直角二等辺三角形

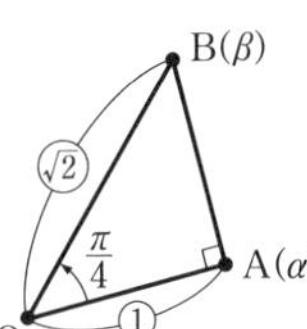

例題122

(2)　$\dfrac{\beta}{\alpha}=\dfrac{1+\sqrt{3}\,i}{2}=\cos\dfrac{\pi}{3}+i\sin\dfrac{\pi}{3}$

◀$\beta=\left(\cos\dfrac{\pi}{3}+i\sin\dfrac{\pi}{3}\right)\alpha$ より，点 B は点 A を原点を中心に $\dfrac{\pi}{3}$ だけ回転した点である。

よって，$\left|\dfrac{\beta}{\alpha}\right|=1$ より　OA : OB $=|\alpha|:|\beta|=1:1$

◀$\left|\dfrac{\beta}{\alpha}\right|=\dfrac{|\beta|}{|\alpha|}=\dfrac{\mathrm{OB}}{\mathrm{OA}}$

ゆえに　OA = OB

また　$\angle\mathrm{AOB}=\arg\left(\dfrac{\beta}{\alpha}\right)=\dfrac{\pi}{3}$

したがって，△OAB は **正三角形**

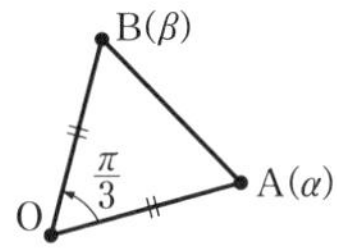

Point…△OAB の形状

原点 O と異なる 2 点 A(α)，B(β) について，$\dfrac{\beta}{\alpha}=r(\cos\theta+i\sin\theta)$ のとき

$$\mathbf{OA:OB}=|\alpha|:|\beta|=1:r,\quad \angle\mathrm{AOB}=\arg\left(\frac{\beta}{\alpha}\right)=\theta$$

2 辺の比とその間の角から，△OAB の形状を考える。

練習 143 複素数平面上で，原点 O と異なる 2 点 A(α)，B(β) がある。α，β が次の関係式を満たすとき，△OAB はどのような三角形か。

(1)　$2\beta=(1+i)\alpha$　　　　(2)　$\beta=(1+\sqrt{3}\,i)\alpha$

➡p.294 問題143

例題 144 複素数が表す三角形〔2〕…面積

複素数平面上で，2点 A(α)，B(β) が，$|\alpha|=2$，$\beta=(4+3i)\alpha$ の関係を満たすとき

(1) △OAB の面積 S を求めよ。　　(2) 2点 A，B 間の距離を求めよ。

思考のプロセス

対応を考える

(1) $\triangle OAB=\dfrac{1}{2}\cdot \underset{|\alpha|}{OA}\cdot \underset{|\beta|}{OB}\cdot \sin\angle AOB$ から求める。⟹ $\dfrac{\beta}{\alpha}=r(\cos\theta+i\sin\theta)$

$\arg\dfrac{\beta}{\alpha}$

« Re Action　△OAB の形状は，$\dfrac{\beta}{\alpha}$ の絶対値と偏角から求めよ ◀例題 143

(2) (2点 A，B 間の距離) $=|\beta-\alpha|$

解 (1) $|\alpha|=2$，$\beta=(4+3i)\alpha$ より

$OA=|\alpha|=2$

$OB=|\beta|=|(4+3i)\alpha|=|4+3i||\alpha|=5\cdot2=10$　　◀ $|4+3i|=\sqrt{4^2+3^2}=5$

また，$\alpha\neq0$ より　$\dfrac{\beta}{\alpha}=4+3i$　…①　　◀ $|\alpha|=2$ より $\alpha\neq0$

$\left|\dfrac{\beta}{\alpha}\right|=5$ より，$\angle AOB=\theta$ とおくと　　◀ $\left|\dfrac{\beta}{\alpha}\right|=|4+3i|=5$

$\dfrac{\beta}{\alpha}=5(\cos\theta+i\sin\theta)$　…②

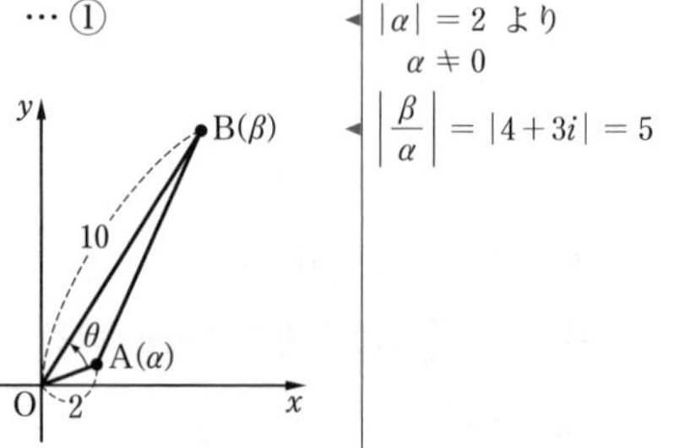

①，② より

$4+3i=5(\cos\theta+i\sin\theta)$

よって　$\cos\theta=\dfrac{4}{5}$，$\sin\theta=\dfrac{3}{5}$　　◀ θ を具体的に求めることはできないが，$\sin\theta$，$\cos\theta$ の値は求められる。

ゆえに，$0<\theta<\dfrac{\pi}{2}$ であるから

$$S=\frac{1}{2}OA\cdot OB\sin\theta=\frac{1}{2}\cdot2\cdot10\cdot\frac{3}{5}=\mathbf{6}$$

(2) $AB=|\beta-\alpha|=|(4+3i)\alpha-\alpha|=|(3+3i)\alpha|$

$=|3+3i||\alpha|=3\sqrt{2}\cdot2=\mathbf{6\sqrt{2}}$

〔別解〕

余弦定理により

$AB^2=OA^2+OB^2-2OA\cdot OB\cos\theta$　　◀ (1) より $\cos\theta=\dfrac{4}{5}$

$=72$

よって　$AB=6\sqrt{2}$

練習 144 複素数平面上で，2点 A(α)，B(β) が，$|\alpha|=4$，$\beta=(1+2i)\alpha$ の関係を満たすとき

(1) △OAB の面積 S を求めよ。　　(2) 2点 A，B 間の距離を求めよ。

⇒p.294 問題144

例題 145 複素数が表す三角形〔3〕…2次方程式の条件　D　頻出　★★★☆

複素数平面上に原点Oと異なる2点A(α)，B(β)があり，α，β は等式 $3\alpha^2-6\alpha\beta+4\beta^2=0$ を満たしている。このとき，△OABはどのような三角形か。

思考のプロセス

«ReAction　△OABの形状は，$\dfrac{\beta}{\alpha}$ の絶対値と偏角から求めよ　◀例題143

既知の問題に帰着

例題143のように，$\dfrac{\beta}{\alpha}$ の値を求めたい。

$\Longrightarrow$ $3\alpha^2-6\alpha\beta+4\beta^2=0$

$3-6\cdot\dfrac{\beta}{\alpha}+4\cdot\left(\dfrac{\beta}{\alpha}\right)^2=0$　) $\dfrac{\beta}{\alpha}$ の式にするために，両辺を α^2 で割る。

解　$\alpha\neq 0$ より $3\alpha^2-6\alpha\beta+4\beta^2=0$ の両辺を α^2 で割ると

$$3-6\cdot\frac{\beta}{\alpha}+4\cdot\left(\frac{\beta}{\alpha}\right)^2=0$$

◀点Aは原点と異なるから $\alpha\neq 0$

よって

例題143

$$\frac{\beta}{\alpha}=\frac{3\pm\sqrt{3}i}{4}=\frac{\sqrt{3}}{2}\times\frac{\sqrt{3}\pm i}{2}$$

$$=\frac{\sqrt{3}}{2}\left\{\cos\left(\pm\frac{\pi}{6}\right)+i\sin\left(\pm\frac{\pi}{6}\right)\right\}\quad\text{（複号同順）}$$

◀$\dfrac{\beta}{\alpha}$ についての2次方程式と考える。

ゆえに　$\arg\left(\dfrac{\beta}{\alpha}\right)=\pm\dfrac{\pi}{6}$，$\left|\dfrac{\beta}{\alpha}\right|=\dfrac{\sqrt{3}}{2}$

よって，∠AOBの大きさは $\dfrac{\pi}{6}$ であり

$$\text{OA}:\text{OB}=2:\sqrt{3}$$

B(β)
A(α)
$\sqrt{3}$
$\frac{\pi}{6}$
2
O

◀$\dfrac{|\beta|}{|\alpha|}=\dfrac{\sqrt{3}}{2}$ より
OA：OB $=|\alpha|:|\beta|$
$=2:\sqrt{3}$

したがって，△OABは

$\angle\text{AOB}=\dfrac{\pi}{6}$，$\angle\text{OBA}=\dfrac{\pi}{2}$ の直角三角形

Point…2次方程式の解と点の位置関係

原点Oと異なる2点A(α)，B(β)が $a\alpha^2+b\alpha\beta+c\beta^2=0$ ($ac\neq 0$) を満たすとき，

両辺を α^2 で割ると　$a+b\cdot\dfrac{\beta}{\alpha}+c\cdot\left(\dfrac{\beta}{\alpha}\right)^2=0$

$\dfrac{\beta}{\alpha}=z$ とおいた2次方程式 $cz^2+bz+a=0$ …① について

(ア)　①が実数解をもつ　$\Longrightarrow$ 3点O，A，Bが一直線上にある　⬅ k を実数として $\beta=k\alpha$

(イ)　①が虚数解 γ をもつ $\Longrightarrow$ $\angle\text{AOB}=\arg\gamma$，OA：OB $=1:|\gamma|$

練習 145 複素数平面上に原点Oと異なる2点A(α)，B(β)があり，α，β は次の等式を満たすとき，△OABはどのような三角形か。

(1)　$\alpha^2+\beta^2=0$　　(2)　$\alpha^2-\alpha\beta+\beta^2=0$

➡p.295 問題145

頻出

例題 146 複素数が表す三角形〔4〕…一般の三角形 ★★☆☆

複素数平面上で，$\alpha=2i$，$\beta=-\sqrt{3}+7i$，$\gamma=\sqrt{3}+4i$ で表される点をそれぞれA，B，Cとする。

(1) ∠CAB の大きさを求めよ。　　(2) △ABC はどのような三角形か。

思考のプロセス

例題 143～145 との違い … 三角形の頂点に原点Oを含まない。

既知の問題に帰着

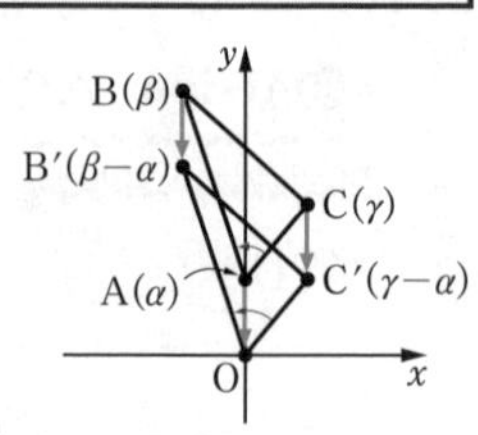

(1) $\angle \mathrm{CAB}=\angle \mathrm{C'OB'}$

$$=\arg(\beta-\alpha)-\arg(\gamma-\alpha)=\arg\left(\frac{\beta-\alpha}{\gamma-\alpha}\right)$$

⟹ まず，$\dfrac{\beta-\alpha}{\gamma-\alpha}$ を計算する。

Action» 3点 A(α)，B(β)，C(γ)のつくる角は，$\angle \mathrm{CAB}=\arg\left(\dfrac{\beta-\alpha}{\gamma-\alpha}\right)$ を用いよ

(2) (1)の結果から，AB：AC が求まると，△ABC の形状が決まる。

$$\left|\frac{\beta-\alpha}{\gamma-\alpha}\right|=\frac{\mathrm{AB}}{\mathrm{AC}}$$

解 (1)

$$\frac{\beta-\alpha}{\gamma-\alpha}=\frac{(-\sqrt{3}+7i)-2i}{(\sqrt{3}+4i)-2i}=\frac{-\sqrt{3}+5i}{\sqrt{3}+2i}=\frac{(-\sqrt{3}+5i)(\sqrt{3}-2i)}{(\sqrt{3}+2i)(\sqrt{3}-2i)}=1+\sqrt{3}i=2\left(\cos\frac{\pi}{3}+i\sin\frac{\pi}{3}\right)$$

◀ $1+\sqrt{3}i=2\left(\dfrac{1}{2}+\dfrac{\sqrt{3}}{2}i\right)=2\left(\cos\dfrac{\pi}{3}+i\sin\dfrac{\pi}{3}\right)$

例題 143　よって，$\arg\left(\dfrac{\beta-\alpha}{\gamma-\alpha}\right)=\dfrac{\pi}{3}$ より

◀ $\angle \mathrm{CAB}=\arg\left(\dfrac{\beta-\alpha}{\gamma-\alpha}\right)$

$$\angle \mathbf{CAB}=\frac{\boldsymbol{\pi}}{\mathbf{3}}$$

y
B$(-\sqrt{3}+7i)$
C$(\sqrt{3}+4i)$
A$(2i)$
O
x

(2) (1)より　$\left|\dfrac{\beta-\alpha}{\gamma-\alpha}\right|=2$

$\dfrac{|\beta-\alpha|}{|\gamma-\alpha|}=2$ より　AB = 2AC

◀ $|\beta-\alpha|=\mathrm{AB}$
$|\gamma-\alpha|=\mathrm{AC}$

したがって，△ABC は

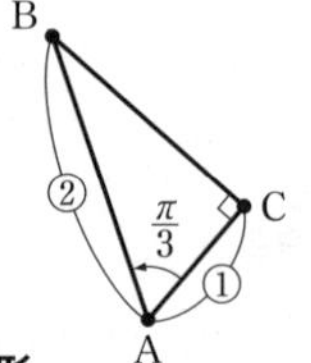

$\angle \mathbf{ACB}=\dfrac{\boldsymbol{\pi}}{\mathbf{2}}$，$\angle \mathbf{CAB}=\dfrac{\boldsymbol{\pi}}{\mathbf{3}}$ **の直角三角形**

◀ ∠ACB が直角であり，AC : AB : BC = 1 : 2 : $\sqrt{3}$ の直角三角形である。

練習 146 複素数平面上で $\alpha=1+2i$，$\beta=(1-\sqrt{3})+(2+\sqrt{3})i$，$\gamma=2+3i$ で表される点を，それぞれA，B，Cとする。

(1) ∠CAB の大きさを求めよ。　　(2) △ABC はどのような三角形か。

➡p.295 問題146

例題 147 一直線上にある条件・垂直条件

D ★☆☆☆

$\alpha=5i$, $\beta=a+3i$, $\gamma=3+i$ とする。複素数平面上の 3 点 $\mathrm{A}(\alpha)$, $\mathrm{B}(\beta)$, $\mathrm{C}(\gamma)$ について次の条件が成り立つとき，実数 a の値を求めよ。

(1) 3 点 A, B, C は一直線上にある。　　(2) $\mathrm{AB}\perp\mathrm{AC}$

思考のプロセス

«ReAction 3点 $\mathrm{A}(\alpha)$, $\mathrm{B}(\beta)$, $\mathrm{C}(\gamma)$ のつくる角は，$\angle\mathrm{CAB}=\arg\left(\dfrac{\beta-\alpha}{\gamma-\alpha}\right)$ を用いよ ◀例題 146

条件の言い換え

(1) 3 点 $\mathrm{A}(\alpha)$, $\mathrm{B}(\beta)$, $\mathrm{C}(\gamma)$ が一直線上

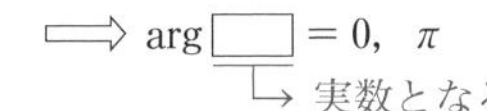

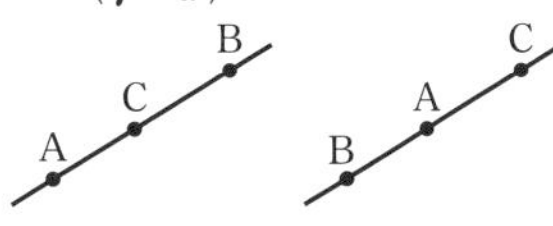

(2) $\mathrm{AB}\perp\mathrm{AC}$

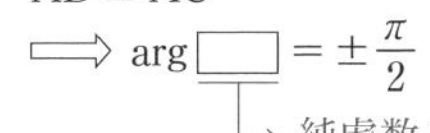

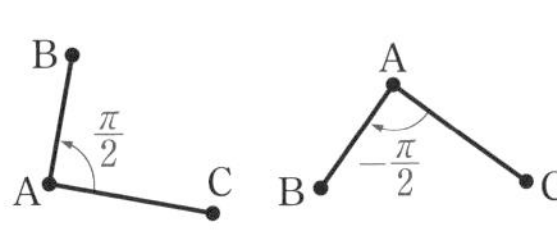

解 $\dfrac{\beta-\alpha}{\gamma-\alpha}=\dfrac{a-2i}{3-4i}=\dfrac{(a-2i)(3+4i)}{(3-4i)(3+4i)}=\dfrac{(3a+8)+(4a-6)i}{25}$

◀ $\angle\mathrm{CAB}=\arg\left(\dfrac{\beta-\alpha}{\gamma-\alpha}\right)$ より，まず，$\dfrac{\beta-\alpha}{\gamma-\alpha}$ を求める。

(1) A, B, C が一直線上にあるとき

$\angle\mathrm{CAB}=\arg\left(\dfrac{\beta-\alpha}{\gamma-\alpha}\right)=0,\ \pi$

より，$\dfrac{\beta-\alpha}{\gamma-\alpha}$ は実数となる。

$4a-6=0$ より　　$\boldsymbol{a=\dfrac{3}{2}}$

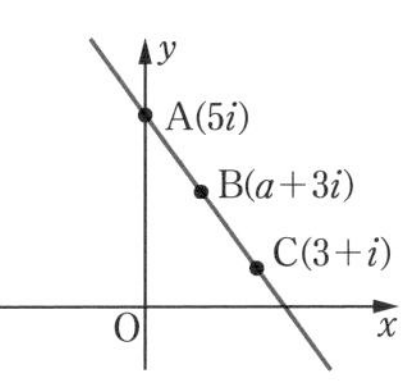

◀ $\angle\mathrm{CAB}=0,\ \pi$ より
$\sin\angle\mathrm{CAB}=0$
$\left(\dfrac{\beta-\alpha}{\gamma-\alpha}\text{の虚部}\right)=0$

(2) $\mathrm{AB}\perp\mathrm{AC}$ となるとき

$\angle\mathrm{CAB}=\arg\left(\dfrac{\beta-\alpha}{\gamma-\alpha}\right)=\pm\dfrac{\pi}{2}$

より，$\dfrac{\beta-\alpha}{\gamma-\alpha}$ は純虚数となる。

$3a+8=0$ かつ $4a-6\neq0$ より

$\boldsymbol{a=-\dfrac{8}{3}}$

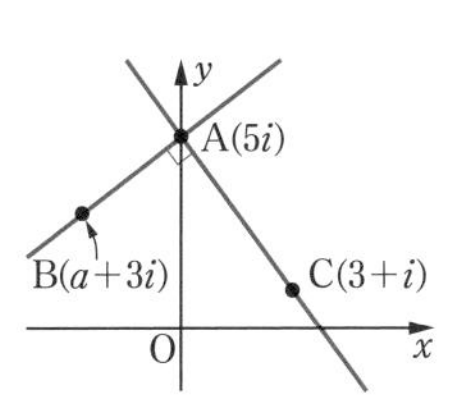

◀ $\angle\mathrm{CAB}=\pm\dfrac{\pi}{2}$ より
$\cos\angle\mathrm{CAB}=0$
$\left(\dfrac{\beta-\alpha}{\gamma-\alpha}\text{の実部}\right)=0$
かつ　(虚部) $\neq0$

Point...複素数平面とベクトル

点を表す複素数が与えられている場合，ベクトルを利用した解法も有効である。

例題 147 では，$\overrightarrow{\mathrm{AB}}=(a,\ -2)$, $\overrightarrow{\mathrm{AC}}=(3,\ -4)$ であり

(1) $\overrightarrow{\mathrm{AB}}=k\overrightarrow{\mathrm{AC}}$ より　$a=3k$, $-2=-4k$　　よって，$k=\dfrac{1}{2}$ より　$a=\dfrac{3}{2}$

(2) $\overrightarrow{\mathrm{AB}}\cdot\overrightarrow{\mathrm{AC}}=0$ より　$3a+8=0$　　よって　$a=-\dfrac{8}{3}$

(⇨ p.285 探究例題 12 参照)

練習 147 $\alpha=1+2i$, $\beta=3+ai$, $\gamma=a+4i$ とする。複素数平面上の 3 点 $\mathrm{A}(\alpha)$, $\mathrm{B}(\beta)$, $\mathrm{C}(\gamma)$ について，次の条件が成り立つとき，実数 a の値を求めよ。

(1) 3 点 A, B, C は一直線上にある。　　(2) $\mathrm{AB}\perp\mathrm{AC}$

➡ p.295 問題 147

Play Back 20 複素数とベクトルの結び付き

例題 136 の思考のプロセスにもあるように，複素数とベクトルにおける内分点の公式は似ていますが，関連があるのでしょうか？

ここでは，複素数をベクトルの視点で捉え直してみましょう。
複素数とベクトルには次のような対応関係があります。

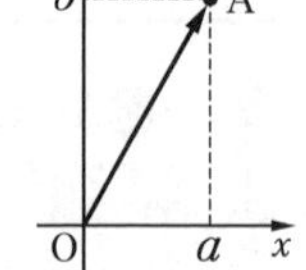

平面上の点 A(α) に対して

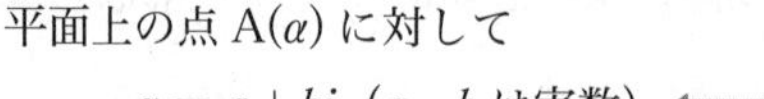

$\alpha = a + bi$ （a，b は実数）⟷ $\overrightarrow{\mathrm{OA}} = (a,\ b)$

ベクトルの視点というのは，上の複素数 α に対して，「向き」と「大きさ」のあるベクトル $\overrightarrow{\mathrm{OA}}$ を考えることです。

例題 115 では，複素数の和と差，実数倍，2 点間の距離を学習しましたが，これをベクトルと結び付けて，次のように捉え直してみましょう。

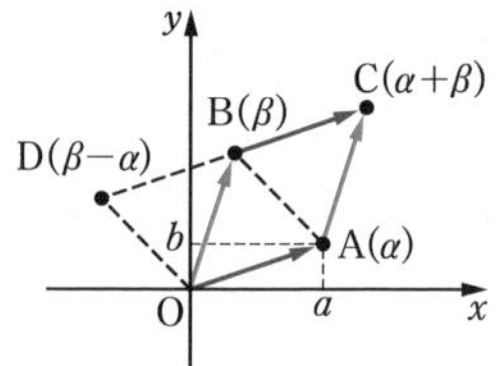

【和】 2 点 A(α)，B(β) に対して，和 $\alpha+\beta$ で表される点 C をとると，右の図のように四角形 OACB は平行四辺形となり，$\overrightarrow{\mathrm{OC}} = \overrightarrow{\mathrm{OA}} + \overrightarrow{\mathrm{OB}}$（ベクトルの和）となる。

【差】 差 $\beta-\alpha$ で表される点 D をとると，

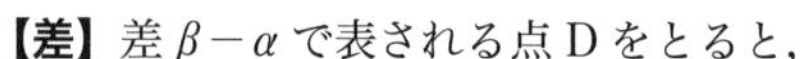

$\overrightarrow{\mathrm{OD}} = \overrightarrow{\mathrm{OB}} - \overrightarrow{\mathrm{OA}} = \overrightarrow{\mathrm{AB}}$ （ベクトルの差）となる。

【2 点間の距離】

2 点 A(α)，B(β) の距離は $|\overrightarrow{\mathrm{AB}}|$ であるから

$$|\overrightarrow{\mathrm{AB}}| = |\overrightarrow{\mathrm{OB}} - \overrightarrow{\mathrm{OA}}| = |\beta - \alpha|$$

【実数倍】 3 点 O(0)，A(α)，B(β) が一直線上にあるとき

$\overrightarrow{\mathrm{OB}} = k\overrightarrow{\mathrm{OA}}$ （k は実数）より　　$\beta = k\alpha$

また，例題 124 では，点の回転について学習しました。

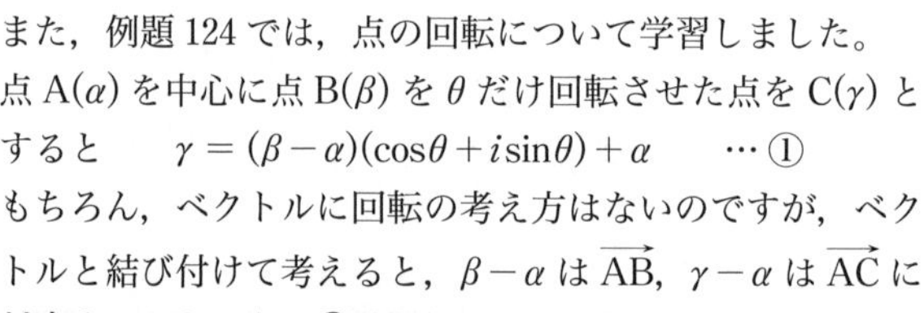

点 A(α) を中心に点 B(β) を θ だけ回転させた点を C(γ) とすると　　$\gamma = (\beta-\alpha)(\cos\theta + i\sin\theta) + \alpha$　　… ①

もちろん，ベクトルに回転の考え方はないのですが，ベクトルと結び付けて考えると，$\beta-\alpha$ は $\overrightarrow{\mathrm{AB}}$，$\gamma-\alpha$ は $\overrightarrow{\mathrm{AC}}$ に対応することから，① を

$$\underbrace{\gamma-\alpha}_{\overrightarrow{\mathrm{AC}}} = \underbrace{(\beta-\alpha)}_{\overrightarrow{\mathrm{AB}}}(\cos\theta + i\sin\theta)$$

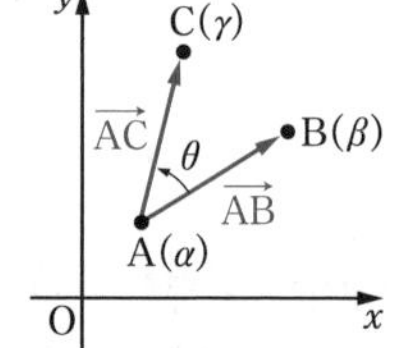

のようにみると，イメージしやすくなります。

このように，複素数を単に「点の位置」を表すものと捉えるのではなく，ベクトルのように「向き」と「大きさ」や「平行移動」を表すものとして捉えることによって，複素数平面の見方や考え方が広がるのです。

複素数とベクトルの結び付きを確かめながら，次の問題を解いてみましょう。

探究例題 12 複素数平面上の領域

複素数平面上の異なる 2 点 z_1，z_2 と，$s \geqq 0$，$t \geqq 0$ を満たす実数 s，t に対して，$z = sz_1 + tz_2$ とおく。$|z_1| = 2\sqrt{3}$，$|z_2| = \sqrt{6}$，$\arg\dfrac{z_1}{z_2} = \dfrac{\pi}{4}$ とする。

(1) s，t が等式 $s+t=1$ を満たしながら変化するとき，複素数平面上の点 z が動いてできる図形の長さ l を求めよ。

(2) s，t が不等式 $2 \leqq s+t \leqq 3$ を満たしながら変化するとき，複素数平面上の点 z が動いてできる図形の面積 S を求めよ。（千葉大　改）

思考のプロセス

______のような条件は 1 章「ベクトル」で考えた。

⟶ 複素数で与えられた条件を，ベクトルを用いて表し直す。

見方を変える P(z)，A(z_1)，B(z_2) とおくと

$z = sz_1 + tz_2 \Longrightarrow \overrightarrow{OP} = s\overrightarrow{OA} + t\overrightarrow{OB}$

$|z_1| = 2\sqrt{3} \Longrightarrow |\overrightarrow{OA}| = 2\sqrt{3}$　　$|z_2| = \sqrt{6} \Longrightarrow |\overrightarrow{OB}| = \sqrt{6}$

$\arg\dfrac{z_1}{z_2} = \dfrac{\pi}{4} \Longrightarrow \angle BOA = \dfrac{\pi}{4}$

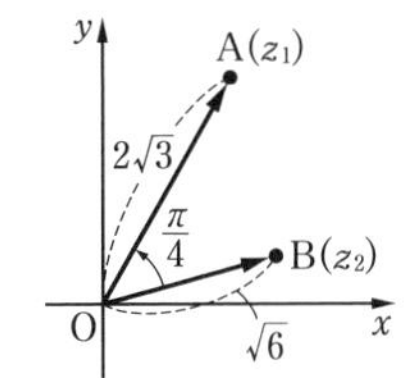

« ReAction $\overrightarrow{OP} = s\overrightarrow{OA} + t\overrightarrow{OB}$，$s+t=1$ ならば，点 P は直線 AB 上にあることを使え ◀例題 38

解 P(z)，A(z_1)，B(z_2) とおく。

$|z_1| = 2\sqrt{3}$，$|z_2| = \sqrt{6}$，$\arg\dfrac{z_1}{z_2} = \dfrac{\pi}{4}$ より

$$|\overrightarrow{OA}| = 2\sqrt{3},\ |\overrightarrow{OB}| = \sqrt{6},\ \angle BOA = \frac{\pi}{4}$$

$$\overrightarrow{OA}\cdot\overrightarrow{OB} = 2\sqrt{3}\cdot\sqrt{6}\cdot\cos\frac{\pi}{4} = 6$$

また，$z = sz_1 + tz_2$ より　$\overrightarrow{OP} = s\overrightarrow{OA} + t\overrightarrow{OB}$

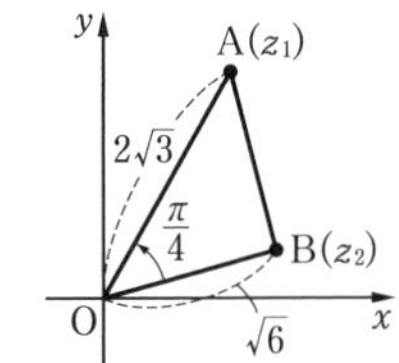

◀ OA : OB $= \sqrt{2} : 1$ より△OAB は直角二等辺三角形である。
よって
$l = AB = OB = \sqrt{6}$
としてもよい。

(1) s，t が等式 $s+t=1$ を満たしながら変化するとき

$\overrightarrow{OP} = s\overrightarrow{OA} + t\overrightarrow{OB}$，$s+t=1$，$s \geqq 0$，$t \geqq 0$

よって，点 P(z) は線分 AB 上を動くから

$$l^2 = |\overrightarrow{AB}|^2 = |\overrightarrow{OB} - \overrightarrow{OA}|^2 = |\overrightarrow{OB}|^2 - 2\overrightarrow{OA}\cdot\overrightarrow{OB} + |\overrightarrow{OA}|^2$$

$$= (\sqrt{6})^2 - 2\cdot 6 + (2\sqrt{3})^2 = 6$$

$l > 0$ より　$\boldsymbol{l = \sqrt{6}}$

(2) s, t が不等式 $2 \leqq s+t \leqq 3$ を満たしながら変化するとき

$\overrightarrow{OP} = s\overrightarrow{OA} + t\overrightarrow{OB}$，$2 \leqq s+t \leqq 3$，$s \geqq 0$，$t \geqq 0$

よって，C($2z_1$)，D($3z_1$)，E($2z_2$)，F($3z_2$) とおくと，
点 P(z) は台形 CDFE の周および内部を動くから

$$S = \triangle ODF - \triangle OCE = (3^2 - 2^2)\triangle OAB$$

$$= 5\cdot\frac{1}{2}\cdot 2\sqrt{3}\cdot\sqrt{6}\sin\frac{\pi}{4} = \mathbf{15}$$

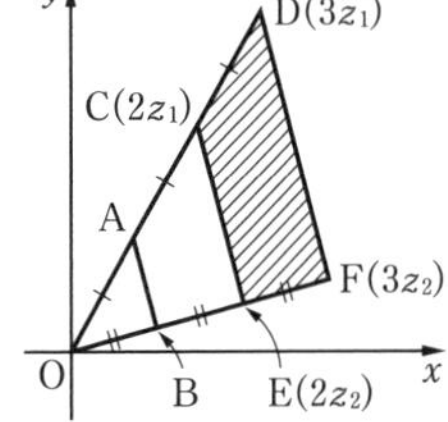

3章 10 図形への応用

例題 148 直線の方程式 ★★★☆

(1) 異なる2点 $A(\alpha)$, $B(\beta)$ を通る直線上の点を $P(z)$ とするとき，$(\overline{\alpha}-\overline{\beta})z-(\alpha-\beta)\overline{z}=\overline{\alpha}\beta-\alpha\overline{\beta}$ が成り立つことを示せ。

(2) 中心が原点，半径が r の円上の点 $A(\alpha)$ における接線上の点を $P(z)$ とするとき，$\overline{\alpha}z+\alpha\overline{z}=2r^2$ が成り立つことを示せ。

思考のプロセス

条件の言い換え

(1) 直線 AB 上の点 P
⟹ 3点 A，B，P が一直線上

(2) 接線上の点 P
⟹ OA ⊥ AP または 点 P が点 A に一致

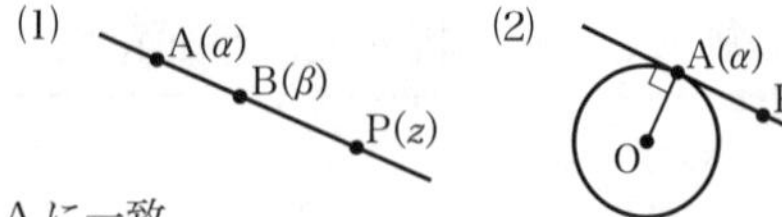

« ReAction 3点 $A(\alpha)$，$B(\beta)$，$C(\gamma)$ のつくる角は，$\angle CAB=\arg\left(\dfrac{\beta-\alpha}{\gamma-\alpha}\right)$ を用いよ ◀例題 146

解 (1) 3点 A，B，P が一直線上にあるから 〔例題 147〕

$\arg\left(\dfrac{z-\beta}{\alpha-\beta}\right)=0,\ \pi$ または $z=\beta$

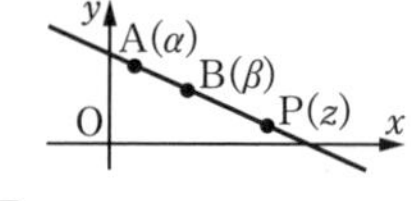

よって，$\dfrac{z-\beta}{\alpha-\beta}$ は実数であるから 〔例題 118〕

$\overline{\left(\dfrac{z-\beta}{\alpha-\beta}\right)}=\dfrac{z-\beta}{\alpha-\beta}$ より $\dfrac{\overline{z}-\overline{\beta}}{\overline{\alpha}-\overline{\beta}}=\dfrac{z-\beta}{\alpha-\beta}$

◀ w が実数 $\iff \overline{w}=w$

$$(\alpha-\beta)(\overline{z}-\overline{\beta})=(\overline{\alpha}-\overline{\beta})(z-\beta)$$

したがって $(\overline{\alpha}-\overline{\beta})z-(\alpha-\beta)\overline{z}=\overline{\alpha}\beta-\alpha\overline{\beta}$

(2) 点 P は接線上の点であるから 〔例題 147〕

OA ⊥ AP または 点 P が点 A に一致する

よって $\arg\left(\dfrac{z-\alpha}{0-\alpha}\right)=\pm\dfrac{\pi}{2}$ または $z=\alpha$

◀ ❗OA ⊥ AP だけでは，点 P が点 A に一致するときを含めることができない。

ゆえに，$\dfrac{z-\alpha}{-\alpha}$ は純虚数または 0 であるから 〔例題 118〕

$\overline{\left(\dfrac{z-\alpha}{-\alpha}\right)}=-\dfrac{z-\alpha}{-\alpha}$ より $\dfrac{\overline{z}-\overline{\alpha}}{-\overline{\alpha}}=\dfrac{z-\alpha}{\alpha}$

◀ w が純虚数 $\iff \overline{w}=-w$，$w\neq 0$ であるから w が純虚数または 0 $\iff \overline{w}=-w$ となる。

$$\alpha(\overline{z}-\overline{\alpha})=-\overline{\alpha}(z-\alpha)$$

$$\overline{\alpha}z+\alpha\overline{z}=2\alpha\overline{\alpha}$$

点 $A(\alpha)$ は，円上の点であるから，$OA=|\alpha|=r$ より

$$\alpha\overline{\alpha}=r^2$$

◀ $|\alpha|^2=r^2$ より $\alpha\overline{\alpha}=r^2$

したがって $\overline{\alpha}z+\alpha\overline{z}=2r^2$

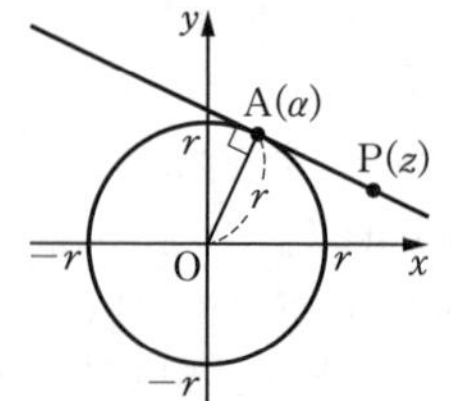

練習 148 次の点 $P(z)$ に対して，z が満たす関係式を求めよ。

(1) 中心が点 $C(2i)$，半径が 5 の円上の点 $A(3+6i)$ における接線上の点 $P(z)$

(2) 2点 $A(1+i)$，$B(2)$ を通る直線上の点 $P(z)$

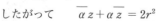

➡p.295 問題148

D

Play Back 21 複素数平面における図形の方程式

複素数平面上における図形を表す方程式をまとめておきましょう。

(1) 絶対値を利用した方程式

① $|z-\alpha|=|z-\beta|$ $(\alpha \neq \beta)$

$\Longleftrightarrow$ 2点 α，β を結ぶ線分の垂直二等分線

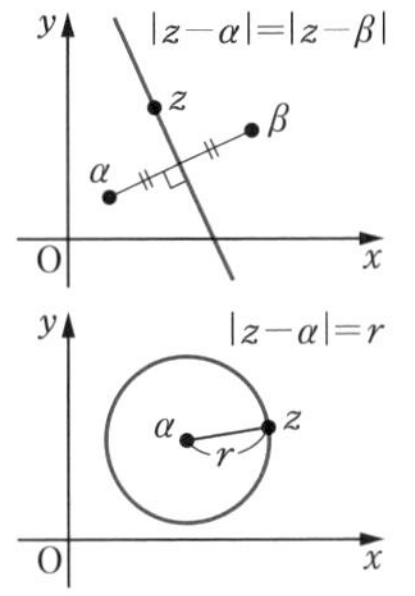

② $|z-\alpha|=r$ $(r>0)$

$\Longleftrightarrow$ 点 α を中心とする半径 r の円

❗ $z\overline{z}-\overline{\alpha}z-\alpha\overline{z}=0$ で表される図形は，

$|z-\alpha|^2=|\alpha|^2$ と変形され，$|z-\alpha|=|\alpha|$

すなわち，点 α を中心とし原点Oを通る円を表す。

③ $n|z-\alpha|=m|z-\beta|$ $(m \neq n,\ \alpha \neq \beta)$

$\Longleftrightarrow$ 2点 α，β を結ぶ線分を $m:n$ に内分する点と $m:n$ に外分する点を直径の両端とする円（アポロニウスの円）

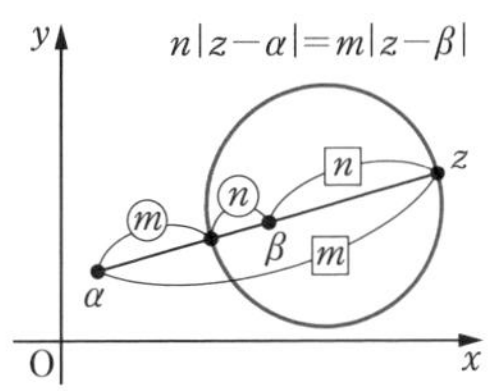

(2) 共役な複素数を利用した方程式

④ $z+\overline{z}=2a$（a は実数）

$\Longleftrightarrow$ 点 a を通り，虚軸に平行な直線

特に，$a=0$ のとき　$z=-\overline{z} \Longleftrightarrow$ 虚軸

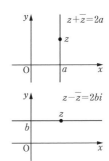

⑤ $z-\overline{z}=2bi$（b は実数）

$\Longleftrightarrow$ 点 bi を通り，実軸に平行な直線

特に，$b=0$ のとき　$z=\overline{z} \Longleftrightarrow$ 実軸

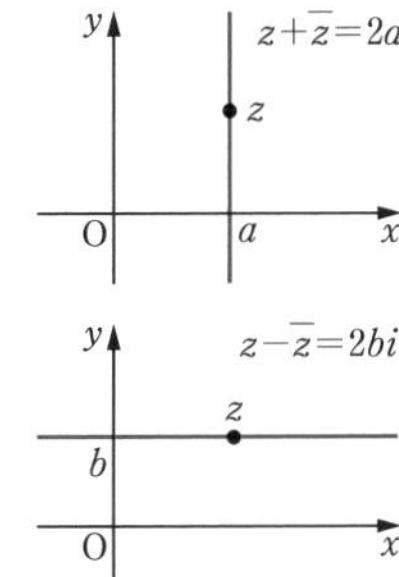

(3) 媒介変数 t（t は実数）を利用した方程式

⑥ $z=t\alpha$ $(\alpha \neq 0)$

$\Longleftrightarrow$ 原点Oと点 α を通る直線

⑦ $z=(1-t)\alpha+t\beta$ $(\alpha \neq \beta)$

$\Longleftrightarrow$ 2点 α，β を通る直線

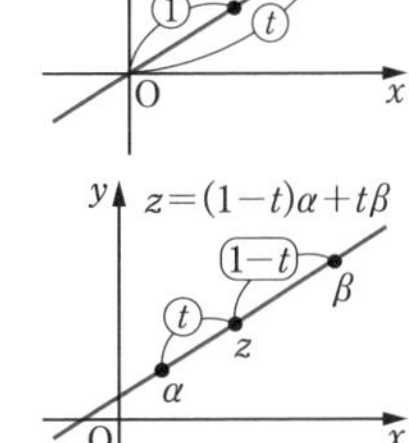

例題 149 4点が同一円周上にある条件 ★★★☆

$\alpha=4,\ \beta=2-i,\ \gamma=1+i,\ \delta=3+2i$ とする。複素数平面上の4点 A(α), B(β), C(γ), D(δ) は同一円周上にあることを示せ。

思考のプロセス

«ReAction 3点 A(α), B(β), C(γ)のつくる角は, $\angle \mathrm{CAB}=\arg\left(\dfrac{\beta-\alpha}{\gamma-\alpha}\right)$ を用いよ ◀例題 146

結論の言い換え

結論 → $\angle \mathrm{ABC}+\angle \mathrm{CDA}=180^\circ$

→ $\angle \mathrm{BCA}=\angle \mathrm{BDA}$〔解答〕

$\Longrightarrow \dfrac{\alpha-\gamma}{\beta-\gamma}$ と $\dfrac{\alpha-\delta}{\beta-\delta}$ を極形式で表す。

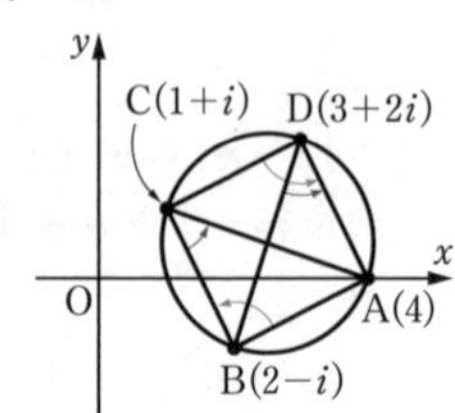

! 複素数平面上の角を考えるときには，回転の向きに注意する（反時計回りの回転が正の向き）。

解 4点 A, B, C, D を複素数平面上に図示すると右の図のようになる。

◀ 4点の位置関係を調べ，比べる角を決める。

$$\frac{\alpha-\gamma}{\beta-\gamma}=\frac{4-(1+i)}{(2-i)-(1+i)}=\frac{3-i}{1-2i}=1+i=\sqrt{2}\left(\cos\frac{\pi}{4}+i\sin\frac{\pi}{4}\right)$$

よって　$\angle \mathrm{BCA}=\arg\left(\dfrac{\alpha-\gamma}{\beta-\gamma}\right)=\dfrac{\pi}{4}$

また　$$\frac{\alpha-\delta}{\beta-\delta}=\frac{4-(3+2i)}{(2-i)-(3+2i)}=\frac{1-2i}{-1-3i}=\frac{1+i}{2}=\frac{\sqrt{2}}{2}\left(\cos\frac{\pi}{4}+i\sin\frac{\pi}{4}\right)$$

よって　$\angle \mathrm{BDA}=\arg\left(\dfrac{\alpha-\delta}{\beta-\delta}\right)=\dfrac{\pi}{4}$

ゆえに　$\angle \mathrm{BCA}=\angle \mathrm{BDA}$

2点 C, D は直線 AB に関して同じ側にあるから，円周角の定理の逆により，4点 A, B, C, D は同一円周上にある。

◀ $\arg\left(\dfrac{\alpha-\gamma}{\beta-\gamma}\right)$ が具体的に求められないときには，下の Point を利用する。
$z=\dfrac{\alpha-\gamma}{\beta-\gamma}=1+i$
$w=\dfrac{\alpha-\delta}{\beta-\delta}=\dfrac{1+i}{2}$
より，z, w は実数ではない。$\dfrac{z}{w}=2$ より $\dfrac{z}{w}$ は実数。よって，4点 A, B, C, D は同一円周上にあるとしてもよい。

Point... 4点が同一円周上にある条件

4点 A, B, C, D において，A, B, C, D が同一円周上にある

$\Longleftrightarrow$ (ア) $\angle \mathrm{BCA}=\angle \mathrm{BDA}$　または　(イ) $\angle \mathrm{BCA}+\angle \mathrm{ADB}=\pi$

(ア)

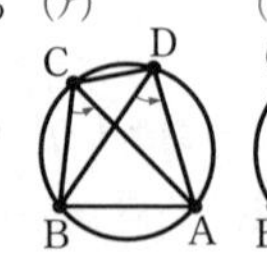

(イ)

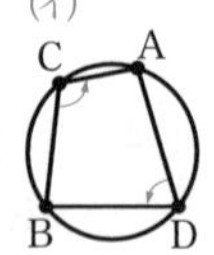

A(α), B(β), C(γ), D(δ) とし，$z=\dfrac{\alpha-\gamma}{\beta-\gamma}$, $w=\dfrac{\alpha-\delta}{\beta-\delta}$ とするとき

z, w が実数でなく，$\dfrac{z}{w}$ が実数 $\Longleftrightarrow$ 4点 A, B, C, D は同一円周上

練習 149 $\alpha=-1-5i,\ \beta=2i,\ \gamma=6+2i,\ \delta=7+i$ とする。複素数平面上の4点 A(α), B(β), C(γ), D(δ) は同一円周上にあることを示せ。

➡p.295 問題149

D ★★★☆

例題 150 条件を満たす点の存在範囲

複素数 α, β が，$|\alpha| = |\beta| = 1$ ㋐，$\arg\dfrac{\beta}{\alpha} = \dfrac{2}{3}\pi$ ㋑ を満たすとき，$\dfrac{\gamma-\alpha}{\beta-\alpha}$ を実数とし ㋒，$0 < \dfrac{\gamma-\alpha}{\beta-\alpha} \leqq 1$ ㋓ を満たす複素数 γ が表す点の存在範囲を複素数平面上に図示せよ。

思考のプロセス

条件の言い換え A(α)，B(β)，C(γ) とする。

条件㋐ ⟶ 点 A，B は中心が原点，半径 1 の円上にある。

条件㋑ ⟶ $\angle \mathrm{AOB} = \dfrac{2}{3}\pi$

条件㋒ ⟶ 3 点 A，B，C の位置関係は？

条件㋒，㋓ ⟶ $0 < \left|\dfrac{\gamma-\alpha}{\beta-\alpha}\right| \leqq 1$ より $0 < \dfrac{\mathrm{AC}}{\mathrm{AB}} \leqq 1$

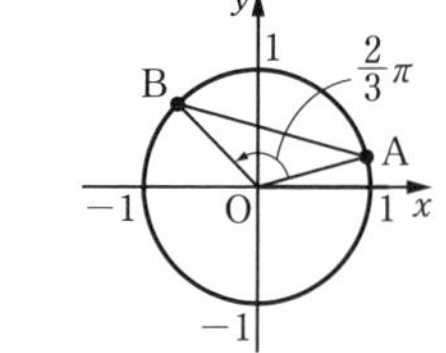

⟹ 点 A，B が㋐，㋑を満たしながら動くとき，㋒，㋓から，点 C はどのような範囲を動くか？

Action» $\dfrac{\gamma-\alpha}{\beta-\alpha}$ ＝(実数) は，3 点 A(α)，B(β)，C(γ) が一直線上にあるとせよ

解 α，β，γ が表す点を，それぞれ A，B，C とおく。

$|\alpha| = |\beta| = 1$ より　OA ＝ OB ＝ 1

◀点 A，B は中心が原点，半径 1 の円上にある。

$\arg\dfrac{\beta}{\alpha} = \dfrac{2}{3}\pi$ より　$\angle \mathrm{AOB} = \dfrac{2}{3}\pi$

また，$\dfrac{\gamma-\alpha}{\beta-\alpha}$ は $0 < \dfrac{\gamma-\alpha}{\beta-\alpha} \leqq 1$ を満たす実数であるから

$$\arg\left(\frac{\gamma-\alpha}{\beta-\alpha}\right) = 0$$

◀$\arg\left(\dfrac{\gamma-\alpha}{\beta-\alpha}\right) = \pi$ のとき，$\dfrac{\gamma-\alpha}{\beta-\alpha}$ は負となる。

よって，3 点 A，B，C は一直線上にあり　$\angle \mathrm{BAC} = 0$

ゆえに，点 C は半直線 AB 上にある。 …①

◀**!** 3 点を通る直線において，点 B，C は点 A に関して同じ側にある。

ここで，$0 < \dfrac{\gamma-\alpha}{\beta-\alpha} \leqq 1$ より　$0 < \left|\dfrac{\gamma-\alpha}{\beta-\alpha}\right| \leqq 1$

よって　$0 < |\gamma-\alpha| \leqq |\beta-\alpha|$

すなわち　$0 < \mathrm{AC} \leqq \mathrm{AB}$ …②

①，② より，点 C は点 A を除く線分 AB 上にある。

したがって，γ が表す点の存在範囲は，**右の図の斜線部分。ただし，境界線を含む。**

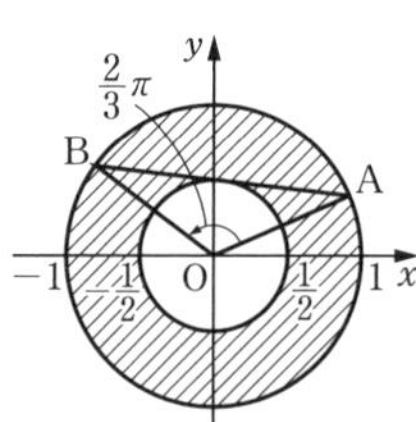

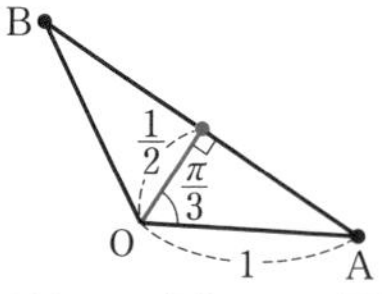

◀原点 O と線分 AB の距離すなわち内側の円の半径は，上の図より $\dfrac{1}{2}$

練習 150 複素数 α, β が，$|\alpha| = |\beta| = 2$，$\arg\dfrac{\beta}{\alpha} = \dfrac{\pi}{2}$ を満たすとき，$\dfrac{\gamma-\alpha}{\beta-\alpha}$ を実数とし，$0 \leqq \dfrac{\gamma-\alpha}{\beta-\alpha} \leqq 1$ を満たす複素数 γ が表す点の存在範囲を複素数平面上に図示せよ。

➡p.295 問題150

D ★★☆☆

例題 151 複素数を利用した平面図形の証明

△ABC の 2 辺 AB，AC をそれぞれ 1 辺とする正方形 ABDE，ACFG を，△ABC の外側につくる。線分 EG の中点を M とするとき，次のことを，複素数平面を利用して証明せよ。

(1) AM ⊥ BC　　　　(2) 2AM = BC

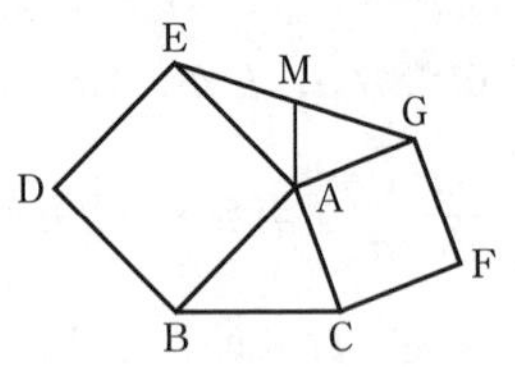

思考のプロセス

$\begin{cases} \text{点 E} \cdots \text{点 A を中心に点 B を} \square \text{だけ回転} \\ \text{点 G} \cdots \text{点 A を中心に点 C を} \square \text{だけ回転} \end{cases}$

⟹ 点 A を原点とする複素数平面で考える。

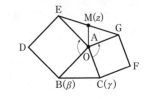

結論の言い換え　B(β)，C(γ)，M(z) とすると

(1) AM ⊥ BC ⟹ $\arg\left(\dfrac{z-0}{\gamma-\beta}\right)=\dfrac{\pi}{2}$

└→ 純虚数となる

(2) 2AM = BC ⟹ $2|z-0|=|\gamma-\beta|$

Action» 2直線 z_1z_2 と z_3z_4 の直交は，$\dfrac{z_4-z_3}{z_2-z_1}$ =（純虚数）とせよ

解 (1) A が原点となるような複素数平面を考え，2 点 B，C を表す複素数を，それぞれ β，γ とする。

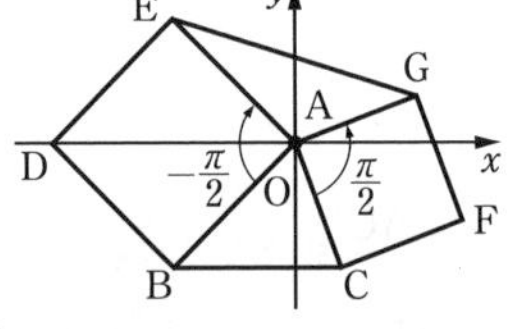

点 E を表す複素数は

$$\beta\cdot\left\{\cos\left(-\frac{\pi}{2}\right)+i\sin\left(-\frac{\pi}{2}\right)\right\}=-i\beta$$

◀ 点 E は，点 A を中心に点 B を $-\dfrac{\pi}{2}$ だけ回転した点である。

同様に，点 G を表す複素数は

$$\gamma\cdot\left(\cos\frac{\pi}{2}+i\sin\frac{\pi}{2}\right)=i\gamma$$

◀ 点 G は，点 A を中心に点 C を $\dfrac{\pi}{2}$ だけ回転した点である。

点 M を表す複素数を z とすると　$z=\dfrac{-i\beta+i\gamma}{2}$

ゆえに　$\dfrac{z-0}{\gamma-\beta}=\dfrac{\frac{(\gamma-\beta)i}{2}}{\gamma-\beta}=\dfrac{i}{2}$

$\dfrac{z-0}{\gamma-\beta}$ が純虚数であるから　AM ⊥ BC

◀ P(z_1)，Q(z_2)，R(z_3)，S(z_4) のとき $\dfrac{z_4-z_3}{z_2-z_1}$ が純虚数 ⟺ PQ ⊥ RS

(2) $\left|\dfrac{z}{\gamma-\beta}\right|=\left|\dfrac{i}{2}\right|$ より　$\dfrac{|z|}{|\gamma-\beta|}=\dfrac{1}{2}$

よって，$2|z|=|\gamma-\beta|$ より　2AM = BC

練習 151 線分 AB 上に 1 点 C をとり，線分 AB に関して同じ側に正方形 ACDE，CBGF をつくる。このとき，AF ⊥ BD かつ AF = BD であることを，複素数平面を利用して証明せよ。

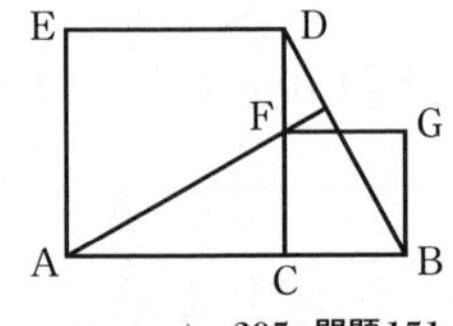

➡p.295 問題151

探究 解法を比較検討する

Play Back 22 別解研究…図形の証明をどの分野で考えるか？

例題 151 では，図形の性質を複素数平面を用いて証明しました。
これまで，図形の性質は
　　幾何学的，三角比の利用，座標の利用，ベクトル　など
様々な方法で証明してきましたが，複素数平面を利用する場合，どのような利点があるのでしょうか？

とてもよい質問ですね！　例えば，例題 151 (1) を幾何学的，座標の利用によって証明するとどのようになるでしょうか？

【幾何学的な証明】

$\angle ABC = \angle EAM$ であることを示せば，$AM \perp BC$ が証明される。
直線 AM 上に，$MN = AM$ となる A と異なる点 N をとると，四角形 AENG は平行四辺形となるから

$$\angle NEA + \angle EAG = 180^\circ \quad \cdots ①$$

また，$\angle GAC = \angle BAE = 90^\circ$ であるから

$$\angle EAG + \angle BAC = 180^\circ \quad \cdots ②$$

①，② より　　$\angle NEA = \angle BAC$

また　　$AB = EA$ かつ $AC = EN$

よって，$\triangle ABC \equiv \triangle EAN$ であるから　　$\angle ABC = \angle EAM$

が示された。したがって　　$AM \perp BC$

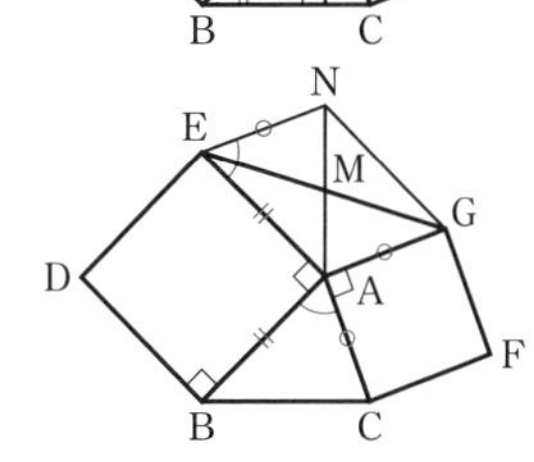

【座標を利用した証明】

右の図のように座標軸を設定する（ただし，a，b，$c>0$）。

このとき　　$E(-a,\ a+b)$，$G(a,\ a+c)$

よって　　$M\left(0,\ a+\dfrac{b+c}{2}\right)$

したがって，直線 AM は y 軸上にあり，直線 BC は x 軸上にあるから　　$AM \perp BC$

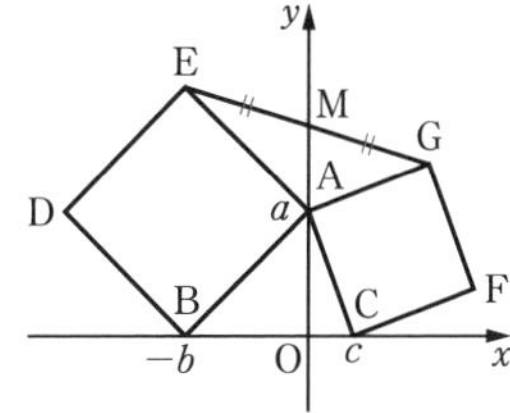

幾何学的な証明は発想が難しくて，思い付きにくいですね。一方，座標を利用した証明はとても簡潔ですね！

この問題ではそのようですね。一方，例えば外心に関する証明のように，座標を利用するより，幾何学的な証明の方が簡単な場合もあり，どちらの方法が優れているとはいえません（LEGEND 数学Ⅱ＋B p.167 **Play Back** 8 参照）。

ここで，これまで学習してきたことをまとめると，複素数平面において，複素数は次の特徴をもっていることが分かります。

(1)	数としての性質	… 四則計算ができる
(2)	座標的性質	… $\alpha = a+bi$ に対して，点 α は座標 $(a,\ b)$ の位置にある
(3)	ベクトル的性質	… p.284 **Play Back** 20 参照
(4)	積による点の回転	… 角の大きさを扱いやすい

前ページ(2)より，**【座標を利用した証明】**と同様に複素数平面を設定して証明することもできます。

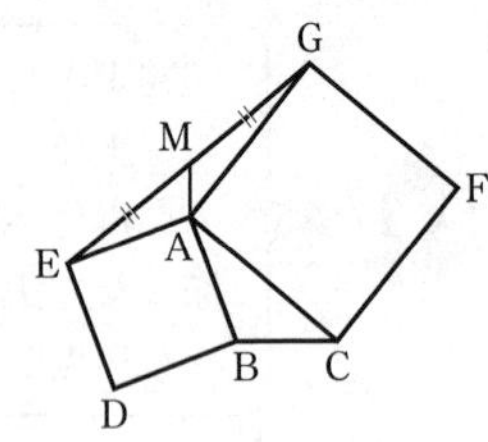

ところが，これらの証明には注意点があります。例題 151 で証明した性質は，右の図のような △ABC が鈍角三角形の場合でも成り立つのですが，前ページのように座標を設定すると，その一般性は失われています。

一方，**【幾何学的な証明】**や例題 151 の解答では，頂点 A, B, C の位置が一般的に設定された証明になっています。

また，前ページ(3)からも推測できるように，ベクトルを用いても一般的に証明することができます。

【ベクトルによる証明】

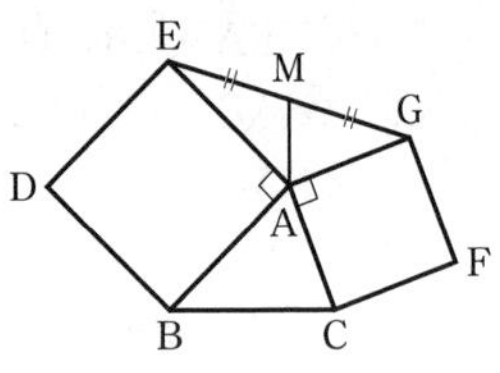

$\overrightarrow{AM}=\dfrac{1}{2}(\overrightarrow{AE}+\overrightarrow{AG})$，$\overrightarrow{BC}=\overrightarrow{AC}-\overrightarrow{AB}$ であり，$AB\perp AE$，$AC\perp AG$ より，$\overrightarrow{AB}\cdot\overrightarrow{AE}=\overrightarrow{AC}\cdot\overrightarrow{AG}=0$ であるから

$$\begin{aligned}\overrightarrow{AM}\cdot\overrightarrow{BC}&=\frac{1}{2}(\overrightarrow{AE}+\overrightarrow{AG})\cdot(\overrightarrow{AC}-\overrightarrow{AB})\\&=\frac{1}{2}(\overrightarrow{AE}\cdot\overrightarrow{AC}-\overrightarrow{AG}\cdot\overrightarrow{AB})\end{aligned}$$

ここで，$AE=AB$，$AG=AC$，$\angle EAC=\angle GAB$ であるから　$\overrightarrow{AE}\cdot\overrightarrow{AC}=\overrightarrow{AG}\cdot\overrightarrow{AB}$

したがって　$\overrightarrow{AM}\cdot\overrightarrow{BC}=0$　すなわち　$AM\perp BC$

この問題では，ベクトルによる証明と複素数平面による証明は同程度の難しさでしたが，一般的には，複素数平面の方が角の大きさを扱いやすいという利点があります。

ベクトルでは，角の大きさは $\cos\angle BAC=\dfrac{\overrightarrow{AB}\cdot\overrightarrow{AC}}{|\overrightarrow{AB}||\overrightarrow{AC}|}$ を利用しなければなりませんが，複素数平面では，(4)のように複素数の積の計算によって角の大きさを考えることができるのです。

一方で，例題 151 のように垂直を扱うときは，ベクトルも“(内積) = 0”と簡単に扱うことができます。それぞれの性質をまとめておきましょう。

図形の性質	複素数	ベクトル
角 $\angle BAC$	$\angle BAC=\arg\left(\dfrac{\gamma-\alpha}{\beta-\alpha}\right)$	$\cos\angle BAC=\dfrac{\overrightarrow{AB}\cdot\overrightarrow{AC}}{\lvert\overrightarrow{AB}\rvert\lvert\overrightarrow{AC}\rvert}$
垂直 $AB\perp AC$	$\dfrac{\gamma-\alpha}{\beta-\alpha}$ が純虚数	$\overrightarrow{AB}\cdot\overrightarrow{AC}=0$
3 点 A，B，C が一直線上にある	$\dfrac{\gamma-\alpha}{\beta-\alpha}$ が実数 $\Longleftrightarrow \gamma-\alpha=k(\beta-\alpha)$	$\overrightarrow{AC}=k\overrightarrow{AB}$

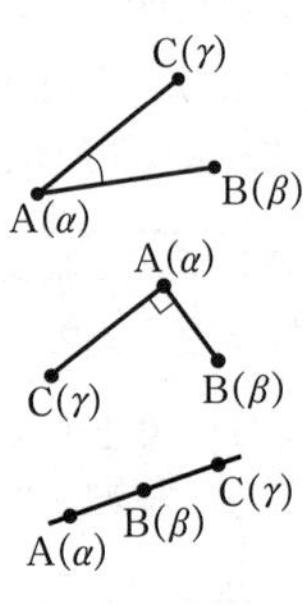

 13 複素数？　ベクトル？

右の図のように，1辺の長さが1の正方形が3個並んでいる。
∠AOC＋∠BOC を次を用いて求めよ。
(1) 複素数　　(2) ベクトル

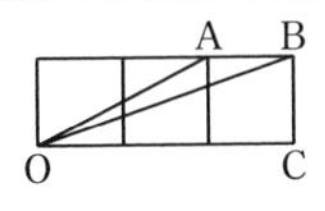

思考のプロセス

(1) O を原点とする複素数平面上に点 A(α)，点 B(β) をとると
$\alpha=\square$，$\beta=\square$　見方を変える
$\angle\mathrm{AOC}+\angle\mathrm{BOC}=\arg\square+\arg\square=\arg\square$

«ReAction 複素数の積（商）は，絶対値の積（商）と偏角の和（差）を求めよ ◀例題 120

(2) $\overrightarrow{\mathrm{OA}}$，$\overrightarrow{\mathrm{OB}}$，$\overrightarrow{\mathrm{OC}}$ を成分で表し，求める角をベクトルのなす角とする。

解 (1) A(α)，B(β) とすると　$\alpha=2+i$，$\beta=3+i$
$\angle\mathrm{AOC}=\arg\alpha$，$\angle\mathrm{BOC}=\arg\beta$ であるから
$$\angle\mathrm{AOC}+\angle\mathrm{BOC}=\arg\alpha+\arg\beta=\arg(\alpha\beta)$$
◀複素数の偏角の和は，複素数の積の偏角に等しい。

ここで $\alpha\beta=(2+i)(3+i)=5+5i=5\sqrt{2}\left(\cos\frac{\pi}{4}+i\sin\frac{\pi}{4}\right)$
◀$\alpha\beta$ を極形式で表す。

よって　$\arg(\alpha\beta)=\dfrac{\pi}{4}$

したがって　$\boldsymbol{\angle\mathrm{AOC}+\angle\mathrm{BOC}=\dfrac{\pi}{4}}$

(2) $\overrightarrow{\mathrm{OA}}=(2,\ 1)$，$\overrightarrow{\mathrm{OB}}=(3,\ 1)$，$\overrightarrow{\mathrm{OC}}=(3,\ 0)$，$\angle\mathrm{AOC}=\theta_1$，
$\angle\mathrm{BOC}=\theta_2$ とすると
$$\cos\theta_1=\frac{\overrightarrow{\mathrm{OA}}\cdot\overrightarrow{\mathrm{OC}}}{|\overrightarrow{\mathrm{OA}}||\overrightarrow{\mathrm{OC}}|}=\frac{2}{\sqrt{5}},\quad \cos\theta_2=\frac{\overrightarrow{\mathrm{OB}}\cdot\overrightarrow{\mathrm{OC}}}{|\overrightarrow{\mathrm{OB}}||\overrightarrow{\mathrm{OC}}|}=\frac{3}{\sqrt{10}}$$
◀$\overrightarrow{\mathrm{OA}}\cdot\overrightarrow{\mathrm{OC}}=6$，$|\overrightarrow{\mathrm{OA}}|=\sqrt{5}$
$\overrightarrow{\mathrm{OB}}\cdot\overrightarrow{\mathrm{OC}}=9$，$|\overrightarrow{\mathrm{OB}}|=\sqrt{10}$
$|\overrightarrow{\mathrm{OC}}|=3$

$0<\theta_1<\dfrac{\pi}{2}$，$0<\theta_2<\dfrac{\pi}{2}$ より　$\sin\theta_1=\dfrac{1}{\sqrt{5}}$，$\sin\theta_2=\dfrac{1}{\sqrt{10}}$
$$\cos(\theta_1+\theta_2)=\cos\theta_1\cos\theta_2-\sin\theta_1\sin\theta_2$$
$$=\frac{2}{\sqrt{5}}\cdot\frac{3}{\sqrt{10}}-\frac{1}{\sqrt{5}}\cdot\frac{1}{\sqrt{10}}=\frac{5}{5\sqrt{2}}=\frac{1}{\sqrt{2}}$$
◀加法定理により角の和を求める。

よって　$\theta_1+\theta_2=\dfrac{\pi}{4}$　すなわち　$\boldsymbol{\angle\mathrm{AOC}+\angle\mathrm{BOC}=\dfrac{\pi}{4}}$
◀$0<\theta_1+\theta_2<\pi$

三角関数の加法定理を用いて，次のようにすることもできます。

(2) と同様に $\angle\mathrm{AOC}=\theta_1$，$\angle\mathrm{BOC}=\theta_2$ とおくと　$\tan\theta_1=\dfrac{1}{2}$，$\tan\theta_2=\dfrac{1}{3}$
$$\tan(\theta_1+\theta_2)=\frac{\tan\theta_1+\tan\theta_2}{1-\tan\theta_1\tan\theta_2}=\frac{\frac{1}{2}+\frac{1}{3}}{1-\frac{1}{6}}=1$$
であるから　$\theta_1+\theta_2=\dfrac{\pi}{4}$

図形の問題では，複素数とベクトルのどちらを用いても解決できることが多いですが，回転や角の和，差に関する問題では，複素数を用いた方が簡潔であり，有効です。

136 ★★☆☆ 複素数平面上に，3 点 A(z_1)，B(z_2)，C(z_3) がある。

(1) 辺 BC，CA，AB をそれぞれ 2:1 に内分する点を D(w_1)，E(w_2)，F(w_3) とするとき，w_1，w_2，w_3 を z_1，z_2，z_3 を用いて表せ。

(2) △ABC の重心と △DEF の重心は一致することを示せ。

137 ★☆☆☆ 複素数平面上で 3 点 A($1+i$)，B($-3-2i$)，C(z) を頂点とする △ABC の重心が G(-1) である。

(1) z を求めよ。

(2) 点 A，B，C を 3 辺の中点とする三角形の頂点を表す複素数を求めよ。

(3) (2) で求めた三角形の重心が，△ABC の重心と一致することを示せ。

138 ★☆☆☆ 複素数 z が次の条件を満たすとき，複素数平面において点 z はどのような図形をえがくか。

(1) $(z-1)(\overline{z}-1)=9$　　(2) $|z+2i| \leqq 2$

139 ★★☆☆ 複素数 z が $3|z-4-4i|=|z|$ を満たすとき，複素数平面において点 z はどのような図形をえがくか。

140 ★★☆☆ 複素数平面上で，点 z が $|z|=1$ を満たしながら動くとき，次の条件を満たす点 w はどのような図形をえがくか。

(1) 点 $4i$ と点 z を結ぶ線分の中点 w　　(2) $w=\dfrac{4z+i}{2z-i}$

141 ★★★☆ $\dfrac{(1+i)(z-1)}{z}$ が純虚数となるように複素数 z が変化するとき，複素数平面において z が表す点はどのような図形をえがくか。また，それを図示せよ。

142 ★★★☆ (1) z が虚数で，$z+\dfrac{1}{z}$ が実数のとき，$|z|$ の値 a を求めよ。

(2) (1) の a に対して，$|z|=a$ を満たす z について，$w=(z+\sqrt{2}+\sqrt{2}i)^4$ の絶対値 r と偏角 θ $(0 \leqq \theta < 2\pi)$ のとり得る値の範囲を求めよ。

143 ★★☆☆ 複素数平面上で，原点 O と異なる 2 点 A(α)，B(β) がある。△OAB が直角二等辺三角形であるとき，$\dfrac{\beta}{\alpha}$ の値を求めよ。

144 ★★☆☆ 複素数平面上で，2 点 A(α)，B(β) が，$|\alpha|=3$，$\beta=(6+ki)\alpha$ の関係を満たし，△OAB の面積は 9 になるとき，実数 k の値を求めよ。ただし，$k>0$ とする。

145 ★★★☆ 複素数平面上に原点Oと異なる2点A(α), B(β)があり，α，βは等式 $\beta^3+8\alpha^3=0$ を満たしている。このとき，△OABはどのような三角形か。

146 ★★★☆ 複素数平面上で，複素数α，β，γで表される点をそれぞれA，B，Cとする。

(1) A，B，Cが正三角形の3頂点であるとき，
$\alpha^2+\beta^2+\gamma^2-\alpha\beta-\beta\gamma-\gamma\alpha=0$ …(＊) が成立することを示せ。

(2) 逆に，この関係式（＊）が成立するとき，3点A，B，Cがすべて一致するか，またはA，B，Cが正三角形の3頂点となることを示せ。 （金沢大 改）

147 ★☆☆☆ $\alpha=-1+2i$，$\beta=5-6i$，$\gamma=x+i$ とする。複素数平面上の3点A(α)，B(β)，C(γ)について，点Cが線分ABを直径とする円上にあるとき，実数xの値を求めよ。

148 ★★★☆ 3点A($3+2i$)，B($-1+i$)，C($1+3i$)に対して，点Aを通り直線BCに平行な直線上の点をP(z)とするとき，zが満たす関係式を求めよ。

149 ★★★☆ 複素数平面上の4点$1+i$，$7+i$，$-6i$，aが同一円周上にあるような，実数aの値を求めよ。

150 ★★★☆ 0でない複素数zに対し，$w=z^2-\dfrac{1}{z^2}$ とおく。このとき，wの実部が正になるようなzの値の範囲を複素数平面上に図示せよ。 （北海道大）

151 ★★☆☆ △ABCの2辺AB，ACをそれぞれ1辺とする正方形ABDE，ACFGを△ABCの外側につくる。BG = CE，BG ⊥ CE であることを証明せよ。

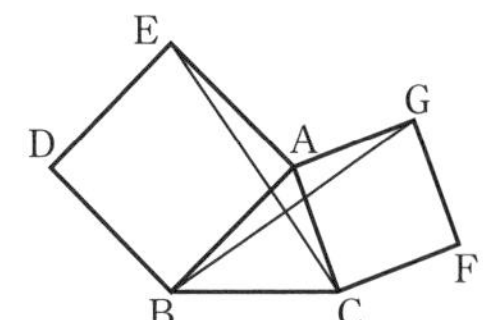

本質を問う 10

▶▶解答編 p.264

1 複素数平面上で，$|z+2i|=2|z-i|$ を満たす点P(z)は，どのような図形をえがくか。

(1) $|z|^2=z\overline{z}$ を用いて求めよ。

(2) $z=x+yi$（x，yは実数）とおいて求めよ。 ◀p.274 Play Back 19

2 (1) 異なる3点P(z_1)，Q(z_2)，R(z_3)が一直線上にあるならば，$\dfrac{z_3-z_1}{z_2-z_1}$が実数となることを証明せよ。

(2) 異なる3点P(z_1)，Q(z_2)，R(z_3)に対し，PQ ⊥ PR であるならば，$\dfrac{z_3-z_1}{z_2-z_1}$が純虚数となることを証明せよ。 ◀p.270 概要 3

Let's Try! 10

▶▶解答編 p.266

① (1) 複素数平面上で，条件 $\left|\dfrac{z+i}{z+1}\right|=2$ を満たす点 z を図示せよ。

(2) 条件 $1<\left|\dfrac{z+i}{z+1}\right|<2$ を満たす点 z を図示せよ。 (三重大)

◀例題139, 150

② 2つの複素数 z と w の間に，$w=\dfrac{z+i}{z+1}$ なる関係がある。ただし，$z+1\neq 0$ である。

(1) z が複素数平面上の虚軸を動くとき，w の軌跡を求め，図示せよ。

(2) z が複素数平面上の原点を中心とする半径1の円上を動くとき，w の軌跡を求め，図示せよ。 (名古屋市立大)

◀例題140, 141

③ α，β，γ を複素数とする。次について，正しければ証明し，正しくなければ反例を挙げよ。

α，β，γ が複素数平面の一直線上にあるとき，$\beta+\gamma$，$\gamma+\alpha$，$\alpha+\beta$ も一直線上にある。

ただし，α，β，γ はすべて異なるものとする。 (名古屋工業大)

◀例題147

④ 複素数平面上の原点Oと2点A(α)，B(β) について

(1) α，β が $\dfrac{\alpha}{\beta}=\dfrac{1+\sqrt{3}i}{2}$ を満たすとき，△OAB は正三角形であることを示せ。

(2) α，β が $\alpha^2+a\alpha\beta+b\beta^2=0$ を満たすとき，△OAB が角Oの大きさが $\dfrac{\pi}{4}$ である直角二等辺三角形となるように，実数 a，b の値を決めよ。 (津田塾大)

◀例題143, 145

⑤ 複素数 α，β が $|\alpha|=|\beta|=1$，$\dfrac{\beta}{\alpha}$ の偏角は $\dfrac{2}{3}\pi$ を満たす定角であるとき，$\gamma=(1-t)\alpha+t\beta$，$0\leqq t\leqq 1$ を満たす複素数 γ は複素数平面上のどのような図形上にあるか。 (九州工業大　改)

◀例題150

⑥ 四角形OABCについて，$\mathrm{OA}^2+\mathrm{BC}^2=\mathrm{OC}^2+\mathrm{AB}^2$ ならば $\mathrm{OB}\perp\mathrm{AC}$ であることを複素数を用いて証明せよ。

◀例題151

思考の戦略編

Strategy of Mathematical Thinking

見たこともない問題に初めて出会ったとき，
どのようにして解決の糸口を見つけるか？
そこには，語り継がれる「思考の戦略」がある

Strategy	例題番号	例題タイトル	デジタル	難易度	プロセスワード	
1 設定	1	座標平面の設定	D	★★☆☆	対称性の利用	
	2	座標空間の設定		★★★☆	条件の言い換え	
	3	複素数平面の設定		★★★☆	見方を変える	文字を減らす
	4	角の設定	D	★★★☆	未知のものを文字でおく	見方を変える
	5	文字の設定（置き換え）		★★★★	逆向きに考える	見方を変える
2 類推	6	類推〔1〕…図形	D	★★★☆	次元を下げる	
	7	類推〔2〕…不等式		★★★☆	文字を減らす	

Strategy 1 設定

与えられた図形や式の特徴をつかんで，
数学の別の世界に落とし込む
これができると，解決のための手段が広がっていく

物語などで場面設定という言葉がある。物語の舞台となる時代，場所，登場人物などを定めることであり，この設定がはっきりしないと物語に入り込めない。
ここまで，「2次関数」，「場合の数と確率」，「ベクトル」のような分野ごとに学習を進めてきた。しかし，複雑な入試問題では，問題文から分野が明らかではない場合や，一見した分野とは異なる分野の問題であることも少なくない。そのような場合，どの分野の問題と考えるかという場面を自分で設定する必要がある。ここでは，次の5つについて学習しよう。

1 座標平面の設定　**2 座標空間の設定**　**3 複素数平面の設定**
4 角の設定　**5 文字の設定（置き換え）**

1 座標平面の設定

p.291 **Play Back** 22 で学んだように，図形の性質は
(ア) 幾何学的・三角比　(イ) 座標　(ウ) ベクトル　(エ) 複素数平面
など，様々な方法で証明してきた。ここでは，(イ)座標 を利用する考え方について振り返ろう。
数学II「図形と方程式」において，座標という考え方を用いて，図形を方程式で表すことを学習した。座標を利用することによって，図形の性質を計算によって考えることができるようになったのである。

例　連立方程式の解 $\xleftrightarrow{\text{対応}}$ 図形の共有点
　　角の大きさ $\longleftrightarrow$ 2直線の傾きの関係

図形の性質を座標を用いて考えるためには，座標軸を設定し，図形を配置する必要がある。そのときには，次の2点に注意する必要がある。
注意(1) … 図形が特殊なものにならない（一般性を失わない）ようにする。
注意(2) … 計算が大変にならないように，対称性を利用して図形を配置する。
例えば，LEGEND 数学II＋B 例題 95「図形の性質の証明」

> △ABC の各辺の垂直二等分線は1点で交わることを証明せよ。

においても，前ページの 2 点に注意して △ABC を右の図のように設定した。注意(2)から，B，C を x 軸上にとった。さらに，BC の垂直二等分線を考えるから，それが y 軸となるように，BC の中点を原点とした。このとき対称性から，B，C の座標を $(-c,\ 0)$，$(c,\ 0)$ と 1 文字で表すことができる。

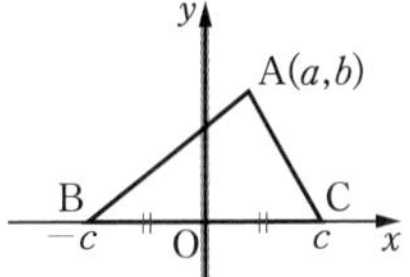

注意(1)についても考えてみよう。例えば，文字を減らしたいからといって，右の図のように点 A を y 軸上にとってはいけない。△ABC を二等辺三角形という特別な三角形でしか考えていないことになるからである。一方，点 A の y 座標 b は $b>0$ として考えているが，b を $-b$ とした場合の △ABC はもとの三角形と合同（x 軸に関して対称）であるから，b が正の場合のみを考えれば，負の場合を考えなくても一般的な △ABC を考えたことになる。このことを「$b>0$ としても **一般性を失わない**」という。点 B を $x<0$，点 C を $x>0$ の部分に設定したことも，同様に一般性を失わない。

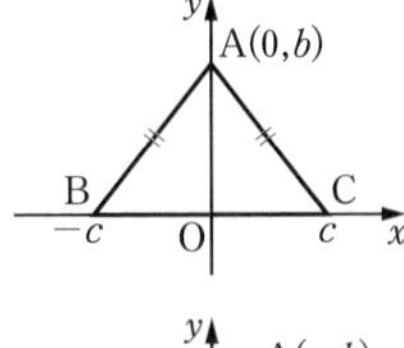

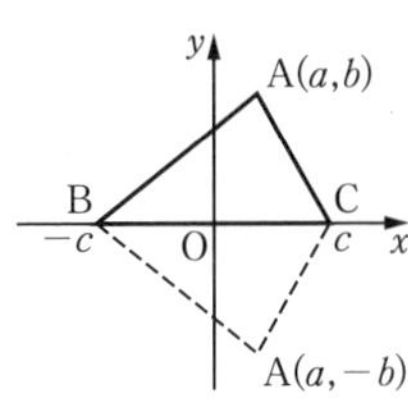

それでは，この考え方を利用して，次の例題を考えてみよう。

戦略例題 1　座標平面の設定　➡ 解説 p.303

AB = AC である二等辺三角形 ABC を考える。辺 AB の中点を M とし，辺 AB を延長した直線上に点 N を，AN : NB = 2 : 1 となるようにとる。このとき，∠BCM = ∠BCN となることを示せ。ただし，点 N は辺 AB 上にはないものとする。

（京都大）

2 座標空間の設定

空間図形も同様に，座標空間を設定すると図形が把握しやすくなり，見通しが立てやすくなる。このとき，直角を上手に配置することが重要である。平面の場合で考えてみよう。例えば，$\angle A = 90°$ である直角三角形 ABC を座標平面に設定するとき，図 1 では座標軸の直角を活かせておらず，2 直線 AB と AC の垂直条件を用いなければならない。一方，図 2 のように頂点 A が座標軸上にあるように，さらには図 3 のように頂点 A が原点となるように設定すると，直角という条件を活かしやすくなる。

図 1

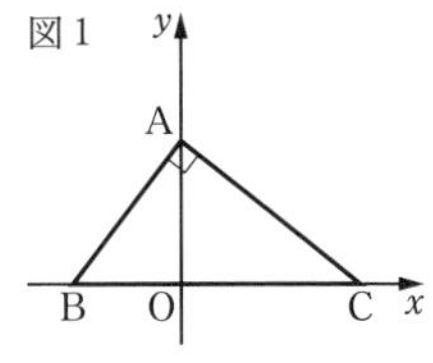

図 2

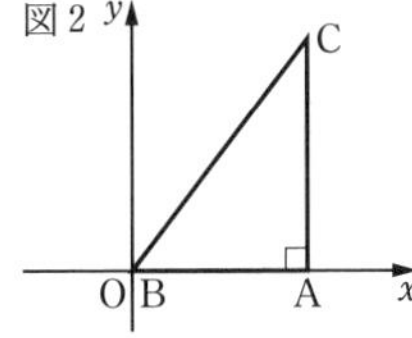

図 3

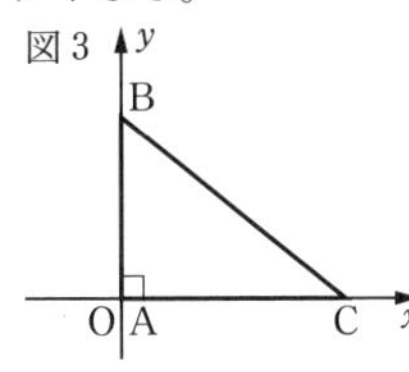

それでは，この考え方を利用して，次の例題を考えてみよう。

戦略例題 2　座標空間の設定　➡解説 p.304

四面体 OABC において，$\overrightarrow{AC}$，$\overrightarrow{OB}$ はいずれも $\overrightarrow{OA}$ に直交し，$\overrightarrow{AC}$ と $\overrightarrow{OB}$ のなす角は 60° であり，$AC = OB = 2$，$OA = 3$ である。このとき，△ABC の面積と四面体 OABC の体積を求めよ。（早稲田大）

3 複素数平面の設定

3 章「複素数平面」で学んだ複素数平面は，複素数を図形的に表すものであったが，複素数の問題以外に，図形の性質を証明する際にも利用できることがある。特に，座標平面やベクトルでは表現しにくい回転移動については，複素数平面が有効である。
例えば，例題 151「複素数を利用した平面図形の証明」

△ABC の 2 辺 AB，AC をそれぞれ 1 辺とする正方形 ABDE，ACFG を，△ABC の外側につくる。線分 EG の中点を M とするとき，次のことを，複素数平面を利用して証明せよ。
(1)　$AM \perp BC$　　　(2)　$2AM = BC$

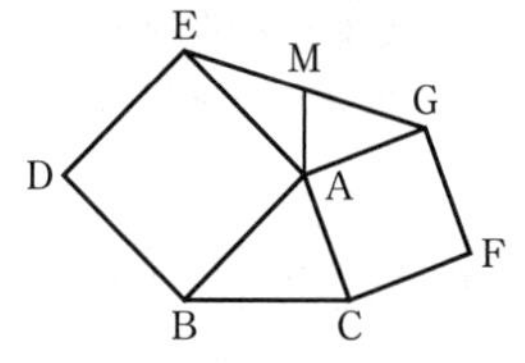

では，A が原点となるような複素数平面を設定し，点 E，G はそれぞれ点 B(β)，C(γ) を点 A を中心にそれぞれ $-\dfrac{\pi}{2}$，$\dfrac{\pi}{2}$ だけ回転した点と考えることで，2 文字で点 B，C，E，G を表すことができる。複素数平面を設定するときは，座標平面の設定と同様に，p.298 の注意 (1)，(2) を意識するとよい。それでは，この考え方を利用して，次の例題を考えてみよう。

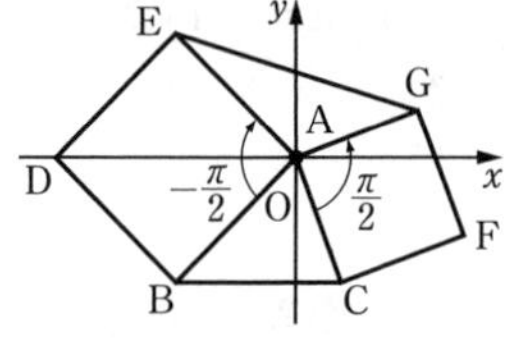

戦略例題 3　複素数平面の設定　➡解説 p.305

平面上の任意の 3 点 A，B，C について，不等式 $AB^2 \leqq (1+AC^2)(1+BC^2)$ が成り立つことを証明せよ。また，上の不等式において，等号が成り立つための，3 点 A，B，C が満たす必要かつ十分な条件を求めよ。（神戸大）

4 角の設定

図形の問題で変数をとるときには

(ア) 長さを変数にとる　　　(イ) 角を変数にとる

の2通りが考えられる。中学までの学習では，角を計算することができなかったため，(イ)の方針は慣れていないかもしれない。しかし，数学Ⅱで「三角関数」を学習した今では，角を設定することで様々な式変形の手段を利用できる。

例えば，LEGEND 数学Ⅱ＋B例題171「図形への応用」

> ①半径1の円に内接し，②$A=\dfrac{\pi}{3}$ である③△ABCについて，3辺の長さの和 AB＋BC＋CA の最大値を求めよ。　（滋賀大）

では，(ア)辺の長さを変数にとる，または(イ)角を変数にとる，の方針が考えられるが，(ア)の方針ではそれぞれの辺に変数をとらなければならないのに対し，(イ)の方針では条件②，条件③を利用することで，1つの変数ですべての角を表すことができる。そして，正弦定理や三角関数の合成を利用することで求めたい変量を計算できた。

このように図形の問題では，長さを変数にとる方針だけでなく，角を変数にとる方針を頭に入れておくと，変数が少なくて済んだり，計算が簡単になったりすることがある。

それでは，この考え方を利用して，次の例題を考えてみよう。

戦略例題 4　角の設定　➡解説 p.306

原点をOとする座標平面上において，AB＝6，BC＝4，$\angle ABC=\dfrac{\pi}{2}$ である直角三角形ABCの頂点Aは y 軸上の正の部分，頂点Bは x 軸上の正の部分にあり，頂点Cは第1象限にあるとする。OCの長さを L とするとき L の最大値を求めよ。また，そのときの点Cの座標を求めよ。　（立教大　改）

5 文字の設定（置き換え）

数学の問題を解く上で，文字の設定は重要である。未知のものを文字でおくことはその代表例である。また，三角関数や指数・対数関数を含む方程式・不等式や関数では，$\sin\theta=t$ や $\log_2 x=t$ と置き換えることにより，2次方程式・不等式や2次関数に帰着させることも多かった。

そのほかにも，特殊な置き換えがいくつかあるから，振り返っておこう。例えば，

LEGEND 数学Ⅰ＋A戦略例題11「式の対称性」

連立方程式 $\begin{cases} x^2+y^2+xy=7 & \cdots ① \\ xy+x+y=-5 & \cdots ② \end{cases}$ を解け。

では，①，② がいずれも対称式であることから，基本対称式を

$x+y=u,\ xy=v$

と置き換えることにより，易しい連立方程式 $\begin{cases} u^2-v=7 \\ u+v=-5 \end{cases}$ に変換することができた。

また，LEGEND 数学Ⅱ＋B 例題 170「条件付き 2 変数関数の最大・最小…円の媒介変数表示」

実数 x，y が $\underline{x^2+y^2=1}$ を満たすとき，$x^2+2xy-y^2$ の最大値と最小値を求めよ。

では，この条件式 ______ を座標平面上に設定すると，点 $(x,\ y)$ が円 $x^2+y^2=1$ 上にあるから，$x=\cos\theta$，$y=\sin\theta$ と置き換えることができ

$x^2+2xy-y^2=\cos^2\theta+2\sin\theta\cos\theta-\sin^2\theta$

と，問題を三角関数の最大・最小問題に帰着することができた。この問題では，三角関数への置き換えによって，2 倍角の公式や合成のような式変形の手段が増えたことが問題の解決へと導いているのである。

さらに，LEGEND 数学Ⅱ＋B 例題 174「三角関数を含む方程式の解の個数〔3〕」

θ の方程式 $\sin\theta-k\cos\theta=2k\ (0<\theta<\pi)$ が解をもつような定数 k の値の範囲を求めよ。

では，逆に，$\cos\theta$，$\sin\theta$ で与えられた式について，$\cos\theta=x$，$\sin\theta=y$ とおくと，円 $x^2+y^2=1$ 上にある点 $(x,\ y)$ として考えることができ，円 $x^2+y^2=1$ と直線 $y-kx=2k$ の共有点の問題に帰着することができた。

このように，問題の条件式の特徴に着目して文字の置き換えを行うことにより，問題を易しくすることができたり，解決のための手段を増やすことができたりするのである。それでは，この考え方を利用して，次の例題を考えてみよう。

戦略例題 5　文字の設定（置き換え）

➡解説 p.308

実数 x，y が $|x|\leqq 1$，$|y|\leqq 1$ を満たすとき，次の不等式を証明せよ。

$0\leqq x^2+y^2-2x^2y^2+2xy\sqrt{1-x^2}\sqrt{1-y^2}\leqq 1$　（大阪大）

戦略例題 1　座標平面の設定

D ★★☆☆

AB = AC である二等辺三角形 ABC を考える。辺 AB の中点を M とし，辺 AB を延長した直線上に点 N を，AN : NB = 2 : 1 となるようにとる。このとき，∠BCM = ∠BCN となることを示せ。ただし，点 N は辺 AB 上にはないものとする。（京都大）

思考のプロセス

« ReAction　図形の証明問題は，文字が少なくなるように座標軸を決定せよ ◀ⅡB 例題 95

・△ABC は AB = AC の二等辺三角形

⟹ **対称性の利用**

対称軸を y 軸に設定

・∠BCM と ∠BCN を考える

⟹ BC を x 軸上に設定して，2 直線 NC と MC の傾きを考える

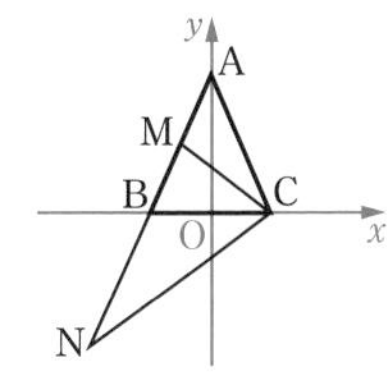
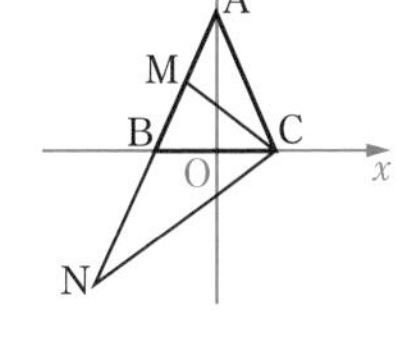

解 (ⅡB 95) 直線 BC を x 軸，辺 BC の中点を原点にとる。△ABC は AB = AC であるから，A(0, 2a), B($-2b$, 0), C(2b, 0) ($a>0$, $b>0$) としても一般性を失わない。

◀ A(0, a), B($-b$, 0) のように設定してもよいが，後で AB の中点 M を考えると $\mathrm{M}\left(-\frac{b}{2},\ \frac{a}{2}\right)$ と分数になってしまうから，M の座標が分数とならないようにした。

M は線分 AB の中点であり，N は線分 AB を 2 : 1 に外分する点であるから　M($-b$, a), N($-4b$, $-2a$)

このとき，NC の傾き m_1 は　$m_1 = \dfrac{0-(-2a)}{2b-(-4b)} = \dfrac{a}{3b}$

MC の傾き m_2 は　$m_2 = \dfrac{0-a}{2b-(-b)} = -\dfrac{a}{3b}$

よって，2 直線 NC と MC は x 軸に関して対称であるから

∠BCM = ∠BCN

〔別解〕（座標を用いない証明）

BM = a とおくと　AB = 2a, AN = 4a, AC = 2a

∠BAC = θ とおくと，△AMC において，余弦定理により

$$\mathrm{CM}^2 = a^2 + (2a)^2 - 2\cdot a\cdot 2a\cos\theta$$
$$= 5a^2 - 4a^2\cos\theta$$

また，△ANC において，余弦定理により

$$\mathrm{CN}^2 = (4a)^2 + (2a)^2 - 2\cdot 4a\cdot 2a\cos\theta$$
$$= 20a^2 - 16a^2\cos\theta$$

よって，CM^2 : CN^2 = 1 : 4 より　CM : CN = 1 : 2

したがって，角の二等分線と比の定理の逆により

∠BCM = ∠BCN

逆向きに考える

◀ ∠BCM = ∠BCN を示す。
⇨ CM : CN = MB : BN が示されればよい。
⇨ MB : BN = 1 : 2 より，CM : CN = 1 : 2 を示したい。

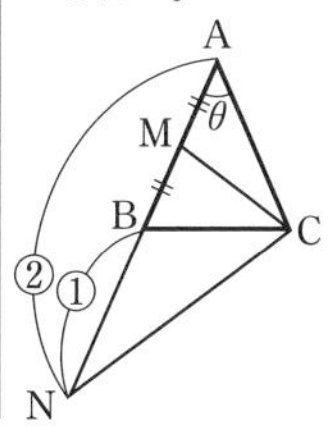

練習 1　△OCD の外側に OC を 1 辺とする正方形 OABC と，OD を 1 辺とする正方形 ODEF をつくる。このとき，AD ⊥ CF であることを証明せよ。（茨城大）

➡ p.315 問題 1

戦略 1 設定

戦略例題 2　座標空間の設定

★★★☆

四面体OABCにおいて，$\overrightarrow{AC}$，$\overrightarrow{OB}$ はいずれも $\overrightarrow{OA}$ に直交し，①$\overrightarrow{AC}$ と $\overrightarrow{OB}$ のなす角は60°であり，②AC = OB = 2，OA = 3 である。このとき，△ABCの面積と四面体OABCの体積を求めよ。　（早稲田大）

思考のプロセス

条件①より ③∠AOB = 90°，④∠OAC = 90°

⟹ 座標空間を設定

・③からOを原点に設定し，OA，OBを x 軸，y 軸上に設定

・条件の言い換え

条件④ ⟹ Cは平面 $x = 3$ 上にある

条件② ⟹ ACは y 軸の正の向きとなす角が60°

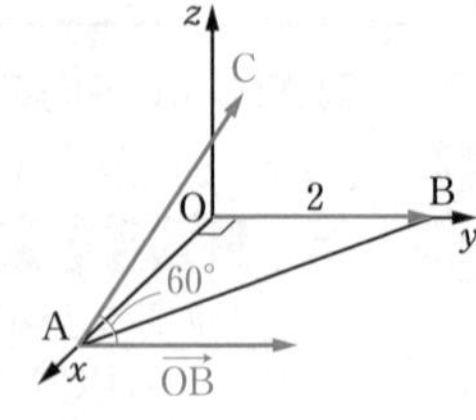

Action» 空間図形の座標への設定は，直角の角を原点におけ

解 座標空間において，四面体OABCは右の図のように設定できる。

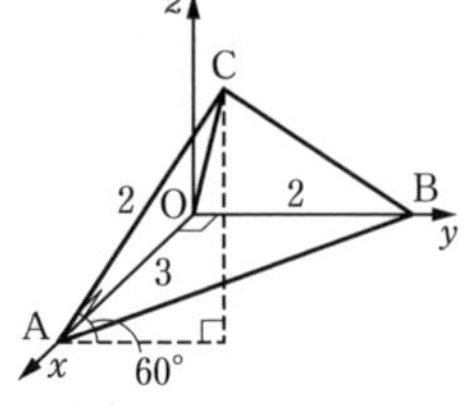
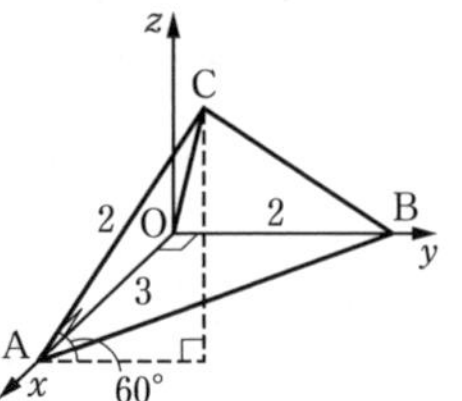

このとき，直線ACは平面 $x=3$ 上にあり，$\overrightarrow{AC}$ と $\overrightarrow{OB}$ のなす角は60°であるから，直線ACと xy 平面のなす角は　60°

さらに，AC = 2 であるから　　C$(3,\ 1,\ \sqrt{3})$

点Bの座標は (0, 2, 0) であるから

$$BC = \sqrt{3^2 + (-1)^2 + (\sqrt{3})^2} = \sqrt{13}$$

また，△OABにおいて三平方の定理により

$$AB = \sqrt{3^2 + 2^2} = \sqrt{13}$$

よって，△ABCは BA = BC の二等辺三角形であるから

$$\triangle ABC = \frac{1}{2}\cdot 2\cdot \sqrt{(\sqrt{13})^2 - 1^2} = \mathbf{2\sqrt{3}}$$

次に，四面体OABCの体積は，点Cの z 座標が $\sqrt{3}$ であるから

$$\frac{1}{3}\cdot\triangle OAB\cdot\sqrt{3} = \frac{1}{3}\cdot\left(\frac{1}{2}\cdot 3\cdot 2\right)\cdot\sqrt{3} = \mathbf{\sqrt{3}}$$

◀∠AOB = 90° であるから，Oを原点，点Aを x 軸上，点Bを y 軸上にとる。

◀∠OAC = 90° であるから，点Cは平面 $x = 3$ 上にある。

◀

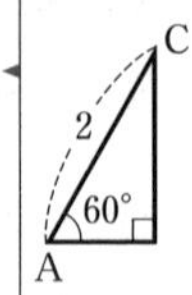

◀

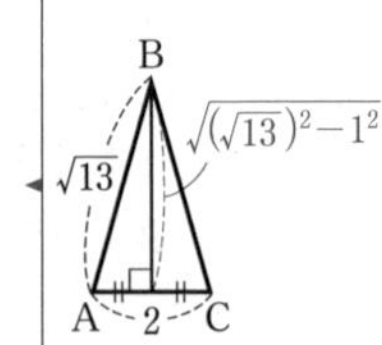

◀△OABを底面とみて考える。

練習 2　右の図はある三角錐 V の展開図である。ここで AB = 4，AC = 3，BC = 5，∠ACD = 90° で△ABEは正三角形である。
このとき，V の体積を求めよ。　（北海道大）

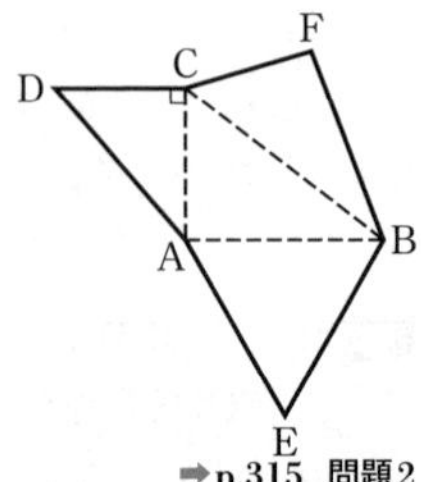

➡p.315 問題2

戦略例題 3　複素数平面の設定

★★★☆

平面上の任意の3点A，B，Cについて，不等式 $AB^2 \leqq (1+AC^2)(1+BC^2)$ が成り立つことを証明せよ。また，上の不等式において，等号が成り立つための，3点A，B，Cが満たす必要かつ十分な条件を求めよ。　（神戸大）

思考のプロセス

3点を座標平面上に設定し，AB^2，AC^2，BC^2 を計算する？

⟶ 3点A，B，Cについての条件が少なく，文字の個数を減らすことが難しい。

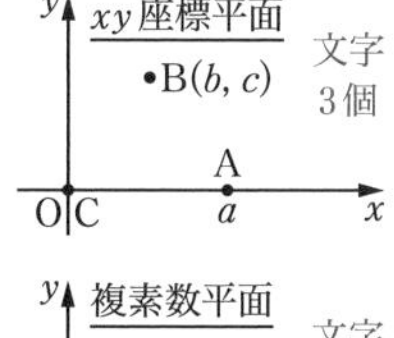

見方を変える　文字を減らす

Cを原点とする複素数平面を考えて $A(\alpha)$，$B(\beta)$ とすると，文字を2つに減らすことができる。

⟹ $AB^2=|\alpha-\beta|^2=(\alpha-\beta)(\overline{\alpha-\beta})=(\alpha-\beta)(\overline{\alpha}-\overline{\beta})$ を利用する。

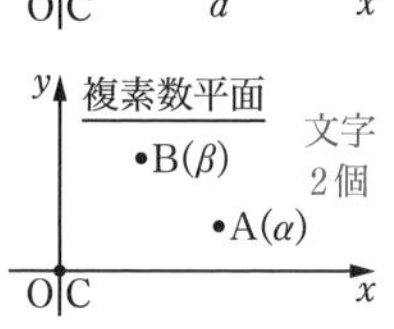

Action» 複数の点との距離は，複素数平面を設定せよ

解　点Cを原点とする複素数平面を考え，点A, Bを表す複素数をそれぞれ α, β とする。

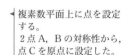

◀複素数平面上に点を設定する。2点A，Bの対称性から，点Cを原点に設定した。

このとき

$$(1+AC^2)(1+BC^2)-AB^2$$
$$=(1+|\alpha|^2)(1+|\beta|^2)-|\alpha-\beta|^2$$
$$=(1+\alpha\overline{\alpha})(1+\beta\overline{\beta})-(\alpha-\beta)(\overline{\alpha}-\overline{\beta})$$
$$=1+\beta\overline{\beta}+\alpha\overline{\alpha}+\alpha\beta\overline{\alpha\beta}-(\alpha\overline{\alpha}-\alpha\overline{\beta}-\overline{\alpha}\beta+\beta\overline{\beta})$$
$$=1+\alpha\overline{\beta}+\overline{\alpha}\beta+\alpha\beta\overline{\alpha\beta}$$
$$=(1+\alpha\overline{\beta})(1+\overline{\alpha}\beta)$$
$$=(1+\alpha\overline{\beta})\overline{(1+\alpha\overline{\beta})}=|1+\alpha\overline{\beta}|^2\geqq 0$$

（例題116）

◀ $(1+AC^2)(1+BC^2)-AB^2\geqq 0$ が成り立つことを示す。

◀ $\overline{\alpha\overline{\beta}}=\overline{\alpha}\beta$，$\overline{1}=1$ より $1+\overline{\alpha}\beta=\overline{1}+\overline{\alpha\overline{\beta}}=\overline{1+\alpha\overline{\beta}}$

よって　$AB^2\leqq(1+AC^2)(1+BC^2)$

等号は $1+\alpha\overline{\beta}=0$ …① のときに成り立ち，このとき $\alpha\neq 0$，$\beta\neq 0$ であるから，①より

$$\alpha=-\frac{1}{\overline{\beta}}=-\frac{\beta}{\beta\overline{\beta}}=-\frac{1}{|\beta|^2}\beta \quad \cdots②$$

◀ $\alpha=k\beta$ となるから，3点O(C)，A，Bは一直線上にある。

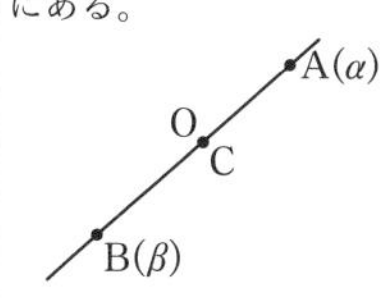

したがって，3点A，B，Cは一直線上にあり，$\overrightarrow{CA}$ と $\overrightarrow{CB}$ は逆向きである。また，②より

$$|\alpha|=\frac{|\beta|}{|\beta|^2}=\frac{1}{|\beta|}$$

よって　$CA=\dfrac{1}{CB}$　より　$CA\cdot CB=1$

したがって，求める条件は，**線分AB上に点Cがあり，$CA\cdot CB=1$ となること** である。

練習 3　半径 r の円に内接する正方形ABCDがある。弧AB上を動く点Pから4頂点A，B，C，Dまでの距離の積の最大値を求めよ。　（信州大）

➡p.315 問題3

D ★★★☆

戦略例題 4　角の設定

原点を O とする座標平面上において，AB = 6，BC = 4，$\angle ABC = \dfrac{\pi}{2}$ である直角三角形 ABC の頂点 A は y 軸上の正の部分，頂点 B は x 軸上の正の部分にあり，頂点 C は第 1 象限にあるとする。OC の長さを L とするとき L の最大値を求めよ。また，そのときの点 C の座標を求めよ。

（立教大　改）

思考のプロセス

未知のものを文字でおく

点 C の座標を変数で設定し，L をその変数で表したい。

A(0, a)，B(b, 0) とおいて C の座標を表す？ ⟵ 文字が多く複雑

見方を変える

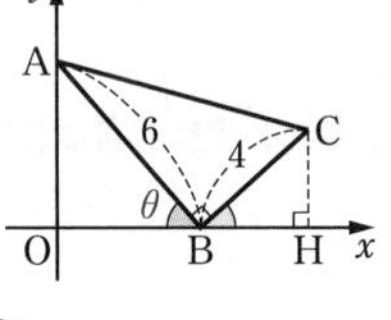

右の図より，点 C の座標は (OB + BH, CH)

△OAB において　　OB = AB cos ∠ABO（∠ABO $= \theta$ とおくと）

△BCH において　　BH = BC cos ∠CBH（$= \dfrac{\pi}{2} - \theta$）　CH = BC sin ∠CBH（$= \dfrac{\pi}{2} - \theta$）

⟵ ∠ABO $= \theta$ とおくと，点 A，B，C の座標は θ のみで決まる

Action» 斜辺の長さからほかの辺の長さを求めるときは，角を設定し三角比を用いよ

解 点 C から x 軸に垂線 CH を下ろす。

$\angle ABO = \theta \left(0 < \theta < \dfrac{\pi}{2}\right)$ とおくと，$\angle CBH = \dfrac{\pi}{2} - \theta$ であるから

$OB = 6\cos\theta$，$BH = 4\cos\left(\dfrac{\pi}{2} - \theta\right) = 4\sin\theta$，

$CH = 4\sin\left(\dfrac{\pi}{2} - \theta\right) = 4\cos\theta$

よって，点 C の座標は $(6\cos\theta + 4\sin\theta,\ 4\cos\theta)$ となる。

したがって

$$
\begin{aligned}
L^2 &= (6\cos\theta + 4\sin\theta)^2 + (4\cos\theta)^2 \\
&= 36\cos^2\theta + 48\sin\theta\cos\theta + 16\sin^2\theta + 16\cos^2\theta \\
&= 36\cos^2\theta + 48\sin\theta\cos\theta + 16 \\
&= 36 \cdot \frac{1 + \cos 2\theta}{2} + 24\sin 2\theta + 16 \\
&= 24\sin 2\theta + 18\cos 2\theta + 34 \\
&= 6(4\sin 2\theta + 3\cos 2\theta) + 34 \\
&= 30\sin(2\theta + \alpha) + 34
\end{aligned}
$$

IIB 162

ただし，α は $\cos\alpha = \dfrac{4}{5}$，$\sin\alpha = \dfrac{3}{5}$ を満たす角。

◀ 頂点 A は y 軸上の正の部分にあるから，θ のとり得る値の範囲が定まる。

◀ $\cos\left(\dfrac{\pi}{2} - \theta\right) = \sin\theta$

$\sin\left(\dfrac{\pi}{2} - \theta\right) = \cos\theta$

$\cos^2\theta = \dfrac{1 + \cos 2\theta}{2}$

◀ $2\sin\theta\cos\theta = \sin 2\theta$

◀ 三角関数の合成

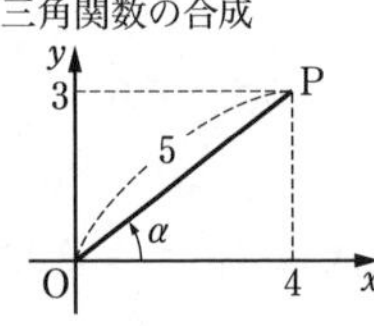

角 α の大きさは求まらないから，文字でおき，$\cos\alpha$，$\sin\alpha$ の値を与える。

ここで，$0<\theta<\dfrac{\pi}{2}$ より $\alpha<2\theta+\alpha<\alpha+\pi$ であるから，

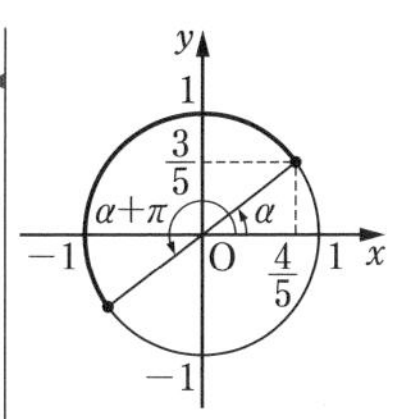

$\sin(2\theta+\alpha)$ は $2\theta+\alpha=\dfrac{\pi}{2}$ のとき最大値 1 をとる。

したがって，L^2 の最大値は　64

$L>0$ より，L の最大値は　8

このとき，$2\theta+\alpha=\dfrac{\pi}{2}$ より $2\theta=\dfrac{\pi}{2}-\alpha$ であるから，

◀点 C の座標は $(6\cos\theta+4\sin\theta,\ 4\cos\theta)$ であるから，$\cos\theta$ と $\sin\theta$ の値を求める。

$\cos 2\theta=\cos\left(\dfrac{\pi}{2}-\alpha\right)=\sin\alpha=\dfrac{3}{5}$ である。

よって

$$\cos^2\theta=\frac{1+\cos 2\theta}{2}=\frac{1+\frac{3}{5}}{2}=\frac{4}{5}$$

$$\cos\theta>0 \quad より \quad \cos\theta=\frac{2}{\sqrt{5}}$$

また

$$\sin^2\theta=\frac{1-\cos 2\theta}{2}=\frac{1-\frac{3}{5}}{2}=\frac{1}{5}$$

$$\sin\theta>0 \quad より \quad \sin\theta=\frac{1}{\sqrt{5}}$$

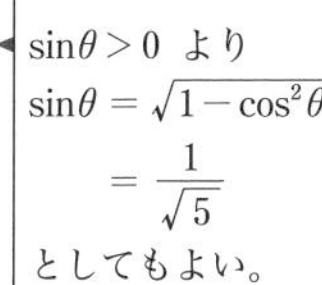

◀$\sin\theta>0$ より $\sin\theta=\sqrt{1-\cos^2\theta}=\dfrac{1}{\sqrt{5}}$ としてもよい。

したがって，点 C の x 座標は

$$6\cos\theta+4\sin\theta=6\cdot\frac{2}{\sqrt{5}}+4\cdot\frac{1}{\sqrt{5}}=\frac{16}{\sqrt{5}}=\frac{16\sqrt{5}}{5}$$

であり，y 座標は

$$4\cos\theta=4\cdot\frac{2}{\sqrt{5}}=\frac{8}{\sqrt{5}}=\frac{8\sqrt{5}}{5}$$

よって，L が最大となるときの点 C の座標は

$$\mathbf{C}\left(\frac{\mathbf{16\sqrt{5}}}{\mathbf{5}},\ \frac{\mathbf{8\sqrt{5}}}{\mathbf{5}}\right)$$

練習 4　点 O を中心とする半径 1 の円 C に含まれる 2 つの円 C_1，C_2 を考える。ただし，C_1，C_2 の中心は C の直径 AB 上にあり，C_1 は点 A で，また C_2 は点 B でそれぞれ C と接している。また，C_1，C_2 の半径をそれぞれ a，b とする。C 上の点 P から C_1，C_2 に 1 本ずつ接線を引き，それらの接点を Q，R とする。P を C 上で動かしたときの PQ＋PR の最大値を求めよ。　（京都大　改）

➡p.315　問題 4

戦略例題 5　文字の設定（置き換え）　★★★★

実数 x，y が $|x| \leqq 1$，$|y| \leqq 1$ を満たすとき，次の不等式を証明せよ。

① $0 \leqq x^2 + y^2 - 2x^2y^2 + 2xy\sqrt{1-x^2}\sqrt{1-y^2} \leqq 1$　（大阪大）

思考のプロセス

逆向きに考える　〔別解〕←── やや難しい

① を示すために，(中辺) = (　　　$)^2 \geqq 0$ とできないか考える。

$2xy\sqrt{1-x^2}\sqrt{1-y^2}$ に着目して，中辺を次のように変形できないか考える。

$(x\sqrt{1-x^2}+y\sqrt{1-y^2})^2$，$(x\sqrt{1-y^2}+y\sqrt{1-x^2})^2$，$(\sqrt{1-x^2}\sqrt{1-y^2}+xy)^2$

見方を変える　〔本解〕

$|x| \leqq 1$ や $\sqrt{1-x^2}$ が含まれる式 ⟹ $x = \cos\alpha$ とおくと $\sqrt{1-\cos^2\alpha} = |\sin\alpha|$

Action» $\sqrt{1-x^2}$ **は，$x = \cos\alpha$ への置き換えを考えよ**

解　$|x| \leqq 1$，$|y| \leqq 1$ より，$x = \cos\alpha$，$y = \cos\beta$ とおける。
ただし，$0 \leqq \alpha \leqq \pi$，$0 \leqq \beta \leqq \pi$ とする。このとき

$$\sqrt{1-x^2} = \sqrt{1-\cos^2\alpha} = \sqrt{\sin^2\alpha} = |\sin\alpha| = \sin\alpha$$
$$\sqrt{1-y^2} = \sqrt{1-\cos^2\beta} = \sqrt{\sin^2\beta} = |\sin\beta| = \sin\beta$$

よって　$x^2 + y^2 - 2x^2y^2 + 2xy\sqrt{1-x^2}\sqrt{1-y^2}$

$$= \cos^2\alpha + \cos^2\beta - 2\cos^2\alpha\cos^2\beta + 2\cos\alpha\cos\beta\sin\alpha\sin\beta$$
$$= \cos^2\alpha(1-\cos^2\beta) + \cos^2\beta(1-\cos^2\alpha) + 2\cos\alpha\cos\beta\sin\alpha\sin\beta$$
$$= \cos^2\alpha\sin^2\beta + \sin^2\alpha\cos^2\beta + 2\cos\alpha\cos\beta\sin\alpha\sin\beta$$

IIB 151
$$= (\cos\alpha\sin\beta + \sin\alpha\cos\beta)^2 = \sin^2(\alpha+\beta)$$

$-1 \leqq \sin(\alpha+\beta) \leqq 1$ であるから，$0 \leqq \sin^2(\alpha+\beta) \leqq 1$ であり　$0 \leqq x^2 + y^2 - 2x^2y^2 + 2xy\sqrt{1-x^2}\sqrt{1-y^2} \leqq 1$

〔別解〕

IIB 69
$A = x^2 + y^2 - 2x^2y^2 + 2xy\sqrt{1-x^2}\sqrt{1-y^2}$ とおくと

$$A = x^2 - x^2y^2 + y^2 - x^2y^2 + 2xy\sqrt{1-x^2}\sqrt{1-y^2}$$
$$= \left(x\sqrt{1-y^2}\right)^2 + \left(y\sqrt{1-x^2}\right)^2 + 2xy\sqrt{1-x^2}\sqrt{1-y^2}$$
$$= \left(x\sqrt{1-y^2} + y\sqrt{1-x^2}\right)^2 \geqq 0$$

また

$$1 - A = 1 - x^2 - y^2 + x^2y^2 - 2xy\sqrt{1-x^2}\sqrt{1-y^2} + x^2y^2$$
$$= \left(\sqrt{1-x^2}\sqrt{1-y^2} - xy\right)^2 \geqq 0$$

したがって　$0 \leqq A \leqq 1$

◀ ❗ x と y は独立した変数であるから，$x = \sin\theta$，$y = \cos\theta$ のように，1つの文字で置き換えてはいけない。

◀ $\cos^2 x = \dfrac{1+\cos 2x}{2}$，$\sin x\cos x = \dfrac{1}{2}\sin 2x$ を用いて整理して考えてもよい。

◀ 加法定理を利用する。

◀ $A = (\quad)^2 \geqq 0$，$1 - A = (\quad)^2 \geqq 0$ をそれぞれ示すが，思いつくのは難しい。

練習 5　連立方程式 $\begin{cases} y = 2x^2 - 1 \\ z = 2y^2 - 1 \\ x = 2z^2 - 1 \end{cases}$ …(＊) を考える。

(1) $(x,\ y,\ z) = (a,\ b,\ c)$ が (＊) の実数解であるとき，$|a| \leqq 1$，$|b| \leqq 1$，$|c| \leqq 1$ であることを示せ。

(2) (＊) は全部で 8 組の相異なる実数解をもつことを示せ。　（京都大）

➡p.315 問題5

Strategy 2 類推

既知の問題との類似点を見つけて，
既知の方法を未知の問題に応用する
数学以外でも活用できる，強力な思考法

数学の問題でも日常の問題でも，初めて見る問題に直面したとき，どのように解決方法を考えればよいだろうか？　ときに，素晴らしい直観やひらめきによって解決することもあるが，多くの場合は過去の経験を参考にして解決しようと試みる。

　あのときの似たような問題ではこのように解決したから，今回の問題でも同じような方法で解決できないだろうか？

これは，問題を解決するときだけではなく，自分の考えを人に説明するときにも同様である。単に，「この問題は方法 A を利用しましょう。」と提案するよりも「あの事例では方法 A を利用しました。今回の事例にはその事例とこのような類似点があるから，方法 A を利用してはどうでしょうか。」と提案した方が，説得力が増す。

このように，「2 つの事柄に類似点があることをもとにして，一方の事柄の性質と同様の性質を他方の事柄ももつだろうと推測すること」を **類推** といい，数学においても役に立つ。ここでは，次の 2 つの類推について学習しよう。

1 空間図形の性質の，平面図形の性質からの類推

2 多変数の性質の，より少ない変数での性質からの類推

戦略 2 類推

1 空間図形の性質の，平面図形の性質からの類推

「ベクトル」では，平面上のベクトルと空間におけるベクトルを学習した。空間におけるベクトルにおいて

　　例題 ○○ の内容を空間に拡張した問題である。

と**思考のプロセス**に記述した例題がいくつかある（例えば，例題 42〜47，49〜51，53，59 など）。これらの例題の解法は，参照した平面上のベクトルの例題の解法に類似していた。

また，成分と内積の関係や，ベクトルの大きさも平面と空間で類似した性質があった。

〔平面〕 $\vec{a}=(a_1,\ a_2)$，$\vec{b}=(b_1,\ b_2)$ のとき

　ベクトルの大きさ　$|\vec{a}|=\sqrt{a_1{}^2+a_2{}^2}$

　内積と成分　$\vec{a}\cdot\vec{b}=a_1b_1+a_2b_2$

〔空間〕 $\vec{a}=(a_1,\ a_2,\ a_3)$，$\vec{b}=(b_1,\ b_2,\ b_3)$ のとき

　ベクトルの大きさ　$|\vec{a}|=\sqrt{a_1{}^2+a_2{}^2+a_3{}^2}$

　内積と成分　$\vec{a}\cdot\vec{b}=a_1b_1+a_2b_2+a_3b_3$

成分が 1 つ増えるだけ

また，LEGEND 数学Ⅰ＋A例題 157「空間図形の計量」(4) では，1 辺の長さが 2 である正四面体 ABCD の内接球の半径を類推して求めている。**思考のプロセス**は次の通りである。

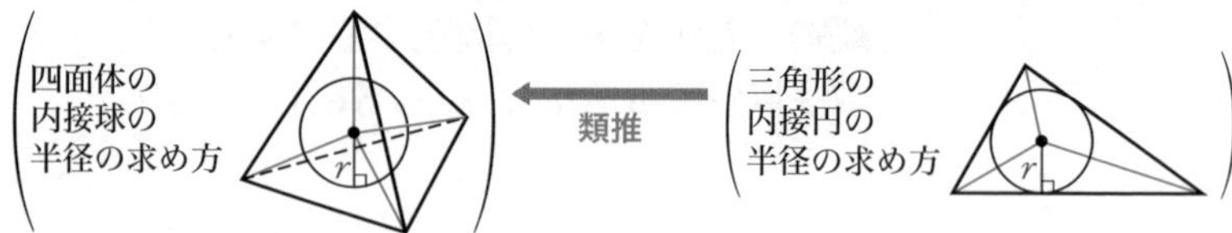

また，例題 25（上）と例題 59（下）を比較してみよう。

> △ABC の内部に点 P があり，$2\overrightarrow{PA}+3\overrightarrow{PB}+5\overrightarrow{PC}=\vec{0}$ を満たしている。AP の延長と辺 BC の交点を D とするとき，次の問に答えよ。
> (1) BD：DC および AP：PD を求めよ。
> (2) △PBC：△PCA：△PAB を求めよ。

> 1 辺の長さが 1 の正四面体 OABC の内部に点 P があり，等式 $2\overrightarrow{OP}+\overrightarrow{AP}+2\overrightarrow{BP}+3\overrightarrow{CP}=\vec{0}$ が成り立っている。
> (1) 直線 OP と底面 ABC の交点を Q，直線 AQ と辺 BC の交点を R とするとき，BR：RC，AQ：QR，OP：PQ を求めよ。
> (2) 4 つの四面体 PABC，POBC，POCA，POAB の体積比を求めよ。

平面（例題 25）から空間（例題 59）に拡張すると，三角形は四面体となり，(2) では「3 つの三角形の面積比」が「4 つの四面体の体積比」になっている。

そのほかにも，三角形と四面体には類似した性質がある。

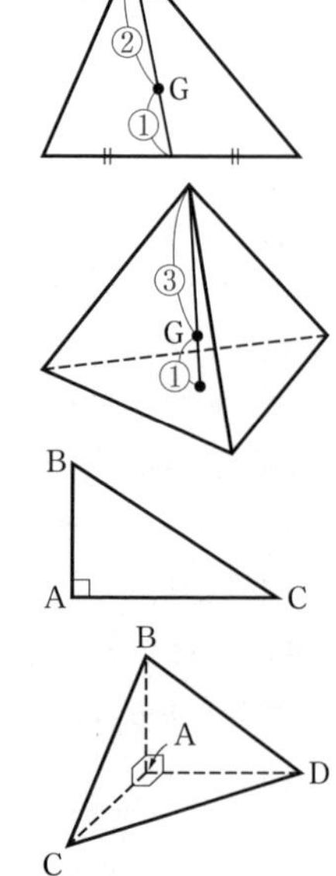

・重心の位置

〔平面〕

三角形の重心は，頂点とその対辺の中点を結んだ線分を 2：1 に内分する。

〔空間〕

四面体の重心は，頂点とその対面の重心を結んだ線分を 3：1 に内分する。(例題 55 参照)

・辺の長さの関係式，面の面積の関係式

〔平面〕

三角形 ABC において，BC ＝ a，CA ＝ b，AB ＝ c とする。

AB ⊥ AC であるとき　$a^2=b^2+c^2$　(三平方の定理)

〔空間〕

四面体 ABCD において，△BCD ＝ S_a，△CDA ＝ S_b，△DAB ＝ S_c，△ABC ＝ S_d とする。

△ABC ⊥ △ACD，△ACD ⊥ △ABD，△ABD ⊥ △ABC であるとき　${S_a}^2={S_b}^2+{S_c}^2+{S_d}^2$

(LEGEND 数学Ⅰ＋A p.283 探究例題 11 参照)

このように，空間図形の問題を解くときに，次元を下げて，類似した平面図形の問題の解法や結果から類推することは，解答の見通しをよくすることがある。なお，次元を下げるときには，三角形と四面体を対応させたように，次のような対応を考えるとよい。

平面	点	直線	辺	三角形	長方形	円	長さ	面積
空間	直線	平面	面	四面体	直方体	球	面積	体積

ただし，図形のすべての条件を機械的に上のように対応させるのではなく，点を点のまま考えたり，長さを長さのまま考えたりした方がよいこともある。

それでは，この考え方を利用して，次の例題を考えてみよう。

戦略例題 6　類推〔1〕…図形　➡ 解説 p.313

原点を O とする座標空間において，2 点 A(3, 3, 4)，B(1, 0, 0) がある。$|\overrightarrow{AP}|=1$，$\overrightarrow{OB}\cdot\overrightarrow{AP}=0$ を満たす点 P の集合を C，$|\overrightarrow{OQ}|=1$ を満たす点 Q の集合を S とする。

(1)　点 Q を S 上の点とするとき，$|\overrightarrow{AQ}|$ の最大値と最小値を求めよ。

(2)　点 P を C 上の点とし，点 Q を S 上の点とするとき，$|\overrightarrow{PQ}|$ の最大値と最小値を求めよ。

(早稲田大　改)

2 多変数の性質の，より少ない変数での性質からの類推

図形の問題では次元を下げることによって類推するのに対して，式の問題では文字の次数や変数を減らすことによって類推するとよい。

例えば，LEGEND 数学Ⅱ＋B p.501 探究例題 17「$\sum_{k=1}^{n}k^4$ を n の式で表すには？」

$\sum_{k=1}^{n}k^4$ を n の式で表せ。

では，$\sum_{k=1}^{n}k^3$ の公式の証明が，解法のヒントになっている。

$\sum_{k=1}^{n}k^3$ の公式の証明の流れ

恒等式 $(k+1)^4-k^4=4k^3+6k^2+4k+1$ を考える。

$\Longrightarrow$ 両辺の $k=1$ から $k=n$ までの和をとる。

$\Longrightarrow$ 2 次以下での Σ の公式を利用して $\sum_{k=1}^{n}k^3$ を n の式で表す。

と同様の流れで，$\sum_{k=1}^{n}k^4$ を n の式で表すことができる。

このように，公式の導出方法を理解していると，類推の考えを用いて他の問題でも応用できることがある。
また，不等式の証明問題でも，類推の考え方を利用できることがある。
例えば，LEGEND 数学Ⅱ＋B 例題 70「コーシー・シュワルツの不等式」

> 次の不等式を証明せよ。また，等号が成り立つのはどのようなときか。
> (1) $(a^2+b^2)(x^2+y^2) \geqq (ax+by)^2$
> (2) $(a^2+b^2+c^2)(x^2+y^2+z^2) \geqq (ax+by+cz)^2$

では，(1) で 2 項の場合，(2) で 3 項の場合の証明をしたが，(1) は (2) の解法のヒントになっている。
(1) の解法の流れ

(左辺)－(右辺) を考える⇨展開して整理する⇨ $(\quad)^2 \geqq 0$ をつくる

が，(2) の解法を思い付きやすくしている。
したがって，仮に，3 項の場合の不等式を証明する問題が 2 項の場合の誘導なしに出題された場合には，2 項の場合の証明を補って考えてみるとよい。

このように，ある不等式が成り立つとき，項数や文字数を増やした不等式も成り立つことがある。**相加平均と相乗平均の関係** もその 1 つである。
〔2 数〕$a>0$，$b>0$ のとき

$$\frac{a+b}{2} \geqq \sqrt{ab} \qquad (a=b \text{ のとき等号成立})$$

〔3 数〕$a>0$，$b>0$，$c>0$ のとき

$$\frac{a+b+c}{3} \geqq \sqrt[3]{abc} \quad (a=b=c \text{ のとき等号成立})$$

⬅ LEGEND 数学Ⅱ＋B p.332 **Go Ahead** 11 参照。

注意するのは，文字数が増えたことだけでなく，分母の 2 が 3 となり，平方根（2 乗根）が 3 乗根になっているように数字の部分も変化したことである。この数字の増やし方も，**1** の図形の場合と同様に，必ずしも機械的に変化させるのではなく，文字が増えても変わらない場合もある。
それでは，この考え方を利用して，次の例題を考えてみよう。

戦略例題 7　類推〔2〕…不等式

➡ 解説 p.314

$a>b>c$，$x>y>z$ を満たすとき，次の不等式を証明せよ。

$$\frac{ax+by+cz}{3} > \left(\frac{a+b+c}{3}\right)\left(\frac{x+y+z}{3}\right)$$

（釧路公立大）

D ★★★☆

戦略例題 6 類推〔1〕…図形

原点を O とする座標空間において，2 点 A(3, 3, 4)，B(1, 0, 0) がある。$|\overrightarrow{AP}|=1$，$\overrightarrow{OB}\cdot\overrightarrow{AP}=0$ を満たす点 P の集合を C，$|\overrightarrow{OQ}|=1$ を満たす点 Q の集合を S とする。

(1) 点 Q を S 上の点とするとき，$|\overrightarrow{AQ}|$ の最大値と最小値を求めよ。

(2) 点 P を C 上の点とし，点 Q を S 上の点とするとき，$|\overrightarrow{PQ}|$ の最大値と最小値を求めよ。 （早稲田大 改）

思考のプロセス

(1) （球 S 上の動点 Q に対して AQ の最大・最小） ⟹ （円 S 上の動点 Q に対して AQ の最大・最小）

次元を下げる

(2) （円 C 上の動点 P，球 S 上の動点 Q に対して PQ の最大・最小） ⟹ （線分 C 上の動点 P，円 S 上の動点 Q に対して PQ の最大・最小）

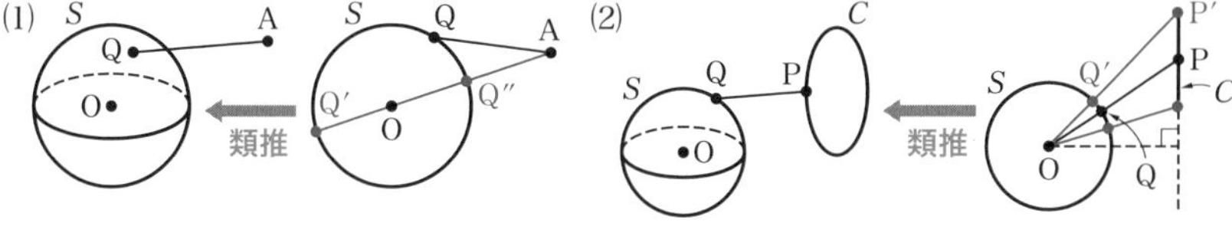

Action» 空間図形の複雑な動きは，平面で考えて類推せよ

解 (1) 集合 S は中心が原点，半径 1 の球である。

また　$OA=\sqrt{3^2+3^2+4^2}=\sqrt{34}$

ここで，$OA-OQ \leqq AQ \leqq OA+OQ$ より

$\sqrt{34}-1 \leqq AQ \leqq \sqrt{34}+1$

よって，$|\overrightarrow{AQ}|$ は　**最大値 $\sqrt{34}+1$，最小値 $\sqrt{34}-1$**

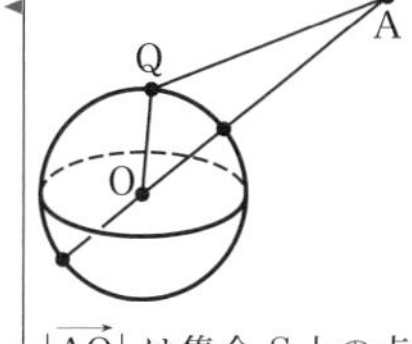

◀ $|\overrightarrow{AQ}|$ は集合 S 上の点 Q が線分 OA 上にあるとき最小，OA の O の方への延長上にあるとき最大となる。

(2) $OP-OQ \leqq PQ \leqq OP+OQ$ であり，$OQ=1$ より

$OP-1 \leqq PQ \leqq OP+1$　… ①

よって，$|\overrightarrow{PQ}|$ すなわち PQ が最大，最小となるのは，それぞれ OP が最大・最小となるときである。

点 O から円 C を含む平面 $x=3$ に垂線 OH を下ろすと，H(3, 0, 0) であり

$OP^2=OH^2+PH^2=9+PH^2$　… ②

よって，OP が最大，最小となるのは，それぞれ PH が最大，最小となるときである。

ここで，$AH-AP \leqq PH \leqq AH+AP$ より

$4 \leqq PH \leqq 6$

② より，$OP=\sqrt{9+PH^2}$ であるから　$5 \leqq OP \leqq 3\sqrt{5}$

① より $|\overrightarrow{PQ}|$ は　**最大値 $3\sqrt{5}+1$，最小値 4**

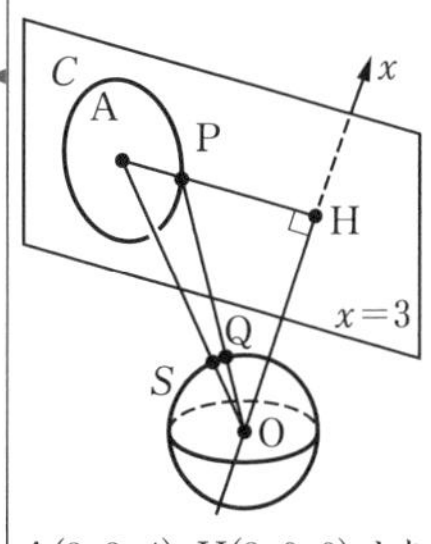

◀ A(3, 3, 4), H(3, 0, 0) より $AH=\sqrt{0+3^2+4^2}=5$

練習 6 座標空間に 4 点 A(2, 1, 0)，B(1, 0, 1)，C(0, 1, 2)，D(1, 3, 7) がある。3 点 A，B，C を通る平面に関して点 D と対称な点を E とするとき，点 E の座標を求めよ。 （京都大）

➡ p.315 問題 6

戦略例題 7　類推〔2〕…不等式　★★★☆

$a>b>c$, $x>y>z$ を満たすとき，次の不等式を証明せよ。

$$\frac{ax+by+cz}{3}>\left(\frac{a+b+c}{3}\right)\left(\frac{x+y+z}{3}\right)$$

（釧路公立大）

思考のプロセス

$(\text{左辺})-(\text{右辺})=\cdots=\frac{1}{9}(2ax+2by+2cz-ay-az-bx-bz-cx-cy)$

↑ 文字も項も多く，処理が難しい

文字を減らす

もとの不等式に対応する，c と z を減らした不等式

$a>b$, $x>y$ のとき，$\frac{ax+by}{2}>\left(\frac{a+b}{2}\right)\left(\frac{x+y}{2}\right)$ を示す。

$$\begin{aligned}(\text{左辺})-(\text{右辺})&=\frac{1}{4}\{2(ax+by)-(a+b)(x+y)\}\\&=\frac{1}{4}(ax-ay+by-bx)\\&=\frac{1}{4}\{a(x-y)-b(x-y)\}\\&=\frac{1}{4}\underline{(a-b)(x-y)}>0\end{aligned}$$

同様な変形ができないか？

⬅ $a>b$, $x>y$ より $a-b>0$, $x-y>0$

Action» 多変数の不等式の証明は，文字を減らした不等式から類推せよ

解　(左辺) − (右辺)

$$\begin{aligned}&=\frac{1}{9}\{3(ax+by+cz)-(a+b+c)(x+y+z)\}\\&=\frac{1}{9}(2ax+2by+2cz-ay-az-bx-bz-cx-cy)\\&=\frac{1}{9}\{(ax-ay+by-bx)+(by-bz+cz-cy)\\&\qquad+(cz-cx+ax-az)\}\\&=\frac{1}{9}[\{a(x-y)-b(x-y)\}+\{b(y-z)-c(y-z)\}\\&\qquad+\{a(x-z)-c(x-z)\}]\\&=\frac{1}{9}\{(a-b)(x-y)+(b-c)(y-z)+(a-c)(x-z)\}\end{aligned}$$

◀ 思考のプロセスで考えた2文字の不等式のような変形ができるように項を分ける。

$a>b>c$, $x>y>z$ より，$a-b>0$, $x-y>0$, $b-c>0$, $y-z>0$, $a-c>0$, $x-z>0$ であるから

$(\text{左辺})-(\text{右辺})>0$

すなわち　$\frac{ax+by+cz}{3}>\left(\frac{a+b+c}{3}\right)\left(\frac{x+y+z}{3}\right)$

練習 7　a, b, c が実数，x, y, z が正の実数であるとき，次の不等式を証明せよ。

$$\frac{a^2}{x}+\frac{b^2}{y}+\frac{c^2}{z}\geqq\frac{(a+b+c)^2}{x+y+z}$$

➡p.315 問題7

▶▶解答編 p.275

1 ★★☆☆ 鋭角三角形 ABC において，辺 BC の中点を M，A から BC に引いた垂線を AH とする。点 P を線分 MH 上にとるとき，$AB^2+AC^2 \geqq 2AP^2+BP^2+CP^2$ となることを示せ。 (京都大)

2 ★★★☆ 四面体 OABC において，点 O から 3 点 A，B，C を含む平面に下ろした垂線とその平面の交点を H とする。$\overrightarrow{OA} \perp \overrightarrow{BC}$，$\overrightarrow{OB} \perp \overrightarrow{OC}$，$|\overrightarrow{OA}|=2$，$|\overrightarrow{OB}|=|\overrightarrow{OC}|=3$，$|\overrightarrow{AB}|=\sqrt{7}$ のとき，$|\overrightarrow{OH}|$ を求めよ。 (京都大)

3 ★★★☆ 異なる 4 点 A，B，C，D について，不等式

$$AB \cdot CD + AD \cdot BC \geqq AC \cdot BD \quad \text{（トレミーの不等式）}$$

が成り立つことを示せ。

4 ★★★☆ 平面上に互いに平行な相異なる 3 直線 l，m，n があり，n は l と m の間にある。l と n の距離を a，n と m の距離を b とする。このとき，3 頂点がそれぞれ l，m，n 上にある正三角形の 1 辺の長さを求めよ。 (大阪大　改)

5 ★★★★ a_1，b_1，c_1 は正の整数で $a_1{}^2+b_1{}^2=c_1{}^2$ を満たしている。$n=1, 2, \cdots$ について，a_{n+1}，b_{n+1}，c_{n+1} を次式で決める。

$$a_{n+1}=|2c_n-a_n-2b_n|$$
$$b_{n+1}=|2c_n-2a_n-b_n|$$
$$c_{n+1}=3c_n-2a_n-2b_n$$

(1) $a_n{}^2+b_n{}^2=c_n{}^2$ を数学的帰納法により証明せよ。

(2) $c_n>0$ および $c_n \geqq c_{n+1}$ を示せ。 (京都大　改)

6 ★★★☆ xyz 座標空間内の 3 点 O(0, 0, 0)，A(0, 0, 1)，B(2, 4, −1) を考える。直線 AB 上の点 C_1，C_2 はそれぞれ次の条件を満たす。

直線 AB 上を点 C が動くとき，$|\overrightarrow{OC}|$ は C が C_1 に一致するとき最小となる

直線 AB 上を点 C が動くとき，$\dfrac{|\overrightarrow{AC}|}{|\overrightarrow{OC}|}$ は C が C_2 に一致するとき最大となる

このとき，次の問に答えよ。

(1) $|\overrightarrow{OC_1}|$ の値および内積 $\overrightarrow{AC_1}\cdot\overrightarrow{OC_1}$ の値を求めよ。

(2) $\dfrac{|\overrightarrow{AC_2}|}{|\overrightarrow{OC_2}|}$ の値および内積 $\overrightarrow{OA}\cdot\overrightarrow{OC_2}$ の値を求めよ。

(3) $\triangle AC_1O$ と $\triangle AOC_2$ は相似であることを示せ。 (京都工芸繊維大)

7 ★★★☆ 実数 a，b，c に対して，次の不等式を証明せよ。

$$3(a^4+b^4+c^4) \geqq (a+b+c)(a^3+b^3+c^3)$$

(和歌山県立医科大　改)

入試攻略

1章　ベクトル

▶▶解答編 p.282

1　1辺の長さが1である正六角形ABCDEFにおいて，辺BCを1:3に内分する点をMとし，線分ADを$t:(1-t)$（ただし，$0<t<1$）に内分する点をPとする。

(1)　ベクトル$\overrightarrow{AM}$をベクトル$\overrightarrow{AB}$とベクトル$\overrightarrow{AF}$を使って表すと，

$\overrightarrow{AM}=\dfrac{\boxed{}}{\boxed{}}\overrightarrow{AB}+\dfrac{\boxed{}}{\boxed{}}\overrightarrow{AF}$ である。

(2)　ベクトル$\overrightarrow{PM}$をベクトル$\overrightarrow{AB}$，ベクトル$\overrightarrow{AF}$，実数tを使って表すと，

$\overrightarrow{PM}=\boxed{}$ である。

(3)　ベクトル$\overrightarrow{AC}$とベクトル$\overrightarrow{PM}$の内積を求めると，

$\overrightarrow{AC}\cdot\overrightarrow{PM}=\dfrac{\boxed{}}{\boxed{}}-\boxed{}\,t$ である。したがって，$t=\dfrac{\boxed{}}{\boxed{}}$ であるとき，線分ACと線分PMは垂直である。　（慶應義塾大）

2　座標平面に3点O(0, 0)，A(2, 6)，B(3, 4)をとり，点Oから直線ABに垂線OCを下ろす。また，実数sとtに対し，点Pを

$$\overrightarrow{OP}=s\overrightarrow{OA}+t\overrightarrow{OB}$$

で定める。このとき，次の問に答えよ。

(1)　点Cの座標を求め，$|\overrightarrow{CP}|^2$をsとtを用いて表せ。

(2)　$s=\dfrac{1}{2}$ とし，tを $t\geqq 0$ の範囲で動かすとき，$|\overrightarrow{CP}|^2$の最小値を求めよ。

(3)　$s=1$ とし，tを $t\geqq 0$ の範囲で動かすとき，$|\overrightarrow{CP}|^2$の最小値を求めよ。

（九州大）

3　△OABがあり，3点P，Q，Rを

$$\overrightarrow{OP}=k\overrightarrow{BA},\ \overrightarrow{AQ}=k\overrightarrow{OB},\ \overrightarrow{BR}=k\overrightarrow{AO}$$

となるように定める。ただし，kは $0<k<1$ を満たす実数である。$\overrightarrow{OA}=\vec{a}$，$\overrightarrow{OB}=\vec{b}$ とおくとき，次の問に答えよ。

(1)　$\overrightarrow{OP}$，$\overrightarrow{OQ}$，$\overrightarrow{OR}$をそれぞれ$\vec{a}$，$\vec{b}$，kを用いて表せ。

(2)　△OABの重心と△PQRの重心が一致することを示せ。

(3)　辺ABと辺QRの交点をMとする。点Mは，kの値によらずに辺QRを一定の比に内分することを示せ。　（茨城大）

4　AB = 4，BC = 2，AD = 3，AD // BC である四角形ABCDにおいて，$\overrightarrow{AB}=\vec{a}$，$\overrightarrow{AD}=\vec{b}$ とする。∠Aの二等分線と辺CDの交わる点をM，∠Bの二等分線と辺CDの交わる点をNとする。また，線分AMと線分BNとの交点をPとする。$\overrightarrow{AM}$，$\overrightarrow{AN}$，$\overrightarrow{AP}$をそれぞれ$\vec{a}$，$\vec{b}$で表せ。　（東京理科大）

5　3点A，B，Cが点Oを中心とする半径1の円上にあり，
$13\overrightarrow{OA}+12\overrightarrow{OB}+5\overrightarrow{OC}=\vec{0}$ を満たしている。$\angle AOB=\alpha$，$\angle AOC=\beta$ として
(1) $\overrightarrow{OB}\perp\overrightarrow{OC}$ であることを示せ。
(2) $\cos\alpha$ および $\cos\beta$ を求めよ。
(3) AからBCへ引いた垂線とBCとの交点をHとする。AHの長さを求めよ。
（長崎大）

6　点Oを中心とする半径1の円上に異なる3点A，B，Cがある。次のことを示せ。
(1) △ABCが直角三角形ならば $|\overrightarrow{OA}+\overrightarrow{OB}+\overrightarrow{OC}|=1$ である。
(2) 逆に $|\overrightarrow{OA}+\overrightarrow{OB}+\overrightarrow{OC}|=1$ ならば△ABCは直角三角形である。
（大阪市立大）

7　△ABCを1辺の長さが1の正三角形とする。次の問に答えよ。
(1) 実数 s，t が $s+t=1$ を満たしながら動くとき，$\overrightarrow{AP}=s\overrightarrow{AB}+t\overrightarrow{AC}$ を満たす点Pの軌跡 G を正三角形ABCとともに図示せよ。
(2) 実数 s，t が $s\geqq 0$，$t\geqq 0$，$1\leqq s+t\leqq 2$ を満たしながら動くとき，$\overrightarrow{AP}=s\overrightarrow{AB}+t\overrightarrow{AC}$ を満たす点Pの存在範囲 D を正三角形ABCとともに図示し，領域 D の面積を求めよ。
(3) 実数 s，t が $1\leqq|s|+|t|\leqq 2$ を満たしながら動くとき，$\overrightarrow{AP}=s\overrightarrow{AB}+t\overrightarrow{AC}$ を満たす点Pの存在範囲 E を正三角形ABCとともに図示し，領域 E の面積を求めよ。
（甲南大）

8　平面上に2点A(2，0)，B(1，1)がある。点P(x，y)が円 $x^2+y^2=1$ 上を動くとき，内積 $\overrightarrow{PA}\cdot\overrightarrow{PB}$ の最大値を求め，そのときの点Pの座標を求めよ。（名城大）

9　1辺の長さが1の正四面体OABCにおいて，$\overrightarrow{OA}=\vec{a}$，$\overrightarrow{OB}=\vec{b}$，$\overrightarrow{OC}=\vec{c}$ とする。線分OAを $s:(1-s)$ に内分する点をL，線分BCの中点をM，線分LMを $t:(1-t)$ に内分する点をPとし，$\angle POM=\theta$ とする。$\angle OPM=90°$，$\cos\theta=\dfrac{\sqrt{6}}{3}$ のとき，次の問に答えよ。
(1) 直角三角形OPMにおいて，内積 $\overrightarrow{OP}\cdot\overrightarrow{OM}$ を求めよ。
(2) $\overrightarrow{OP}$ を $\vec{a}$，$\vec{b}$，$\vec{c}$ を用いて表せ。
(3) 平面OPCと直線ABとの交点をQとするとき，$\overrightarrow{OQ}$ を $\vec{a}$，$\vec{b}$，$\vec{c}$ を用いて表せ。
（名古屋市立大）

10 空間に四面体 OABC と点 P がある。$\overrightarrow{OA}=\vec{a}$, $\overrightarrow{OB}=\vec{b}$, $\overrightarrow{OC}=\vec{c}$ とする。$r+s+t=1$ を満たす実数 r, s, t によって $\overrightarrow{OP}=r\vec{a}+s\vec{b}+t\vec{c}$ と表されるとき

(1) 4 点 A, B, C, P は同一平面上にあることを示せ。

(2) $|\vec{a}|=1$, $|\vec{b}|=2$, $|\vec{c}|=3$ で，$\angle AOB=\angle BOC=\angle COA$ が成り立つとする。点 P が $\angle AOP=\angle BOP=\angle COP$ を満たすとき，r, s, t の値を求めよ。 (千葉大)

11 1 辺の長さが 1 の正十二面体を考える。点 O, A, B, C, D, E, F を図に示す正十二面体の頂点とし，$\overrightarrow{OA}=\vec{a}$, $\overrightarrow{OB}=\vec{b}$, $\overrightarrow{OC}=\vec{c}$ とおくとき，次の問に答えよ。なお，正十二面体では，すべての面は合同な正五角形であり，各頂点は 3 つの正五角形に共有されている。

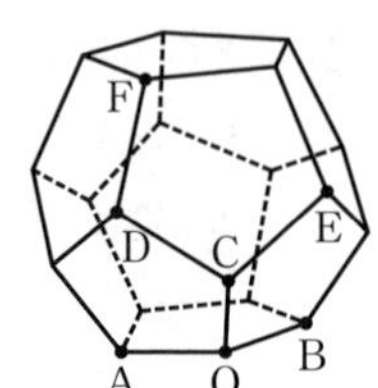

(1) 1 辺の長さが 1 の正五角形の対角線の長さを求めて，内積 $\vec{a}\cdot\vec{b}$ を求めよ。

(2) $\overrightarrow{CD}$, $\overrightarrow{OF}$ を $\vec{a}$, $\vec{b}$, $\vec{c}$ を用いて表せ。

(3) O から平面 ABD に垂線 OH を下ろす。$\overrightarrow{OH}$ を $\vec{a}$, $\vec{b}$, $\vec{c}$ を用いて表せ。さらにその大きさを求めよ。 (福井大)

12 点 O を 1 つの頂点とする 4 面体 OABC を考える。$\overrightarrow{OA}=\vec{a}$, $\overrightarrow{OB}=\vec{b}$, $\overrightarrow{OC}=\vec{c}$ とし，$\vec{a}$ と $\vec{b}$, $\vec{b}$ と $\vec{c}$, $\vec{c}$ と $\vec{a}$ がそれぞれ直交するとき，次の問に答えよ。

(1) k, l, m を実数とする。空間の点 P を $\overrightarrow{OP}=k\vec{a}+l\vec{b}+m\vec{c}$ とするとき，内積 $\overrightarrow{OP}\cdot\overrightarrow{AP}$ を k, l, m, $\vec{a}$, $\vec{b}$, $\vec{c}$ を用いて表せ。

(2) 点 O から △ABC に垂線 OH を下ろすとする。$\overrightarrow{OH}$ を $\vec{a}$, $\vec{b}$, $\vec{c}$ を用いて表せ。

(3) △ABC の面積 S を $\vec{a}$, $\vec{b}$, $\vec{c}$ を用いて表せ。

(4) △OAB の面積を S_1, △OBC の面積を S_2, △OCA の面積を S_3 とする。△ABC の面積 S を S_1, S_2, S_3 を用いて表せ。 (同志社大)

13 a, b を正の数とする。空間内の 3 点 A$(a,\ -a,\ b)$, B$(-a,\ a,\ b)$, C$(a,\ a,\ -b)$ を通る平面を α，原点 O を中心とし 3 点 A, B, C を通る球面を S とする。

(1) 線分 AB の中点を D とするとき，$\overrightarrow{DC}\perp\overrightarrow{AB}$ および $\overrightarrow{DO}\perp\overrightarrow{AB}$ であることを示せ。また，△ABC の面積を求めよ。

(2) ベクトル $\overrightarrow{DC}$ と $\overrightarrow{DO}$ のなす角を θ とするとき，$\sin\theta$ を求めよ。また，平面 α に垂直で原点 O を通る直線と平面 α との交点を H とするとき，線分 OH の長さを求めよ。

(3) 点 P が球面 S 上を動くとき，四面体 ABCP の体積の最大値を求めよ。ただし，P は平面 α 上にないものとする。 (九州大)

2章　平面上の曲線

▶▶解答編 p.300

14　2つの放物線 $C_1: y=x^2$，$C_2: y=-4x^2+a$（a は正の定数）の2つの交点と原点を通る円の中心をFとする。点Fが放物線 C_2 の焦点になっているときの a の値と点Fの座標を求めよ。（東京医科大）

15　点 $\mathrm{P}(x,\ y)$ が双曲線 $\dfrac{x^2}{2}-y^2=1$ 上を動くとき，点 $\mathrm{P}(x,\ y)$ と点 $\mathrm{A}(a,\ 0)$ との距離の最小値を $f(a)$ とする。

(1)　$f(a)$ を a で表せ。

(2)　$f(a)$ を a の関数と見なすとき，ab 平面上に曲線 $b=f(a)$ の概形をかけ。

（筑波大）

16　xy 平面において，$x^2+2y^2=2$ で与えられる楕円を C とする。点 $\mathrm{P}(2,\ p)$ を通る C の2本の接線の接点をそれぞれA，Bとする。$\angle\mathrm{APB}=\theta$ $(0\leqq\theta\leqq\pi)$ とおいて，$\tan^2\theta$ を p を用いて表せ。（京都工芸繊維大）

17　楕円 $\dfrac{x^2}{9}+\dfrac{y^2}{4}=1$ を C とする。C を直線 $y=x+t$（t は実数）に関して対称移動した曲線を C_t とする。

(1)　C_t の方程式を求めよ。

(2)　t が実数全体を動くとき，C_t の通過する領域を表す不等式を求めよ。

(3)　C_t と C が外接するとき，その接点の座標を求めよ。（明治大）

18　楕円 $\dfrac{x^2}{a^2}+\dfrac{y^2}{b^2}=1$ $(a>b>0)$ について，次の問に答えよ。

(1)　楕円上の点 $\mathrm{P}(x_1,\ y_1)$ における接線の方程式を求めよ。

(2)　原点を通り，(1)で求めた接線に垂直な直線 m の方程式を求めよ。

(3)　点Pを通り楕円の短軸に平行な直線を l とする。l と m が異なるとき定まるそれらの交点Qの軌跡を求めよ。（高知大）

19　座標平面上の楕円 $\dfrac{x^2}{4}+y^2=1$ の $x>0$，$y>0$ の部分を C で表す。曲線 C 上に点 $\mathrm{P}(x_1,\ y_1)$ をとり，点Pでの接線と2直線 $y=1$ および $x=2$ との交点をそれぞれQ，Rとする。点 $(2,\ 1)$ をAで表し，△AQRの面積を S とする。このとき，次の問に答えよ。

(1)　$x_1+2y_1=k$ とおくとき，積 x_1y_1 を k を用いて表せ。

(2)　S を k を用いて表せ。

(3)　点Pが曲線 C 上を動くとき，S の最大値を求めよ。（三重大）

20　座標平面上に原点Oを中心とする半径5の円 C がある。$n=2$ または $n=3$ とし，半径 n の円 C_n が円 C に内接して滑ることなく回転していくとする。円 C_n 上に点 P_n がある。最初，円 C_n の中心 O_n が $(5-n,\ 0)$ に，点 P_n が $(5,\ 0)$ にあったとして，円 C_n の中心が円 C の内部を反時計回りに n 周して，もとの位置に戻るものとする。円 C と円 C_n の接点を S_n とし，線分 OS_n が x 軸の正の方向となす角を t とする。

(1)　点 P_n の座標を t と n を用いて表せ。

(2)　点 P_2 のえがく曲線と点 P_3 のえがく曲線は同じであることを示せ。　(大阪大)

21　図のように2円O，O′ の周上にそれぞれ点P，P′ がある。OP，O′P′ が x 軸の正の方向となす角はそれぞれ $\theta+\dfrac{\pi}{2}$，θ である。θ が0から 2π まで変化するとき，線分PP′ の中点Qの軌跡の方程式を求め，そのグラフの概形をかけ。ただし，中心O，O′ 間の距離を a，2円O，O′ の半径をそれぞれ r，r' とする。

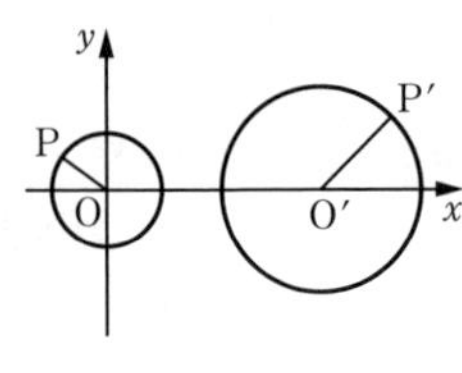

(熊本大)

22　曲線 C は極方程式 $r=2\cos\theta$ で定義されているとする。このとき，次の各問に答えよ。

(1)　曲線 C を直交座標 $(x,\ y)$ に関する方程式で表し，さらに図示せよ。

(2)　点 $(-1,\ 0)$ を通る傾き k の直線を考える。この直線が曲線 C と2点で交わるような k の値の範囲を求めよ。

(3)　(2)のもとで，2交点の中点の軌跡を求めよ。　(鹿児島大)

23　(1)　直交座標において，点 $A(\sqrt{3},\ 0)$ と準線 $x=\dfrac{4}{\sqrt{3}}$ からの距離の比が $\sqrt{3}:2$ である点 $P(x,\ y)$ の軌跡を求めよ。

(2)　(1)におけるAを極，x 軸の正の部分の半直線AXとのなす角 θ を偏角とする極座標を定める。このとき，Pの軌跡を $r=f(\theta)$ の形の極方程式で求めよ。ただし，$0\leqq\theta<2\pi$，$r>0$ とする。

(3)　Aを通る任意の直線と(1)で求めた曲線との交点をR，Qとする。このとき $\dfrac{1}{\mathrm{RA}}+\dfrac{1}{\mathrm{QA}}$ は一定であることを示せ。　(帯広畜産大)

3章　複素数平面

▶▶解答編 p.310

24　複素数 $z=x+yi$（x，y は実数）において，

$$x \geqq 0 \text{ ならば } \quad |1+z| \geqq \frac{1+|z|}{\sqrt{2}}$$

であることを証明せよ。（神戸大）

25　α は複素数平面上の点で，$0<|\alpha|<1$ を満たしている。原点と α から等距離にある点 z について，次の問に答えよ。

(1)　$1+\overline{\alpha}z \neq 0$ を示せ。

(2)　$|z| \leqq 1$ のとき，$\left|\dfrac{z-2\alpha}{1+\overline{\alpha}z}\right| \leqq 1$ を示せ。（和歌山大）

26　(1)　0でない複素数 α, β が $|\alpha|=|\beta|$, $\arg\alpha=\arg\beta+\dfrac{\pi}{6}$ を満たすとき，$\alpha^n=\beta^n$ となる最小の自然数 n を求めよ。

(2)　$z=\cos\theta+i\sin\theta$ $(0 \leqq \theta < 2\pi)$ とするとき，$\left|z+\dfrac{1}{iz}\right|$ の最小値と，そのときの θ の値を求めよ。（宮崎大）

27　複素数平面上に3点 $\mathrm{A}(z_1)$，$\mathrm{B}(z_2)$，$\mathrm{C}(z_3)$ があり，$z_1=\cos\alpha+i\sin\alpha$，$z_2=\cos\beta+i\sin\beta$，$z_3=\cos\gamma+i\sin\gamma$ とする。$\triangle\mathrm{ABC}$ が正三角形のとき

(1)　$\cos\alpha+\cos\beta+\cos\gamma=\sin\alpha+\sin\beta+\sin\gamma$ であることを示せ。

(2)　$z_2=z_1w$，$z_3=z_1w^2$ となる複素数 w を求めよ。

(3)　$\cos2\alpha+\cos2\beta+\cos2\gamma=\sin2\alpha+\sin2\beta+\sin2\gamma$ であることを示せ。（新潟大）

28　複素数 a，b，c は連立方程式 $\begin{cases} a-ib-ic=0 \\ ia-ib-c=0 \\ ac=1 \end{cases}$ を満たすとする。

(1)　a，b，c を求めよ。

(2)　複素数平面上の点 z が原点を中心とする半径1の円上を動くとき，$w=\dfrac{bz+c}{az}$ で定まる点 w の軌跡を求めよ。（愛媛大）

入試攻略

29　(1)　方程式 $z^3=i$ を解け。

(2)　任意の自然数 n に対して，複素数 z_n を $z_n=(\sqrt{3}+i)^n$ で定義する。
複素数平面上で z_{3n}，$z_{3(n+1)}$，$z_{3(n+2)}$ が表す3点をそれぞれA，B，Cとするとき，$\angle$ABC は直角であることを証明せよ。　(島根大)

30　複素数平面上の3点 $z_0=1+i$，$z_1=a-i$，$z_2=(b+2)+bi$ (a，b は実数) について

(1)　3点 z_0，z_1，z_2 が一直線上にあるとき，a を b で表せ。

(2)　3点 z_0，z_1，z_2 を頂点とする三角形が正三角形であるように，z_1，z_2 を定めよ。　(室蘭工業大)

31　$n=1, 2, 3, \cdots$ に対して，$\alpha_n=(2+i)\left(\dfrac{-\sqrt{2}+\sqrt{6}i}{2}\right)^n$ とおく。

(1)　$\dfrac{-\sqrt{2}+\sqrt{6}i}{2}$ を極形式で表せ。

(2)　α_1，α_2，α_3 をそれぞれ $a+bi$ (a，b は実数) の形で表せ。

(3)　α_n の実部と虚部がともに整数となるための n の条件と，そのときの α_n の値を求めよ。

(4)　複素数平面上で，原点を中心とする半径100の円の内部に存在する α_n の個数を求めよ。　(電気通信大)

32　z を複素数とする。複素数平面上の3点 A(1)，B(z)，C(z^2) が鋭角三角形をなすような z の範囲を求め，図示せよ。　(東京大)

33　右の図のように，4つの内角がいずれも180°より小さい四角形ABCDの頂点A，B，C，Dが表す複素数をそれぞれ α，β，γ，δ とする。この四角形の外部に各辺を斜辺とする直角二等辺三角形ABP，BCQ，CDR，DASをつくる。

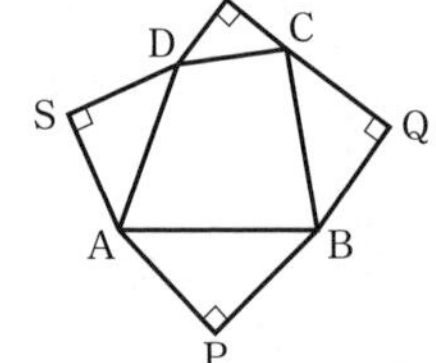

(1)　点Pが表す複素数を α，β を用いて表せ。

(2)　PR $=$ QS かつ PR $\perp$ QS となることを証明せよ。

(3)　四角形PQRSが正方形になるための条件を求めよ。　(新潟大　改)

34　すべての複素数 z に対して，$|z|^2+az+\overline{a}\,\overline{z}+1\geqq 0$ となる複素数 a の集合を求め，これを複素数平面上に図示せよ。　(名古屋大)

解答

グラフ，証明等は略

1章 ベクトル

1 平面上のベクトル

練習

1 (1) $\vec{e}$, $\vec{f}$　(2) $\vec{c}$, $\vec{e}$, $\vec{g}$, $\vec{h}$

(3) $\vec{e}$　(4) $\vec{h}$

2 (1) 略　(2) 略　(3) 略

3 〔1〕 略

〔2〕 (1) $11\vec{a}-\vec{b}$

(2) $\vec{x}=3\vec{a}-9\vec{b}$

(3) $\vec{x}=2\vec{a}-3\vec{b}$, $\vec{y}=3\vec{a}+2\vec{b}$

4 (1) $\vec{a}-2\vec{b}$　(2) $-2\vec{a}+\vec{b}$

(3) $-\dfrac{3}{2}\vec{a}-\dfrac{1}{2}\vec{b}$　(4) $-\dfrac{3}{2}\vec{a}+\dfrac{1}{2}\vec{b}$

5 (1) $\overrightarrow{AC}=2\vec{a}+\vec{b}$, $\overrightarrow{AE}=\vec{a}+2\vec{b}$

(2) $\dfrac{2}{3}\vec{p}+\dfrac{2}{3}\vec{q}$

6 略

問題編 1

1 (1) $\vec{a}$と$\vec{c}$と$\vec{e}$と$\vec{g}$と$\vec{h}$,　$\vec{b}$と$\vec{d}$と$\vec{i}$

(2) $\vec{a}$と$\vec{h}$,　$\vec{e}$と$\vec{h}$,　$\vec{d}$と$\vec{i}$

2 (1) 略　(2) 略

3 $\vec{x}=3\vec{a}+2\vec{b}$, $\vec{y}=-\vec{a}+\vec{b}$,

$\vec{z}=\dfrac{1}{2}\vec{a}-\dfrac{3}{2}\vec{b}$

4 (1) $(2+\sqrt{2})\vec{a}+(1+\sqrt{2})\vec{b}$

(2) $\vec{a}+(1+\sqrt{2})\vec{b}$

5 $\dfrac{\sqrt{5}-1}{2}\vec{a}+\dfrac{3-\sqrt{5}}{2}\vec{b}$

6 (1) 略　(2) 略

本質を問う 1

1 $\vec{a}\neq\vec{0}$, $\vec{b}\neq\vec{0}$, $\vec{a}$と$\vec{b}$が平行でないとき，証明略

2 正しくない。

Let's Try! 1

① (1) $|\vec{a_1}+\vec{a_2}|=\sqrt{3}$, $|\vec{a_4}+\vec{a_6}|=1$

(2) 0, 1, $\sqrt{3}$

② (1) $\vec{c}=-2\vec{a}-6\vec{b}$, $\vec{d}=-\vec{a}-2\vec{b}$

(2) 略

③ $\overrightarrow{BC}=\dfrac{1}{2}(\vec{a}+\vec{b})$, $\overrightarrow{AC}=\dfrac{3}{2}\vec{a}+\dfrac{1}{2}\vec{b}$

④ (1) $\dfrac{2}{3}\overrightarrow{OA}+\dfrac{1}{3}\overrightarrow{OB}$　(2) 2

⑤ (1) $\dfrac{1}{2\cos\theta}(\vec{a}+\vec{c})$　(2) 略

2 平面上のベクトルの成分と内積

練習

7 (1) $\vec{a}=(3,\ 2)$, $\vec{b}=(4,\ 5)$

$|\vec{a}|=\sqrt{13}$, $|\vec{b}|=\sqrt{41}$

(2) $\vec{c}=-2\vec{a}+3\vec{b}$

8 (1) $\overrightarrow{AB}=(2,\ 3)$, $|\overrightarrow{AB}|=\sqrt{13}$

$\overrightarrow{AC}=(-2,\ 4)$, $|\overrightarrow{AC}|=2\sqrt{5}$

(2) $\left(\dfrac{2\sqrt{13}}{13},\ \dfrac{3\sqrt{13}}{13}\right)$

(3) $(-\sqrt{5},\ 2\sqrt{5})$ または $(\sqrt{5},\ -2\sqrt{5})$

9 (1) D$(-6,\ 5)$

(2) $(-6,\ 5)$, $(0,\ -13)$, $(10,\ 1)$

10 (1) $t=-1$ のとき　最小値 $\sqrt{10}$

(2) $t=6$

11 (1) 1　(2) 2　(3) -2

12 〔1〕 (1) $\theta=150°$　(2) $\theta=180°$

〔2〕 $x=-\dfrac{1}{3}$, 3

13 (1) $\theta=30°$　(2) $\theta=90°$

14 (1) $x=-3$

(2) $\vec{p}=\left(\dfrac{6\sqrt{13}}{13},\ \dfrac{4\sqrt{13}}{13}\right), \left(-\dfrac{6\sqrt{13}}{13},\ -\dfrac{4\sqrt{13}}{13}\right)$

15 (1) $\theta=90°$　(2) $t=\dfrac{1}{2}$

16 (1) $-\dfrac{2}{5}$　(2) $2\sqrt{21}$

17 (1) $2\sqrt{2}$　(2) $\dfrac{5}{2}$

チャレンジ〈1〉 略

18 (1) 略　(2) 略

19 $\sqrt{2}-1\leqq|3\vec{a}+\vec{b}|\leqq\sqrt{2}+1$

チャレンジ〈2〉 (1) 略　(2) $5\sqrt{2}$

問題編 2

7 $\vec{b}=\left(-\dfrac{1}{2},\ \dfrac{\sqrt{3}}{2}\right)$, $\vec{c}=\left(-\dfrac{1}{2},\ -\dfrac{\sqrt{3}}{2}\right)$

または　$\vec{b}=\left(-\dfrac{1}{2},\ -\dfrac{\sqrt{3}}{2}\right)$,

$\vec{c}=\left(-\dfrac{1}{2},\ \dfrac{\sqrt{3}}{2}\right)$

8 $\left(\dfrac{63}{65},\ -\dfrac{16}{65}\right)$, $\left(-\dfrac{63}{65},\ \dfrac{16}{65}\right)$, $\left(-\dfrac{12}{13},\ \dfrac{5}{13}\right)$, $\left(\dfrac{12}{13},\ -\dfrac{5}{13}\right)$

9 $p=1$, $q=12$, $r=4$　または　$p=-7$, $q=4$, $r=-4$

10 $m=3$

11 (1) -1　(2) 3

12 〔1〕 (1) 25　　(2) $\angle BAC = 45°$
(3) $\angle ABC = 90°$
〔2〕 $\vec{b} = (3,\ -4),\ (4,\ 3)$

13 (1) $\vec{a}\cdot\vec{b} = -\dfrac{15}{2}$　　(2) $|\vec{a}| = 3,\ |\vec{b}| = 5$
(3) $-\dfrac{16\sqrt{19}}{133}$

14 $0 < k < 4$

15 (1) $|\vec{x}| = 2,\ |\vec{y}| = \sqrt{3}$
(2) $\theta = 30°$

16 (1) $|\vec{a}| = \sqrt{3},\ |\vec{b}| = 2$
(2) $\dfrac{\sqrt{3}}{2}$

17 4

18 略

19 (1) 略　　(2) 略　　(3) 略

本質を問う 2

1 9

2 〔1〕 略
〔2〕 (1) 略　　(2) 略

Let's Try! 2

① (1) $(0,\ 6)$
(2) $m = \dfrac{5}{9},\ n = \dfrac{8}{9}$
(3) $k = -\dfrac{16}{13}$
(4) $\vec{d} = \left(4+\dfrac{\sqrt{5}}{5},\ 1+\dfrac{2\sqrt{5}}{5}\right),$
$\left(4-\dfrac{\sqrt{5}}{5},\ 1-\dfrac{2\sqrt{5}}{5}\right)$

② (1) $\theta = 45°$
(2) $t = -1$ のとき　最小値 $\sqrt{2}$

③ (1) $\vec{a}\cdot\vec{b} = -\dfrac{1}{2},\ |2\vec{a}+\vec{b}| = \sqrt{3},$
$2\vec{a}+\vec{b}$ と $\vec{b}$ のなす角 $90°$
(2) $\vec{c} = \dfrac{\sqrt{3}}{3}(\vec{a}+2\vec{b})$
(3) $0 \leqq x \leqq 1,\ x \leqq \sqrt{3}\,y \leqq x+2$
(4) 最大値は $\sqrt{3}$，このとき $\vec{p} = 2\vec{a}+2\vec{b}$

④ (1) $\overrightarrow{OC} = \dfrac{\vec{a}\cdot\vec{b}}{4}\vec{a}$　　(2) 略
(3) $|\overrightarrow{CB}| = \sqrt{3-\dfrac{1}{4}(\vec{a}\cdot\vec{b})^2}$

⑤ (1) $\overrightarrow{OA}\cdot\overrightarrow{OB} = -\dfrac{1}{2}$
(2) $\angle AOB = 120°$
(3) $\dfrac{3\sqrt{3}}{4}$

3　平面上の位置ベクトル

練習

20 (1) $\vec{p} = \dfrac{2\vec{b}+3\vec{c}}{5}$　　(2) $m = \dfrac{\vec{c}+\vec{a}}{2}$
(3) $\vec{q} = -2\vec{a}+3\vec{b}$
(4) $\vec{g} = \dfrac{-15\vec{a}+34\vec{b}+11\vec{c}}{30}$

21 略

22 証明略，DF : FE = 1 : 2

23 (1) $\overrightarrow{OP} = \dfrac{9}{14}\vec{a}+\dfrac{1}{7}\vec{b}$
(2) $\overrightarrow{OQ} = \dfrac{9}{11}\vec{a}+\dfrac{2}{11}\vec{b}$
(3) AQ : QB = 2 : 9，OP : PQ = 11 : 3

24 AF : FC = 2 : 5

25 (1) BD : DC = 4 : 3，AP : PD = 7 : 2
(2) △PBC : △PCA : △PAB = 2 : 3 : 4

26 $\left(-\dfrac{\sqrt{2}}{2},\ -\dfrac{\sqrt{2}}{2}\right),\ \left(\dfrac{\sqrt{2}}{2},\ \dfrac{\sqrt{2}}{2}\right)$

27 $\overrightarrow{OI} = \dfrac{b\overrightarrow{OA}+a\overrightarrow{OB}}{a+b+c}$

28 (1) $\overrightarrow{AO} = \dfrac{13}{30}\overrightarrow{AB}+\dfrac{49}{150}\overrightarrow{AC},\ |\overrightarrow{AO}| = \dfrac{7\sqrt{30}}{10}$
(2) BD : DC = 49 : 65，AO : OD = 19 : 6

29 (1) $r = \dfrac{1}{10}$　　(2) $s = \dfrac{1}{7},\ t = \dfrac{3}{35}$

30 略

31 (1) 0　　(2) -1

32 正三角形

33 平行な直線 $\vec{p} = \dfrac{1}{2}\vec{a}+\dfrac{1-2t}{2}\vec{b}+t\vec{c}$
垂直な直線 $\left(\vec{p}-\dfrac{\vec{a}+\vec{b}}{2}\right)\cdot(\vec{c}-\vec{b}) = 0$

34 (1) $\begin{cases} x = t+5 \\ y = -2t-4 \end{cases}$　　(2) $\begin{cases} x = -5t+2 \\ y = 5t+4 \end{cases}$

35 (1) 点 A を中心とし，線分 AB を半径とする円
(2) 点 B の点 O に関して対称な点 B′ と線分 OA の中点 D に対し，線分 B′D を直径とする円

36 略

37 BC の中点 M を中心とし，AM の長さを半径とする円

38 (1) 略　　(2) 略　　(3) 略　　(4) 略

39 (1) $x-3y+1 = 0$　　(2) $60°$

チャレンジ〈3〉 $\dfrac{18\sqrt{13}}{13}$

問題編 3

20 $\overrightarrow{PQ} = \dfrac{1}{2}(\overrightarrow{AB}+\overrightarrow{DC})$

21 平行四辺形

22 $m=5$

23 (1) $\overrightarrow{AR}=\frac{1}{2}\overrightarrow{AB}+\frac{1}{4}\overrightarrow{AC}$

(2) △RAB：△RBC：△RCA = 1：1：2

24 (1) $\overrightarrow{AP}=\frac{9}{13}\vec{b}+\frac{4}{13}\vec{d}$

(2) $\overrightarrow{AQ}=\frac{9}{4}\vec{b}+\vec{d}$

25 $m=5$

26 $\left(\frac{32}{9},\ \frac{16}{9}\right)$

27 (1) $\overrightarrow{OM}=\frac{\vec{a}+\vec{b}}{2}$，$\overrightarrow{OC}=\frac{3}{8}\vec{a}+\frac{5}{8}\vec{b}$

(2) $\overrightarrow{OP}=\frac{5}{8}(\vec{a}+\vec{b})$

28 (1) $\frac{\sqrt{39}}{3}$

(2) $\overrightarrow{AO}=\frac{2}{9}\vec{b}+\frac{5}{12}\vec{c}$

(3) AP：PC = 15：13

29 略

30 (1) 略　(2) 略

31 (1) $|\vec{a}|=2$，$|\vec{b}|=\sqrt{5}$

(2) $AB=\sqrt{13}$，$BC=4$，$CA=\sqrt{13}$

32 略

33 (1) $\vec{p}=\frac{5-t}{10}\vec{a}+\frac{3}{5}t\vec{b}$

(2) $(\vec{p}-\vec{b})\cdot(\vec{b}-\vec{a})=0$

34 (1) $\begin{cases}x=t+x_1\\ y=mt+y_1\end{cases}$　(2) 略

35 (1) $\overrightarrow{OC}=\frac{3\overrightarrow{OA}+2\overrightarrow{OB}}{5}$

(2) 線分 OC を 5：4 に外分する点を中心とする半径 $5r$ の円

36 (1) $\vec{c}=\frac{k}{2}\vec{a}-\vec{b}$　(2) $\vec{h}=\frac{2k-5}{4}\vec{a}+4\vec{b}$

(3) $k=\frac{-2\pm3\sqrt{7}}{2}$

37 証明略，$\overrightarrow{OC}=\frac{\overrightarrow{OA}-2\overrightarrow{OB}}{4}$

38 (1) $2\sqrt{5}$　(2) $8\sqrt{5}$

39 $(2+\sqrt{3})x+y-4-\sqrt{3}=0$，
$(2-\sqrt{3})x+y-4+\sqrt{3}=0$

本質を問う 3

[1] (1) 略　(2) $0\leqq k\leqq 1$

[2] (1) 略　(2) 略

[3] 略

Let's Try! 3

① (1) $3\sqrt{3}$

(2) $\overrightarrow{BE}=\frac{2}{3}\vec{a}+\frac{1}{3}\vec{b}$

(3) $\overrightarrow{HA}=-\frac{3}{8}\vec{a}+\vec{b}$

(4) $\overrightarrow{BP}=\frac{6}{19}\vec{a}+\frac{3}{19}\vec{b}$

(5) $\frac{9\sqrt{3}}{19}$

② (1) $\overrightarrow{OS}=\frac{3}{5}\vec{a}+\frac{1}{10}\vec{b}$

(2) 略

③ (1) $\overrightarrow{PD}=\frac{1}{3}\overrightarrow{PB}+\frac{2}{3}\overrightarrow{PC}$

(2) 略

(3) △EFG：△PDC = 5：6

④ (1) 略　(2) $x=\frac{3\pm\sqrt{7}}{4}$

⑤ (1) $6\sqrt{6}$　(2) $18\sqrt{6}$

4 空間におけるベクトル

練習

40 (1) $(4,\ -2,\ -3)$　(2) $(-4,\ -2,\ 3)$

(3) $(4,\ 2,\ -3)$　(4) $(-4,\ 2,\ 3)$

(5) $(-4,\ 2,\ -3)$　(6) $(4,\ -2,\ -1)$

41 (1) $P\left(0,\ \frac{1}{2},\ 2\right)$　(2) $Q\left(\frac{2}{3},\ 1,\ \frac{4}{3}\right)$

42 (1) $\overrightarrow{CF}=-\vec{b}+\vec{c}$　(2) $\overrightarrow{HB}=\vec{a}-\vec{b}-\vec{c}$

(3) $\overrightarrow{EC}+\overrightarrow{AG}=2\vec{a}+2\vec{b}$

43 (1) $\sqrt{89}$　(2) $\vec{p}=2\vec{a}+2\vec{b}-\vec{c}$

44 (1) $s=\frac{7}{3}$，$t=-\frac{10}{3}$ のとき　最小値 $\frac{2\sqrt{6}}{3}$

(2) $s=-1$，$t=2$

45 (1) 3　(2) 0

(3) -1　(4) 2

(5) 3

チャレンジ〈4〉 $2a^2$

46 〔1〕 (1) $\theta=120°$　(2) $\theta=90°$

〔2〕 $S=2\sqrt{3}$

47 $(2\sqrt{2},\ -3\sqrt{2},\ \sqrt{2})$，$(-2\sqrt{2},\ 3\sqrt{2},\ -\sqrt{2})$

チャレンジ〈5〉 $(\sqrt{6},\ -2\sqrt{6},\ -\sqrt{6})$，$(-\sqrt{6},\ 2\sqrt{6},\ \sqrt{6})$

48 $\alpha=60°$，$\beta=45°$，$\gamma=120°$

49 (1) $P(-8,\ 11,\ -3)$，$Q(16,\ -6,\ -8)$，$R(-5,\ -3,\ 13)$

(2) $G\left(1,\ \frac{2}{3},\ \frac{2}{3}\right)$

50 略

51 $\overrightarrow{OP}=\frac{1}{4}\vec{a}+\frac{1}{4}\vec{b}+\frac{1}{4}\vec{c}$

52 (1) $P(0,\ 5,\ 5)$　(2) $Q(-10,\ 0,\ 0)$

53 (1) $\overrightarrow{OR}=\frac{1}{5}(\vec{a}+\vec{b}+\vec{c})$

(2) OR：RP = 3：2

54 (1) $\overrightarrow{OG}=\frac{\vec{a}+\vec{b}}{3}$　(2) 略

55 略

56 (1) 6　(2) 略　(3) 6

解答

57 $\overrightarrow{AH}=-\overrightarrow{OA}+\frac{1}{3}\overrightarrow{OB}+\frac{1}{3}\overrightarrow{OC}$

58 $\left(\frac{5}{3},\ \frac{17}{6},\ \frac{13}{6}\right)$

59 (1) BR : RC = 1 : 2, AQ : QR = 1 : 1,
OP : PQ = 2 : 1

(2) PABC : POBC : POCA : POAB = 3 : 3 : 2 : 1

(3) $\mathrm{OQ}=\frac{\sqrt{43}}{3}$

60 (1) $\vec{p}=\frac{1}{3}\vec{a}+\left(\frac{1}{3}-t\right)\vec{b}+\left(\frac{1}{3}+t\right)\vec{c}$

(2) $\left(\vec{p}-\frac{\vec{a}+\vec{b}}{2}\right)\cdot(\vec{b}-\vec{a})=0$

(3) $\left|\vec{p}-\frac{\vec{a}+\vec{b}}{2}\right|=\left|\vec{c}-\frac{\vec{a}+\vec{b}}{2}\right|$

61 (1) $\left(-1,\ \frac{1}{2},\ \sqrt{6}\right)$

(2) (0, 2, 0)

(3) $\frac{\sqrt{151}}{2}$

62 $\mathrm{P}\left(-\frac{5}{14},\ \frac{25}{14},\ \frac{10}{7}\right)$, $\mathrm{OP}=\frac{5\sqrt{42}}{14}$

63 最小値 $\sqrt{2}$, P(1, −2, 1), Q(0, −2, 0)

64 最小値 $5\sqrt{2}$, $\mathrm{P}\left(-\frac{1}{5},\ 0,\ -\frac{2}{5}\right)$

65 (1) $(x+3)^2+(y+2)^2+(z-1)^2=16$

(2) $(x+3)^2+(y-1)^2+(z-2)^2=21$

(3) $x^2+y^2+z^2=14$

(4) $(x-3)^2+(y-3)^2+(z+3)^2=9$
$(x-9)^2+(y-9)^2+(z+9)^2=81$

66 $x^2+y^2+z^2-8x-6y+4z=0$
中心 (4, 3, −2), 半径 $\sqrt{29}$

67 (1) (−1, −1, −1), $\left(-\frac{1}{3},\ -\frac{5}{3},\ \frac{1}{3}\right)$

(2) $2-\sqrt{3}\leqq k\leqq 2+\sqrt{3}$

68 (1) $a=2$
$(x-3)^2+(y-4)^2+(z+4)^2=4$

(2) $(x-3)^2+(z+4)^2=3,\ y=3$

69 (1) $(x+1)^2+(y-6)^2+(z-7)^2=45$
$(x+1)^2+(y-6)^2+(z-7)^2=245$

(2) 中心の座標 $\left(\frac{20}{7},\ \frac{10}{7},\ \frac{19}{7}\right)$
半径 2

70 (1) $x+2y-2z+18=0$

(2) H(−2, −4, 4)
原点 O と平面 α の距離 6

71 (1) $-15\leqq a\leqq 15$ (2) $a=\pm 9$

72 中心 (3, 2, 0), 半径 $2\sqrt{2}$ の球上
方程式 $(x-3)^2+(y-2)^2+z^2=8$

73 (1) $\theta=60°$ (2) $x=y+3=z+2$

74 $\theta=60°$, P(−1, −4, 2)

問題編 4

40 $x=-2,\ y=1,\ z=4$

41 D(0, 0, 0) または $\mathrm{D}\left(\frac{8}{3},\ \frac{8}{3},\ -\frac{8}{3}\right)$

42 (1) 略 (2) 略

43 (1) $\overrightarrow{e_1}=-\frac{1}{2}\vec{a}-\frac{3}{2}\vec{b}+\vec{c}$, $\overrightarrow{e_2}=\vec{a}+\vec{b}-\vec{c}$,
$\overrightarrow{e_3}=-\frac{1}{2}\vec{a}-\frac{1}{2}\vec{b}+\vec{c}$

(2) $\vec{d}=\frac{-s+2t-u}{2}\vec{a}+\frac{-3s+2t-u}{2}\vec{b}+(s-t+u)\vec{c}$

44 $\vec{e}=\frac{2\sqrt{5}}{25}\vec{a}+\frac{3\sqrt{5}}{25}\vec{b}+\frac{\sqrt{5}}{5}\vec{c}$
または $\vec{e}=-\frac{2\sqrt{5}}{25}\vec{a}-\frac{3\sqrt{5}}{25}\vec{b}-\frac{\sqrt{5}}{5}\vec{c}$

45 (1) 2 (2) −2
(3) 0 (4) 1

46 $\frac{15}{2}$

47 $\vec{p}=(-2,\ 1,\ -3)$, (3, 2, 1)

48 (1) 60°, 120°

(2) なす角が 60° のとき $\vec{p}=(2,\ 2\sqrt{2},\ -2)$
なす角が 120° のとき $\vec{p}=(-2,\ 2\sqrt{2},\ -2)$

49 (1) A(2, 4, 3), B(−4, 6, 1), C(0, −2, −5)

(2) $\left(-\frac{2}{3},\ \frac{8}{3},\ -\frac{1}{3}\right)$

50 証明略, AN : NG = 2 : 1

51 $\overrightarrow{OP}=\frac{1}{2}\vec{a}+\frac{1}{4}\vec{b}+\frac{1}{4}\vec{c}$
$\overrightarrow{OQ}=\frac{t}{1+3t}(2\vec{a}+\vec{b}+\vec{c})$

52 $m=-4$

53 $\overrightarrow{AR}=\frac{4}{7}\vec{a}+\frac{4}{7}\vec{b}+\frac{3}{7}\vec{c}$

54 (1) 略 (2) 略

55 略

56 (1) $\frac{\sqrt{11}}{2}$ (2) $\frac{11}{6}$

57 (1) $\vec{a}\cdot\vec{b}=1,\ \vec{b}\cdot\vec{c}=-\frac{1}{4},\ \vec{c}\cdot\vec{a}=1$

(2) $\overrightarrow{OH}=-\frac{5}{19}\vec{a}+\frac{12}{19}\vec{b}+\frac{12}{19}\vec{c}$

(3) $\frac{\sqrt{5}}{12}$

58 (1) $\sqrt{5}$ (2) H(−2, 2, 1)

(3) $\frac{5}{3}$

59 (1) $\overrightarrow{MP}=\frac{3}{4}\vec{a}-\frac{1}{2}\vec{c}$
$\overrightarrow{MQ}=\frac{3}{4}\vec{b}+\frac{1}{2}\vec{c}$

(2) 略

(3) $\dfrac{\sqrt{70}}{140}$

60 (1) 平面においても空間においても線分ABを1:2に内分する点を通り，$\vec{a}+\vec{b}$ に平行な直線

(2) 平面の場合　線分ABを直径とする円
空間の場合　線分ABを直径とする球

61 最大値 $2\sqrt{5}$，最小値 $\dfrac{6\sqrt{5}}{5}$

62 $\mathrm{P}\left(\dfrac{1}{3},\ \dfrac{1}{3},\ \dfrac{2}{3}\right)$

63 $4\sqrt{2}$

64 $\sqrt{62}$

65 (1) $(x-3)^2+(y-1)^2+(z+4)^2=16$

(2) $(x+1)^2+(y-3)^2+(z-3)^2=9$
$(x+5)^2+(y-7)^2+(z-7)^2=49$

66 $x^2+y^2+z^2-x+z-3=0$

67 (1) $r=\sqrt{6}$,
方程式 $(x-3)^2+(y-4)^2+(z-2)^2=6$

(2) $\dfrac{5}{7}<k<2$

68 (1) $a=\dfrac{1}{2}$

(2) $(x-30)^2+y^2=875,\ z=0$

69 $r=\sqrt{3},\ \sqrt{7}$

70 (1) $x+y-z-1=0$

(2) $\mathrm{T}\left(\dfrac{1}{3},\ \dfrac{1}{3},\ -\dfrac{1}{3}\right)$

(3) $\dfrac{\sqrt{3}}{2}$

(4) $\dfrac{1}{6}$

71 (1) $-\sqrt{2}\leqq k\leqq-\dfrac{\sqrt{2}}{3},\ \dfrac{\sqrt{2}}{3}\leqq k\leqq\sqrt{2}$

(2) $x-2y+2z+3=0,\ x-2y+2z-3=0$

72 半径 $\dfrac{\sqrt{35}}{10}$，$a=2,\ b=0,\ c=1$

73 (1) $\theta=30°,\ x=y=z$

(2) 証明略，P(2, 2, 2)

74 (1) 証明略，P(4, −2, 3)

(2) $\theta=90°$

(3) $4x-y-2z-12=0$

本質を問う 4

[1] (1) 略

(2) 1次独立であるといえない。

[2] 略

[3] 略

Let's Try! 4

① (1) $\overrightarrow{\mathrm{OP}}=\dfrac{1}{2}(\vec{a}+\vec{b})$

$\overrightarrow{\mathrm{OQ}}=\dfrac{1}{4}(\vec{a}+\vec{b}+2\vec{c})$

$\overrightarrow{\mathrm{OR}}=\dfrac{m}{4}(\vec{a}+\vec{b}+2\vec{c})$

(2) $\mathrm{AR}:\mathrm{RS}=(4-m):m$

(3) $m=\dfrac{4}{5}$

② (1) $\overrightarrow{\mathrm{AG}}=\dfrac{\overrightarrow{\mathrm{AB}}+\overrightarrow{\mathrm{AC}}+\overrightarrow{\mathrm{AD}}}{3}$

(2) 略

(3) 略

③ (1) $a=\dfrac{1}{3},\ b=\dfrac{2\sqrt{2}}{3}$

(2) $S=\dfrac{\sqrt{2}}{3}$

(3) $V=\dfrac{\sqrt{2}}{18}$

④ (1) $\dfrac{\sqrt{21}}{5}$　(2) H(4, 3, 0)

⑤ (2, −3, 4)

2章 平面上の曲線

5 2次曲線

練習

75 放物線 $y^2=-8x$

76 〔1〕 (1) 焦点 $\left(-\dfrac{1}{4},\ 0\right)$,
準線 $x=\dfrac{1}{4}$，図は略

(2) 焦点 $\left(0,\ \dfrac{1}{8}\right)$,
準線 $y=-\dfrac{1}{8}$，図は略

〔2〕 (1) $x^2=4\sqrt{2}\,y$

(2) $y^2=-2x$

77 楕円 $\dfrac{x^2}{12}+\dfrac{y^2}{16}=1$

78 (1) 頂点 $(\sqrt{5},\ 0),\ (-\sqrt{5},\ 0),\ (0,\ 1),\ (0,\ -1)$
焦点 (2, 0), (−2, 0)
長軸の長さ $2\sqrt{5}$，短軸の長さ 2
図は略

(2) 頂点 $(\sqrt{2},\ 0),\ (-\sqrt{2},\ 0),\ (0,\ \sqrt{3}),\ (0,\ -\sqrt{3})$
焦点 (0, 1), (0, −1)
長軸の長さ $2\sqrt{3}$，短軸の長さ $2\sqrt{2}$
図は略

79 (1) $x^2+\dfrac{y^2}{3}=1$　(2) $\dfrac{x^2}{8}+\dfrac{y^2}{2}=1$

(3) $\dfrac{x^2}{3}+\dfrac{y^2}{12}=1$

80 (1) 楕円 $\dfrac{x^2}{16}+\dfrac{y^2}{64}=1$

(2) 楕円 $\dfrac{9x^2}{16}+\dfrac{y^2}{16}=1$

81 双曲線 $\frac{x^2}{4}-y^2=1$

82 (1) 頂点 $(\sqrt{3},\ 0)$, $(-\sqrt{3},\ 0)$
焦点 $(2\sqrt{2},\ 0)$, $(-2\sqrt{2},\ 0)$
漸近線 $y=\pm\frac{\sqrt{15}}{3}x$, 図は略
(2) 頂点 $(0,\ \sqrt{3})$, $(0,\ -\sqrt{3})$
焦点 $(0,\ \sqrt{7})$, $(0,\ -\sqrt{7})$
漸近線 $y=\pm\frac{\sqrt{3}}{2}x$, 図は略

83 (1) $\frac{x^2}{16}-\frac{y^2}{9}=-1$
(2) $\frac{x^2}{8}-\frac{y^2}{2}=1$

84 〔1〕 (1) 頂点 $(2,\ 0)$, 焦点 $\left(\frac{3}{2},\ 0\right)$,
準線 $x=\frac{5}{2}$, 図は略
(2) 頂点 $(-1,\ 3)$, 焦点 $\left(-\frac{1}{2},\ 3\right)$,
準線 $x=-\frac{3}{2}$, 図は略
〔2〕 (1) 中心 $(0,\ 1)$, 焦点 $(2,\ 1)$, $(-2,\ 1)$, 図は略
(2) 中心 $(-1,\ 3)$, 焦点 $(-1,\ \sqrt{5}+3)$, $(-1,\ -\sqrt{5}+3)$, 図は略
〔3〕 (1) 中心 $(0,\ 2)$,
焦点 $(\sqrt{13},\ 2)$, $(-\sqrt{13},\ 2)$,
漸近線 $y=\frac{3}{2}x+2$, $y=-\frac{3}{2}x+2$,
図は略
(2) 中心 $(1,\ -2)$,
焦点 $(1,\ \sqrt{5}-2)$, $(1,\ -\sqrt{5}-2)$,
漸近線 $y=2x-4$, $y=-2x$, 図は略

85 (1) $(x-1)^2=4(y-3)$
(2) $\frac{(x-1)^2}{4}+\frac{(y-2)^2}{8}=1$
(3) $\frac{x^2}{9}-\frac{(y-2)^2}{16}=1$

86 放物線 $x^2=-8(y-1)$

87 楕円 $\frac{x^2}{4}+\frac{y^2}{25}=1$

問題編 5

75 (1) 放物線 $x^2=2y$
(2) 放物線 $(y-1)^2=-8x$

76 △OAB : △OCD = 1 : 4

77 楕円 $\frac{x^2}{16}+\frac{y^2}{7}=1$

78 頂点 $(a,\ 0)$, $(-a,\ 0)$, $(0,\ \sqrt{2}a)$, $(0,\ -\sqrt{2}a)$
焦点 $(0,\ a)$, $(0,\ -a)$
長軸の長さ $2\sqrt{2}a$
短軸の長さ $2a$, 図は略

79 略

80 (1) 楕円 $\frac{x^2}{a^2}+\frac{y^2}{b^2}=1$
(2) 放物線 $y=\frac{b}{a^2}x^2$

81 双曲線 $\frac{x^2}{3}-y^2=1$ $(x\geqq\sqrt{3})$

82 略

83 $\frac{x^2}{4}-y^2=-1$

84 $x^2-\frac{y^2}{4}=1$

85 (1) $(y-1)^2=4(x+2)$
(2) $(y-3)^2=4(x-1)$
(3) $\frac{(x+2)^2}{2}-\frac{(y-1)^2}{2}=1$

86 放物線 $y^2=4x$

87 楕円 $\frac{x^2}{4}+\frac{y^2}{16}=1$

本質を問う 5

1 (1) 略 (2) 略 (3) 略
2 x 軸方向に 3 倍, y 軸方向に 2 倍に拡大する
3 (1) $ab=0$ (2) $ab>0$ (3) $ab<0$

Let's Try! 5

① (1) 焦点 $(\sqrt{5}+1,\ -2)$, $(-\sqrt{5}+1,\ -2)$, 図は略
(2) 焦点 $(3,\ -1)$, 準線 $y=-3$, 図は略
(3) 焦点 $(1,\ -1)$, $(-5,\ -1)$, 図は略
② $\left(3,\ \frac{9}{4}\right)$
③ 略
④ 略
⑤ (1) 略
(2) $\frac{(x+b)^2}{a^2}+\frac{y^2}{a^2-b^2}=1$

6 2次曲線と直線

練習

88 $\begin{cases} -\frac{1}{2}<k<0,\ 0<k<\frac{1}{2} \text{ のとき } 2\text{個} \\ k=0,\ \pm\frac{1}{2} \text{ のとき } 1\text{個} \\ k<-\frac{1}{2},\ \frac{1}{2}<k \text{ のとき } 0\text{個} \end{cases}$

89 中点の座標 $\left(\frac{20}{7},\ -\frac{5}{7}\right)$
線分 AB の長さ $\frac{12\sqrt{5}}{7}$

90 放物線 $y^2=x-3$

91 $x=3$, $y=4$ のとき 最大値 19
$x=-\frac{1}{8}$, $y=\frac{1}{4}$ のとき 最小値 $-\frac{1}{16}$

92 (1) $\sqrt{2}x-2\sqrt{2}y=6$

(2) $x+y-3=0,\ x-5y-9=0$

チャレンジ〈6〉略

93 $x+y-2=0$

94 略

95 円 $x^2+y^2=3$

チャレンジ〈7〉 $\dfrac{-1+\sqrt{13}}{2}$

96 略

97 略

98 (1) 放物線 $y^2=6\left(x-\dfrac{1}{2}\right)$

(2) 楕円 $\dfrac{(x-3)^2}{4}+\dfrac{y^2}{3}=1$

(3) 双曲線 $\dfrac{(x+2)^2}{4}-\dfrac{y^2}{12}=1$

問題編 6

88 $\begin{cases} \dfrac{-2-\sqrt{19}}{3}<k<-\dfrac{1}{2},\ -\dfrac{1}{2}<k<\dfrac{1}{2}, \\ \dfrac{1}{2}<k<\dfrac{-2+\sqrt{19}}{3} \quad \text{のとき 2個} \\ k=\pm\dfrac{1}{2},\ \dfrac{-2\pm\sqrt{19}}{3} \quad \text{のとき 1個} \\ k<\dfrac{-2-\sqrt{19}}{3},\ \dfrac{-2+\sqrt{19}}{3}<k \text{ のとき} \\ \text{0個} \end{cases}$

89 (1) $-\sqrt{5}<k<\sqrt{5}$

(2) 1

90 直線 $y=-\dfrac{9}{8}x$ の $-\dfrac{8}{5}<x<\dfrac{8}{5}$ の部分

91 $x=\dfrac{8}{3},\ y=\dfrac{1}{3}$ のとき 最大値3

$x=\dfrac{4\sqrt{14}}{7},\ y=-\dfrac{\sqrt{14}}{14}$ のとき 最小値 $\dfrac{\sqrt{14}}{2}$

92 (1) $x+10y+32=0,\ x=-2$

(2) $x-15y+54=0,\ x-y-2=0$

(3) $2x+3y+13=0,\ 6x-19y-45=0$

93 $x-4y+2=0$

94 略

95 円 $x^2+y^2=1$

ただし，直線 $y=\pm\dfrac{1}{\sqrt{2}}x$ 上の点を除く。

96 略

97 〔1〕 (1) 略　(2) 略

〔2〕 略

〔3〕 略

98 (1) 放物線 $x^2=-16(y-2)$

(2) 楕円 $\dfrac{x^2}{8}+\dfrac{(y+3)^2}{9}=1$

(3) 双曲線 $\dfrac{x^2}{72}-\dfrac{(y-7)^2}{9}=-1$

本質を問う 6

[1] $\dfrac{x}{3}-\dfrac{y}{4}=1$

[2] 略

[3] $\dfrac{\sqrt{2}}{2}$

Let's Try! 6

① $\begin{cases} m=0 \\ b=\pm\dfrac{2}{\sqrt{5}} \end{cases}$, $\begin{cases} m=\pm\dfrac{2}{\sqrt{5}} \\ b=0 \end{cases}$

② (1) $-\sqrt{5}<k<-1,\ -1<k<1,\ 1<k<\sqrt{5}$

(2) (i) $X=\dfrac{2k}{1-k^2},\ Y=\dfrac{2}{1-k^2}$

(ii) $x^2-(y-1)^2=-1$

③ (1) 証明略，等号が成り立つのは，$ay=bx$ のとき

(2) $a+b$

④ 略

⑤ (1) $b^2=9a^2+4$　(2) 円 $x^2+y^2=13$

⑥ (1) $\mathrm{PF}=a+1$　(2) 略

(3) 略

7 曲線の媒介変数表示

練習

99 (1) 略　(2) 略　(3) 略

(4) 略　(5) 略　(6) 略

100 (1) 楕円 $\dfrac{x^2}{16}+y^2=1$ ただし，点 $(-4,\ 0)$ を除く

(2) 双曲線 $\dfrac{x^2}{4}-\dfrac{y^2}{4}=1$ ただし，点 $(-2,\ 0)$ を除く。

101 (1) 最大値 $\dfrac{15(\sqrt{2}+1)}{2}$,

$\mathrm{P}\left(-\dfrac{3\sqrt{2}}{2},\ -\dfrac{5\sqrt{2}}{2}\right)$

(2) 最小値 $\dfrac{\sqrt{2}}{2}$, $\mathrm{P}\left(\dfrac{3}{2},\ \dfrac{1}{2}\right)$

102 最大値21，最小値9

103 $\left(\pi-\dfrac{3\sqrt{3}}{2},\ \dfrac{3}{2}\right)$

104 $\begin{cases} x=3\cos\theta+\cos3\theta \\ y=3\sin\theta-\sin3\theta \end{cases}$

問題編 7

99 (1) 略　(2) 略　(3) 略　(4) 略

100 楕円 $\dfrac{(x-3)^2}{9}+(y-1)^2=1$ ただし，点 $(0,\ 1)$ を除く。

101 (1) $\dfrac{(a^2-b^2)^2}{4ab}$　(2) $\dfrac{10\sqrt{2}-\sqrt{26}}{2}$

102 最大値 $\dfrac{\sqrt{29}}{2}-\dfrac{5}{2}$，最小値 $-\dfrac{\sqrt{29}}{2}-\dfrac{5}{2}$

103 $\left(a\theta-\dfrac{a}{2}\sin\theta,\ a-\dfrac{a}{2}\cos\theta\right)$

104 $\begin{cases}x=3\cos\theta-\cos3\theta\\y=3\sin\theta-\sin3\theta\end{cases}$

本質を問う 7

[1] $\begin{cases}x=a+r\cos\theta\\y=b+r\sin\theta\end{cases}$

[2] 説明略，放物線 $y=-(x-1)^2+3$ の $x\geqq1$ の部分

Let's Try! 7

① (1) 直線 $y=x+2$ の $x\geqq1$ の部分，図は略

(2) 放物線 $y=2x^2$ の $-\dfrac{1}{2}\leqq x\leqq\dfrac{1}{2}$ の部分，図は略

② $\dfrac{(x-1)^2}{36}-\dfrac{y^2}{4}$，$\dfrac{1}{3}x-\dfrac{1}{3}$

③ 最大値 $\dfrac{7}{2}$，最小値 -1

④ 3 個

⑤ $\mathrm{P}\left((1+a)\cos\theta-a\cos\dfrac{a+1}{a}\theta,\ (1+a)\sin\theta-a\sin\dfrac{a+1}{a}\theta\right)$

8 極座標と極方程式

練習

105 〔1〕 (1) $\left(\dfrac{3}{2},\ -\dfrac{3\sqrt{3}}{2}\right)$

(2) $(0,\ -5)$

〔2〕 (1) $\left(2,\ \dfrac{3}{4}\pi\right)$

(2) $\left(3,\ \dfrac{\pi}{2}\right)$

106 (1) $\mathrm{AB}=\sqrt{109}$　(2) $\triangle\mathrm{OAB}=\dfrac{35\sqrt{3}}{4}$

(3) $\triangle\mathrm{ABC}=\dfrac{109\sqrt{3}}{4}$

107 (1) $r\sin\left(\theta+\dfrac{\pi}{4}\right)=\sqrt{2}$

(2) $r\cos^2\theta-4\sin\theta=0$

(3) $r=2\cos\theta$

108 (1) $\sqrt{3}x-y+4=0$

(2) $x^2+\left(y+\dfrac{1}{6}\right)^2=\dfrac{1}{36}$

(3) $x^2-y^2=1$

109 (1) $r\cos\left(\theta-\dfrac{\pi}{6}\right)=2$

(2) $r\sin\theta=-2$

(3) $r\sin(\theta-\alpha)=-a\sin\alpha$

110 (1) $r=4\cos\left(\theta-\dfrac{\pi}{6}\right)$

(2) $r^2-4r\cos\left(\theta-\dfrac{\pi}{4}\right)-5=0$

111 (1) 略　(2) 略

112 (1) $r=\dfrac{3}{2-\cos\theta}$　(2) $r=\dfrac{6}{1-2\cos\theta}$

チャレンジ〈8〉 (1) 1　(2) $\dfrac{3}{2}$

113 (1) $r=\dfrac{1}{1-\sqrt{2}\cos\theta}$

または $r=-\dfrac{1}{1+\sqrt{2}\cos\theta}$

(2) 略

114 略

問題編 8

105 図は略，$(-\sqrt{3},\ -1)$

106 (1) 略　(2) 略

107 (1) $r\sin(\theta+\alpha)=\dfrac{k}{\sqrt{5}}$

ただし $\cos\alpha=-\dfrac{1}{\sqrt{5}}$，$\sin\alpha=\dfrac{2}{\sqrt{5}}$

(2) $r\sin^2\theta-4p\cos\theta=0$

(3) $r=2\sqrt{2}a\sin\left(\theta+\dfrac{\pi}{4}\right)$

108 (1) $y^2=x$　(2) $\dfrac{(x+2)^2}{2}-\dfrac{y^2}{2}=1$

109 $r\cos\left(\theta-\dfrac{\pi}{3}\right)=2$

110 (1) $r^2-2cr\cos(\theta-\alpha)+c^2-a^2=0$

(2) $r=2a\cos\theta$

111 楕円 $\dfrac{(x+ae)^2}{a^2}+\dfrac{y^2}{a^2(1-e^2)}=1$

112 $r\cos\left(\theta-\dfrac{7}{12}\pi\right)=2$，$r\cos\left(\theta+\dfrac{\pi}{12}\right)=2$

113 $\dfrac{2-e^2}{a^2(1-e^2)^2}$

114 $r=2\sqrt{2\sin2\theta}$，図は略

本質を問う 8

[1] $r=\dfrac{ed}{1-e\cos\theta}$

[2] 略

Let's Try! 8

① (1) $2(1-\cos t)$　(2) $r=2(1-\sin\theta)$

② (1) $x-\sqrt{3}y=4$

(2) $4\left(x-\dfrac{1}{2}\right)^2-4y^2=1$

③ $-3\leqq k\leqq1$

④ (1) $r\cos\left(\theta-\dfrac{\pi}{4}\right)=\sqrt{3}a$

(2) $\dfrac{3(\sqrt{3}+1)}{2}a^2$

(3) $r=\dfrac{\sqrt{6}}{2}a(1+\cos\theta)$

⑤ (1) $\dfrac{x^2}{25}+\dfrac{y^2}{9}=1$

(2) $r=\dfrac{9}{5-4\cos\theta}$

(3) $r=\dfrac{15}{\sqrt{25-16\cos^2\theta}}$

3章 複素数平面

9 複素数平面

練習

115 (1) 略　(2) $\sqrt{41}$　(3) $a=-\dfrac{2}{3}$

116 (1) $4\sqrt{5}$　(2) $\dfrac{5\sqrt{2}}{2}$

117 (1) 略　(2) 略

118 (1) 略　(2) 略

119 (1) $1+i=\sqrt{2}\left(\cos\dfrac{\pi}{4}+i\sin\dfrac{\pi}{4}\right)$

(2) $-3=3(\cos\pi+i\sin\pi)$

(3) $-\sin\alpha+i\cos\alpha$

$=\cos\left(\dfrac{\pi}{2}+\alpha\right)+i\sin\left(\dfrac{\pi}{2}+\alpha\right)$

(4) $3\left\{\cos\left(\alpha-\dfrac{\pi}{2}\right)+i\sin\left(\alpha-\dfrac{\pi}{2}\right)\right\}$

120 (1) $2\sqrt{6}\left(\cos\dfrac{23}{12}\pi+i\sin\dfrac{23}{12}\pi\right)$

(2) $\dfrac{\sqrt{6}}{6}\left(\cos\dfrac{19}{12}\pi+i\sin\dfrac{19}{12}\pi\right)$

(3) $2\sqrt{6}\left(\cos\dfrac{19}{12}\pi+i\sin\dfrac{19}{12}\pi\right)$

チャレンジ〈9〉(1) $\sin105^\circ=\dfrac{\sqrt{2}+\sqrt{6}}{4}$,

$\cos105^\circ=\dfrac{\sqrt{2}-\sqrt{6}}{4}$

(2) $\sin165^\circ=\dfrac{\sqrt{6}-\sqrt{2}}{4}$,

$\cos165^\circ=-\dfrac{\sqrt{6}+\sqrt{2}}{4}$

121 (1) $2\cos\dfrac{\theta}{2}\left(\cos\dfrac{\theta}{2}+i\sin\dfrac{\theta}{2}\right)$

(2) $\theta=\dfrac{2}{3}\pi$

122 (1) $(1+2\sqrt{3})+(-2+\sqrt{3})i$

(2) $-\dfrac{\sqrt{2}}{2}-\dfrac{3\sqrt{2}}{2}i$

123 B$(5-i)$, C$(2-3i)$

または　B$(1+5i)$, C$(-2+3i)$

124 $2-(3+\sqrt{2})i$

125 $-2(\sqrt{3}+1)+(\sqrt{3}-3)i$,

$2(\sqrt{3}-1)-(\sqrt{3}+3)i$

126 $2x^2+4y^2=1$

127 $4-2i$

128 (1) $-16\sqrt{2}$　(2) $-\dfrac{1}{32}-\dfrac{\sqrt{3}}{32}i$

(3) $128+128i$

129 (1) $-8+8\sqrt{3}i$　(2) $-\dfrac{1}{486}+\dfrac{\sqrt{3}}{486}i$

(3) $-8-8i$

130 (1) -2

(2) $w=\begin{cases}2 & (n=8k\text{ のとき})\\ \sqrt{2} & (n=8k\pm1\text{ のとき})\\ 0 & (n=8k\pm2\text{ のとき})\\ -\sqrt{2} & (n=8k\pm3\text{ のとき})\\ -2 & (n=8k+4\text{ のとき})\end{cases}$

131 (1) $z=\pm1,\ \pm i,\ \dfrac{\sqrt{2}}{2}\pm\dfrac{\sqrt{2}}{2}i,$

$-\dfrac{\sqrt{2}}{2}\pm\dfrac{\sqrt{2}}{2}i$

(2) $z=\pm\left(\dfrac{\sqrt{2}}{2}+\dfrac{\sqrt{2}}{2}i\right)$

(3) $z=-2,\ 1\pm\sqrt{3}i$

(4) $z=\pm(\sqrt{3}+i),\ \pm(1-\sqrt{3}i)$

132 (1) $n=5$　(2) $(n,\ m)=(2,\ 2)$

133 略

134 (1) 0　(2) 0　(3) 略

135 略

問題編 9

115 (1) $6+i$

(2) 点Dを表す複素数 $-4-3i$

$\mathrm{AD}=\sqrt{106}$

116 $t=-\dfrac{1}{3}$

117 9

118 $z=\pm1,\ \dfrac{-1\pm\sqrt{3}i}{2}$

119 $\tan\alpha+i=\dfrac{1}{\cos\alpha}\left\{\cos\left(\dfrac{\pi}{2}-\alpha\right)+i\sin\left(\dfrac{\pi}{2}-\alpha\right)\right\}$

120 (1) $|(z+\overline{z})z|=2r^2\cos\alpha$

$\arg(z+\overline{z})z=\alpha$

(2) $\left|\dfrac{z}{z-\overline{z}}\right|=\dfrac{1}{2\sin\alpha}$

$\arg\dfrac{z}{z-\overline{z}}=\alpha-\dfrac{\pi}{2}$

121 $\begin{cases}0<\theta\leqq\dfrac{2}{3}\pi\text{ のとき}\quad a=1,\ b=2\\ \dfrac{2}{3}\pi<\theta<\pi\text{ のとき}\quad a=-1,\ b=-2\end{cases}$

122 $r=2,\ \theta=\dfrac{\pi}{6}$

123 $\dfrac{3\mp2\sqrt{3}}{3}+\dfrac{6\pm\sqrt{3}}{3}i,$

$(1\mp2\sqrt{3})+(2\pm\sqrt{3})i$ (複号同順)

124 $(1,\ -2)$

125 $\dfrac{1}{4}\{9\pm3\sqrt{3}+(-1\mp\sqrt{3})i\}$,

$\dfrac{1}{4}\{11\pm3\sqrt{3}+(5\mp\sqrt{3})i\}$ (複号同順)

126 (1)　略

(2)　焦点$\left(\dfrac{\sqrt{3}}{2},\ -\dfrac{1}{2}\right)$

準線　$y=\sqrt{3}x+2$

127 略

128 6

129 $\dfrac{1}{2}-\dfrac{\sqrt{3}}{2}i$

130 (1)　$z^n+\dfrac{1}{z^n}=2\cos n\theta$

(2)　$2\sqrt{2}$

131 (1)　$z=1,\ \dfrac{\sqrt{5}-1}{4}\pm\dfrac{\sqrt{10+2\sqrt{5}}}{4}i,$

$-\dfrac{\sqrt{5}+1}{4}\pm\dfrac{\sqrt{10-2\sqrt{5}}}{4}i$

(2)　$z=1,\ \cos\dfrac{2}{5}\pi+i\sin\dfrac{2}{5}\pi,$

$\cos\dfrac{4}{5}\pi+i\sin\dfrac{4}{5}\pi,\ \cos\dfrac{6}{5}\pi+i\sin\dfrac{6}{5}\pi,$

$\cos\dfrac{8}{5}\pi+i\sin\dfrac{8}{5}\pi$

132 $(n,\ m)=(24,\ 12)$

133 (1)　5　　(2)　0

(3)　1　　(4)　$-\dfrac{1}{2}$

134 (1)　$z+z^2+z^3+z^4+z^5+z^6=-1$

(2)　$\alpha+\overline{\alpha}=-1$

$\alpha\overline{\alpha}=2$

$\alpha=\dfrac{-1+\sqrt{7}i}{2}$

135 (1)　略　　(2)　略

本質を問う 9

1　複素数　$2+3i,\ \dfrac{1}{3}i,\ 1-\sqrt{2}i,\ \sqrt{2.5},\ 0$

実数　$\sqrt{2.5},\ 0$

2　(1)　正しい

(2)　正しくない，$z\neq 0$

3　(1)　点αを複素数βだけ平行移動した点

(2)　半直線 OP 上の点であり，原点からの距離 OR を OP の 3 倍にした点

(3)　点 P を原点に関して対称に移動した点

(4)　点 P を原点を中心に 90° だけ回転した点

4　(1)　原点を中心とし，半径が 1 である円上にあって，点 1 を 1 つの頂点とする正n角形をつくる。

(2)　略

Let's Try! 9

①　略

②　(1)　略

(2)　(ア)　$\alpha\overline{\beta}+\overline{\alpha}\beta=2$

(イ)　$|\alpha-\beta|=\sqrt{3},\ |\alpha+\beta|=\sqrt{7}$

③　(1)　$(2+\sqrt{3})+(1+\sqrt{3})i,$

$(2-\sqrt{3})+(1-\sqrt{3})i$

(2)　$(4+\sqrt{3})+(-1+\sqrt{3})i,$

$(4-\sqrt{3})+(-1-\sqrt{3})i$

④　(1)　$z+1=2\cos\dfrac{\theta}{2}\left(\cos\dfrac{\theta}{2}+i\sin\dfrac{\theta}{2}\right)$

(2)　$\dfrac{1}{2}$

⑤　$|z^{-4}|=1,\ \arg z^{-4}=4\theta$

10 図形への応用

練習

136 (1)　$\dfrac{13}{5}+\dfrac{13}{5}i$　　(2)　$17+5i$

(3)　$-\dfrac{98}{5}-\dfrac{38}{5}i$

137 $z=-2-i$

138 (1)　2 点 3，$2i$ を結ぶ線分の垂直二等分線

(2)　2 点 2，$-1-i$ を結ぶ線分の垂直二等分線

(3)　点iを中心とする半径 3 の円

(4)　点 $\dfrac{1}{3}-\dfrac{2}{3}i$ を中心とする半径 2 の円

139 (1)　点 3 を中心とする半径 2 の円

(2)　点 $-2i$ を中心とする半径 3 の円

140 (1)　点 $-i$ を中心とする半径 6 の円

(2)　2 点 $-i$，1 を結ぶ線分の垂直二等分線

141 点 $1+i$ を中心とする半径 $\sqrt{2}$ の円。ただし，点 2 は除く。図は略

142 (1)　略

(2)　最大値 $2+\sqrt{2}$，最小値 $2-\sqrt{2}$

(3)　$z=-\dfrac{\sqrt{3}+1}{2}+\dfrac{\sqrt{3}-1}{2}i$ のとき

最大値 $\dfrac{11}{12}\pi$

$z=\dfrac{\sqrt{3}-1}{2}+\dfrac{\sqrt{3}+1}{2}i$ のとき

最小値 $\dfrac{5}{12}\pi$

143 (1)　$\angle\mathrm{OBA}=\dfrac{\pi}{2}$ の直角二等辺三角形

(2)　$\angle\mathrm{OAB}=\dfrac{\pi}{2},\ \angle\mathrm{AOB}=\dfrac{\pi}{3}$ の直角三角形

144 (1)　16　　(2)　8

145 (1)　$\angle\mathrm{AOB}=\dfrac{\pi}{2}$ の直角二等辺三角形

(2)　正三角形

146 (1)　$\angle\mathrm{CAB}=\dfrac{\pi}{2}$

(2)　$\angle\mathrm{ACB}=\dfrac{\pi}{3},\ \angle\mathrm{CAB}=\dfrac{\pi}{2}$ の直角三角形

147 (1) $a=\frac{3\pm\sqrt{17}}{2}$ (2) $a=\frac{3}{2}$
148 (1) $(3-4i)z+(3+4i)\overline{z}=66$
(2) $(1+i)z-(1-i)\overline{z}=4i$
149 略
150 略
151 略

問題編 10

136 (1) $w_1=\frac{z_2+2z_3}{3}$, $w_2=\frac{z_3+2z_1}{3}$,
$w_3=\frac{z_1+2z_2}{3}$
(2) 略
137 (1) $z=-1+i$
(2) $3+4i$, $-1-2i$, $-5-2i$
(3) 略
138 (1) 点 1 を中心とする半径 3 の円
(2) 点 $-2i$ を中心とする半径 2 の円の周およびその内部
139 点 $\frac{9}{2}+\frac{9}{2}i$ を中心とする半径 $\frac{3\sqrt{2}}{2}$ の円
140 (1) 点 $2i$ を中心とする半径 $\frac{1}{2}$ の円
(2) 点 3 を中心とする半径 2 の円
141 点 $\frac{1}{2}+\frac{1}{2}i$ を中心とする半径 $\frac{\sqrt{2}}{2}$ の円。ただし，原点と点 1 を除く。図は略
142 (1) $a=1$
(2) $1\leqq r\leqq 81$, $\frac{\pi}{3}\leqq\theta\leqq\frac{5}{3}\pi$
143 $\frac{\beta}{\alpha}=\pm i$, $1\pm i$, $\frac{1}{2}\pm\frac{1}{2}i$
144 $k=2$
145 $\angle\mathrm{OAB}=\frac{\pi}{2}$, $\angle\mathrm{AOB}=\frac{\pi}{3}$ の直角三角形
146 (1) 略 (2) 略
147 $x=-2$, 6
148 $(1-i)z-(1+i)\overline{z}=-2i$
149 $a=0$, 8
150 略
151 略

本質を問う 10

1 (1) 点 $2i$ を中心とする半径 2 の円
(2) 点 $2i$ を中心とする半径 2 の円
2 (1) 略 (2) 略

Let's Try! 10

① (1) 略 (2) 略
② (1) 点 $\frac{1}{2}+\frac{i}{2}$ を中心とする半径 $\frac{\sqrt{2}}{2}$ の円から，点 1 を除いた図形，図は略
(2) 2 点 1，i を結ぶ線分の垂直二等分線，図は略
③ 正しい。証明略
④ (1) 略
(2) $a=-1$, $b=\frac{1}{2}$ または $a=-2$, $b=2$
⑤ 略
⑥ 略

思考の戦略編

練習

1 略
2 $2\sqrt{3}$
3 $2r^4$
4 $2\sqrt{2-a-b}$
5 (1) 略 (2) 略
6 E$(-5,\ 3,\ 1)$
7 略

問題編

1 略
2 $\frac{3\sqrt{10}}{5}$
3 略
4 $\frac{2\sqrt{3}}{3}\sqrt{a^2+ab+b^2}$
5 (1) 略 (2) 略
6 (1) $|\overrightarrow{\mathrm{OC_1}}|=\frac{\sqrt{30}}{6}$, $\overrightarrow{\mathrm{AC_1}}\cdot\overrightarrow{\mathrm{OC_1}}=0$
(2) $\frac{|\overrightarrow{\mathrm{AC_2}}|}{|\overrightarrow{\mathrm{OC_2}}|}=\frac{\sqrt{30}}{5}$, $\overrightarrow{\mathrm{OA}}\cdot\overrightarrow{\mathrm{OC_2}}=0$
(3) 略
7 略

入試攻略

1章 ベクトル

1 (1) $\overrightarrow{\mathrm{AM}}=\frac{5}{4}\overrightarrow{\mathrm{AB}}+\frac{1}{4}\overrightarrow{\mathrm{AF}}$
(2) $\overrightarrow{\mathrm{PM}}=\left(\frac{5}{4}-2t\right)\overrightarrow{\mathrm{AB}}+\left(\frac{1}{4}-2t\right)\overrightarrow{\mathrm{AF}}$
(3) $\overrightarrow{\mathrm{AC}}\cdot\overrightarrow{\mathrm{PM}}=\frac{15}{8}-3t$, $t=\frac{5}{8}$
2 (1) C$(4,\ 2)$,
$|\overrightarrow{\mathrm{CP}}|^2=40s^2+25t^2+60st-40s-40t+20$
(2) 最小値 9
(3) 最小値 20
3 (1) $\overrightarrow{\mathrm{OP}}=k(\vec{a}-\vec{b})$
$\overrightarrow{\mathrm{OQ}}=\vec{a}+k\vec{b}$
$\overrightarrow{\mathrm{OR}}=-k\vec{a}+\vec{b}$
(2) 略
(3) 略

解答

4 $\overrightarrow{AM}=\frac{3}{5}\vec{a}+\frac{4}{5}\vec{b}$

$\overrightarrow{AN}=\frac{1}{3}\vec{a}+\frac{8}{9}\vec{b}$

$\overrightarrow{AP}=\frac{1}{2}\vec{a}+\frac{2}{3}\vec{b}$

5 (1) 略

(2) $\cos\alpha=-\frac{12}{13}$, $\cos\beta=-\frac{5}{13}$

(3) $AH=\frac{15\sqrt{2}}{13}$

6 (1) 略 (2) 略

7 (1) 略

(2) 図は略，面積 $\frac{3\sqrt{3}}{4}$

(3) 図は略，面積 $3\sqrt{3}$

8 点 $P\left(-\frac{3\sqrt{10}}{10},\ -\frac{\sqrt{10}}{10}\right)$ のとき

最大値 $3+\sqrt{10}$

9 (1) $\overrightarrow{OP}\cdot\overrightarrow{OM}=\frac{1}{2}$

(2) $\overrightarrow{OP}=\frac{1}{2}\vec{a}+\frac{1}{6}\vec{b}+\frac{1}{6}\vec{c}$

(3) $\overrightarrow{OQ}=\frac{3}{4}\vec{a}+\frac{1}{4}\vec{b}$

10 (1) 略

(2) $r=\frac{6}{11}$, $s=\frac{3}{11}$, $t=\frac{2}{11}$

11 (1) 正五角形の対角線の長さ $\frac{1+\sqrt{5}}{2}$

$\vec{a}\cdot\vec{b}=\frac{1-\sqrt{5}}{4}$

(2) $\overrightarrow{CD}=\vec{a}+\frac{-1+\sqrt{5}}{2}\vec{c}$

$\overrightarrow{OF}=\frac{1+\sqrt{5}}{2}\vec{a}+\vec{b}+\frac{3+\sqrt{5}}{2}\vec{c}$

(3) $\overrightarrow{OH}=\frac{1}{2}\vec{a}+\frac{1}{2}\vec{b}+\frac{\sqrt{5}-1}{4}\vec{c}$

$|\overrightarrow{OH}|=\frac{1}{2}$

12 (1) $\overrightarrow{OP}\cdot\overrightarrow{AP}=(k^2-k)|\vec{a}|^2+l^2|\vec{b}|^2+m^2|\vec{c}|^2$

(2) $\overrightarrow{OH}=\frac{|\vec{b}|^2|\vec{c}|^2\vec{a}+|\vec{c}|^2|\vec{a}|^2\vec{b}+|\vec{a}|^2|\vec{b}|^2\vec{c}}{|\vec{a}|^2|\vec{b}|^2+|\vec{b}|^2|\vec{c}|^2+|\vec{c}|^2|\vec{a}|^2}$

(3) $S=\frac{1}{2}\sqrt{|\vec{a}|^2|\vec{b}|^2+|\vec{b}|^2|\vec{c}|^2+|\vec{c}|^2|\vec{a}|^2}$

(4) $S=\sqrt{S_1{}^2+S_2{}^2+S_3{}^2}$

13 (1) 証明略，面積 $2a\sqrt{a^2+2b^2}$

(2) $\sin\theta=\frac{a}{\sqrt{a^2+2b^2}}$, $OH=\frac{ab}{\sqrt{a^2+2b^2}}$

(3) $\frac{2a}{3}\{\sqrt{(2a^2+b^2)(a^2+2b^2)}+ab\}$

2章 平面上の曲線

14 $a=\frac{5}{8}$, $F\left(0,\ \frac{9}{16}\right)$

15 (1) $f(a)=\begin{cases}\sqrt{\frac{a^2}{3}-1} \\ \quad\left(a<-\frac{3\sqrt{2}}{2},\ \frac{3\sqrt{2}}{2}<a\ \text{のとき}\right) \\ |a-\sqrt{2}| \\ \quad\left(0\leqq a\leqq\frac{3\sqrt{2}}{2}\ \text{のとき}\right) \\ |a+\sqrt{2}| \\ \quad\left(-\frac{3\sqrt{2}}{2}\leqq a\leqq 0\ \text{のとき}\right)\end{cases}$

(2) 略

16 $\tan^2\theta=\frac{8}{p^2+1}$

17 (1) $\frac{(x+t)^2}{4}+\frac{(y-t)^2}{9}=1$

(2) $-\sqrt{13}\leqq x+y\leqq\sqrt{13}$

(3) $t=\sqrt{13}$ のとき接点 $\left(-\frac{9\sqrt{13}}{13},\ \frac{4\sqrt{13}}{13}\right)$

$t=-\sqrt{13}$ のとき接点 $\left(\frac{9\sqrt{13}}{13},\ -\frac{4\sqrt{13}}{13}\right)$

18 (1) $b^2x_1x+a^2y_1y=a^2b^2$

(2) $a^2y_1x-b^2x_1y=0$

(3) 楕円 $\frac{x^2}{a^2}+\frac{y^2}{\frac{a^4}{b^2}}=1$

ただし，$\left(0,\ \frac{a^2}{b}\right)$, $\left(0,\ -\frac{a^2}{b}\right)$ を除く。

19 (1) $x_1y_1=\frac{k^2-4}{4}$

(2) $S=\frac{2(k-2)}{k+2}$

(3) 最大値 $6-4\sqrt{2}$

20 (1) $P_n\left((5-n)\cos t+n\cos\left(t-\frac{5t}{n}\right),\right.$

$\left.(5-n)\sin t+n\sin\left(t-\frac{5t}{n}\right)\right)$

$(0\leqq t\leqq 2n\pi)$

(2) 略

21 $\left(x-\frac{a}{2}\right)^2+y^2=\frac{r'^2+r^2}{4}$，図は略

22 (1) $(x-1)^2+y^2=1$，図は略

(2) $-\frac{\sqrt{3}}{3}<k<\frac{\sqrt{3}}{3}$

(3) 円 $x^2+y^2=1$ の $x>\frac{1}{2}$ の部分。

23 (1) 楕円 $\frac{x^2}{4}+y^2=1$

(2) $r=\frac{1}{2+\sqrt{3}\cos\theta}$

(3) 略

3章　複素数平面

24 略

25 (1) 略　　(2) 略

26 (1) $n=12$

(2) $\theta=\dfrac{\pi}{4},\ \dfrac{5}{4}\pi$ のとき　最小値 0

27 (1) 略

(2) $w=\dfrac{-1\pm\sqrt{3}\,i}{2}$

(3) 略

28 (1) $(a,\ b,\ c)=(i,\ 1+i,\ -i),$
$(-i,\ -1-i,\ i)$

(2) 点 $1-i$ を中心とする半径 1 の円

29 (1) $z=\dfrac{\sqrt{3}+i}{2},\ \dfrac{-\sqrt{3}+i}{2},\ -i$

(2) 略

30 (1) $a=-\dfrac{b+3}{b-1}$

(2) $z_1=3-i,\ z_2=(2+\sqrt{3})+\sqrt{3}\,i$
または
$z_1=3-i,\ z_2=(2-\sqrt{3})-\sqrt{3}\,i$

31 (1) $\dfrac{-\sqrt{2}+\sqrt{6}\,i}{2}$
$=\sqrt{2}\left(\cos\dfrac{2}{3}\pi+i\sin\dfrac{2}{3}\pi\right)$

(2) $\alpha_1=-\dfrac{2\sqrt{2}+\sqrt{6}}{2}+\dfrac{-\sqrt{2}+2\sqrt{6}}{2}i$
$\alpha_2=(-2+\sqrt{3})+(-1-2\sqrt{3})i$
$\alpha_3=4\sqrt{2}+2\sqrt{2}\,i$

(3) n が 6 の倍数である
$\alpha_n=2^{\frac{n+2}{2}}+2^{\frac{n}{2}}i$

(4) 10 個

32 略

33 (1) $\dfrac{1}{2}(1+i)\alpha+\dfrac{1}{2}(1-i)\beta$

(2) 略

(3) 四角形 ABCD が平行四辺形であること

34 $|a|\leqq 1$，図は略

索引

[は]

[や]

[ら]

[わ]

NEW ACTION LEGEND 数学C

発行日	2023年２月１日　初版発行 2025年２月１日　第３版発行
執筆者	ニューアクション編集委員会
編　者	東京書籍編集部
発行者	東京書籍株式会社　　渡辺能理夫 東京都北区堀船２丁目17番１号　〒114-8524
印刷所	株式会社リーブルテック

●支社出張所電話（販売窓口）

札　幌	011-562-5721	仙　台	022-297-2666
東　京	03-5390-7467	金　沢	076-222-7581
名古屋	052-950-2260	大　阪	06-6397-1350
広　島	082-568-2577	福　岡	092-771-1536
鹿児島	099-213-1770	那　覇	098-834-8084

●編集電話　東　京　03-5390-7339

●ホームページ　https://www.tokyo-shoseki.co.jp
●東書Ｅネット　https://ten.tokyo-shoseki.co.jp

●表紙の画像　ゲッティイメージズ

答案作成で注意すること

答案を作成するにあたって，分野を越えて重要な数学の議論・表現を以下にまとめました。
いずれも，多くの答案でよく見られる間違いや不適切な表現です。
テストの直前や勉強に一区切りがついたとき，この内容を読み直し，
自分が間違いやすい項目や，忘れやすい項目を再確認しましょう。

1 減点対象となる数学の議論

[1] 自分でおいた文字は，条件やとり得る値の範囲に注意する。

（例 1）$(\vec{a}+t\vec{b}) /\!/ \vec{c}$ のとき，k を実数として $\vec{a}+t\vec{b}=k\vec{c}$ と表される。 ▶▶ p.33 例題 10 (2)

（例 2）楕円 $\dfrac{x^2}{4}+y^2=1$ 上で第 1 象限にある点 P について，$\mathrm{P}(2\cos\theta,\ \sin\theta)\ \left(0<\theta<\dfrac{\pi}{2}\right)$ とおく。 ▶▶ p.202 例題 101

[2] 方程式・不等式の両辺を文字で割るときは，文字が 0 になる場合を分けて考える。

（例）$(x+2)t^2=-x+2$ を（t の式）＝（x の式）の形に表す。
$x=-2$ のとき，$0\cdot t^2=4$ となり，式が成り立たない。
よって，$x \neq -2$ であるから　　$t^2=-\dfrac{x-2}{x+2}$ ▶▶ p.200 例題 100

[3] 必要条件から考えて求めた答は，その答が与えられた条件を満たすかを確認する。

（例）例題 32 (1) では，$\triangle$ABC において $\overrightarrow{\mathrm{AB}}\cdot\overrightarrow{\mathrm{BC}}=0$ より $\overrightarrow{\mathrm{AB}}\perp\overrightarrow{\mathrm{BC}}$ を導く際に，
$\overrightarrow{\mathrm{AB}}\neq\vec{0}$，$\overrightarrow{\mathrm{BC}}\neq\vec{0}$ であることを確認している。
垂直条件 $\overrightarrow{\mathrm{AB}}\perp\overrightarrow{\mathrm{BC}} \iff \overrightarrow{\mathrm{AB}}\cdot\overrightarrow{\mathrm{BC}}=0$ は $\overrightarrow{\mathrm{AB}}\neq\vec{0}$，$\overrightarrow{\mathrm{BC}}\neq\vec{0}$ の場合に成り立つからである。 ▶▶ p.28 まとめ 3

2 望ましくない数学的な表現

[1] 恒等式の等号と，方程式の等号を，同じ式の中で使わない。

（例）直交座標の方程式 $\sqrt{3}\,x+y=-2$ を極方程式で表せ。
（望ましくない）$x=r\cos\theta$，$y=r\sin\theta$ であるから

$$\sqrt{3}\,x+y \underset{\text{恒等式}}{=} \sqrt{3}\,r\cos\theta+r\sin\theta \underset{\text{恒等式}}{=} 2r\sin\left(\theta+\frac{\pi}{3}\right) \underset{\text{方程式}}{=} -2$$

（望ましい）$x=r\cos\theta$，$y=r\sin\theta$ を与式に代入して

$$\sqrt{3}\,r\cos\theta+r\sin\theta=-2 \qquad 2r\sin\left(\theta+\frac{\pi}{3}\right)=-2$$

▶▶ p.216 例題 107 (1)

[2] 証明問題では，証明すべき式を利用して式を変形してはいけない。

(例) $\overrightarrow{AB}+\overrightarrow{CD}=\overrightarrow{AD}+\overrightarrow{CB}$ が成り立つことを証明せよ。

(望ましくない) $\overrightarrow{AB}+\overrightarrow{CD}=\overrightarrow{AD}+\overrightarrow{CB}$ ⬅証明すべきことを仮定して書いてしまっている。

原点をOとして $\overrightarrow{OB}-\overrightarrow{OA}+\overrightarrow{OD}-\overrightarrow{OC}=\overrightarrow{OD}-\overrightarrow{OA}+\overrightarrow{OB}-\overrightarrow{OC}$

よって $\overrightarrow{AB}+\overrightarrow{CD}=\overrightarrow{AD}+\overrightarrow{CB}$

(望ましい) 原点をOとして

(左辺) $=\overrightarrow{OB}-\overrightarrow{OA}+\overrightarrow{OD}-\overrightarrow{OC}$，(右辺) $=\overrightarrow{OD}-\overrightarrow{OA}+\overrightarrow{OB}-\overrightarrow{OC}$

よって $\overrightarrow{AB}+\overrightarrow{CD}=\overrightarrow{AD}+\overrightarrow{CB}$ ▶▶ p.21 例題 3〔1〕

[3] 数学の用語や定理は正確に用いる。

(例) ベクトルの計算において，零ベクトル $\vec{0}$ と実数 0 を区別する。

$\vec{a}=\vec{0}$ とするとき $\vec{a}+\vec{a}=\vec{0}$，$k\vec{a}=\vec{0}$，$|\vec{a}|=0$，$\vec{a}\cdot\vec{b}=0$

▶▶ p.16 まとめ1，2，p.28 まとめ3

解答を振り返る

自分の答が模範解答と違っても，「これはケアレスミスだから大丈夫」と軽く考えてしまうことはないでしょうか。普段してしまうミスは，テストでも起こりやすいものです。
ミスは起こるものとして，そのミスに気づけるかが大切です。
以下にまとめたものは，答が正しいかを短時間で確認できる効果的な方法です。
日々の学習の中で，自分の解答を振り返る習慣を身に付けましょう。

3 大まかに確かめる

[1] 値が存在するかを確認する。

(例) 図形の問題で，辺の長さ，角の大きさなどの値は 0 以上である。この範囲に収まっているか。

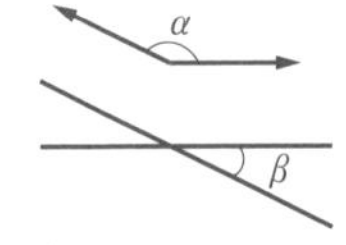

! 2 つのベクトルのなす角 α は $0°\leqq\alpha\leqq180°$，2 直線のなす角 β は $0°\leqq\beta\leqq90°$ の範囲で考えることが多い。 ▶▶ p.28 まとめ3，p.81 例題 39 (2)

[2] 予想と合っているかを確認する。

(例) 図形の問題で，できる限り正確な図をかいて予想される値と，求めた値は一致していそうか。

例えば，「複素数 α，β について，点 β を点 α を中心に $\dfrac{\pi}{3}$ だけ回転した点を表す複素数 γ は大体このあたりになりそう」など。 ▶▶ p.248 例題 124